系统工程原理

谭跃进　陈英武　易进先　编著

国防科技大学出版社
·长沙·

内 容 提 要

系统工程是20世纪40年代发展起来的一门新兴交叉学科，其应用领域十分广阔。本书系统地介绍了系统工程的基本概念、理论和方法，特别是系统建模与系统分析、系统结构模型、层次分析法、投入产出分析、系统预测、系统评价、系统决策、网络技术、系统仿真以及系统科学的基本理论和方法。较好地解决了与运筹学课程内容的重复问题，尽可能反映了近年来系统工程理论方法的新成果。本书可作为高等院校系统工程、管理工程、工商管理、财经类专业以及有关工程技术专业的教材，也可作为管理人员、工程技术人员、领导干部的培训教材和自学参考书。

图书在版编目(CIP)数据

系统工程原理/谭跃进，陈英武，易进先编著 .—长沙：国防科技大学出版社，1999.11
(2010.8 重印)
ISBN 978-7-81024-594-4

Ⅰ.系… Ⅱ.①谭…②陈…③易… Ⅲ.系统工程 Ⅳ.N94

中国版本图书馆 CIP 数据核字(1999)第 44705 号

国防科技大学出版社出版发行
电话:(0731)84572640 邮政编码:410073
http://www.gfkdcbs.com
责任编辑:张 静 责任校对:卢天贶
新华书店总店北京发行所经销
国防科技大学印刷厂印装
*
开本:787×1092 1/16 印张:25.75 字数:595 千
1999 年 11 月第 1 版 2010 年 8 月第 5 次印刷 印数:15001-20000 册
ISBN 978-7-81024-594-4
定价:42.00 元

序

20世纪40年代以来，科学技术取得了巨大进步，出现了研制计算机、导弹和宇宙飞船等这样的大科学、大工程。在这些大科学、大工程中，运用系统工程方法取得了显著成效，对系统工程的发展起到了推动作用，同时也标志着人类在组织管理技术上迎来了一个新时代。

现代系统科学与系统工程的发展，体现在系统哲学、系统方法、系统技术和系统实践各个层面上，系统工程思想已广泛应用于传统科学以及人们日常生活管理的许多领域，它改变了人们观察世界的方法和角度，并丰富了人类对自然和社会的认识。

我国的系统科学与系统工程是在著名科学家钱学森教授的直接倡导下建立和发展起来的。60年代初期，在国防尖端技术方面应用系统工程方法取得了显著成效。60～70年代着重于传播系统工程理论、方法。80～90年代独立地开展系统工程理论、方法和应用研究，取得了创新性进展。

1979年，钱学森教授亲自组建了国防科技大学系统工程与数学系，招收了系统工程专业本科生和研究生，继而又获得了系统工程硕士、博士学位授予权。20年来，系统工程课程一直是本专业的主干课程，先后出版了《系统工程》、《系统工程方法论》等教材。这次出版的《系统工程原理》，是作者在上述基础上，根据多年从事系统工程教学和科研的实践经验编写而成的。本书面向21世纪人才培养的高要求，较系统地介绍了系统工程的基本概念、理论和方法，避免了与运筹学课程内容的重复，较好地反映了近年来系统工程理论方法的新成果。因此，本书的正式出版是一件值得庆贺的事。

系统工程作为一门新兴的综合性的边缘学科，无论在理论上、方法上、体系上都处在发展之中，它必将随着生产技术、基础理论、计算工具的发展而不断发展。因此，可以预料在此过程中本书亦将会不断更新、丰富、完善。

汪浩

1999年11月于长沙

前言

1978年9月，钱学森、许国志、王寿云共同发表了《组织管理的技术——系统工程》文章，这是我国开创系统科学与系统工程事业的标志。系统科学是一门从总体上研究(复杂)系统共同运动规律的科学，而系统工程则是一门系统科学、工程技术学、经济学和管理学等相结合的组织管理技术，是一种改造客观世界的工程技术，同时也是一种运筹与决策的艺术。

随着科学技术的进步，社会经济的发展，构成客观世界的三个基本要素——物质、能量和信息不断丰富，使得事物之间的相互联系日益加强，整个世界朝着复杂性不断增加的方向发展。这是不依人的主观意志为转移的客观规律。正如一般系统论创始人冯·贝塔朗菲所指出的，"无论如何，我们被迫在知识的一切领域中运用'整体'或者'系统'来处理复杂性问题，这将是对科学思维的一个根本改造。"因此，系统科学与系统工程将会受到越来越广泛的重视。

本书是根据作者多年从事系统工程实践和授课经验编写而成的。本书较好地解决了与运筹学课程内容的重复问题。本书面向21世纪人才培养的更高要求，尽可能反映了近年来系统工程理论方法的新成果。全书共分十三章。

第一章　绪论，介绍了系统、系统工程和系统科学体系的基本概念。

第二章　系统工程方法论，介绍了霍尔和切克兰德的方法论、并行工程方法学以及钱学森等人提出的综合集成工程方法学。

第三章　系统建模与系统分析，介绍了系统模型定义、特征和分类，重点是系统建模和系统分析方法。

第四章　系统结构模型，介绍了结构模型概念，重点是解析结构模型和模糊结构模型。

第五章　层次分析法，重点介绍了层次分析法的基本原理、步骤、计算方法及应用。

第六章　投入产出分析，重点介绍了投入产出分析的概念，投入产出表与投入产出方程、投入产出表的编制及应用。

第七章　系统预测，介绍了定性预测、时间序列分析预测、回归分析预测、状态空间分析预测和马尔可夫预测等方法。

第八章　系统评价，介绍了系统评价指标数量化方法、评价指标综合方法以及模糊综合评价方法。

第九章　系统决策，介绍了风险型决策方法、完全不确定型决策、贝叶斯决策、多目标决策以及系统决策中的几个问题。

第十章　系统网络技术，介绍了网络图的绘制、参数计算、调整与优化、网络的时间-费用分析和系统网络技术的应用，简单介绍了图解评审技术GERT。

第十一章　系统仿真，介绍了系统仿真的基本概念，重点是连续系统仿真、离散事件系统仿真、系统动力学仿真等。

第十二章　系统理论基础,综合性地介绍了系统理论学派及其发展,系统理论的基本概念、基本内容和方法,在此基础上,重点介绍了分岔与突变理论、自组织理论、主方程与福克–普朗克方程和自动器网络模型等。

第十三章　案例分析,给出了三个案例。

每章后配有适量的习题和思考题。本书内容可按80学时讲授,打*号的章节内容可不讲授,这不会影响后续内容。单独开设了系统建模仿真课的,第十一章可选讲其中未讲授的内容。可根据需要在第十三章中挑选或另外增加一些案例教学。本书内容也可按60学时讲授,可不讲授第十二章的内容。本书第一、二、四、十二章由谭跃进编写,第七、九、十一章由陈英武编写,第三、五、六、八、十章由易进先编写,第十三章由三人共同编写,全书由谭跃进修改统稿。本书可作为高等院校系统工程、管理工程、工商管理、财经类专业以及有关工程技术专业的教材,也可作为管理人员、工程技术人员、领导干部的培训教材和自学参考书。

在写作出版过程中,得到了国防科技大学训练部教保处、人文与管理学院、管理科学与工程系、系统工程研究所等有关领导和同志们的热情支持和大力帮助,汪浩教授、周曼殊教授热情关怀并对本书提出了宝贵的意见和建议,汪浩教授还为本书作了序,在此表示衷心的感谢!同时,还要衷心感谢高世楫博士、韩亚欣博士对本书的编写所给予的支持和帮助。由于系统工程是一门正在发展还未成熟的新兴学科,同时也由于作者的水平所限,书中错漏之处在所难免,敬请读者和同事们批评指正。

作者

1999年7月

目　录

第一章　绪　论

第二章　系统工程方法论

第三章　系统建模与系统分析

第四章　系统结构模型

第五章　层次分析法

第六章　投入产出分析

第七章 系统预测

第八章 系统评价

第九章 系统决策

第十章 系统网络技术

第十一章　系统仿真

第十二章　系统理论基础

第十三章　案例分析

第一章　绪　论

§1.1　系统的概念

§1.1.1　系统的定义

“系统”一词来源于人类长期的社会实践，存在于自然界、人类社会以及人类思维描述的各个领域，早已为人们所熟悉。究竟什么是系统呢？往往不同的人或同一个人在不同的场合会对它赋予不同的含义。“系统”一词频繁出现在学术讨论和社会生活中，包罗万象的外延，使之成为逻辑上空无一物的概念。概念上的混淆将给系统研究带来一定的困难。我们并不打算在此对系统下一个一劳永逸的定义，而是从系统基本特征的角度，寻找一种较为通用的描述方式。为此，我们采用钱学森给出的对系统的描述性定义[1]：

系统是由相互作用和相互依赖的若干组成部分结合的具有特定功能的有机整体。

这个定义，与类似的许多定义一样，指出了作为系统的三个基本特征。第一，系统是由若干元素组成的；第二，这些元素相互作用、相互依赖；第三，由于元素间的相互作用，使系统作为一个整体具有特定的功能。虽然系统的定义形形色色，但都包含了这三个方面，即这三点是定义“系统”的基本出发点。

因此，在美国的《韦氏（Webster）大辞典》中，“系统”一词被解释为“有组织的或被组织化的整体；结合着的整体所形成的各种概念和原理的结合；由有规则的相互作用、相互依存的形式组成的诸要素集合。”在日本的 JIS 标准中，“系统”被定义为“许多组成要素保持有机的秩序向同一目的行动的集合体。”前苏联大百科全书中定义“系统”为“一些在相互关联与联系之下的要素组成的集合，形成了一定的整体性、统一性。”

§1.1.2　系统的特性

由系统的定义，不难总结出一般系统应具有下述特性：

1. 整体性

系统整体性说明，具有独立功能的系统要素以及要素间的相互关系是根据逻辑统一性的要求，协调存在于系统整体之中。就是说，任何一个要素不能离开整体去研究，要素之间的联系和作用也不能脱离整体去考虑。系统不是各个要素的简单集合，否则它就不会具有作为整体的特定功能。脱离了整体性，要素的机能和要素之间的作用便失去了原有的意义，研究任何事物的单独部分不能得出有关整体性的结论。系统的构成要素和要素的机能、要素间的相互联系要服从系统整体的功能和目的，在整体功能的基础上展开各要素及其相互之间的活动，这种活动的总和形成了系统整体的有机行为。在一个系统整体中，即使每个要素并不都很完善，但它们也可以协调、综合成为具有良好功能的系统。相反，即使每个要素都是良好的，但作为整体却不具备某种良好的功能，也就不能称之为完善的系统。

2. 层次性

系统作为一个相互作用的诸要素的总体来看，它可以分解为一系列的子系统，并存在一定的层次结构。这是系统结构的一种形式，在系统层次结构中表述了在不同层次子系统之间的从属关系或相互作用的关系。在不同的层次结构中存在着不同的运动形式，构成了系统的整体运动特性，为深入研究复杂系统的结构、功能和有效地进行控制与调节提供了条件。

3. 相关性

组成系统的要素是相互联系、相互作用的，相关性说明这些联系之间的特定关系和演变规律。例如，城市是一个大系统，它由资源系统、市政系统、文化教育系统、医疗卫生系统、商业系统、工业系统、交通运输系统、邮电通讯系统等相互联系的部分组成，通过系统内各子系统相互协调的运转去完成城市生活和发展的特定目标。各子系统之间具有密切的关系，相互影响、相互制约、相互作用，牵一发而动全身。要求系统内的各个子系统根据整体目标，尽量避免系统的“内耗”，提高系统整体运行的效果。

4. 目的性

通常系统都具有某种目的。为达到既定的目的，系统都具有一定的功能，而这正是区别这一系统和那一系统的标志。系统的目的一般用更具体的目标来体现，比较复杂的社会经济系统都具有不止一个目标，因此，需要用一个指标体系来描述系统的目标。比如，衡量一个工业企业的经营业绩，不仅要考核它的产量、产值指标，而且要考核它的成本、利润和质量指标。在指标体系中各个指标之间有时是相互矛盾的，为此，要从整体出发，力求获得全局最优的经营效果，这就要求在矛盾的目标之间做好协调工作，寻求平衡或折衷方案。

5. 适应性

任何一个系统都存在于一定的物质环境之中，因此，它必然要与外界产生物质、能量和信息交换，外界环境的变化必然会引起系统内部各要素的变化。不能适应环境变化的系统是没有生命力的，只有能够经常与外界环境保持最优适应状态的系统，才是具有不断发展势头的理想系统。例如，一个企业必须经常了解市场动态、同类企业的经营动向、有关行业的发展动态和国内外市场的需求等环境的变化，在此基础上研究企业的经营策略，调整企业的内部结构，以适应环境的变化。

§1.1.3 系统的分类

在自然界和人类社会中普遍存在着各种不同性质的系统。为了对系统的性质加以研究，需要对系统存在的各种形态加以探讨。

1. 自然系统与人造系统

按照系统的起源，自然系统是由自然过程产生的系统。这类系统是自然物(矿物、植物、动物等)所自然形成的系统，像海洋系统、生态系统等。人造系统则是人们将有关元素按其属性和相互关系组合而成的系统，如人类对自然物质进行加工，制造出各种机器所构成的各种工程系统。

实际上，大多数系统是自然系统与人造系统的复合系统。如在人造系统中，有许多是人们运用科学技术，改造了自然系统。随着科学技术的发展，出现了越来越多的人造系统。但是，值得注意的是，许多人造系统的出现，却破坏了自然生态系统的平衡，造成严重的环境污染和生态系统良性循环的破坏。近年来，系统工程愈来愈注意从自然系统的属性和关系中，探讨研究人造系统。

2. 实体系统与概念系统

凡是以矿物、生物、机械和人群等实体为构成要素的系统称之为实体系统。凡是由概念、原理、原则、方法、制度、程序等概念性的非物质实体所构成的系统称为概念系统，如管理系统、军事指挥系统、社会系统等。在实际生活中，实体系统和概念系统在多数情况下是结合的，实体系统是概念系统的物质基础，而概念系统往往是实体系统的中枢神经，指导实体系统的行为。如军事指挥系统中既包括军事指挥员的思想、信息、原则、命令等概念系统，也包括计算机系统、通讯设备系统等实体系统。

3. 动态系统和静态系统

动态系统就是系统的状态变量随时间变化的系统，即系统的状态变量是时间的函数。而静态系统则是表征系统运行规律的数学模型中不含有时间因素，即模型中的变量不随时间变化，它是动态系统的一种极限状态，即处于稳定的系统。例如一个化工生产系统是一种连续生产过程，系统中的参数是随着时间变化而变化的动态系统。大多数系统都是动态系统，但是，由于动态系统中各种参数之间的相互关系是非常复杂的，要找出其中的规律性非常困难。有时为了简化起见而假设系统是静态的或使系统中的参数随时间变化的幅度很小而视同静态的。

4. 控制系统与行为系统

控制就是为了达到某个目的给对象系统所加的必要动作，因此，为了实行控制而构成的系统叫做控制系统。当控制系统由控制装置自动进行时，称之为自动控制系统，如计算机控制的机械加工生产过程自动控制系统。行为系统是以完成目的的行为作为构成要素而形成的系统。所谓行为就是为了达到某一确定的目的而执行某种特定功能的一种作用，这种作用能对外部环境产生某些效用。这种系统一般是根据某种运行机制而实现某种特定行为的系统，而不是受某种控制作用而运行的系统。

5. 开放系统与封闭系统

开放系统是指与其环境之间有物质、能量或信息交换的系统，封闭系统则相反，即系统与环境互相隔绝，它们之间没有任何物质、能量和信息交换。照此定义，可把封闭系统当成与环境完全隔绝的孤立系统。开放系统还可进一步区分为：只有能量交换的系统，同时进行物质、能量交换的系统和物质、能量、信息开放的系统。最早涉及开放与封闭系统研究的领域是物理学。但物理学中的概念与本书中的概念不同，它们之间的区别如下[2]：

(1) 本书定义的封闭系统——物理学称为孤立系统；

(2) 本书定义的只有能量交换的系统——物理学称为封闭系统；

(3) 本书定义的同时进行物质、能量交换的系统——物理学称为开放系统；

(4) 本书定义的物质、能量和信息开放的系统——物理学尚无专门定义。

本书上述定义具有普遍性,适用于无生命、生命和社会系统。无生命系统可能是封闭的,也可能是开放的。如果忽略落下的流星和宇宙尘埃,地球就成为一个与其所处的环境只有能量交换的开放系统的例子。地球接收到太阳和恒星的辐射,而它自己又向星际的辐射冷区进行辐射。通常,生命系统、社会系统都是开放系统。物质、能量和信息的开放,对于生命和社会系统,具有特别重要的意义。处在不同层次上的生命系统,呈现开放性的机制也不同。例如在生物个体层次上,物质、能量交换由食物体现,信息由感觉器官摄取;对于社会组织,物质、能量以货币作为中介,以商品的形式进行交换;信息是由语言、文字和电磁波作为载体,进行传播,用计算机(当然还有其它传统工具)作为信息处理的辅助工具。

值得强调的是,现实世界中没有完全意义上的封闭系统。系统的开放性和封闭性概念不能绝对化,只有作为相对的程度来衡量才比较符合实际。

系统具有边界、边界划分系统与其环境。边界帮助我们理解开放系统与封闭系统的区别。封闭系统具有刚性的、不可贯穿的边界;相反,开放系统的边界具有可渗透性。对于物理系统和生物系统,其边界比较容易确定。社会系统,例如社会组织,其边界的定义比较困难。人体的有形边界容易确定,但社会思想影响边界就比较模糊。

§1.2 系统工程的概念

§1.2.1 系统工程的定义

系统工程是一门正处于发展阶段的新兴学科,其应用领域十分广阔。由于它与其它学科的相互渗透、相互影响,不同专业领域的人对它的理解不尽相同。因此,要给出一个统一的定义比较困难。下面列举国内外学术和工程界对系统工程的一些定义,可为我们认识系统工惩这门学科的性质提供参考。

(1) 中国著名科学家钱学森同志指出:“系统工程是组织管理系统的规划、研究、设计、制造、试验和使用的科学方法”,“系统工程是一门组织管理的技术”。

(2) 美国著名学者 H.切斯纳(H.Chestnut)指出:“系统工程认为虽然每个系统都由许多不同的特殊功能部分所组成,而这些功能部分之间又存在着相互关系,但是每一个系统都是完整的整体,每一个系统都要求有一个或若干个目标。系统工程则是按照各个目标进行权衡,全面求得最优解(或满意解)的方法,并使各组成部分能够最大限度地互相适应。”

(3) 日本学者三浦武雄指出:“系统工程与其它工程学不同之处在于它是跨越许多学科的科学,而且是填补这些学科边界空白的边缘科学。因为系统工程的目的是研究系统,而系统不仅涉及到工程学的领域,还涉及到社会、经济和政治等领域,为了圆满解决这些交叉领域的问题,除了需要某些纵向的专门技术以外,还要有一种技术从横向把它们组织起来,这种横向技术就是系统工程。也就是研究系统所需的思想、技术和理论等体系化的总称。”

(4)《中国大百科全书·自动控制与系统工程卷》指出:“系统工程是从整体出发合理

开发、设计、实施和运用系统的工程技术。它是系统科学中直接改造世界的工程技术。”

(5) 日本工业标准(JIS)规定:“系统工程是为了更好地达到系统目标,而对系统的构成要素、组织结构、信息流动和控制机构等进行分析与设计的技术”。

(6) 美国军用标准 MIL-STD-499A 定义:“系统工程是将科学和工程技术的成就应用于:(i)通过运用定义、综合、分析、设计、试验和评价的反复迭代过程,将作战需求转变为一组系统性能参数和系统技术状态的描述;(ii)综合有关的技术参数,确保所有物理、功能和程序接口的兼容性,以便优化整个系统的定义和设计;(iii)将可靠性、维修性、安全性、生存性、人素工程和其它有关因素综合到整个工程工作之中,以满足费用、进度、保障性和技术性能指标。”

系统工程既是一个技术过程,又是一个管理过程。定义(6)主要集中于技术过程。为了成功地完成系统的研制,在整个系统寿命周期内,技术和管理两方面都很重要。从军方(政府)对工程项目进行管理出发,更赞成从管理角度来定义系统工程。因此,美国防务系统管理学院把系统工程定义为“是为了达到所有系统要素的优化平衡,控制整个系统研制工作的管理功能,把作战需求转变为一组系统参数的描述,并综合这些参数以优化整个系统效能的过程。”

综上所述,系统工程的研究对象是大型复杂的人工系统和复合系统;系统工程的内容是组织协调系统内部各要素的活动,使各要素为实现整体目标发挥适当作用;系统工程的目的是实现系统整体目标最优化。因此,系统工程是一门现代化的组织管理技术,是特殊的工程技术,是跨越许多学科的边缘科学。

§1.2.2 系统工程的特点

1. 整体性(系统性)

整体性是系统工程最基本的特点,系统工程把所研究的对象看成一个整体系统,这个整体系统又是由若干部分(要素与子系统)有机结合而成的。因此,系统工程在研制系统时总是从整体性出发,从整体与部分之间相互依赖、相互制约的关系中去揭示系统的特征和规律,从整体最优化出发去实现系统各组成部分的有效运转。

2. 关联性(协调性)

用系统工程方法去分析和处理问题时,不仅要考虑部分与部分之间、部分与整体之间的相互关系,而且,还要认真地协调它们的关系。因为系统各部分之间、各部分与整体之间的相互关系和作用直接影响到整体系统的性能,协调它们的关系便可提高整体系统的性能。

3. 综合性(交叉性)

系统工程以大型复杂的人工系统和复合系统为研究对象,这些系统涉及的因素很多,涉及的学科领域也较为广泛。因此,系统工程必须综合研究各种因素,综合运用,各门学科和技术领域的成就,从整体目标出发使各门学科、各种技术有机地配合,综合运用,以达到整体最优化的目的。如把人类送上月球的“阿波罗登月计划”,就是综合运用各学科、各领域成就的产物,这样一项复杂而庞大的工程没有采用一种新技术,而完全是综合运用现有科学技术的结果。

4. 满意性(最优化)

系统工程是实现系统最优化的组织管理技术,因此,系统整体性能的最优化是系统工程所追求并要达到的目的。由于整体性是系统工程最基本的特点,所以系统工程并不追求构成系统的个别部分最优,而是通过协调系统各部分的关系,使系统整体目标达到最优。

§1.2.3 系统工程的形成与发展

系统工程产生于20世纪40年代,在60年代形成了体系。但系统工程与整个科学技术的发展一样源远流长,系统和系统工程的思想可以追溯到我国古代。如战国时期由李冰父子组织建造的四川都江堰水利工程,明朝永乐年间的大铜钟浇铸工程以及脍炙人口的齐王赛马的故事等。我国古代这些成功的工程技术和运筹帷幄的思维方法,都充分体现了全局观念和整体优化观念,蕴涵着朴素的系统工程思想。

朴素的系统观念在我国古代的军事理论和军事活动方面也有充分的体现。春秋时期军事家孙武所著《孙子兵法》就是从系统整体观念出发,对不同层次及系统与环境进行了全面分析,是我国古代深刻的军事思想的最好体现。时至今日,《孙子兵法》仍是中国乃至世界许多热衷系统思想的学者、军事家、管理专家研究的对象。

40年代,美国贝尔电话公司在发展通讯网络时,为缩短科学技术从发明到投入使用的时间,认识到不能只注意电话机和交换台站等设备,更需要研究整个系统,于是采用了一套新方法,首次提出"系统工程"一词。

第二次世界大战期间,由于战争的需要,产生和发展了运筹学。运筹学的广泛应用是系统工程产生和发展的重要因素。美国在研制原子弹的"曼哈顿"计划的实践中,运用系统工程方法取得了显著成效,对推动系统工程的发展取得了一定的作用。

40年代到70年代出现的很多横向联系的学科分支,如信息论、控制论等(详见表1-1)为系统工程的发展奠定了理论基础。而电子计算机的出现和应用,则为系统工程提供了强有力的运算工具和信息处理手段,成为实施系统工程的重要物质基础。

1957年,美国密执安大学的哥德(A.H.Goode)和麦科尔(R.E.Machal)两位教授合作出版了第一部以"系统工程"命名的书。1958年美国海军特种计划局在研制"北极星"导弹的实践中,提出并采用了"计划评审技术(PERT)",使研制工作提前两年完成,从而把系统工程引进到管理领域。1965年,麦科尔又编写了《系统工程手册》一书,比较完整地阐述了系统工程理论、系统方法、系统技术、系统数学、系统环境等内容。至此,系统工程初步形成了一个较为完整的理论体系。

1969年,"阿波罗"登月计划的实现,是系统工程的光辉成就,它标志着人类在组织管理技术上迎来了一个新时代。"阿波罗"飞船和"土星五号"运载火箭,有860多万个零部件,有众多的子系统。各子系统之间纵横交错,相互联系,相互制约。由于使用了系统工程的理论和方法,结果提前两年将3名宇航员送到月球。

表 1-1　20 世纪 40~70 年代出现的部分横向联系的学科分支

创始人	分支学科名称	出现时间(年)
冯·诺依曼	对策论	1944
冯·贝塔朗菲	一般系统论	1945
C.E. 香农	信息论	1948
N. 维纳	控制论	1948
冯·贝塔朗菲	开放系统理论	1949
钱学森	工程控制论	1954
A.H. 哥德	系统工程	1957
R. 别尔曼	动态规划论	1957
M.D. 曼萨诺维克	一般系统的数学理论	1961
W.R. 阿什布	自组织系统原理	1962
R. 罗森	自复制自动机	1962
L. 扎德	模糊集与系统	1965
I. 普里高津	耗散结构理论	1969
艾根	超循环理论	1970
J.G. 米勒	生命系统理论	1970
汤姆	突变理论	1972
P. 齐格勒	建模与仿真理论	1972
H. 哈肯	协同学	1977

进入 70 年代以后,系统工程发展到解决大系统的最优化阶段,其应用范围已超出了传统工程的概念。从社会科学到自然科学,从经济基础到上层建筑,从城市规划到生态环境,从生物科学到军事科学,无不涉及到系统工程,无不需要系统工程。至此,系统工程经历了产生、发展和初步形成阶段。但是,系统工程作为一门新兴的综合性的边缘科学,无论在理论上、方法上、体系上都处于发展之中,它必将随着生产技术、基础理论、计算工具的发展而不断发展。

系统工程在我国的应用始于 60 年代初期。当时,在著名科学家钱学森教授的倡导和支持下,在国防尖端技术方面应用系统工程方法取得了显著成效。自 70 年代后期以来,系统工程在我国的研究和应用进入了一个前所未有的新时期:系统工程作为重点学科列入了全国科学技术发展规划;在高等学校设置了系统工程专业,培养本科生、硕士和博士研究生;中国自动化学会系统工程专业委员会和中国系统工程学会相继宣告成立。从此,系统工程在我国的研究工作便由初期的传播系统工程的理论、方法到独立开展系统工程的理论方法研究。在系统工程的应用方面,注重结合我国实际情况,开发系统工程的应用研究,已在能源系统工程、军事系统工程、社会系统工程、人口系统工程、农业系统工程和大型工程系统工程的研究和应用方面取得了一定的成效。目前,系统工程与我国现代化建设的密切关系正在为更多的人所认识,系统工程必将在我国的现代化建设中发挥愈来愈大的作用。

§1.3 系统科学体系

从§1.2中我们已经知道,系统工程是一门从总体上改造客观世界的工程技术实践。如同其他工程技术的发展一样,系统工程也有自己的科学理论基础——系统科学。系统科学是一门从总体上研究(复杂)系统共同运动规律的科学。按照钱学森对系统科学体系的划分,系统科学主要讨论系统的概念、特征、分类及演化规律。我们将在这样一个概念框架下,探讨系统科学的一些基本问题。

§1.3.1 物性与系统性

“系统”一词几乎从不是单独使用,而往往与一修饰词组成复杂词,如“自然系统”,“物理系统”,“生物系统”,“社会系统”,“公理系统”,“一般系统”等。这种使用方式本身就体现了现代科学体系的二维特征。前面的修饰词,如“自然”、“生物”、“社会”、“一般”等,描述了研究对象的物质特征,即“物性”(thinghood);而“系统”一词,表征了所述对象的系统或整体特征,即系统性(systemhood)。对某一具体对象的研究,既离不开对其物性的讨论,也离不开对其系统性的阐述,必须将两者结合起来,才能准确、全面地弄清所研究的对象,而这正是现代科学二维特征的体现。传统学科按研究对象的实体、物质特征分类研究物性,如物理、化学、天文、地理等。系统科学研究所有实体作为整体对象的特征,即研究系统性,如整体与部分、结构与功能,稳定与演化等。

§1.3.2 整体与局部的关系:突现性

系统科学不同于传统科学的显著特点之一就在于它对于系统整体特性的强调,其核心思想在于:一个系统作为整体,具有其要素所不具有的性质和功能;整体的性质和功能,不等同于其各要素性质和功能的叠加;整体的运动特征,只有在比其要素所处层次更高的层次上进行描述;整体与要素遵从不同描述层次上的规律。这便是通常所说的“整体大于部分之和”。

虽然这种朴素的整体观可以追溯到两千多年前的古希腊哲学,但对整体性的探讨,整体与部分的关系的研究,是在现代系统科学的框架下才得到重视。自牛顿以来的传统科学,强调对系统的分解,忽视了对系统整体性的研究。现代系统理论大师、奥地利生物学家贝塔朗菲(Bertalanffy)认识到传统科学未能对系统的整体行为提供合理的因果性解释,即从已知的物理学定律出发,去解释具有特定功能的宏观整体或一组宏观约束是怎样由一盘散沙似的部分产生的。他同时指出,生物学中存在的最基本问题就是缺少一种热力学的法则,可以解释高度组织化的、自我支持的开放系统是怎样产生突现性的。因此,系统科学的产生与解释系统整体性的神秘直接相关。基于对“突现性”的研究,系统科学提出认识系统整体性的关键,就是研究突现现象和突现性质。

“突现”(emergence)是一组元素(或广义粒子)从一种杂乱无章的状态向一种协调一致的状态的自发转变[3]。从根本上讲,系统的整体性、集体行为、突现性是等价的,都是指整体在宏观层次上具有的不同于其元素及元素加和的性质。但是突现性的概念突出了整体性产生的过程，描述一种从低层次到高层次、从局部到整体的变化，它强调元素间的相互作用。正是这种相互作用才导致具有一定功能特征和目的性行为的整体的出现，该整体的宏观特性不同于元素本身的性质。上述关于突现的定义是在一个广义的“物”流场下决定的，它强调了可观察到的一种特殊运动过程，带有明显的物理定义色彩。在更广泛的意义上讲，突现（国内有些作者翻译成“涌现”）包括了现实中所有新型的出现，序的产生和层次复杂性的增加。尽管突现的定义有多种多样，但它们都涉及到突现的下述一些特性：

(1) 微观不可预测性：即使对低层次元素有完备的知识，也不可能推断出高层次的结构。也就是说，虽然元素间的相互作用的关系导致了突现性，但不可能通过对元素在微观层次的行为特征来预测突现性。

(2) 新质特性：突现性对元素的性质而言是全新的，处在一种更宏观的层次上，是在微观层次不存在的新质。

(3) 不变性：突现性相对于微观层次的元素状态而言，有一定的不变性，元素总是处于微涨落不断变化的状态中，但整体的特性相对不变。

(4) 宏观约束性：系统的整体性约束元素的行为，即元素间的相互作用产生了宏观层次上突现的整体或约束，这种宏观约束又反过来支配元素的行为。

§1.3.3　系统科学体系

20世纪40年代以来，科学技术取得了巨大进步，出现了研制计算机、导弹和宇宙飞船这样的大科学、大工程，促使了系统研究各分支的发展。到了50年代，系统工程的出现又把综合化、系统化推向新的高度，硬技术转向软技术，有形产品转向无形产品，使得系统科学具有明显的交叉学科的性质，并在指导工程技术进步中发挥了巨大作用。因此，现代系统科学的发展，体现在系统哲学、系统方法、系统技术和系统实践各个层面上，系统思想已广泛应用于传统科学以及人们日常生活管理的一切领域。系统科学研究也有了很大进展，系统科学已经改变了人们观察世界的方法和角度，与传统科学一起极大地丰富了人类对自然和自身的认识。

钱学森关于建立系统科学体系的思想，在国际上独树一帜。他认为：随着科学技术的飞跃进步，学科分化和综合的不断更新，老的学科体系已经不适应了，有必要建立新的学科体系，主张把系统工程与系统科学加以区别，前者是工程技术，后者是基础理论。系统工程技术与各传统科学结合，形成系统工程的应用，如军事系统工程、社会系统工程、经济系统工程、教育系统工程、农业系统工程等。系统科学体系中，应当区分技术科学（如运筹学、信息论、控制论等）和基础科学，他主张将一般系统论、耗散结构、协同学等广泛学科成就，进行全面总结后，建立系统科学的基础理论，叫作系统学。而反映在一般系统论中的哲学内容，应当分离出来，归纳为系统观，作为唯物辩证法过渡到系统学的一座桥梁（如图1-1所示）。因此，第十二章提到的一般系统论、开放系统理论、形式系统和系统哲学、复杂适应系统理论等都属于系统科学体系中的基础理论范畴。另外，如果按照系统的分类，还可分为简单系统理论、复杂系统理论、复杂巨系统理论。复杂巨系统的概念是钱学森在论述社会系统工程时提出来的，他强调这类系统的复杂程度是一般工程系统所没有的。1990年，钱学森，戴汝为，于景元发表了题为《一个科学新领域——开放的复杂巨系统及其方法论》的论文[4]，提出了开放的复杂巨系统的概念。这一概念规定了以下四个要点：

(1) 系统的子系统间可以有各种方式的通信；

(2) 子系统的种类多，各有其定性模型；

(3) 各子系统中的知识表达不同，以各种方式获取知识；

(4) 系统中子系统的结构随着系统的演变会有变化，所以系统的结构是不断改变的。

当前，应用实践的一个难点，是将系统科学的原理和方法，正确地用来解决社会、经济、军事、生态等领域的问题。钱学森把这些系统归于开放的复杂巨系统。这是一个新的认识层次，代表一种新的研究方法。他还认为：现阶段唯一能够有效处理复杂巨系统的方法，就是从定性到定量的综合集成方法。

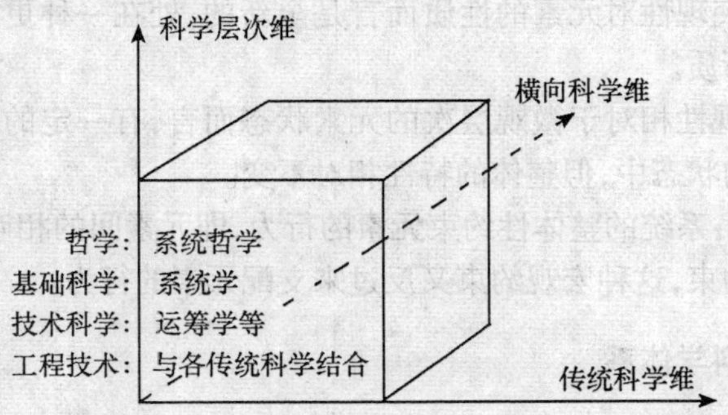

图 1－1　系统科学体系的三维结构

§1.4　系统工程的应用

近年来，系统工程的应用领域日益广泛，系统工程的应用从工程系统日渐向社会经济系统扩展。系统工程的应用几乎遍及工程技术和社会经济的各个方面。

(1) 社会系统工程。它的研究对象是整个社会，是一个开放的复杂巨系统。它具有多层次、多区域、多阶段的特点。近年来，正在探讨一种从定性到定量，综合运用多种学科处理复杂巨系统的方法论。

(2) 经济系统工程。运用系统工程的方法研究宏观经济系统的问题，如国家的经济发展战略、综合发展计划、经济指标体系、投入产出分析、积累与消费分析、产业结构分析、消费结构分析、价格系统分析、投资决策分析、资源合理配置、经济政策分析、综合国力分析、世界经济模型等。

(3) 区域规划系统工程。运用系统工程的原理和方法研究区域发展战略、区域综合发展规划、区域投入产出分析、区域城镇布局、区域资源合理配置、城市水资源规划、城市公共交通规划与管理等。

(4) 环境生态系统工程。研究大气生态系统、大地生态系统、流域生态系统、森林与生物生态系统、城市生态系统等系统分析、规划、建设、防治等方面的问题，以及环境检测系统、环境计量预测模型等问题。

(5) 能源系统工程。研究能源合理结构、能源需求预测、能源开发规模预测、能源生产优化模型、能源合理利用模型、电力系统规划、节能规划、能源数据库等问题。

(6) 水资源系统工程。研究河流综合利用规划、流域发展战略规划、农田灌溉系统规划与设计、城市供水系统优化模型、水能利用规划、防汛指挥调度、水污染控制等问题。

(7) 交通运输系统工程。研究铁路、公路、航运、航空综合运输规划及其发展战略、铁路调度系统、公路运输调度系统、航运调度系统、空运调度系统、综合运输优化模型、综合运输效益分析等。

(8) 农业系统工程。研究农业发展战略、大农业及立体农业的战略规划、农业结构分析、农业综合规划、农业区域规划、农业政策分析、农业投资规划、农产品需求预测、农业产品发展速度预测、农业投入－产出分析、农作物合理布局、农作物栽培技术规划化、农业系统多层次开发模型等。

(9) 企业系统工程。研究市场预测、新产品开发、CIMS 及并行工程、计算机辅助设计、制造、生产管理系统、计划管理系统、库存、全面质量管理、成本核算系统、成本－效益分析、财务分析、组织理论等。

(10) 工程项目管理。研究工程项目的总体设计、可行性、国民经济评价、工程进度管理、工程质量管理、风险投资分析、可靠性分析、工程戍本－效益分析等。

(11) 科技管理。研究科学技术发展战略、科学技术预测、优先发展领域分析、科学技术评价、科技人才规划、与科学管理系统等。

(12) 教育系统工程。研究人才需求预测、人才与教育规划、人才结构分析、教育政策分析等。

(13) 人口系统工程。研究人口总目标、人口参数、人口指标体系、人口系统数学模型、人口系统动态特性分析、人口政策分析、人口区域规划、人口系统稳定性等。

(14) 军事系统工程。研究国防战略、作战模拟、情报、通讯与指挥自动化系统、系统武器装备发展规划、后勤保障系统、国防经济学、军事运筹等。

习题·思考题

1. 理解国内外学术界和工程界对系统工程的不同定义，分析这些定义的内涵和侧重点。
2. 系统工程与系统科学的联系和区别是什么？
3. 以三峡工程为例，说明哪些方面属“物性”问题，哪些方面属“系统性”问题？
4. 从局部到整体的突现性是指什么性质？试举例说明。
5. 试述钱学森关于建立系统科学体系的思想。

第二章 系统工程方法论

系统工程研究的对象是复杂的大系统。所谓复杂是指系统的结构复杂、层次较多,单元要素种类很多且相互关系复杂。一般情况下,系统包含“硬件”单元,也包含“软件”要素,尤其是人的行为,使系统更具复杂性和不确定性。另外,复杂大系统必然是多目标多方案的,因此,要有独特的思考问题和处理问题的方法,要用多种技术方案进行求解。这就是我们要讲的系统工程方法论。系统工程方法论除一般的数学描述方法和逻辑推理方法外,还有工程技术的规范和社会科学的艺术等。描述性、逻辑性、规范性、艺术性这些特点交织在一起,构成了系统工程独特的思想方法、理论基础、基本程序和方法步骤。系统工程方法论的基本特点是:研究方法强调整体性,技术应用强调综合性,管理决策强调科学性。本章将重点介绍霍尔和切克兰德的系统工程方法论、美国国防分析研究所提出的并行工程方法学以及钱学森等提出的综合集成工程方法学的基本概念。

§2.1 霍尔和切克兰德的系统工程方法论

在系统工程的研究和应用中,人们逐渐地探索、积累和总结出多种科学的工作方法和程序。60~70年代具有一定代表性的主要有美国的霍尔的“三维结构”模式、英国的切克兰德的“调查学习”模式。

§2.1.1 霍尔的三维结构

1969年美国工程师霍尔提出“三维结构”,对系统工程的一般过程作了比较清楚的说明,它将系统的整个管理过程分为前后紧密相联的六个阶段和七个步骤,并同时考虑到为完成这些阶段和步骤的工作所需的各种专业管理技术知识。三维结构由时间维、逻辑维和知识维组成,如图2-1所示。

一、时间维

三维结构中,时间维表示从规划到更新,按时间顺序排列的系统工程全过程,分为六个阶段。

(1) 规划阶段:对将要开展研究的系统进行调查研究,明确研究目标,在此基础上,提出自己的设计思想和初步方案,制定出系统工程活动的方针、政策和规划。

(2) 方案阶段:根据规划阶段所提出的若干设计思想和初步方案,从社会、经济、技术可行性等方面进行综合分析,提出具体计划方案并选择一个最优方案。

(3) 研制阶段:以计划为行动指南,把人、财、物组成一个有机的整体,使各个环节、各个部门围绕总目标,实现系统的研制方案,并作出生产计划。

(4) 生产阶段:生产或研制开发出系统的零部件(硬软件)及整个系统。

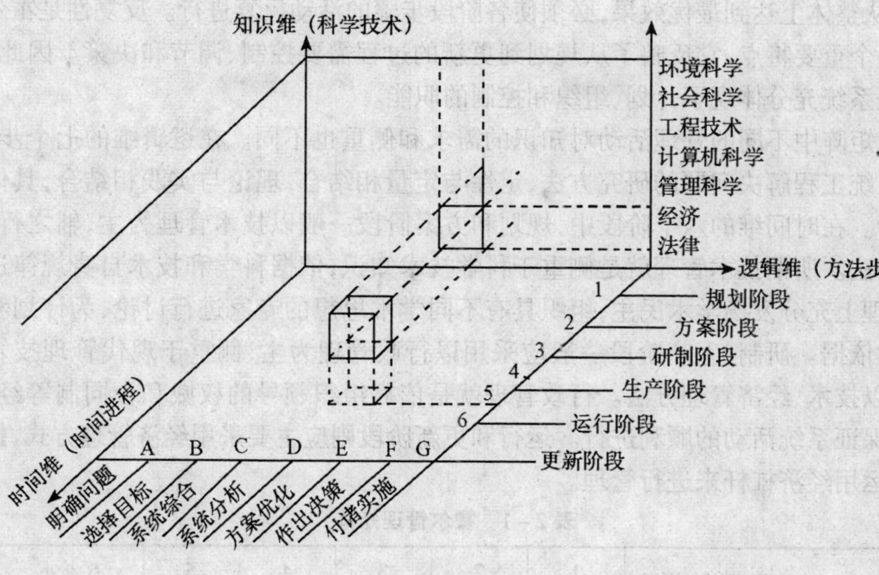

图 2-1　系统工程的霍尔三维结构

(5) 运行阶段:把系统安装好,完成系统的运行计划,使系统按预定目标运行服务。

(6) 更新阶段:完成系统的评价,在现系统运行的基础上,改进和更新系统,使系统更有效地工作,同时为系统进入下一个研制周期准备条件。

二、逻辑维

三维结构中,逻辑维是指每个阶段所要进行的工作步骤,这是运用系统工程方法进行思考、分析和解决问题时应遵循的一般程序。

(1) 明确问题:尽可能全面地收集资料、了解问题,包括实地考察和测量、调研、需求分析和市场预测等。

(2) 选择目标:对所解决的问题,提出应达到的目标,并制定出衡量是否达标的准则。

(3) 系统综合:搜集并综合达到预期目标的方案,对每一种方案进行必要的说明。

(4) 系统分析:应用系统工程方法技术,将综合得到的各种方案,系统地进行比较、分析,必要时,建立数学模型进行仿真实验或理论计算。

(5) 方案优化:对数学模型给出的结果加以评价,筛选出满足目标要求的最佳方案。

(6) 作出决策:确定最佳方案。

(7) 付诸实施:方案的执行,完成各个阶段的管理工作。

三、知识维

三维结构中的知识维是指在完成上述各种步骤所需要的各种专业知识和管理知识,包括科学学、工程技术、经济学、法律、数学、管理科学、环境科学、计算机技术等方面的知识。

运用系统工程知识,把六个时间阶段和七个逻辑步骤结合起来,便形成所谓霍尔管理矩阵(详见表 2-1)。矩阵中时间维的每一阶段与逻辑维的每一步骤所对应的点 a_{ij}($i = 1,2,\cdots,6;j = 1,2,\cdots,7$),代表着一项具体的管理活动。矩阵中各项活动相互影响,紧密相关,要从整体上达到最优效果,必须使各阶段步骤的活动反复进行。反复性是霍尔管理矩阵的一个重要特点,它反映了从规划到更新的过程需要控制、调节和决策。因此,系统工程过程系统充分体现了计划、组织和控制的职能。

管理矩阵中不同的管理活动对知识的需求和侧重也不同。在逻辑维的七个步骤中,体现了系统工程解决问题的研究方法,定性与定量相结合,理论与实践相结合,具体问题具体分析。在时间维的六个阶段中,规划和方案阶段一般以技术管理为主,辅之行政、经济管理方法。所谓技术管理就是侧重于科学技术知识,依据科学和技术自身规律进行管理,在管理上充分发扬学术民主,组织具有不同学术思想的专家进行讨论,为计划和实施提供科学依据。研制、生产阶段一般应采用以行政管理为主,侧重于现代管理技术的运用,辅之以技术、经济管理方法。行政管理就是依靠组织领导的权威和合同制等经济、法律手段,保证系统活动的顺利进行。运行和更新阶段则应主要采用经济管理方式,按照经济规律,运用经济杠杆来进行管理。

表 2-1 霍尔管理矩阵

逻辑维(步骤) 时间维(阶段)	1 明确问题	2 选择目标	3 系统综合	4 系统分析	5 方案优化	6 作出决策	7 付诸实施
1. 规划阶段	a_{11}	a_{12}	a_{13}	a_{14}	a_{15}	a_{16}	a_{17}
2. 方案阶段	a_{21}	a_{22}	a_{23}	a_{24}	a_{25}	a_{26}	a_{27}
3. 研制阶段	a_{31}	a_{32}	a_{33}	a_{34}	a_{35}	a_{36}	a_{37}
4. 生产阶段	a_{41}	a_{42}	a_{43}	a_{44}	a_{45}	a_{46}	a_{47}
5. 运行阶段	a_{51}	a_{52}	a_{53}	a_{54}	a_{55}	a_{56}	a_{57}
6. 更新阶段	a_{61}	a_{62}	a_{63}	a_{64}	a_{65}	a_{66}	a_{67}

总之,系统工程过程系统的每一阶段都有自己的管理内容和管理目标,每一步骤都有自己的管理手段和管理方法,彼此相互联系,再加上具体的管理对象,组成了一个有机的整体。把系统工程过程系统运用于大型工程项目,尤其是探索性强、技术复杂、投资大、周期长的"大科学"研究项目,可以减少决策上的失误和计划实施过程中的困难。国内外许多事例表明,运用科学的管理方法,决策的可靠性可提高一倍以上,节约时间和总投资平均在15%以上,而用于管理的费用一般只占总投资的3%~6%。例如1958年美国海军特种计划局首次运用计划评审技术控制研究进度,使"北极星"导弹核潜艇的研制任务提前两年完成。

§2.1.2 切克兰德的"调查学习"模式

系统工程常常把所研究的系统分为良结构系统与不良结构系统两类。所谓良结构系统是指偏重工程、机理明显的物理型的硬系统,它可以用较明显的数学模型描述,有较现成的定量方法可以计算出系统的行为和最佳结果。解决这类系统所用的方法通常称"硬方法",霍尔的三维结构主要适用于解决良结构的硬系统。所谓不良结构系统是指偏重社会、机理尚不清楚的生物型的软系统,它较难用数学模型描述,往往只能用半定量、半定性或者只能用定性的方法来处理问题。解决这类系统所用的方法,通常称为"软方法"。

"软"的主要原因是它加入了人的判断和直觉，因此，解决问题时不像硬方法可以求出最佳的定量结果，而是所求出的结果一般是可行的满意解，并且有些结果随人而异，因人而定。到目前为止，解决不良结构的软系统方法已提出一些，如专家调查法（德尔菲法，Delphi）、情景分析法（scenario）、冲突分析法（conflict analysis）等等。但从系统工程方法论角度看，切克兰德的"调查学习"方法具有更高的概括性。

切克兰德的"调查学习"软方法的核心不是寻求"最优化"，而是"调查、比较"或者说是"学习"，从模型和现状比较中，学习改善现存系统的途径。它的方法步骤如下，流程图可用图 2－2 表示。

(1) 不良结构系统现状说明。通过调查分析，对现存的不良结构系统的现状进行说明。

(2) 弄清关联因素。初步弄清、改善与现状有关的各种因素及其相互关系。

(3) 建立概念模型。在不能建立数学模型的情况下，用结构模型或语言模型来描述系统的现状。

(4) 改善概念模型。随着分析的不断深入和"学习"的加深，进一步用更合适的模型或方法改进上述概念模型。

(5) 比较。将概念模型与现状进行比较，找出符合决策者意图而且可行的改革途径或方案。

(6) 实施。实施提出的改革方案。

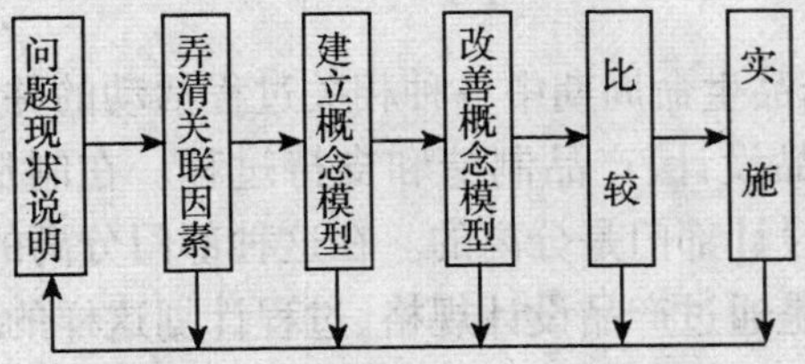

图 2－2　切克兰德"调查学习"方法流程图

＊§2.2　并行工程方法学

§2.2.1　并行工程的定义

并行工程（Concurrent Engineering，简称 CE）是美国在 80 年代末提出的，在计算机集成制造系统 CIMS 和系统工程中发展起来的工程技术，也是美国国防部在 90 年代乃至 21 世纪发展武器装备系统的基本管理模式。其核心内容是：强调用户需求，并把用户需求转化为完整的产品要求；交互作用、互相协调的并行研制过程，以便将产品的设计与产品的制造过程和保障过程用系统工程方法综合在一起，从而在产品的整个研制过程中综合考虑其性能、可靠性、维修性、保障性和生产性；建立多学科（多专业）的综合产品研制机制及计算和辅助工程环境。

IDA 的 Winner 等人对并行工程的定义[6]是：

并行工程是对产品及相关过程,包括制造过程和支持过程,进行并行、一体化设计的一种系统化方法,这种方法力图使产品开发者从一开始就考虑到产品全生命周期从概念形成到产品报废的所有因素,包括质量、成本、进度和用户需求。

因此,并行工程所体现的主要思想有:

(1) 约束信息的并行性:即设计时同时考虑产品生命周期的所有因素,作为设计结果,同时产生产品设计规格(或 CAD 文件)和相应的制造和支持过程计划。

(2) 功能的并行性:即产品生命周期所涉及的各功能领域工程活动并行交叉进行。

(3) 集成性:要求实现产品及其过程的一体化并行设计,根本在于研究开发、产品设计、过程设计、制造装配和市场的全面集成。

(4) 协同性:指多学科并行工程小组协同工作,即产品全生命周期中各阶段不同领域技术人员(包括顾客和供应商)的全面参与和协同工作。

(5) 科学性:并行工程采用了迄今最为先进的开发工具、方法和技术,如全面质量管理、系统工程方法、质量工程方法、计算机辅助系统等。

T.Q.C.S 是并行工程强调的四大要素:分别指加速产品开发周期、提高产品质量、降低成本、提供优质服务。并行工程实际上是系统工程原理的深入和应用,也可以说是一种更为广义的优化设计,更加着重于集成性、协同性、并行性。因此,并行工程是系统工程在 90 年代的新挑战。

§2.2.2 并行工程过程设计

并行工程的关键是产品生命周期中各种相关过程活动的并行进行和协作演进。实际上,相关过程主要包括产品设计、产品制造和支持过程。在制造业的传统组织结构模式下,产品设计部门和过程设计部门是分离的。在这种部门分离的情况下,中间信息不能为部门共享,部门间的通讯是通过产品设计规格、过程计划这样的最终输出来实现的。前一部门的输出是后一部门的输入,也是后序过程开始的必要条件。并行工程则要集成产品全生命周期中的各种工程过程,以保证相应于功能、性能、生产性、可靠性等在内的所有因素的整体上最优,获得满意的产品设计。这些被集成的工程过程几乎囊括了企业的主要业务活动。主要有:需求工程、产品设计工程(包括产品设计和工艺规划)、制造工程、后勤工程、可靠性工程、可维修性工程、人素和安全性工程、价值工程、决策过程、质量工程、经济工程等。并行工程的过程设计方法就是在实现产品和过程设计的并行进行和协作演进。

§2.2.3 并行组织管理模式

1. 向扁平型组织结构演化

传统组织管理理论中的一个基本概念是将工作划分成各种专业化的任务,然后根据这些专业化的任务组成不同的部门。一般地,在组织中存在两种类型的专业分工:以组织的等级结构为代表的垂直方向的专业化分工,以部门为代表的水平方向的专业化分工。而并行工程过程要求的信息集成化,将使企业内各组织单位之间的相互关系更加紧密,以至会打乱和冲破传统部门之间的界限划分。因此,信息集成化往往会引起企业内部信息交流渠道的再构造。一方面可以通过企业组织结构的重组来实现，另一方面还可以通过利用先进的计算机和通讯技术来加强。这样与并行工程过程相应的组织结构应该是一种协作组织结构，有利于促进组织间包括垂直和水平两个方向的通讯。垂直方向的集成缩短了信息传递途径，而水平方向的集成则能加强不同领域间的融合与协作。因此，并行工程对组织结构的影响表现为向扁平型组织结构演化的趋势。

2. 并行工程的小组化组织结构

多功能小组是并行工程实施过程中普遍采用的组织结构形式。小组成员来自产品生命周期相关的主要技术领域，他们共同负责产品从需求分析直到交付使用过程中的所有工作，是一种群体工作模式，如图 2-3 所示。这种组织结构形式已经得到普遍的认可，并已在实践中得到成功的应用。

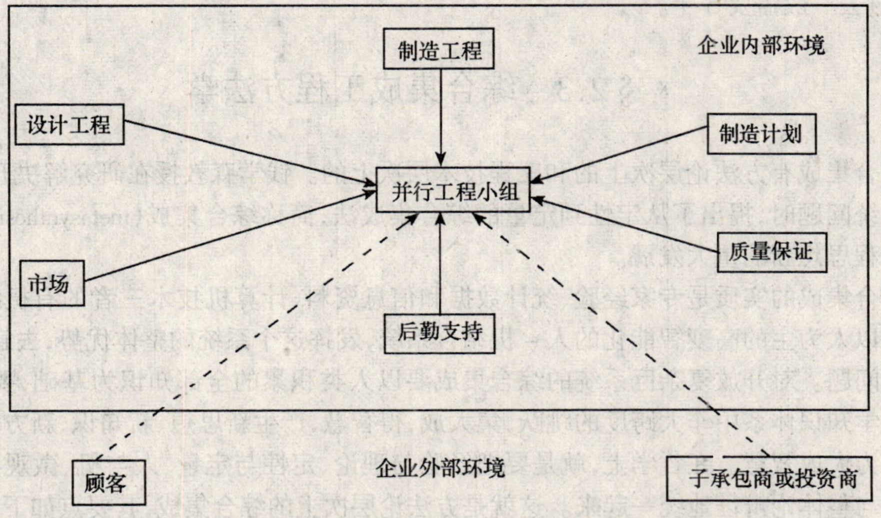

图 2-3　并行工程的小组化组织结构

§2.2.4　并行工程的实施步骤

并行工程的实施可根据自动化程度分为三类，即小组化方法、计算机辅助方法和计算机支持的协同工作方法。

小组化方法是以人为中心的方法，他们根据工作过程决定什么时候使用什么工具，通过人的交互工作实现功能和信息的集成。计算机支持的协同工作方法提供了一个全面集成的企业环境，既强调人的作用，又强调技术的支持，是小组化方法和计算机集成支持环境相结合的方法。

企业实施并行工程牵涉到企业组织结构及经营的各个方面，必须按照并行工程管理技术和方法组织实施，实施步骤如下：

(1) 制定并行工程实施计划：顶层管理人员了解并行工程和过程管理的有关概念，分析企业现有业务流程、组织结构和管理模式，考察并行工程将要影响的所有方面，制定实施纲要。初步确定导入 CE 的实验项目，根据项目涉及的功能领域，组织 CE 小组；

(2) 确定明确的开发目标;

(3) 并行工程培训和基础设施准备;

(4) 分析现有过程;

(5) 按照重组原则改进现有的过程模型;

(6) 实施新过程;

(7) 评价结果并改进。

大量实践表明,实践并行工程能使应用项目取得明显的效益,提高企业竞争能力。例如,美国《BYTE》杂志 1994 年第 7 期报道了洛克希德导弹与空间企业(LMSC)采用并行工程的方法缩短新型号导弹开发周期的消息,题为"加速工程设计",LMSC 采用并行工程的方法,最终使产品开发周期缩短了 60%,完成了预定的目标,在计划的 24 个月内完成任务,而过去一般需要 5 年。

* §2.3 综合集成工程方法学

综合集成有方法论层次上的和工程技术层次上的。钱学森教授在研究解决开放的复杂巨系统问题时,提出了从定性到定量的综合集成法,简称综合集成(metasynthesis),这是系统工程思想新的重大发展。

综合集成的实质是专家经验、统计数据和信息资料、计算机技术三者的有机结合,构成一个以人为主的高度智能化的人-机结合系统,发挥这个系统的整体优势,去解决复杂的决策问题。对开放复杂巨系统的综合集成要以人类积累的全部知识为基础,要在整个现代科学知识体系中作大跨度的跳跃,集大成,得智慧,产生新思想、新知识、新方法,钱学森称其为大成智慧。在哲学上,就是要把经验与理论、定性与定量、人与机、微观与宏观、还原论与整体论辩证地统一起来。这就是方法论层次上的综合集成,其要点如下:

(1) 直接诉诸实践经验,特别是专家的经验、感受和判断力,把这些经验知识和现代科学提供的理论知识结合起来。

(2) 专家的经验是局部的、多半是定性的,要通过建模计算把这些定性知识和各种观测数据、统计资料结合起来,使局部定性的知识达到整体定量的认识。

(3) 把人与计算机结合起来,充分利用知识工程、专家系统和电脑的优点,同时发挥人脑的洞察力和形象思维能力,取长补短,产生出更高的智慧。

如何进行综合集成,除方法论层次上的综合集成外,还应特别重视工程技术层次上的综合集成。综合集成工程具有很强的可操作性。运用综合集成工程解决开放复杂巨系统问题的基本步骤和要点是:

(1) 一个实际问题提出来后,研究者(或研究小组)首先要充分收集有关的信息资料,调用有关方面的统计数据,作为开展研究工作的基础性准备。这些数据资料中包含系统定性、定量特性的信息,没有它们就不可能实现从关于系统的局部定性认识经过综合集成达到关于系统的整体定量认识。

(2) 研究者约请各方面有关专家对系统的状态、特性、运行机制等进行分析研究,明确问题的症结所在,对系统的可能行为走向及解决问题的途径作出定性判断,形成经验性假设，明确系统的状态变量、环境变量、控制变量和输出变量，确定系统建模思想。

(3) 以经验性假设为前提，充分运用现有的理论知识，把系统的结构、功能、行为、特性、输入输出关系定量地表示出来，作为系统的数学模型，以便用模型研究部分地代替对实际系统的研究。

(4) 依据数学模型把有关的数据、信息输入计算机，对系统行为做仿真模拟试验，通过试验，获得关于系统特性和行为走向的定量数据资料。

(5) 组织专家群体对计算机仿真试验的结果进行分析评价，对系统模型的有效性进行检验，以便进一步挖掘和收集专家的经验、直觉、更深入细致的判断。所谓“即景生情”式的见解，常常是专家面对仿真试验结果时被诱导出来和明确起来的。如果再应用虚拟现实技术，可能会有意想不到的效果。

(6) 依据专家们的新见解、新判断，对系统模型作出修改，调整有关参数，然后再上机做仿真模拟试验，将新的试验结果再交给专家群体分析评价，根据新一轮的专家意见和判断再次修改模型，再做仿真试验，再请专家群体分析评价，如此反复循环，直到计算机仿真试验结果与专家意见基本吻合为止。最后得到的数学模型就是符合实际系统的理论描述，从这种模型中得出的结论将是可信的。

习题·思考题

1. 霍尔和切克兰德的系统工程方法论有什么不同?
2. 并行工程所体现的主要思想是什么?
3. 用具体事例说明方法论层次和工程技术层次上的综合集成。

第三章　系统建模与系统分析

要对大型复杂系统进行有效的分析研究并得到有说服力的结果，就必须首先建立系统的模型，然后才能借助模型对系统进行定量的或者定性与定量相结合的分析，因此，系统模型是系统工程解决问题的必要工具，系统建模与系统分析是系统工程人员必须掌握的重要手段。

§3.1　系统模型概述

§3.1.1　系统模型的定义与特征

一、定义

系统模型是一个系统某一方面本质属性的描述，它以某种确定的形式（例如文字、符号、图表、实物、数学公式等）提供关于该系统的知识。

系统模型一般不是系统对象本身，而是现实系统的描述、模仿或抽象。系统是复杂的，系统的属性也是多方面的。对于大多数研究目的而言，没有必要考虑系统的全部属性，因此，系统模型只是系统某一方面本质属性的描述，本质属性的选取完全取决系统工程研究的目的。所以，对同一个系统根据不同的研究目的，可以建立不同的系统模型。例如，图3-1所示是一个 RC 网络系统，如果考虑总电流 i 与分电流 i_1、i_2 之间的关系，则可建立如下数学模型：

$$i = i_1 + i_2 \tag{3.1.1}$$

而如果考虑输入电压 u_1 与输出电压 u_2 之间的关系，则可得到如下数学模型（应用传递函数的算子阻抗即可得下式）：

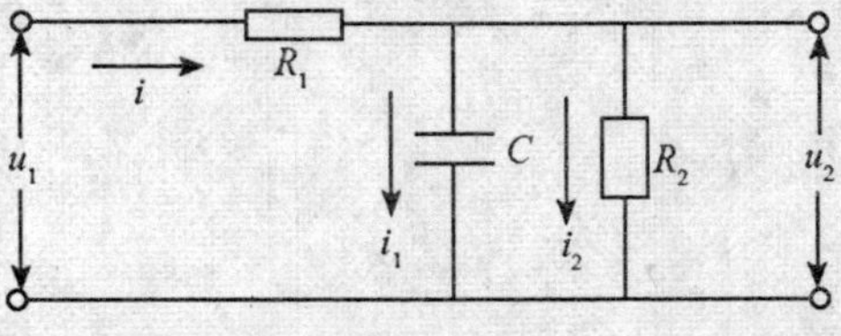

图3-1　RC 网络

$$u_2 = \mathscr{L}^{-1}\left[u_1(s)\frac{\frac{1}{Cs}/\!/R_2}{R_1 + R_2/\!/\frac{1}{Cs}}\right] \tag{3.1.2}$$

其中：符号//表示两个元件并联。

另一方面,同一种模型也可以代表多个系统,例如

$$y = kx \quad (k \text{为常量})$$

几何上:代表一条通过原点的直线;

代数上:表示比例关系;

设 $k=\pi$, x 代表直径,则 y 表示圆周长;

设 k 表示弹簧刚度, x 表示伸长量,则 y 表示弹簧力大小;

当 $k=a$ 表示加速度, $x=m$ 表示质量,则 y 表示物体所受外力大小等等。

二、特征

系统模型反映着实际系统的主要特征,但它又高于实际系统而具有同类问题的共性。因此,一个适用的系统模型应该具有如下三个特征:

(1) 它是现实系统的抽象或模仿;

(2) 它是由反映系统本质或特征的主要因素构成的;

(3) 它集中体现了这些主要因素之间的关系。

§3.1.2 使用系统模型的必要性

人类认识和改造客观世界的研究方法,一般来说主要有三种,即实验法、抽象法、模型法。实验法是通过对客观事物本身直接进行科学实验来进行研究的,因此局限性比较大。抽象法是把现实系统抽象为一般的理论概念,然后进行推理和判断,因此这种方法缺乏实体感,过于概念化。模型法是在对现实系统进行抽象的基础上,把它们再现为某种实物的、图画的或数学的模型,然后通过模型来对系统进行分析、对比和研究,最终导出结论。由此可见,模型法既避免了实验法的局限性,又避免了抽象法的过于概念化,所以它成为现代工程中一种最常用的研究方法。

在系统工程中,广泛使用系统模型还基于以下五个方面的考虑:

(1) 系统开发的需要。在开发一个新系统时,由于此时系统尚未建立,无法直接进行实验,只能通过建造系统模型来对系统的性能进行预测,以实现对系统的分析、优化和评价。

(2) 经济上的考虑。对大型复杂系统直接进行实验,其成本是十分昂贵的,但是使用系统模型就便宜多了。

(3) 安全上的考虑。对有些系统(如载人航天飞行器、核电站等)通过直接实验进行分析,往往是很危险的,有时甚至是根本不允许的。

(4) 时间上的考虑。社会、经济、生态等系统,由于惯性大、反应周期很长,对其直接进行实验要等若干年以后才能看到结果,这是系统分析和评价所不允许的。而使用系统模型进行分析,很快就可得到分析结果。

(5) 系统模型容易操作,分析结果易于理解。有时对现实系统进行直接实验虽然是允许的,而且也不过分费时、费钱,但此时采用系统模型仍然具有优越性。因为现实系统中包含的因素太多而且复杂,实验得到的结果往往难以直接与其中的某一因素挂钩,因此,直接实验的结果不易理解,而且试验过程中要改变系统参数也相当困难。但是,若使用系统模型情况就不一样了,由于系统模型突出了研究目的所要关注的主要特征,因此容易得

到一个清晰的结果，而且在系统模型（尤其是数学模型）上进行参数修正也是非常容易的。

§3.1.3　系统模型的分类

系统种类繁多，作为系统的描述——系统模型的种类也是很多的。表3－1列出了按不同原则分类的系统模型，从中我们可以了解系统模型的多样性。

表3－1　系统模型的一种分类方法

	分类原则	模型种类
1	按建模材料不同	抽象、实物
2	按与实体的关系	形象、类似、数学
3	按模型表征信息的程度	观念性、数学、物理
4	按模型的构造方法	理论、经验、混合
5	按模型的功能	结构、性能、评价、最优化、网络
6	按与时间的依赖关系	静态、动态
7	按是否描述系统内部特性	黑箱、白箱
8	按模型的应用场合	通用、专用
9	数学模型的分类：	
	(1) 按变量形式分	确定性、随机性、连续型、离散型
	(2) 按变量之间的关系分	代数方程、微分方程、概率统计、逻辑

下面介绍常用的几种系统模型。一般将系统模型分为物理模型、文字模型和数学模型三大类，其中物理模型与数学模型又可分为若干种，如图3－2所示。

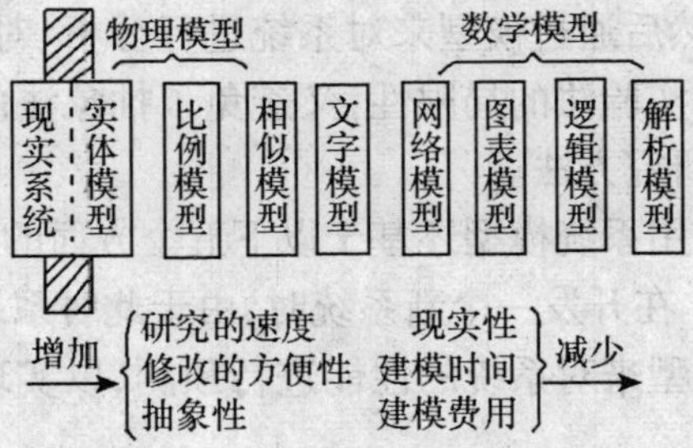

图3－2　系统模型的分类与特征比较

各种模型的含义解释如下：

(1) 实体模型。即系统本身，当系统的大小刚好适合研究而又不存在危险时，就可以把系统本身作为模型。实体模型包括抽样模型，例如标准件的生产检验是从总体中抽取一定数量的样本进行的，样本就是实体模型。

(2) 比例模型。是放大或缩小的系统，使之适合于研究。

(3) 相似模型。根据相似原理，利用一种系统去代替另一种系统。例如用电路系统代替机械系统、热力学系统进行研究，则电路系统就是后二者的相似模型。

(4) 文字模型。如技术报告、说明书等。在物理模型和数学模型都很难建立时，有时不得不用它来描述研究结果。

(5) 网络模型。用网络图来描述系统的组成元素以及元素之间的相互关系（包括逻辑关系与数学关系)。

(6) 图表模型。用图像和表格描述的模型,它们可以互相转化,这里说的图像是指坐标系中的曲线、曲面和点等几何图形。

(7) 逻辑模型。表示逻辑关系的模型,如方框图、程序单、模拟机排题图等。

(8) 解析模型。用数学方程式表示的模型。

§3.1.4 使用数学模型的好处

在系统工程中经常使用数学模型分析问题,其主要原因在于它具有如下好处:

(1) 它是定量分析的基础。在自然科学和工程技术领域里,数量不准将招致质量低劣,在社会科学领域里,没有定量分析会使人心中无数,造成决策失误,引起不必要的混乱。因此,采用数学模型进行定量分析已成为当代自然科学和社会科学进一步发展的共同要求。

(2) 它是系统预测和决策的工具。可以利用系统已有的数据建立预测模型,用来预测系统的未来状态,为正确决策提供依据。

(3) 它可变性好,适应性强,分析问题速度快,省时省钱,而且便于使用计算机,因此,它是所有模型中使用最广泛的一种。我们通常所说的系统建模,大多数情况下都是指建立系统的数学模型。

§3.2 系统建模方法

系统建模是系统工程人员的重要工作之一。建立一个简明的适用的系统模型,将为系统的分析、评价和决策提供可靠的依据。建造系统模型,尤其是建造抽象程度很高的系统数学模型,是一种创造性劳动。因此有人讲,系统建模既是一种技术,又是一种"艺术"。

§3.2.1 对系统模型的要求

对系统模型的要求可以概括为三条,即现实性、简明性、标准化。

1. 现实性

即在一定程度上能够较好地反映系统的客观实际,应把系统本质的特征和关系反映进去,而把非本质的东西去掉,但又不影响反映本质的真实程度。也就是说,系统模型应有足够的精度。精度要求不仅与研究对象有关,而且与所处的时间、状态和条件有关。因此,为满足现实性要求,对同一对象在不同情况下可以提出不同的精度要求。

2. 简明性

在满足现实性要求的基础上,应尽量使系统模型简单明了,以节约建模的费用和时间。这也就是说,如果一个简单的模型已能使实际问题得到满意的解答,就没有必要去建一个复杂的模型,因为建造一个复杂的模型并求解是要付出很高代价的。

3. 标准化

在建立某些系统的模型时,如果已有某种标准化模型可供借鉴,则应尽量采用标准化模型,或者对标准化模型加以某些修改,使之适合对象系统。

以上三条要求往往是相互抵触的,容易顾此失彼。例如,现实性和简明性就常常存在矛盾,如果模型复杂一些,虽然满足现实性要求,但建模和求解却相当困难,费时、费钱,同时也可能影响标准化的要求,为此,必须根据对象系统的具体情况妥善处理。一般的处理原则是:力求达到现实性,在现实性的基础上达到简明性,然后尽可能满足标准化。

§3.2.2 系统建模应遵循的原则

根据对系统模型提出的三条要求,可以导出系统建模时应该遵循的四项原则是:

1. 切题

模型只应包括与研究目的有关的方面,而不是对象系统的所有方面。例如,对一个空运指挥调度系统的研究,建模只需考虑飞机的飞行航向而无需考虑其飞行姿态。

2. 清晰

一个大型复杂系统是由许多联系密切的子系统组成的,因此对应的系统模型也是由许多子模型(或模块)组成的。在子模型与子模型之间,除了保留研究目的所必要的信息联系外,其它的耦合关系要尽可能减少,以保证模型结构尽可能清晰。

3. 精度要求适当

建立系统模型,应该视研究目的和使用环境不同,选择适当的精度等级,以保证模型切题、实用,而又不致花费太多。例如,一个受外力 F 作用下的物体 M,其动力学系统的数学模型,在不同使用环境下有不同精度等级,应该适当选择。

当物体的运动速度 v 足够小时,可以忽略空气阻力的影响,其符合精度要求的数学模型为

$$F = M\frac{\mathrm{d}^2 x}{\mathrm{d}t^2} \tag{3.2.1}$$

当速度 v 提高到必须考虑空气阻力的影响时,则其符合精度要求的数学模型为

$$F = M\frac{\mathrm{d}v}{\mathrm{d}t} + kv^2 \tag{3.2.2}$$

当物体的运动速度接近于光速 3×10^8 m/s 时,按相对论原理,此时 M 将不是常数,因此其符合精度要求的数学模型为

$$F = \frac{\mathrm{d}}{\mathrm{d}t}(Mv) + kv^2 \tag{3.2.3}$$

4. 尽量使用标准模型

在建立一个实际系统的模型时,应该首先大量调阅模型库中的标准模型,如果其中某些可供借鉴,不妨先试用一下。如能满足要求,就应该使用标准模型,或者尽可能向标准模型靠拢。

§3.2.3 系统建模的主要方法

针对不同的系统对象,可以采取不同的方法建造系统模型,其中主要方法有以下五种:

1. 推理法

对于内部结构和特性已经清楚的系统,即所谓的“白箱”系统(例如大多数的工程系

统),可以利用已知的定律和定理,经过一定的分析和推理,得到系统模型。

2. 实验法

对于那些内部结构和特性不清楚或不很清楚的系统,即所谓的“黑箱”或“灰箱”系统,如果允许进行实验性观察,则可以通过实验方法测量其输入和输出,然后按照一定的辨识方法,得到系统模型。

3. 统计分析法

对于那些属于“黑箱”,但又不允许直接进行实验观察的系统(例如非工程系统多数属于此类),可以采用数据收集和统计分析的方法来建造系统模型。

4. 混合法

大部分系统模型的建造往往是上述几种方法综合运用的结果。

5. 类似法

即建造原系统的类似模型。有的系统,其结构和性质虽然已经清楚,但其模型的数量描述和求解却不好办,这时如果有另一种系统其结构和性质与之相同,因而建造出的模型也类似,但是该模型的建立及处理要简单得多,我们就可以把后一种系统的模型看成是原系统的类似模型。利用类似模型,按对应关系就可以很方便地求得原系统的模型。例如很多机械系统、气动力学系统、水力学系统、热力学系统与电路系统之间某些现象彼此类似,特别是通过微分方程描述的动力学方程基本一致,因此可以利用研究得很成熟的电路系统来构造上述这些系统的类似模型。

上面针对不同情况提出了建造系统模型的五种方法(或思路)。应该指出的是,这些方法只能供系统建模者参考,而要真正解决系统建模问题还必须充分开发人的创造力,综合运用各种科学知识,针对不同的系统对象,或者建造新模型,或者巧妙地利用已有的模型,或者改造已有的模型,这样才能创造出更加适用的系统模型。因此,有人把建造系统模型看成是一种艺术,这说明建造系统模型确实需要充分发挥人的创造性,而不可能有现成的模式可以照搬。

§3.2.4 系统建模者应该具备的素质

一个称职的系统模型建造者应该具备以下几方面的能力:

(1) 对客观事物或过程能够透过现象抓住本质,使得对问题有一个深刻的理解、清晰的图景、清楚的层次和明确的轮廓。

(2) 在数学方面应有基本训练,要有一定的数学修养,并且掌握一套数学的思路和方法。

(3) 具有把实际问题与数学联系起来的能力,善于把各种现象中的表面差异撇去,而把本质的共性提炼出来。有些数学工作者或者实际工作者,在实际问题面前感到束手无策,主要就是由于缺乏这种能力,而这种能力在书本上是很难学到的。应该从实践中学,边干边学,逐步积累和培养这种能力。

系统建模者应该注意避免的四种倾向是:懒、馋、贪、变。

(1) 懒:没有详细地调查实际情况,仅仅根据一知半解,就随便假设,凭想象提出一些公式、数学方程和逻辑判断。这样建立起来的系统模型往往不能反映系统的实际情况,所得到的解当然也就没有用。

(2) 馋:建模时要求的数据太多,以至提供了全部现有数据和经过多方努力能够得到的数据也还是“喂不饱”,显然,这种要求是很难满足的。

(3) 贪:企图把研究问题的一切细节、一切因素都要包罗进去,以致模型过于复杂而无法求解。这是由于抓不住问题的本质和关键,抓不住主要矛盾所造成的。

(4) 变:企图把研究的问题“变”成为适合某种模型。这种改变问题的特征去适合某种模型的作法是一种本末倒置的作法,由此而建立起来的模型一点用处也没有。必须记住的是,最好的模型是一个实用的切题的模型,而不是一个外表漂亮的失真的模型。

§3.3 系统分析概述

系统分析(System Analysis)产生于20世纪40年代末期,是由于美国兰德(RAND)公司的工作而出名的。早期主要用于武器系统的成本和效益分析,是一种定量分析方法。60年代以后,人们开始将系统分析方法广泛地用于社会经济系统,并且在实践中逐步认识到仅有定量分析是不够的,还必须同时对众多的相互交叉影响的社会因素进行定性分析,这样才有可能使系统分析成为研究社会经济系统的有力的工具。正是在这种背景下,系统分析方法与传统的制定政策的过程相结合,产生了一门新的综合性学科即政策科学。由系统分析发展到政策科学的事实表明,系统分析正在为自然科学与社会科学的紧密结合创造有利条件,系统分析的应用范围必将更加广阔。

§3.3.1 系统分析的定义

目前对于系统分析的解释有广义与狭义之分。广义的解释是把系统分析作为系统工程的同义语,认为系统分析就是系统工程。狭义的解释是把系统分析作为系统工程的一个逻辑步骤,系统工程在处理大型复杂系统的规划、研制和运用问题时,必须经过这个逻辑步骤。由此可以看出,不论作何种解释,系统分析都是相当重要的。

美国学者奎德(E.S.Quade)认为,系统分析是通过一系列的步骤,帮助领导者选择最优方案的一种系统方法。这些步骤归纳起来主要是:研究领导者提出的整个问题,确定目标,建立方案,并且根据各个方案的可能结果,使用适当的方法比较各个方案,以便能够依靠专家的判断能力和经验处理问题。

我们认为,系统分析是对一个系统内的基本问题,采用系统方法进行分析研究,其具体内容包括研究领导者意图,明确主要问题,确定系统目标,开发可行方案,建立系统模型,进行定性与定量相结合的分析,全面评价和优化可行方案,从而为领导者的科学决策(即选择最优方案或者满意方案)提供可靠的依据。由此可见,系统分析与系统工程一样,是辅助领导者实现科学决策的一种重要工具。

§3.3.2 系统分析的要素

系统分析的基本要素有:目标、可行方案、费用、模型、效果、准则和结论。下面对它们分别加以说明。

1. 目标:系统的目标就是对系统的要求,它是系统分析的基础。系统分析人员最初的也是最重要的任务就是要了解领导者意图,明确存在的问题,确定系统的目标。

2. 可行方案:可行方案是指能够实现系统目标的各种可能的途径、措施和办法,到底其中哪一种最合适,这正是系统分析所要解决的问题。

3. 费用:费用是每一方案用于实现系统目标所需消耗的全部资源(用货币表示)。系统分析要研究费用的构成,计算系统的"寿命周期总费用"(Life Cycle Cost)。由于各种方案的费用构成可能很不一样,所以必须用同一种方法去估算它们,这样才能进行有实际意义的比较。

4. 模型:是对系统本质的描述,是方案的表达形式。凭借模型,可以对不同方案进行分析、计算和模拟,以获得各种方案的性能、数据和其它信息。

5. 效果:系统达到目标所取得的成果就是效果,衡量效果的尺度是效益和有效性,效益可以用货币形式表示,有效性则是用货币尺度以外的指标来评价。对于不同方案的效果,必须使用同一种方法去估算它们,这样才能进行直接比较。

6. 准则:准则是目标的具体化,是系统价值的度量,用以评价各种可行方案的优劣。准则必须定得恰当,而且要便于度量才行。

7. 结论:结论就是系统分析得到的结果,具体形式有报告、建议或意见等。对其要求主要是:一定不要用难懂的术语和复杂的推导,而要让领导者容易理解和使用。结论的作用只是阐明问题与提出处理问题的意见和建议,而不是提出主张与进行决策。因此,结论只有经过领导者的决策以后,才能付诸行动,发挥它的社会效益和经济效益。

以上七个要素组成了如图 3-3 所示的系统分析要素结构图。

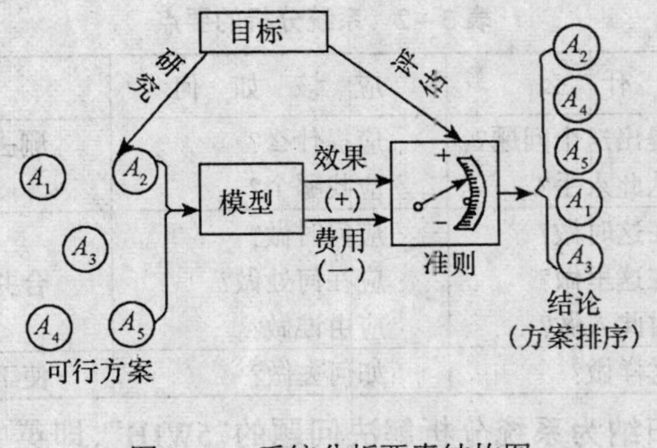

图 3-3　系统分析要素结构图

从这个要素结构图可以看到:系统分析是在明确系统目标的前提下进行的,经过开发研究得到能够实现系统目标的各种可行方案以后,首先要建立模型,并借助模型进行效果-费用分析,然后依据准则对可行方案进行综合评价,以确定方案的优先顺序,最后向领导者提出系统分析的结论(报告、意见或建议),以辅助领导者进行科学决策。

§3.3.3　系统分析的原则

一、内部因素与外部因素相结合

系统的内部因素往往是可控的,而外部因素往往是不可控的,系统的功能或行为不仅受到内部因素的作用，而且受到外部因素的影响和制约，因此对系统进行分析，必须把内外各种有关因素结合到一起来考虑。通常的处理办法是，把内部因素选为决策变量，把外部因素作为约束条件，用一组联立方程式来反映它们之间的相互关系。

二、当前利益与长远利益相结合

选择最优方案，不仅要从目前利益出发，而且还要同时考虑长远利益，要两者兼顾。如果两者发生矛盾，应该坚持当前利益服从长远利益的原则。

三、局部效益与总体效益相结合

局部的最优并不意味着总体最优。总体的最优往往要求局部放弃最优而实现次优或次次优。所以进行系统分析，必须坚持"系统总体效益最优、局部效益服从总体效益"的原则。

四、定性分析与定量分析相结合

定量分析是指采用数学模型进行的数量指标的分析，但是一些政治因素与心理因素、社会效果与精神效果目前还无法建立数学模型进行定量分析，只能依靠人的经验和判断力进行定性分析。因此在系统分析中，定性分析不可忽视，必须把定性分析与定量分析结合起来进行综合分析，或者交叉地进行，这样才能达到系统选优的目的。

§3.3.4 系统分析的要点与步骤[8]

一、系统分析的要点

系统分析是运用逻辑思维推理的方法对问题进行分析，在分析时往往要通过一系列的"为什么?"而使问题得到圆满的解答，我们可以借用表 3－2 来理解系统分析的要点。

表 3－2 系统分析的要点

项目	为什么	应该如何	采取什么对策
目的 对象	为什么提出这个问题? 为什么从此入手?	应提什么? 应找哪个?	删去工作中不必要部分
时间 地点 人	为什么在这时做? 为什么在这里做? 为什么由此人做?	应何时做? 应在何处做? 应由谁做?	合并重复的工作内容
方法	为什么这样做?	如何去做?	使工作尽量简化

有人把上述内容归纳为系统分析解决问题的"5W1H"，即英文词：What，Why，When，Where，Who，How。例如，当我们接受了某个系统的开发任务时，我们必须首先设定问题，然后才能对问题进行分析研究，找到解决问题的对策。如果此时拟出下列疑问句自问自答，就很容易抓住问题的要点，找到解决问题的关键。

1. 任务的对象是什么？即要干什么？（What）
2. 这个任务何以需要？即为什么这样干？（Why）
3. 它在什么时候和什么样的情况下使用？即何时干？（When）
4. 使用的场所在哪里？即在何处干？（Where）
5. 是以谁为对象的系统？即谁来干？（Who）
6. 怎样才能解决问题？即如何干？（How）

以台湾省建立核电厂为例，这些问题的答案如下：

1. 要干什么？在研究台湾省核电厂的建立问题时，就是用系统分析方法探讨在台湾省建设核电厂的可行性如何。

2. 为什么在台湾省建立核电厂？因为台湾省自产能源很少，历来靠从岛外调进原油和煤炭发电，调进能源受政治、经济、交通运输等影响太大，自己无法掌握主动权。同时也为了减少环境污染和在经济上求得更廉价的电力。

3. 何时建立为宜？电力是工业的先行官，要发展经济首先要发展电力工业。当前世界屡发能源危机，因此，为保证台湾经济的稳定与发展，建设核电厂是刻不容缓的事情。

4. 何处建厂为宜？从避开地震、断裂、海啸、流沙区而又有足够冷却水，远离人口密集的中心城市而又比较接近用电地区等方面来看，选址台湾省北部沿海为宜。

5. 由何单位承建？由台湾省电力公司负责建设，并请工程顾问公司提供各种技术方面的咨询服务工作。

6. 如何进行？工程进度应服从十年发电规划，具体技术细节还须由工程顾问公司作进一步研究后再提出。

运用5W1H式的疑问句对开发任务提问，除上述问题外还能想出其它一些问题。在系统开发的各个阶段，所要解决的问题应从宏观逐渐转移到微观，因此，对这些疑问的回答也要按照不同阶段而改变。

二、系统分析的步骤

任何问题的分析与研究，均有其一定的逻辑推理步骤，在第二章，我们已对霍尔(A.D.Hall)的三维结构中的逻辑维进行了比较详细的剖析，这里所讲的系统分析步骤仍是霍尔三维结构中的逻辑维的进一步明确化，二者之间没有本质的区别。因此，系统分析的步骤可以概括如下：

1. 明确问题与确定目标。当一个有待研究分析的问题确定以后，首先要将问题做有系统的合乎逻辑的阐述，其目的在于确定目标，说明问题的重点与范围，以便进行分析研究。

2. 搜集资料，探索可行方案。在问题明确以后，就要拟定解决问题的大纲和决定分析方法，然后依据已搜集的有关资料找出其中的相互关系，寻求解决问题的各种可行方案。

3. 建立模型。为便于对各种可行方案进行分析，应建立各种模型，借助模型预测每一方案可能产生的结果，并根据其结果定性或定量分析各方案的优劣与价值。

4. 综合评价。利用模型和其它资料所获得的结果，将各种方案进行定性与定量相结合的综合分析，显示出每一种方案的利弊得失和效益成本，同时考虑到各种有关的无形因素，如政治、经济、军事、科技、环境等，以获得对所有可行方案的综合评价和结论。

5. 检验和核实。以试验、抽样、试运行等方式检验所得到的结论，提出应该采取的最佳方案。

在系统分析过程中可以利用不同的模型，在不同的假定下对各种可行方案进行比较，从中选优，获得结论，提出建议，但是否实施，则是决策者的责任。

§3.3.5 系统分析的方法

系统分析没有一套特定的普遍适用的技术方法，随着分析的对象不同，分析的问题不同，所使用的具体方法可能很不相同。一般说来，系统分析的各种方法可分为定性和定量的两大类。定量方法适用于系统结构清楚，收集到的信息准确，可建立数学模型等情况。在本书以后各章节中将陆续介绍各种定量的系统分析方法，例如投入产出分析法、效益成本分析法等。如果要解决的问题涉及的系统结构不清，收集到的信息不太准确，或是由于评价者的偏好不一，对于所提方案评价不一致等，难以形成常规的数学模型时，可以采用定性的系统分析方法，例如目标－手段分析法、因果分析法、KJ 法等。

一、目标－手段分析法

目标－手段分析法，就是将要达到的目标和所需要的手段按照系统展开，一级手段等于二级目标，二级手段等于三级目标，依次类推，便产生了层次分明、相互联系又逐渐具体化的分层目标系统。在分解过程中，要注意使分解的分目标与总目标保持一致，分目标的集合一定要保证总目标的实现。分解过程中，分目标之间可能一致，也可能不一致，甚至是矛盾的，这就需要不断调整，使之在总体上保持协调。将总目标分解为若干个阶层的分目标，需要有很大的创造性和掌握丰富的科学技术知识与实践经验。目标分解需反复地进行，直到认为满意为止。

目标－手段分析法实质是运用效能原理不断进行分析的过程。图 3－4 是发展能源的目标－手段分析图。要发展能源，其手段主要有发展现有能源生产、开发研究新能源和节约能源，而节约能源的主要手段是综合利用能源和开发节能设备。

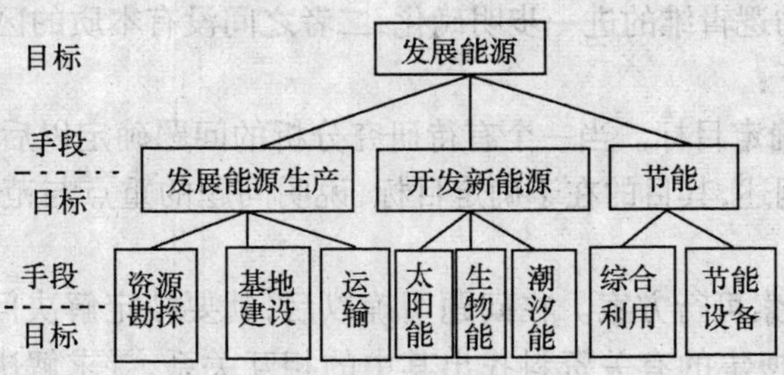

图 3－4　发展能源的目标－手段分析图

二、因果分析法

它是利用因果分析图来分析影响系统的因素，并从中找出产生某种结果的主要原因的一种定性分析方法。

系统某一行为(结果)的发生，绝非是一种或两种原因所造成，而往往是由于多种复杂因素的影响所致。为了分析影响系统的重要因素，找出产生某种结果的主要原因，系统分析人员广泛使用了一种简便而有效的定性分析方法——因果分析法。这种方法是在图上用箭头表示原因与结果之间的关系(如图 3－5 所示)，形象简单，一目了然，特别是在分析的问题越复杂时越能发挥其长处，因为它把人们头脑中所想问题的结果与其产生的原因结构图形化、条理化。在许多人集体讨论一个问题时，这种方法便于把各种不同意见加以综合整理，从而使大家对问题的看法逐渐趋于一致。

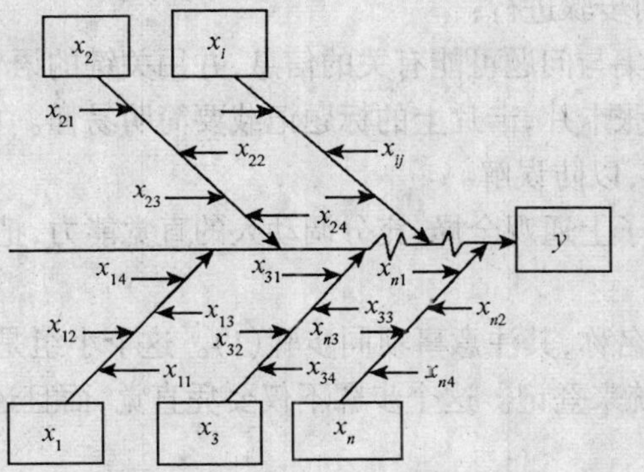

图 3-5　因果分析图

图 3-6 是某工厂在分析产品质量不稳定的原因时曾经用过的一张因果分析图，将其制成幻灯片，投影在工厂会议室的墙壁上，便于参加质量分析会的各方面专家集体会诊，因而比较快地找到了质量不稳定的主要原因及其应该采取的对策。

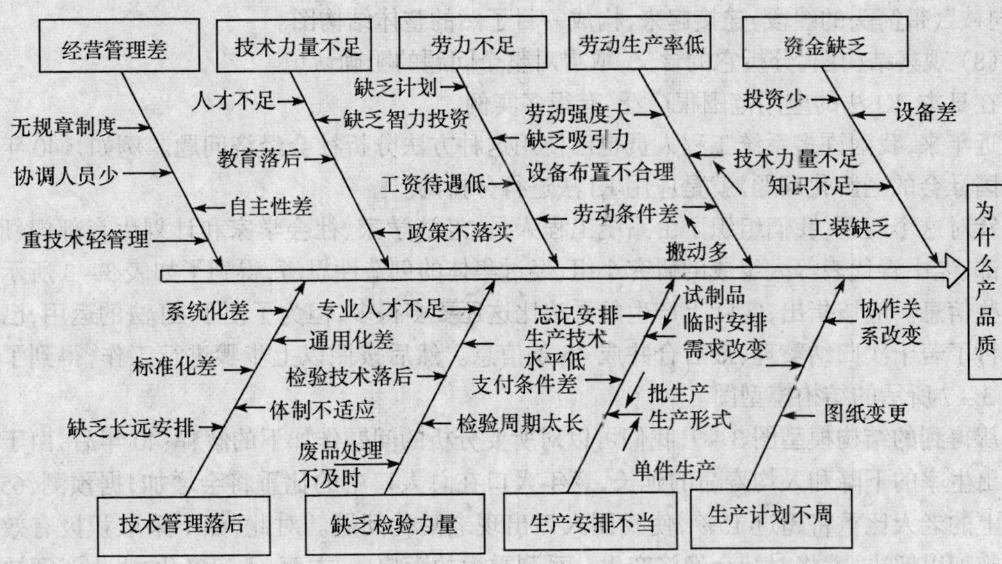

图 3-6　某工厂用于分析产品质量不稳定的因果分析图

三、KJ 法

KJ 法是一种直观的定性分析方法，它是由日本东京工业大学的川喜田二郎（Kauakida Jir）教授开发的。

KJ 法是从很多具体信息中归纳出问题整体含义的一种分析方法。它的基本原理是：把一个个信息做成卡片，将这些卡片摊在桌子上观察其全部，把有“亲近性”的卡片集中起来合成为子问题，依次做下去，最后求得问题整体的构成。这种方法把人们对图形的思考功能与直觉的综合能力很好地结合起来，不需要特别的手段和知识，不论是个人或者团体都能简便地实行,因此,是分析复杂问题的一种有效的方法。

KJ 法的实施按下列步骤进行:

(1) 尽量广泛地收集与问题可能有关的信息,并用关键的语句简洁地表达出来。

(2) 一个信息做一张卡片,卡片上的标题记载要简明易懂。如果是团体实施,则要在记载前充分协商好内容,以防误解。

(3) 把卡片摊在桌子上通观全局,充分调动人的直觉能力,把有“亲近性”的卡片集中到一起作为一个小组。

(4) 给小组取个新名称,其注意事项同步骤(1)。这个小组是由小项目(卡片)综合起来的,应把它作为子系统来登记。这个步骤不仅要凭直觉,而且还要运用综合和分析能力发现小组的意义所在。

(5) 重复步骤(3)和(4),分别形成小组、中组和大组,但对难于编组的卡片不要勉强地编组,可把它们单独放在一边。

(6) 把小组(卡片)放在桌子上进行移动,根据小组间的类似关系、对应关系、从属关系和因果关系等进行排列。

(7) 将排列结果画成图表,即把小组按大小用粗细线框起来,把一个个有关系的框用“有向枝”(带箭头的线段)连接起来,构成一目了然的整体结构图。

(8) 观察结构图,分析它的含义,取得对整个问题的明确认识。

在日本,KJ 法的应用范围很广泛,有很多实例。

近年来,我国许多系统工程人员也已使用这种方法分析社会经济问题。例如,《40 年后我国社会的老龄化问题》就是应用 KJ 法进行分析的。

针对这个问题,我们组织了由系统工程人员、经济学家、社会学家和计划生育部门领导干部、老中青代表等人组成的研究小组,经过集体的创造性思考,得到了如表 3 - 3 所示的一些信息。应该指出,实际上产生的看法比这还要多得多,但为了便于 KJ 法的运用,已经进行了若干次归纳整理,最后合并成 45 条信息。然后按照以上步骤进行工作,得到了如图 3 - 7 所示的结构模型图。

从得到的结构模型图 3 - 7,我们可以对所要分析的问题作如下的解释:40 年后,由于人口出生率的下降和人均寿命的延长,老年人口在总人口中的比重将会增加,据预测,65 岁以上的老人比重将超过 15%,使我国人口出现老龄化问题。对此,如不采取积极有效的措施加以解决,就将对社会经济产生一系列重大的影响:一方面,人口老化,人力资源缺乏,创造力下降,社会负担加重,限制了生产力的发展和经济的增长;另一方面,老年人增多,原有的文教体卫设施已不适应,衣食住行和社会需求发生了很大变化,不仅给医疗保健和社会服务工作增加了压力,而且会产生新的社会矛盾:老年人因要求得不到满足会产生不幸福感,而青年人因晋升和施展才能方面受到压抑会出现不满情绪,这将导致“代沟”和社会矛盾的加深。经济增长减慢与社会矛盾加深交织在一起,相互影响,必将阻碍社会的进步和发展。

表 3-3　社会老龄化问题的有关信息

编号	内　　容	编号	内　　容
1	劳动力不足	24	衣着式样不适应
2	家庭不和睦	25	社会道德观念不适应
3	出生率下降	26	体育设施不适应
4	需照顾的老人增多	27	兵源不足
5	平均寿命增加	28	经济缺乏竞争力
6	生活水平下降	29	工资结构不合理
7	老年人孤独	30	生产成本上升
8	思想僵化	31	社会需求改变
9	社会缺乏活力	32	生活环境变化
10	“代沟”加深	33	食物结构改变
11	老年医疗设施不足	34	服务行业增加
12	能源消耗大	35	服务人员不足
13	住房紧张	36	教育设施不适应
14	组织新家庭阻力大	37	娱乐设施不适应
15	交通设施不适应	38	青年人受压抑
16	年轻人提拔难	39	不易产生新思想
17	管理制度不适应	40	不易出研究成果
18	教育设施不适应	41	社会矛盾增加
19	社会福利开支大	42	年轻人缺乏独立性
20	要求退休年龄增大	43	年轻人嫌弃老年人
21	青少年感到孤独	44	经济增长减慢
22	老年人不受尊敬	45	鲜艳色彩减少,生活单调枯燥
23	社会创造力下降		

§3.4　系统分析应用实例

§3.4.1　美军 F-10B 型飞机武器选型的系统分析

一、问题构成

美军为适应其有限战争论的需要,决定为 8 个中队(192 架)的 F-10B 型飞机增加武装,拟议中采用的主要武器为喇叭狗式导弹及 500 磅炸弹,两者只能选用一种。情况如下:

(1) 若是选用导弹,飞机要增加发射架及控制装置,每架飞机需增加 30 万美元;若选用炸弹,仅需增加一个炸弹架,每架飞机只增加 2.5 万美元。

(2) 导弹库存不多,需再增购,计算其首批恢复生产与以后储存所需成本,每枚导弹 10 年总成本为 7000 美元。炸弹有大量库存,计算 10 年的储存、保养成本仅需 100 美元。

因此,空军主张安装炸弹,陆军则认为炸弹威力小,对地面部队火力支援不够,两家相持不下,提交系统分析部门予以分析。

二、搜集资料

1. 计量资料

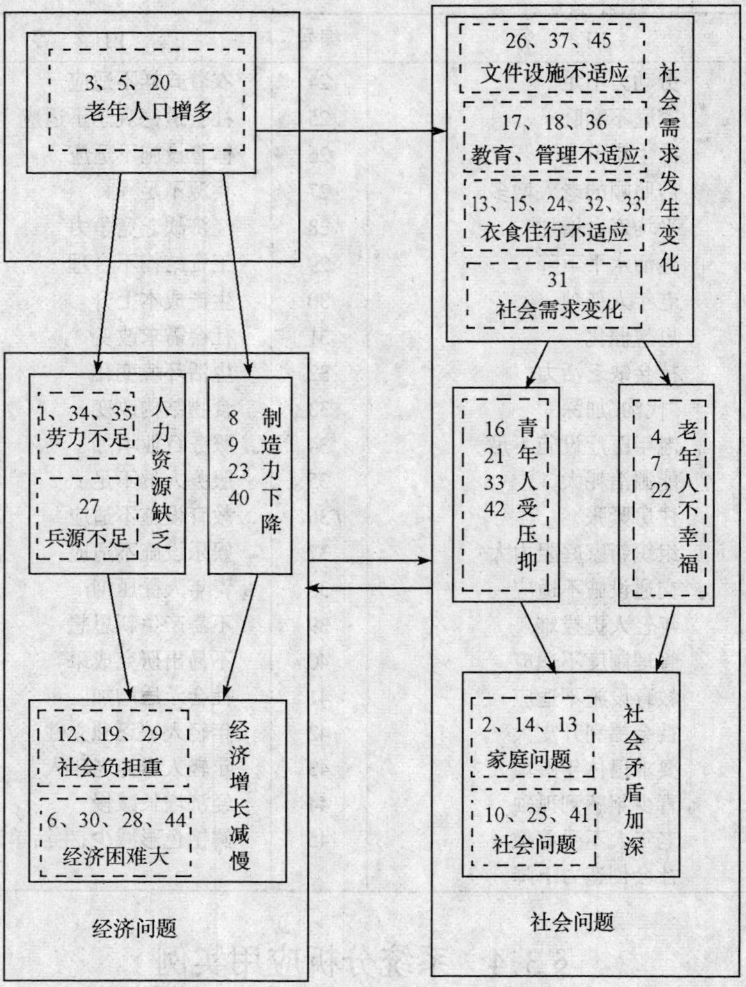

图 3－7　社会老龄化问题的结构模型图

摧毁目标的期望程度为 90%；

每摧毁一个目标需 2 枚导弹或 6 枚炸弹；

每发武器的命中概率为：导弹 70%，炸弹 32%；

每架飞机每次升空飞行时间 2 小时；

导弹每枚购置费 6500 美元，10 年储存成本 500 美元；

炸弹购置成本不计，每枚 10 年储存成本 100 美元。

2. F-10B 飞机的有关资料

每架成本 240 万美元(加装武器控制系统后每架成本 242.5 万美元或 270 万美元)；

攻击速度：每小时 600 至 1240 千米；

地面支援作战时，飞机被击毁概率每飞行小时为 1%；

每一飞行小时的飞行成本为 800 美元；

武器装载量：导弹 6 枚或炸弹 10 枚。

3. 其他资料(略)

三、定量分析

从军事角度出发,应以用经济有效的方法摧毁目标为准则。

1. 摧毁一个目标的武器成本 C_0

C_0 = 摧毁一个目标的武器数量 × 每一枚武器的费用

导弹: $C_0 = 2 \times (6500 + 500) = 14000$(美元)

炸弹: $C_0 = 6 \times (0 + 100) = 600$(美元)

2. 摧毁一个目标的投射成本 C_d

$$C_d = \frac{\text{摧毁目标所需量}}{\text{每一架次的携带量}} \times \text{每一架次的平均飞行时间} \times \text{每一飞行小时成本}$$

导弹: $C_d = \frac{2}{6} \times 2 \times 800 = 533$(美元)

炸弹: $C_d = \frac{6}{10} \times 2 \times 800 = 960$(美元)

3. 摧毁每一目标的损耗成本 C_a

$$C_a = \frac{\text{飞行小时}}{\text{摧毁目标}} \times \text{飞机损耗率} \times \text{每架飞机成本}$$

导弹: $C_a = \frac{2}{6/2} \times 0.01 \times 2700000 = 18000$(美元)

炸弹: $C_a = \frac{2}{10/6} \times 0.01 \times 2425000 = 29100$(美元)

4. 摧毁每一目标的总成本 T_c

$$T_c = C_0 + C_d + C_a$$

导弹: $T_c = 14000 + 533 + 18000 = 32533$(美元)

炸弹: $T_c = 600 + 960 + 29100 = 30660$(美元)

四、判断

1. 单从成本考虑,每摧毁一个目标,导弹成本高出1873美元;

2. 使用导弹,其精确度高,可减小陆军伤亡;

3. 使用导弹,飞机摧毁目标多。以飞机完好率80%计,每天飞行一架次,则3天内可摧毁目标数为

导弹: $192 \times 80\% \times 3 \times 3 = 1382$(个)

炸弹: $192 \times 80\% \times 1.7 \times 3 = 783$(个)

后者为前者的56.6%。

4. 使用导弹后,飞行高度提高,防空武器的火力命中率低,可指望被击落的概率降低。

五、结论

每摧毁一个目标,使用导弹虽较炸弹成本高出1873美元,但有如下三项优点:

1. 减少地面部队伤亡;

2. 增加摧毁目标潜力;

3. 降低飞机损失。

故建议的方案为:安装喇叭狗式导弹。

§3.4.2 阿拉斯加原油输送方案的系统分析

这里所分析的是如何由阿拉斯加东北部的普拉德霍湾油田向美国本土运输原油的问题。

一、任务和环境

要求每天运送200万桶。油田处在北极圈内,海湾长年处于冰封状态,陆地更是常年冰冻,最低气温达零下50℃。

二、提出竞争方案

方案竞争的第一阶段,提出了两个方案:

方案Ⅰ:由海路用油船运输;

方案Ⅱ:用带加温系统的油管输送。

方案Ⅰ的优点是每天仅需四至五艘超级油轮就可满足输送量的要求,似乎比铺设油管省钱,但存在的问题是:第一,要用破冰船引航,既不安全又增加了费用;第二,起点和终点都要建造大型油库,这又是一笔巨额花费,而且考虑到海运可能受到海上风暴的影响,油库的储量应在油田日产量的十倍以上。归纳起来这一方案的主要问题是:不安全、费用大、无保证。

方案Ⅱ的优点是可以利用成熟的管道输油技术,但存在的问题是:第一,要在沿途设加温站,这样一来管理复杂,而且要供给燃料,然而运送燃料本身又是一件相当困难的事情;第二,加温后的输油管不能简单地铺在冻土里,因为冻土层受热溶化后会引起管道变形,甚至造成断裂。为了避免这种危险,有一半的管道需要用底架支撑和作保温处理,这样架设管道的成本费要比铺设地下油管高出三倍。

三、决策人员的处理策略

1. 考虑到安全和供油的稳定性,暂把方案Ⅱ作为参考方案做进一步的细致的研究,为规划做准备;

2. 继续拨出经费,广泛邀请系统分析人员提出竞争的新方案。

四、提出了竞争方案Ⅲ

其原理是把含10% ~ 20%氯化钠的海水加到原油中去,使在低温下的原油成乳状液,仍能畅流,这样就可以用普通的输油管道运送了。这个方案获得了很高的评价,并取得了专利。其实,这一原理早就用于制作汽车的防冻液了,把这一原理运用到这个工程中来,并断定它能解决问题,这是一个有价值的创造。

五、提出竞争方案Ⅳ

正当人们在称赞方案Ⅲ的时候,另有两人提出了竞争方案Ⅳ。这两人对石油的生成和变化有丰富的知识,他们注意到埋在地下的石油原来是油、气合一的,这时它们的熔点是很低的,经过漫长的年代以后,油气才逐渐分离。他们提出将天然气转换为甲醇以后再加到原油中去,以降低原油的熔点,增加流动性,从而用普通的管道就可以同时输送原油和天然气。与方案Ⅲ相比,不仅不需要运送无用的海水,而且也不必另外铺设输送天然气的管道了。这一方案的出现使得人们赞赏不已。由于采用这一方案，仅管道铺设费就节省了近60亿美元，比方案Ⅲ省了一半。

从这个例子我们看到了系统分析的实际价值。如果当初仅在方案Ⅱ、Ⅲ上搞优化，即确定最好的管道直径、壁厚、加压泵站的压力和距离等等，是无论如何也得不到方案Ⅳ所达到的巨大效益的。

这个例子同时也说明了系统分析人员的工作性质和应该具有的知识结构，以及系统分析工作与专业工程技术工作之间相辅相成的关系。

习题·思考题

1. 何谓系统模型？系统模型有哪些主要特征？

2. 为什么在系统分析中，广泛使用系统模型而不是真实系统进行分析？

3. 对系统模型有哪些基本要求？系统建模主要有哪些方法，请分别说明这些建模方法的适用对象和建模思路。

4. 某钢筋车间制作一批直径相同的钢筋，需要长度为3米的90根，长度为4米的60根。已知所用的下料钢筋长度为10米，问怎样下料最省？请建立解决此问题的数学模型。

5. 某卫星测控站每天至少需要下列数量的干部值班：

班　次	1	2	3	4	5	6
起止时间	6～10时	10～14时	14～18时	18～22时	22～2时	2～6时
最少干部数	60	70	60	50	30	30

每班值班的干部在班次开始时上班，连续工作8小时。测控站首长需要确定每个班次应派多少干部值班，才能既满足需要又使每天上班的干部人数最少，请帮助建立解决此问题的数学模型。

6. 何谓系统分析？系统分析包括哪些要素？请画简图说明这些要素之间的关系。

7. 试用目标－手段分析法、因果分析法、KJ法分别做一具体问题的系统分析。

第四章　系统结构模型

§4.1　结构模型概论

§4.1.1　结构模型通式

凡系统必有结构，系统结构决定系统功能；破坏结构，就会完全破坏系统的总体功能。这说明了系统结构的普遍性与重要性。表 4-1 是客观真实系统结构的实例，从中可以发现，不管何种具体结构，都可以抽象表示为：

系统结构 = {所论系统单元全体，单元间的联系或关系}

因此，我们对系统结构作如下定义：

定义 4.1　设所论全集 Ω 有限，Ω 即构造系统的单元集合，系统单元之间存在各种关系 R，系统结构定义为

$$S = \{\Omega, R^2, R^3, \cdots, R^n, R(2), R(3), \cdots, R(m)\} \tag{4.1.1}$$

式中：$R(i) \subseteq R(i-1) \times R(i-1)$，$i = 2, 3, \cdots, m$.

表 4-1　系统结构的实例

	系统结构	系统单元	单元之间的联系
1	房子结构	砖、瓦、木板、钢筋、混凝土等	安装、装配等关系
2	机械结构，例如飞机	机械零件、部件，如机身、机翼、发动机、控制仪表等	安装、装配等关系
3	书本结构	章、节、段落	先后次序、呼应关系
4	家庭结构	人	父子、夫妻、兄弟姊妹关系
5	组织结构，例如政府、学校、工厂	人或基层单位	民主集中制原则下的个人服从组织、下级服从上级关系。
6	分子结构	原子	键结合，如共价关系
7	电路结构	R、L、C 晶体管等元件	线路的互联关系
8	代数结构，例如加群 $(Q、+)$	$\forall x \in Q$ Q 为实数集合	运算关系(算子 +)， $+ : Q \times Q \rightarrow Q$
9	干部队伍结构	各种专业干部	协同工作关系
10	国民经济结构	农业，轻、重工业，交通运输，等等	比例关系，平衡关系，供、产、销关系

$R(i)$为 i 阶关系，当 $i=2$ 时，$R(2)$为二阶关系，R^i 为 i 元关系($i=2,3,\cdots,n$)。其中，一阶关系即二元关系(简称"关系")应用最广，记为 $R^2 \equiv R(1)$，以后简记为关系 R。二阶关系是关系之间的关系，以此类推。

考虑到工程实践需要，高阶关系保留到二阶，三阶以上均略去。式(4.1.1)简化为

$$S = \{\Omega, R, R^3, \cdots, R^n, R(2)\} \tag{4.1.2}$$

式(4.1.2)即系统结构模型的通式。式中系统单元集 Ω，单元间的联系是通过单元间的关系 $R, R^3, \cdots, R^n, R(2)$体现的。有限结构模型指 Ω 是有限集合。系统仅有集合 Ω，没有单元间联系，只是"一盘散沙"。因此，研究的重点是系统结构的单元间的联系。

关系也是集合，集合论中的划分定义很容易推广到关系集，系统单元的划分与该单元集上建立的关系划分存在密切联系。

定义 4.2 设集 A 非空有限，A 上非空关系 R，对 A 的任意划分

$$\pi(A) = \{A_1, A_2, \cdots, A_l\} \tag{4.1.3}$$

在 A 上诱导的关系：

$$(A_i \times A_j) \cap R, i,j = 1,2,\cdots,l$$

称为 $\pi(A)$在 R 上诱导的子关系块。

由定义 4.2 确定的一切非空子关系块族

$$R(\pi) = \{(A_i \times A_j) \cap R \mid i,j = 1,2,\cdots,l\} \tag{4.1.4}$$

是对 A 上关系 R 的一个划分，称 $R(\pi)$为 $\pi(A)$在 R 上诱导的关系划分。记 $R_{ij}=(A_i \times A_j)\cap R, i,j=1,2,\cdots,l$，可以证明，$R_{ij}$是 R 在子集合 A_i 与 A_j 上的限制，$\pi(A)$将 R 的一切元素分别限制在各个 R_{ij} 中，并不丢失 R 中任一元素，即

$$\bigcup_{i,j=1}^{l} R_{ij} = R \tag{4.1.5}$$

同时，$\forall A_i$、A_j、A_k、$A_m \in \pi(A)$(参见图 4-1)，$\forall R_{ij}$、$R_{km} \in R(\pi)$，当$(i,j) \neq (k,m)$时，$R_{ij} \cap R_{km} = \phi$。因此，可以建立系统、集合、图、矩阵之间的对应关系，并示于表 4-2。

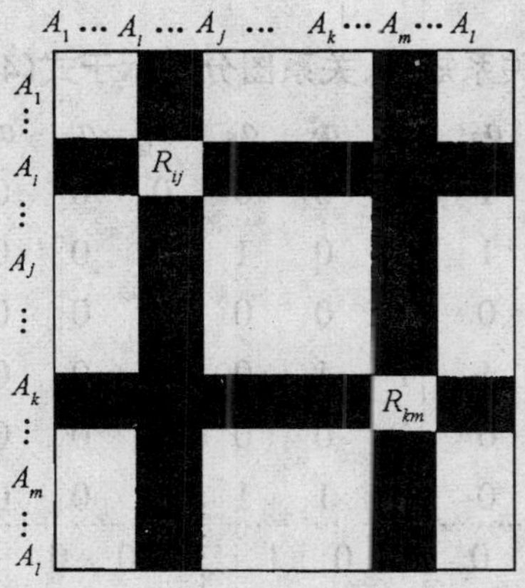

图 4-1 任意子关系块 R_{ij}、R_{km}

表 4-2　系统、集合、图、矩阵之间的对应关系

集合 A	划分为	子集合 A_i	$i=1,2,\cdots,m$
A 上关系 R	诱导划分为	子关系块	R_{ii} 为子系统内部关系 $R_{ij}(i\neq j)$ 为子系统的外部关系，进一步分为：系统与相邻系统或系统与环境的关系
关系矩阵 M	划分为	子矩阵块	M_{ii} 为主对角子阵块(方阵) $M_{ij}(i\neq j)$ 为非对角子阵块
关系图 $G=(A、R)$	分解为	子　图	$G_i=(A_i、R_i)$ $G_{ij}=(A_i、A_j、R_{ij})$，$(i\neq j)$ 为双图
系统结构	分解为	子结构	$S_i=(A_i、R_{ii})$ 为子系统内部结构 $S_{ij}=(A_i、A_j、R_{ij})$，$i\neq j$ 为子系统间的相互关系结构

应当强调，表 4-2 的对应关系，对研究大系统结构非常有用。集合是系统的数学表现，图是系统的形象、直观描写，矩阵可存入计算机，作计算机辅助处理。我们认为，系统工程要从总体上研究系统与子系统、子系统与子系统、系统与环境间的相互关系，这是研究大系统内、外部错综复杂关系的“关系学”。结构模型恰好提供这一研究的形式化手段。下面举例说明其应用。

例 4.1　一中程火箭在飞行中系统内外部相互作用。设系统单元集合：

$$A=\{a_1,a_2,\cdots,a_{11}\}$$

A 上 R 代表系统内外部相互作用关系。对 A 的划分 $\pi(A)=\{A_1,A_2\}=\{\overline{a_1,\cdots,a_6};\overline{a_7,\cdots,a_{11}}\}$，$\pi(A)$ 对 R 的诱导关系划分记为

$$R(\pi)=\{R_{11},R_{12},R_{21},R_{22}\} \tag{4.1.6}$$

其中：$A_1=\{a_1,a_2,\cdots,a_6\}$ 为导弹系统各部件集合。

a_1：弹头；a_2：控制仪器；a_3：仪器舱；a_4：燃料舱；a_5：尾段；a_6：发动机系统(设为摆动发动机系统)。

$A_2=\{a_7,a_8,\cdots,a_{11}\}$ 为导弹飞行中环境单元集合。

a_7：太阳作用因素；a_8：空气动力作用因素；a_9：气动加热作用因素；a_{10}：大气气象作用因素；a_{11}：地球作用因素。

则系统内外部相互作用关系矩阵，关系图分别示于式(4.1.7)和图 4-2。

$$\begin{array}{c} \\ a_1\\a_2\\a_3\\a_4\\a_5\\a_6\\a_7\\a_8\\a_9\\a_{10}\\a_{11}\end{array}\left(\begin{array}{cccccc:ccccc}
a_1 & a_2 & a_3 & a_4 & a_5 & a_6 & a_7 & a_8 & a_9 & a_{10} & a_{11}\\
0 & 0 & 1 & 0 & 0 & 0 & 0 & 0 & 0 & 1 & 0\\
0 & 0 & 1 & 0 & 0 & 1 & 0 & 0 & 0 & 0 & 0\\
1 & 1 & 0 & 1 & 0 & 0 & 0 & 0 & 0 & 0 & 0\\
0 & 0 & 1 & 1 & 1 & 0 & 0 & 0 & 0 & 0 & 0\\
0 & 0 & 0 & 1 & 0 & 0 & 0 & 0 & 0 & 0 & 0\\
0 & 0 & 0 & 1 & 1 & 1 & 0 & 0 & 0 & 1 & 0\\
\hdashline
1 & 0 & 0 & 0 & 0 & 1 & 0 & 0 & 0 & 1 & 1\\
1 & 0 & 1 & 1 & 1 & 0 & 0 & 0 & 1 & 0 & 0\\
1 & 0 & 1 & 1 & 1 & 0 & 0 & 0 & 0 & 0 & 0\\
1 & 0 & 1 & 1 & 1 & 0 & 0 & 0 & 0 & 0 & 0\\
1 & 1 & 1 & 1 & 1 & 1 & 0 & 0 & 0 & 1 & 0
\end{array}\right) \tag{4.1.7}$$

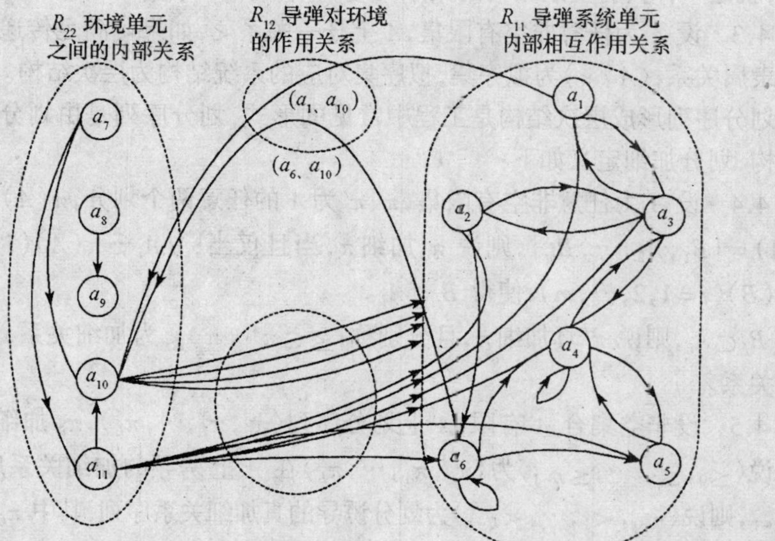

图 4-2　导弹在飞行中内外部相互作用关系图

为了不使关系图 4-2 中枝的交叉太多，略去了式(4.1.7) R_{21} 中的一些枝。图中示出的枝简要说明如下：

(a_{11}, a_i)，$i=1,2,\cdots,6$，为地球对导弹各部件引力作用；

(a_6, a_i)，$i=4,5,6$，为发动机对导弹的推力作用；

(a_2, a_6)，为控制仪器对发动机推力方向调节作用；

(a_7, a_{11})为太阳对地球的引力作用；

(a_i, a_{10})，$i=1,6$，分别为弹头烧蚀，发动机火焰对环境的污染。

研究图 4-2 的相互作用关系，是总体部在初步设计阶段必须进行的一项工作。研究的结果是，总体部向各分系统提出设计要求及环境条件，保证导弹各分系统的设计满足总体要求，协调一致，适应各自特定的工作环境的需要。

因此，通过诱导关系划分，可把只研究单一的二元关系结构 $S=(\Omega, R)$，发展为具有多个不同二元关系的复杂结构：

$$S = \{\Omega_1, \Omega_2, \cdots, \Omega_m; R_{ij}: R^3_{i_1 i_2 i_3}, \cdots, R^m_{i_1 i_2 \cdots i_m}; R_i^{m+1}, \cdots, R_i^n; R_{ij}(2)\}$$

$$i, j, i_1, i_2, \cdots, i_m = 1,2,\cdots,m$$

$$m, n \in \mathbb{Z}_+，且设\ n > m \tag{4.1.8}$$

把式(4.1.8)应用于 Hall 三维结构模型，相当于划分 $\pi(\Omega)=\{\Omega_1, \Omega_2, \Omega_3\}$，Hall 模型的集合表现为

$$S_3 = \{\Omega_1, \Omega_2, \Omega_3; R_{ij}: R^3_{i_1 i_2 i_3}; R_i^4, \cdots, R_i^n; R_{ij}(2)\}, i, j, i_1, i_2, i_3 = 1,2,3 \tag{4.1.9}$$

§4.1.2　有限划分序列诱导层次结构

层次结构是系统结构的基础，具有普遍的意义。在层次结构基础上，建立多元关系、

二阶关系，就是一种具有复杂结构的大系统超图结构模型。

定义 4.3 设 A 为任意非空有限集，A 上任一关系 $\prec$，如果 $\prec$ 满足传递性、反反身性，则说 $\prec$ 为隶属关系，$\langle A、\prec\rangle$ 为拟序集，拟序集对应的系统结构为层次结构。

通过划分序列形成层次结构是工程中常见的形式，划分序列是由划分加细生成。针对层次结构，划分加细定义如下：

定义 4.4 设 A 为任意非空有限集，π、π' 为 A 的任意两个划分，$\pi(A)=\{A_1,A_2,\cdots,A_n\}$，$\pi'(A)=\{B_1,B_2,\cdots,B_m\}$，则说 π' 加细 π，当且仅当：$\forall A_i\in\pi(A)(i=1,2,\cdots,n)$，$\exists B_j\in\pi'(B)(j=1,2,\cdots,m)$，使得 $B_j\subseteq A_i$。

如果 $B_j\subset A_i$，则说 π' 真加细 π，且分别称：$\leq\subset\pi'\times\pi$，$\leq$ 为加细关系，$\prec\subset\pi'\times\pi$，$\prec$ 为真加细关系。

定义 4.5 设非空集合 A 有限，A 上划分序列 $\langle\pi_0,\pi_1,\cdots,\pi_L\rangle$，$\pi_i$ 加细 $\pi_{i-1}(i=1,2,\cdots,L)$，则说 $\langle\leq_0,\leq_1,\cdots,\leq_{L-1}\rangle$ 为 $\langle\pi_0,\pi_1,\cdots,\pi_L\rangle$ 在 A 上诱导的加细关系序列；如果 $\forall\pi_i$ 真加细 π_{i-1}，则说 $\langle\prec_0,\prec_1,\cdots,\prec_{L-1}\rangle$ 为划分诱导的真加细关系序列，其中 $\pi_0(A)=\{A\}$。

定义 4.6 设非空集合 A 有限，A 上划分序列 $\langle\pi_0,\pi_1,\cdots,\pi_L\rangle$ 中 π_i 加细 $\pi_{i-1}(i=1,2,\cdots,L)$，则说 $(\bigcup\limits_{i=0}^{L}\pi_i(A),\subseteq)$ 是划分序列在 A 上诱导的加细结构。

当 π_i 真加细 $\pi_{i-1}(i=1,2,\cdots,L)$ 时，则说 $(\bigcup\limits_{i=0}^{L}\pi_i(A),\subset)$ 为划分序列在 A 上诱导的真加细结构。

容易证明，由定义 4.6 给出的划分序列在 A 上诱导的真加细结构为层次结构。层次结构对应的拟序集 $\langle\Psi,\prec\rangle$ 是反对称性的。

例 4.2 某地经营农业生产，所论单元全集：$U=\{a_1,a_2,\cdots,a_{28}\}$

a_1	稻子	a_8	油桐	a_{15}	鸭	a_{22}	鱼
a_2	麦子	a_9	杉木	a_{16}	鹅	a_{23}	虾
a_3	玉米	a_{10}	松木	a_{17}	竹编业	a_{24}	蛙
a_4	棉花	a_{11}	猪	a_{18}	藤编业	a_{25}	蟹
a_5	麻	a_{12}	牛	a_{19}	石刻	a_{26}	莲藕
a_6	油菜	a_{13}	羊	a_{20}	木刻业	a_{27}	菱角
a_7	果树	a_{14}	鸡	a_{21}	刺绣业	a_{28}	芦苇

根据实际情况，$\pi_1=\{A_{11},A_{12},A_{13},A_{14},A_{15}\}$，其中：$A_{11}=\{a_1,\cdots,a_6\}$ 为种植业，$A_{12}=\{a_7,\cdots,a_{10}\}$ 为林业，$A_{13}=\{a_{11},\cdots,a_{16}\}$ 为家禽家畜业，$A_{14}=\{a_{17},\cdots,a_{21}\}$ 为副业，$A_{15}=\{a_{22},\cdots,a_{28}\}$ 为水产业。$\pi_2=\{A_1^2,A_2^2,A_3^2,A_4^2,\cdots,A_{10}^2\}$，其中：$A_1^2=\{a_1,a_2,a_3\}$ 为粮食作物，$A_2^2=\{a_4,a_5,a_6\}$ 为经济作物，$A_3^2=\{a_7,a_8\}$ 为经济林，$A_4^2=\{a_9,a_{10}\}$ 为用材林，$A_5^2=\{a_{11},a_{12},a_{13}\}$ 为家畜业，$A_6^2=\{a_{14},a_{15}\,a_{16}\}$ 为家禽业，$A_7^2=\{a_{17},a_{18}\}$ 为竹编业，$A_8^2=\{a_{19},a_{20},a_{21}\}$ 为手工艺，$A_9^2=\{a_{22},a_{23},a_{24},a_{25}\}$ 为渔业，$A_{10}^2=\{a_{26},a_{27},a_{28}\}$ 为水产植物。

因此，$\bigcup\limits_{i=0}^{2}\pi_i(U)=\pi_0\cup\pi_1\cup\pi_2=\{U,A_{11},\cdots,A_{15},A_1^2,\cdots,A_{10}^2\}$，对应的层次结构示于图 4-3。

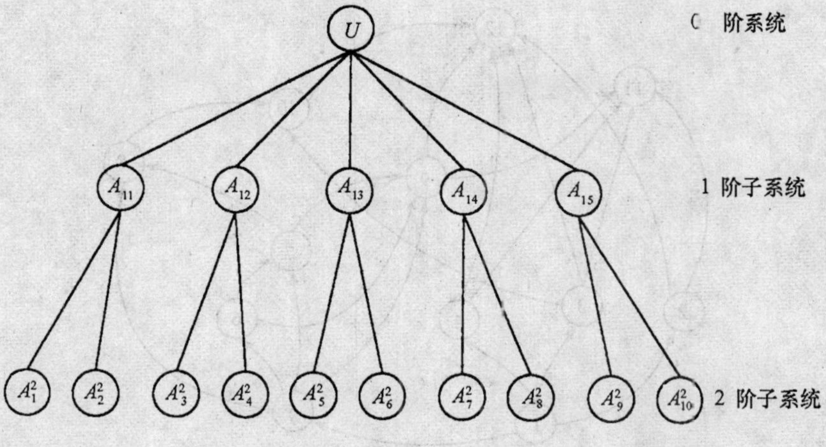

图 4－3　划分加细诱导层次结构

层次结构另一常见形式是划分块不必两两不相交，这时用到覆盖的概念，相应地可得到覆盖序列诱导层次结构。请注意划分是覆盖的特例。

§4.2　解析结构模型

20 世纪 70 年代以来，解析结构模型(ISM)以及其他结构模型(SM)在社会经济系统中得到了广泛的应用，如在区域环境规划和农业区划方面，在技术评估和系统诊断方面等。总之，要研究一个由大量单元组成的、各单元之间又存在着相互关系的系统，就必须了解系统的结构，一个有效的方法就是建立系统的结构模型，而结构模型技术已发展到 100 余种。

解析结构模型属于静态的定性模型，它的基本理论是图论的重构理论，通过一些基本假设和图、矩阵的有关运算，可以得到可达性矩阵；然后再通过人－机结合，分解可达性矩阵，使复杂的系统分解成多级递阶结构形式。

§4.2.1　关系图、关系矩阵、可达性矩阵

结构模型描述的是系统各单元间的相互关系。最好的描述方式是有向图。系统的单元用节点表示，单元之间的关系用箭线表示，如一个简化的温带天然草原食物链示于图 4－4。

应该指出，一种交联的作用，即两个或更多的单元共同地、不可分离地作用于另一个单元，不能简单地用节点和箭线来表示。因此，ISM 中最重要的假定就是：所涉及到的关系都是二元关系，都可用节点和箭线表示。有了这个假定，系统的结构就可以用“图”来表示，这种图统称为关系图。

除了用关系图表示系统结构之外，还可用关系图对应的矩阵表示系统结构。这种矩阵统称为关系矩阵，其中最直接的一种叫做邻接矩阵，用来表示各单元之间直接的连接关系。例如图 4－4 的邻接矩阵如下：

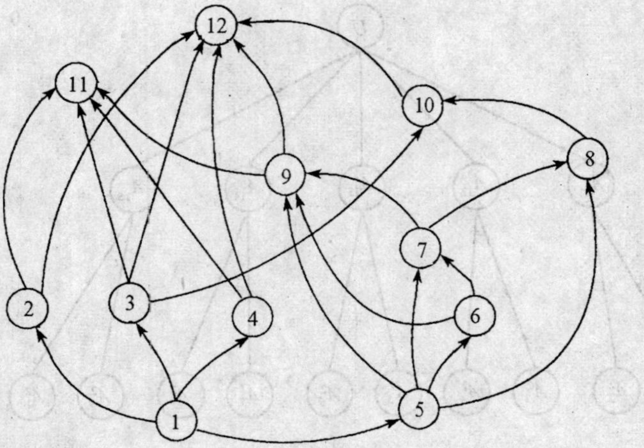

1. 草,2. 兔,3. 鼠,4. 吃草籽的鸟,5. 食草的昆虫,
6. 捕食性昆虫,7. 蜘蛛,8. 蟾蜍,9. 吃虫的鸟,
10. 蛇,11. 狐狸,12. 鹰和猫头鹰。

图 4-4　食物链

	1	2	3	4	5	6	7	8	9	10	11	12
1	0	1	1	1	1	0	0	0	0	0	0	0
2	0	0	0	0	0	0	0	0	0	0	1	1
3	0	0	0	0	0	0	0	0	0	1	1	1
4	0	0	0	0	0	0	0	0	0	0	1	1
5	0	0	0	0	0	1	1	1	1	0	0	0
6	0	0	0	0	0	0	1	0	1	0	0	0
7	0	0	0	0	0	0	0	1	1	0	0	0
8	0	0	0	0	0	0	0	0	0	1	0	0
9	0	0	0	0	0	0	0	0	0	0	1	1
10	0	0	0	0	0	0	0	0	0	0	0	1
11	0	0	0	0	0	0	0	0	0	0	0	0
12	0	0	0	0	0	0	0	0	0	0	0	0

这是一个 12×12 的方阵,它的每一行每一列都对应图 4-4 中一个节点(一种生物),清楚地反映了生态系统中动物与植物、动物与动物之间的食者与被食者的关系。

在一般情况下,系统 S 共有 n 个单元

$$S = \{e_1, e_2, \cdots, e_n\} \tag{4.2.1}$$

则邻接矩阵为

$$A = \begin{array}{c} \\ e_1 \\ e_2 \\ \cdots \\ e_n \end{array} \begin{array}{c} \begin{array}{cccc} e_1 & e_2 & \cdots & e_n \end{array} \\ \begin{pmatrix} a_{11} & a_{12} & \cdots & a_{1n} \\ a_{21} & a_{22} & \cdots & a_{2n} \\ \vdots & \vdots & & \vdots \\ a_{n1} & a_{n2} & \cdots & a_{nn} \end{pmatrix} \end{array} \tag{4.2.2}$$

其中

$$a_{ij}=\begin{cases}1,当\ e_i\ 对\ e_j\ 有关系时;\\0,当\ e_i\ 对\ e_j\ 无关系时。\end{cases}$$

由于邻接矩阵是布尔矩阵,所以矩阵元素按布尔运算(逻辑和、逻辑与、逻辑乘)法则进行运算。

从以上讨论可以看出,关系图与关系矩阵是一一对应的,有了关系图,关系矩阵就唯一确定了,反之亦然。邻接矩阵 A 的转置矩阵 A^{T} 是关系图所有箭头反过来之后的图所对应的邻接矩阵。在关系图中,e_i 与 e_j 的关系具有对称性,则称 e_i 与 e_j 具有强连接性。

定义 4.7 D 是由 n 个单元组成的系统 $S=\{e_1,e_2,\cdots,e_n\}$ 的关系图。元素为

$$m_{ij}=\begin{cases}1 & 如果从\ e_i\ 经若干支路到达\ e_j;\\0 & 否则。\end{cases}$$

的 $n\times n$ 矩阵 M,称为图 D 的可达性矩阵,如果从 e_i 出发经过 k 段支路到达 e_j,则说 e_i 到 e_j 是可达的且“长度”为 k。

例 4.3 一个 4 单元系统 $S=\{1,2,3,4\}$,关系图见图 4-5,对应的邻接矩阵如下:

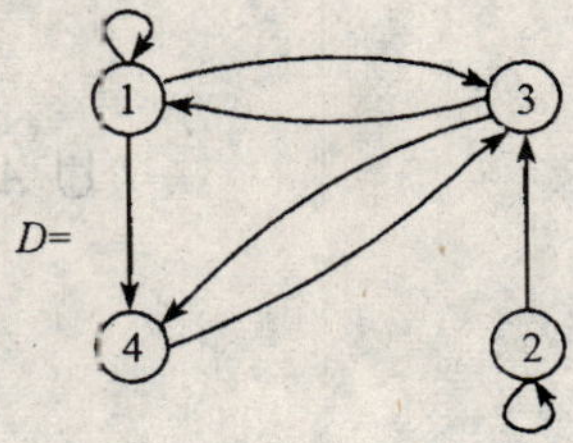

图 4-5 关系图

$$A=\begin{matrix} & 1 & 2 & 3 & 4\\ 1 & 1 & 0 & 1 & 1\\ 2 & 0 & 1 & 1 & 0\\ 3 & 1 & 0 & 0 & 1\\ 4 & 0 & 0 & 1 & 0\end{matrix}$$

我们计算 $A\circ A$,记为 A^2,若从 e_i 到 e_j 是可达的且“长度”为 2,则 A^2 中第 i 行第 j 列上的元素等于 1。一般地对于任意正整数 $r(\leqslant n)$ 的 A^r,若从 e_i 到 e_j 是可达的且“长度”为 r,则 A^r 中第 i 行第 j 列上的元素等于 1。以 4 单元系统 S 为例:

$$A^2=\begin{bmatrix}1&0&1&1\\0&1&1&0\\1&0&0&1\\0&0&1&0\end{bmatrix}\circ\begin{bmatrix}1&0&1&1\\0&1&1&0\\1&0&0&1\\0&0&1&0\end{bmatrix}=\begin{bmatrix}1&0&1&1\\1&1&1&1\\1&0&1&1\\1&0&0&1\end{bmatrix}$$

如图 D 中②到①、②到④、④到①都是可达的且“长度”为 2,对应的 A^2 中元素是 1。还可以进一步计算 $A^3,A^4,\cdots$,但是我们至多计算到 A^4 就行了,因为对于一个 4 个单元组成的系统,“长度”$\leqslant 4$,当“长度”$=4$ 时,具有形式

$$i_1\to i_2\to i_3\to i_4\to i_1$$

i_1 对自身构成一个回路(绕圈子)。如果不断算下去,对于有回路的系统来说,当 k 增大时,A^k 形成一定的周期性重复(绕圈子);对于无回路的系统来说,到某个 k 值,$A^k=0$。

如果我们需要知道从某一单元 e_i 出发可能到达哪一些单元,则只需对 A(直接关系),$A^2,A^3,\cdots,A^n$(间接关系)进行逻辑和运算

$$A\cup A^2\cup\cdots\cup A^n \tag{4.2.3}$$

为了方便起见,假定任何 e_i 到它本身是可达的,这样应再加一单位矩阵 I,即

$$M = I \cup A \cup A^2 \cup \cdots \cup A^n \tag{4.2.4}$$

可达性矩阵可从式(4.2.4)求。M 也是 $n \times n$ 方阵,它的每个元素 m_{ij} 表明了 e_i 能否达到 e_j。但是利用式(4.2.4)计算 M 是很麻烦的,尤其是在计算机上计算。为了使计算简便,我们可以利用下面的恒等式(证明用数学归纳法),即对任何正整数 n:

$$(I \cup A)^n \equiv I \cup A \cup A^2 \cup \cdots \cup A^n \tag{4.2.5}$$

于是由(4.2.5)式,只要计算$(I \cup A)$的幂就行了。因此,可计算$(I \cup A)$的偶次幂$(I \cup A)^2$,$(I \cup A)^4$,$(I \cup A)^8$,…,如果

$$(I \cup A)^{2^{i-1}} \neq (I \cup A)^{2^i} = (I \cup A)^{2^{i+1}} \tag{4.2.6}$$

则

$$M = (I \cup A)^{2^i} \tag{4.2.7}$$

例如:

$$I \cup A = \begin{bmatrix} 1 & 0 & 1 & 1 \\ 0 & 1 & 1 & 0 \\ 1 & 0 & 1 & 1 \\ 0 & 0 & 1 & 1 \end{bmatrix}$$

$$(I \cup A)^2 = \begin{bmatrix} 1 & 0 & 1 & 1 \\ 0 & 1 & 1 & 0 \\ 1 & 0 & 1 & 1 \\ 0 & 0 & 1 & 1 \end{bmatrix}\begin{bmatrix} 1 & 0 & 1 & 1 \\ 0 & 1 & 1 & 0 \\ 1 & 0 & 1 & 1 \\ 0 & 0 & 1 & 1 \end{bmatrix} = \begin{bmatrix} 1 & 0 & 1 & 1 \\ 1 & 1 & 1 & 1 \\ 1 & 0 & 1 & 1 \\ 1 & 0 & 1 & 1 \end{bmatrix}$$

$$\begin{aligned}(I \cup A)^4 &= (I \cup A)^2 \circ (I \cup A)^2 \\ &= \begin{bmatrix} 1 & 0 & 1 & 1 \\ 1 & 1 & 1 & 1 \\ 1 & 0 & 1 & 1 \\ 1 & 0 & 1 & 1 \end{bmatrix}\begin{bmatrix} 1 & 0 & 1 & 1 \\ 1 & 1 & 1 & 1 \\ 1 & 0 & 1 & 1 \\ 1 & 0 & 1 & 1 \end{bmatrix} = \begin{bmatrix} 1 & 0 & 1 & 1 \\ 1 & 1 & 1 & 1 \\ 1 & 0 & 1 & 1 \\ 1 & 0 & 1 & 1 \end{bmatrix} \\ &= (I \cup A)^2\end{aligned}$$

因此,可达性矩阵

$$M = (I \cup A)^2 = \begin{bmatrix} 1 & 0 & 1 & 1 \\ 1 & 1 & 1 & 1 \\ 1 & 0 & 1 & 1 \\ 1 & 0 & 1 & 1 \end{bmatrix}$$

这里,还介绍一种容易编成计算机程序的 Warshall 算法。设邻接矩阵为 A,下列步骤产生可达性矩阵 M(算法中 M 也充当中间矩阵):

(1) $M \leftarrow I \cup A$;

(2) $k \leftarrow 1$;

(3) $i \leftarrow 1$;

(4) $m_{ij} \leftarrow m_{ij} \vee (m_{ik} \wedge m_{kj})$,对于 1 到 n 的一切 j;

(5) $i \leftarrow i+1$,如果 $i \leqslant n$ 则转向第(4)步;

(6) $k \leftarrow k+1$,如果 $k \leqslant n$,则转向第(3)步,否则停止。

用数学归纳法证明这个算法产生所要的矩阵 M。注意到对于 $k=0$,即对于第一步所产生的矩阵来说,如果有从 e_i 到 e_j 的"长度"为 1 的路径,则 $m_{ij}=1$. 假设对于某一 k,则在由算法第(3)步到第(5)步所产生的中间矩阵 M 中,当且仅当存在从 e_i 到 e_j 并通过节点 $e_1, e_2, \cdots, e_k$ 的路径或者有一条从 e_i 到 e_j 的边时,$m_{ij}=1$。下一步 $k=k+1$ 时,或者当以前的 $m_{ij}=1$,或者当存在一条从 e_i 到 e_j 并通过节点 e_{k+1} 的路径时,$m_{ij}=1$。这就是说,当且仅当存在一条从 e_i 到 e_j 并通过节点 $e_1, e_2, \cdots, e_{k+1}$ 的路径或者有从 e_i 到 e_j 的边时,有 $m_{ij}=1$。由此归纳得证。

图论中可达性的概念与二元关系中传递性的概念是相对应的。如果图 D 的二元关系 R 是传递的,即 $aRb \wedge bRc \Rightarrow aRc$,那么可达性矩阵 M 表示图 D 对应的关系矩阵 A 的传递闭包,即 $\mathrm{tr}(A)=M$。因此,M 是可达性矩阵的充分必要条件是

$$\mathrm{tr}(M) = M \tag{4.2.8}$$

然而,在研究社会选择和个人偏好这类问题时,有些关系虽然逻辑上是传递的,由于个人的理解不同,而视为不传递的。因此,在 ISM 中.总是假定所涉及的关系具有传递性。

§4.2.2 可达性矩阵的划分

在§4.2.1 中,我们介绍了怎样求取可达性矩阵,这里介绍怎样由可达性矩阵寻求系统结构模型。为此,需要对可达性矩阵给出的各单元间的关系加以划分。

下面介绍由可达性矩阵诱导的几种重要的划分。

1. $\pi_1(S \times S)$:关系划分

一个可达性矩阵在 $S \times S$ 上诱导出一个划分,这种划分把所有各单元分成两大类,即 R 与 $\bar{R}$,R 类包括所有可达关系,$\bar{R}$ 类包括所有不可达关系。有序对(e_i, e_j),如果 e_i 到 e_j 是可达的,则(e_i, e_j)属于 R 类,如果 e_i 到 e_j 是不可达的,则(e_i, e_j)属于 $\bar{R}$ 类。其实,从可达性矩阵各元素是 1 还是 0 就很容易划分。

这种划分用公式表示是

$$\pi_1(S \times S) = \{R, \bar{R}\} \tag{4.2.9}$$

2. $\pi_2(S)$:区域划分

区域划分将系统分成若干(比如 m)个相互独立的、没有直接或间接影响的子系统。在可达性矩阵中,可将元素组成可达集 $R(e_i)$和先行集 $A(e_j)$,定义如下:

$$R(e_i) = \{e_j \mid e_j \in S, m_{ij} = 1\} \tag{4.2.10}$$

$$A(e_i) = \{e_j \mid e_j \in S, m_{ji} = 1\} \tag{4.2.11}$$

又将底层单元集 B 定义如下:

$$B = \{e_i \mid e_i \in S \text{ 且 } R(e_i) \cap A(e_i) = A(e_i)\} \tag{4.2.12}$$

B 中的元素称为底层单元。

这是显而易见的,如果 e_i 是底层单元,则先行集 $A(e_i)$中包含它本身以及与 e_i 有强连接的单元。可达集包含它本身以及与 e_i 有强连接的单元和可从 e_i 到达的单元。如果有一个单元在 e_i 的下层,它只能包含在 $A(e_i)$中而不能包含在 $A(e_i) \cap R(e_i)$中,即 A

$(e_i) \neq A(e_i) \cap R(e_i)$，因此符合条件

$$A(e_i) = A(e_i) \cap R(e_i) \tag{4.2.13}$$

的单元 e_i 一定是底层单元。

今有属于 B 的任意两个元素 t、t'，如果

$$R(t) \cap R(t') \neq \phi$$

则元素 t 和 t' 属于同一区域；反之，如果

$$R(t) \cap R(t') = \phi$$

则元素 t 和 t' 属于不同区域。经过这样的运算后，系统单元集 S 就划分成若干区域，可以写成

$$\pi_2(S) = \{P_1, P_2, \cdots, P_m\} \tag{4.2.14}$$

其中：m 为区域数。

例如对可达性矩阵

$$M = \begin{array}{c} \\ 1 \\ 2 \\ 3 \\ 4 \\ 5 \\ 6 \\ 7 \end{array}\begin{array}{c} \begin{array}{ccccccc} 1 & 2 & 3 & 4 & 5 & 6 & 7 \end{array} \\ \begin{pmatrix} 1 & 0 & 0 & 0 & 0 & 0 & 0 \\ 1 & 1 & 0 & 0 & 0 & 0 & 0 \\ 0 & 0 & 1 & 1 & 1 & 1 & 0 \\ 0 & 0 & 0 & 1 & 1 & 1 & 0 \\ 0 & 0 & 0 & 0 & 1 & 0 & 0 \\ 0 & 0 & 0 & 1 & 1 & 1 & 0 \\ 1 & 1 & 0 & 0 & 0 & 0 & 1 \end{pmatrix} \end{array}$$

进行区域划分，由表 4-3 可知 $B = \{e_3, e_7\}$，因为 $R(e_3) \cap R(e_7) = \phi$，所以 e_3、e_7 分属两个不同的区域，可达性矩阵可划分为

$$\pi_2(S) = \{P_1, P_2\} = \{\{e_3, e_4, e_5, e_6\}, \{e_1, e_2, e_7\}\}$$

两个区域。据此对可达性矩阵进行初等变换——行和列的顺序变更，化成对角分块矩阵的形式

$$M = \begin{array}{c} \\ 3 \\ 4 \\ 5 \\ 6 \\ 1 \\ 2 \\ 7 \end{array}\begin{array}{c} \begin{array}{ccccccc} 3 & 4 & 5 & 6 & 1 & 2 & 7 \end{array} \\ \left[\begin{array}{cccc:ccc} 1 & 1 & 1 & 1 & & & \\ 0 & 1 & 1 & 1 & & \mathbf{0} & \\ 0 & 0 & 1 & 0 & & & \\ 0 & 1 & 1 & 1 & & & \\ \hdashline & & & & 1 & 0 & 0 \\ & \mathbf{0} & & & 1 & 1 & 0 \\ & & & & 1 & 1 & 1 \end{array}\right] \end{array} \begin{array}{l} \text{子系统 I} \\ \\ \text{子系统 II} \end{array}$$

子系统 Ⅰ　子系统 Ⅱ

表 4-3　区域划分表

i	$R(e_i)$	$A(e_i)$	$R(e_i)\cap A(e_i)$
1	1	1,2,7	1
2	1,2	2,7	2
3	3,4,5,6	3	3
4	4,5,6	3,4,6	4,6
5	5	3,4,5,6	5
6	4,5,6	3,4,6	4,6
7	1,2,7	7	7

这种划分对于单元很多的系统来说，是很必要，可以把系统分成若干子系统来研究，特别在用计算机辅助设计时，将节省内存空间和时间。

3. $\pi_3(P)$:级别划分

级别划分是在每一区域内进行的。前面定义过可达集 $R(e_i)$和先行集 $A(e_i)$，这两个集合在可达性矩阵中是很直观的。在可达性矩阵中，顺着 e_i 行横看过去，凡是元素为 1 的列所对应的单元都在 $R(e_i)$之内；顺着 e_i 列竖看下来，凡是元素为 1 的行所对应的单元都在 $A(e_i)$之内。

在一个多级结构的最上级的单元，没有更高的级可达，所以它的可达集 $R(e_i)$中只能包括它本身和与它同级的强连接单元。这个最上级的单元的先行集 $A(e_i)$，则包括它本身，可以到达它的下级单元，以及与它同级的强连接单元。这样一来，$A(e_i)$与 $R(e_i)$的交集，对最上级单元来说，就和它的 $R(e_i)$相同，所以我们得出 e_i 为最上级单元的条件为

$$R(e_i) = R(e_i)\cap A(e_i) \tag{4.2.15}$$

得出最上级各单元后，把它们暂时去掉，再用同样方法便可求得次一级诸单元，这样继续下去，便可一级级地把各单元划分出来。如果用 $L_1, L_2, \cdots, L_l$ 表示从上到下的各级，则系统 S 中的一个区域(独立子系统)P 的级别划分可用下式表示

$$\pi_3(P) = \{L_1, L_2, \cdots, L_l\} \tag{4.2.16}$$

具体地按以下步骤反复进行：

(1) $L_j = \{e_i \in P - L_0 - L_1 - \cdots - L_{j-1} \mid R_{j-1}(e_i)\cap A_{j-1}(e_i) = R_{j-1}(e_i)\}$

这里：$L_0 = \phi$，L_j 表示第 j 级，$j \geqslant 1$。

$$R_{j-1}(e_i) = \{e_i \in P - L_0 - L_1 - \cdots - L_{j-1} \mid m_{ij} = 1\}$$

$$A_{j-1}(e_i) = \{e_i \in P - L_0 - L_1 - \cdots - L_{j-1} \mid m_{ji} = 1\}$$

(2) 当$\{P - L_0 - L_1 - \cdots - L_j\} = \phi$ 时，则划分完毕；反之，若$\{P - L_0 - L_1 - \cdots - L_j\} \neq \phi$，则把 $j+1$ 当作 j，返回步骤(1)。

根据步骤(1)和(2)，可以容易地给出级别划分算法的程序框图。给定 n 阶可达性矩阵 M 后，公式 $R(e_i) = R(e_i)\cap A(e_i)$等价于

$$m_{ij} \leqslant m_{ji}\ (j = 1, 2, \cdots, n) \tag{4.2.17}$$

满足条件(4.2.17)的单元就是最上级单元，将这些单元对应的行和列从 M 中暂时划掉，得到一个低阶的矩阵，重复利用条件(4.2.17)，便可把各级单元都划分出来。程序框图示

于图 4-6。

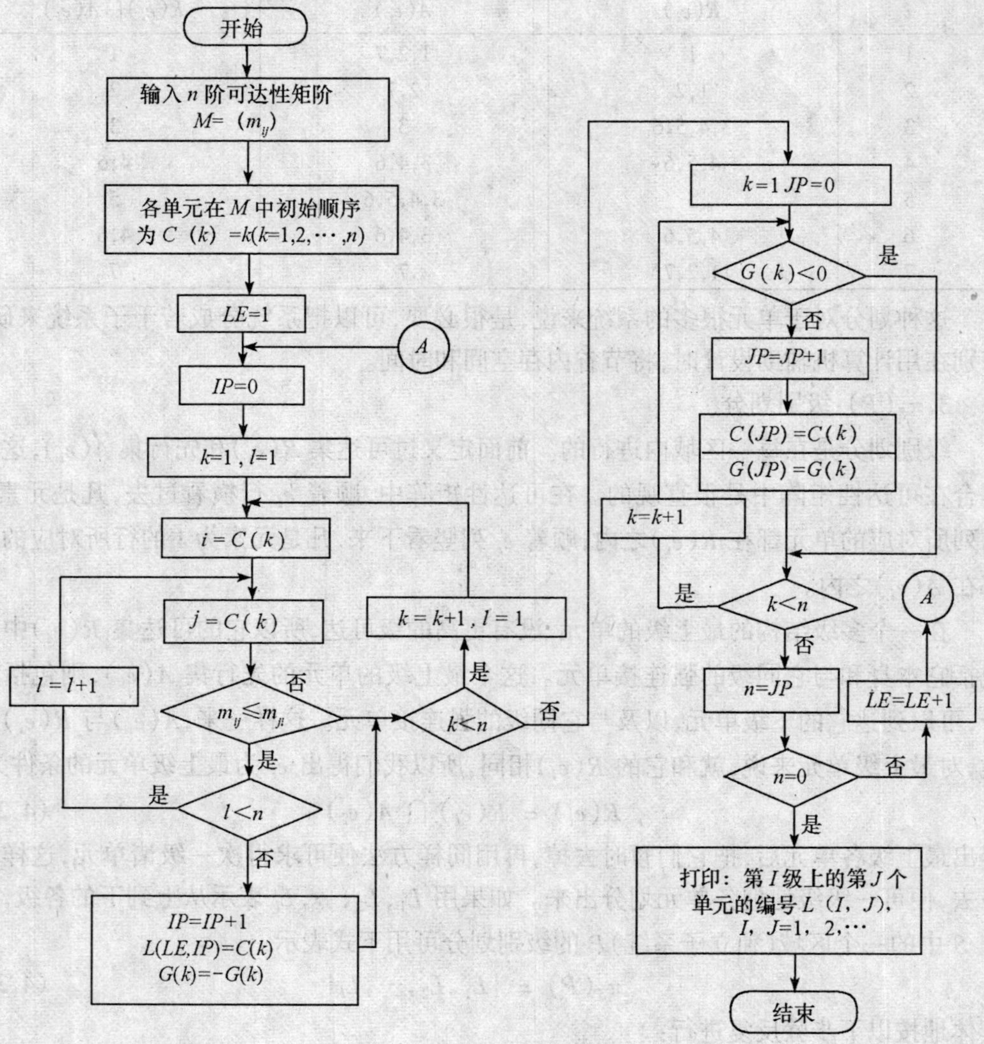

图 4-6　可达性矩阵划分的程序框图

仍举前例，从表 4-3 中取出区域 P_1，由表 4-4 可知：

(1) $L_1=\{e_i \in P_1-L_0 \mid R(e_i)\cap A(e_i)=R(e_i)\}=\{e_5\}$

(2) $\{P_1-L_0-L_1\}=\{e_3, e_4, e_6\} \neq \phi$

继续进行，得表 4-5 和表 4-6。

表 4-4　第一级划分

i	$R(e_i)$	$A(e_i)$	$R(e_i)\cap A(e_i)$
3	3,4,5,6	3	3
4	4,5,6	3,4,6	4,6
⑤	5	3,4,5,6	5
6	4,5,6	3,4,6	4,6

表 4-5　第二级划分

i	$R(e_i)$	$A(e_i)$	$R(e_i)\cap A(e_i)$
3	3,4,6	3	3
④	4,6	3,4,6	4,6
⑥	4,6	3,4,6	4,6

表 4-6　第三级划分

i	$R(e_i)$	$A(e_i)$	$R(e_i)\cap A(e_i)$
③	3	3	3

于是,第一级为 e_5;第二级为 e_4,e_6;第三级为 e_3。同样区域 P_2 进行级别划分,得第一级为 e_1,第二级为 e_2,第三级为 e_7。用公式表示

$$\pi_3(P_1) = \{e_5\},\{e_4,e_6\},\{e_3\}$$

$$\pi_3(P_2) = \{e_1\},\{e_2\},\{e_7\}$$

通过级别划分,将可达性矩阵按级别进行变换,可得

$$M = \begin{array}{c} \\ 5 \\ 4 \\ 6 \\ 3 \\ 1 \\ 2 \\ 7 \end{array}\begin{array}{c} \begin{array}{ccccccc} 5 & 4 & 6 & 3 & 1 & 2 & 7 \end{array} \\ \left[\begin{array}{cccc:ccc} 1 & 0 & 0 & 0 & & & \\ 1 & 1 & 1 & 0 & & \mathbf{0} & \\ 1 & 1 & 1 & 0 & & & \\ 1 & 1 & 1 & 1 & & & \\ \hdashline & & & & 1 & 0 & 0 \\ & \mathbf{0} & & & 1 & 1 & 0 \\ & & & & 1 & 1 & 1 \end{array}\right] \end{array} \tag{4.2.18}$$

如果条件

$$R(e_i) = R(e_i)\cap A(e_i)$$

换成条件

$$A(e_i) = R(e_i)\cap A(e_i)$$

级别划分仍可进行,不过每次分出的不是最上级单元,而是底层单元。这在进行系统诊断、找问题的病根方面就比较方便。

4. $\pi_4(L)$:是否强连接单元的划分

当按 $\pi_3(P)$进行级别划分之后,分出若干级。设 L_k 是第 k 级,在 L_k 内的各单元或者是某个强连接部分中的单元,或者不是。如果某单元不属于同级的任何强连接部分,则它的可达集就是它本身,即

$$R_{L_k}(e_i) = \{e_i\}$$

这样的单元称为孤立单元,否则称为强连接单元。于是,我们把各级上的单元分成两类,一类是孤立单元类,称为 I_1 类;另一类是强连接单元类,称为 I_2 类,即

$$\pi_4(L) = \{I_1, I_2\} \tag{4.2.19}$$

5. $\pi_4^*(L)$:级上等价关系的划分

由级 L_k 指定的可达性矩阵 M_k 的子矩阵 M_k,显然仍是可达性矩阵。可达性矩阵对应

的二元关系是自反的和传递的,又由于在 L_k 中的各单元,或者是孤立单元,或者是强连接单元,具有对称性,因此,可达性矩阵 M 对应的系统 S 的关系限制在 L_k 上是一个等价关系。等价关系唯一确定 L_k 的一个划分,即把 L_k 中的单元划分成若干等价类

$$\pi_4^*(L) = \{\bar{a}_1, \bar{a}_2, \cdots, \bar{a}_v\} \tag{4.2.20}$$

这里 $a_i(i=1,2,\cdots,v)$是等价类的代表,孤立单元的代表就是其本身,强连接单元的代表可以在强连接部分中任选一个。如果把每一个等价类看成系统 S 的一个单元,将使系统层次结构简单明了。

6. $\pi_5(I)$:强连接子集的划分

利用 $\pi_4(L)$可以划分出哪些单元属于强连接 I_2,这里的划分是要把具有强连接的子集(回路)划分出来,即

$$\pi_5(I) = \{c_1, c_2, \cdots, c_y\} \tag{4.2.21}$$

其中 c_i 表示一个最大回路集,y 表示这种最大回路集的数目,所谓"最大"是指如果在这个集中增加一个单元,就会破坏回路的性质。这样的回路是一个完全子图,即对应子矩阵的元素全是 1。

在以上六种划分中,后面的划分利用前面的划分,逐步深入。在 ISM 中,可使用六种划分中的部分或全部,视具体情况而定。

§4.2.3 建立结构矩阵

1. 浓缩阵

系统 S 的任意两个单元 e_i 和 e_j,如果在同一最大回路集中,那么可达性矩阵 M 相应行和列上的元素完全相同。因此,可以把这两个单元当作一个系统单元看待,从而可以削减相应的行和列,得到新的可达性矩阵 M'和新的系统 S',S'中保留了 S 中的孤立单元和最大回路集中的代表元,因此,M'叫做 M 的浓缩阵。显然,如果 S 中没有最大回路集,则 $S=S'$,否则 S'比 S 的单元数少。

如式(4.2.18)中,$\{e_4, e_6\}$的相应行和列元素完全相同,我们将 e_6 除去得浓缩阵 M'

$$M' = \begin{array}{c} \\ 5 \\ 4 \\ 3 \\ 1 \\ 2 \\ 3 \end{array}\begin{array}{c} \begin{array}{cccccc} 5 & 4 & 3 & 1 & 2 & 7 \end{array} \\ \left[\begin{array}{ccc:ccc} 1 & 0 & 0 & & & \\ 1 & 1 & 0 & & \mathbf{0} & \\ 1 & 1 & 1 & & & \\ \hdashline & & & 1 & 0 & 0 \\ & \mathbf{0} & & 1 & 1 & 0 \\ & & & 1 & 1 & 1 \end{array}\right] \end{array} \tag{4.2.22}$$

一般地

$$M' = \begin{bmatrix} 1 & & & & \\ m'_{21} & 1 & & \mathbf{0} & \\ \vdots & & \ddots & & \\ m'_{n-1,1} & & & 1 & \\ m'_{n,1} & m'_{n,2} & \cdots & m'_{n,n-1} & 1 \end{bmatrix} \tag{4.2.23}$$

形如式(4.2.23)的浓缩阵 M'，称为标准形式，其中 $m'_{ij}=1$ 或 $0(i>j)$。以后浓缩阵都指这种标准形式。

建立 ISM，就是建立结构矩阵问题。结构矩阵反映了系统多级层次结构，根据结构矩阵可以绘制系统的多级层次结构图，并用文件加以描述。有了浓缩阵，通过一系列分析和计算，可以求得结构矩阵。

2. 从属阵

矩阵 $M'-I$ 叫做系统从属矩阵，记为 M''。M'' 的有向图具有层次性。如果 $M\neq M'$，则 $M-I$ 的有向图将存在"反馈"回路。从 M'' 中可以分析找出结构矩阵。

式(4.2.22)的浓缩阵 M' 减去单位矩阵 I 为

$$M''=M'-I=\begin{array}{c|ccc|ccc|}
 & 5 & 4 & 3 & 1 & 2 & 7\\
5 & 0 & 0 & 0 & 0 & 0 & 0\\
4 & 1 & 0 & 0 & 0 & 0 & 0\\
3 & 1 & 1 & 0 & 0 & 0 & 0\\
\hline
1 & 0 & 0 & 0 & 0 & 0 & 0\\
2 & 0 & 0 & 0 & 1 & 0 & 0\\
7 & 0 & 0 & 0 & 1 & 1 & 0
\end{array} \tag{4.2.24}$$

从 M'' 中，先找出系统单元的第一级和第二级之间的关系，从 M'' 中有 $m''_{45}=1$，即说明单元 e_4、e_5 之间有 $e_4\rightarrow e_5$，然后除去 e_5 的行和列，再找出第二级和第三级单元之间的关系，从 M'' 中有 $m''_{34}=1$，即说明单元 e_3、e_4 之间有 $e_3\rightarrow e_4$。

同样，在区域 P_2 中，$m''_{21}=1$，有 $e_2\rightarrow e_1$；$m''_{72}=1$，有 $e_7\rightarrow e_2$。

于是，可得结构矩阵 E

$$E=\begin{array}{c|ccc|ccc|}
 & 5 & 4 & 3 & 1 & 2 & 7\\
5 & 0 & 0 & 0 & 0 & 0 & 0\\
4 & 1 & 0 & 0 & 0 & 0 & 0\\
3 & 0 & 1 & 0 & 0 & 0 & 0\\
\hline
1 & 0 & 0 & 0 & 0 & 0 & 0\\
2 & 0 & 0 & 0 & 1 & 0 & 0\\
7 & 0 & 0 & 0 & 0 & 1 & 0
\end{array} \tag{4.2.25}$$

根据结构矩阵 E，可以绘制系统多级层次结构图，示于图 4-7。

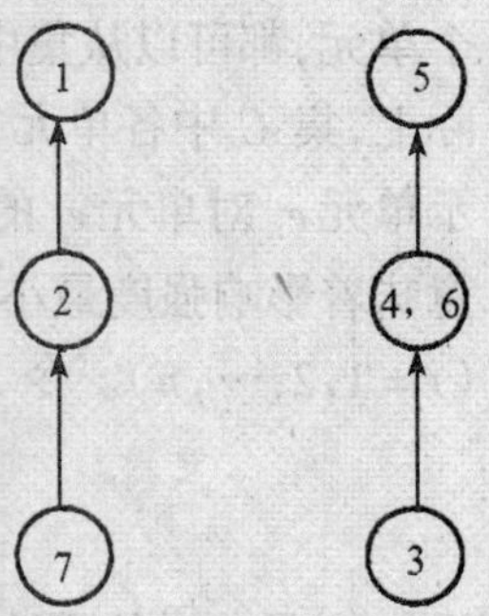

图 4-7　层次结构图

3. 骨架阵

记全体 n 阶主对角线上元素为"1"的布尔矩阵组成的集合为 P_n。

定义 4.8　若 B、$C\in P_n$，且 $\mathrm{tr}(B)=\mathrm{tr}(C)$，则称 B 与 C 具有等可达关系。

例如

$$B = \begin{bmatrix} 1 & 0 & 0 & 0 \\ 0 & 1 & 0 & 0 \\ 1 & 1 & 1 & 0 \\ 0 & 1 & 1 & 1 \end{bmatrix} \quad C = \begin{bmatrix} 1 & 0 & 0 & 0 \\ 0 & 1 & 0 & 0 \\ 1 & 1 & 1 & 0 \\ 1 & 0 & 1 & 1 \end{bmatrix}$$

$$\mathrm{tr}(B) = \mathrm{tr}(C) = M = \begin{bmatrix} 1 & 0 & 0 & 0 \\ 0 & 1 & 0 & 0 \\ 1 & 1 & 1 & 0 \\ 1 & 1 & 1 & 1 \end{bmatrix}$$

即 B 与 C 具有等可达关系,同样 B 与 M 及 C 与 M 也具有等可达关系(因 M 本身也是 P_n 中的矩阵)。显然等可达关系是自反的、对称的和传递的,所以等可达关系是一个等价关系,由这等价关系可把集合 P_n 划分成 k 个等价类 $P_n^i(1 \leqslant i \leqslant k)$,称为等可达类。每一个等可达类中的 n 阶布尔矩阵具有相同的可达性矩阵。我们把由可达性矩阵 M 生成的等可达类记为 $[M]$,因此,$B \in [M]$ 的充分必要条件是

$$\mathrm{tr}(B) = M \tag{4.2.26}$$

这里,我们特别注意 n 阶浓缩阵 M' 生成的等可达类 $[M']$,$[M']$ 是无回路等可达类。

定义 4.9 $[M']$ 中含元素"1"最少的矩阵称为 $[M']$ 的骨架阵(简称为 M' 的骨架阵),记为 N。

按文献[12],$[M']$ 的骨架阵存在且唯一。把 $N-I$ 中的"1"元素称为基本元素,$M'-N$ 中的"1"元素称为诱导元素。从 M' 找骨架阵 N 的算法程序框图如图 4-8 所示。

按此算法对 M' 中"1"元素进行判断时,列的顺序为 $i=1,2,\cdots,n-2$,行的顺序为 $j=n,n-1,\cdots,i+2$。在判断过程中,对 M' 中的"1"元素逐个检查,如果 $\bigvee\limits_{k=i+1}^{j-1}(m'_{jk} \wedge m'_{ki})=1$,则 m'_{ji} 是诱导元素,将它从 M' 中"划掉",否则 m'_{ji} 是基本元素,保留在 M' 中。程序执行完毕打印的 M' 就是骨架阵 N。

由于给定可达性矩阵 M 后,对应的浓缩阵 M' 是唯一的(不计节点的重新排列),M' 的骨架阵,也叫作 M 的骨架阵,也是唯一的。骨架阵不仅保留了浓缩阵的全部信息,而且对应的层次结构图更加清楚。

4. 门槛阵

在 M' 对应的关系图中,用一个代表元代表一个最大回路集 C,最大回路集中的每一个单元,都可以从集中其他任何单元达到,因此集 C 中每个单元的地位是相同的。但实际上,集 C 中各单元的相互影响的强弱并不相同。为了进一步分解最大回路集,用 w_{ij} 表示单元 e_i 对单元 e_j 的影响强度,w_{ij} 可取值 $1,2,\cdots,n$,$w_{ij}=n$ 意味着影响强度最大,$w_{ij}=1$ 意味着影响强度最小,从而得到一个权值矩阵 W。由权值矩阵 W 可得到 n 个门槛阵 $A^{(r)}$ $(r=1,2,\cdots,n)$。令 $A^{(r)}=(a_{ij}^{(r)})$,有

$$a_{ij}^{(r)} = \begin{cases} 1 & w_{ij} \geqslant r \\ 0 & w_{ij} < r \end{cases}$$

设 $M^{(r)}$ 是 $A^{(r)}$ 的可达性矩阵,显然门槛阵和它们的可达性矩阵满足一个全序关系:

$$A^{(n)} \leqslant A^{(n-1)} \leqslant \cdots \leqslant A^{(1)}$$

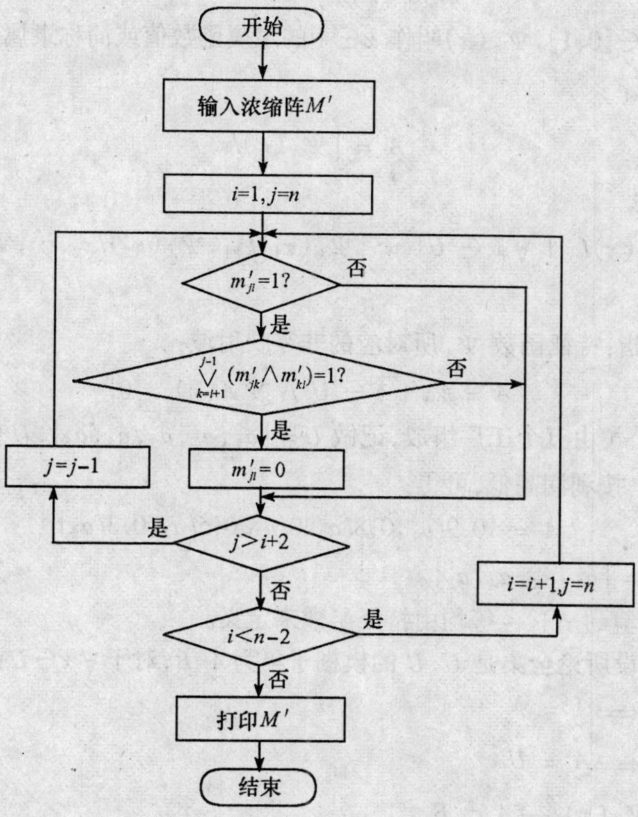

图 4-8 求骨架阵的算法程序框图

$$M^{(n)} \leqslant M^{(n-1)} \leqslant \cdots \leqslant M^{(1)}$$

适当选取门槛值 k,对可达性矩阵 $M^{(k)}$ 进行划分,可把最大回路集划分成层次结构。这一方法对回路多、关系错综复杂的系统来说,也是有用的。可以先给出单元间的影响强度,然后用门槛阵略去一些弱影响,再建立解析结构模型。

§4.3 模糊结构模型

自从 Zadeh 提出模糊系统这一概念以后,模糊系统理论得到了很大发展,已在许多方面取得了不少应用成果,特别是应用模糊方法研究复杂系统,如社会系统、经济系统、生态系统等。模糊方法应用于大系统结构模型就是其中之一。本节我们将着重介绍模糊层次结构、模糊聚类分析。

§4.3.1 模糊关系与模糊矩阵

模糊关系(FR)、模糊矩阵(FM)和模糊关系图,是研究模糊结构模型的重要工具。关系也是集合,我们先引出模糊集(FS)的概念,然后推广到关系集。

定义 4.10 设所论全集为 U,U 的模糊子集记做 $\underset{\sim}{A}$,$\underset{\sim}{A}$ 可由特征函数 $\Psi_{\underset{\sim}{A}}$ 刻画如下:

$$\Psi_{\underset{\sim}{A}}: U \to [0,1]$$

$\forall x \in U, \Psi_{\underset{\sim}{A}}(x) \in [0,1], \Psi_{\underset{\sim}{A}}(x)$叫作 $x \in \underset{\sim}{A}$ 的隶属函数值或简称隶属度。

FS 的记法如下：

$$\underset{\sim}{A} = \int \Psi_{\underset{\sim}{A}}(x)/x \tag{4.3.1}$$

对于有限集：

$$\underset{\sim}{A} = \{\Psi_{\underset{\sim}{A}}(x)/x \mid \forall x \in U\} = \{\Psi_{\underset{\sim}{A}}(x_1)/x_1, \Psi_{\underset{\sim}{A}}(x_2)/x_2, \cdots, \Psi_{\underset{\sim}{A}}(x_n)/x_n\} \tag{4.3.2}$$

$\underset{\sim}{A}$ 的支撑集 A 是指：特征函数 $\Psi_{\underset{\sim}{A}}$ 所对应的非零映射域：

$$A = \{x \mid x \in U \wedge \Psi \underset{\sim}{A}(x) > 0\} \tag{4.3.3}$$

例 4.4 某公司由五个工厂组成，记做 $U = \{a_1, a_2, a_3, a_4, a_5\}$，$U$ 中利润高的工厂是 U 的模糊子集 $\underset{\sim}{A}$。按利润高低，可得：

$$\underset{\sim}{A} = \{0.9/a_1, 0.8/a_2, 0/a_3, 0.5/a_4, 0.3/a_5\}$$

则 $\underset{\sim}{A}$ 的支撑集 $A = \{a_1, a_2, a_4, a_5\}$。

FS 的集合运算∪、∩、~等均由特征函数来定义。

定义 4.11 设所论全集是 U，U 的模糊子集为 $\underset{\sim}{A}$、$\underset{\sim}{B}$，对于 $\forall x \in U$：

$$\Psi_{\underset{\sim}{A}}(x) = 0 \Longleftrightarrow \underset{\sim}{A} = \phi \tag{4.3.4}$$

$$\Psi_{\underset{\sim}{A}}(x) = 1 \Longleftrightarrow \underset{\sim}{A} = U \tag{4.3.5}$$

$$\Psi_{\underset{\sim}{A}}(x) \leqslant \Psi_{\underset{\sim}{B}}(x) \Longleftrightarrow \underset{\sim}{A} \subseteq \underset{\sim}{B} \tag{4.3.6}$$

$$\Psi_{\underset{\sim}{A}}(x) = \Psi_{\underset{\sim}{B}}(x) \Longleftrightarrow \underset{\sim}{A} = \underset{\sim}{B} \tag{4.3.7}$$

$$\underset{\sim}{A} \cup \underset{\sim}{B} = \{\Psi_{\underset{\sim}{A}}(x) \vee \Psi_{\underset{\sim}{B}}(x)/x \mid \Psi_{\underset{\sim}{A}}(x) \vee \Psi_{\underset{\sim}{B}}(x) \triangleq \max(\Psi_{\underset{\sim}{A}}(x), \Psi_{\underset{\sim}{B}}(x))\} \tag{4.3.8}$$

$$\underset{\sim}{A} \cap \underset{\sim}{B} = \{\Psi_{\underset{\sim}{A}}(x) \wedge \Psi_{\underset{\sim}{B}}(x)/x \mid \Psi_{\underset{\sim}{A}}(x) \wedge \Psi_{\underset{\sim}{B}}(x) \triangleq \min(\Psi_{\underset{\sim}{A}}(x), \Psi_{\underset{\sim}{B}}(x))\} \tag{4.3.9}$$

$$\sim \underset{\sim}{A} = U - \underset{\sim}{A} = \{\neg \Psi_{\underset{\sim}{A}}(x)/x \mid \neg \Psi_{\underset{\sim}{A}}(x) \triangleq 1 - \Psi_{\underset{\sim}{A}}(x)\} \tag{4.3.10}$$

$$\underset{\sim}{A} - \underset{\sim}{B} = \{\Psi_{\underset{\sim}{A}-\underset{\sim}{B}}(x)/x \mid \Psi_{\underset{\sim}{A}-\underset{\sim}{B}}(x) \triangleq \Psi_{\underset{\sim}{A}}(x) \wedge \neg \Psi_{\underset{\sim}{B}}(x)\} \tag{4.3.11}$$

定义 4.12 设集合 $U_1, U_2, \cdots, U_n$，序积：$\overset{n}{\underset{i=1}{\times}} U_i$，$n$ 元 FR：$\underset{\sim}{R}^n$ 可由特征函数表现如下：

$$\Psi_{\underset{\sim}{R}^n}: \overset{n}{\underset{i=1}{\times}} U_i \to [0,1]$$

$\underset{\sim}{R}^n$ 称为 $U_1, U_2, \cdots, U_n$ 间的 n 元互 FR。特别当 $U_i = U$ 时，$\forall i \in I$，则

$$\Psi_{\underset{\sim}{R}^n}: U^n = \underbrace{U \times U \times \cdots \times U}_{n} \to [0,1]$$

$\underset{\sim}{R}^n$ 称为 U 上 n 元自 FR。

例 4.5 设 $A = \{a_1, a_2, a_3\} = \{$张，李，王$\}$，此三人间的面貌“相像”关系是 A 上 2 元

FR,且设 a_i 与 a_i 之间($i=1,2,3$)是百分之百的相像。即得:$\underset{\sim}{R}=\{0.9/(a_1,a_2),0.4/(a_1,a_3),0.4/(a_2,a_3),0.9/(a_2,a_1),0.4/(a_3,a_1),0.4/(a_3,a_2),1/(a_1,a_1),1/(a_2,a_2),1/(a_3,a_3)\}$,FR 可用如图 4-9 模糊关系图及如下模糊矩阵表示:

$$\begin{array}{c} \\ a_1 \\ a_2 \\ a_3 \end{array}\begin{array}{c} \begin{array}{ccc} a_1 & a_2 & a_3 \end{array} \\ \begin{bmatrix} 1 & 0.9 & 0.4 \\ 0.9 & 1 & 0.4 \\ 0.4 & 0.4 & 1 \end{bmatrix} \end{array}$$

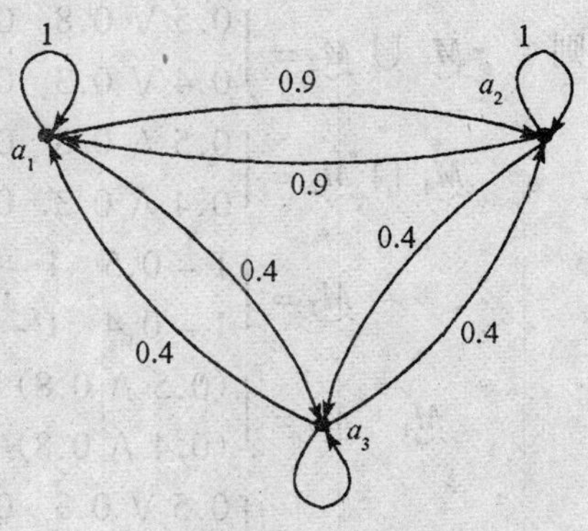

图 4-9 模糊关系图

定义 4.13 设 R^i 是 U 上 i 元关系,则 2 阶 FR,记做 $\underset{\sim}{R}^i(2)$,是指特征函数:

$$\Psi_{\underset{\sim}{R}^i(2)}:R^i\times R^i\to[0,1],(i\in I)$$

同理可以引出 j 阶 FR,指对应的特征函数:

$$\Psi_{\underset{\sim}{R}^i(j)}:R^i(j-1)\times R^i(j-1)\to[0,1],(i\in I\wedge j\in I)$$

2 阶以上的关系均称为高阶关系。

例 4.6 导弹是由有限个舱段组装而成。令:

a 为发动机系统(包括发动机架);

b 为尾段壳体;

c 为后储箱体(包括后箱裙)。

则$(a,c),(b,c)\in R$,R 为舱段间的装配关系。

$$(\langle a,c\rangle,\langle b,c\rangle)\in R(2)\subseteq R\times R$$

$R(2)$表示部件装配的关系协调,即关系间的关系。则

$$\Psi_{\underset{\sim}{R}(2)}:(\langle a,c\rangle,\langle b,c\rangle)\to\alpha\in[0,1]$$

$\underset{\sim}{R}(2)$表示"合格"的组装协调,显然 $\underset{\sim}{R}(2)$是 2 阶 FR。

定义 4.14 设有限集:$X=\{x_i\mid i\in I\}$;$Y=\{y_j\mid j\in J\}$;$Z=\{z_k\mid k\in P\}$

$$\text{FR}:\Psi_{\underset{\sim}{R}_1}:X\times Y\to[0,1];\Psi_{\underset{\sim}{R}_2}:Y\times Z\to[0,1]$$

则 $\underset{\sim}{R}_1$、$\underset{\sim}{R}_2$ 的组合关系记做 $\underset{\sim}{R}_1\circ\underset{\sim}{R}_2$:

$$\Psi_{\underset{\sim}{R}_1\circ\underset{\sim}{R}_2}(x_i,z_k)=\{\bigvee_{j\in J}(\Psi_{\underset{\sim}{R}_1}(x_i,y_j)\wedge\Psi_{\underset{\sim}{R}_2}(y_j,z_k))/(x_i,z_k)\mid x_i\in X\wedge y_j\in Y\wedge z_k\in Z\}\tag{4.3.12}$$

上述模糊关系的性质(式(4.3.8)、(4.3.9)、(4.3.10))和组合关系完全适用于模糊矩阵,例如设有模糊矩阵 $\underset{\sim}{M}_1$ 和 $\underset{\sim}{M}_2$

$$\underset{\sim}{M}_1=\begin{bmatrix}0.5 & 0.3\\0.4 & 0.8\end{bmatrix}$$

$$\underset{\sim}{M}_2=\begin{bmatrix}0.8 & 0.5\\0.3 & 0.7\end{bmatrix}$$

则 $$\underset{\sim}{M}_1 \cup \underset{\sim}{M}_2 = \begin{bmatrix} 0.5 \vee 0.8 & 0.3 \vee 0.5 \\ 0.4 \vee 0.3 & 0.8 \vee 0.7 \end{bmatrix} = \begin{bmatrix} 0.8 & 0.5 \\ 0.4 & 0.8 \end{bmatrix}$$

$$\underset{\sim}{M}_1 \cap \underset{\sim}{M}_2 = \begin{bmatrix} 0.5 \wedge 0.8 & 0.3 \wedge 0.5 \\ 0.4 \wedge 0.3 & 0.8 \wedge 0.7 \end{bmatrix} = \begin{bmatrix} 0.5 & 0.3 \\ 0.4 & 0.7 \end{bmatrix}$$

$$\sim \underset{\sim}{M}_1 = \begin{bmatrix} 1-0.5 & 1-0.3 \\ 1-0.4 & 1-0.8 \end{bmatrix} = \begin{bmatrix} 0.5 & 0.7 \\ 0.6 & 0.2 \end{bmatrix}$$

$$\underset{\sim}{M}_1 \circ \underset{\sim}{M}_2 = \begin{bmatrix} (0.5 \wedge 0.8) \vee (0.3 \wedge 0.3) & (0.5 \wedge 0.5) \vee (0.3 \wedge 0.7) \\ (0.4 \wedge 0.8) \vee (0.8 \wedge 0.3) & (0.4 \wedge 0.5) \vee (0.8 \wedge 0.7) \end{bmatrix}$$

$$= \begin{bmatrix} 0.5 \vee 0.3 & 0.5 \vee 0.3 \\ 0.4 \vee 0.3 & 0.4 \vee 0.7 \end{bmatrix}$$

$$= \begin{bmatrix} 0.5 & 0.5 \\ 0.4 & 0.7 \end{bmatrix}$$

定义 4.15 设 A 是非空有限集，A 上模糊关系为 $\underset{\sim}{R}$，即

$$\Psi_{\underset{\sim}{R}}: A \times A \to [0,1]$$

(1) $\underset{\sim}{R}$ 是反身的指：$\forall x \in A, \Psi_{\underset{\sim}{R}}(x,x) = 1$；

(2) $\underset{\sim}{R}$ 是反反身的指：$\forall x \in A, \Psi_{\underset{\sim}{R}}(x,x) = 0$；

(3) $\underset{\sim}{R}$ 是对称的指：$\forall x, y \in A, \Psi_{\underset{\sim}{R}}(x,y) = \Psi_{\underset{\sim}{R}}(y,x)$；

(4) $\underset{\sim}{R}$ 是传递的指：$\forall x, y, z \in A$，

$$\Psi_{\underset{\sim}{R}}(x,z) \geqslant \max_{\forall y \in A}[\min(\Psi_{\underset{\sim}{R}}(x,y), \Psi_{\underset{\sim}{R}}(y,z))]$$

§4.3.2 模糊层次结构

定义 4.16 设所论全集 U 非空有限，记模糊层次结构(FHS)为 $\underset{\sim}{H}$，则

$$\underset{\sim}{H} = (U, \preceq)，且$$

(1) 特征函数 $\Psi_{\preceq}: U \times U \to [0,1]$；

(2) $\preceq$满足反反身性和传递性。

定理 4.1 (可以推广应用于 FHS)设所论全集 U 非空有限，对 U 的有限划分(或覆盖)真加细序列是$(\pi_0(U), \pi_1(U), \cdots, \pi_m(U))$(或覆盖序列$\langle \mathrm{Cov}_0(U), \mathrm{Cov}_1(U), \cdots, \mathrm{Cov}_m(U)\rangle$)，则 $\underset{\sim}{H} = (\bigcup_{i=0}^{m}\pi_i(U), \underset{\sim}{\subseteq})$(或 $\underset{\sim}{H} = (\bigcup_{i=0}^{m}\mathrm{Cov}_i(U), \underset{\sim}{\subseteq})$)是 FHS。其中特征函数：

$$\Psi_{\underset{\sim}{\subseteq}}: \bigcup_{i=0}^{m}\pi_i(U) \times \bigcup_{i=0}^{m}\pi_i(U)(\text{或} \bigcup_{i=0}^{m}\mathrm{Cov}_i(U) \times \bigcup_{i=0}^{m}\mathrm{Cov}_i(U)) \to [0,1]$$

$\underset{\sim}{H}$ 中传递性由定义 4.15 中(4)保证。

例 4.7 按进化论，动物从低等向高等进化，高等动物的 FHS 构造如下，设：$A = \{a_1, a_2, a_3, a_4\}$，其中 a_1 为金丝雀，a_2 为蝙蝠，a_3 为鲸鱼，a_4 为鲑鱼。

$\mathrm{Cov}_0(A) = \{A\}$

$\mathrm{Cov}_1(A) = \{A_{11}, A_{12}, A_{13}\}$

$A_{11} = \{a_1, a_2\}$ 为飞行类动物

$A_{12}=\{a_2,a_3\}$　为哺乳动物

$A_{13}=\{a_3,a_4\}$　为鱼类

$\mathrm{Cov}_2(A)=\{A_{21},A_{22},A_{23},A_{24}\}$

$A_{21}=\{a_1\}$　为金丝雀类

$A_{22}=\{a_2\}$　为蝙蝠类

$A_{23}=\{a_3\}$　为鲸鱼类

$A_{24}=\{a_4\}$　为鲑鱼类

$$\bigcup_{i=0}^{2}\mathrm{Cov}_i(A)=\{A,A_{11},A_{12},A_{13},A_{21},A_{22},A_{23},A_{24}\}$$

显然 $\underset{\sim}{H}=(\bigcup\limits_{i=0}^{2}\mathrm{Cov}_i(A),\subseteq)$是 FHS,对应的 FHS 图示于图 4－10。从图 4－10 容易验证例 4.7 的结构满足反反身性和传递性。

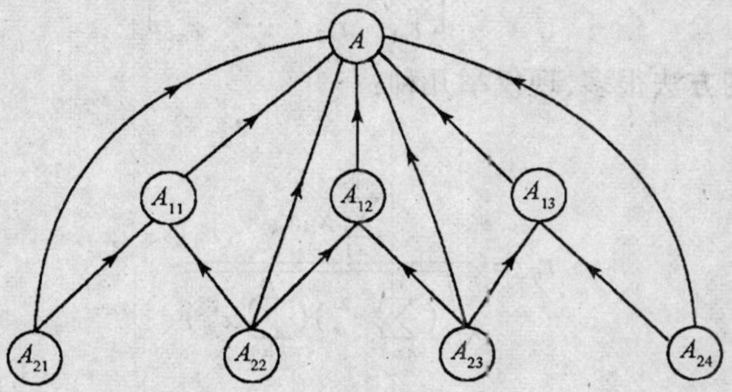

图 4－10　动物的 FHS

§4.3.3　模糊聚类分析

模糊聚类分析应用广泛,在农业、医学、地质、气象预报等方面取得了可喜的成果。模糊聚类分析方法大致可分为两种:一种是基于模糊关系上的模糊聚类法,并称为系统聚类分析法;另一种称为非系统聚类法或称为逐步聚类法。这里介绍系统聚类分析法。

设 $\underset{\sim}{R}$ 是集 E 上的 FRS,与⌉FRS 传递闭包概念相类似,$\underset{\sim}{R}$ 的传递闭包记做 $\mathrm{tr}(\underset{\sim}{R})$指:

$$\mathrm{tr}(\underset{\sim}{R})\triangleq\underset{\sim}{R}\cup\underset{\sim}{R}^2\cup\underset{\sim}{R}^3\cup\cdots=\bigcup_{i=1}^{\infty}\underset{\sim}{R}^i \tag{4.3.13}$$

如果从某一确定的正整数 k 开始,$\underset{\sim}{R}^k=\underset{\sim}{R}^{k+1}=\cdots$,或出现循环现象:$\underset{\sim}{R}^k=\underset{\sim}{R}^{k+2}=\underset{\sim}{R}^{k+4}=\cdots\wedge\underset{\sim}{R}^{k+1}=\underset{\sim}{R}^{k+3}=\underset{\sim}{R}^{k+5}=\cdots$,则

$$\mathrm{tr}(\underset{\sim}{R})=\underset{\sim}{R}\cup\underset{\sim}{R}^2\cup\cdots\cup\underset{\sim}{R}^k\ \text{或}\ \mathrm{tr}(\underset{\sim}{R})=\underset{\sim}{R}\cup\underset{\sim}{R}^2\cup\cdots\cup\underset{\sim}{R}^{k+1} \tag{4.3.14}$$

定义 4.17　设 $\underset{\sim}{R}$ 是集 E 上的 FRS,$\underset{\sim}{R}$ 是 E 上类似关系指:$\underset{\sim}{R}$ 是反身的与对称的。

从定义可知:$\underset{\sim}{R}$ 是 E 上类似关系$\Longleftrightarrow\mathrm{tr}(\underset{\sim}{R})$是 E 上等价关系

定理 4.2　设 $\underset{\sim}{R}$ 是集 U 上模糊等价关系,对于$\forall\alpha(0\leqslant\alpha\leqslant1)$,$R_\alpha=\{(x,y)\mid\Psi_{\underset{\sim}{R}}(x,y)\geqslant\alpha\}$是 U 上等价关系。设 $\underset{\sim}{R}$ 是集 U 上模糊类似关系,$|U|=n$,则必定存在 $k\leqslant n$,使得$\underbrace{\underset{\sim}{R}\circ\underset{\sim}{R}\circ\cdots\circ\underset{\sim}{R}}_{k}=\underset{\sim}{R}^k$,$\underset{\sim}{R}^k$ 是 U 上模糊等价关系。

(证明从略)

模糊聚类分析分类的效果如何，关键在于系统单元的统计指标是否选择合理。也就是统计指标应该有明确的实际意义，有较强的分辨率和代表性。在选定了统计指标后，从上述定义、定理，进行模糊聚类分析的方法大致分为以下几步：

第一步：设 U 为全体被分类的对象集合，$\underset{\sim}{R}$ 是 U 上类似关系，$\forall x、y \in U$，$\Psi_{\underset{\sim}{R}}(x,y) \in [0,1]$，$\Psi_{\underset{\sim}{R}}(x,y)$ 是对象 x、y 的类似度。从 $\underset{\sim}{R}$ 求出对应的模糊矩阵 $M(\underset{\sim}{R})$。

具体说来，就是确定被分类的对象在统计指标下的数据，并计算衡量被分类对象间相似程度的统计量（或叫相似系数）r_{ij}，n 为被分类对象的个数，m 为统计指标数，从而确定论域 U 上的类似关系 $\underset{\sim}{R}$ 和模糊矩阵 $M(\underset{\sim}{R})$：

$$M(\underset{\sim}{R}) = \begin{bmatrix} r_{11} & r_{12} & \cdots & r_{1n} \\ r_{21} & r_{22} & \cdots & r_{2n} \\ \vdots & \vdots & & \vdots \\ r_{n1} & r_{n2} & \cdots & r_{nn} \end{bmatrix} \tag{4.3.15}$$

计算相似系数的方法很多，现仅举几种：

(1) 夹角余弦法

$$r_{ij} = \frac{\sum_{k=1}^{m} x_{ik} x_{jk}}{\sqrt{\left(\sum_{k=1}^{m} x_{ik}^2\right)\left(\sum_{k=1}^{m} x_{jk}^2\right)}} \tag{4.3.16}$$

(2) 数量积法

$$r_{ij} = \begin{cases} 1 & (i = j \text{ 时}) \\ \dfrac{1}{N}\sum_{k=1}^{m} x_{ik} x_{jk} & (\text{当 } i \neq j \text{ 时}) \end{cases} \tag{4.3.17}$$

其中 N 是一个适当选择的正数

(3) 相关系数法

$$r_{ij} = \frac{\sum_{k=1}^{m} (x_{ik} - \bar{x}_i)(x_{jk} - \bar{x}_j)}{\sqrt{\sum_{k=1}^{m} (x_{ik} - \bar{x}_i)^2} \cdot \sqrt{\sum_{k=1}^{m} (x_{jk} - \bar{x}_j)^2}} \tag{4.3.18}$$

式中：

$$\bar{x}_i = \frac{1}{m}\sum_{k=1}^{m} x_{ik} \tag{4.3.19}$$

$$\bar{x}_j = \frac{1}{m}\sum_{k=1}^{m} x_{jk} \tag{4.3.20}$$

(4) 最大－最小方法

$$r_{ij} = \frac{\sum_{k=1}^{m} \min(x_{ik}, x_{jk})}{\sum_{k=1}^{m} \max(x_{ik}, x_{jk})} \tag{4.3.21}$$

(5) 算术平均最小方法

$$r_{ij}=\frac{\sum_{k=1}^{m}\min(x_{ik},x_{jk})}{\frac{1}{2}\sum_{k=1}^{m}(x_{ik}+x_{jk})} \tag{4.3.22}$$

(6) 几何平均最小方法

$$r_{ij}=\frac{\sum_{k=1}^{m}\min(x_{ik},x_{jk})}{\sum_{k=1}^{m}\sqrt{x_{ik}x_{jk}}} \tag{4.3.23}$$

(7) 绝对值指数方法

$$r_{ij}=e^{-\sum_{k=1}^{m}|x_{ik}-x_{jk}|} \tag{4.3.24}$$

除上述方法外,还可以采取请有经验的专家评分,一般可用百分制,然后再除以 100 即得[0,1]闭区间的一个小数,把专家们的评分再平均取值,确定 r_{ij}。

第二步:简记 $\underset{\sim}{R}$ 的模糊矩阵 $M(\underset{\sim}{R})$ 为 $\underset{\sim}{M}$,从 $\underset{\sim}{R}$ 求 $\mathrm{tr}(\underset{\sim}{R})$,$\mathrm{tr}(\underset{\sim}{R})$是 U 上模糊等价关系,或者从 $\underset{\sim}{M}$ 求 $\mathrm{tr}(\underset{\sim}{M})$。

由式(4.3.14)可得

$$\mathrm{tr}(\underset{\sim}{M})=\underset{\sim}{M}\cup\underset{\sim}{M}^2\cup\cdots\cup\underset{\sim}{M}^k \tag{4.3.25}$$

式中:$\underset{\sim}{M}^i=\underbrace{\underset{\sim}{M}\circ\underset{\sim}{M}\circ\cdots\circ\underset{\sim}{M}}_{i}$,“∪”、“∘”分别是模糊矩阵的求和运算和组合运算。

由于类似关系 $\underset{\sim}{R}$ 的模糊矩阵 $\underset{\sim}{M}$,主对角线上的系数 $r_{ii}(i=1,2,\cdots,n)$都等于 1,则

$$\underset{\sim}{M}=\underset{\sim}{M}\cup I \tag{4.3.26}$$

与§4.2 中求可达性矩阵方法一样,若存在某个整数 r,使得

$$\underset{\sim}{M}^{r-1}\neq\underset{\sim}{M}^{r}=\underset{\sim}{M}^{r+1}$$

则

$$\mathrm{tr}(\underset{\sim}{M})=\underset{\sim}{M}^{r} \tag{4.3.27}$$

另外,若存在某个整数 i,使得

$$\underset{\sim}{M}^{2^{i-1}}\neq\underset{\sim}{M}^{2^{i}}=\underset{\sim}{M}^{2^{i+1}} \tag{4.3.28}$$

则

$$\mathrm{tr}(\underset{\sim}{M})=\underset{\sim}{M}^{2^{i}} \tag{4.3.29}$$

第二种方法比第一种方法要快。这里,Warshall 算法仍然可用。

第三步:从实际出发,确定系数 $\alpha(0\leqslant\alpha\leqslant1)$,按定理 4.2 求等价关系 R_α,等价关系 R_α 唯一划分一个 α 水平的等价类。若 $0\leqslant\alpha_1\leqslant\alpha_2\leqslant1$,则 R_{α_2} 所划分出的每一类必是 R_{α_1} 的某一类的子类,即 R_{α_2} 是 R_{α_1} 的划分加细。

例 4.8 设某环境区域单元集合 $U=\{$Ⅰ,Ⅱ,Ⅲ,Ⅳ,Ⅴ$\}$,各区域环境污染状况由 4 个环境因子衡量,即空气、水、土壤、作物中污染物含量的超限度。设各区污染物超限度数据如表 4-7。

表 4-7　各区域环境污染含量超限度表

区域＼环境因子	空气	水	土	作物
Ⅰ	5	5	3	2
Ⅱ	2	3	4	5
Ⅲ	5	5	2	3
Ⅳ	1	5	3	1
Ⅴ	2	4	5	1

第一步:用夹角余弦法计算相似系数,建立 U 上类似关系 $\underset{\sim}{R}$:

$$r_{ij} = \sum_{k=1}^{4} x_{ik}x_{jk} \Big/ \sqrt{\left(\sum_{k=1}^{4} x_{ik}^2\right)\left(\sum_{k=1}^{4} x_{jk}^2\right)} \quad (i,j = \text{Ⅰ},\text{Ⅱ},\cdots,\text{Ⅴ})$$

式中 r_{ij} 表示环境区 i 与 j 间污染的相似程度,计算结果用模糊矩阵表示:

$$\underset{\sim}{M} = \begin{array}{c} \\ \text{Ⅰ} \\ \text{Ⅱ} \\ \text{Ⅲ} \\ \text{Ⅳ} \\ \text{Ⅴ} \end{array} \begin{array}{c} \begin{array}{ccccc} \text{Ⅰ} & \text{Ⅱ} & \text{Ⅲ} & \text{Ⅲ} & \text{Ⅳ} \end{array} \\ \begin{pmatrix} 1 & 0.81 & 0.98 & 0.89 & 0.87 \\ 0.81 & 1 & 0.79 & 0.79 & 0.21 \\ 0.98 & 0.79 & 1 & 0.83 & 0.79 \\ 0.89 & 0.79 & 0.83 & 1 & 0.93 \\ 0.87 & 0.21 & 0.79 & 0.93 & 1 \end{pmatrix} \end{array}$$

第二步:求 $\underset{\sim}{M}$ 的传递闭包 $\mathrm{tr}(\underset{\sim}{M})$。计算结果是: $\underset{\sim}{M}^4 \cdot \underset{\sim}{M}^4 = \underset{\sim}{M}^8 = \underset{\sim}{M}^4$,故得 $\mathrm{tr}(\underset{\sim}{M}) = \underset{\sim}{M}^4$,对应地:

$$\mathrm{tr}(\underset{\sim}{M}) = \begin{array}{c} \text{Ⅰ} \\ \text{Ⅱ} \\ \text{Ⅲ} \\ \text{Ⅳ} \\ \text{Ⅴ} \end{array} \begin{pmatrix} 1 & 0.81 & 0.98 & 0.89 & 0.89 \\ 0.81 & 1 & 0.81 & 0.81 & 0.81 \\ 0.98 & 0.81 & 1 & 0.89 & 0.89 \\ 0.89 & 0.81 & 0.89 & 1 & 0.93 \\ 0.89 & 0.81 & 0.89 & 0.93 & 1 \end{pmatrix}$$

第三步:对等价关系 $\mathrm{tr}(\underset{\sim}{R})$ 进行分类,又分两种不同的 α 水平。

当 $\alpha = 0.9$ 时

$$M(R_{0.9}) = \begin{array}{c} \text{Ⅰ} \\ \text{Ⅱ} \\ \text{Ⅲ} \\ \text{Ⅳ} \\ \text{Ⅴ} \end{array} \begin{pmatrix} 1 & 0 & 1 & 0 & 0 \\ 0 & 1 & 0 & 0 & 0 \\ 1 & 0 & 1 & 0 & 0 \\ 0 & 0 & 0 & 1 & 1 \\ 0 & 0 & 0 & 1 & 1 \end{pmatrix} \Longleftrightarrow \pi(U) = \{\overline{\text{Ⅰ、Ⅲ}};\overline{\text{Ⅱ}};\overline{\text{Ⅳ、Ⅴ}}\}$$

即环境单元分为三个污染聚类。

当 $\alpha = 0.85$ 时

$$M(R_{0.85}) = \begin{array}{c} \text{Ⅰ} \\ \text{Ⅱ} \\ \text{Ⅲ} \\ \text{Ⅳ} \\ \text{Ⅴ} \end{array} \begin{pmatrix} 1 & 0 & 1 & 1 & 1 \\ 0 & 1 & 0 & 0 & 0 \\ 1 & 0 & 1 & 1 & 1 \\ 1 & 0 & 1 & 1 & 1 \\ 1 & 0 & 1 & 1 & 1 \end{pmatrix} \Longleftrightarrow \pi(U) = \{\overline{\text{Ⅰ、Ⅲ、Ⅳ、Ⅴ}};\overline{\text{Ⅱ}}\}$$

即环境单元分为两个污染聚类。

习题·思考题

1. 举例说明系统结构、系统单元以及单元之间的关系,试用集合 A、A 上关系 R、关系矩阵 M、关系图 G 以及系统结构或层次结构进行描述。

2. 用数学归纳法证明,对任何正整数 n 下列恒等式成立

$$(I \cup A)^n \equiv I \cup A \cup A^2 \cup \cdots \cup A^n$$

3. 编制 Warshall 算法的计算机程序。

4. 设某系统 S 的可达矩阵为

$$R = \begin{array}{c} \\ 1 \\ 2 \\ 3 \\ 4 \\ 5 \\ 6 \\ 7 \\ 8 \end{array}\begin{array}{c} \begin{array}{cccccccc} 1 & 2 & 3 & 4 & 5 & 6 & 7 & 8 \end{array} \\ \begin{pmatrix} 1 & 0 & 0 & 0 & 0 & 0 & 0 & 0 \\ 1 & 1 & 0 & 0 & 0 & 0 & 0 & 0 \\ 0 & 0 & 1 & 1 & 1 & 1 & 0 & 0 \\ 0 & 0 & 0 & 1 & 1 & 1 & 0 & 0 \\ 0 & 0 & 0 & 0 & 1 & 0 & 0 & 0 \\ 0 & 0 & 0 & 1 & 1 & 1 & 0 & 0 \\ 0 & 0 & 0 & 0 & 1 & 0 & 1 & 0 \\ 0 & 0 & 0 & 0 & 1 & 0 & 1 & 1 \end{pmatrix} \end{array}$$

利用可达集 $R(e_i)$ 和先行集 $A(e_i)$ 的关系进行系统的区域划分($\pi_2(S)$)和级别划分($\pi_3(P)$)。

5. 利用从浓缩阵 M' 找骨架阵 N 的算法程序框图(图 4-8),实现该算法的计算机程序。

第五章　层次分析法

§5.1　层次分析法的基本原理

§5.1.1　引言

层次分析法(Analytical Hierarchy Process,简称 AHP)是美国匹兹堡大学教授 A.L.Saaty 于 20 世纪 70 年代提出的一种系统分析方法。由于研究工作的需要,Saaty 教授开发了一种综合定性与定量分析,模拟人的决策思维过程,以解决多因素复杂系统,特别是难以定量描述的社会系统的分析方法。1977 年举行的第一届国际数学建模会议上,Saaty 教授发表了《无结构决策问题的建模——层次分析理论》。从此,AHP 开始引起了人们的注意,并陆续应用。1980 年,Saaty 教授出版了有关 AHP 的专著,之后,又陆续发表了一些 AHP 应用的论著。近年来,世界上有许多著名学者在 AHP 的理论研究和实际应用上做了大量的工作。

1982 年 11 月,在我国召开的能源、资源、环境学术会议上,美国 Moorhead 大学能源研究所所长 Nezhed 教授首次向我国学者介绍了 AHP 方法。其后,天津大学许树柏等发表了我国第一篇介绍 AHP 的论文。随后,AHP 的理论研究和实际应用在我国迅速开展。1988 年 9 月,在天津召开了国际 AHP 学术讨论会,Saaty 教授等国外学者和国内许多学者一起讨论了 AHP 的理论和应用问题。目前,AHP 应用在能源政策分析、产业结构研究、科技成果评价、发展战略规划、人才考核评价以及发展目标分析等许多方面都取得了令人满意的成果。

AHP 是一种能将定性分析与定量分析相结合的系统分析方法。在进行系统分析时,我们经常会碰到这样一类情况:有些问题难以甚至根本不可能建立数学模型进行定量分析;也可能由于时间紧迫,对有些问题还来不及进行过细的定量分析,只需作出初步的选择和大致的判断就行了。例如选择一个新厂的厂址,购买一台重要设备,确定到哪里去旅游度假等等。这时,我们若应用 AHP 进行分析,就可以简便而迅速地解决问题。

AHP 是分析多目标、多准则的复杂大系统的有力工具。它具有思路清晰、方法简便、适用面广、系统性强等特点,便于普及推广,可成为人们工作和生活中思考问题、解决问题的一种方法。将 AHP 引入决策,是决策科学化的一大进步。它最适宜于解决那些难以完全用定量方法进行分析的决策问题,因此,它是复杂的社会经济系统实现科学决策的有力工具。

应用 AHP 解决问题的思路是:首先,把要解决的问题分层系列化,即根据问题的性质和要达到的目标,将问题分解为不同的组成因素,按照因素之间的相互影响和隶属关系将其分层聚类组合，形成一个递阶的、有序的层次结构模型。然后，对模型中每一层次因素的相对重要性，依据人们对客观现实的判断给予定量表示，再利用数学方法确定每一层次全部因素相对重要性次序的权值。最后，通过综合计算各层因素相对重要性的权值，得到最低层(方案层)相对于最高层(总目标)的相对重要性次序的组合权值，以此作为评价和选择方案的依据。AHP将人们的思维过程和主观判断数学化，不仅简化了系统分析与计算工作，而且有助于决策者保持其思维过程和决策原则的一致性，所以，对于那些难以全部量化处理的复杂的社会经济问题，它能得到比较满意的决策结果。

§5.1.2 基本原理

为了说明AHP的基本原理，首先让我们分析下面这个简单的事实。

假定我们已知 n 只西瓜的重量总和为1，每只西瓜的重量分别为 $W_1, W_2, \cdots, W_n$。把这些西瓜两两比较(相除)，很容易得到表示 n 只西瓜相对重量关系的比较矩阵(以后称之为判断矩阵)：

$$A = \begin{bmatrix} W_1/W_1 & W_1/W_2 & \cdots & W_1/W_n \\ W_2/W_1 & W_2/W_2 & \cdots & W_2/W_n \\ \vdots & \vdots & & \vdots \\ W_n/W_1 & W_n/W_2 & \cdots & W_n/W_n \end{bmatrix} = (a_{ij})_{n\times n}$$

显然 $a_{ii} = 1, a_{ij} = \dfrac{1}{a_{ji}}$

$$a_{ij} = \frac{a_{ik}}{a_{jk}}(i,j,k = 1,2,\cdots,n)$$

且

$$AW = \begin{bmatrix} W_1/W_1 & W_1/W_2 & \cdots & W_1/W_n \\ W_2/W_1 & W_2/W_2 & \cdots & W_2/W_n \\ \vdots & \vdots & & \vdots \\ W_n/W_1 & W_n/W_2 & \cdots & W_n/W_n \end{bmatrix}\begin{bmatrix} W_1 \\ W_2 \\ \vdots \\ W_n \end{bmatrix} = \begin{bmatrix} nW_1 \\ nW_2 \\ \vdots \\ nW_n \end{bmatrix} = nW$$

即 n 是 A 的一个特征根，每只西瓜的重量是 A 对应于特征根 n 的特征向量的各个分量。

很自然，我们会提出一个相反的问题：如果事先不知道每只西瓜的重量，也没有衡器去称量，我们如能设法得到判断矩阵(比较每两只西瓜的重量是最容易的)，能否导出西瓜的相对重量呢？显然是可以的，在判断矩阵具有完全一致性的条件下，我们可以通过解特征值问题

$$AW = \lambda_{\max} W$$

求出正规化特征向量(即假设西瓜总重量为1)，从而得到 n 只西瓜的相对重量。同样，对于复杂的社会、经济、科技等问题，通过建立层次分析结构模型，构造出判断矩阵，利用特征值方法即可确定各种方案和措施的重要性排序权值，以供决策者参考。

使用AHP，判断矩阵的一致性是十分重要的。所谓判断矩阵的一致性，即判断矩阵是否满足如下关系：

$$a_{ij} = \frac{a_{ik}}{a_{jk}}(i,j,k = 1,2,\cdots,n)$$

上式完全成立时，称判断矩阵具有完全一致性。此时矩阵的最大特征根 $\lambda_{max} = n$，其余特征根均为零。在一般情况下，可以证明判断矩阵的最大特征根为单根，且

$$\lambda_{max} \geqslant n$$

当判断矩阵具有满意的一致性时，λ_{max}稍大于矩阵阶数 n，其余特征根接近于零。这时，基于 AHP 得出的结论才基本合理。但由于客观事物的复杂性和人们认识上的多样性，要求所有判断都有完全的一致性是不可能的，但我们要求一定程度上的判断一致，因此对构造的判断矩阵需要进行一致性检验。

§5.2　层次分析法的步骤

用 AHP 分析问题大体要经过以下五个步骤：(1)建立层次结构模型；(2)构造判断矩阵；(3)层次单排序；(4)层次总排序；(5)一致性检验。其中后三个步骤在整个过程中需要逐层地进行。

§5.2.1　建立层次结构模型

运用 AHP 进行系统分析，首先要将所包含的因素分组，每一组作为一个层次，按照最高层、若干有关的中间层和最低层的形式排列起来，例如，对于决策问题，通常可以将其划分成如图 5－1 所示的层次结构模型。其中：

最高层：表示解决问题的目的，即应用 AHP 所要达到的目标。

中间层：它表示采用某种措施和政策来实现预定目标所涉及的中间环节，一般又分为策略层、约束层、准则层等。

最低层：表示解决问题的措施或政策(即方案)。

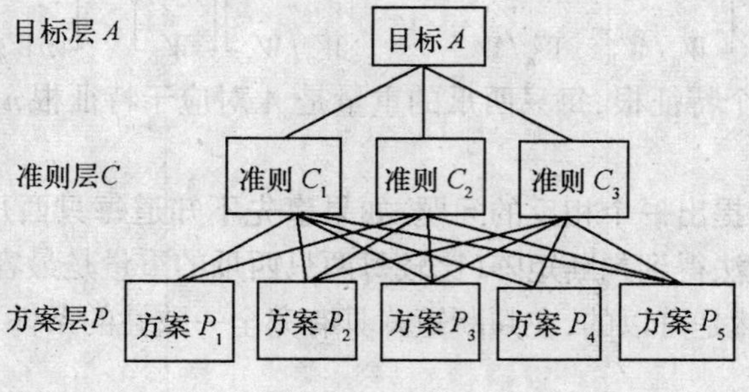

图 5－1　递阶的层次结构模型

标明上一层因素与下一层因素之间的联系。如果某个因素与下一层次所有因素均有联系，那么称这个因素与下一层次存在完全层次关系。有时存在不完全层次关系，即某个因素只与下一层次的部分因素有联系。层次之间可以建立子层次。子层次从属于主层次的某个因素，它的因素与下一层次的因素有联系，但不形成独立层次，层次结构模型往往用结构模型图表示。

§5.2.2 构造判断矩阵

任何系统分析都以一定的信息为基础。AHP 的信息基础主要是人们对每一层次各因素的相对重要性给出的判断,这些判断用数值表示出来,写成矩阵形式就是判断矩阵。判断矩阵是 AHP 工作的出发点。构造判断矩阵是 AHP 的关键一步。

判断矩阵表示针对上一层次某因素而言,本层次与之有关的各因素之间的相对重要性。假定 A 层中因素 A_k 与下一层次中因素 $B_1, B_2, \cdots, B_n$ 有联系,则我们构造的判断矩阵如下所示:

A_k	B_1	B_2	…	B_n
B_1	b_{11}	b_{12}	…	b_{1n}
B_2	b_{21}	b_{22}	…	b_{2n}
…	…	…		…
B_n	b_{n1}	b_{n2}	…	b_{nn}

其中,b_{ij}是对于 A_k 而言,B_i 对 B_j 的相对重要性的数值表示,通常 b_{ij}取 1,2,3,…,9 及它们的倒数,其含义为

$b_{ij}=1$,表示 B_i 与 B_j 一样重要;

$b_{ij}=3$,表示 B_i 比 B_j 重要一点(稍微重要);

$b_{ij}=5$,表示 B_i 比 B_j 重要(明显重要);

$b_{ij}=7$,表示 B_i 比 B_j 重要得多(强烈重要);

$b_{ij}=9$,表示 B_i 比 B_j 极端重要(绝对重要)。

它们之间的数 2,4,6,8 及各数的倒数具有相应的类似意义。

采用 1~9 的比例标度的依据是:其一,心理学的实验表明,大多数人对不同事物在相同属性上差别的分辨能力在 5~9 级之间,采用 1~9 的标度反映了大多数人的判断能力;其二,大量的社会调查表明,1~9 的比例标度早已为人们所熟悉和采用;其三,科学考察和实践表明,1~9 的比例标度已完全能区分引起人们感觉差别的事物的各种属性。

显然,任何判断矩阵都应满足

$$b_{ii} = 1$$

$$b_{ij} = \frac{1}{b_{ji}}(i,j = 1,2,\cdots,n)$$

因此,对于 n 阶判断矩阵,我们仅需要对 $n(n-1)/2$ 个矩阵元素给出数值。

§5.2.3 层次单排序

所谓层次单排序是指,根据判断矩阵计算对于上一层某因素而言,本层次与之有联系的因素的重要性次序的权值。它是本层次所有因素相对上一层次而言的重要性进行排序的基础。

层次单排序可以归结为计算判断矩阵的特征根和特征向量问题,即对判断矩阵 B,计算满足

$$BW = \lambda_{\max} W$$

的特征根与特征向量，式中 λ_{max} 为 B 的最大特征根，W 为对应于 λ_{max} 的正规化特征向量，W 的分量 W_i 即是相应因素单排序的权值。

为了检验矩阵的一致性，需要计算它的一致性指标 CI，定义

$$CI = \frac{\lambda_{max} - n}{n - 1}$$

显然，当判断矩阵具有完全一致性时，$CI = 0$。$\lambda_{max} - n$ 愈大，CI 愈大，矩阵的一致性愈差。为了检验判断矩阵是否具有满意的一致性，需要将 CI 与平均随机一致性指标 RI 进行比较。对于 1～9 阶矩阵，RI 分别如表 5－1 所示。

表 5－1　1～9 阶矩阵的平均随机一致性指标

阶数	1	2	3	4	5	6	7	8	9
RI	0.00	0.00	0.58	0.90	1.12	1.24	1.32	1.41	1.45

对于 1、2 阶判断矩阵，RI 只是形式上的，按照我们对判断矩阵所下的定义，1 阶、2 阶判断矩阵总是完全一致的。当阶数大于 2 时，判断矩阵的一致性指标 CI，与同阶平均随机一致性的指标 RI 之比称为判断矩阵的随机一致性比例，记为 CR，当 $CR = CI/RI < 0.10$ 时，判断矩阵具有满意的一致性，否则就需要对判断矩阵进行调整。

§5.2.4　层次总排序

利用同一层次中所有层次单排序的结果，就可以计算针对上一层次而言，本层次所有因素重要性的权值，这就是层次总排序。层次总排序需要从上到下逐层顺序进行，对于最高层下面的第二层，其层次单排序即为总排序。假定上一层次所有因素 $A_1, A_2, \cdots, A_m$ 的总排序已完成，得到的权值分别为 $a_1, a_2, \cdots, a_m$，与 a_i 对应的本层次因素 $B_1, B_2, \cdots, B_n$ 单排序的结果为

$$b_1^i, b_2^i, \cdots, b_n^i$$

这里，若 B_j 与 A_i 无关，则 $b_j^i = 0$，层次总排序如表 5－2 所示。

表 5－2　层次总排序

层次 A	A_1	A_2	…	A_m	B 层次的总排序
	a_1	a_2	…	a_m	
B_1	b_1^1	b_1^2	…	b_1^m	$\sum_{i=1}^{m} a_i b_1^i$
B_2	b_2^1	b_2^2	…	b_2^m	$\sum_{i=1}^{m} a_i b_2^i$
…	…	…	…	…	…
B_n	b_n^1	b_n^2	…	b_n^m	$\sum_{i=1}^{m} a_i b_n^i$

显然

$$\sum_{j=1}^{n} \sum_{i=1}^{m} a_i b_j^i = 1$$

即层次总排序仍然是归一化正规向量。

§5.2.5　一致性检验

为评价层次总排序的计算结果的一致性如何，需要计算与单排序类似的检验量。

CI 为层次总排序一致性指标；

RI 为层次总排序平均随机一致性指标；

CR 为层次总排序随机一致性比例。

它们的表达式分别为

$$CI = \sum_{i=1}^{m} a_i CI_i$$

式中 CI_i 为与 a_i 对应的 B 层次中判断矩阵的一致性指标。

$$RI = \sum_{i=1}^{m} a_i RI_i$$

式中 RI_i 为与 a_i 对应的 B 层次中判断矩阵的平均随机一致性指标。

$$CR = \frac{CI}{RI}$$

同样当

$$CR \leqslant 0.10$$

时，我们认为层次总排序的计算结果具有满意的一致性。

§5.3　层次分析法的计算方法

AHP 计算的根本问题是如何计算判断矩阵的最大特征根 λ_{max} 及其对应的特征向量 W。下面简要介绍常用的三种计算方法。

§5.3.1　幂法

计算特征根的幂法使我们有可能利用计算机得到任意精确度的最大特征根 λ_{max} 及其对应的特征向量 W。这一方法的计算步骤为

(1) 任取与判断矩阵 B 同阶的正规化的初值向量 W^0；

(2) 计算 $\overline{W}^{k+1} = BW^k, k = 0,1,2,\cdots$；

(3) 令 $\beta = \sum_{i=1}^{n} \overline{W}_i^{k+1}$，计算 $W^{k+1} = \frac{1}{\beta}\overline{W}^{k+1}, k = 0,1,2,\cdots$；

(4) 对于预先给定的精确度 ε，当

$$|\overline{W}_i^{k+1} - W_i^k| < \varepsilon$$

对所有 $i = 1,2,\cdots,n$ 成立时，则 $W = W^{k+1}$ 为所求特征向量。λ_{max} 可由下式求得

$$\lambda_{max} = \sum_{i=1}^{n} \frac{W_i^{k+1}}{nW_i^k}$$

式中：n 为矩阵阶数；

W_i^k 为向量 W^k 的第 i 个分量。

§5.3.2 和积法

为简化计算,可采用近似方法——和积法计算,它使得我们可以仅使用小型计算器在保证足够精确度的条件下运用 AHP。其具体计算步骤为

(1) 将判断矩阵每一列正规化

$$\bar{b}_{ij} = \frac{b_{ij}}{\sum_{k=1}^{n} b_{kj}}, i,j = 1,2,\cdots,n$$

(2) 每一列经正规化后的判断矩阵按行相加

$$\overline{W}_i = \sum_{j=1}^{n} \bar{b}_{ij}, j = 1,2,\cdots,n$$

(3) 对向量 $\overline{W} = [\overline{W}_1, \overline{W}_2, \cdots, \overline{W}_n]^{\mathrm{T}}$ 正规化

$$W = \frac{\overline{W}_i}{\sum_{j=1}^{n} \overline{W}_j}, i = 1,2,\cdots,n$$

所得到的 $W = [W_1, W_2, \cdots, W_n]^{\mathrm{T}}$ 即为所求特征向量。

(4) 计算判断矩阵最大特征根 $\lambda_{\max}$

$$\lambda_{\max} = \sum_{i=1}^{n} \frac{(AW)_i}{nW_i}$$

式中 $(AW)_i$ 表示向量 AW 的第 i 个分量。

§5.3.3 方根法

为简化计算,AHP 也可采用另一种近似方法——方根法计算,其步骤为

(1) B 的元素按行相乘 $u_{ij} = \prod_{j=1}^{n} b_{ij}$

(2) 所得的乘积分别开 n 次方 $u_i = \sqrt[n]{u_{ij}}$

(3) 将方根向量正规化,即得特征向量 W

$$W_i = \frac{u_i}{\sum_{i=1}^{n} u_i}$$

(4) 计算判断矩阵最大特征根 $\lambda_{\max}$

$$\lambda_{\max} = \sum_{i=1}^{n} \frac{(AW)_i}{nW_i}$$

式中 $(AW)_i$ 同样表示向量 AW 的第 i 个分量。

例 5.1 用和积法计算下述判断矩阵的最大特征根及其对应的特征向量。

B	C_1	C_2	C_3
C_1	1	1/5	1/3
C_2	5	1	3
C_3	3	1/3	1

解(1) 按上述的和积法的计算步骤(1),得到按列正规化后的判断矩阵为

$$\begin{bmatrix} 0.111 & 0.130 & 0.077 \\ 0.556 & 0.652 & 0.692 \\ 0.333 & 0.217 & 0.231 \end{bmatrix}$$

(2) 按步骤(2),按行相加得

$$\overline{W}_1 = \sum_{j=1}^{n} \overline{b}_{ij} = 0.111 + 0.130 + 0.077 = 0.317$$

$$\overline{W}_2 = 0.556 + 0.652 + 0.692 = 1.900$$

$$\overline{W}_3 = 0.333 + 0.217 + 0.231 = 0.781$$

(3) 将向量 $\overline{W} = [0.317, 1.900, 0.781]^{\mathrm{T}}$ 正规化得

$$\sum_{j=1}^{n} \overline{W}_j = 0.317 + 1.900 + 0.781 = 2.998$$

$$W_1 = \frac{\overline{W}_1}{\sum_{j=1}^{n} \overline{W}_j} = \frac{0.317}{2.998} = 0.106$$

$$W_2 = \frac{1.900}{2.998} = 0.634$$

$$W_3 = \frac{0.781}{2.998} = 0.261$$

则所求特征向量 $W = [0.106, 0.634, 0.261]^{\mathrm{T}}$

(4) 计算判断矩阵的最大特征根 $\lambda_{\max}$

$$AW = \begin{bmatrix} 1 & 1/5 & 1/3 \\ 5 & 1 & 3 \\ 3 & 1/3 & 1 \end{bmatrix} \begin{bmatrix} 0.106 \\ 0.634 \\ 0.261 \end{bmatrix}$$

$$(AW)_1 = 1 \times 0.106 + \frac{1}{5} \times 0.634 + \frac{1}{3} \times 0.261 = 0.320$$

$$(AW)_2 = 5 \times 0.106 + 1 \times 0.634 + 3 \times 0.261 = 1.941$$

$$(AW)_3 = 3 \times 0.106 + \frac{1}{3} \times 0.634 + 1 \times 0.261 = 0.785$$

$$\lambda_{\max} = \sum_{i=1}^{n} \frac{(AW)_i}{nW_i} = \frac{(AW)_1}{3W_1} + \frac{(AW)_2}{3W_2} + \frac{(AW)_3}{3W_3}$$

$$= \frac{0.320}{3 \times 0.106} + \frac{1.941}{3 \times 0.634} + \frac{0.785}{3 \times 0.261} = 3.036$$

§5.4 层次分析法的应用

§5.4.1 AHP 用于方案排序

某厂有一笔企业留成利润要由厂领导决定其用途,总目标是希望能促进工厂更进一

步发展。可供选择的方案有：作为奖金发给职工；扩建食堂、托儿所等福利设施；开办职工业余学校；建设图书馆或俱乐部；引进新设备进行技术改造。衡量这些方案（措施）可从以下三方面着眼：是否调动了职工的生产积极性；是否提高了企业的技术水平；是否改善了职工的物质文化生活状况。现在要对上述五种方案进行优劣性评价，或者说按优劣顺序把这五种方案排列起来，以便厂领导从中选择一种方案付诸实施。

我们应用 AHP 对此问题进行分析后，可建立如图 5－2 所示的层次结构模型。

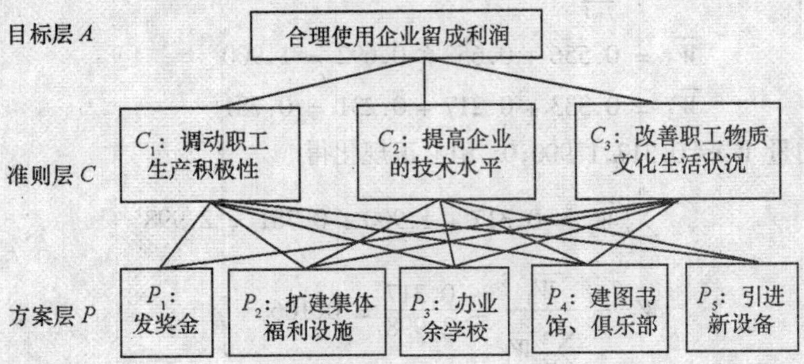

图 5－2　合理使用企业留成利润的层次结构模型

根据各因素的重要性比较构造判断矩阵并进行计算，所得判断矩阵及相应计算结果如下：

(1) 判断矩阵 $A-C$（相对于总目标而言，各着眼准则之间的相对重要性比较）

A	C_1	C_2	C_3	W
C_1	1	1/5	1/3	0.1042
C_2	5	1	3	0.6372
C_3	3	1/3	1	0.2583

$\lambda_{max}=3.0385$

$CI=0.0193$

$RI=0.58$

$CR=0.0332<0.10$

可见判断矩阵具有满意的一致性。

(2) 判断矩阵 C_1-P（相对于调动生产积极性准则而言，各方案之间的相对重要性比较）

C_1	P_1	P_2	P_3	P_4	P_5	W
P_1	1	3	5	4	7	0.491
P_2	1/3	1	3	2	5	0.232
P_3	1/5	1/3	1	1/2	3	0.092
P_4	1/4	1/2	2	1	3	0.138
P_5	1/7	1/5	1/3	1/3	1	0.046

$\lambda_{max}=5.126$

$CI=0.032$

$RI = 1.12$

$CR = 0.028 < 0.10$

(3) 判断矩阵 $C_2 - P$（相对于提高技术水平准则而言，各方案之间的相对重要性比较）

C_2	P_2	P_3	P_4	P_5	W
P_2	1	1/7	1/3	1/5	0.055
P_3	7	1	5	3	0.564
P_4	3	1/5	1	1/3	0.118
P_5	5	1/3	3	1	0.263

$\lambda_{max} = 4.117$

$CI = 0.039$

$RI = 0.90$

$CR = 0.043 < 0.10$

(4) 判断矩阵 $C_3 - P$（相对于改善职工生活状况准则而言，各方案之间的相对重要性比较）

C_3	P_1	P_2	P_3	P_4	W
P_1	1	1	3	3	0.406
P_2	1	1	3	3	0.406
P_3	1/3	1/3	1	1	0.094
P_4	1/3	1/3	1	1	0.094

$\lambda_{max} = 4$

$CI = 0$

$RI = 0$

层次总排序计算结果如表 5－3 所示。

表 5－3　层次总排序计算结果

层次 C ＼ 层次 P	C_1	C_2	C_3	层次 P 总排序权值	方案排序
	0.104	0.637	0.258		
P_1	0.491	0	0.406	0.157	4
P_2	0.232	0.055	0.406	0.164	3
P_3	0.092	0.564	0.094	0.393	1
P_4	0.138	0.118	0.094	0.113	5
P_5	0.046	0.263	0	0.172	2

$CI = 0.028$

$RI = 0.9231$

$CR = 0.0305 < 0.10$

计算结果表明，为合理使用企业利润留成，对于该企业来说，所提出的五种方案的优先次序为：P_3——办职工业余学校和短训班，权值为 0.393；P_5——引进新设备，进行企业技术改造，权值为 0.172；P_2——扩建职工住宅、食堂、托儿所等集体福利设施，权值 0.164；P_1——作为奖金发给职工，权值为 0.157；P_4——建立图书馆、职工俱乐部和业余文工队，权值 0.113。厂领导可根据上述排序结果进行决策。需要注意的是，不同的人对不同企业中的不同情况，有不同的判断。用不同的判断值，计算的排序结果也不一样。所以应当请那些对所处理的问题有专门研究的人来作判断，因为他们对所处理的问题和周围的环境了解得愈透彻，便愈能得到合理的判断和正确的排序结果。

§5.4.2　AHP 在产品结构调整中的应用

一、问题的提出

当前，随着社会主义市场经济的迅速发展和三线建设调整改造工作的顺利进行，我国大部分三线军工企业都面临着一个产品结构调整的共同问题。解决这个问题的关键是，三线军工企业要按照国家和市场的需要，充分发挥自己的技术装备优势，选准、选好支柱民品，大力发展民品生产，建立军民结合型的产品结构。一个三线军工企业怎样才能选准、选好支柱民品呢？对此，我们曾经应用层次分析法对一个军工厂的产品结构调整问题进行过实例分析，取得了比较满意的结果。

二、层次结构模型的建立

对三线军工企业选择最佳支柱民品问题进行层次分析，一般可以建立如图 5－3 所示的层次结构模型。这个结构模型共分三层：最高层是目的层 A，即对该企业可供开发的民品进行全面分析和综合评价以后，选择出最佳的民品作为支柱民品（或者排出其优劣顺序，作为领导机关决策的主要依据）；中间层是准则层 C，包括对可供开发的民品进行综合评价的 3 项准则，以下又细分为 13 条具体的评价指标（即中间子层）；最低层是方案层 P，即可供开发的各种民品方案。三线军工企业选择最佳支柱民品，大力发展民品生产的总目标是要充分发挥三线军工企业的作用，为四个现代化建设作出更大的贡献，具体地讲，也就是实现其经济效益与社会效益的最佳统一。很明显，三线军工企业要取得好的经济效益，必须选择那些国家经济建设急需的、或者国内外市场短缺的产品作为支柱民品，这样才能做到投资省、利润高、见效快，产品适销对路，而且潜在市场广阔；要取得好的社会效益，又必须选择那些民用工厂生产不了或者质量、技术过不了关的“高、大、精、尖、新”产品作为支柱民品，这样才不会与地方民品企业争原料、争市场，而且还可充分利用当地的自然资源，促进科学技术进步，扩大外贸出口，增加就业机会，有利于环境保护，从而为振兴地区经济和促进社会安定团结创造有利条件。此外，能否选择作为支柱民品还应考察其技术可行性。毫无疑问，应该选择那些能够充分发挥自己技术装备优势的产品，或者能够实现军品民品兼容的产品。例如，选择与原有军品技术相同、工艺相近、结构相似的民品作为最佳支柱民品是明智的。方案层的因素（即可供开发的民品项目）是根据市场需求预测和企业的实际情况（如企业的生产、技术、设备等条件）确定的。有的企业可能将民品分为几大类，每类又有几个项目，这时就需像准则层那样设置方案子层。为了避免方案层中因素过多、计算工作量太大，列入方案层的民品项目应该是经过初步筛选的，那些明显不符合最佳支柱民品要求的项目已经被去掉了。

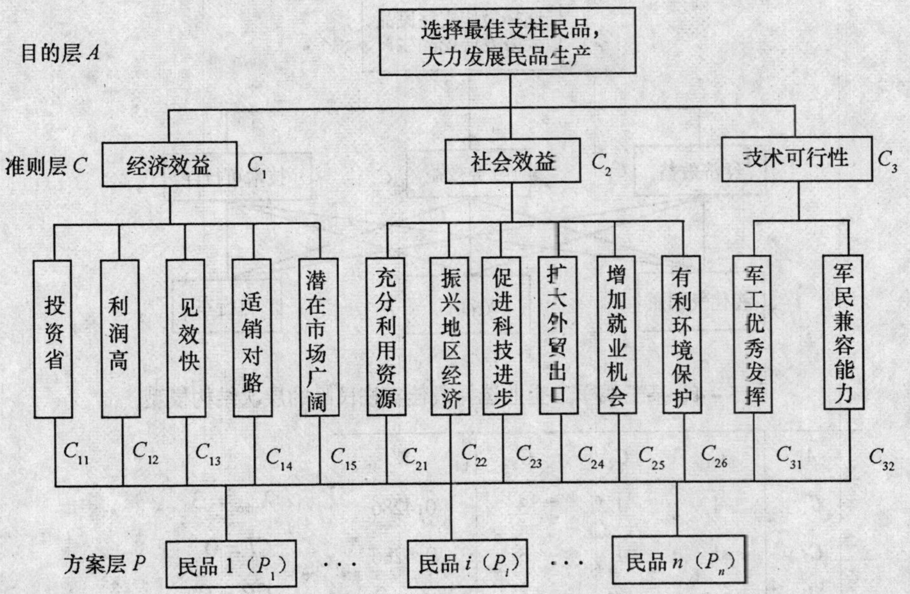

图 5-3　选择最佳支柱民品的层次结构模型

三、构造判断矩阵并计算

层次结构模型建立以后，我们可以采取便于集中群众智慧和经验的各种形式对各层因素分别进行两两比较，并引入 1～9 的标度将这种比较结果用数值表示出来，构成判断矩阵。然后通过数学运算即可得到方案层中可供开发的民品相对于实现总目标的相对重要性次序的组合权值。据此，企业的领导机关即可选择其中技术可行的社会经济效益最好的民品作为企业的最佳支柱民品。

某三线军工企业地处某市近郊，交通方便，是一个专门生产军用压力容器的中型工厂。近年来由于军品生产任务锐减，大批生产能力闲置，上级主管部门已经确定该企业必须实施"军转民、军民结合"的产品结构调整方针。为此，该厂成立了有领导干部、工程技术人员和生产管理人员参加的民品选型小组。经过大量的市场调查、市场预测和初步可行性分析以后，从该厂生产实际和工艺特点出发，已经筛选出三种民品可供开发，这些民品分别是液化气钢瓶、喷灌机、自行车。到底其中那一种可以作为支柱民品，形成民用系列产品，需要从经济效益、社会效益和技术可行性三个方面进行全面的权衡比较后才能确定。为了作出有说服力的定量分析，我们应用 AHP 建造了如图 5-4 所示的层次结构模型，然后由民品选型小组成员在充分听取群众意见的基础上，就图 5-4 中的各种因素分别进行两两比较，从上而下依次构造出判断矩阵，并用解特征值方法求出各判断矩阵的最大特征根及其对应的特征向量。

其计算结果如下：

1. $A-C$ 判断矩阵(对选择最佳支柱民品而言，各个评价准则的相对重要性比较)

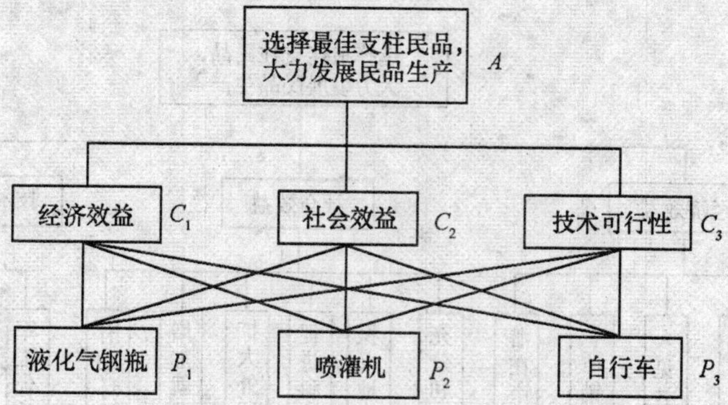

图 5－4　某三线军工企业选择最佳支柱民品的层次结构模型

A	C_1	C_2	C_3	W
C_1	1	1	3	0.4286
C_2	1	1	3	0.4286
C_3	1/3	1/3	1	0.1428

$\lambda_{max} = 3$

$CI = 0$

$CR = 0$

2. $C_1 - P$ 判断矩阵（从经济效益出发选择支柱民品时，各产品的相对优越性比较）

C_1	P_1	P_2	P_3	W
P_1	1	3	5	0.6370
P_2	1/3	1	3	0.2583
P_3	1/5	1/3	1	0.1047

$\lambda_{max} = 3.0385$

$CI = 0.0193$

$RI = 0.58$

$CR = 0.0332 < 0.01$

3. $C_2 - P$ 判断矩阵（从社会效益出发选择支柱民品时，各产品的相对优越性比较）

C_2	P_1	P_2	P_3	W
P_1	1	2	3	0.5499
P_2	1/2	1	1	0.2402
P_3	1/3	1	1	0.2098

$\lambda_{max} = 3.0184$

$CI = 0.0092$

$RI = 0.58$

$CR = 0.0159 < 0.10$

4. $C_3 - P$ 判断矩阵（从技术可行性出发选择支柱民品时，各产品的相对优越性比较）

C_3	P_1	P_2	P_3	W
P_1	1	5	7	0.7207
P_2	1/5	1	3	0.1957
P_3	1/7	1/3	1	0.0835

$\lambda_{max} = 3.090$

$CI = 0.045$

$RI = 0.58$

$CR = 0.078 < 0.10$

对于该厂选择最佳支柱民品的总目标来说，各产品的层次总排序结果如表 5－4 所示。

表 5-4 各产品的层次总排序结果

层次 C / 层次 P	经济效益 C_1	社会效益 C_2	技术可行性 C_3	层次 P 总排序权值	方案排序
	0.4286	0.4286	0.1428		
液化气钢瓶 P_1	0.6370	0.5499	0.7207	0.6116	1
喷灌机 P_2	0.2583	0.2402	0.1957	0.2415	2
自行车 P_3	0.1047	0.2098	0.0835	0.1467	3

层次总排序的一致性检验如下：

$$\begin{aligned} CI &= \sum_{i=1}^{3} C_i CI_i \\ &= 0.4286 \times 0.0193 + 0.4286 \times 0.0092 + 0.1428 \times 0.045 \\ &= 0.0186 \end{aligned}$$

$$\begin{aligned} RI &= \sum_{i=1}^{3} C_i RI_i \\ &= 0.4286 \times 0.58 + 0.4286 \times 0.58 + 0.1428 \times 0.58 \\ &= 0.58 \end{aligned}$$

$$CR = \frac{CI}{RI} = \frac{0.0186}{0.58} = 0.032 < 0.10$$

因此，上述判断矩阵 $A-C$、C_1-P、C_2-P、C_3-P 和层次总排序结果均具有满意的一致性。

按照上述计算结果，该厂应选择液化气钢瓶作为最佳支柱民品，因为其总排序权值为0.6116，是最大的。这个计算结果与用定性分析方法得到的结果是完全一致的。后来，该厂领导接受了这个咨询意见，正式决定建立以液化气钢瓶为龙头，包括双眼、四眼液化气灶，调节阀门等产品在内的液化气用具民品生产线。3 年后，该厂的民品产值已经占全厂工业总产值的 3/5，初步形成了以民品为主、兼产军品、军民结合、平战结合的产品结构，社会经济效益显著提高，这是三线军工企业及时进行产品结构调整，迅速实现战略转移的一次成功的尝试。

§5.4.3 AHP 用于产品质量管理[15]

在生产过程中，影响产品质量的因素往往是错综复杂、多种多样的。运用本书第三章中介绍的因果分析法可以使人们对质量问题影响因素的数量及其影响关系一目了然。但是，因果分析图对于质量问题影响因素的描述只限于定性分析，人们很难从图中看出影响因素的相对重要程度。

为了克服因果分析法只能进行定性分析的缺陷，可以将其与层次分析法 AHP 结合起来，形成一种新的质量管理工具——重要度因果分析图。其具体作法是：首先将描述产品质量问题的因果分析图转化为 AHP 的层次结构模型图，然后应用 AHP 进行定量分析，得到重要度因果分析图。

将 AHP 应用于某厂标准件产品的质量分析，其具体过程如下：

一、建立层次结构模型

请该厂职工共同分析产品质量问题，找出产生问题的原因并作出因果分析图，以此图为依据画出该厂标准件产品质量影响因素的层次结构模型图，如图 5－5 所示。

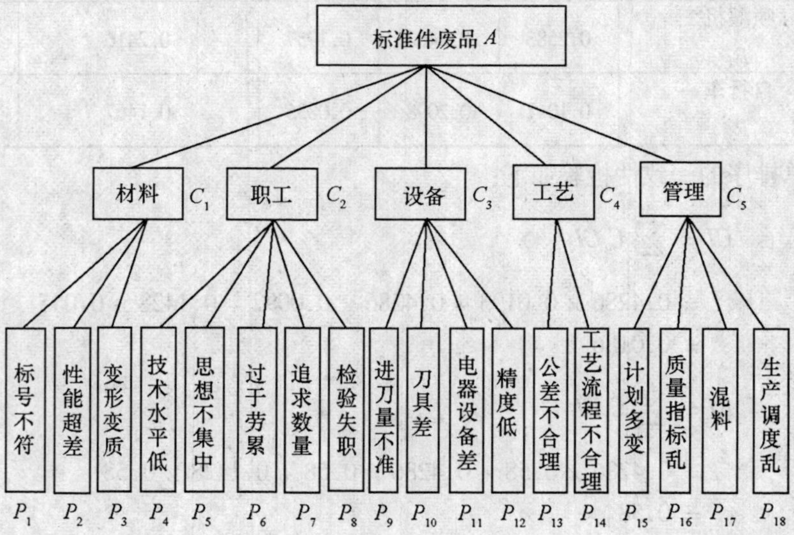

图 5－5　某厂标准件产品质量影响因素的层次结构模型图

二、构造判断矩阵并计算

由系统工程人员组织有代表性的生产管理干部、工程技术人员和生产一线工人组成三结合小组，对各种影响因素的重要程度进行打分，得到判断矩阵，再由系统工程人员进行计算。

其判断矩阵及计算结果如下：

A	C_1	C_2	C_3	C_4	C_5	W	一致性检验
C_1	1	1/7	1/5	5	3	0.1202	
C_2	7	1	3	7	5	0.5031	
C_3	5	1/3	1	5	3	0.2625	$CR = 0.096 < 0.10$
C_4	1/5	1/7	1/5	1	1/3	0.0388	
C_5	1/3	1/5	1/3	3	1	0.0759	

C_1	P_1	P_2	P_3	W	一致性检验
P_1	1	1/3	3	0.2583	
P_2	3	1	5	0.6370	$CR = 0.033 < 0.10$
P_3	1/3	1/5	1	0.1047	

C_2	P_4	P_5	P_6	P_7	P_8	W	一致性检验
P_4	1	3	9	5	7	0.5082	$CR=0.0838<0.10$
P_5	1/3	1	7	3	5	0.2622	
P_6	1/9	1/7	1	1/3	1/5	0.0340	
P_7	1/5	1/3	3	1	3	0.1190	
P_8	1/7	1/5	5	1/3	1	0.0765	

C_3	P_9	P_{10}	P_{11}	P_{12}	W	一致性检验
P_9	1	1/5	1/3	1/7	0.0553	$CR=0.0431<0.10$
P_{10}	5	1	3	1/3	0.2622	
P_{11}	3	1/3	1	1/5	0.1175	
P_{12}	7	3	5	1	0.5650	

C_4	C_{13}	C_{14}	W	一致性检验
P_{13}	1	1/3	0.25	$CR=0$
P_{14}	3	1	0.75	

C_5	C_{15}	C_{16}	C_{17}	C_{18}	W	一致性检验
P_{15}	1	1/3	3	1/5	0.1237	$CR=0.0157<0.10$
P_{16}	3	1	3	1/3	0.2406	
P_{17}	1/3	1/3	1	1/7	0.0647	
P_{18}	5	3	7	1	0.5710	

三、建立重要度因果分析图

利用上述计算结果，可画出该厂标准件产品质量影响因素的重要度因果分析图，如图5－6所示。

四、结论

从重要度因果分析图（即图5－6）可以看出，该厂标准件质量问题的影响因素有五个，其相对重要程度依次为：职工、设备、材料、生产管理、工艺。在职工方面存在的主要问题是技术水平低、思想不集中、片面追求数量、检验失职以及职工加班过多、过于劳累。可以看出，职工的技术素质及思想状况对该厂标准件产品质量已经起了决定性的作用，因此，该厂应在职工教育方面下大力气，一方面通过举办培训班，进行技术比武和劳动竞赛等办法迅速提高职工的文化技术素质；另一方面要在建立健全各种规章制度的同时大力加强职工的思想教育，提高工作热情，改变懒散的精神面貌。产品质量的另一个重要影响因素是生产设备方面的问题，主要是由机床精度低和刀具质量差引起，机床精度低是由于设备陈旧的缘故，刀具质量差则是刀具厂产品质量不过关引起的。要解决这方面的问题，一是加快设备的更新改造，提高机床设备精度，二是提高刀具的质量，但刀具质量是由刀具厂控制的，因此，该厂应在订货、进货环节上加强管理，有条件时可与科研单位联合研制

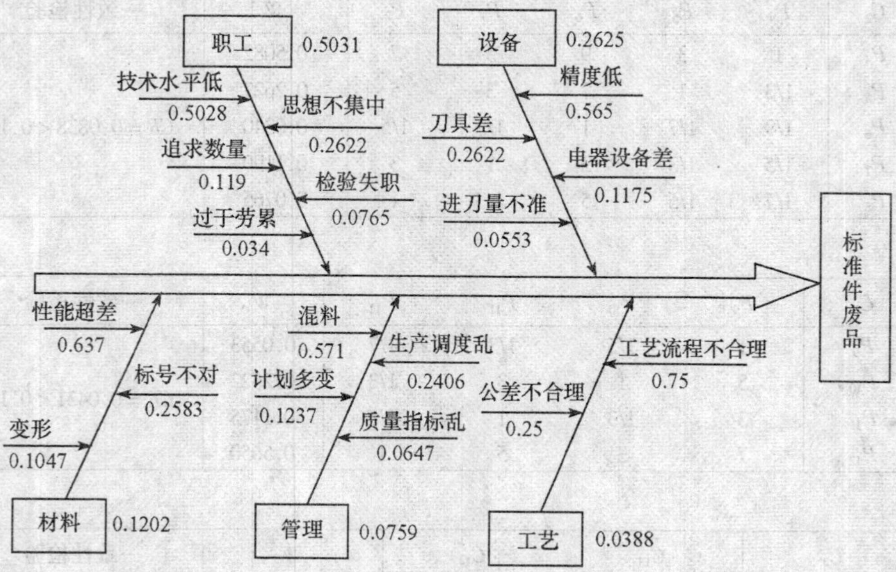

图 5-6　某厂标准件产品质量影响因素的重要度因果分析图

符合要求的新型刀具。至于材料问题，它在五个因素中排第三位，重要度还是较大的，厂方对此也应给予一定的重视。工厂对材料性能超差等问题可通过严把进货质量关来解决。另外两个较次要因素为生产管理与工艺，它们的重要程度较职工、设备、材料要小得多。

综观上述结果，从工厂角度来看，目前解决质量问题的最主要途径是加强职工教育和进行设备更新改造，对其它因素也应采取一般性控制措施，不要撒手不管。

§5.5　层次分析法的改进[16]

§5.5.1　引言

层次分析法(AHP)是系统工程中对非定量事件作定量分析的一种简便方法，也是对人们的主观判断作定量描述的一种有效方法，所以，它已被广泛地用于许多难以完全用定量方法来分析的复杂系统。AHP 的流程图可以用图 5-7 表示。

可见，一致性检验在 AHP 中是不可缺少的。在实际应用中，一般都凭着大致的估计来调整判断矩阵，虽然往往行之有效，但毕竟带有盲目性，并且不能排除需要经过多次调整才能通过一致性检验的可能性。下面以解决上述问题为出发点，利用最优传递矩阵的概念，对 AHP 进行改进，使之自然满足一致性要求，直接求出权重值。

§5.5.2　改进的 AHP

设 $A=[a_{ij}]$、$B=[b_{ij}]$、$C=[c_{ij}]\in R^{n\times n}$

定义 5.1　若 $a_{ij}=\dfrac{1}{a_{ji}}$，则称 A 为互反矩阵，

若 $b_{ij}=-b_{ji}$，则称 B 为反对称矩阵。

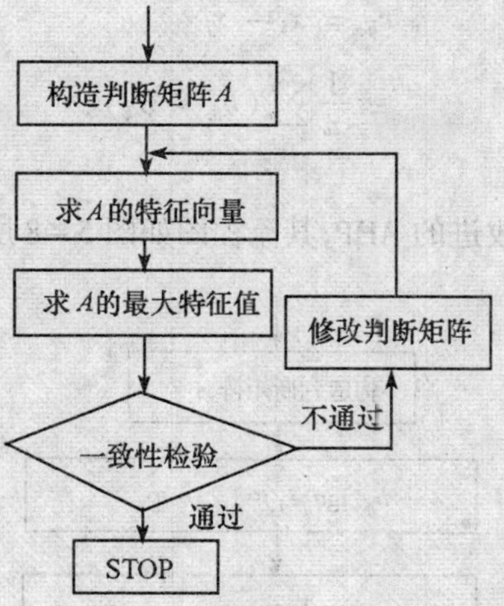

图 5－7　AHP 的流程图

定义 5.2　A 是互反矩阵，若 $a_{ij}=\dfrac{a_{ik}}{a_{jk}}$，则称 A 是一致的，若 B 是反对称阵，且 $b_{ij}=b_{ik}+b_{kj}$，则称 B 是传递的。

显然若 A 是一致阵，则 $B=\lg A(b_{ij}=\lg a_{ij},\forall\, i、j)$ 是传递的，反之若 B 是传递阵，则 $A=10^{B}(a_{ij}=10^{b_{ij}},\forall\, i、j)$ 是一致的。

定义 5.3　若存在传递矩阵 C，且使 $\sum\limits_{i=1}^{n}\sum\limits_{j=1}^{n}(c_{ij}-b_{ij})^2$ 最小，则称 C 为 B 的最优传递阵。

显然若 A 是互反矩阵，$B=\lg A$，C 是 B 的最优传递阵，那么 $A^{*}=10^{c}$ 可以认为是 A 的一个拟优一致阵，它满足使 $\sum\limits_{i=1}^{n}\sum\limits_{j=1}^{n}[\lg a_{ij}^{*}-\lg a_{ij}]^2$ 最小，而非 $\sum\limits_{i=1}^{n}\sum\limits_{j=1}^{n}(a_{ij}^{*}a_{ij})^2$ 最小。

定理 5.1　若 B 是反对称阵，则 B 的最优传递阵 C 满足

$$c_{ij}=\frac{1}{n}\sum_{k=1}^{n}(b_{ik}-b_{jk}),\forall\, i、j$$

证明　由于 C 是传递的，可以找到 $x_1,x_2,\cdots,x_n\geqslant 0$，使 $c_{ij}=x_i-x_j$，从定义 5.3 可知

$$J=\sum_{i=1}^{n}\sum_{k=1}^{n}(c_{ik}-b_{jk})^2$$

$$=\sum_{i=1}^{n}\sum_{k=1}^{n}(x_1-x_k-b_{ik})^2$$

求 $\min J$，即求解 $\dfrac{\partial J}{\partial x_i}=0,\forall\, i$，则

$$\frac{\partial J}{\partial x_i}=2nx_i-2\sum_{k=1}^{n}(x_k+b_{ik})=0$$

$$x_i=\frac{1}{n}\sum_{k=1}^{n}(x_k+b_{ik}),$$

则
$$c_{ij} = x_i - x_j$$
$$= \frac{1}{n}\sum_{k=1}^{n}(b_{ik} - b_{jk})$$

证毕。

基于上面的讨论,提出改进的 AHP,其流程图如图 5-8 所示。

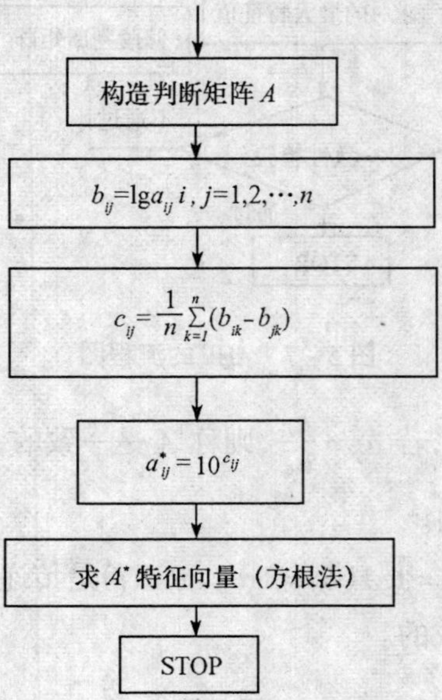

图 5-8　改进的 AHP 的流程图

用方根法求 A^* 的特征值出于以下考虑:首先是因为判断矩阵本身有相当的误差范围,不需要追求较高的精度;其次方根法实际上是以超几何平均的方法求权重值,可以在一定的范围内,使拟优 A^* 的特征值更接近于最优 A^* 的特征值。

下面用一个实例来说明改进的 AHP 的计算过程。

§5.5.3　实例

为了简单起见,本例的实际背景在此不作说明。构造的判断矩阵如下:

$$A = \begin{array}{c} \\ \end{array}\begin{array}{ccccc} M_1 & M_2 & M_3 & M_4 & M_5 \end{array}$$
$$A = \begin{bmatrix} 1 & 3 & 4 & 3 & 7 \\ \frac{1}{3} & 1 & \frac{1}{3} & 1 & 3 \\ \frac{1}{4} & 3 & 1 & \frac{1}{3} & 2 \\ \frac{1}{3} & 1 & 3 & 1 & 2 \\ \frac{1}{7} & \frac{1}{3} & \frac{1}{2} & \frac{1}{2} & 1 \end{bmatrix}$$

$M_1, M_2, \cdots\cdots M_5$ 为某五个指标(以后不再说明)。

依据矩阵 A，得到 $B=\lg A$：

$$B=\begin{bmatrix} 0 & 0.477 & 0.6 & 0.477 & 0.845 \\ -0.477 & 0 & -0.477 & 0 & 0.477 \\ -0.6 & 0.477 & 0 & -0.477 & 0.3 \\ -0.477 & 0 & 0.477 & 0 & 0.3 \\ -0.845 & -0.477 & -0.3 & -0.3 & 0 \end{bmatrix}$$

根据定理 5.1，得到 C 矩阵和相应的 A^* 矩阵

$$C=\begin{bmatrix} 0 & 0.5752 & 0.5398 & 0.4198 & 0.8642 \\ -0.5752 & 0 & -0.0354 & -0.111 & 0.289 \\ -0.5398 & -0.0354 & 0 & -0.12 & 0.324 \\ -0.4198 & 0.111 & 0.12 & 0 & 0.444 \\ -0.8642 & -0.289 & -0.324 & -0.444 & 0 \end{bmatrix}$$

$$A^*=\begin{bmatrix} 1 & 3.76 & 3.46 & 2.63 & 7.3 \\ 0.265 & 1 & 0.927 & 0.77 & 1.95 \\ 0.29 & 1.08 & 1 & 0.76 & 2.11 \\ 0.38 & 1.3 & 1.32 & 1 & 2.78 \\ 0.137 & 0.51 & 0.47 & 0.36 & 1 \end{bmatrix}$$

用方根法求 A^* 矩阵的特征向量 W：

$$\overline{W}_1=3.016,\overline{W}_2=0.819,\overline{W}_3=0.871,\overline{W}_4=1.126,\overline{W}_5=0.41$$

规一化，$W_i=\dfrac{\overline{W}_i}{\sum\limits_{i=1}^{n}\overline{W}_i}$，$i=1,2,\cdots,n$，由此得

$$\begin{aligned} W&=[W_1,W_2,W_3,W_4,W_5]^{\mathrm{T}} \\ &=[0.48,0.13,0.14,0.18,0.065]^{\mathrm{T}} \end{aligned}$$

为了与原始的 AHP 比较，将两种结果列于表 5-5，虽然改进的 AHP 不需要一致性检验，但在这里我们依然将其一致性检验结果列出。

表 5-5　原始的 AHP 和改进的 AHP 的结果对比

方法	原始 AHP	改进的 AHP
特征向量	$W_1=0.483$ $W_2=0.12$ $W_3=0.13$ $W_4=0.18$ $W_5=0.0658$	$W_1=0.48$ $W_2=0.13$ $W_3=0.14$ $W_4=0.18$ $W_5=0.065$
CI	0.1181	0.00011*
RI	1.12	1.12
CR	0.105	0.0001

*理论上讲，此项应为零，但由于方根法是一种近似方法，故使特征值有一定的误差。

从表中可以看出，两种方法求出的特征向量中，W_2，W_3 相对其它几个权值来讲，变动

较大，实际上，当仔细观察 A 矩阵中的 M_2，M_3 时，可以发现，$a_{12}=3$，$a_{13}=4$ 和 $a_{23}=1/3$，即显示出不一致性。如果人工去调整 A 时，一般会考虑，由于从 a_{12}，a_{13} 可以推出 M_2 高于 M_3 一个级别，而从 a_{23} 推出 M_2 低于 M_3 二个级别，所以综合考虑两个方面，一般会修改 a_{12}，a_{13}，使 M_2 低于 M_3 一至二个级别，这种调整思想也正是我们改进 AHP 所采用的。更进一步，从 C 矩阵的构成上来看，改进的 AHP 中，不仅仅只考虑上述两个方面，而是综合考虑了 M_2，M_3 与所有其它指标的关系后，再综合调整的，从这一点来看，改进的 AHP 实际上是在原始 AHP 中设置了一个智能调整器。

§5.5.4 结论

将人工给定的判断矩阵 A，通过一个调整器，得到拟优意义下的一致阵，直接求出权值，不需要进行一致性检验，从理论证明到大量的上机验算说明这种方法是可行和有效的。但这并不等于可以无顾虑地任意构造判断矩阵，改进的方法可以调整人们认识事物的不一致性，并不能形成有效的原始判断矩阵。如何在最优意义下调整人们认识上的不一致，以及如何通过某些信息，机械化、智能化地构造有效的判断矩阵是值得深入研究的课题。

习题·思考题

1. 层次分析法是如何解决复杂系统的分析和决策问题的？这种方法有什么特点？它最适宜解决什么样的问题？

2. 应用层次分析法分析问题时要经过哪些步骤？为什么一致性检验是其中必不可少的一个步骤？

3. 某领导岗位需要增配一名领导者，现有甲、乙、丙三位候选人可供选择，选择的原则是合理兼顾以下六个方面——思想品德、工作成绩、组织能力、文化程度、年龄大小、身体状况。请用层次分析法对甲、乙、丙三人进行排序，给出最佳人选。

4. 某人有观赏祖国大好河山的愿望，想去旅游一次，现有三个地点，即桂林、张家界、庐山，可供选择，请用层次分析法帮他选一个适合自己情况的旅游点。

第六章　投入产出分析

随着现代化生产的发展，国民经济各部门之间的联系日益密切，它们在经济上和技术上的相互依存关系越来越复杂。投入产出分析(Input-Output Analysis)就是对这种错综复杂的技术经济联系进行定量分析的有效手段。它从经济系统的整体出发，分析各个部门之间产品的输入(投入)与输出(产出)的数量关系，确定达到平衡的条件。这种方法既可用于国民经济系统，也可用于部门经济系统、地区经济系统以及企业经济系统。目前，它已在世界各国得到了广泛的应用。我国已于 1974 ~ 1976 年，由国家计委计算中心编制了 1973 年投入产出表，不少省市和部门、企业也都编制了自己的投入产出表，用来进行经济预测和经济分析，为编制中长期发展规划服务。

§6.1　投入产出分析概述

§6.1.1　基本概念

现代化生产的一个特征是高度专业化，一些企业的产品往往是其他企业的原材料或配套件。生产一些结构复杂的重要产品(如汽车、飞机、导弹、机床等)，往往需要消耗各行各业的许多产品。这种高度关联、相互依存的客观现象，就是应用投入产出分析的实际背景。

生产汽车需要消耗钢材、橡胶、电器、仪表、皮革、油漆等许多产品，需要消耗电力和煤炭等能源，还需要运输部门和商业物资部门提供运输和物资供应等劳动服务。汽车生产与上述产品或部门有直接的联系，因而也受这些产品和部门的制约。同时，汽车是运输工具，因此，汽车产量的大小，也反过来影响其他产品和部门的发展。

以上看到的只是表面上的直观联系，实际比这还要复杂得多。例如，生产汽车对电力消耗的情况就相当复杂。加工汽车零件和装配汽车需要消耗电力，这是汽车对电力的直接消耗。生产汽车需要钢材，而生产这些钢材也需要消耗电力，这是间接形式的对电力的消耗，叫做一次间接消耗。为了生产这些钢材，必须增加冶金设备，而生产这部分冶金设备也需要消耗电力，这是汽车对电力的二次间接消耗。继续分析下去，还可以找出汽车对电力的三次、四次、五次、以至多次的间接消耗。可见，汽车对电力的消耗关系重重叠叠，十分复杂，远远超出了人们的直观认识。实际工作还需要弄清楚汽车对钢材、橡胶、电器、仪表等各种产品的消耗关系，并用数字来计量产品之间的关联程度，其复杂程度就可想而知了。

幸而，投入产出分析提供了一种有效的方法。把汽车对电力的直接消耗量加上所有各次间接消耗量，就得到汽车对电力消耗的准确数量。例如，1966 年前苏联运用投入产出表计算出生产一辆小汽车对电力的直接消耗量为 1488.4kW·h，而完全消耗量(直接消耗量和所有间接消耗量之和)是3380.4kW·h,完全消耗量是直接消耗量的2.4倍。有了这些准确反映汽车与电力之间内在联系的数量依据,在经济计划管理中就可以保持汽车生产与电力生产的相互平衡和协调发展。类似地,运用投入产出分析的方法,可以分析和计算出汽车对钢材、橡胶、电器、仪表、皮革、油漆等所有有关产品的直接消耗量和完全消耗量,从而全面细致地掌握汽车生产与国民经济其他部门产品生产的相互关联状况。

所谓投入产出分析,就是对经济系统的生产与消耗的依存关系进行综合考察和数量分析。

研究某个产品对其他产品的相互联系,这仅仅是投入产出分析的一个基本内容。国民经济中类似汽车这样重要的产品就有数十种,一般产品更是种类繁多,难以胜数了。面对这种错综复杂的经济活动,如果我们运用投入产出分析的方法,就能够深入地研究各产品或部门之间的相互关系,从中找出国民经济的活动规律,进而较准确地作出综合平衡、全面计划和控制,以保证国民经济按照预期的方向均衡协调地发展。

§6.1.2 起源与发展

20世纪30年代,美籍俄罗斯经济学家瓦西里·列昂节夫(Wassily Leontief)开始研究如何描述和反映国民经济各部门的相互联系,列昂节夫利用美国政府公开发表的1919年和1929年的经济资料,在哈佛大学社会科学研究会的支持下,于1930年编出了美国1919年和1929年的投入产出表(分为42个部门)。1936年8月,列昂节夫在哈佛大学的《经济与统计评论》上发表了题为《美国经济系统中的投入与产出的数量关系》的重要论文。列昂节夫的重要成果是一张能紧凑和全面地反映各部门产品的流向和数量的统计表格——投入产出表,并在该表的基础上建立了数学模型。列昂节夫把投入产出表、数学模型、理论基础和分析方法称为“投入产出分析”(Input-Output Analysis)。

1951年,列昂节夫又编写了《美国经济结构:1919~1929》一书,比较详细地说明了投入产出分析的方法。1958年,列昂节夫与其他人合作完成了《美国经济结构研究》,这本书曾被视为投入产出分析的经典著作。列昂节夫由于成功地创造了投入产出分析的理论和方法,而投入产出分析是“对以实验为根据的经济研究中最有成效的贡献之一”,因此在1978年获得了诺贝尔经济学奖。人们认为,投入产出模型是成功地刻画复杂的经济现象的经济数学模型之一。作为现代经济分析的实用工具,投入产出分析是在生产力的发展过程中,为适应经济发展和管理的客观需要而产生、发展和逐步完善起来的。

§6.1.3 应用概况

30年代,投入产出分析刚刚出现时并没有引起美国政府和各国经济学界的重视。但在第二次世界大战期间,一些国家的政府加强了对经济的控制和干预,需要有一个比较科学、比较准确的计算工具,于是投入产出分析逐渐引起了各国的重视。1949年,美国劳工部和空军协作,花了3年时间和150万美元,编制了包括500个部门的全国投入产出表。

1951年前后,列昂节夫的投入产出表及有关著作陆续发表和出版,日本和西欧最先接受了这些理论与方法,而后又为前苏联、东欧和亚非拉各发展中国家广泛采用。据不完全统计,编制投入产出表的国家,在1950年前只有19个,到1955年就有25个,1967年前有57个国家，1970年已达86个国家。目前已有100多个国家编制了投入产出表，用它来解决各种经济问题。现在尚未编制投入产出表的国家，大多是经济不发达的小国。

在50年代，资本主义国家把投入产出分析主要用于分析经济结构，进行经济预测和制定经济政策与措施。60年代，前苏联和东欧各国主要把它用于制定国民经济的整体计划和平衡，特别是用于编制中长期计划，以促进国民经济在发展过程中保持均衡和合理的比例关系。根据已公布的材料和报道，前苏联共编制过1959、1966、1972、1977年的全国性投入产出表，这四个表都包括按货币度量和实物度量两种形式。经济较落后的发展中国家认为，制定合理的经济计划是加速经济发展的必要手段，故此大多数国家利用投入产出表制定经济发展计划。

经济发达国家通常编制较大规模的投入产出表，例如美国在1965年着手编制1963年的投入产出表，当时曾要求这个表至少包括500～600个部门。前苏联1966年的投入产出表包括了110个产品部门的价值型（以货币度量）和237种主要产品的实物型（以实物度量）的两类表。发展中国家编制的投入产出表一般规模较小，如黎巴嫩1964年的投入产出表仅划分了14个部门，而有的国家的投入产出表所包括的部门更少，还不到10个。

一些国际性组织编制了区域性的投入产出表，如60年代中期欧洲共同体编制了西欧经济共同体的整体投入产出表。不少国家，如美国、日本、前苏联等，还编制了国内各地区的投入产出表。为了加强垄断企业的计划控制，美国的一些大企业编制了所属各企业部门间的投入产出表。

投入产出分析现已逐渐趋向编表的标准化。在1968年和1973年，联合国统计局制定了编制投入产出表的标准方法，其中包括标准的部门分类、指标含义、计算方法等内容。这为各国间进行投入产出表的对比分析，以及进行区域汇总提供了有利的条件。联合国还成立了“投入产出”协会。自1950年到1979年，先后召开了七次国际投入产出分析的学术会议。1979年在奥地利召开的第七次国际投入产出学术会议，有44个国家390名代表参加，会议的主题是研究世界经济结构的变化，重点是讨论投入产出世界模型。

60年代初，我国曾对投入产出分析进行了研究。1965年前后，中国科学院数学研究所运筹室的同志曾帮助鞍钢编制和应用了《钢铁联合企业金属平衡模型》。1974～1976年，我国成功地编制了1973年的61类主要产品的全国性投入产出表。1979年，山西省编制了1978年山西省的价值型和实物型投入产出表。1987年，湖南省完成了1984年湖南省投入产出表。此外，其他许多省市和国务院各工业部门也都着手编制自己的投入产出表。80年代中期，国防科技大学系统工程人员在帮助各地、市、县制定长远发展规划的工作中，曾普遍利用投入产出分析方法对各地、市、县进行经济结构分析和经济预测，为确定经济发展战略和制定长远发展规划服务。

§6.1.4 发展动态

目前，投入产出分析的发展趋势主要表现在以下的几个方面：

1. 把投入产出模型与运筹学方法结合起来，编制最优化模型。例如，在第七届国际投入产出学术会议的报告中，有40%以上的报告与编制经济发展的最优计划有关。

2. 投入产出分析进一步与经济计量学的方法和技术相结合。如用回归分析的方法确定各种经济指标的数量关系,结合经济计量模型进行经济分析等。

3. 在编表技术方面,已开始利用计算机进行自动编表。德国弗兰克福特大学的研究人员使用计算机编制地区间的投入产出表,他们在计算机内事先存有一套有关编表、计算和调整的程序,输入原始数据,计算机就能自动地对这些数据进行计算和调整,最后打印出所要求的地区间投入产出表。

4. 利用投入产出分析的方法研究一些社会现象。如研究环境污染、国际贸易、社会人口、就业问题等。污染问题的研究始于 70 年代,为此专门设计了投入产出模型。荷兰的研究结果表明,为消除污染,全国的最终产品的价格将提高 1.74%。英国剑桥大学的斯通教授,在 1970 年提出了一个研究人口流动的投入产出表。列昂节夫认为,投入产出分析还可用于研究教育问题。

5. 动态模型和世界模型的研究受到高度重视。目前已发表了许多不同形式的动态模型,前苏联曾使用的半动态模型和英国剑桥大学的多部门动态模型都取得了一定的效果。列昂节夫和世界银行都研究和发表了世界投入产出模型。

可见,投入产出分析已从简单的初始形式发展到越来越复杂的结构,并逐渐应用到社会科学的许多领域。我国经济建设的迅速发展和科学技术的突飞猛进,为投入产出分析的应用提供了广阔的前景。可以预言,在今后的社会主义建设中,投入产出分析和其他的科学管理方法一样,必将得到普遍的应用。

§6.2 投入产出表与投入产出方程

§6.2.1 投入产出表的结构与投入产出方程

一、投入产出表的结构

投入产出表是进行投入产出分析的主要工具。它是建立在对部门产品流向分析的基础上的。

设一个经济系统由 n 个部门组成,部门 i 的总产出记为 x_i,最终产品记为 y_i,从部门 i 流向部门 j 的中间产品记为 x_{ij},则得到投入产出表的一般形式如表 6-1 所示。

表 6-1 投入产出表的一般形式

产出 \ 投入	中间产品				最终产品	总产品
	1	2	…	n		
1	x_{11}	x_{12}	…	x_{1n}	y_1	x_1
2	x_{21}	x_{22}	…	x_{2n}	y_2	x_2
…	…	…	…	…	…	…
n	x_{n1}	x_{n2}	…	x_{nn}	y_n	x_n

若以货币为单位,相应于表 6-1,可以将投入产出表扩充为表 6-2。表 6-3 是引自中国科学院数学研究所《部门综合平衡》一书中的一个价值型投入产出表。

将表 6-2 用粗实线划分为四大块,我们按照左上、右上、左下与右下的次序,分别把它们命名为第Ⅰ、Ⅱ、Ⅲ、Ⅳ象限。

表 6-2　价值型投入产出表

投入＼产出		中间产品				合计	最终产品				总产出
		1	2	…	n		消费	储备	出口	合计	
部门											
1		x_{11}	x_{12}	…	x_{1n}					y_1	x_1
2		x_{21}	x_{22}	…	x_{2n}					y_2	x_2
…		…	…		…					…	…
n		x_{n1}	x_{n2}	…	x_{nn}					y_n	x_n
合计											
折旧		d_1	d_2	…	d_n						
新创造价值	工资	v_1	v_2	…	v_n						
	利润	m_1	m_2	…	m_n						
	合计										
总产出		x_1	x_2	…	x_n						

其中第Ⅰ象限为 $n \times n$ 矩阵，是由 n 个生产部门纵横交叉组成，反映经济系统各个部门之间的生产技术联系，特别是反映各个部门之间相互提供劳动对象供生产过程消耗的情况。

第Ⅱ象限反映各个部门的总产品中用于最终产品的那部分情况。最终产品通常包括消费、储备、出口以及基建投资。

第Ⅲ象限包括各部门固定资产折旧和新创造的价值。其中新创造的价值主要是劳动报酬(工资、津贴、奖金、补助等)和社会纯收入(利润、税金、公积金、公益金等)，它反映国民收入的初次分配情况。

第Ⅳ象限反映国民收入再分配的情况，比较复杂，在投入产出表中通常略去。

二、投入产出方程

从表 6-2 的纵向关系看，第 i 部门的总成本 C_i 为

$$C_i = \sum_{j=1}^{n} x_{ji} + d_i + v_i, i = 1,2,\cdots,n$$

以 C_i 加上利润 m_i，即为第 i 部门的总产值：

$$x_i = C_i + m_i = \sum_{j=1}^{n} x_{ji} + d_i + v_i + m_i, i = 1,2,\cdots,n$$

或

$$x_i = \sum_{j=1}^{n} x_{ji} + z_i, i = 1,2,\cdots,n \tag{6.2.1}$$

式(6.2.1)称为“产值方程”，其中

$$z_i = d_i + v_i + m_i$$

从表 6-2 的横向看，每一行满足以下关系：

$$x_i = \sum_{j=1}^{n} x_{ij} + y_i, i = 1,2,\cdots,n \tag{6.2.2}$$

就是说，每一部门的总产出，等于该部门流向各个部门作为中间消耗用的产品（包括自身消耗）与提供给社会的最终产品之和。这个关系式称为"产出分配方程"。

当式(6.2.2)以货币单位计算时，对于同一个部门 i 来说，式(6.2.2)与式(6.2.1)左端相等，因此有

$$\sum_{j=1}^{n} x_{ij} + y_i = \sum_{j=1}^{n} x_{ji} + z_i, i = 1,2,\cdots,n \tag{6.2.3}$$

等式两边消去相同项 x_{ii}，则得

$$\sum_{\substack{j=1 \\ j\neq i}}^{n} x_{ij} + y_i = \sum_{\substack{j=1 \\ j\neq i}}^{n} x_{ji} + z_i, i = 1,2,\cdots,n \tag{6.2.4}$$

式(6.2.4)表示从第 i 部门流向其他部门的中间产品加上该部门的最终产品（左边），等于该部门从其他部门投入的中间产品加上本部门新创造的价值（工资、利润等）（右边），因此称式(6.2.4)为"投入产出方程"。

由式(6.2.3)，显然有

$$\sum_{i=1}^{n}\left(\sum_{j=1}^{n} x_{ij} + y_i\right) = \sum_{i=1}^{n}\left(\sum_{j=1}^{n} x_{ji} + z_i\right)$$

即

$$\sum_{i=1}^{n}\sum_{j=1}^{n} x_{ij} + \sum_{i=1}^{n} y_i = \sum_{i=1}^{n}\sum_{j=1}^{n} x_{ji} + \sum_{i=1}^{n} z_i$$

而

$$\sum_{i=1}^{n}\sum_{j=1}^{n} x_{ij} = \sum_{i=1}^{n}\sum_{j=1}^{n} x_{ji}$$

则

$$\sum_{i=1}^{n} y_i = \sum_{i=1}^{n} z_i \tag{6.2.5}$$

就是说，第Ⅱ象限与第Ⅲ象限在总量上相等。

§6.2.2　直接消耗系数与完全消耗系数

为了计算与分析的方便，我们先引入直接消耗系数 a_{ij}

$$a_{ij} = \frac{x_{ij}}{x_j}, i,j = 1,2,\cdots,n \tag{6.2.6}$$

a_{ij}表示第 j 部门生产单位产品所需要的第 i 部门的投入量。

如果已知 a_{ij}，对于设定的产出 x_j，则投入 x_{ij} 可按下式计算：

$$x_{ij} = a_{ij} \cdot x_j, i,j = 1,2,\cdots,n \tag{6.2.7}$$

a_{ij}又称为"技术系数"或"投入系数"，因为它反映了部门之间的技术条件与投入定额。

表 6-4 为由表 6-3 计算得到的直接消耗系数表，它完整地反映了一个经济系统的消耗结构。

记

$$A = \{a_{ij}\}_{n\times n} = \begin{bmatrix} a_{11} & a_{12} & \cdots & a_{1n} \\ a_{21} & a_{22} & \cdots & a_{2n} \\ \vdots & \vdots & & \vdots \\ a_{n1} & a_{n2} & \cdots & a_{nn} \end{bmatrix}$$

矩阵 A 称为“直接消耗系数矩阵”或“技术结构矩阵”。

a_{ij}具有以下性质:

(1) $0 \leqslant a_{ij} < 1, i, j = 1,2,\cdots,n$

(2) $\sum_{i=1}^{n} a_{ij} < 1, j = 1,2,\cdots,n$

由于有这两条性质。根据矩阵理论,有以下结论:

矩阵 A 的所有特征根之模均小于 1;

当 $m \to \infty$ 时,$A^m \to 0$.

于是

$$I + A + A^2 + \cdots + A^m = (I - A)^{-1} \tag{6.2.8}$$

以后推导完全消耗系数计算公式时,要用到公式(6.2.8).

如果将式(6.2.7)代入式(6.2.2)就得

$$x_i = \sum_{j=1}^{n} a_{ij}x_j + y_i, i = 1,2,\cdots,n \tag{6.2.9}$$

改写为矩阵形式方程

$$X = AX + Y$$

即
$$(I - A)X = Y \tag{6.2.10}$$

或
$$X = (I - A)^{-1} Y \tag{6.2.11}$$

根据以上投入产出模型,可以进行 x_i 与 y_i 之间的换算。具体来说,有以下三种换算:

(1) 如果在经济系统中,总产量 $X = (x_1, x_2, \cdots, x_n)^T$已经确定,则可计算出最终产量 $Y = (y_1, y_2, \cdots, y_n)^T$。

(2) 反之,如果该经济系统的最终产量 $Y = (y_1, y_2, \cdots, y_n)^T$已经确定,则可计算出总产量 $X = (x_1, x_2, \cdots, x_n)^T$。

(3) 在经济系统中,各部门的总产量 x_i 与最终产量 $y_i (i = 1,2,\cdots,n)$,只要知道其中任意几个,就可以计算出其余几个未知数。

完全消耗包括直接消耗与间接消耗,间接消耗又分为许多层次,如图 6-1 所示,炼钢直接消耗电、生铁、耐火材料、炼钢设备等等,根据我国 1973 年投入产出表得到的数据,炼 1t 钢直接消耗电 199kW·h。冶炼生铁、制造耐火材料、制造炼钢设备等等也需要消耗电,这是对电的第一次间接消耗,其中冶炼 1t 铁矿石要消耗电 194.63kW·h。冶炼生铁需要铁矿石与炼铁设备等等,开采铁矿石与制造炼铁设备也需要消耗电,这是对电的第二次间接消耗。开采铁矿石需要矿山设备,而制造矿山设备又需要消耗电,这是对电的第三次间接消耗,如此等等,而且由图 6-1 不难看出,消耗过程构成循环,所以间接消耗的层次是无限多的。生产 1t 钢对电的完全消耗量,应该等于对电的直接消耗加上对电的无数次间接消耗的总和。当然该总和是一个有限数,根据我国 1973 年投入产出表的数据,生产 1t 钢对电的完全消耗量为690kW·h,完全消耗量为直接消耗量的3.47倍。

我们可以根据图6-1,采用无穷级数的形式建立计算完全消耗系数的公式。设 b_{ij} 表示第 j 部门生产单位产品对第 i 部门的完全消耗系数,则有

$$b_{ij} = a_{ij} + \sum_{k=1}^{n} a_{ik} \cdot a_{kj} + \sum_{s=1}^{n}\sum_{k=1}^{n} a_{is} \cdot a_{sk} \cdot a_{kj} + \sum_{t=1}^{n}\sum_{s=1}^{n}\sum_{k=1}^{n} a_{it} \cdot a_{ts} \cdot a_{sk} \cdot a_{kj} + \cdots, i,j = 1,2,\cdots,n \quad (6.2.12)$$

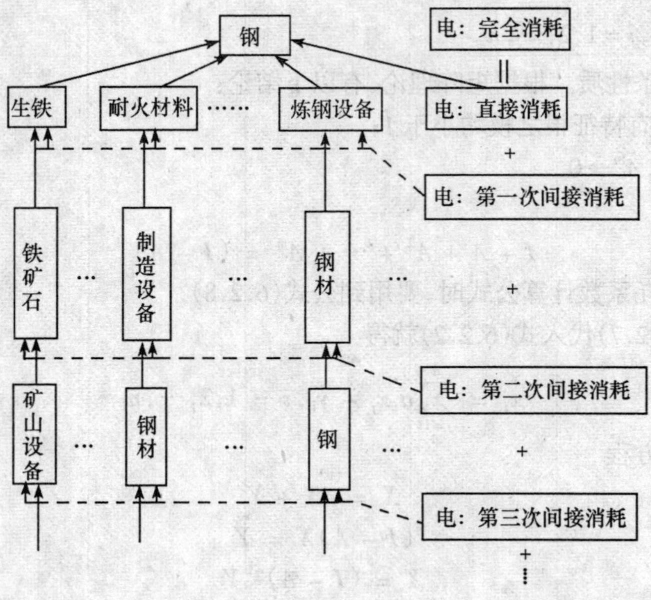

图6-1　钢的直接消耗和间接消耗

记 $B = \{b_{ij}\}_{n\times n}$,称为“完全消耗系数矩阵”,则方程组(6.2.12)可以改写为

$$B = A + A^2 + A^3 + \cdots \quad (6.2.13)$$

由于直接消耗系数矩阵 A 具有列和小于1的性质,且 A 的最大特征根之模小于1,则有

$$I + A + A^2 + A^3 + \cdots = (I - A)^{-1}$$

于是,式(6.2.13)可以改写为

$$B = (I - A)^{-1} - I \quad (6.2.14)$$

公式(6.2.14)即为所求。

表6-5是由表6-4计算得到的完全消耗系数。

表6-6是由我国1973年投入产出表(是一张实物型表)得到的部分产品的直接消耗与完全消耗情况。

表 6－3　价值型投入产出表

单位:百万卢布

		农业	燃料工业	电力生产	森林木材造纸工业	建筑材料工业	轻工业	食品工业	机器制造和金属加工	运输和邮电业	商业和公共饮食业	物资技术供应	建筑业	印刷业	其他部门	生产消耗合计（1－14）	最终产品 消费	最终产品 积累	最终产品 出口	最终产品 合计（16－18）	产品总值
		1	2	3	4	5	6	7	8	9	10	11	12	13	14	15	16	17	18	19	
农　　业	1	639	–	–	–	–	63	461	–	–	–	18	–	–	–	1181	372	757	409	1538	
燃料工业	2	2	–	3	–	–	–	6	–	–	–	–	–	–	–	11	1	–	–	1	12
电力生产	3	10	1	32	11	54	12	13	28	17	6	1	4	–	3	192	29	–	–	29	221
森林、木材、造纸工业	4	8	–	–	139	–	–	13	3	11	2	2	21	–	2	201	96	5	71	172	373
建筑材料工业	5	9	–	–	–	9	–	–	4	–	–	4	116	–	1	143	24	–	130	154	297
轻工业	6	15	–	–	–	–	45	1	3	8	6	–	–	–	–	78	456	2	488	946	1024
食品工业	7	56	–	–	–	–	–	227	–	–	1	–	–	–	–	284	1078	–	676	1754	2038
机器制造和金属加工	8	4	–	–	1	–	–	–	–	28	–	1	2	–	–	36	14	6	511	531	567
运输和邮电业	9	29	–	11	11	11	41	42	32	29	36	60	45	–	–	347	196	–	863	1059	1406
商业和公共饮食业	10	–	–	–	–	1	–	–	1	–	2	–	–	–	–	4	371	–	36	407	411
物资技术供应	11	9	–	5	7	4	37	38	14	–	–	–	5	–	–	119	73	–	–	73	192
建筑业	12	–	–	–	–	–	–	–	–	–	–	–	–	–	–	–	–	664	–	664	664
印刷业	13	2	–	–	–	–	–	2	–	–	–	–	–	19	–	23	22	–	–	22	45
其他部门	14	–	–	5	–	–	–	–	–	1	–	–	1	1	4	12	19	–	–	19	31
折　旧	15	134	1	11	14	22	9	13	13	46	26	5	22	1	1	318	2	–	–	2	320
进口产品	16	198	2	122	26	90	585	395	325	577	5	12	189	6	2	2534	1259	690	–	1949	4483
物资消耗合计（1－16）	17	1115	4	189	209	191	792	121	423	717	84	103	405	27	13	5483	4012	2124	3184	9320	14803
新创造的价值　劳动工资	18	1208	6	18	77	103	103	89	108	578	96	66	272	25	11	2760	636	–	–	636	
新创造的价值　利润和周转税	19	396	2	14	87	3	129	738	36	111	231	23	－13	－7	7	1757	571	–	–	571	
产品总值	20	2719	12	221	373	297	1024	2038	567	1406	411	192	664	45	31	10000	5219	2124	3184	10527	20527

表 6－4　直接消耗系数(由表 6－3 得到)

物质生产部门	农业	燃料工业	电力生产	森林木材造纸工业	建筑材料工业	轻工业	食品工业	机器制造和金属加工	运输和邮电业	商业和公共饮食业	物资技术供应	建筑业	印刷业	其它部门
	1	2	3	4	5	6	7	8	9	10	11	12	13	14
1.农业	0.235	–	–	–	–	0.0615	0.2262	–	–	–	0.0938	–	–	–
2.燃料工业	0.0007	–	0.0136	–	–	–	0.0029	–	–	–	–	–	–	–
3.电力生产	0.0037	0.0833	0.1448	0.0295	0.1818	0.0117	0.0064	0.0494	0.0121	0.0146	0.0052	0.0060	–	0.0968
4.森林、木材、造纸工业	0.0029	–	–	0.3727	–		0.0064	0.0053	0.0078	0.0049	0.0104	0.0316	–	0.0645
5.建筑材料工业	0.0033	–	–	–	0.0303	–	–	0.0071	–	–	0.0208	0.1747	–	0.0323
6.轻工业	0.0055	–	–	–	–	0.0439	0.0005	0.0053	0.0057	0.0146	–	–	–	–
7.食品工业	0.0206	–	–	–	–	–	0.1114	–	–	0.0024	–	–	–	–
8.机器制造和金属加工	0.0015	–	–	0.0027	–	–	–	–	0.0199	–	0.0052	0.0030	–	–
9.运输和邮电业	0.0107	–	0.0498	0.0295	0.0370	0.0400	0.0206	0.0564	0.0206	0.0876	0.3125	0.0678	–	–
10.商业和公共饮食业	–	–	–	–	0.0034	–	–	0.0018	–	0.0049	–	–	–	–
11.物质技术应用	0.0033	–	0.0226	0.0188	0.0135	0.0361	0.0186	0.0247	–	–	–	0.0075	–	–
12.建筑业	–	–	–	–	–	–	–	–	–	–	–	–	–	–
13.印刷业	0.007	–	–	–	–	–	0.0010	–	–	–	–	–	0.4222	–
14.其它部门	–	–	0.0226	–	–	–	–	–	0.0007	–	–	0.0015	0.0222	0.1290

表 6-5　完全消耗系数(由表 6-4 得到)

物质生产部门	农业	燃料工业	电力生产	森林木材造纸工业	建筑材料工业	轻工业	食品工业	机器制造和金属加工	运输和邮电业	商业和公共饮食业	物资技术供应	建筑业	印刷业	其它部门
	1	2	3	4	5	6	7	8	9	10	11	12	13	14
1.农　业	0.3177	0.0004	0.0034	0.0066	0.0029	0.0896	0.3381	0.0039	0.0007	0.0029	0.1213	0.0016	0.0001	0.0010
2.燃料工业	0.0012	0.0012	0.0158	0.0008	0.0027	0.0004	0.0038	0.0008	0.0002	0.0002	0.0024	0.0006	0.0002	0.0019
3.电力生产	0.0076	0.0984	0.1753	0.0549	0.2112	0.0165	0.0120	0.0613	0.0168	0.0182	0.0140	0.0497	0.0170	0.1569
4.森林、木材、造纸工业	0.0071	0.0006	0.0024	0.5957	0.0017	0.0019	0.0137	0.0087	0.0133	0.0075	0.0219	0.0527	0.0023	0.0937
5.建筑材料工业	0.0045	0.0002	0.0020	0.0008	0.0328	0.0011	0.0016	0.0070	0.0002	0.0001	0.0217	0.1801	0.0012	0.0429
6.轻工业	0.0077	0.0002	0.0004	0.0004	0.0004	0.0470	0.0029	0.0061	0.0060	0.0149	0.0026	0.0005	–	0.0001
7 食品工业	0.0305	–	0.0001	0.0002	0.0001	0.0021	0.1331	0.0006	–	0.0017	0.0028	–	–	–
8.机器制造和金属加工	0.0024	0.0006	0.0015	0.0038	0.0012	0.0014	0.0013	0.0015	0.0207	0.0019	0.0094	0.0055	–	0.0005
9.运输和邮电业	0.0181	0.0286	0.0697	0.0598	0.0567	0.0574	0.0361	0.0707	0.0241	0.0933	0.3231	0.0384	0.0011	0.0144
10.商业和公共饮食业	–	–	–	–	0.0022	–	–	0.0013	–	0.0046	0.0001	0.0004	–	0.0001
11.物质技术应用	0.0059	0.0030	0.0352	0.0315	0.0234	0.0383	0.0229	0.0271	0.0015	0.0013	0.0029	0.0123	0.0006	0.0071
12.建筑业	–	–	–	–	–	–	–	–	–	–	–	–	–	–
13.印刷业	0.0015	–	–	–	–	0.0001	0.0019	–	–	–	0.0001	0.0012	0.7170	–
14.其它部门	0.0002	0.0027	0.0310	0.0015	0.0060	0.0005	0.0004	0.0026	0.0012	0.0006	0.0006	0.0038	0.0270	0.1140

表 6－6 中国部分产品的直接消耗与完全消耗

	单位	直接消耗	完全消耗	完全消耗/直接消耗
每吨钢消耗电	kW·h	199	690	3.47
每吨钢材消耗电	kW·h	196	1146	5.85
每吨铁合金消耗电	kW·h	4976	5888	1.18
每吨生铁消耗电	kW·h	194.63	373.93	1.92
每吨铝消耗电	kW·h	16576	18339	1.11
每吨煤消耗电	kW·h	28	34	1.21
每吨钢材消耗钢	kg	1312	1354	1.03
每台机床消耗钢材	kg	1452	1643	1.13
每台拖拉机消耗钢材	kg	1969	2314	1.18
每台手扶拖拉机消耗钢材	kg	370	453	1.22
每辆汽车消耗钢材	kg	2487	2 963	1.19
每辆自行车消耗钢材	kg	32.18	33.34	1.03
每架缝纫机消耗钢材	kg	5.21	5.98	1.15
每架缝纫机消耗生铁	kg	31.10	37.50	1.21
每吨生铁消耗铁矿石	kg	3430	3485	1.02
每万斤粮食消耗种子	0.5kg	720	777	1.08
每箱卷烟消耗烟叶	0.5kg	119.40	119.40	1.00
每万米棉布消耗棉纱	件	8.86	8.91	1.01

§6.3 投入产出表的编制

§6.3.1 部门划分与资料收集问题

在编制投入产出表时，首先遇到的问题是部门(或产品)的划分与资料的收集。确定部门分类应考虑以下几项原则：

一、产品消耗结构的同类性

投入产出表是反映产品消耗结构的，所以在划分部门时，应考虑产品的消耗结构的同类性。一般应将消耗结构类似的产品列入同一部门。有些产品虽然用途相同，但是消耗结构却很不同，如电力可分为火力发电、水力发电、原子能发电、太阳能发电等。火力发电又可分为以煤为燃料和以重油为燃料两类。在划分部门时，应当尽可能将它们划分为不同的部门。

所以，这里所说的“部门”，既不是通常在经济管理中按隶属关系划分的行政部门(例如管辖纺织厂的同时还管辖纺织机械厂和化学纤维厂的纺织工业部门)，也不是一般在计划统计中按同类生产企业组成的经济部门(即企业部门，例如作为钢铁企业总体的黑色冶金工业部门)，而是由所用原材料相同、工艺技术相同、经济用途相同的同类产品组成的“生产部门”(即“产品部门”，又叫“纯部门”)。这样，要揭示黑色冶金部门与机器制造部门之间的生产联系，就必须把黑色冶金部门的企业所制造的机床产品剔除后加到机器制造部门去，而把机器制造部门的企业所冶炼的钢铁产品剔除后加到黑色冶金部门来。根据相应的统计资料和必要的抽样调查，使企业部门转化为产品部门，每个部门只包括与本部门专业相适应的同类产品，这是编制投入产出表的首要环节。

二、中心产品原则

应当根据当前的经济形势、任务以及各种产品在国民经济中的地位，确定若干种产品作为编制投入产出表的中心产品，例如我国1973年投入产出表就以钢、煤、粮、运输、电作为中心产品，然后再围绕中心产品确定其他重要产品。一方面凡生产这些中心产品所必需的重要的原材料、辅助材料、燃料、动力、设备等应当列入部门分类目录，以保证中心产品生产任务的完成；另一方面，凡在生产过程中大量消耗这些中心产品的产品也应列入部门分类目录，以便于分析中心产品供求平衡状况。再适当补充一些国民经济中地位较为重要的产品，就可构成实物型投入产出表的产品目录。

三、大类产品原则

为了扩大实物型投入产出表包含物质生产领域的全面程度，而又不使投入产出表的规模过分庞大，列表的部门产品应是一些大类产品，例如钢材、粮食等。我国1973年投入产出表包含的大类农产品是粮食、棉花、油料、糖料、烟叶和猪，它们的产值占农业总产值的80%左右。

四、要考虑收集资料的难易程度

由于编制投入产出表所需的资料与现行的计划统计口径是不一致的，因此，在划分部门时要考虑到资料收集的可能性，并尽可能利用原有的非正规统计资料。在美国是利用每十年一次的国情普查资料作为编表的基础。在前苏联，由于要按产品部门来编表，采用了抽样调查方法。在编制1959年的投入产出表时，曾对20%的工业企业和建筑单位进行了抽样调查。部门划分应注意同计划统计工作中现有的部门(产品)分类目录的协调关系，这对于减少收集资料的困难，对于投入产出表编成后的实际应用都是极为重要的。

如果收集某些产品统计资料的困难很大，这些产品可以暂不列入投入产出表。例如我国编制1973年投入产出表时，玻璃、耐火材料、公路运输、水路运输就因当时收集资料的困难无法克服(在1974～1976年政治、经济形势下，不可能组织全国规模的抽样调查)，而未列入投入产出表。这当然是个缺憾，但是比起因噎废食，使编表工作停顿下来，要好得多。事实证明，1973年投入产出表的完成是很有意义的。

五、部门的数目要恰当

究竟划分多少部门，须视计划工作和经济分析工作的需要而定。部门分得较少，将许多部门归并成一个部门，影响资料的准确性；如果分得太细，则收集资料和编制表格的工作量很大，而且投入产出表中等于零的 x_{ij} 会越多，即填满率(表中不等于零的格子数与全部格子数之比)会越低。例如，前苏联1962年价值型投入产出表共分83个部门，填满率为61.8%，而实物型投入产出表共分346种产品，其填满率仅为8.4%。美国在1947年也计算过填满率，情况如表6－7所示。

表 6－7　美国 1947 年投入产出表的填满率

划分的部门数(产品数)	不等于零的格子数	填满率(%)
17	279	96.5
31	804	83.6
85	3846	53.2
188	10245	28.9

根据国外经验，部门划分的数目一般在 20～200 为宜。我国 1973 年投入产出表划分了 61 个部门，如表 6－8 所示。

表 6－8　我国 1973 年投入产出表的部门分类目录

分　类	部门数目	部门编号	部门名称
Ⅰ.农　业	6	1～6	粮食、棉花、油料、糖料、烟叶、猪
Ⅱ.轻工业	10	7～16	棉纱、化纤、棉布、食油、糖、卷烟、原盐、缝纫机、自行车、表
Ⅲ.重工业	43	17～59	
其中：			
1.燃料、动力	4	17～20	电、原煤、原油、汽煤柴润重油
2.冶金产品	9	21～29	铁矿石、生铁、铁合金、废钢铁、钢、钢材、铜、铝、焦炭
3.化工产品及建筑材料等	10	30～39	木材、水泥、硫酸、烧碱、纯碱、合成氨、化肥、农药、橡胶、轮胎外胎
4.机电产品	20	40～59	发电设备、水泥设备、石油设备、冶金设备、化工设备、锻压设备、起重设备、机床、交流电动机、变压器、泵、拖拉机、手扶拖拉机、内燃机、汽车、货车、民用钢质船舶、轻工机械、矿山设备、机车
Ⅳ.运输业	1	60	铁路货运
Ⅴ.建筑业	1	61	建筑安装工程

§6.3.2　直接消耗系数的有关问题

直接消耗系数是计算完全消耗系数和建立数学模型的基础。直接消耗系数的准确程度，直接影响综合平衡和计划的质量。

要保证直接消耗系数的准确性，重要的是抓好基础统计资料的质量，同时还要掌握影响直接消耗系数变动的各种原因，以便于对系数进行必要的修正。

影响直接消耗系数变化的原因，大致分为以下几类：

一、技术进步的影响

如用塑料代替金属材料，用化纤代替棉麻原料等，这样会改变原有的产品部门间的消耗关系。新技术的出现还会导致产生新的工业生产部门。

二、组织管理水平的影响

如采用先进的管理方式(组织专业公司、推行全面质量管理等),提高了劳动生产率,降低了产品废品率,就会使原来的消耗量下降。

三、工农业生产布局变化的影响

如在矿产资源丰富、开采条件好的地方发展采掘业,在适宜的地理气候条件下种植农作物,都会提高产品的生产率,降低消耗。

四、产品价格变动的影响

某部门产品价格的变动,将直接使该部门的产品总值发生变化,同时也将间接地引起有关部门产品价值发生变化,这样就改变了原来部门间价值消耗量。

总之,随着科学技术的进步,经济管理水平的提高等,部门间的相互联系会不断变动,要准确地反映部门间的内在联系,就应该适当地修正直接消耗系数。

§6.3.3 价值型表的计价问题

在编制价值型部门间投入产出表时,还遇到了产品价格的选择问题。产品价格有两种,一是生产者价格(即工业品出厂价格和农产品收购价格),二是消费者价格(即工业品和农产品的批发和零售价格)。究竟应该使用哪一种价格来计量各部门的生产和分配呢?原则上应采用生产者价格。

采用生产者价格作为计量价格的原因是:

1. 消费者价格中包括了原材料、产品等物资的运输、中转和分配各环节的费用。距离远、中转环节多,物质的消耗系数会被扩大;距离近、中转环节少,物质的消耗系数会被缩小。用生产者价格计量可以相对地消除上述费用的影响。

2. 运输部门、商业和物质供应部门都是国民经济中的重要部门,一般都在投入产出表中单独列出。消费者价格已经包括了这些部门所创造的价值,因此用消费者价格计量,就会重复计算这些部门所创造的价值。

在实际编表时,按生产者价格计量的资料不易得到。因此需要经过调查研究,把现有的按消费者价格计量的有关资料转换成按生产者价格计量的资料。

§6.3.4 其他有关问题

生产过程中所消耗的各种产品,有流动资产(如原材料、各种燃料、动力、中间产品等)和固定资产(生产设备、厂房等)。固定资产在生产中长期地多次被使用,它的价值也分期逐步地转移到所生产的产品中,这就是通常所说的固定资产折旧。由于固定资产的价值很大,所以应考虑在投入产出表中如何表现固定资产的消耗才合适。

在静态的投入产出表中,很难像中间产品那样反映固定资产的消耗。因此在编表中,只能把本期的固定资产折旧价值放在表中的第一部分和第三部分之间,而把固定资产的更新(新建厂房和添置设备等)、大修理的价值放在第二部分中。

从理论上说,实物型表和价值型表都反映了各部门间的联系,应可以统一和结合起来,但由于部门分类的差别、现有统计资料不够完善等原因,这个问题实际上仍没有得到解决。

编制投入产出表是一项细致、复杂和繁重的工作，需要考虑许多具体的技术和方法问题。对这个问题有兴趣的读者可以进一步参考阅读有关资料，或者向从事这方面工作、研究的人员请教。

§6.4 投入产出分析的应用

投入产出分析的应用领域是很广的，下面我们仅仅介绍常用的几个方面。

§6.4.1 在经济分析中的应用

一、结构分析

最普遍的经济分析是部门结构分析。一个经济发达国家应该具备哪些生产部门？各部门产品的比例多大才合理？结构分析可以回答这些问题。

列昂节夫曾做过一项试验分析工作，他把一些按照相同途径统计得到的直接消耗系数表进行比较，发现美国和西欧的表很接近，前苏联的表也较接近。这说明发达的国民经济应当具备的生产部门结构是相似的。如果对照发达与不发达国家的投入产出表，就会发现不发达国家的生产部门配置不全，例如缺少电子工业、废物处理工业等。

结构分析的结果明确地告诉人们，应当发展哪些工业部门，如何对国民经济进行长远规划，使本国具备先进的经济部门结构，以保证国民经济均衡、迅速地发展。

二、效率分析

这里所说的效率，是指所有或某个生产部门的能源使用效率、材料使用效率、资本(资金)效率、进口产品使用效率等等。

对比各个国家的直接消耗系数和完全消耗系数，可以知道这些国家的物耗、能耗水平。通过对比分析，一方面可为提高材料、能源等的使用效率提供依据，同时也可间接反映出这些国家的经济状况和发展水平。

三、重大比例关系的分析

在社会生产中，生产资料生产和消费资料生产称为两大部类的生产，两者的数量比例，是整个国民经济中最根本的比例关系。所以在编制计划和统计工作中，首先要确定两大部类的合理比例。生产资料的生产必须优先增长，才能满足社会扩大再生产的客观要求；但社会主义生产的目的是满足人民群众不断增长的物质和文化的需要，所以消费资料的生产也具有特别重要的意义。

利用投入产出表的资料，可以知道目前两大部类的比例关系，同时也为经济计划保持和改进两大部类的合理比例提供数量依据。利用投入产出表的资料，可以计算出农业、轻工业、重工业的比例，也可以计算出积累和消费的比例。农、轻、重的比例关系，积累与消费的比例关系，都属于两大部类比例关系的具体形式。这些重大比例都是分析国民经济总体结构和社会再生产的重要依据。

§6.4.2　在编制经济计划和计划调整方面的应用

一、在编制经济计划中的应用

制订经济计划的内容和目的是：为计划期确定各部门最合适的产量和消耗构成，以保证国民经济各部门协调均衡地发展。

制订计划遇到的问题，首先是如何确定计划期各部门的消耗关系和数量。虽然从投入产出表可以知道过去和目前部门间的联系，但随着生产的发展、技术的进步、管理方式的改进，各部门间的消耗关系和数量也随之发生变化。处理这种情况的做法，一般是对报告期的消耗系数进行必要的调整，这样就得到了计划期的直接消耗系数和完全消耗系数。根据国外的经验，只要对将来技术发展较快的少数直接消耗系数进行调整，就可以编制经济计划。

制订计划的方法有两种。既可以先规定各部门计划期的总产量，再利用式(6.2.10)计算出各部门的最终产品量；也可以先确定计划期各部门的最终产品量，再利用式(6.2.11)推算出各部门的总产量。采取哪一种计划程序比较合理呢？显然，把最终产品作为计划的中心目标，然后推算社会总产品的数量和构成的程序是合理的。因为这样做既符合以社会需求决定社会产品的重要原则，而且也有利于调整各部门产品的构成比例。

我国传统的制订国民经济计划的方法，是只定出几种主要产品的计划产量，然后再推算与主要产品有关的其他产品的计划产量。由于没有全面掌握产品之间的直接和间接消耗关系，这样制订计划只能粗略地安排各部门的生产，往往无法避免各种比例关系的失调。而用上述投入产出分析方法编制计划，就能够保持各部门生产与消耗的平衡，使整个经济系统协调均衡地发展。

二、在计划调整中的应用

在计划期间，如果出现了一种先进的生产技术，或者产生了新的生产部门，都会改变各部门间原有的相互联系，这样，就需要调整原订计划。另外，还可能由于预料不到的原因，出现某些部门的产量超过计划量，或者某些部门的产量达不到原订的计划量现象，所以也要及时地调整原订计划，以保持国民经济各部门生产的协调发展。怎样修改和调整原来的计划有很多方法，而投入产出分析方法是其中一个比较方便和准确的方法。

投入产出分析方法作为调整计划的工具，其显著优点是能全面考虑各部门间的相互依存关系，避免由于考虑不周、调整失误而引起的经济损失。

§6.4.3　在经济预测中的应用

全面的经济预测可以为制订和修改经济计划提供依据，有助于避免计划工作的不周密和盲目性。而且利用投入产出模型进行经济预测，由于考虑了部门间的相互协调，所以可以得到比较准确的预测结果。

利用投入产出模型进行全面预测，一般有三个步骤：

1. 根据社会消费、出口和储备的需要量，并考虑资源和生产能力的限制，预测各部门的最终产品量。

2. 在预测各部门最终产品的基础上，利用投入产出模型(式(6.2.11))预测各部门的总产品量。

3. 根据最终产品和总产品量的预测值，预测各部门间的产品流量。

这样就能预测出未来国民经济各部门的生产和分配的概况。这些预测结果可以用来修改和调整原订的计划。

§6.4.4 在其他方面的应用

一、在劳动力分配方面的应用

按照投入产出分析的概念和方法，同样可建立劳动力的投入产出模型，用于分析、掌握当时各生产部门的劳动消耗量，也可根据模型进行劳动力的分配平衡。

需要说明的是，劳动力投入产出分析所要研究的问题，是物质生产部门的劳动消耗和平衡问题，对于非物质生产部门(如教育、卫生保健等部门)所需的劳动力，要另外用其他方法确定。

二、在价格分析等方面的应用

投入产出分析还可以用来分析物价、税收、工资等的变化带来的一系列影响。

某种产品提价而带来的连续反应是非常复杂的。例如煤炭提价将使钢、电等产品的成本提高，于是造成了钢、电等产品提价；钢和电的提价又会使机械设备、采煤设备提价；这些产品提价反过来又促使煤炭提价。由此而产生了一系列的相互影响。传统的分析方法只能计算出煤炭提价的直接影响，很难计算出煤炭提价所产生的间接影响。如果采用投入产出分析就能清楚地计量出这一系列影响对有关部门产生的后果。

美国曾进行过这方面的分析应用。他们假设 17 个非农业部门的工资增加 10%，然后根据 1939 年的投入产出表进行分析，发现将使各部门产品的价格发生幅度不同的上涨，其中建筑业产品上涨 6.9%，农业和渔业的产品上涨 1.4%，生活费用也将提高 3.7%，因此实际工资只能提高 6.3%。

投入产出分析还可以用来研究某项经济政策的改变可能引起的后果。例如美国曾经利用 1958 年的投入产出表，研究把军事拨款的 20% 转为民用时对国民经济各部门的影响。

利用投入产出分析的方法，还可以构造投入产出环境污染模型，用来研究工农业生产与环境保护的关系。

如果在投入产出模型的基础上，增加一些反映各种资源限制条件的约束方程，构成一个新的投入产出模型，这种模型就是投入产出优化模型。运用线性规划等方法来求解，可以从许许多多个可行方案中选择出最优的计划方案，以保证国民经济各部门的生产总值或总利润最大。

投入产出模型有静态和动态之分。所谓静态模型，是指各部门之间相互联系的形式和数量关系静止不变。即在考察和计划期间，假定各部门之间的相互依存系数(直接消耗系数和完全消耗系数)保持不变。实际上，经济建设是一个发展的变化过程，所以静态投入产出模型只限于在短期计划和分析中应用，而动态投入产出模型才可以用于编制中长期经济计划。

§6.4.5 具体应用举例

下面以我国 1973 年投入产出表为例,介绍它在国民经济管理中的一些具体应用。

一、缺口问题

设计划年度煤的缺口为 2000 万吨,问:为了使得煤的产出与需求相平衡,煤的总产量应该增加多少?由于煤产量的增加会引起投入的增加,例如煤矿的自用煤、铁路运输所耗用的煤、为煤矿提供电力而耗用的煤的数量都会相应地增加,我们不仅要生产出原先缺少的 2000 万吨煤,而且要生产出由此而引起的直接消耗与间接消耗的煤。根据我国 1973 年投入产出表的资料,利用公式(6.2.9)或(6.2.11)计算,结果表明:煤的总产量应增加 2111 万吨,其他部门的产量也要适当增加。

二、计算最终产品数量变动对总产品数量的影响

设缝纫机产量(即最终产量)增加 100 万台,它对各部门总产品数量的影响如何?根据 1973 年的消耗系数计算,为此应增加:钢材 5980 吨,钢 7850 吨,生铁 37500 吨,铁矿石 12.95 万吨,煤 11.72 万吨,电 0.52 亿度,木材 3.3 万立方米。

三、计算中间产品率和最终产品率,分析产品的使用方向

最终产品是社会从事生产活动的最后成果的总和,其数量大小反映了社会生产水平的高低,所以最终产品在总产品中占的比例(即最终产品率)是一项重要的国民经济统计指标。表 6-9 是根据我国 1973 年投入产出表计算的部分比率。

表中有些产品的中间产品率与最终产品率之和不等于 100%,如粮食、棉纱、电、原煤、水泥等,这是由于这些产品的总产量除了包括中间产品与最终产品外,还有损耗及未明项。

表 6-9 我国部分产品的中间产品率和最终产品率

产品	中间产品率(%)	最终产品率(%)
粮食	19	80
棉花	79	21
棉纱	94	2
棉布	11	89
缝纫机	0	100
自行车	0	100
卷烟	0	100
原盐	51	49
电	86	5
原煤	76	21
焦炭	99	1
水泥	98	1
纯碱	89	11
烧碱	96	4
交流电动机	90	10
汽车	1	99

从表 6-9 可知,大部分农产品、轻工业产品的最终产品率很高,而重工业产品的最终

产品率往往很低，而且大部分重工业产品主要是被重工业部门所消耗。

利用投入产出表分析产品使用方向时，可以计算出某些不合理使用项目所占的百分比。例如由1973年投入产出表算出作为燃料直接使用的原油约为760万吨，这是一种巨大的资源浪费，应采取改进措施。

四、计算产品完全综合能耗系数

直接综合能耗系数是以标准煤折合的部门单位产品生产中所耗用的各种能源数量之和。例如我国1973年生产一辆自行车耗电32千瓦时，原煤16千克，折合标准煤共26.1千克，故自行车的直接综合能耗系数为26.1。

完全综合能耗系数同样是以标准煤计算。它不仅包括产品生产过程中能源的直接耗用，而且包含其原材料、辅助材料、厂房、机器设备在生产过程中能源的间接耗用。根据我国1973年投入产出表计算的部分结果如表6-10所示，其中自行车的完全综合能耗系数为106.8，远比直接综合能耗系数26.1高得多。

表6-10的最右列是各类产品单位产值的完全综合能耗指标，它由各类产品的平均单价去除完全综合能耗系数得到。不同产品的这一指标具有可比性。例如，在这一指标下，钢为5.64，缝纫机为0.43，我们就可以说，钢的单位产值完全综合能耗比缝纫机高得多。

表6-10　我国部分产品的综合能耗系数

产品名称	单位	直接综合能耗系数	完全综合能耗系数	单位产值的完全综合能耗指标
		(kg/单位产品)		(kg/元)
粮　食	5t	255	686	0.66
棉　布	m	0.15	0.55	0.37
原　盐	t	105	123	0.35
缝纫机	台	27.6	85.3	0.43
自行车	辆	26.1	106.8	0.76
表	只	3.7	4.3	0.06
生　铁	t	1083	1214	7.99
钢	t	407	1501	5.64
钢　材	t	405	2438	3.29
铜	t	4207	4576	0.85
铝	t	10207	10383	3.46
化　肥	t	226	914	4.91
拖拉机	辆	1785	14550	1.32
手扶拖拉机	辆	659	3270	1.49
汽　车	辆	2804	16441	1.13
货　车	辆	6323	66927	2.79

表6-11是我国国民经济一些部门的单位产值完全综合能耗指标。由表可知，轻工业与农业的该项指标最低，建筑业与铁路货运居中，而重工业最高。在当前能源紧张的情况下，我们应当改变经济结构，发展耗能少的部门和产品，适当缩减耗能多的部门和产品，特别是降低冶金工业部门在国民经济中的比重。

五、利用完全综合能耗系数研究能源开发

能源开发主要应从经济角度研究。可以从生产成本来考虑，也可以从能源增值系数来考虑。

表 6-11　我国一些部门的单位产值完全综合能耗指标

部　门	单位产值的完全综合能耗指标(kg/元)
农　业	0.58
轻工业	0.48
重工业	4.33
铁路货运	2.26
建筑业	1.01

开发能源需要投入能源和设备器材，设备器材的生产也要消耗能源。从能源增值角度考虑，我们可以计算某种能源开发所生产的能源数量与开发中直接和间接消耗的能源的数量之比，这个比值称为“能源增值系数”，记为 M_j

$$M_j = F_j / \sum_{i=1}^{n} T_i \alpha_{ij} \tag{6.4.1}$$

其中，F_j 表示开发的第 j 种能源对标准煤的折合系数，如原煤为 0.714，原油为 1.4，每千度电折合标准煤为 0.42(吨)；T_i 表示第 i 种产品的完全综合能耗系数；α_{ij} 为 j 种能源对第 i 种产品的直接消耗系数。所以式(6.4.1)的分母表示第 j 种能源单位生产量对能源的完全消耗。显然，应有 $M_j > 1$ 或 $M_j >> 1$。

根据我国 1973 年表计算，$M_{原煤} = 15.56$，$M_{原油} = 20.38$，但是，目前某些地区开发的潮汐发电，其 $M \leqslant 1$，所以，潮汐发电可以作为研究课题，但是不宜作为当前的能源生产方式。

六、劳动力的分配

令 l_i 为第 i 部门生产总产品 x_i 所消耗的劳动量(以人年、人月或人日、人时为单位，我们假定以人年为单位)，则第 i 部门生产一个单位产品所需要的劳动量为

$$t_i = \frac{l_i}{x_i} \tag{6.4.2}$$

称其为“劳动量消耗系数”。当各部门的产品 x_i 确定时，其需要的总劳动量为

$$T = \sum_{i=1}^{n} l_i = \sum_{i=1}^{n} t_i x_i \tag{6.4.3}$$

称这个方程式为“劳动力消耗方程”。

正如对产品的消耗有直接消耗和完全消耗一样，劳动量也可相应地分为直接消耗和完全消耗两种。由于劳动量的间接消耗是通过中间产品的消耗以物化劳动表现出来的，只要知道了劳动量消耗系数，就可利用上面所讲的实物(或货币)的完全消耗系数来算出劳动量的完全消耗系数。每生产一单位的第 i 部门的产品，劳动量的完全消耗为

$$t_1 b_{1i} + t_2 b_{2i} + \cdots - t_n b_{ni}$$

计算劳动量的完全消耗，对于劳动力的分配、就业的安排无疑是十分重要的。表 6-12 是前苏联在 1966 年计算出的三种产品的劳动量消耗表。

表 6-12　每千卢布产品消耗的劳动量(人年)

产品名称	直接消耗	完全消耗	完全消耗/直接消耗
煤　炭	0.178	0.423	2.4
金属切削和木材加工机床	0.210	0.376	1.8
棉 织 品	0.055	0.288	5.2

其中棉织品的完全消耗是直接消耗的 5.2 倍，就是说，棉织行业每增加 1 个劳动力，其他各部门必须增加 4.2 个劳动力，否则就失去平衡。

七、进行经济预测编制新的经济计划

美国政府聘用列昂节夫在 1944 年编出了 1939 年投入产出表，根据这个表计算了部分产品对于钢的完全消耗系数，见表 6-13。

表 6-13　每千美元产品所需要的钢的吨数(1939 年)

部　门	
建 筑 业	1.65
金属制造业	2.9
机动车辆和工业设备	2.5
商业和饮食业	0.23
化　工	0.3
橡胶产品	0.2
食品加工	0.26
燃料和动力	0.22
木材、纸、印刷、家具	0.46
农　业	0.15
运　输	0.23
其　他	0.66

从这些系数中可以看出，金属制造业、机动车辆和工业设备、建筑业名列前茅。美国劳动统计局根据战后这三个行业将有较大发展的估计，预测钢产量将比战时最高产量还要多。当时，美国一些企业界人士曾对此表示怀疑，但以后的事实证明预测是对的。1945 年根据投入产出表的计算，预测 1950 年美国的钢锭产量应该是 9800 万吨，而 1950 年钢锭的实际产量为 9680 万吨，与五年前的预测结果很接近，说明用投入产出方法进行预测是相当成功的。

根据已有的投入产出表编制新的经济计划时，需要考虑生产与技术的发展情况对一部分直接消耗系数进行修正，而大部分系数在短时期内是稳定的，但是相隔时期较长时，就有较多的系数需要修正。我国根据 1973 年表试算 1978 年国民经济计划草案时，仅对约 190 个系数作了修正，计算 1979 年草案时修正了 668 个系数，而试算 1981 年草案时则修正了 1282 个系数，就是说，把 1973 年投入产出表用于 1981 年计划工作时修正了三分之一的系数。

八、分析部门物价变动对全面物价的影响

这是经济工作中十分重要的问题。部门物价变动，则直接以这部分产品为中间消耗的产品，其成本将直接受到影响，但是，如若考虑到间接消耗，那么成本受影响的产品，在数量上将大大超过直接受影响的产品。以表 6-4 与表 6-5 作对比，若燃料要提价，从表

6－4看，直接受到影响的只有农业、电力和食品三个部门。但从表6－5可以发现，表中的14个部门，没有哪一个部门不受到影响。如果利润、工资、税收保持不变，则物价将全面上涨。

因此，部门间的完全消耗系数表，可作为调整物价决策时的重要工具来利用。

九、确定基建投资的最大可能规模

基本建设的规模应该根据量力而行的原则，在现有的物力和财力条件下来确定。把投入产出模型化为线性规划模型，即可确定基本建设的最大可能规模。

附带说明一点，如果确定各种适当的线性目标函数，利用投入产出表可以建立各种线性规划模型，所以，投入产出分析往往被看作一类特殊的线性规划。

十、利用投入产出表进行国际对比

实物型或价值型投入产出表均可用于国际对比。由于实物型表不受各国产品比价不同的影响，有时更利于进行国际对比。例如，比较各种主要产品的使用方向，分析产品使用状况的差别；比较直接消耗系数与完全消耗系数，分析产品消耗结构的差异及其原因，比较最终产品的构成情况等等。表6－14是把我国1973年投入产出表中某些产品的直接消耗系数与完全消耗系数同前苏联1972年投入产出表的相应系数作对比。

表6－14　中国与前苏联某些产品的相应系数对比

	中国，1973年		前苏联，1972年	
	直接	完全	直接	完全
每吨铝对电力的消耗（kW·h）	16576	18339	11153	14669
每吨钢对电力的消耗（kW·h）	199	690	96	345
每吨钢材对电力的消耗（kW·h）	195	1146	110	549
每吨铁合金对电力的消耗（kW·h）	4975	5888	3257	4088
每吨煤对电力的消耗（kW·h）	23	34	33	37
每台机床对电力的消耗（kW·h）	4085	8751	4800	12000
每台机床对钢材的消耗 kg	1452	1643	1300	2100
每辆汽车对钢材的消耗 kg	2487	2962	2500	3200
每吨焦炭对煤的消耗 kg	1575	1681	1289	1330

由表可知，我国冶金工业对电力的消耗高，说明能源利用不充分。而煤炭工业消耗电力略低，其原因是机械化程度较低。应该注意：我国1973年表划分为61种产品，前苏联1972年表划分为247种产品。当产品种类增多时，大部分产品的完全消耗系数会提高，所以表6－14中我国的完全消耗系数可能比实际偏低了一些。

习题·思考题

1. 什么是投入产出分析？它在经济管理中有什么用处？
2. 试举例说明某种产品对另一种产品的直接消耗和间接消耗关系。
3. 在编制投入产出表时，如何确定部门的划分？
4. 设某地区的经济分为工业、农业和其他生产部门，其投入产出表如表1所示。

(1) 试求直接消耗系数表；

(2) 试求完全消耗系数表；

(3) 如果计划期农业的最终产品为350亿元，工业为2300亿元，其他部门为450亿元，请计算出各部门在计划期的总产品分别为多少亿元？

表1　某地区的投入产出表(亿元)

		中间产品			最终产品	总产品
		农业	工业	其他		
生产部门	农业	60	190	30	320	600
	工业	90	1520	180	2010	3800
	其他	30	95	60	415	600
新创造价值		420	1995	330		
总产值		600	3800	600		

5. 设某地区的投入产出表如表2所示。

表2　某地区的投入产出表(亿元)

	中间产品							最终产品			总产品
	农业	采掘业	制造业	电力工业	运输业	其他产业	合计	消费	积累	合计	
农业	20	10	35	5	15	5	90	110	40	150	240
采掘业	–	–	65	–	–	10	75	60	25	85	160
制造业	30	20	90	10	15	10	175	225	80	305	480
电力工业	10	10	25	5	5	5	60	15	5	20	80
运输业	10	15	25	5	5	5	65	17	8	25	90
其他产业	5	20	15	5	5	5	55	10	5	15	70
劳动报酬	120	55	125	30	30	20					
社会纯收入	45	30	100	20	15	10					
合计	165	85	225	50	45	30					
总产值	240	160	480	80	90	70					

(1) 试求直接消耗系数表；

(2) 试求完全消耗系数表；

(3) 如果计划期(翌年)各部门的最终产品量和构成如表3所示，请计算各部门计划期的总产品分别为多少亿元？各部门应提供多少中间产品？

(4) 如果在计划期间，制造业产品出口量增加20亿元，问各部门的产量要相应增加多少？

(5) 如果在计划期间，农业由于自然灾害减少4亿元的最终产品，问各部门的总产品将如何调整？

表3　计划期各部门的最终产品量和构成(亿元)

		农业	采掘业	制造业	电力工业	运输业	其他产业
计划期最终产品	消费	115	62	240	15	18	11
	积累	50	28	100	7	10	6
	合计	165	90	340	22	28	17

第七章 系统预测

§7.1 系统预测概述

§7.1.1 系统预测的概念及实质

“凡事预则立,不预则废”,“人无远虑,必有近忧”。自有历史记载以来,甚至更早一些,人们就试图预测未来。例如,对于出现的各种节气、日食或月食这类纯粹的物理现象,人们在很早以前就能凭借经验对它们作出足够精确的预测。然而,处理当今错综复杂、迅速发展变化的系统对象,需要人们作出的决策远比我们出门时根据天气情况决定是否带雨具的决策要困难得多。因此,预测未来并不是靠想入非非或仅凭个人的冥思苦想,更不是靠算命先生或风水先生的“未卜先知”,而是要靠科学,这当然包括科学的头脑、科学的方法以及科学的手段。

系统预测就是根据系统发展变化的实际数据和历史资料,运用现代的科学理论和方法,以及各种经验、判断和知识,对事物在未来一定时期内的可能变化情况,进行推测、估计和分析。

系统预测的实质就是充分分析、理解系统发展变化的规律,根据系统的过去和现在估计未来,根据已知预测未知,从而减少对未来事物认识的不确定性,以指导我们的决策行动,减少决策的盲目性。

§7.1.2 预测方法分类

实际上,预测和决策可以凭经验和直觉作出。例如,早晨上班之前,可以看看天色,然后根据以往的经验预测今天天是否会下雨,从而决定是否带雨具。但是,现代社会的发展,使系统结构日益复杂,变化过程中存在着极大的不确定性和随机性,这就使得我们在系统的组织、管理中凭经验直觉作出决策并获得成功的可能性大大减小。为了在错综复杂、急剧变化的环境中,减少决策失误,改善管理调控,系统预测的理论和方法都随着实践的需要有了迅速的发展,形成了一套科学的预测方法。

由于预测对象、时间、范围、性质等的不同,现有预测方法可以形成不同的预测方法分类。但根据方法本身的性质特点,我们在此可将预测方法分为三大类。

第一类称为定性(Qualitative)预测方法。这类方法主要是依据人们对系统过去和现在的经验、判断和直觉,如市场调查、专家打分、主观评价等作出预测。主要有特尔斐(Delphi)法、主观概率法、领先指标法等。

第二类称为时间序列分析(Time Series Analysis)预测方法。这类方法主要是根据系统对象随时间变化的历史资料(如统计数据、实验数据和变化趋势等),只考虑系统变量随时间的发展变化规律,对其未来作出预测。它主要包括移动平均法、指数平滑法、趋势外推以及博克斯—詹金斯(Box-Jenkins)方法等。

第三类称为因果关系(Causal)预测方法。系统变量之间存在着某种前因后果关系,找出影响某种结果的一个或几个因素,建立起它们之间的数学模型,然后可以根据自变量的变化预测结果变量的变化。因果关系模型中的因变量和自变量在时间上是同步的,即因变量的预测值要由并进的自变量的值来旁推。因果关系预测方法主要有线性回归分析(Linear Regression Analysis)法、马尔可夫(Markov)法、状态空间预测法、计量经济预测法以及系统动力学仿真方法等。

其中第二、三类方法都是定量的方法。这三类预测方法归纳如图 7-1 所示。

- 定性预测方法
  - 特尔斐法
  - 主观概率法
  - 领先指标法
- 定量预测方法
  - 时间序列分析
    - 移动平均
    - 指数平滑
    - Box-Jenkins 法
  - 因果关系分析
    - 线性回归分析
    - 计量经济模型(包括投入产出分析)
    - 马尔可夫模型
    - 状态空间分析
    - 灰色系统模型
    - 系统动力学仿真

图 7-1　预测方法分类

§7.1.3　系统预测的一般步骤

系统预测是一种科学预测,它决不是"未卜先知"的占卜术或星相术,而是"鉴往知来",是对系统对象的发展、演变的客观规律的认识和分析过程。因此,系统预测应该建立在科学的理论基础之上,采用合理的分析、斥算以及评价方法和手段。这样系统预测技术应当包括它所遵循的理论、预测对象的历史和现状资料与数据、所能采用的计算方法或分析判断方法、预测方法和结果的评价与检验等要素。预测技术所遵循的理论又包括两个方面:一是预测对象本身所处学科领域的理论,用以辨识事物发展的客观规律,指导预测方法的选择和结果的分析检验,例如天气预报和经济预报可能采用完全不同的预测模型;二是预测方法本身的理论,主要是数理统计学的一些有关理论,近来也出现了一些智能预测的理论和方法等。因此,实施一个具体的系统预测项目,必须基于上述两方面的科学理论基础。一个成功的预测实践,应当科学合理地选择预测方法以及准确、完整地理解预测对象(包括其发展历史、现状及其资料、数据等)。

尽管不同的预测对象、不同的预测方法可能导致不同的预测实施过程,但总体看来,特别是定量预测方法大致可分为以下几个步骤：

1. 明确预测目的

一般来说，系统预测不是系统工程研究的最终目的，它应当是为系统决策任务服务的。因此，在预测工作过程中，首先要在整个系统研究的总目标指导下，确定预测对象及具体的要求，包括预测指标、预测期限、可能选用的预测方法以及要求的基本资料和数据。这是系统预测一项极为重要的准备工作，它实际上是使得我们预测工作将会有正确的科学理论和方法指导，有的放矢。

2. 收集、整理资料和数据

根据选用或可能选用的预测方法和预测指标，进行两个方面的工作：一是把有关的历史资料、统计数据、试验数据等尽可能收集齐全，在此基础上进一步分析、整理，去伪存真，填平补齐，形成合格的数据样本；另一方面，进行调查、访问，以取得第一手的数据资料，这一点对定性预测更是如此。

3. 建立预测模型

根据科学理论指导以及所选择的预测方法，用各种有关变量来真实表达预测对象的关系，从而建立起预测用的数学模型。必要时可对数据样本进行适当处理，以符合模型本身的要求。

4. 模型参数估计

按照各自模型的性质和可能的样本数据，采取科学的统计方法，对模型中的参数进行估计，最终识别和确认所选用的模型形式和结构。

5. 模型检验

检验包括对模型的合理性及有效性验证。模型检验具体有两个方面，一是对有关假设的检验，如对线性关系的假设、变量结构（变量选取）以及独立性假设等必须进行统计检验，以保证理论、方法的正确性。另一方面是模型精度即预测误差的检验，如误差区间、标准离差等的检验。一旦检验发现模型不合理，就必须对模型加以修正。

6. 预测实施与结果分析

运用通过检验的预测模型，使用有关数据，就可进行未来预测，并对预测结果进一步进行有关理论、经验方面的分析。此外，必要时还可对不同方法模型同时预测的结果加以分析对比，以作出更加可信的判断，为系统决策提供科学依据。

从上面划分列出的六个预测步骤，也从预测实际工作来看，不可能仅靠上述步骤的实施就能完全达到目标，有时会需要若干次的反复和迭代，经过多次样本修改、信息补充、模型修正等，才能完成系统预测任务。

§7.2 定性预测方法

定性预测是以人的逻辑判断为主，并根据由各种途径得到的意见、信息和有关资料，综合分析当前的政治、经济、科技等形势以及预测对象的内在联系，以判断事件发展的前景，并尽量把这种判断转化为可计量的预测。定性预测法一般适应于缺乏历史统计数据的系统对象。下面仅简要介绍一种典型的定性预测方法——特尔斐法（Delphi 法）。

特尔斐方法是美国“兰德”公司于1964年首先用于技术预测的。特尔斐(Delphi)是古希腊传说中的神谕之地,城中有座阿波罗神殿可以预卜未来,因而借用其名。

特尔斐法是专家会议调查法的一种发展。它以匿名方式通过几轮函询,征求专家意见。预测领导小组对每一轮的意见都进行汇总整理,作为参考资料再发给每个专家,供他们分析判断,提出新的论证。如此多次反复,专家意见日趋一致,结论的可靠性越来越大。

特尔斐法曾在七八十年代成为主要的预测方法,得到了广泛的应用。经过人们不断改进、完善,它已成为在技术预测和社会预测方面的日常方法。下面将从特尔斐方法的特点、专家的选择、预测问题、预测过程、应遵守的原则以及结果的处理和表达方式等方面来进行介绍。

一、特尔斐方法的特点

特尔斐方法有如下三个特点:

(1) 为克服专家会议易受心理因素影响的缺点,特尔斐方法采用匿名形式。应邀参加预测的专家互不了解,完全消除了心理因素的影响。专家可以参考前一轮的预测结果,修改自己的意见而无需作出公开说明,无损自己的威望。

(2) 特尔斐法不同于民意测验,一般要经过四轮。在匿名情况下,为了使参加预测的专家掌握每一轮预测的汇总结果和其他专家提出意见的论证,预测领导小组对每一轮的预测结果作出统计,并将其作为反馈材料发给每个专家,供专家提出下一轮预测时参考。

(3) 作定量处理是特尔斐法的一个重要特点。为了定量评价预测结果,特尔斐法采用统计方法对结果进行处理。

二、专家的选择

开展特尔斐法预测需要成立一个预测领导小组。它负责拟订预测主题,编制预测事件一览表,以及对结果进行分析处理,而且一项更重要的工作是负责专家的选择。

物色专家是特尔斐方法的一个关键步骤,因为它本身就是一种对于意见和价值进行判断的作业。因此,在选择专家过程中不仅要注意选择精通专业技术、有一定声望、有学科代表性的专家,同时还需要选择边缘学科、交叉学科的专家。是否选择承担技术领导职务的专家,要看他们是否有足够的时间来认真填写调查表。

视预测问题规模,专家组一般以10~50人为宜,人数太少,限制学科代表性,并缺乏权威,同时影响预测精度;人数太多,难于组织,对结果处理也比较复杂。然而对于一些重大问题,专家人数也可扩大到100名以上。在确定专家人数吮,值得注意的是,即使专家同意参加预测,因种种原因专家也不见得每轮必答,有时甚至中途退出,因而预选人数要多于规定人数。

专家选定后还可根据具体预测问题,划分从事基础研究预测和应用研究预测的小组,亦可按其他形式分组。

美国“兰德”公司首先采用特尔斐法就科学的突破、人口的增长、自动化技术、航天技术、战争的可能和防止、新的武器系统等6个问题进行了预测。专家组由82人组成,分6个小组活动。成员一半来自于本公司,外单位成员中包括6名欧洲专家。

三、预测问题的提出

在开展预测前,首先要根据预测任务拟定调查表。

1. 制定目标—手段调查表

预测领导小组与专家一起对已掌握的数据进行分析，确定预测对象的总目标和子目标，以及达到目标的手段。

例如，在预测计算技术发展趋势时，总目标是："当人类在所有活动领域内都采用计算机有效地解决问题时，计算机的技术发展趋向是什么？"其子目标可以划分为：A. 解决人机联系问题；B. 提高计算机智能；C. 提高单台计算机效率；D. 提高全国总装机效率等。达到目标的手段为：a. 改善单元技术；b. 改善外围设备和通讯技术；c. 发展信息处理方法（数学模型）；d. 改善编程手段；e. 改善计算机结构；f. 改善使用计算机的组织工作；g. 改善计算机的设计方法等。

2. 制定专家应答问题调查表

这是 Delphi 预测的重要工具，是信息的主要来源。它的质量可能直接影响预测结果。例如，事件完成时间调查表形式如表 7-1 所示。

表 7-1 事件完成时间调查表

	事件完成时间		
	10%概率	50%概率	90%概率
解决某一科学技术问题	a_{1i}	b_{1i}	m_{1i}
设计一种机器	a_{2i}	b_{2i}	m_{2i}
开发一种具有一定技术功能的装置	a_{3i}	b_{3i}	m_{3i}

注：i—第 i 个专家

四、预测过程

经典的特尔斐预测要经过四轮调查。一般说来，经过四轮调查，专家意见可以相当协调或一致。有些派生或改造的 Delphi 预测方法，考虑到整个过程进行的时间和复杂程度，以及专家意见的一致程度，可以部分取消轮间反馈，适当简化预测过程。

五、Delphi 预测的几个原则

人们从经验中总结了如下几个主要的、在 Delphi 预测组织中应遵守的原则：

① 对 Delphi 方法作出充分说明：在发出调查表的同时，应向专家说明 Delphi 预测的目的和任务，专家回答的作用，以及 Delphi 方法的原理和依据。

② 问题要集中：提出的问题有针对性。

③ 避免组合事件：例如对于题为"以海水中提炼的氘（重氢）为原料的核电站到哪一年可以建成"的预测事件，有的专家就难以作出回答。因为他虽然可以对核电站建成日期作出评价，然而他认为原料应是氚而不是氘。这时他如果提出预测，似乎他同意采用氘作原料，如果他拒绝回答，似乎他对能否建成核电站持怀疑态度。因而应避免提出"一种技术的实现是建立在某种方法基础上"这类组合事件。

④ 用词要确切：例如，"私人家庭到哪一年将普遍使用大屏幕彩电"的预测事件中，"普遍"二字比较含糊，另外，"大"字也含糊。如果改为"私人家庭到哪一年将有 80%使用 64cm 以上彩电"则是确切的。

⑤ 领导小组意见不应强加在调查表中。

⑥ 调查表要简化，问题数量适当限制。一般认为上限以 25 个为宜，超过 50 个问题则要相当慎重。

⑦ 支付适当报酬，以鼓励专家的积极性。

六、结果的处理与表示

对专家的回答进行分析和处理是 Delphi 预测的最后阶段，也是最重要阶段。例如，对事件完成时间预测结果的处理方法如下：

在对这类预测进行统计处理时，用中位数代表专家们预测的协调结果，用上下四分点代表专家们意见的分散程度。如果将专家们预测的结果在水平轴上按顺序排列，并分成四等分，则中分点值称为中位数，表示专家中有一半人估计的时间早于它，而另一半人估计的时间晚于它。先于中分点的四分点为下四分点，后于中分点的四分点为上四分点。

例如，1977 年由 13 位专家参加的对"数控机床和小型计算机控制机床的产值，到哪一年将达到机床总产值的 50%"的预测，其预测结果在水平轴上的排列如表 7－2。这一预测结果的中位数为 1986 年，下四分点为 1984 年，上四分点为 1990 年。

表 7－2　预测结果

		下四分点 ↓			中位数 ↓	
1982	1983	1984	1984	1985	1986	1986
		上四分点 ↓				
1986	1987	1990	1990	1992	1993	

预测学家 E. Jantsch 根据大量数理统计，得出一个根据中位数推算上下四分点的经验公式。即如果中位数年份距组织预测的年份为 x 年，则下四分点距组织预测年份为 $\frac{2}{3}x$ 年，上四分点为 $\frac{5}{3}x$ 年。例如，1964 年进行了一项预测，测得中位数为 2000 年，则 $x = 2000 - 1964 = 36$ 年，下四分点为 $1964 + \frac{2}{3}x = 1988$ 年，上四分点为 $1964 + \frac{5}{3}x = 2024$ 年。

有的预测结果只标明中位数。如"1988 年美国将有 50% 的新产品采用计算机设计"，其中的 1988 年就是中位数。有的预测结果同时标明上下四分点。如"1985 年（1984～1987 年）美国自动线销售额将为 1978 年的两倍"，其中 1985 年为中位数，括号中的 1984 年和 1987 年分别为下、上四分点。

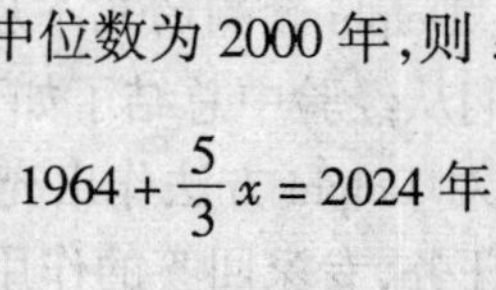

图 7－2　数控机床预测结果的分布

事件完成时间的预测结果通常用截角楔形图表示。图 7－2 为上述的数控机床的预测结果的分布，顶点为中位数，两端点是上下四分点。

§7.3 时间序列分析(一)

§7.3.1 时间序列的概念

一、什么是时间序列

系统中某一变量或指标的数值或统计观测值,按时间顺序排列成一个数值序列 x_1, x_2,…,x_n,就称为时间序列(Time Series)。例如商场的月销售额、城市的季度用电量、地区的每年5月份的降雨量、地区的工业总产值、投资总额,以至由仪器测到的人体心电图,随时间变化的电路电压、电流信号值等都是时间序列的典型例子。某市六年来汽车货运量(如表7-3所示)是一个典型的时间序列。

表7-3 某市六年来汽车货运量(亿 t·km)

年份	一季度	二季度	三季度	四季度
1990	4.77	6.16	5.04	5.13
1991	6.38	8.06	9.64	6.83
1992	7.46	6.37	8.46	8.89
1993	10.34	10.45	9.54	8.27
1994	8.48	8.15	9.43	9.67
1995	10.39	10.48	12.23	10.98

从系统的角度来看,某一时间序列代表着客观世界的某一动态过程,它是系统中某一变量受其它各种因素影响的总结果,且表现为动态变化,因此,时间序列也往往称为"动态数据"。系统变量变化的动态过程分为两类:一类是可以用时间 t 的确定函数加以描述,称为确定性过程;另一类是没有确定的变化形式,也不能用 t 的确定函数加以描述,但是可以用概率统计方法寻求合适的随机模型来近似地反映其变化规律,这种过程称为随机过程。在系统预测中讨论的每一个时间序列都是某一事件变化的随机过程的一个样本,通过对样本的分析研究,找出动态过程的特性、最佳的数学模型、估计模型参数,并检验利用数学模型进行统计预测的精度,这就是时间序列预测的主要内容。

二、时间序列的特征

各种不同的系统变量由于受到不同因素的影响,在不同时间区段内,其时间序列会体现出不同的变化规律,不同的时间序列也会体现不同的统计特征。通过对各种不同的社会、经济和工程系统中的时间序列的分析发现,时间序列的影响因素的作用特征可以概括为四种变动方式,即趋势变动 T,季节变动 S,循环变动(周期变动)C 及不规则变动 I。也就是说,任何一个时间序列总是表现为上述几种变动的不同组合的总结果 Y,且可用乘法模型或加法模型表示为:

$$Y = T \cdot S \cdot C \cdot I$$

或

$$Y = T + S + C + I$$

由此可见，时间序列的特征表现为四个方面：

(1) 趋势性。某个变量由于受到某些因素持续同性质（或同向）的影响，其时间序列表现出持续上升或下降的总变化趋势，其间的变动幅度可能有时不等。

(2) 季节性。时间序列以一年为周期，随着四个季节的推移呈现某种规律性质变化，但是各年变动幅度在各个季节不一定相同，而各季节出现高峰值和低谷值的规律是相同的。例如表 7-3 的时间序列就具有季节特征。

(3) 周期性。季节性变动是一种典型的周期变动，它以一年为周期，而且这种周期性主要是由于外部（季节）因素造成的。然而，其它一些系统对象和事物由于其内部因素的相互影响，其动态时间序列会呈现出各种周期长度不同的周期性变动。例如宏观经济的繁荣、萧条就存在 2~5 年的短周期，同时也存在 5~20 年中周期以及 30~50 年的长周期。

(4) 不规则性。不规则性变动可分为突然性和随机性变动。前者是由于难以预测的因素引起的，其规律目前难以认识和推测。具有随机性变动的时间序列，若能用一个经过历史或测试数据验证的概率分布加以推测，则称之为随机性时间序列。

任何一个时间序列，可能同时具有以上几个特征，也可能是其中某几个的组合（如表 7-3 的时间序列就具有趋势性和季节性）。

在系统预测中，我们一般把不规则变动 I 视为干扰，必须设法将其过滤掉，而将趋势变动反映出来，以预测时间序列的长期变化趋势，必要时还应将季节性或周期性特征反映出来。

由于时间序列可能具有不同特征，就导致我们在进行系统预测时采用不同方法。因此在预测之前，有必要识别时间序列的变动特征，从而选择合适的预测方法。

三、时间序列特征的识别

识别时间序列特征的简单方法是作图法，即以时间为横坐标，以变量值为纵坐标，将时间序列数值绘在坐标图上，一般就可以大致观察到时间序列变动特征。

因为时间序列被认为是一个随机过程的一个样本或者是一个离散的随机过程本身，所以其特征识别将从它的随机性（相关性）及平稳性开始。为此，应先定义自相关系数。

设时间序列为 $x_1, x_2, \cdots, x_n$，则 k 个自相关系数 r_k 可按下式计算：

$$r_k = \frac{\sum_{t=1}^{n-k}(x_t - \bar{x})(x_t + k - \bar{x})}{\sum_{t=1}^{n}(x_t - \bar{x})^2} \quad \left(k = 1,2,\cdots,\frac{n}{4}\right) \tag{7.3.1}$$

式中
$$\bar{x} = \frac{1}{n}\sum_{t=1}^{n} x_t \tag{7.3.2}$$

(1) 时间序列的随机性识别

当时间序列样本数 n 足够大时，如果所有的自相关系数 $r_1, r_2, r_3 \cdots$ 都近似等于零，则表明该时间序列完全由随机数组成，即具有完全的随机性特征。由数理统计知识可以推出：若计算较多（20 个以上）的自相关系数，r_k，$k=1,\cdots,20$，当

$$\frac{-1.96}{\sqrt{n}} \leqslant r_k \leqslant \frac{1.96}{\sqrt{n}} \tag{7.3.3}$$

成立时，则有 95% 的置信度可以认为所有的自相关系数 r_k 与零没有显著性差异，因而认

为该时间序列具有随机性特征。

在有些情况下,可能由于偶然因素,有个别 $r>0$ 超出式(7.3.3)的范围。G.E.Box 和 D.A.Pierce 提出可用 χ^2 检验来判别 r_k 与零有无显著性差异,其方法如下:

计算 m 个自相关系数 $r_1, r_2, \cdots, r_m(m \geq 6, n > m)$,则构造统计量 Q:

$$Q = n\sum_{k=1}^{m} r_k^2 \tag{7.3.4}$$

于是,由 $r_k(k=1,\cdots,m)$ 可直接计算 Q;再查 χ^2 表,取自由度为 $m-1$。当 $Q \leq \chi^2(m-1)$ 时,则可认为这 m 个自相关系数 r_k 与零没有显著差异,此时间序列具有随机性,否则,为非随机性。

(2) 时间序列的平稳性识别

时间序列的平稳性检验,就是检验 $x_1, x_2, \cdots, x_n$ 是否为平稳随机过程的一个有限样本。所谓平稳序列,应具有两个基本特点:一是它的数学期望和方差取常值,即序列的样本应在某一固定水平线附近摆动;二是它的相关函数只是时间间隔 k 的函数,与时间起点 t_0 无关。因此,时间序列的平稳性识别就是要检验这两个特性是否成立。

显然,观测时间序列的图形是一种直观识别其平稳性的办法。此外,对于一个物理随机过程,如果它的系统参数、影响因素及实际条件保持不变或变化不大的话,就可视为是平稳的。用统计的办法,如果所有 r_k 与零均无显著差异(在置信度 95% 内),或统计量 $Q < \chi^2$ 的关系满足,也可认为该序列具有平稳性。

(3) 时间序列趋势性识别

对于非平稳的时间序列,其均值和方差可能存在某种趋势。这旦给出一种对单调趋势识别有效的检验方法[23]。设有时间序列 $x_1, x_2, \cdots, x_n$,每当出现一个 $x_j > x_i(j>i, i=1,2,\cdots,n)$时,将其定义为 x_i 的一个逆序,x_i 的逆序数定义为 x_i 相应逆序的总个数 A_i。于是,时间序列的逆序总数为

$$A = \sum_{i=1}^{n-1} A_i \tag{7.3.5}$$

于是,统计量

$$u = (A + \frac{1}{2} - \mathrm{E}(A))/\sqrt{\mathrm{Var}(A)} \tag{7.3.6}$$

渐近服从正态分布 N(0,1)。其中,A 的平均值为

$$\mathrm{E}(A) = n(n-1)/4 \tag{7.3.7}$$

A 的方差为

$$\mathrm{Var}(A) = n(2n^2+3n-5)/72 \tag{7.3.8}$$

于是由 n 可以计算出 E(A)及 Var(A),且由实际序列可得到 A 的值,从而由式(7.3.6)可计算出 u 的值。如果 $-2 \leq u \leq 2$,则可认为"序列无趋势",否则拒绝上述假设(在 0.05 显著水平上)。显然如果 A 很大,表明时间序列均值(或方差)有上升的趋势;而很小,则表明时间序列均值(或方差)有下降趋势。

尽管上述方法仅对单调序列有效,但对一些复杂趋势序列,也有可能把数据分成若干段,然后分段利用上述方法加以识别。

(4) 时间序列周期性(季节性)的识别

时间序列的周期性识别的简单方法,仍然是计算出所有的自相关系数 r_k,并组成 r_k 序列。一般说来,r_k 序列与原序列会具有相同的周期性规律,即在序列的峰、谷处,会出现$|r_k| \geqslant \frac{1.96}{\sqrt{n}}$的情况,而其余的 r_k 大多仍满足$|r_k| < \frac{1.96}{\sqrt{n}}$。

实际的时间序列,其统计特性往往是错综复杂的,可能含有多个未知的周期分量及噪声干扰,因此采用有限的采样数据要比较理想地识别其周期性规律往往是比较困难的,有兴趣的读者可进一步参考文献[22,23]等。

§7.3.2 平滑预测法

平滑预测法通常包括移动平均法和指数平滑法两种。

一、移动平均法

设时间序列$\{x_1, x_2, \cdots, x_n\}$,对其中连续 $N(\leqslant n)$个数据点进行算术平均,得 t 时点的移动平均值,记为 M_t,有:

$$M_t = \frac{x_t + x_{t-1} + \cdots + x_{t-N+1}}{N} \tag{7.3.9}$$

当用移动平均法进行超前一个周期预测时,采用移动平均值作为预测值 $\hat{x}_{t+1}$,即有

$$\begin{aligned}\hat{x}_{t+1} = M_t &= \frac{x_t + x_{t-1} + \cdots + x_{t-N+1} + x_{t-N} - x_{t-N}}{N} \\ &= M_{t-1} + \frac{x_t - x_{t-N}}{N} \\ &= \hat{x}_t + \frac{x_t - x_{t-N}}{N}\end{aligned}$$

例 7.1 现有某商场 1~6 月份的销售额资料如表 7-4,试用 $N=5$ 来进行移动平均,预测 6 月和 7 月份的销售额。

表 7-4 某商场 1~6 月份的销售额

月份	1	2	3	4	5	6
销售额(万元)	35	38	33	34	38	40

解

$$\hat{x}_6 = \frac{x_5 + x_4 + x_3 + x_2 + x_1}{5} = \frac{38 + 34 + 33 + 38 + 35}{5}$$

$$= 35.6(\text{万元})$$

$$\hat{x}_7 = \frac{x_6 + x_5 + x_4 + x_3 + x_2}{5} = \frac{40 + 38 + 34 + 33 + 38}{5}$$

$$= 36.6(\text{万元})$$

移动平均方法简单,但它一般只对发展变化比较平坦,增长趋势不明显,并且与以往远时期的状况联系不大的时间序列有效。

二、指数平滑法

指数平滑法也是对时间序列进行修均,不过它不是求算术平均,而是注重时间序列的

长期数值对未来预测值的共同影响，即对时间序列的各个数据进行加权平均，时间越近的数据，其权值越大。

设有时间序列$\{x_1, x_2, \cdots, x_t\}$，用全部历史数据加权平均有

$$\hat{x}_{t+1} = a_0 x_t + a_1 x_{t-1} + a_2 x_{t-2} + \cdots + a_t x_1 \tag{7.3.10}$$

且
$$\begin{cases} 0 \leqslant a_i \leqslant 1 \\ \sum_{i=0}^{t} a_i = 1 \end{cases}$$

现特取 $a_0 = \alpha, a_j = \alpha(1-\alpha)^j (j = 1, 2, \cdots, t)$ $0 \leqslant \alpha \leqslant 1$，于是

$$\begin{aligned} \hat{x}_{t+1} &= \alpha x_t + \alpha(1-\alpha)x_{t-1} + \alpha(1-\alpha)^2 x_{t-2} + \cdots \\ &= \alpha x_t + (1-\alpha)[\alpha x_{t-1} + \alpha(1-\alpha)x_{t-2} + \cdots] \\ &= \alpha x_t + (1-\alpha)\hat{x}_t \end{aligned} \tag{7.3.11}$$

1]或 $$\hat{x}_{t+1} = \hat{x}_t + \alpha(x_t - \hat{x}_t) \tag{7.3.12}$$

式(7.3.11)说明 $t+1$ 时刻的预测值可用前一时刻的实际值 x_t 和预测(拟合)值 $\hat{x}_t$ 加权组合得到，其中 x_t 是 t 时刻得到的关于时间序列的最新信息，而 $\hat{x}_t$ 是在 t 时刻前对 x_t 的估计，它包含了 t 时刻之前获得的全部关于 x_t 的信息；而式(7.3.12)表示 t 时刻的预测值 $\hat{x}_{t+1}$，是获得新信息 x_t 后，用误差信息 $e_t = x_t - \hat{x}_t$ 来修正原来的预测值 $\hat{x}_t$ 而获得的。显然，α 越大，表明越重视新信息的影响。但这种办法只能预测一期。

为适应一般情况，将式(7.3.11)改为

$$\begin{aligned} s_t = \hat{x}_{t+1} &= \alpha x_t + (1-\alpha)\hat{x}_t \\ &= \alpha x_t + (1-\alpha)s_{t-1} \end{aligned} \tag{7.3.13}$$

同时取 $s_0 = x_1$，称 α 为平滑常数(系数)，称 s_t 为 t 时刻的一阶指数平滑值。相应可对一次平滑序列$\{s_t\}$再进行一次指数平滑，称为二次指数平滑，设 $s_t^{(2)}$ 为二次指数平滑值，则有

$$s_t^{(2)} = \alpha s_t^{(1)} + (1-\alpha)s_{t-1}^{(2)} \tag{7.3.14}$$

由式(7.3.13)和(7.3.14)求得 $s_t^{(1)}$、$s_t^{(2)}$ 后，则可用下面公式预测 t 之后第 T 个时刻的值 $\hat{x}_{t+T}$：

$$\hat{x}_{t+T} = a_t + b_t T \tag{7.3.15}$$

且可以证明

$$\begin{aligned} a_t &= 2s_t^{(1)} - s_t^{(2)} \\ b_t &= \frac{\alpha}{1-\alpha}[s_t^{(1)} - s_t^{(2)}] \end{aligned} \tag{7.3.16}$$

如果对$\{x_t\}$的二次指数平滑值 $s_t^{(2)}$ 再作一次平滑，即得到三次指数平滑值 $s_t^{(3)}$ 为

$$s_t^{(3)} = \alpha s_t^{(2)} + (1-\alpha)s_{t-1}^{(3)} \tag{7.3.17}$$

这时，三次指数平滑的预测方程为

$$\hat{x}_{t+T} = a_t + b_t T + \frac{1}{2}c_t T^2 \tag{7.3.18}$$

也可以证明

$$\begin{cases} a_t = 3s_t^{(1)} - 3s_t^{(2)} + s_t^{(3)} \\ b_t = \dfrac{\alpha}{2(1-\alpha)^2}[(6-5\alpha)s_t^{(1)} - 2(5-4\alpha)s_t^{(2)} + 4(4-3\alpha)s_t^{(3)}] \\ c_t = \dfrac{\alpha^2}{2(1-\alpha)^2}[s_t^{(1)} - 2s_t^{(2)} + s_t^{(3)}] \end{cases} \tag{7.3.19}$$

从理论上讲,还可对$\{x_t\}$进行更多次的指数平滑,但在实际中,三次以上的平滑公式几乎不会用到。

不难看出,式(7.3.15)及(7.3.18)提供了一种较为方便的能进行多期($T=1,2,\cdots$)预测的方法。但是,这里仍有两个问题需要解决,即平滑系数 α 选取,以及初始条件 $s_0^{(1)}$,$s_0^{(2)}$,$s_0^{(3)}$ 的给定。

在指数平滑中,平滑常数 α 对预测精度影响很大,因此它的选择十分重要。α 值代表了模型对过程变化的反映速度,α 越大(向 1 接近),表示模型越重视近期数据的作用,对过程的变化反映越快;另一方面 α 值又代表预测系统对随机误差的修匀能力,α 越小(向 0 接近),表示模型越重视离现时更远的历史数据的作用,系统滤波(修匀)能力越强,便对过程变化的反映越迟钝。为了兼顾预测系统既有一定的跟踪过程变化的能力,又有一定的滤波能力,因此 α 的取值应在二者之间折衷。

在实际中,应根据具体的预测问题,主要凭经验来选择 α 值,有下面几条原则可供参考:

(1) 如对初始值的正确性有疑问时,α 的值宜取大一些,以便扩大近期数据的作用,迅速减小初始值的影响;

(2) 如果外部环境变化较快,数据随时产生大的变化,α 的值宜取大一些,以便跟踪过程的变化(一般取 0.3~0.5);

(3) 如原始资料比较缺乏,或历史资料的参考价值小(如历史统计数据准确性差),α 的值宜取大一点;

(4) 如果时间序列虽然具有不规则变动,但长期趋势比较稳定(如接近某一稳定常数),α 的值应取得较小(0.05~0.2);

(5) 对变化甚小的时间序列,α 值宜取小(一般 0.1~0.4),使较早观察值亦能充分反映在平滑值中。

至于平滑序列初始值的确定,则当时间序列原始数据样本较多,α 的值较大时,可取:

$$s_0^{(1)} = x_1, s_0^{(2)} = s_0^{(1)}, s_0^{(3)} = s_0^{(2)}$$

而当数据点不够多,初始值对预测精度影响较大时,可取开始几个观测值的算术平均值、加权平均值或指数平均值作为初始值。

总之,无论是平滑系数 α 还是初始条件 $s_0^{(1)}$、$s_0^{(2)}$、$s_0^{(3)}$ 对预测结果都有直接的影响。那么,一般可以选择不同的 α,通过对预测结果的评价来选择较好的值。这里评价的原则主要有以下三个:

(1) 对不同的 α,计算平均绝对误差 $\mathrm{MAE} = \dfrac{1}{n}\sum_{i=1}^{n} |x_i - \hat{x}_i|$,选择使 MAE 最小的 α 值。

(2) 用历史数据检验。即对每一个 α,用离现时较远的历史数据建立预测模型,“预测”离现时较近的历史(事后预测),看符合程度如何,选用符合得较好的 α。

(3) 对用不同 α 的预测结果,采用专家评估法,取评价结果好的 α。

例 7.2　已知某地区 1964 年至 1978 年各年的人均工业总产值如表 7-5,用指数平滑法预测 1979 年至 1988 年各年的人均工业总产值。

取 $\alpha = 0.2$, $s_0^{(1)} = s_0^{(2)} = s_0^{(3)}$,则各次平滑值可由平滑公式得到,列在表 7-5 的右边三列内。

表 7-5　某地区 1964～1978 年的人均工业总产值

年　份	周 期 数	历年人均产值 x_t	$s_t^{(1)}$	$s_t^{(2)}$	$s_t^{(3)}$
	0		114.5	114.5	114.5
1964	1	134.4	118.46	115.29	114.66
1965	2	165.0	127.77	117.79	115.29
1966	3	195.1	141.24	122.48	116.73
1967	4	164.1	145.81	127.15	118.81
1968	5	151.5	146.95	131.11	121.27
1969	6	198.2	157.2	136.33	124.28
1970	7	251.9	176.14	144.29	128.28
1971	8	281.8	197.27	154.89	133.6
1972	9	293.7	216.56	167.22	140.32
1973	10	314.2	236.09	180.99	148.45
1974	11	309.3	250.73	194.9	157.75
1975	12	350.0	270.58	210.07	168.21
1796	13	349.7	286.4	225.34	179.64
1977	14	394.4	308.0	241.87	192.09
1978	15	441.6	334.72	260.44	205.76

$$a_{15} = 3 \times 334.72 - 3 \times 260.44 + 205.76 = 428.6$$

$$b_{15} = \frac{0.2}{2(1-0.2)^2}[(6 - 5 \times 0.2) \times 334.72 - 2(5 - 4 \times 0.2) \times 260.44 + 4(4 - 3 \times 0.2) \times 205.76] = 28.98$$

$$c_{15} = \frac{0.2^2}{2(1-0.2)^2}[334.72 - 2 \times 260.44 + 205.76] = 0.6125$$

预测模型为

$$Y_{15+T} = 428.6 + 28.98T + 0.6125T^2$$

按照这个公式,可计算出各年份的预测值,如

1979 年, $T = 1$, $Y_{16} = 428.6 + 28.98 \times 1 + 0.6125 \times 1^2 = 458.19$

…

1988 年, $T = 10$, $Y_{25} = 428.6 + 28.98 \times 10 + 0.6125 \times 10^2 = 779.65$

§7.3.3 趋势外推预测法

在一个时间序列中，特别对某些社会、经济系统中的渐变发展过程，往往可能存在某种长期趋势，用适当的方法测定这个趋势，给它选择一个合适的趋势曲线方程，以作为外推预测的依据，是统计预测的基本方法之一。

趋势曲线外推预测是基于如下两个假设：第一，影响预测对象过去发展的因素，在很大程度上也将决定其未来的发展；第二，预测对象的发展过程不是突变，而是渐变过程。

利用趋势外推法，主要要解决两个问题：一是找到合适的趋势拟合曲线方程；二是如何确定趋势曲线方程中参数。下面将着重讨论几种常见的趋势曲线方程及其参数辨识方法。

一、常用的趋势曲线

在实际应用中，最常用的是一些比较简单的函数形式，如多项式函数、指数函数、生长曲线和包络曲线等，下面介绍几种主要形式。

(1) 多项式函数

多项式模型的一般形式为：

$$y_t = a_0 + a_1 t + a_2 t^2 + \cdots + a_k t^k \tag{7.3.20}$$

式中：y_t——t 时预测变量；

t——时间自变量；

$a_0, a_1, a_2, \cdots, a_k$——多项式系数。

当 $k=1$ 时，是线性模型；$k=2$ 时，为二次抛物线模型；当 $k=3$ 时，称为三次抛物线模型（如图 7－3 所示）。实际上，三次以上的多项式模型应用很少。线性模型用来描述随时间均匀发展的过程；二次抛物线描述增量 $u_t = y_t - y_{t-1}$ 均匀变化的过程，或者说以等加速度增加或以等加速度减小的过程；三次抛物线描述加速度与时间成比例增加或减小的过程。

模型中的系数可用最小二乘法得到。而多项式次数，可根据残差平方和最小的原则确定。

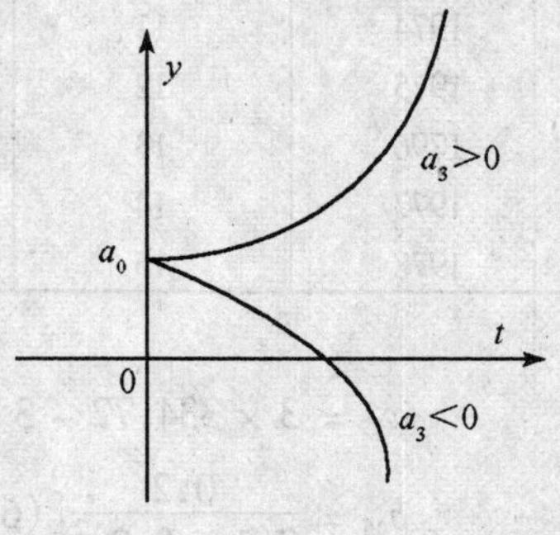

图 7－3　三次抛物线模型

(2) 指数函数

$$y_t = y_0 e^{at} \tag{7.3.21}$$

该函数曲线如图 7－4 所示。它适应于变化率和变量本身 y 成比例的对象。如人口或生物种群繁殖生长，研究质变前的发展速度，新产品在成长期的销售量等等。

(3) 生长曲线

生长曲线本是用来描述生物生长过程的一种特殊曲线。科学家们研究发现，生物的生长过程，一般经历发生、发展、成熟和衰亡四个阶段，每个阶段的成长速度各不相同：发生初期成长速度较慢，由慢渐快；发展时期成长速度则较快；成熟时期，其成长速度则由最快，开始变慢，进入饱和状态。这一过程如图 7－5 所示。其曲线形如 S，故又称 S 曲线。

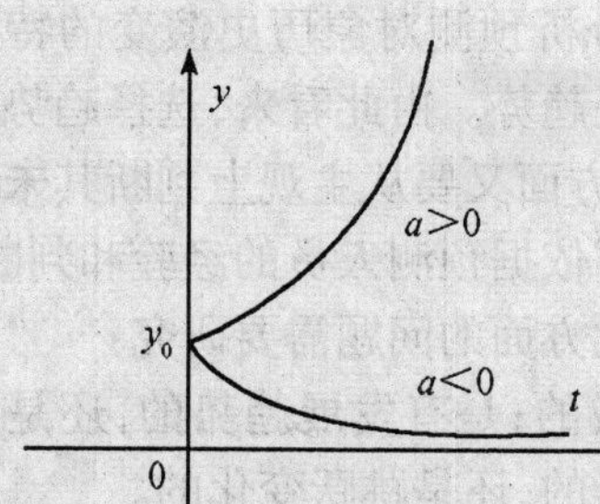

图 7-4 指数函数曲线

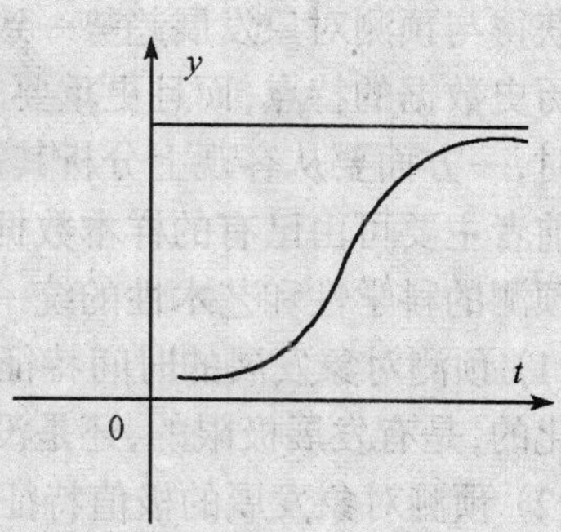

图 7-5 生长曲线

将这一过程推广到一般事物,它比较客观地描述了事物演变规律。用它进行中长期预测比较可靠,因而该方法得到广泛应用。S 型曲线又叫 Logistic 曲线,它有多种数学形式,这里介绍两种:

① 逻辑斯蒂(Logistic)曲线:该曲线由德国数学—生物学家 P.F.Verhust 于 1837 年首先提出,之后由美国生物学家、人口统计学家皮尔(Pearl)用它对生物繁殖和生长过程进行了大量研究,故又称皮尔曲线。其形式如下:

$$y_t = \frac{K}{1 + ae^{-bt}} \tag{7.3.22}$$

由 (7.3.22)可见,当 $t \to +\infty$ 时,$y_t \to K$,是达到饱和状态的极限值,而且求得 y_t 对 t 的拐点,即增长速度的转折点为 $t = \frac{\ln a}{b}$,$y_t = \frac{1}{2}K$。

② 龚伯茨(B.Gompart2)曲线:又称双指数模型,是英国统计学家和数学家龚伯茨发现的,其形式如下:

$$y_t = Ke^{-be^{kt}} \tag{7.3.23}$$

它和 Logistic 曲线类似,K 是饱和极限值($t \to \infty$,$y_t \to K$),其拐点为:$t = \frac{\ln b}{k}$,$y_t = Ke^{-1}$.

(4) 其它趋势曲线

实际上,预测用的趋势曲线远不止上述几种,通过适当组合变形,还可以产生很多可供选择的趋势曲线,如:

$$\begin{cases} y_t = L + ab^t \quad (\text{修正指数曲线}) & (7.3.24) \\ y_t = a + \dfrac{b}{c+t} \quad (\text{双曲线}) & (7.3.25) \\ y_t = at^{\alpha}e^{\beta t} & (7.3.26) \\ y_t = ae^{\frac{b}{x}} \quad (\text{另一种指数曲线}) & (7.3.27) \end{cases}$$

等等。因此,如何根据实际中预测对象的规律来选择合适的趋势曲线,就成为趋势外推法应用的一个重要问题。

二、趋势预测模型的选择

由于预测曲线具有多样性,能否正确地选择趋势模型,对预测任务的成败至关重要。

为了获得与预测对象发展趋势一致的趋势模型,不仅要分析预测对象历史演变的特点即测试历史数据的特点,而且更重要的是要分析其未来发展趋势。由此看来,选择趋势预测模型时,一方面要从客观上分析其过去序列的特点,另一方面又要从主观上判断其未来趋势。前者主要可由已有的样本数据分析得到,而后者却要依据预测人员的经验和判断,体现了预测的科学性和艺术性的统一。具体说来,有以下几方面的问题需要研究:

(1) 预测对象发展的时间特征:是单调递增还是递减的;是有发展趋势的,还是周期性变化的,是有发展极限的,还是没有发展极限的;是渐变的,还是跳跃变化的。

(2) 预测对象发展的极值特征:预测对象的变化过程是否有极大值或极小值,这些极值点是否稳定,是可达到的,还是渐近的。

(3) 预测对象发展的时间函数形状特点:是否有拐点,是否具有对称性等。

(4) 预测对象的发展过程在时间上是否有明显的限制。

(5) 预测对象未来发展速度:是等速的还是变速的,速度和加速度的变化特点等。

利用趋势外推法从事实际预测时,一般可以建立几种不同的趋势模型,然后,逐个进行分析比较,包括进行残差平方和检验与进行专家评审等,来最终选择一个预测模型,实施预测或选择预测结果。

三、趋势模型的参数辨识

显然,在趋势模型选定后,首要的工作就是要确定模型中参数。不同的趋势模型可能会有不同的参数辨识方法,但大致可使用如下三种。

1. 最小二乘法

最小二乘法是广泛使用的一种曲线拟合方法。其优点是运算简单,能很好地平滑趋势中的随机干扰,对方程式中的参数作出无偏估计(详见 §7.4)。在实际运用中,有两种情况。一是可以直接按最小二乘法,只要作简单的变量替换,就可以进行,如多项式函数。另一种是方程式需要作适当的变换,以转换成第一种情形,再作处理。

① 多项式函数模型的参数辨识

给定时间序列样本数据为

$$(t_1, y_1), (t_2, y_2), \cdots, (t_n, y_n)$$

设选取的趋势曲线为 t 的 k 次多项式:

$$\hat{y}_t = a_0 + a_1 t + \cdots + a_k t^k \tag{7.3.28}$$

用最小二乘法估计参数 $a_0, a_1, \cdots, a_k$。设 y_t 表示样本值,$\hat{y}_t$ 为其估计值,那么其误差序列为

$$e_t = y_t - \hat{y}_t \tag{7.3.29}$$

曲线拟合目标是使误差的平方和最小,即

$$\min Q = \min \sum_{t=t_1}^{t_n} e_t = \min \sum_{t=1}^{n} (y_i - \hat{y}_i)^2 \tag{7.3.30}$$

其中,$y_i = y_t(t = t_i)$,$\hat{y}_i = \hat{y}_t(t = t_i)$,现记

$$Y = \begin{bmatrix} y_1 \\ y_2 \\ \vdots \\ y_n \end{bmatrix}, \quad B = \begin{bmatrix} a_1 \\ a_2 \\ \vdots \\ a_k \end{bmatrix}, \quad E = \begin{bmatrix} e_1 \\ e_2 \\ \vdots \\ e_n \end{bmatrix},$$

$$
T = \begin{bmatrix} 1 & t_1 & t_1^2 & \cdots & t_1^k \\ 1 & t_2 & t_2^2 & \cdots & t_2^k \\ \vdots & \vdots & \vdots & & \vdots \\ 1 & t_n & t_n^2 & \cdots & t_n^k \end{bmatrix}
$$

于是

$$
Q = E^{\mathrm{T}} E = (U - TB)^{\mathrm{T}}(Y - TB)
$$

$$
\frac{\partial Q}{\partial B} = -2T^{\mathrm{T}} Y + 2T^{\mathrm{T}} TB = 0
$$

使得 Q 最小的 B 为

$$
\hat{B} = (T^{\mathrm{T}} T)^{-1} T^{\mathrm{T}} Y \tag{7.3.31}
$$

上式可以用标准的算法实现。但在手工运算中,当自变量时间 t 取间距相等的自然数时,矩阵 T 将变得特殊。而且,一般情况下,$k \leqslant 3$,这就有可能为手工运算提供方便的途径。分别对 $k=1,2,3$,将式(7.3.28)乘以 t 和 t^2,再对 n 个样本点求和,就可分别得到如下方程:

$$
k = 1: \quad \hat{y}_t = a + bt
$$

$$
\begin{cases} \sum y_t = an + b\sum t \\ \sum ty_t = a\sum t + b\sum t^2 \end{cases} \tag{7.3.32}
$$

$$
k = 2: \quad \hat{y}_t = a + bt + ct^2
$$

$$
\begin{cases} \sum y_t = an + b\sum t + c\sum t^2 \\ \sum ty_t = a\sum t + b\sum t^2 + c\sum t^3 \\ \sum t^2 y_t = a\sum t^2 + b\sum t^3 + c\sum t^4 \end{cases} \tag{7.3.33}
$$

$$
k = 3: \quad \hat{y}_t = a + bt + ct^2 + dt^3
$$

$$
\begin{cases} \sum y_t = an + b\sum t + c\sum t^2 + d\sum t^3 \\ \sum ty_t = a\sum t + b\sum t^2 + c\sum t^3 + c\sum t^4 \\ \sum t^2 y_t = a\sum t^2 + b\sum t^3 + c\sum t^4 + d\sum t^5 \\ \sum t^3 y_t = a\sum t^3 + b\sum t^4 + c\sum t^5 + d\sum t^6 \end{cases} \tag{7.3.34}
$$

(以上 $\sum$ 均表示 $\sum\limits_{t=1}^{n}$)

而且,通过适当地选取时间坐标原点,可使以上算式变得更简单。当样本点数 n 为奇数时,取

$$
t = \cdots, -3, -2, -1, 0, 1, 2, 3, \cdots
$$

而当样本点数 n 为偶数时,取

$$
t = \cdots, -5, -3, -1, , 1, 3, 5, \cdots
$$

时可分别使 $\sum\limits_{t=1}^{n} t^{2i+1}(i = 0,1,2) = 0$,而使式(7.3.32)~(7.3.34)的计算大为简化。

例 7.3 某省谷物产量历史数据如表 7-6 和图 7-6 所示,预测今后 10 年的产量[7]。

表 7-6 某省谷物产量

年份	1964	1965	1966	1967	1968	1969	1970	1971	1972
期数 t	-8	-7	-6	-5	-4	-3	-2	-1	0
产量 y_t	54.1	35.4	56.6	46.6	46.7	52.1	56.1	44.8	68.3
年份	1973	1974	1975	1976	1977	1978	1979	1980	
期数 t	1	2	3	4	5	6	7	8	
产量 y_t	36.3	75.0	57.2	69.0	55.5	73.3	64.1	60.0	

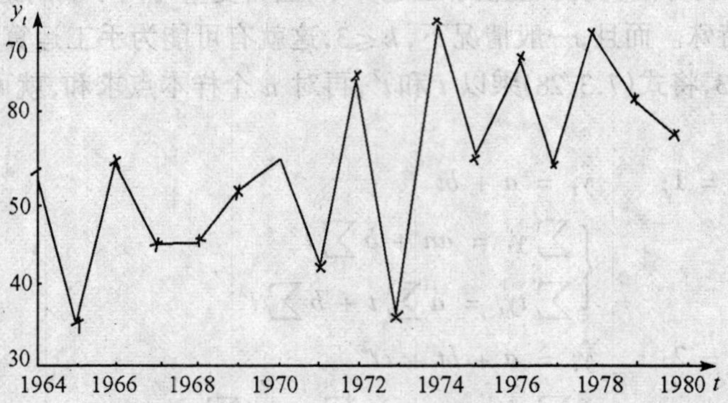

图 7-6 某省谷物产量曲线

从该省谷物产量的历史数据来看,虽然波动较大,但总趋势诈增长的。记 y_t 为谷物产量,t 为代表年份的期数。因时间序列项数 $n=17$ 为奇数,采用坐标平移法,取 1972 年为基准年,期数号 t 令为 0,若用二次抛物线

$$y_i = a + bt + ct^2$$

来拟合时,式(7.3.33)中的系数则可大为简化,有

$$\begin{cases} \sum y_t = an + c\sum t^2 \\ \sum ty_t = b\sum t^2 \\ \sum t^2 y_t = a\sum t^2 + c\sum t^4 \end{cases}$$

且

$$\sum t^2 = \frac{(n-1)n(n+1)}{12} = \frac{(17^2-1)\times 17}{12} = 408$$

$$\sum t^4 = \sum t^2 \cdot \frac{3n^2-7}{20} = 17544$$

$$\sum y_t = 951.6$$

$$\sum ty_t = 525.6$$

$$\sum t^2 y_t = 22849.2$$

将它们代入方程组中得到

$$b = \frac{\sum ty_t}{\sum t^2} = \frac{525.6}{408} = 1.288$$

$$a = \frac{\sum y_t}{n} - \frac{\sum t^2}{n} \cdot \frac{n\sum t^2 y_t - \sum t^2 \sum y_t}{n\sum t^4 - (\sum t^2)^2} = 55.97$$

$$c = \frac{n\sum t^2 y_t - \sum t^2 \sum y_t}{n\sum t^4 - (\sum t^2)^2} = 0.0014$$

预测模型为

$$\hat{y}_t = 55.97 + 1.288t + 0.0014t^2$$

预测值为

$$1985\text{年}, t = 13, \hat{y}(1985) = 72.75$$
$$1990\text{年}, t = 18, \hat{y}(1990) = 79.60$$

② 间接使用最小二乘法

实际中有许多趋势曲线不能直接使用最小二乘法，但是只要经过简单的变换，它们就可以变换成使用最小二乘的标准形式。如指数曲线 $\hat{y} = a \cdot b^t$，$\hat{y} = y_0 e^{at}$，以及 Logistic，Gompartz 曲线等，都可以使用最小二乘法，下面仅以指数曲线 $\hat{y} = y_0 e^{at}$ 为例介绍。

已知时间序列 $(t_1, y_1), (t_2, y_2), \cdots, (t_n, y_n)$，则将指数曲线

$$\hat{y} = y_0 e^{at}$$

两边取对数，得到

$$\ln\hat{y}_t = \ln y_0 + at$$

于是记 $y_t' = \ln\hat{y}_t$，$a_0 = \ln y_0$，$a_1 = a$，则有

$$\hat{y}_t' = a_0 + a_1 t$$

利用最小二乘法，就可以求得使

$$Q = \sum_{i=1}^{n} (\ln\hat{y}_t - \ln y_t)^2$$

最小的 a_0 和 a_1，进而求得 y_0 和 a. 需要说明的是，这时求得是关于 y_0 和 a 的有偏估计。因此，当样本值之间变化幅度很大时，可以考虑采用非线性的最小二乘法。

2. 三段和值法

设已知时间序列为 $(t_1, y_1), (t_2, y_2), \cdots, (t_n, y_r)$ 现拟用 Logistic 曲线

$$\hat{y}_t = \frac{K}{1 + ae^{-at}}$$

对其进行拟合预测，需估计参数 K, a, b. 为此，把 n 个样本点等分为 3 组，每组 $r \approx \frac{n}{3}$ 个数据。

先求 y_t 的倒数 $\frac{1}{y_t}$。

$$\frac{1}{y_t} = \frac{1}{K} + \frac{a}{K} e^{-bt}$$

分三组求和：

$$S_1 = \sum_{t=1}^{r} y_t^{-1} = \frac{r}{K} + \frac{a}{K}\sum_{t=1}^{r} e^{-bt}$$

$$= \frac{r}{K} + \frac{a}{K}\frac{e^{-b}(1-e^{-rb})}{1-e^{-b}}$$

$$S_2 = \sum_{t=r+1}^{2r} y_t^{-1} = \frac{r}{K} + \frac{a}{K}\frac{e^{-(r+1)b}(1-e^{-rb})}{1-e^{-b}}$$

$$S_3 = \sum_{t=2r+1}^{3r} y_t^{-1} = \frac{r}{K} + \frac{a}{K}\frac{e^{-(2r+1)b}(1-e^{-rb})}{1-e^{-b}}$$

再求 $D_1 = S_1 - S_2, D_2 = S_2 - S_3$，

$$D_1 = \frac{a}{K}\frac{e^{-b}(1-e^{-rb})^2}{1-e^{-b}}$$

$$D_2 = \frac{a}{K}\frac{e^{-(r+1)b}(1-e^{-rb})^2}{1-e^{-b}}$$

于是

$$\frac{D_1}{D_2} = e^{rb}$$

由此得

$$b = \frac{1}{r}\ln\frac{D_1}{D_2} \tag{7.3.35}$$

又

$$\frac{D_1^{\ 2}}{D_1 - D_2} = \frac{a}{K}\frac{e^{-b}(1-e^{-rb})^2}{1-e^{-b}} = S_1 - \frac{r}{K}$$

得

$$K = \frac{r}{S_1 - \left(\dfrac{D_1^{\ 2}}{D_1 - D_2}\right)} \tag{7.3.36}$$

$$a = \frac{K}{G}\cdot\frac{D_1^{\ 2}}{D_1 - D_2} \tag{7.3.37}$$

式中

$$G = \frac{e^{-b}(1-e^{-rb})}{1-e^{-b}} \tag{7.3.38}$$

三段和值法主要适用于在比较窄范围内变动的原始数据，而且计算结果对随机干扰很敏感。为此，在估计参数前应利用指数平滑法对序列进行修匀。如果整个数列中有明显的干扰，则可用平均值(算术平均或几何平均)取代相应的数据，以排除个别的显著干扰。

三段和值法同样适应于修正指数曲线和 Gompartz 曲线的参数估计，计算公式见表 7－7。

3. 三点法

条件同三段和值法，在时间序列中等间距地任取三点 τ_0, τ_1, τ_2，且满足 $T = \tau_1 - \tau_0 = \tau_2 - \tau_1$。假设所取三点$(\tau_0, y_{\tau_0})$、$(\tau_1, y_{\tau_1})$$(\tau_2, y_{\tau_2})$正好在曲线 $y_t = \dfrac{K}{1 + ae^{-bt}}$上，则应满

足：

表 7－7　三段和值法的参数计算公式

模　　型	参数计算公式	符号说明
$y_t = K + ab^t$ （修正指数曲线）	$b = \sqrt[r]{\dfrac{S_3 - S_2}{S_2 - S_1}}$ $a = (S_2 - S_1)\dfrac{b-1}{(b^r-1)^2}$ $K = \dfrac{1}{r}(S_1 - \dfrac{b^r-1}{b-1} - a)$ $= \dfrac{1}{r}(\dfrac{S_1S_3 - S_2^2}{S_1 + S_3 - 2S_2})$	$S_1 = \sum_{t=1}^{r} y_t$ $S_2 = \sum_{t=r+1}^{2r} y_t$ $S_3 = \sum_{t=2r+1}^{3r} y_t$ $(r = \dfrac{n}{3})$ n 为数据的个数
$\lg y_t = \lg K + b^t \lg a$ （龚伯茨曲线）	$b = \left(\dfrac{S_3 - S_2}{S_2 - S_1}\right)^{\frac{1}{r}}$ $\lg a = (S_2 - S_1)\dfrac{b-1}{(b^r-1)^2}$ $\lg K = \dfrac{1}{r}(S_1 - \dfrac{b^r-1}{b-1}\lg a)$ $= \dfrac{1}{r}(\dfrac{S_1S_3 - S_2^2}{S_1 + S_3 - 2S_2})$	$S_1 = \sum_{t=1}^{r} \lg y_t$ $S_2 = \sum_{t=r+1}^{2r} \lg y_t$ $S_3 = \sum_{t=2r+1}^{3r} \lg y_t$ $r = \dfrac{n}{3}$
$y_t = \dfrac{K}{1 + ae^{-bt}}$ （皮尔曲线）	$b = \dfrac{1}{r}\ln\dfrac{D_1}{D_2}$ $K = \dfrac{r}{S_1 - \dfrac{D_1^2}{D_1 - D_2}}$ $a = \dfrac{K}{G}\dfrac{D_1^2}{D_1 - D_2}$	$S_1 = \sum_{t=1}^{r} \dfrac{1}{y_t}$ $S_2 = \sum_{t=r+1}^{2r} \dfrac{1}{y_t}$ $S_3 = \sum_{t=2r+1}^{3r} \dfrac{1}{y_t}$ $D_1 = S_1 - S_2$ $D_2 = S_2 - S_3$ $G = \dfrac{e^{-b}(1 - e^{-rb})}{1 - e^{-b}}$

$$
\begin{cases}
y_{\tau_0} = \dfrac{K}{1 + ae^{-b\tau_0}} \\
y_{\tau_1} = \dfrac{K}{1 + ae^{-b\tau_1}} \\
y_{\tau_2} = \dfrac{K}{1 + ae^{-b\tau_2}}
\end{cases}
$$

解上述方程组得

$$\begin{cases} K = (y_{\tau_0} + y_{\tau_2}) + \dfrac{y_{\tau_0} + y_{\tau_2} - 2y_{\tau_1}}{\dfrac{(y_{\tau_1})^2}{y_{\tau_0} \cdot y_{\tau_2}} - 1} & (7.3.39) \\ b = \dfrac{1}{\tau_1 - \tau_0} \ln \dfrac{y_{\tau_0}(K - y_{\tau_0})}{y_{\tau_0}(K - y_{\tau_1})} & (7.3.40) \\ a = \dfrac{K - y_{\tau_0}}{y_{\tau_0}} & (7.3.41) \end{cases}$$

例 7.4 浏阳县历年总人口演变情况如表 7－8 所示,预测到 20 世纪末该县人口[7]。

表 7－8 浏阳县历年总人口演变情况

年份	1949	1950	1951	1952	1953	1954	1955	1956	1957	1958	1959
总人口(万人)	77.5	77.8	78.2	78.2	79.2	80.1	81.2	82.2	84.1	82.3	82.5

年份	1960	1961	1962	1963	1964	1965	1966	1967	1968	1969	1970
总人口(万人)	82.1	82	82.9	83.6	84.4	86	88.5	91.3	94.7	97.5	99.3

年份	1971	1972	1973	1974	1975	1976	1977	1978	1979	1980	1981	1982
总人口(万人)	101.1	102.6	106.9	106.6	108.5	109.9	111	112.1	112.9	114.1	115.8	117.7

(1) 取 1970～1982 年数据,进行线性拟合,即

$$\hat{y}_t = a + bt$$

且以 1976 年为基准年,序号 $t = 0$,则 1970～1982 年 13 年的期数序号 t 分别为 $-6, -5, \cdots, 0, \cdots, 5, 6$,于是有

$$a = \frac{\sum y_t}{n} = \frac{1416.3}{13} = 108.95$$

$$b = \frac{\sum t y_t}{\sum t^2} = \frac{266.4}{182} = 1.463$$

于是,得预测模型为

$$\hat{y}_t = 108.95 + 1.463t$$

预测结果为

1990 年, $t = 14$, $\hat{y}(1990) = 129$(万人)

2000 年, $t = 24$, $\hat{y}(2000) = 144$(万人)

(2) 用 Logistic 曲线拟合,即

$$\hat{y}_t = \frac{K}{1 + a e^{-bt}}$$

① 三点估计法:取 $\tau_0 = 1961$, $\tau_1 = 1971$, $\tau_2 = 1981$,于是,求得

$$K = (y_{\tau_0} + y_{\tau_1}) + \frac{(y_{\tau_0} + y_{\tau_2} - 2y_{\tau_1})}{\dfrac{y_{\tau_1}^2}{y_{\tau_0} \cdot y_{\tau_2}} - 1} = 143$$

$$b = \frac{1}{\tau_1 - \tau_0} \ln \frac{y_{\tau_1}(K - y_{\tau_0})}{y_{\tau_0}(K - y_{\tau_1})} = 0.05678$$

$$a = 0.7313$$

令 t 表示公元年号，基年为 1961 年，则得预测方程式为

$$\hat{y}_t = \frac{143}{1 + 0.7313e^{-0.05678(t-1961)}}$$

由此得预测值为

$$1990\text{ 年}:\hat{y}(1990) = 125(\text{万人})$$

$$2000\text{ 年}:\hat{y}(2000) = 132.5(\text{万人})$$

② 三段和值法：取 1959 ~ 1982 年数据，$r = 8$

$$S_1 = 0.095282, S_2 = 0.080391, S_3 = 0.070999$$

$$D_1 = 0.014891, D_2 = 0.009392, G = 6.226995$$

$$b = 0.05761, L = 145.6, a = 0.942699$$

则有预测方程式为

$$\hat{y}_t = \frac{145.6}{1 + 0.942699e^{-0.05761(t-1959)}}$$

由此得预测值为

$$1990\text{ 年}:\hat{y}(1990) = 125.7(\text{万人})$$

$$2000\text{ 年}:\hat{y}(2000) = 133.7(\text{万人})$$

§7.4 回归分析预测法

由于系统中元素之间的相互作用、相互影响，系统中对象发展变化的过程是许多其它因素共同作用的综合结果。这些因素与变量之间常常存在统计依赖关系，但却没有确定的函数形式加以描述。因此，我们可以依据大量的观测统计数据，利用控制论的“黑箱（Black Box）”模型原理，来找出这些因素之间的统计规律，并选用合适数学方程式加以描述。回归分析就是进行这项工作的一种最简单、最有效、最常用的方法。

回归分析根据自变量的个数通常分为一元回归和多元回归，根据变量之间相互关系又可分为线性回归和非线性回归两种。本节主要介绍多元线性回归，非线性回归一般可以转化成线性回归分析来进行，这一点从 §7.3 已可以看出。

回归分析是一种数理统计方法，主要内容有：

(1) 从一组数据出发，确定因变量和自变量之间的关系式；

(2) 对关系式中的参数进行估计，并进行统计检验；

(3) 筛选自变量，即从大量自变量中找出影响显著的，剔除不显著的；

(4) 用求得的回归模型进行预测；

(5) 对预测结果进行分析、评价。

§7.4.1　线性回归模型

一、一元线性回归模型

一元线性回归预测的表达式是一元线性方程：

$$y = a + bx \tag{7.4.1}$$

如果已知 n 组样本数据为$(x_1,y_1),(x_2,y_2),\cdots,(x_n,y_n)$，则应满足：

$$y_i = a + bx_i + \varepsilon_i \quad (i = 1,\cdots,n) \tag{7.4.2}$$

若假设 ε_i 服从同一正态分布 $\mathrm{N}(0,\sigma)$，且 ε_i 相互独立，那么由(7.4.2)就可以利用最小二乘法估计出参数 a,b 的值 $\hat{a},\hat{b}$，则一元回归预测模型可表示为

$$\hat{y} = \hat{a} + \hat{b}x \tag{7.4.3}$$

或简写为

$$\hat{y} = a + bx \tag{7.4.4}$$

实际上，§7.3 中时间序列分析有多种情况可以归纳于上述情况，因为只有一个自变量即时间变量 t。

二、多元线性回归模型

设系统变量 y 与 k 个自变量 $x_1,x_2,\cdots,x_k$ 之间存在统计关系，且可表示为

$$y = a_0 + a_1x_1 + a_2x_2 + \cdots + a_kx_k \tag{7.4.5}$$

且若给定 n 组样本数据点，即$(y_1,x_{11},x_{21},\cdots,x_{k1}),(y_2,x_{12},x_{22},\cdots,x_{k2}),(y_n,x_{1n},x_{2n},\cdots,x_{kn})$，则其满足

$$y_i = a_0 + a_1x_{1i} + a_2x_{2i} + \cdots + a_kx_{ki} + \varepsilon_i (i = 1,\cdots,n) \tag{7.4.6}$$

设 $\varepsilon_i \sim \mathrm{N}(0,\sigma)$ $(i=1,\cdots,n)$，那么可由最小二乘法获得多元线性回归模型为

$$\hat{y} = a_0 + a_1x_1 + a_2x_2 + \cdots + a_kx_k \tag{7.4.7}$$

§7.4.2　线性回归模型的参数估计

下面以多元线性回归模型来讨论其参数估计。若假设式(7.4.6)的 ε_i 服从同一分布 $\mathrm{N}(0,\sigma)$，且相互独立，那么其 $k+1$ 个参数 $a_j(j=0,\cdots,k)$可以利用最小二乘法进行估计。记

$$Y = \begin{bmatrix} y_1 \\ y_2 \\ \vdots \\ y_n \end{bmatrix},\quad A = \begin{bmatrix} a_0 \\ a_1 \\ \vdots \\ a_k \end{bmatrix},\quad \Sigma = \begin{bmatrix} \varepsilon_1 \\ \varepsilon_2 \\ \vdots \\ \varepsilon_n \end{bmatrix},$$

$$X = \begin{bmatrix} 1 & x_{11} & x_{21} & \cdots & x_{k1} \\ 1 & x_{12} & x_{22} & \cdots & x_{k2} \\ \vdots & \vdots & \vdots & & \vdots \\ 1 & x_{1n} & x_{2n} & \cdots & x_{kn} \end{bmatrix}$$

于是，(7.4.6)可表示成：

$$Y = XA + \Sigma \tag{7.4.8}$$

式中 A 为待估计参数向量。定义性能指标为估计的误差平方和：

$$
\begin{aligned}
Q &= \sum_{i=1}^{n}(y_i - \hat{y}_i)^2 = \| Y - \hat{Y} \|^2 \\
&= (Y - XA)^{\mathrm{T}}(Y - XA)
\end{aligned}
\tag{7.4.9}
$$

式中 $\hat{Y}$ 为拟合值向量，$\hat{Y} = XA$。于是由

$$
\frac{\partial Q}{\partial A} = 0 \tag{7.4.10}
$$

得

$$
\frac{\partial (Y - XA)^{\mathrm{T}}(Y - XA)}{\partial A} = 0
$$

即有

$$
\hat{A} = (X^{\mathrm{T}}X)^{-1}(X^{\mathrm{T}}Y) \tag{7.4.11}
$$

通常记 $R = X^{\mathrm{T}}X$，称为系数矩阵，它是一对称矩阵。

由式(7.4.11)可知，要由 n 个样本点数据估计出 $k+1$ 个回归系数，那么只要 $R = X^{\mathrm{T}}$ 非奇异，就可以方便地由(7.4.11)完成，而且可用标准的算法在计算机上实现。

此外，若将(7.4.7)直接代入性能指标，有

$$
\begin{aligned}
Q &= \sum_{i=1}^{n}(y_i - \hat{y}_i)^2 \\
&= \sum_{i=1}^{n}(y_i - a_0 - a_1 x_{1i} - a_2 x_{2i} - \cdots - a_k x_{ki})^2
\end{aligned}
$$

同样，欲估计参数 $a_0, a_1, \cdots, a_k$，应满足条件：

$$
\begin{cases}
\dfrac{\partial Q}{\partial a_0} = -2\sum(y_i - a_0 - a_1 x_{1i} - a_2 x_{2i} - \cdots - a_k x_{ki}) = 0 \\
\dfrac{\partial Q}{\partial a_1} = -2x_{1i}\sum(y_i - a_0 - a_1 x_{1i} - a_2 x_{2i} - \cdots - a_k x_{ki}) = 0 \\
\cdots \\
\dfrac{\partial Q}{\partial a_k} = -2x_{ki}\sum(y_i - a_0 - a_1 x_{1i} - a_2 x_{2i} - \cdots - a_k x_{ki}) = 0
\end{cases}
$$

整理上式即可得便于手工操作的低阶($k \leqslant 3$)回归方法：

$$
\begin{cases}
na_0 + a_1\sum x_{1i} + a_2\sum x_{2i} + \cdots + a_k\sum x_{ki} = \sum y_i \\
a_0\sum x_{1i} + a_1\sum x_{1i}^2 + a_2\sum x_{1i}x_{2i} + \cdots + a_k\sum x_{1i}x_{ki} = \sum x_{1i}y_i \\
\cdots \\
a_0\sum x_{ki} + a_1\sum x_{ki}x_{1i} + a_2\sum x_{ki}x_{2i} + \cdots + a_k\sum x_{ki}^2 = \sum x_{ki}y_i
\end{cases}
\tag{7.4.12}
$$

（式中 $\sum$ 均表示 $\sum\limits_{i=1}^{n}$）

解(7.4.12)方程组，就可以得到 $a_0, a_1, \cdots, a_k$ 的估计值。

§7.4.3 线性回归模型的统计特征

一、回归系数的统计性质

(1) 最小二乘法估计 $\hat{A}$ 是 A 的无偏估计

这一点可由下面看出：

$$
\begin{aligned}
E(\hat{A}) &= E[(X^T X)^{-1} X^T Y] \\
&= (X^T X)^{-1} X^T E(Y) \\
&= (X^T X)^{-1} X^T [XA + E(\Sigma)] \\
&= (X^T X)^{-1} X^T X A = A
\end{aligned}
\tag{7.4.13}
$$

(2) 估计系数向量 $\hat{A}$ 的协方差矩阵为 $\sigma^2 R^{-1}$ 即

$$
E\{[\hat{A} - E(\hat{A})][\hat{A} - E(\hat{A})]^T\}
$$

$$
= \begin{bmatrix}
D(\hat{a}_0) & \mathrm{Cov}(\hat{a}_0, \hat{a}_1) & \cdots & \mathrm{Cov}(\hat{a}_0, \hat{a}_k) \\
\mathrm{Cov}(\hat{a}_1, \hat{a}_0) & D(\hat{a}_1) & \cdots & \mathrm{Cov}(\hat{a}_0, \hat{a}_k) \\
\vdots & \vdots & & \vdots \\
\mathrm{Cov}(\hat{a}_k, \hat{a}_0) & \mathrm{Cov}(\hat{a}_k, \hat{a}_1) & \cdots & D(\hat{a}_k)
\end{bmatrix}
$$

$$
= \sigma^2 R^{-1} \tag{7.4.14}
$$

因为

$$
\begin{aligned}
& E\{[\hat{A} - E(\hat{A})][\hat{A} - E(\hat{A})]^T\} \\
= & E\{((X^T X)^{-1} X^T Y - E[(X^T X)^{-1} X^T Y]) \cdot ((X^T X)^{-1} X^T Y \\
& - E[(X^T X)^{-1} X^T Y])^T\} \\
= & (X^T X)^{-1} X^T E\{[Y - E(Y)][Y - E(Y)]^T\} X (X^T X)^{-1} \\
= & (X^T X)^{-1} X^T E\{\Sigma \Sigma^T\} X (X^T X)^{-1} \\
= & (X^T X)^{-1} X^T \cdot \sigma^2 I \cdot X (X^T X)^{-1} \\
= & \sigma^2 R^{-1}
\end{aligned}
$$

(注：由 $E\{\varepsilon_i \varepsilon_j\} = \begin{cases} 0 & (i \neq j) \\ \sigma^2 & (i = j) \end{cases}$，得

$E\{\Sigma \Sigma^T\} = \sigma^2 I$，$I$ 为单位矩阵)

二、相关系数

为以下讨论的方便，现特定义回归平方和 $S_{回}$、剩余平方和 $S_{剩}$ 及总平方和 $S_{总}$ 如表 7-9 所示。

表 7-9　$S_{回}$、$S_{剩}$ 和 $S_{总}$ 的定义

平方和	定义	自由度
$S_{回}$	$\sum_{i=1}^{n}(\hat{y}_i - \bar{y})^2$	k
$S_{剩}$	$\sum_{i=1}^{n}(y_i - \hat{y}_i)^2$	$n-k-1$
$S_{总}$	$S_{回} + S_{剩} = \sum_{i=1}^{n}(y_i - \bar{y})^2$	$n-1$

(1) 复相关系数 r：定义为

$$
r = \sqrt{\frac{S_{回}}{S_{总}}} = \sqrt{1 - \frac{S_{剩}}{S_{总}}} = \sqrt{\frac{\sum_{i=1}^{n}(\hat{y}_i - \bar{y})^2}{\sum_{i=1}^{n}(y_i - \bar{y})^2}} \tag{7.4.15}
$$

它表示因变量 y 对 k 个自变量 $x_1, x_2, \cdots, x_k$ 的整体线性相关程度。r 有时简称为相关系数。

(2) 单相关系数(一元相关系数):y 对自变量 x_j 的单相关系数 $r_{y,j}$ 是不计其余自变量的影响,y 对 x_j 进行一元回归的相关系数:

$$r_{y,j} = \sqrt{1 - \frac{S_{剩}(y,j)}{S_{总}}} = \frac{\sum_i (x_{ji} - \bar{x}_j)(y_i - \bar{y})}{\sqrt{\sum_i (x_{ji} - \bar{x}_j)^2 \sum_i (y_i - \bar{y})^2}} \tag{7.4.16}$$

(3) 偏相关系数:在多元回归分析中,可以定义各个自变量对因变量的影响程度,即偏相关系数,来筛选出对因变量影响最大的自变量作为回归自变量。在计算某一自变量 x_j 对 y 的偏相关系数时,将把其它自变量 $x_i(i=1,\cdots,n$,且 $i \neq j)$作为常量处理,并设法考虑它们对 y 的影响。x_j 对 y 的偏相关系数 $R_{y,j}$ 定义如下:

$$R_{y,j} = \sqrt{1 - \frac{S_{剩}}{S'_{剩}}} \tag{7.4.17}$$

式(7.4.17)中,$S'_{剩}$ 表示 y 只对 $x_i(i=1,\cdots,n$,且 $i \neq j)$进行回归的剩余平方和。(7.4.17)中 $S_{剩}/S'_{剩}$ 表示了由于在 $x_i(i=1,\cdots,n$ 且 $i \neq j)$基础上,再加上 x_j 作自变量来进行回归时,能为因变量 y 额外提供信息的程度。显然,偏相关系数 $R_{y,j}$ 越大(越接近 1),表示自变量 x_j 对因变量 y 的作用越大,越不可忽视。

三、相关系数与相关关系

回归模型的相关系数的数值可由式(7.4.15)~(7.4.17)确定,而其符号(除 r 以外)则应与相应的参数 a_j 的符号一致。这样 $r_{y,j}$ 及 $R_{y,j}$ 的取值范围为

$$-1 \leqslant r_{y,j} \leqslant 1 \quad 或 \quad -1 \leqslant R_{y,j} \leqslant 1 \tag{7.4.18}$$

下面以一元回归模型说明 $r, r_{y,j}$ 或 $R_{y,j}$ 的取值与 x_j 同 y 的相关关系之间的联系。因为对于多元回归模型,$r, r_{y,j}$ 或 $R_{y,j}$ 完全相同,读者可以自行将结论推广到多元回归模型。

当 $|r|=1$ 时,样本点完全落在回归直线上,则 y 与 x 有完全的线性关系,且 $r=1$ 时,表示 y 与 x 正的完全线性相关,$r=-1$ 时,表示 y 与 x 负的完全线性相关,如图 7-7(a),(b)所示。

当 $0<r<1$ 时,表示 y 与 x 有一定的正线性相关关系,即 y 随 x 的增加而成比例倍数增加,如图 7-7(c)所示。

当 $-1<r<0$ 时,表示 y 与 x 有一定的负线性相关关系,即 y 随 x 的增加而成比例倍数减少,如图 7-7(d)所示。

当 $r=0$ 时,则说明 y 与 x 之间不存在线性相关关系,或者是二者之间确实没关系,或者是二者之间不存在线性关系,但可能存在其它关系,如图 7-7(e),(f)所示。

§7.4.4 回归模型的统计检验

对于利用最小二乘法建立起来的线性回归模型,在用于实际预测之前,必须对事先的一些假设,如线性假设、残差的独立性假设,以及模型的相关程度和对实际数据的拟合程度等方面,进行数理统计意义上的检验,以证实模型是否可用于实际预测。常用的统计检

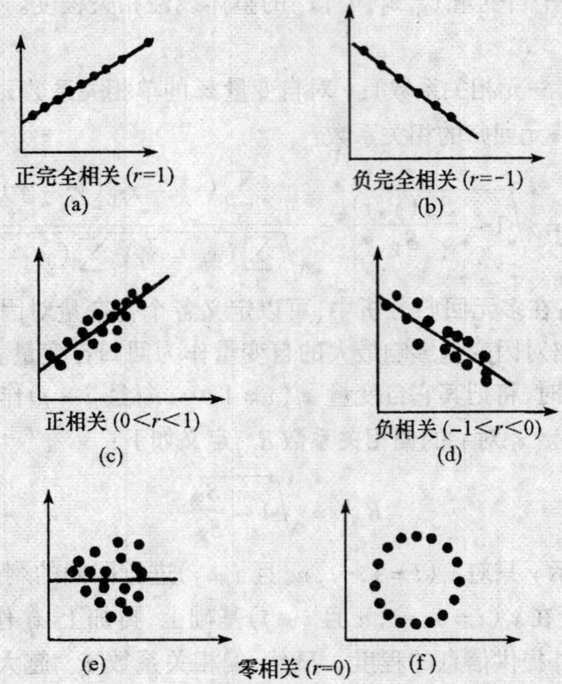

图 7-7 相关系数与相关关系

验有:标准离差(S)检验、相关系数(r)检验、显著性(F, t)检验和随机性(DW)检验。

一、标准离差检验

标准离差 S,用来检验回归预测模型的精度,其计算式为

$$S = \sqrt{\frac{1}{n - R - 1}\sum(y_i - \hat{y}_i)^2} \tag{7.4.19}$$

从式(7.4.19)可以看出,S 反映了回归预测模型所得到的估计值 $\hat{y}_i$ 与样本数值 y_i 之间平均误差,所以 S 的值越趋近于零越好。一般要求

$$\frac{S}{y} < 10\% \sim 15\%$$

二、相关系数检验

由相关系数的定义及其与相关关系的讨论可以看到,只有当$|r|$接近于 1 时,y 与 x_1, x_2, …, x_k 之间才能用线性回归模型来描述其关系。但在实际预测中,$|r|$应该大到什么程度,才能说明 y 与 x_1, …, x_k(对于偏相关系数为 y 与 x_j)之间的线性关系是显著的呢?这除了与样本数据值有关以外,还与样本点个数 n 有关。如图 7-8(a)所示,当 $n=4$ 时,y 与 x 之间似乎用线性关系描述很合理,这时线性相关系数可能大到 $r=0.90$。但若多取几个样本,则可能有如图 7-8(b)所示的情形,这时 y 与 x 不再是线性相关。因此,在 $n=4$ 时,即使 $r=0.90$,也还不能说 x 与 y 之间存在线性相关关系,这主要是因为 n 太小了。在实际检验中,我们可以通过与临界相关系数 r_α 的比较来判断,这就是相关性检验。统计学家为相关性检验编制了一个相关系数检验临界值表(见本书附录)。如果相关系数 r

在某个显著性水平α(一般取0.05)下超过了临界值r_α,则认为r在显著性水平α下同0显著不同,否则就认为r同0无显著差异,说明y与$x_1,x_2,\cdots,x_k$无线性相关,检验不能通过。

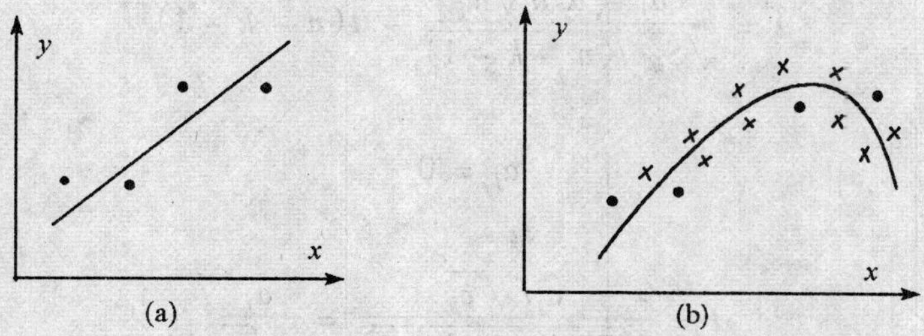

图7-8 相关性

三、回归方程的显著性检验(F检验)

假设$a_i=0 \quad (i=0,1,\cdots,k)$,则须在一定显著性水平下,检验此假设是否成立。若成立,则说明y与$x_i(i=1,\cdots,k)$之间的相关关系不显著,用式(7.4.7)描述的y与$x_i(i=1,\cdots,k)$的统计关系没有意义;反之,则否定此假设,说明在显著性水平下,y与$x_i(i=1,\cdots,k)$之间的关系可用式(7.4.7)描述。

因为

$$\frac{S_{回}}{\sigma^2} \sim \chi^2(k)$$

$$\frac{S_{剩}}{\sigma^2} \sim \chi^2(n-k-1)$$

且$S_{回}$与$S_{剩}$相互独立,则构造统计量F:

$$F=\frac{S_{回}/k}{S_{剩}/(n-k-1)} \sim F(k,n-k-1) \qquad (7.4.20)$$

则当

$$F>F_\alpha(k,n-k-1) \qquad (7.4.21)$$

时,否定假设,认为在显著性水平α下,回归模型(7.4.7)有意义,检验通过;否则,接受假设,(7.4.7)无意义,检验不能通过。

四、回归系数的显著性检验(t检验)

回归方程的显著性检验是对方程总体的检验,并不能说明每个自变量x_i与y的相关关系都是显著的。为此,还需对y与各个因变量分别进行显著性检验。

假设

$$H_0: a_j=0 \quad j\in\{0,1,\cdots,k)\}$$

因为

$$\mathrm{E}(\hat{a}_j)=a_j$$

$$\mathrm{D}(\hat{a}_j)=c_{jj}\sigma^2$$

则

$$\frac{\hat{a}_j - a_j}{\sqrt{c_{jj}\sigma^2}} \sim \mathrm{N}(0,1)$$

于是有

$$t = \frac{(\hat{a}_j - a_j)/\sqrt{c_{jj}}}{\sqrt{S_{剩}/(n-k-1)}} \sim t(n-k-1) \tag{7.4.22}$$

因假设

$$a_j = 0$$

所以有

$$t = \frac{\hat{a}_j/\sqrt{c_{jj}}}{\sqrt{S_{剩}/(n-k-1)}} = \frac{\hat{a}_j}{\hat{\sigma}\sqrt{c_{jj}}} \tag{7.4.23}$$

只有当

$$t = \frac{\hat{a}_j}{\hat{\sigma}\sqrt{c_{jj}}} > t_\alpha(n-k-1) \tag{7.4.24}$$

时,否定假设,即承认 x_j 对 y 有显著影响,否则,接受假设,x_j 对 y 的影响不显著,且可以考虑从回归方程中将其剔除,得到新的回归模型:

$$\hat{y} = a_0^* + a_1^* x_1 + \cdots + a_{j-1}^* x_{j-1} + a_{j+1}^* x_{j+1} + \cdots + a_k^* x_k \tag{7.4.25}$$

且式(7.4.25)中的系数与(7.4.7)中的系数存在下面的关系:

$$a_i^* = a_i - \frac{c_{ji}}{c_{jj}} a_j \quad (j \neq i) \tag{7.4.26}$$

这里 x_j 是剔除的变量,a_i,a_j 是原方程(7.4.7)中对应于 x_i 和 x_j 的系数。

(注意:$R = X^{\mathrm{T}}X$,$C = [c_{ij}] = R^{-1}$,σ 可用$\sqrt{\frac{S_{剩}}{n-k-1}}$近似)

五、剩余项(残差)的自相关检验(DW 检验)

在本节利用最小二乘对回归参数进行估计时,我们曾假定拟合误差 ε_i 之间是相互独立的,然而,现实问题不一定能满足这个条件。如果 ε_i 是相关的,即存在序列相关,则当采用最小二乘法建立回归预测模型时,将会使 $a_i(i = 0,1,\cdots,k)$的估计不再具有最小方差,不再是有效的估计量,也将使系统检验功能减小,置信区间过宽,使预测失效。因而,必须对回归预测模型进行序列相关检验,以保证预测结果的有效性。

相关性检验方法首先由 Durbin 和 Watson 提出,故又称 DW 检验。其方法是,首先构造 DW 统计量,

$$\mathrm{DW} = \frac{\sum_{i=2}^{n}(\varepsilon_i - \varepsilon_{i-1})^2}{\sum_{i=2}^{n}\varepsilon_i^2} \tag{7.4.27}$$

然后,拟定显著性水平 α,查 DW 检验表(见本书附录),得到样本数为 n,自变量个数为 k 时的临界值 d_u,d_l。由于 DW 数值在 0~4 之间,于是可根据表 7-10 规则进行 ε_i 的相关性判别。

表 7-10　DW 检验规则

DW 值	检验结论
$0 < DW \leqslant d_l$	ε_i 存在正自相关
$d_l < DW < d_u$	不能确定 ε_i 是否存在自相关
$d_u < DW < 4 - d_u$	ε_i 无自相关
$4 - d_u < DW < 4 - d_l$	不能确定 ε_i 是否存在自相关
$4 - d_l \leqslant DW < 4$	ε_i 存在负自相关

显然，DW 值等于 2 时最好。根据经验，若 DW 值在 1.5～2.5，一般可表示无明显的自相关问题。如果检验结果表明 ε_i 之间存在自相关，那么需要通过数据变换来消除它。这方面读者参考数理统计学、计量经济学等专门书籍。

六、预测区间的确定

经过以上检验并通过后，回归模型可用于预测。但是，由于回归预测模型是经数理统计方法得到的，有一定误差，因而会使得预测结果也有一定的误差，亦即预测结果有一定的波动范围，这个范围就是预测置信区间。其确定方法如下：

根据正态分布理论，当置信度为 95% 时，预测区间为

$$\begin{aligned} &\text{上限} \quad \hat{y}_H = \hat{y}_0 + 2S \\ &\text{下限} \quad \hat{y}_L = \hat{y}_0 - 2S \end{aligned} \tag{7.4.28}$$

式(7.4.28)中，S 为标准离差，$\hat{y}_0$ 为对于某组自变量取值为 $x_{10}, x_{20}, \cdots, x_{k0}$ 时的预测值。于是，预测区间可表示为$(\hat{y}_L, \hat{y}_H)$。

例 7.5　某企业固定资产 x_1、职工人数 x_2 和利润总额 y 的统计数据如表 7-11 中的前三列所示。试建立以 x_1、x_2 为自变量的利润回归预测模型。

表 7-11　某企业固定资产、职工人数和利润总额的统计数据

年份	y_i	x_{1i}	x_{2i}	x_{1i}^2	x_{2i}^2	$x_{1i}x_{2i}$	$x_{1i}y_i$	$x_{2i}y_i$	y_i^2
1978	233	250	161	62500	25921	40250	58250	37513	54289
1979	238	257	163	66049	26569	41891	61166	38794	56644
1980	261	271	167	73441	27889	45257	70731	43587	68121
1981	264	290	169	84100	28561	49010	76560	44610	69696
1982	270	300	171	90000	29241	51300	81000	46170	72900
1983	273	296	176	87616	30976	52096	80808	48048	74529
1984	285	311	180	96721	32400	55980	88635	51300	81225
1985	298	320	181	102400	32761	57920	95360	53938	88804
1986	304	325	185	105625	34225	60125	98800	56240	92416
1987	315	338	187	114244	34969	63206	106470	58905	99225
$\sum$	2741	2958	1740	882696	303512	517035	817780	479111	757849

解　采用手工方法，先计算有关项如表 7-11 所示。于是有

$$\bar{x}_1 = 295.8 \qquad \bar{x}_2 = 174 \qquad \bar{y} = 274.1$$

现设待建的回归预测模型为

$$\hat{y} = a_0 + a_1 x_1 + a_2 x_2$$

那么,有

$$R = X^{\mathrm{T}} X = \begin{bmatrix} n & \sum x_{1i} & \sum x_{2i} \\ \sum x_{1i} & \sum x_{1i}^2 & \sum x_{1i}x_{2i} \\ \sum x_{2i} & \sum x_{1i}x_{2i} & \sum x_{2i}^2 \end{bmatrix}$$

$$= \begin{bmatrix} 10 & 2958 & 1740 \\ 1958 & 882696 & 517035 \\ 1740 & 517035 & 303512 \end{bmatrix}$$

而

$$C = R^{-1} = \begin{bmatrix} 185.0231 & 0.5873 & -2.0611 \\ 0.5873 & 0.0024 & -0.0074 \\ -2.0611 & -0.0074 & 0.0245 \end{bmatrix}$$

又

$$X^{\mathrm{T}} Y = \begin{bmatrix} \sum x_{yi} \\ \sum x_{1i} y_i \\ \sum x_{2i} y_i \end{bmatrix} = \begin{bmatrix} 2741 \\ 817780 \\ 479111 \end{bmatrix}$$

于是

$$A = \begin{bmatrix} a_0 \\ a_1 \\ a_2 \end{bmatrix} = (X^{\mathrm{T}} X)^{-1} X^{\mathrm{T}} Y$$

$$= \begin{bmatrix} 185.0231 & 0.5873 & -2.0611 \\ 0.5873 & 0.0024 & -0.0074 \\ -2.0611 & -0.0074 & 0.0245 \end{bmatrix} \begin{bmatrix} 2741 \\ 817780 \\ 479111 \end{bmatrix}$$

$$= \begin{bmatrix} -106.7218 \\ 0.498921 \\ 1.34047 \end{bmatrix}$$

求得预测模型为

$$\hat{y} = -106.7218 + 0.498921 x_1 + 1.34047 x_2$$

下面将对上述模型进行统计检验。先计算有关平方和如下:

$$S_{回} = \sum_{i=1}^{n} (\hat{y}_i - \bar{y})^2 = 6407.0833$$

$$S_{利} = \sum_{i=1}^{n} (y_i - \hat{y}_i)^2 = \sum_{i=1}^{n} \varepsilon_i^2 = 134.1445$$

$$S_{总} = S_{回} + S_{利} = \sum_{i=1}^{n} (y_i - \bar{y})^2 = 6541.2278$$

其中 $\bar{y} = 274.1$

1. 标准离差检验

$$S = \sqrt{\frac{1}{n-k-1} \sum (y_1 - \hat{y}_i)^2} = \sqrt{\frac{1}{n-k-1} S_{剩}}$$

$$\approx 4.3411$$

且 $$\frac{S}{y} = \frac{4.34}{274.1} \approx 0.0158 < 10\%\text{，检验通过}$$

2. 相关系数检验

$$r = \sqrt{\frac{S_{回}}{S_{总}}} = \sqrt{\frac{6407.0833}{6541.2273}} \approx 0.9897$$

又取 $\alpha = 0.05$，查相关系数表（$n = 10, k = 2$）得 $r_\alpha = 0.758$，$r > r_\alpha$，检验通过。

3. F 检验

$$F = \frac{S_{回}/k}{S_{剩}/(n-k-1)} = \frac{6407.0833/2}{134.1445/(10-2-1)} = 167.17$$

取 $\alpha = 0.05$，查 $F_\alpha(k, n-k-1) = 4.74$，显然，$F > F_\alpha$，检验通过。

4. t 检验

$$\sigma = \sqrt{\frac{S_{剩}}{n-k-1}} = \sqrt{\frac{134.1445}{10-2-1}} \approx 4.3776$$

所以

$$t_1 = \frac{\hat{a}_1}{\sigma\sqrt{c_{11}}} = \frac{0.498921}{4.3776 \times \sqrt{0.0024}} = 2.326$$

$$t_2 = \frac{\hat{a}_2}{\sigma\sqrt{c_{22}}} = \frac{1.34047}{4.3776 \times \sqrt{0.0245}} = 1.956$$

取 $\alpha = 0.10$，查表知，$t_\alpha = 1.895$，即有

$$t_1 > t_\alpha, \quad t_2 > t_\alpha$$

在显著水平为 $\alpha = 0.1$ 下，x_1, x_2 均对 y 有显著影响，检验通过。（注：如取 $\alpha = 0.05$，则 $t_\alpha = 2.365$，x_1, x_2 的显著性检验不能通过，需修正数据，或重新建立预测模型。）

5. DW 检验

$$\varepsilon_i = y_i - \hat{y}_i$$

那么，$\sum \varepsilon_i^2 = S_{剩}$

于是

$$DW = \sum_{i=2}^{10} (\varepsilon_i - \varepsilon_{i-1})^2 / S_{剩} \approx 1.9636$$

查 DW 检验表，并推算得 $d_u = 1.53$，$d_l = 0.75$

有

$$d_u < \mathrm{DW} < 4 - d_u$$

故不存在序列相关，模型 DW 检验通过。

6. 预测区间

取 $x_{10} = 350$，$x_{20} = 190$，代入模型得

$$\hat{y} = -106.7218 + 0.498921 \times 350 + 1.34047 \times 190 = 322.5899$$

于是，上限　　$\hat{y}_0 + 2S = 331.272$

下限　　$\hat{y}_0 - 2S = 313.918$

最后，本问题全部解答结论表示如下：

$$\hat{y} = -106.7218 + 0.498921x_1 + 1.34047x_2$$
$$(2.326) \qquad (1.956)$$
$$S = 4.3411, \quad r = 0.9897, \quad F = 167.17, \quad DW = 1.9636$$

当 $x_1 = 350, x_2 = 190$ 时，95% 的置信区间为(313.98,331.272)。

§7.4.5　多重共线性及处理

多元线性回归预测方法在应用最小二乘法估计模型参数时的一个必要条件就是自变量之间为不完全线性相关，也就是矩阵 $R = X^{T}X$ 的逆阵存在。所谓多重共线性就是指统计总体中，某一个自变量与其它自变量的总体线性相关。这将导致 R 矩阵退化，无法求出回归系数。

产生多重共线性的原因，不能从数学上去找。以经济预测为例，主要可能是因为经济变量往往具有同样的变化趋势，如在经济繁荣和高速增长时期，工农业产值、交通、能源、职工收入、消费、投资、就业人数等都呈增长趋势。当然，这里也不排除其它因素产生多重共线性的可能性。当有严重的多重共线性时，即使 R 不完全退化，也可能会产生如下后果：

(1) 参数估计的精度降低，某些回归系数的标准偏差 S_{bi} 很大，不能正确反映自变量与因变量之间的关联程度，使参数估计值很不可靠。

(2) 回归系数的估计值可能对某几组观察值特别敏感，这些观察值一旦变动，对参数估计值影响很大。

(3) 回归系数可能出现与事理意义不符的符号。

(4) 可能将有用的变量排除掉。

判别多重共线性是否存在或是否有严重影响主要可以通过计算自变量之间的相关系数来判断。即 x_i 与 x_j 之间的相关系数 r_{ij}

$$r_{ij} = \frac{\sum_{t=1}^{n} x_{it} \cdot x_{jt}}{\sqrt{\sum_{t=1}^{n} x_{it}^2}\sqrt{\sum_{t=1}^{n} x_{jt}^2}} \tag{7.4.29}$$

显然，当 $r_{ij} = 1$ 时，x_i 与 x_j 完全相关，即会出现完全的多重共线性；当 $r_{ij} = 0$ 时，x_i 与 x_j 完全不相关；一般有 $0 < r_{ij} < 1$。L.R.Klein 认为，只有当 $r_{ij}^2 > r^2$（r^2 为回归模型的复相关系数）时，多重共线性才是严重的，应予以消除。

另一种判别多重共线性的办法是利用不包含某个变量 x_j 的复相关系数 r_j^2 来判断。

设回归方程为

$$y = f(x_1, x_2, \cdots, x_k)$$

分别构造 k 个回归方程

$$y_i = f_j(x_1, x_2, \cdots, x_{j-1}, x_{j+1}, \cdots, x_k) \quad (j = 1, \cdots, k)$$

并对每个方程估计出复相关系数 $r_1^2, r_2^2, \cdots, r_m^2$。$r_j^2$ 越大,则所对应的自变量 x_j 与其它解释变量发生多重共线越严重。

消除多重共线性的方法,主要有如下几种:

(1) 剔除不必要的解释变量。即从一组高度相关的自变量中剔除某个变量,该变量可以是回归系数最小的,或 t 检验值最小的,或系数符号与经济意义不符的,然后重新估计参数,建立预测模型,这是最常用的方法。

(2) 改变自变量的定义形式。如将观察值累加生成,或将二个自变量合并形成一个新的变量,或用新的变量代替具有多重共线性的变量。

(3) 增加观察值,避免或减少多重共线性。

(4) 寻找新的解释变量。

(5) 采用逐步回归法估计参数,减少多重共线性的影响(参见文献[18])。

§7.4.6 柯布—道格拉斯生产函数的回归估计

一、柯布—道格拉斯生产函数模型

美国经济学家道格拉斯(P. H. Douglas)与数学家柯布(C. W. Cobb)根据美国 1899 ~ 1922 年的历史资料,共同研究了产出与投入的关系,得出了如下模型:

$$Y = AL^{\alpha}K^{\beta} \tag{7.4.30}$$

其中,Y 表示产出,L 表示劳动力投入,K 表示资本投入,α,β 是参数。这就是著名的柯布—道格拉斯(Cobb-Douglas)生产函数模型(有时简称 C-D 函数)。

作简单推导,容易得到

$$\frac{\partial Y}{\partial L} = \alpha \frac{Y}{L} \text{ 或 } \alpha = \frac{\partial Y}{Y} \Big/ \frac{\partial L}{L} \tag{7.4.31}$$

$$\frac{\partial Y}{\partial K} = \beta \frac{Y}{K} \text{ 或 } \beta = \frac{\partial Y}{Y} \Big/ \frac{\partial K}{K} \tag{7.4.32}$$

由此可以看出,α 是劳动力的产出弹性系数,它表示一定比例的劳动力投入变化所引起的一定比例的产出变化,它显示出单位劳动力增加对经济增长的作用。β 是资本的产出弹性系数,它表示一定比例的资本投入变化所引起的一定比例的产出变化,显示了单位资本增加对经济增长的作用。式(7.4.30)中的 A 被称为综合技术水平指数,它反映了综合技术进步,如科技水平、管理水平、人员受教育程度等等方面对经济增长的作用。

柯布、道格拉斯两人在 1939 年发表的模型并不是式(7.4.30)的形式,而是

$$Y = AL^{\alpha}K^{1-\alpha} \tag{7.4.33}$$

后来有人对此提出疑问后,又改为式(7.4.30)。于是,α,β 的取值有三种可能情况。当 $\alpha + \beta = 1$ 时,说明生产效益不因扩大生产规模而变化,这是一种简单的外延扩大再生产,称为"收益守恒"型;若 $\alpha + \beta > 1$,称为"收益递增"型,即按现有技术水平,扩大生产规模有利于增加产出;若 $\alpha + \beta < 1$,称为"收益递减"型,即按现有技术水平,增加劳力和资本投入会得不偿失。

二、柯布—道格拉斯生产函数模型的估计

如果设定综合技术进步在估计区间内近似不变,即 A 为常数,则 C-D 函数估计相当

简单。对式(7.4.30)两边取对数,有

$$\ln Y = \ln A + \alpha \ln L + \beta \ln K$$

令 $y=\ln Y, x_1=\ln L, x_2=\ln K, \gamma=\ln A$,有

$$y = \gamma + \alpha x_1 + \beta x_2 \tag{7.4.34}$$

于是,按多元回归分析,很快可以估计出参数 α,β,γ,再将 γ 还原成 A,则得到回归方程式。

但在实际经济增长过程中,技术是随时代不断前进的,因此它是时间的函数,记为 $A(t)$.且可令

$$A(t) = A_0 e^{\lambda t} \tag{7.4.35}$$

这时的生产函数模型为

$$Y = A_0 e^{\lambda t} L^{\alpha} K^{\beta} \tag{7.4.36}$$

对(7.4.36)两边取对数

$$\ln Y = \ln A_0 + \lambda t + \alpha \ln L + \beta \ln K \tag{7.4.37}$$

于是,利用统计数据即可估计出参数 A_0,λ,α 和 β。

三、生产函数模型的应用——综合技术进步的定量测算

对式(7.4.37)两边对时间求导数,有:

$$\frac{Y'}{Y} = \lambda + \alpha \frac{L'}{L} + \beta \frac{K'}{K} \tag{7.4.38}$$

上式中,$Y'=\frac{\mathrm{d}Y}{\mathrm{d}t}, L'=\frac{\mathrm{d}L}{\mathrm{d}t}, K'=\frac{\mathrm{d}K}{\mathrm{d}t}$,令 $\Delta t=1$ 年,即可得

$$\frac{\Delta Y}{Y} = \lambda + \alpha \frac{\Delta L}{L} + \beta \frac{\Delta K}{K} \tag{7.4.39}$$

在讨论综合技术进步时,通常还可以采用"中性模式"或称为"不变报酬率"下的 C-D 函数,即令 $\alpha+\beta=1$,这时将更简单,且可防止多重共线性。

由式(7.4.39)变形得

$$\frac{\lambda}{\Delta Y/Y} + \frac{\alpha \Delta L/L}{\Delta Y/Y} + \frac{\beta \Delta K/K}{\Delta Y/Y} = 1 \tag{7.4.40}$$

记

$$\eta_T = \lambda \Big/ \frac{\Delta Y}{Y}$$

$$\eta_L = \alpha \frac{\Delta L}{L} \Big/ \frac{\Delta Y}{Y} \tag{7.4.41}$$

$$\eta_K = \beta \frac{\Delta K}{K} \Big/ \frac{\Delta Y}{Y}$$

于是分别称 η_T,η_L,η_K 为综合技术进步、劳动力增长、资本增长对经济增长的贡献度。η_T 越大,说明综合技术进步对经济增长的贡献越大。

在式(7.4.38)中,如果 Δt 不是一年,而是任何一段时间范围,也同样有式(7.4.40)及式(7.4.41)的结论,即可以测算这段时间范围内的平均贡献度。

例 7.6　表 7-12 是上海市纺织工业部门 1971 年至 1980 年的总产值(亿元)、固定资

产(亿元)及年末职工人数(万人),现欲对该部门的经济增长因素作定量分析。

表 7-12　上海市纺织工业统计资料

年份	总产值(亿元)	固定资产(亿元)	年末职工人数(万人)
1971	65.41	15.04	38.52
1972	69.42	15.21	38.33
1973	77.12	15.86	38.01
1974	81.16	16.60	37.66
1975	84.71	17.46	38.43
1976	87.97	18.12	38.64
1977	97.38	18.85	39.16
1978	108.16	19.63	39.76
1979	117.33	20.30	43.35
1980	130.88	21.19	45.74

解　采用生产函数模型为

$$Y = Ae^{\lambda t}L^{\alpha}K^{1-\alpha}$$

其中 Y 是该部门的总产值, L 是年末职工人数, K 是固定资产。为防止多重共线性,式(7.4.39)可变形为:

$$\frac{\Delta Y}{Y} - \frac{\Delta L}{L} = \lambda + (1-\alpha)\left(\frac{\Delta K}{K} - \frac{\Delta L}{L}\right) \tag{7.4.42}$$

于是,参数估计时采用式(7.4.42)的增长率形式,但在职工人数增长率的计算中,某年的职工人数采用当年末和上年末的平均值。这样,参数估计值为

$$\lambda = 5.319\%$$

$$\alpha = 0.476$$

这样,从 1972 年到 1980 年, Y, L, K 增长率的平均值为

$$\frac{1}{9}\sum \Delta Y/Y = 8.05\%$$

$$\frac{1}{9}\sum \Delta L/L = 1.46\%$$

$$\frac{1}{9}\sum \Delta K/K = 3.89\%$$

于是

$$\eta_T = \frac{5.319}{8.05} = 66.1\%$$

$$\eta_L = \frac{0.476 \times 1.46}{8.05} = 8.6\%$$

$$\eta_K = \frac{0.524 \times 3.89}{8.05} = 25.3\%$$

由此可见,上海市纺织工业的综合技术对其产业增长的贡献度达到了 66%。

§7.5 时间序列分析(二)——Box-Jenkins 模型

对于变化迅速,发展过程复杂的时间序列,传统的时间序列分析方法已很难适应。70年代后期以来,国际上关于时间序列分析的原理、方法得到了很大发展,形成了现代的时间序列预测方法。其中,Box-Jenkins 提出的一套自回归(Auto-Regression)、移动平均(Moving Average)以及自回归移动平均模型(ARMA)是目前流行的时间序列分析方法。而且,它们在国内外,在经济、证券市场、气象、医疗卫生以及工程系统等领域得到了广泛应用[18~22]。

§7.5.1 Box-Jenkins 模型概念

一、自回归(AR)模型

在§7.4中讨论的多元线性回归模型可表示如下(假设为零均值):

$$y_t = a_1 x_{t1} + a_2 x_{t2} + \cdots + a_k x_{tk} + \varepsilon_t \quad (t = 1, \cdots, n) \tag{7.5.1}$$

上式说明样本观测值 y_t 可划分两部分,一部分受自变量的影响,一部分是残差 ε_t。前者通常是非随机因素,而后者通常是与前一部分独立的正态零均值序列。现假定 y_t 的变化主要地与时间序列的过去历史有关,而不与其它因素相关,则有

$$y_t = \phi_1 y_{t-1} + \phi_2 y_{t-2} + \phi_3 y_{t-3} + \cdots + \phi_p y_{t-p} + \varepsilon_t \tag{7.5.2}$$

式中,$y_{t-1}, y_{t-2}, \cdots, y_{t-p}$——同一平稳序列过去 p 个时期的观测值;

$\phi_1, \phi_2, \cdots, \phi_p$——自回归系数(权数);

ε_t——误差项,为白噪声序列;

y_t——未来 t 时期预测。

显然,式(7.5.2)与式(7.5.1)所表示的模型有着本质的不同,y_t 和 $y_{t-1}, y_{t-2}, \cdots, y_{t-p}$ 同属于平稳序列 $\{y_t\}$,是序列中不同时刻的随机变量,彼此间有线性相关的关系,而不再是相互独立的数字序列。它描述了序列 $\{y_t\}$ 自身某一时刻 t 和前 p 个时期之间的关系,因此,当模型参数满足一定条件时,称式(7.5.2)为 p 阶自回归模型,记为 AR(p)。

二、移动平均(MA)模型

对 AR(p)模型中的 ε_t,与多元回归模型类似,也有两个假定,一是 $\{\varepsilon_t\}$ 不同时刻互不相关,即相互独立;二是 $\{\varepsilon_t\}$ 与 $\{y_t\}$ 以前的序列不相关。若不满足上述条件,用 AR(p)来描述该序列就不理想,而这时我们可以考虑以各时期的预测误差 ε 来表达未来的观测值,即

$$y_t = \varepsilon_t - \theta_1 \varepsilon_{t-1} - \theta_2 \varepsilon_{t-2} - \cdots - \theta_q \varepsilon_{t-q} \tag{7.5.3}$$

于是,式(7.5.3)就称为 q 阶移动平均模型,记为 MA(q)。

三、自回归移动平均(ARMA)模型

如果我们在 AR(p)模型的基础上来直接考虑其误差序列的移动平均,则得到

$$y_t = \phi_1 y_{t-1} + \phi_2 y_{t-2} + \cdots + \phi_p y_{t-p} + \varepsilon_t - \theta_1 \varepsilon_{t-1} - \theta_2 \varepsilon_{t-2} - \cdots - \theta_q \varepsilon_{t-q} \tag{7.5.4}$$

于是式(7.5.4)被称为 ARMA(p, q)模型。

式(7.5.4)的 ARMA 模型中,ε_t 是互不相关的误差项;ϕ 和 θ 是待定系数;p、q 分别是

模型的自回归阶数和移动平均阶数，$\{y_t\}$是时间序列，按随机过程理论，时间序列 $y_1, y_2, \cdots, y_n$ 应是平稳的、正态的、零均值的时间序列。

在此，引入推移算子 B，且

$$Bu_t = u_{t-1} \tag{7.5.5}$$

并令

$$\phi(B) = 1 - \phi_1 B - \phi_2 B^2 - \cdots - \phi_p B^p \tag{7.5.6}$$

$$\theta(B) = 1 - \theta_1 B - \theta_2 B^2 - \cdots - \theta_q B^q \tag{7.5.7}$$

如果式(7.5.4)满足下列条件：

(1) $\phi(B)$与 $\theta(B)$无公共因子；

(2) $\phi_p \neq 0, \theta_q \neq 0$；

(3) B 算子多项式$\phi(B)$和 $\theta(B)$的根全在单位圆外；

(4) t 时刻白噪声和前时刻$y_{t-\tau}, \tau > 0$不相关，即

$$E\varepsilon_\tau y_{t-\tau} = Ey_{t-\tau}\varepsilon_t = 0, \quad \tau > 0$$

这时称式(7.5.4)为 p 阶自回归—q 阶移动平均混合模型，记为 ARMA(p, q)。满足 ARMA(p, q)模型的时间序列$\{y_t\}$为 ARMA 序列，类似地有 AR(p)序列和 MA(q)序列。

四、季节性 ARIMA 模型

在许多实际问题中，时间序列往往不满足 ARMA 序列条件(如平稳性)，而可能存在某类简单趋势和周期性，但这类时间序列的理论基础和应用手段又都基于 ARMA 时序分析，因此，其描述模型是非平稳时间序列模型，称为准平稳序列，其模型称为 ARIMA(Auto-Regressive Integrated Moving Average Model)。

由于准平稳序列$\{y_t\}$不能直接由 ARMA 模型去描述，而必须经过某种处理之后，使其变成一个新的平稳序列，从而可以利用 ARMA(p, q)模型去描述。一般说来，我们可以利用有限阶差分来使准平稳序列平稳化。如表 7－13 中的$\{y_t\}$经过一阶差分后就消除了线性趋势。

表 7－13　有线性趋势的时间序列及其差分

原序列 y_t	一阶差分 $z_t^{(1)}$ 序列	二阶差分 $z_t^{(2)}$ 序列
2	1.6	0
3.6	1.6	－0.2
5.2	1.4	0
6.6	1.4	0.1
8.0	1.5	0.2
9.5	1.7	－0.3
11.2	1.4	0.2
12.6	1.6	－0.3
14.2	1.3	–
15.5	–	–

定义一阶差分运算如下：

$$z_t^{(1)} = \nabla y_t = y_t - y_{t-1} = (1 - B)y_t \tag{7.5.8}$$

二阶差分序列

$$z_t^{(2)} = \nabla^2 y_t = \nabla \nabla y_t = y_t - 2y_{t-1} + y_{t-2} \tag{7.5.9}$$

d 阶差分序列为

$$z_t^{(d)} = \nabla^d y_t = \nabla \nabla^{d-1} y_t \tag{7.5.10}$$

若原序列$\{y_t\}$经过 d 阶差之后得到的新序列,符合 ARMA(p,q)模型,则原序列$\{y_t\}$符合 ARIMA(p,d,q)模型。

由式(7.5.4)和式(7.5.10)可得

$$\nabla^d = (1-B)^d = 1 - C_d^1 B + C_d^1 B^2 + \cdots + (-1)^{d-1} C_d^{d-1} B^{d-1} + (-1)^d B^d$$

$$C_d^r = \frac{d!}{r!(d-r)!} \tag{7.5.11}$$

即有

$$z_t^{(d)} = \nabla^d y_t = (1-B)^d y_t \tag{7.5.12}$$

根据 ARMA 模型形式,ARIMA(p,d,q)亦可表示为

$$\varphi(B)(1-B)^d y_t = \theta(B)\varepsilon_t,\ t > d \tag{7.5.13}$$

设 $y_1, y_2, \cdots, y_d$ 为初值,则$\{y_t\}$可用差分序列的多重求和来表达:

$$\begin{aligned} y_t &= \sum_{i=0}^{d-1} C_{t-d+i-1}^{i} \nabla^i y_d + \sum_{j=1}^{t-d} C_{t-j-1}^{d-1} z_{d+1} \\ &= \sum_{i=0}^{d-1} C_{t-k+i-1}^{i} \nabla^i y_k + \sum_{j=1}^{t-k} C_{t-k-j+d-1}^{d-1} z_{k+1} \\ & t > k \geqslant d \end{aligned} \tag{7.5.14}$$

对于周期性(如季节性)时间序列或非线性趋势的时间序列,其处理办法更加复杂。在此,仅对前一种情况下的特殊情形作一简单介绍,即如果时间序列中包括一个周期为 s 的季节性序列,则可以用一种疏系数 ARIMA 模型——季节性乘积模型来处理。

设 s 为一正整数,若时间序列$\{y_t\}$符合如下模型:

$$\Phi(B^s)\nabla_s^D y_t = \Theta(B^s) E_t \tag{7.5.15}$$

则称$\{y_t\}$是周期为 s 的季节性序列,式(7.5.15)称为季节性模型。其中

$$\nabla_s \triangleq 1 - B^s \qquad \nabla_s^D \triangleq (1-B^s)^D \tag{7.5.16}$$

为季节差分算子,D 为季节差分阶数,且有:

$$\begin{aligned} \Phi(B^s) &\triangleq 1 - \Phi_1 B^s - \Phi_2 B^{2s} - \cdots - \Phi_P B^{Ps} \\ \Theta(B^s) &\triangleq 1 - \Theta_1 B^s - \Theta_2 B^{2s} - \cdots - \Theta_Q B^{Qs} \end{aligned} \tag{7.5.17}$$

若设 $D=0$,则有更为多见的模型形式:

$$\Phi(B^s) y_t = C + \Theta(B^s) E_t$$

这里,上式与(7.5.15)式中的$\{E_t\}$一般不一定是白噪声,而可能是如下的 ARIMA(p,d,q)序列:

$$\varphi(B)\nabla^d E_t = \theta(B)\varepsilon_t \tag{7.5.18}$$

其中 ε_t 是白噪声,于是,由式(7.5.15)和(7.5.18)得到:

$$\varphi(B)\Phi(B^s) z_t = \theta(B)\Theta(B^s)\varepsilon_t \tag{7.5.19}$$

其中

$$z_t = \nabla^d \nabla_s^D y_t \tag{7.5.20}$$

于是,称式(7.5.19)为乘积型季节模型的一般形式,或简记为 ARIMA$(p,d,q)\times(P,D,Q)$。我们还可将式(7.5.19)展开成通常的 ARIMA 模型。例如,将 $(1-B)z_t=(1-\theta_1 B)(1-\Theta_1 B^s)\varepsilon_t$ 展开成:

$$(1-B)z_t=(1-\theta_1 B-\Theta_1 B^s+\theta_1\Theta_1 B^{s+1})\varepsilon_t \tag{7.5.21}$$

实际上,这是一个 ARIMA$(0,1,s+1)$模型,由上式与(7.5.17)式比较可知,这里右边参数除了 $\theta_1^*=\theta_1,\theta_s^*=\Theta_1,\theta_{s+1}^*=-\theta_1\Theta_1$,其它 θ^* 均为零,因此,这时的模型被称为疏系数 ARIMA 模型。也就是说,尽管模型阶数 s 可能很高,但是许多参数取值为零,而真正独立的参数不多。一般地,式(7.5.19)可化为疏系数 ARIMA 模型

$$\varphi^*(B)\nabla^d y_t=\theta^*(B)\varepsilon_t \tag{7.5.22}$$

其中
$$\varphi^*(B)=\varphi(B)\Phi(B^s),\theta^*(B)=\theta(B)\Theta(B^s) \tag{7.5.23}$$

式(7.5.22)的相应模型是疏系数 ARMA$(p+Ps+Ds,d,q+Qs)$模型。当 P,Q,D 都为零时,便退化为 ARIMA(p,d,q)模型,因此差分模型是乘积型季节模型的特例。

五、Box-Jenkins 模型建模步骤

给定长度为 n 的时间序列$\{y_1,y_2,\cdots,y_n\}$,应用上述 AR,MA,ARMA 及 ARIMA 模型概念来进行建模时,一般步骤如下:

(1) 数据准备。检验给定时间序列样本的平稳性、正态性、零均值、周期性,并进行必要的数据处理,差分和季节性差分是其中的一种方法。

(2) 模型识别。通过分析、考察时间序列样本,判别该序列应属于何种模型:AR(p),MA(q),ARMA(p,q)或 ARIMA(p,d,q),且其阶数(p,d,q)各是多少。

(3) 参数估计。根据以上确定的模型形式,采用一定方法估计其中参数 φ,θ 等。

(4) 模型检验。由上述步骤获得的模型,必须通过统计方法来检验其合理性。

(5) 模型预测。应用通过检验的模型,对系统对象的未来时刻的状态进行预测。

§7.5.2 ARMA 模型的识别

以下按 AR、MA 及 ARMA 模型来讨论时间序列模型类别的识别及阶数的确定。

一、AR 模型的识别

设$\{y_t\}$为一平稳序列,且符合 AR 模型,则

$$y_t=\sum_{j=1}^{k}\varphi_{kj}y_{t-j}+\varepsilon_t \tag{7.5.24}$$

式中,φ_{kj}为自回归系数$(j=1,2,\cdots,k)$;

ε_t 为误差项。

为了确定 $\varphi_{kj}(j=1,2,\cdots,k)$,定义准则,使误差的平方和的期望值最小,即

$$Q=\mathrm{E}(y_t-\sum_{j=1}^{k}\varphi_{kj}y_{t-j})^2=\mathrm{E}\varepsilon_t^2\to\min \tag{7.5.25}$$

为求 φ_{kj},令

$$\frac{\partial Q}{\partial\varphi_{ki}}=\mathrm{E}[2(y_t-\sum_{j=1}^{k}\varphi_{kj}y_{t-j})(-y_{t-i})]=0$$

即
$$E[y_t y_{t-i}] - \sum_{j=1}^{k} \varphi_{kj} E[y_{t-j} y_{t-i}] = 0 \tag{7.5.26}$$
实际上，$E[y_t y_{t-i}]$以及$E[y_{t-j} y_{t-i}]$分别是自相关系数 r_j 以及 r_{j-i} 的理论定义值，而其估计值仍可按式(7.3.1)计算。于是由式(7.5.26)有
$$r_i - \sum_{j=1}^{k} \varphi_{kj} r_{j-i} = 0 \tag{7.5.27}$$
且考虑到 $r_i = r_{-i}$，$r_0 = 1$ 的性质，将式(7.5.27)写成矩阵形式如下：
$$\begin{bmatrix} 1 & r_1 & r_2 & \cdots & r_{k-1} \\ r_1 & 1 & r_1 & \cdots & r_{k-2} \\ \vdots & \vdots & \vdots & & \vdots \\ r_{k-1} & r_{k-2} & r_{k-3} & \cdots & 1 \end{bmatrix} \begin{bmatrix} \varphi_{k1} \\ \varphi_{k2} \\ \vdots \\ \varphi_{kk} \end{bmatrix} = \begin{bmatrix} r_1 \\ r_2 \\ \vdots \\ r_k \end{bmatrix} \tag{7.5.28}$$
式(7.5.28)称为 Yule-Walker 方程。从原理上讲，由上式就可以解出 k 个系数 $\varphi_{k1}, \varphi_{k2}, \cdots, \varphi_{kk}$。但这时的问题是 k 并未确定，故需另行识别。设$\{y_t\}$为 AR 序列，将§7.5.1 中 AR 模型(7.5.2)代入式(7.5.25)，用 φ_{kj}来表达 y_t 的方差，有
$$\begin{aligned} Q &= E(y_t - \sum_{j=1}^{k} \varphi_{kj} y_{t-j})^2 \\ &= E(\sum_{j=1}^{p} \varphi_j y_{t-j} + \varepsilon_t - \sum_{j=1}^{k} \varphi_{kj} y_{t-j})^2 \\ &= E(\varepsilon_t + \sum_{j=1}^{p} (\varphi_j - \varphi_{kj}) y_{t-j} - \sum_{j=p+1}^{k} \varphi_{kj} y_{t-j})^2 \\ &\geqslant E\varepsilon_t^2 \qquad (k \geqslant p) \end{aligned} \tag{7.5.29}$$
显然，要 Q 取极小，则应有
$$\varphi_{kj} = \begin{cases} \varphi_j & (1 \leqslant j \leqslant p) \\ 0 & (p+1 \leqslant j \leqslant k) \end{cases} \tag{7.5.30}$$
上述结果说明 φ_{kj}具有 p 步截尾性，即 $k > p$ 时，有 $\varphi_{kk} = 0$。因此，若平稳时间序列的偏相关系数 φ_{kk}为 p 步截尾，则它是 AR(p)序列。实际中，当 $k > p$ 时，φ_{kk}往往不全为零，不是绝对截尾，而可能是服从渐近正态分布 $N(0, 1/n)$(n 为样本数)。

为了方便上述判断，下面不加证明地给出 φ_{kj}的估计值 $\hat{\varphi}_{kj}$的递推算法：
$$\begin{cases} \hat{\varphi}_{11} = \hat{r}_1 \\ \hat{\varphi}_{k+1,k+1} = (\hat{r}_{k+1} - \sum_{j=1}^{k} \hat{r}_{k+1-j} \hat{\varphi}_{kj})(1 - \sum_{j=1}^{k} \hat{r}_j \hat{\varphi}_{kj})^{-1} \\ \hat{\varphi}_{k+1,j} = \hat{\varphi}_{kj} - \hat{\varphi}_{k+1,k+1} \hat{\varphi}_{k,k+1-j} \quad (j = 1, 2, \cdots, k) \end{cases} \tag{7.5.31}$$
其中 $\hat{r}_j$ 为序列的自相关系数的估计值。上述递推算法可用流程图 7-9 表示。

由于$\hat{\varphi}_{kk}$当$k > p$ 时，服从正态分布，那么若当 k 大于某个p 时，递推算出的$|\hat{\varphi}_{kk}| > \dfrac{2}{\sqrt{n}}$的个数所占的百分比不超过 4.5%，就可认为 $\hat{\varphi}_{kk}$是 p 步截尾的，由此判断 y_t 序列符合 AR(p)模型。

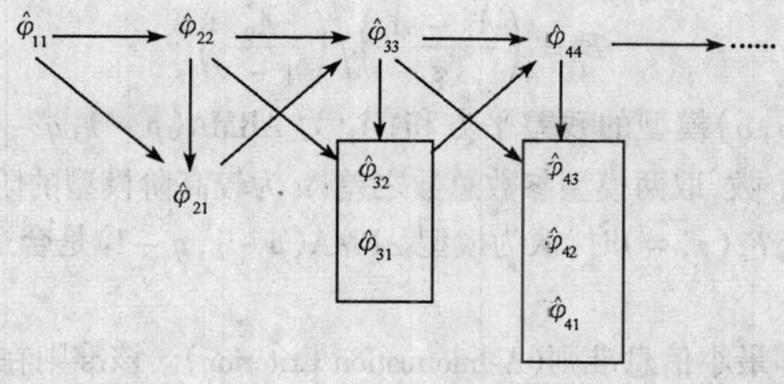

图 7-9　$\hat{\varphi}_{kk}$ 递推流程

二、MA 模型的识别

假设$\{y_t\}$时间序列符合 MA(q)模型，即

$$y_{t+k} = \varepsilon_{t+k} - \theta_1\varepsilon_{t+k-1} - \theta_2\varepsilon_{t+k-2} - \cdots - \theta_q\varepsilon_{t+k-q} \tag{7.5.32}$$

令 $k=0$，即得式(7.5.3)。通过理论推导，可以得到

$$r_k = \begin{cases} 1 & \text{当 } k = 0 \text{ 时} \\ \dfrac{-\theta_k + \theta_1\theta_{k+1} + \cdots + \theta_{q-k}\theta_q}{1 + \theta_1^2 + \theta_2^2 + \cdots + \theta_q^2} & \text{当 } 0 < k \leqslant q \text{ 时} \\ 0 & \text{当 } k > q \text{ 时} \end{cases} \tag{7.5.33}$$

上式表明，对 MA 模型，自相关系数是 q 步截尾的。于是识别 MA 模型的方法是：若序列自相关系数在 q 步以后截尾，则认为它符合 MA(q)模型。不过这时，它的偏相关系数 φ_{kk} 在 $k>q$ 以后是拖尾的，且可证明它按负指数衰减。在实际问题中，r_k 的估计值在 $k>q$ 以后是服从于 $N\left(0, \frac{1}{n}\sqrt{(1+2\sum_{i=1}^{q}\hat{r}_i^2)}\right)$。因此，对每个 $q>0$，检验 $\hat{r}_{q+1}, \hat{r}_{q+2}, \cdots, \hat{r}_{q+m}$，($m$ 一般取$\sqrt{n}$)中，满足 $|\hat{r}_k| > \frac{2}{\sqrt{n}}\sqrt{1+2\sum_{i=1}^{q}\hat{r}_i^2}$ 的个数，若此个数不超过全体(m 个)的 4.5%，则可近似认为 $\hat{r}_k$ 是 q 步截尾，进而认为$\{y_t\}$符合 MA(q)序列。

三、ARMA 模型的识别

由上述讨论，我们可以总结出 ARMA 模型的识别方法如下：

1. 若平稳时间序列的偏相关系数在 p 步以后截尾，而其自相关系数拖尾，则可判定该序列符合自回归 AR(p)模型。

2. 若平稳时间序列的偏相关系数在 q 步以后拖尾，但其自相关系数截尾，则可判定该序列符合移动平均 MA(q)模型。

3. 若平稳时间序列的偏相关系数以及自相关系数均不截尾，则可判定该系列符合自回归—移动平均 ARMA 模型。

在实际问题中，$\hat{\varphi}_{kk}$和$\hat{r}_k$能表现出明显的截尾性的序列不多，因此多数要用 ARMA 模型。关于 ARMA 模型阶数的确定，通常有如下方法：

(1) F 检验法。由低阶到高阶，取 ARMA($m, m-1$)($m=1,2,3,\cdots$)，逐个模型进行试探，同时配合进行参数估计和模型检验(见下文)；再利用 F 检验来定阶数。计算 F 统计量：

$$F = \left(\frac{A_1 - A_0}{s}\right) \bigg/ \left(\frac{A_0}{n - \nu}\right)$$

其中：A_0 为 ARMA(p,q)模型的残差平方和；A_1 为 ARMA$(p-1,q-1)$模型的残差平方和；s 为被检验参数个数，取两模型参数总数之差；ν 为较高阶模型的阶数，即取 $p+q+1$；n 是样本数。当 $F \leqslant F_\alpha(s,\infty)$时，认为模型 ARMA$(p-1,q-1)$是合适的模型，否则继续并阶建模。

(2) AIC 准则，即最小信息准则(A-Information Criterion)。该准则在模型参数极大似然估计的基础上，对 ARMA 模型的阶数和参数同时给出最佳估计。该准则由日本的赤池(Akaike)基于所谓的 K-L 信息量提出的，它对于 ARIMA 模型以及季节性乘积模型也有相应的计算公式。在此略去推导过程，直接给出如下结论：

对于不同阶数的模型，其 AIC 信息量计算式如下：

对 ARMA 模型有

$$\mathrm{AIC} = n\log\hat{\sigma}_a^2 + 2(p+q+2) \tag{7.5.34}$$

对 ARIMA(p,d,q)序列，有：

$$\mathrm{AIC} = (n-d)\log\hat{\sigma}_a^2 + 2(p+q+2) \tag{7.5.35}$$

对 ARIMA$(p,d,q)\times(P,D,Q)$即周期性乘积模型，有：

$$\mathrm{AIC} = n\log\hat{\sigma}_a^2 + 2\frac{n}{n-d-D\times s}(P+Q+p+q+2) \tag{7.5.36}$$

式(7.5.34)、(7.5.35)、(7.5.36)中，$\hat{\sigma}_a^2$ 为拟合残差平方和。因此，AIC 信息量计算也必须使模型阶数从低到高，在规定范围内(上限一般取 n 的比例或者 $\log n$ 的倍数，前者用于 n 较小的情形，后者适应 n 较大的情况)，分别计算各阶模型的 AIC 值，然后确定使 AIC 值最小的阶数为模型的合适阶数。

需要说明的是，AIC 要求参数由极大似然法估计，当序列不服从正态分布时，实践表明此准则对于最小二乘估计也是适用的。此外，由 AIC 准则确定的模型阶数，往往高于实际阶数，于是 Akaike 于 1976 年提出了 BIC 准则以弥补其不足：

$$\mathrm{BIC} = n\log\hat{\sigma}_a^2 + k\log n \tag{7.5.37}$$

k 表示自由参数个数，对于 ARMA(p,q)模型，$k=p+q+1$。现已从理论上证明，BIC 准则确定的模型阶数，是真实阶数的相容估计。

§7.5.3 ARMA 模型的参数估计

根据平稳时间序列样本确定了预测模型的类型及阶数 p,q 之后，就可按 p,q 进行模型参数的估计。一般说来，ARMA 模型的参数估计分两步进行：第一步，利用矩估计法求出参数的初步估计；第二步，在初步估计的基础上，利用最小二乘法或者极大似然估计法或其它方法对模型参数进行精细估计。由理论推导可以证明，粗估计和精估计在序列样本数充分大时，二者的结果是十分接近的，但前者的计算量却要小得多，这一结论对 AR(p)模型尤其适合，因此这给 AR(p)模型的建模带来了很大方便。

一、ARMA 模型参数的初步估计

1. AR(p)模型参数的初步估计

设时间序列被识别为 AR(p)模型,则 y_t 满足:

$$y_t = \phi_1 y_{t-1} + \phi_2 y_{t-2} + \cdots - \phi_p y_{t-p} + \varepsilon_t$$

于是首先对参数 $\phi_1,\cdots,\phi_p$ 作出估计。

由前述方程式(7.5.28),且 ϕ_{kk} 在 p 以后截尾,则恒有 $\phi_{pj}=\phi_j(j=1,2,\cdots,p)$。于是,得到 AR($p$)模型的参数 $\phi_1,\phi_2,\cdots,\phi_p$ 的初步矩估计为

$$\begin{bmatrix} \hat{\phi}_1 \\ \hat{\phi}_2 \\ \vdots \\ \hat{\phi}_p \end{bmatrix} = \begin{bmatrix} 1 & r_1 & r_2 & \cdots & r_{p-1} \\ r_1 & 1 & r_1 & \cdots & r_{p-2} \\ \vdots & \vdots & \vdots & & \vdots \\ r_{p-1} & r_{p-2} & r_{p-3} & \cdots & 1 \end{bmatrix}^{-1} \begin{bmatrix} r_1 \\ r_2 \\ \vdots \\ r_k \end{bmatrix} \tag{7.5.38}$$

其中自相关系数按式(7.3.1)计算。

此外,该估计的方差为 σ_a^2,即

$$E\varepsilon_t^2 = \sigma_a^2$$

对 AR(p)模型,有

$$\begin{aligned} \sigma_a^2 &= E\varepsilon_t^2 = E(y_t - \phi_1 y_{t-1} - \phi_2 y_{t-2} - \cdots - \phi_p y_{t-p})^2 \\ &= \gamma_0 - \sum_{j=1}^{p} \phi_j \Big(\sum_{i=1}^{p} \phi_i \gamma_{j-i} \Big) \end{aligned}$$

用偏相关系数的估计值以及自协方差函数 γ 代入上式,得

$$\hat{\sigma}_a^2 = \hat{\gamma}_0 - \sum_{j=1}^{p} \hat{\phi}_j \Big(\sum_{i=1}^{p} \hat{\phi}_i \hat{\gamma}_{j-i} \Big) \tag{7.5.39}$$

式中:

$$\hat{\gamma}_k = \frac{1}{n} \sum_{t=1}^{n-k} (y_{t+k} - \bar{y})(y_t - \bar{y}) = \bar{\gamma}_{-k} \tag{7.5.40}$$

这里 $\bar{y} = \frac{1}{n}\sum_{t=1}^{n} y_t$

2. MA(q)模型参数的初步估计

设$\{y_t\}$已识别为 MA(q)序列,即

$$y_{t+k} = \varepsilon_{t+k} - \theta_1 \varepsilon_{t+k-1} - \theta_2 \varepsilon_{t+k-2} - \cdots - \theta_q \varepsilon_{t+k-q}$$

由其自协方差函数

$$\gamma_k = E y_{t+k} y_t$$

及白噪声、独立条件,可以导出:

$$\hat{\gamma}_k = \begin{cases} \hat{\sigma}_a^2 (1 + \hat{\theta}_1^2 + \hat{\theta}_2^2 + \cdots + \hat{\theta}_q^2) & \text{当 } k = 0 \\ \hat{\sigma}_a^2 (-\hat{\theta}_k + \hat{\theta}_1 \hat{\theta}_{k+1} + \cdots + \hat{\theta}_{q-k} \hat{\theta}_q) & \text{当 } 1 \leqslant k \leqslant q \end{cases} \tag{7.5.41}$$

上式是含有 $q+1$ 个未知元的二次方程组,为求$\{\theta\}$和 σ_a^2 的估计值,通常可采用线性迭代解法。

将式(7.5.41)写成如下形式:

$$\begin{cases} \sigma_a^2 = \hat{\gamma}_0 (1 + \hat{\theta}_1^2 + \hat{\theta}_2^2 + \cdots + \hat{\theta}_q^2)^{-1} \\ \hat{\theta}_k = -\left(\dfrac{\hat{\gamma}_k}{\hat{\theta}_a^2} - \hat{\theta}_1 \hat{\theta}_{k+1} - \cdots - \hat{\theta}_{q-k} \hat{\theta}_q \right), \quad k = 1,2,\cdots,q \end{cases}$$

上述迭代过程的初值可以人为给定,例如,$\hat{\theta}_1=\hat{\theta}_2=\cdots=\hat{\theta}_q=0,\hat{\sigma}_a^2=\hat{\gamma}_0$,迭代收敛准则是解的两步之间的误差达到希望范围之内。

3. ARMA(p,q)模型参数的初步估计

对于 ARMA(p,q)模型一共有 $\phi_1,\phi_2,\cdots,\phi_p,\theta_1,\theta_2,\cdots,\theta_q,\sigma_a^2$ 等 $p+q+1$ 个参数需估计。一般可分三步进行:

(1) 给出自回归参数 $\phi_1,\phi_2,\cdots,\phi_p$ 的矩估计:

$$\begin{bmatrix}\hat{\phi}_1\\ \hat{\phi}_2\\ \vdots\\ \hat{\phi}_p\end{bmatrix}=\begin{bmatrix}r_q & r_{q-1} & \cdots & r_{q-p+1}\\ r_{q+1} & r_q & \cdots & r_{q-p}\\ \vdots & \vdots & & \vdots\\ r_{q+p-1} & r_{q+p-2} & \cdots & r_q\end{bmatrix}^{-1}\begin{bmatrix}r_{q+1}\\ r_{q+2}\\ \vdots\\ r_{q+p}\end{bmatrix} \tag{7.5.42}$$

(2) 令 $w_t=y_t-\phi_1y_{t-1}-\cdots-\phi_py_{t-p}$,则其协方差函数 $\gamma_k(w_t)$的估计值:

$$\hat{\gamma}_k(w)=\sum_{i,j=0}^{p}\phi_i\phi_j\gamma_{k+j-i}\qquad \text{其中 } \hat{\phi}_0=-1 \tag{7.5.43}$$

(3) 将$\{w_t\}$近似看作 MA(q)序列,即

$$w_t\approx\varepsilon_t-\theta_1\varepsilon_{t-1}-\cdots-\theta_q\cdot\varepsilon_{t-q} \tag{7.5.44}$$

然后再按 MA(q)的方法,求出 $\theta_1,\theta_2,\cdots,\theta_q$ 及σ_a^2 的矩估计。

用此方法估计高阶 ARMA 模型参数时,精度较差,这时,较为有效的方法是采用逆函数法。

二、ARMA 模型参数的精估计

1. AR(p)模型参数的最小二乘估计

设序列 y_t 符合 AR(p)模型,即

$$y_t=\phi_ty_{t-1}+\phi_2y_{t-2}+\cdots+\phi_py_{t-p}+\varepsilon_t$$
$$t=p+1,\cdots,n$$

则由最小二乘法,有参数 Φ 的估计值为

$$\hat{\Phi}^L=(A^\tau A)^{-1}A^\tau Y \tag{7.5.45}$$

其中:
$$Y=(y_{p+1},y_{p+2},\cdots,y_n)^\tau$$
$$\Phi=(\phi_1,\phi_2,\cdots,\phi_p)^\tau$$
$$A=\begin{bmatrix}y_p & y_{p+1} & \cdots & y_{n-1}\\ y_{p-1} & y_p & \cdots & y_{n-2}\\ \vdots & \vdots & & \vdots\\ y_1 & y_2 & \cdots & y_{n-p}\end{bmatrix}^\tau \tag{7.5..46}$$

显然,当 $Y\neq0$ 时,$A^\tau A>0$。

同时,$\hat{\sigma}_a^2$ 的最小二乘估计可由下式求得

$$\hat{\sigma}_a^2=\frac{1}{n-p}\sum_{t=p+1}^{n}\hat{\varepsilon}_t^2 \tag{7.5.47}$$

其中
$$\hat{\varepsilon}_t=y_t-\hat{\phi}_1^Ly_{t-1}-\cdots-\hat{\phi}_p^Ly_{t-p} \tag{7.5.48}$$

由上可见，AR(p)模型参数的 LS 估计有简单的解析表达式。此外，由此可以进一步证明：当 N 充分大时，由 Yule-Walker 方程得到的矩估计 $\hat{\Phi}$ 与 AR(p)模型的最小二乘估计 $\hat{\Phi}^L$ 是十分相近的。

另外，当样本长度增加时，即获得新数据 y_{n+1}时，AR(p)模型的自回归参数 Φ 的最小二乘估计 $\hat{\Phi}_{n+1}^L$不必重新计算，可由 $\hat{\Phi}_n^L$经适当的调整后获得，它们之间的递推公式为

$$\begin{cases} \hat{\Phi}_{n+1}^L = \hat{\Phi}_n^L + R_{n+1}\xi_{n+1}(y_{n+1} - \xi_{n+1}^\tau \hat{\Phi}_n^L) \\ R_{n+1} = R_N - R_N\xi_{n+1}(1 + \xi_{n+1}^\tau R_n \xi_{n+1})^{-1}\xi_{n+1}^\tau R_n \end{cases} \tag{7.5.49}$$

其中

$$\xi_k = (y_{k-1}, \cdots, y_{k-p})^\tau, R_n^{-1} \triangleq \sum_{k=p+1}^{n} \xi_k \xi_k^\tau$$

证略。

2. ARMA(p,q)模型参数的最小二乘估计

设$\{y_t\}$是均值未知的平稳时间序列，且满足 ARMA(p,q)模型：

$$\tilde{y}_t - \phi_1\tilde{y}_{t-1} - \cdots - \phi_p\tilde{y}_{t-p} = \varepsilon_t - \theta_1\varepsilon_{t-1} - \cdots - \theta_q\varepsilon_{t-q}$$

$$\tilde{y}_t = y_t - \frac{1}{n}\sum_{k=1}^{n} y_k$$

显然，该模型待估计的参数有：

$$\beta^\tau = (\phi_1, \phi_2, \cdots, \phi_p, \theta_1, \theta_2, \cdots, \theta_q, \mu) \tag{7.5.50}$$

其中 μ 为序列的数学期望。

定义非线性函数：

$$f_t(Y_t, \beta) = \sum_{j=1}^{p} \phi_j \tilde{y}_{t-j} - \sum_{j=1}^{p} \theta_j \varepsilon_{t-j} \tag{7.5.51}$$

当 q 不为零时，在上述函数 $f_t(Y_t,\beta)$中出现了不能直接观察的量 $\varepsilon_{t-1}, \cdots, \varepsilon_{t-q}$。因此，ARMA($p,q$)(包括 MA($q$)，$q \neq 0$)模型参数 θ, Φ 只能用非线性最小二乘估计。于是定义残量：

残量：
$$\tilde{z}_t = \varepsilon_t = \tilde{y}_t - f_t(Y_t, \beta) \tag{7.5.52}$$
$$(\tilde{z}_t \triangleq (\tilde{z}_{p+1}, \cdots, \tilde{z}_n)^\tau)$$

平方和：
$$S(\beta) = \sum_{t=p+1}^{n} \tilde{z}_t^2 = \tilde{z}_t^\tau \cdot \tilde{z} \tag{7.5.53}$$

参数迭代公式如下

$$\beta' = \beta^0 + (W^\tau W + PI)^{-1} W\tilde{z}^\tau \tag{7.5.54}$$

这里，β^0 为参数初始值，一般可由模型参数的粗估给出或人为给定。β'为迭代参数，P 为阻尼因子。W 为如下的$n \times l$ 矩阵：

$$W \triangleq \begin{bmatrix} \frac{\partial f_1}{\partial \beta_1} & \cdots & \frac{\partial f_1}{\partial \beta_l} \\ \vdots & & \vdots \\ \frac{\partial f_n}{\partial \beta_1} & \cdots & \frac{\partial f_n}{\partial \beta_l} \end{bmatrix}, \quad l = p + q + 1 \tag{7.5.55}$$

根据式(7.5.51)，W 矩阵中第 k 行元素为

$$
\begin{cases}
\dfrac{\partial f_k}{\partial \phi_j} = \tilde{y}_{k-j} - \sum\limits_{i=1}^{q} \theta_i \dfrac{\partial \varepsilon_{k-i}}{\partial \phi_j} & 1 \leqslant j \leqslant p \\
\dfrac{\partial f_k}{\partial \theta_i} = -\varepsilon_{k-i} - \sum\limits_{j=1}^{q} \theta_j \dfrac{\partial \varepsilon_{k-j}}{\partial \theta_i} & 1 \leqslant i \leqslant q \\
\dfrac{\partial f_k}{\partial \mu} = 1 - \phi_1 - \cdots - \phi_p - \sum\limits_{j=1}^{q} \theta_j \dfrac{\partial \varepsilon_{t-j}}{\partial \mu} &
\end{cases}
\tag{7.5.56}
$$

由于 $\varepsilon_t = \tilde{y}_t - f_t(Y_t, \beta)$，且 $\tilde{y}_t$ 为已知的样本观察值，因此有

$$\frac{\partial \varepsilon_t}{\partial *} = -\frac{\partial f_t}{\partial *} \tag{7.5.57}$$

其中 $*$ 分别表示 ϕ, θ, μ。利用此式与上述(7.5.56)式，可实现对 W 中元素的迭代，基于算法稳定性假设，迭代初值一律取零值。

以上我们对 ARMA 模型参数的初步估计和精估计作了一个初步介绍。实际上，ARMA 模型参数的估计是一个复杂而精细的过程，也还有许多其它方法可以使用，如初步估计中，除了常用矩估计法外，还有迭代进行逆函数法；在精估计中，还有极大似然估计和最小平方和估计等方法。有兴趣的读者可以进一步参考文献[22]。

§7.5.4　ARMA 模型检验

对统计模型，在确定了模型形式并通过参数估计建立了符合平稳时间序列的模型之后，通常还要检验模型的合理性，即检验该模型的噪声(残量)序列是否具有独立性。

检验方法就是作模型拟合残量的自相关检验，即检验 $\varepsilon_1, \varepsilon_2, \cdots, \varepsilon_n$ 是不是白噪声。若通过检验，确认是白噪声序列，即相互独立，则可认为模型是合理的。

对于 AR(p)模型，其拟合残量为

$$\varepsilon_t = y_t - \phi_1 y_{t-1} - \phi_2 y_{t-2} - \cdots - \phi_p y_{t-p} \tag{7.5.58}$$

分别取 $t = p+1, p+2, \cdots, n$(n 为样本量)，即可得$\{\varepsilon_t\}$序列。

对于 ARMA(p,q)模型，则应递推计算 ε_t：

$$
\begin{aligned}
\varepsilon_t = {} & y_t - \phi_1 y_{t-1} - \phi_2 y_{t-2} - \cdots - \phi_p y_{t-p} \\
& + \theta_1 \varepsilon_{t-1} + \theta_2 \varepsilon_{t-2} + \cdots + \theta_q \varepsilon_{t-q}, \qquad t \geqslant 0
\end{aligned}
\tag{7.5.59}
$$

其中，可设

$$
\begin{aligned}
\varepsilon_0 &= \varepsilon_{-1} = \varepsilon_{-2} = \cdots = \varepsilon_{-q} = 0 \\
y_0 &= y_{-1} = y_{-2} = \cdots = y_{-p} = 0
\end{aligned}
$$

通过上述计算得到残量序列$\{\varepsilon_t\}$，然后可用前面介绍的方法，计算其自相关系数$\{r_k\}$。再构造 χ^2 统计量 Q：

$$Q = n \sum_{i=1}^{k} r_i^2$$

其中，当 $n = 200 \sim 300$ 时，k 取 $20 \sim 30$ 即可。再查在 $\alpha = 0.05$，置信度为 95% 时的 $\chi^2(k-1)$，得 $\chi^2(k-1)$值。如果 $Q \leqslant \chi^2(k-1)$，则可认为$\{\varepsilon_t\}$序列为白噪声的假设成立，即检验

通过,模型合理。否则,检验没通过,认为模型不合理。

§7.5.5 ARMA 模型预测

在实际应用中,时间序列分析和建模的目的是为了对未来某个时刻的结果进行预测,如经济预测、市场预测、气象预报以及工程技术上的预报、预测等。而其实质就是根据预测对象过去和现在的时序样本数据,对未来某一时刻的该随机变量进行估计。为此,首先就要确定一种衡量上述估计效果优劣的标准。在这里,我们将讨论线性最小方差意义下的平稳时序预测方法。

设$\{y_t\}$是零均值平稳序列,$\hat{y}_k(l)$表示由 k 时刻及之前的历史数据对 y_{k+l}作出的 l 步平稳线性最小方差估计,它表示为

$$\hat{y}_k(l) = c_0^* y_k + c_1^* y_{k-1} + c_2^* y_{k-2} + \cdots \tag{7.5.60}$$

被选定的系数序列$\{c_j^*\}$应使预测误差

$$\varepsilon_k(l) = y_{k+l} - \hat{y}_k(l)$$

的均方差

$$\mathrm{E}(\varepsilon_k(l))^2 = \mathrm{E}(y_{k+l} - \hat{y}_k(l))^2$$

达到最小。因此,y_{t+l}的最小均方差准则的预测值为(按条件期望的性质):

$$\hat{y}_{t+l} = \hat{y}_t(l) = \mathrm{E}(y_{t+l} \mid y_t, y_{t-1}, \cdots, y_1)$$

上式说明,在时刻 t 的 l 步预测值(以最小均方差为准则)就是 t 时刻的y_{t+l}的条件数学期望。由此,得到 ARMA(p,q)模型的最小均方差预测的计算通式为

$$\begin{aligned}\hat{y}_t(l) = \hat{y}_{t+l} &= \mathrm{E}\Big(\sum_{j=1}^{p} \hat{\phi}_j y_{t-j+l} - \sum_{j=1}^{q} \hat{\theta}_j \varepsilon_{t-j+l}\Big) \\ &= \hat{\phi}_1[y_{t+l-1}] + \hat{\phi}_2[y_{t+l-2}] + \cdots + \hat{\phi}_p[y_{t+l-p}] \\ &\quad - \hat{\theta}_1[\varepsilon_{t+l-1}] - \hat{\theta}_2[\varepsilon_{t+l-2}] - \cdots - \hat{\theta}_q[\varepsilon_{t+l-q}]\end{aligned} \tag{7.5.61}$$

式中,$[y_t]$为 y_t 的条件期望,$[\varepsilon_t]$为 ε_t 的条件期望。

上式计算中,关键是条件期望的取值,现规定:现在或过去观察值的条件期望就是它本身值,而未来观察值的条件期望就是其预测值;现在和过去的残量的条件期望是该残量的估计值,而未来时刻残量的条件期望则等于零。即有

$$\mathrm{E}(y_{t+j}) = \begin{cases} y_{t+j} & \text{当 } j \leqslant 0 \\ \hat{y}_{t+j} & \text{当 } j > 0 \end{cases} \tag{7.5.62}$$

$$\mathrm{E}(\varepsilon_{t+j}) = \begin{cases} 0 & \text{当 } j > 0 \\ \varepsilon_{t+j} & \text{当 } j \leqslant 0 \end{cases} \tag{7.5.63}$$

于是由式(7.5.61),可以获得如下关于 $\hat{y}_t(l)$的逐步递推的预测算式:

$$\begin{aligned}\hat{y}_t(1) = {} & \hat{\phi}_1 y_t + \hat{\phi}_2 y_{t-1} + \cdots + \hat{\phi}_p y_{t+1-p} - \hat{\theta}_1 \varepsilon_t - \hat{\theta}_2 \varepsilon_{t-1} - \cdots \\ & - \hat{\theta}_q \varepsilon_{t+1-q}\end{aligned} \tag{7.5.64}$$

$$\begin{aligned}\hat{y}_t(2) = {} & \hat{\phi}_1 \hat{y}_t(1) + \hat{\phi}_2 y_t + \cdots + \hat{\phi}_p y_{t+2-p} - \hat{\theta}_2 \varepsilon_t - \hat{\theta}_3 \varepsilon_{t-1} - \cdots \\ & - \hat{\theta}_q \varepsilon_{t+2-q}\end{aligned} \tag{7.5.65}$$

$$\hat{y}_t(3) = \hat{\phi}_1\hat{y}_t(2) + \hat{\phi}_2\hat{y}_t(1) + \cdots + \hat{\phi}_p y_{t+3-p} - \hat{\theta}_3\varepsilon_t - \hat{\theta}_4\varepsilon_{t-1} - \cdots - \hat{\theta}_q\varepsilon_{t+3-q} \tag{7.5.66}$$

$$\cdots$$

$$\hat{y}_t(l) = \hat{\phi}_1 y_t(l-1) + \hat{\phi}_2 y_t(l-2) + \cdots + \hat{\phi}_p\hat{y}_t(l-p) - \hat{\theta}_l\varepsilon_t - \cdots - \hat{\theta}_q\varepsilon_{t+l-q} \tag{7.5.67}$$

对$\{y_t\}$为 AR(p)序列时,令上述式(7.5.64)~式(7.5.67)中的所有$\hat{\theta}_j=0$,其余各项不变,则可递推计算。

若$\{y_t\}$为 MA(q)序列,则需进行变换计算。

当$q=1$,有:

$$\hat{y}_t(1) = -\hat{\theta}_1\varepsilon_t = \hat{\theta}_1\hat{y}_{t-1}(1) - \hat{\theta}_1 y_t \tag{7.5.68}$$

$$\hat{y}_t(2) = \hat{y}_t(3) = \cdots = 0 \quad (l > q)$$

计算过程中,令$\hat{y}_0(1)=0$,当$t=1$时,按式(7.5.67)可递推算得$t=1,2,\cdots$时的一步预测值。

若$q=2$,则有

$$\hat{y}_t(1) = -\hat{\theta}_1\varepsilon_t - \hat{\theta}_2\varepsilon_{t-1} = -\hat{\theta}_1(y_t - \hat{y}_{t-1}(1)) - \hat{\theta}_1\varepsilon_{t-1} \tag{7.5.69}$$

$$\hat{y}_t(2) = -\hat{\theta}_2\varepsilon_t = -\hat{\theta}_2(y_2 - \hat{y}_{t-1})$$

又由式(7.5.69)知,$-\hat{\theta}_2\varepsilon_{t-1}$就是$\hat{y}_{t-1}(2)$,于是整理上式有

$$\begin{bmatrix}\hat{y}_t(1)\\ \hat{y}_t(2)\end{bmatrix} = \begin{bmatrix}\hat{\theta}_1 & 1\\ \hat{\theta}_2 & 0\end{bmatrix}\begin{bmatrix}\hat{y}_{t-1}(1)\\ \hat{y}_{t-1}(2)\end{bmatrix} - \begin{bmatrix}\hat{\theta}_1\\ \hat{\theta}_2\end{bmatrix} y_t \tag{7.5.70}$$

运用(7.5.67)式时,对$t=1,2,3,\cdots$的每个时期都要进行相同的计算,$t=1$时,初始$\hat{y}_0(1)$,$\hat{y}_0(2)$皆可令等于零,不至于造成大的影响。一般情况有

$$\begin{bmatrix}\hat{y}_t(1)\\ \hat{y}_t(2)\\ \vdots\\ \hat{y}_t(q-1)\\ \hat{y}_t(q)\end{bmatrix} = \begin{bmatrix}\hat{\theta}_1 & 1 & \cdots & 0\\ \hat{\theta}_2 & 0 & \cdots & 0\\ \vdots & \vdots & & \vdots\\ \hat{\theta}_{q-1} & 0 & \cdots & 1\\ \hat{\theta}_q & 0 & \cdots & 0\end{bmatrix}\begin{bmatrix}\hat{y}_{t-1}(1)\\ \hat{y}_{t-1}(2)\\ \vdots\\ \hat{y}_{t-1}(q-1)\\ \hat{y}_{t-1}(q)\end{bmatrix} - \begin{bmatrix}\hat{\theta}_1\\ \hat{\theta}_2\\ \vdots\\ \hat{\theta}_{q-1}\\ \hat{\theta}_q\end{bmatrix} y_t \tag{7.5.71}$$

递推计算时,$t=1$时的初值$\hat{y}_0(1),\cdots,\hat{y}_0(q)$皆令为零,按$t=1,2,3,\cdots$,逐步($l=1,2,\cdots,q$)递推,而$l>q$时的预测值为零。

此外,从理论上可以证明,在线性最小方差意义下,其l步预测的误差仅与预测步长l有关,而与预测起点时刻t无关;l愈大,预测误差愈大。显然对y_{11}而言,$\hat{y}_9(2)$的误差要比$\hat{y}_4(7)$的误差小。

最后,由上述讨论可以看出,对 AR(p)模型,只要知道$y_k,y_{k-1},\cdots,y_{k-p+1}$这$p$个时刻的观察值,就可递推求出 AR($p$)序列的任意步线性最小方差预测,而 MA($q$)模型只作$q$步预测,但 ARMA($p,q$)模型则应是上述二者的综合。

例 7.7 设有经处理后的时间序列如表 7-14 所示,试识别它适合的 ARMA 模型,确定其阶数和参数估计值,并进行预测。

表 7-14　时间序列样本

序号	样本数据	序号	样本数据	序号	样本数据	序号	样本数据
1	-0.16	13	-0.12	25	-0.10	37	-1.23
2	1.26	14	1.60	26	-2.50	38	1.24
3	2.64	15	1.23	27	-1.04	39	0.70
4	1.84	16	-2.39	28	-2.07	40	-0.36
5	-0.10	17	-0.68	29	-1.54	41	1.00
6	0.71	18	-3.02	30	0.69	42	-1.27
7	0.25	19	-3.22	31	0.08	43	-0.43
8	0.45	20	-1.68	32	0.84	44	-0.33
9	0.78	21	1.12	33	0.21	45	0.49
10	0.61	22	0.72	34	0.00	46	1.10
11	1.21	23	0.10	35	0.07	47	-0.15
12	-0.55	24	2.00	36	-1.58	48	0.32

解　先计算样本序列的自相关系数$\{r_k\}$序列和偏相关函数$\{\phi_{kk}\}$序列(见表 7-15)。于是,按§ 7.3.1 的原则可认为它是一个平稳序列。又从表 7-15 看出,ϕ_{kk}趋向于零,可认为它是拖尾的;而对$\{r_k\}$序列,$k=1$以后的所有 44 个 r_k 中,没有一个的值是大于

$$\frac{2}{\sqrt{n}}\sqrt{(1+2r_1^2)} = \frac{2}{\sqrt{48}}\sqrt{(1+2\times 0.42^2)} \approx 0.336$$

的,故可认为 r_k 在 $k=1$ 以后截尾。由此,识别样本序列属于 MA(1)模型,即

$$y_t = \varepsilon_t - \theta_1\varepsilon_{t-1}$$

由式(7.5.41),可以在 $q=1$,得其参数估计式为

$$\hat{\sigma}_a^2 = \frac{\hat{r}_0}{2}(1 \pm \sqrt{1-4\hat{r}_1^2})$$

$$\hat{\theta}_1 = \frac{-2\hat{r}_1}{1 \pm \sqrt{1-4\hat{r}_1^2}}$$

对于 MA(1)模型,取模小于 1 的 θ_1,得

$$\hat{\sigma}_e^2 = \hat{r}_0\left(\frac{1+\sqrt{1-4\hat{r}_1^2}}{2}\right),\quad \hat{\theta}_1 = \frac{-2\hat{r}_1}{1+\sqrt{1-4\hat{r}_1^2}}$$

$$\hat{\theta}_1 = \frac{-2\times 0.42}{1+\sqrt{1-4\times 0.42^2}} \approx -0.545$$

于是得该序列的 MA(1)模型为

$$y_t = \varepsilon_t + 0.54\varepsilon_{t-1}$$

表 7-15　样本的自相关系数、偏相关函数

k	$\hat{r}_k$	$\hat{\phi}_{kk}$	k	$\hat{r}_k$	$\hat{\phi}_{kk}$
1	0.42	0.42	24	0.04	0.06
2	0.10	-0.08	25	-0.11	-0.13
3	0.03	0.03	26	-0.07	0.05
4	-0.25	-0.32	27	-0.04	-0.13
5	-0.29	-0.07	28	-0.03	0.05
6	-0.03	0.16	29	-0.01	-0.05
7	0.17	0.22	30	-0.003	-0.04
8	0.20	0.02	31	0.02	-0.07
9	0.15	-0.11	32	-0.01	-0.09
10	0.19	0.14	33	-0.09	-0.01
11	0.11	0.13	34	-0.04	-0.04
12	-0.19	-0.22	35	0.06	0.12
13	-0.17	-0.06	36	0.03	0.03
14	-0.17	-0.13	37	0.04	-0.09
15	-0.22	-0.00	38	0.006	-0.06
16	-0.14	-0.10	39	-0.02	0.02
17	0.001	-0.08	40	-0.03	0.09
18	0.04	-0.05	41	-0.003	-0.03
19	-0.04	-0.09	42	0.04	-0.10
20	-0.05	-0.02	43	0.04	-0.002
21	0.02	0.09	44	0.02	0.005
22	0.12	-0.09	45	0.008	-0.07
23	-0.11	0.06			

进一步由式(7.5.69)得其一步预测算式为

$$\hat{y}_t(1) = \hat{\theta}_1 \hat{y}_{t-1}(1) - \hat{\theta}_1 y_t$$

令 $t=1,2,3,\cdots,48$,且 $\hat{y}_0(1)=0$,可依次得出各期的一步预测值,部分结果列于表 7-16。

表 7-16　例 7.7 预测结果

t	y_t	$\hat{y}_t(1)$	t	y_t	$\hat{y}_t(1)$
1	-0.16	-	9	0.78	0.10
2	1.26	-0.087	10	0.61	0.37
3	2.64	0.73	11	1.21	0.13
4	1.84	1.04	12	-0.55	0.59
5	-0.10	0.44	13	-0.12	-0.62
6	-0.71	-0.29	14	1.60	0.27
7	0.25	-0.23	15	1.23	0.73
8	0.45	0.26			

在此说明两点，一是若 $q>2$，则 $\hat{\theta}$ 的估计值应变式(7.5.41)迭代计算；二是本例 r_k 和 ϕ_{kk} 并不严格呈现截尾性，因而还可用 AR(1)，ARMA(2,1)，ARMA(3,2)，…试探进行拟合，再最后判定。

§7.6　状态空间分析预测

§7.6.1　状态空间分析法

状态空间分析法是现代控制理论进行描述、分析和设计的工具，是现代控制理论的基础和标志，而这一切都是建立在系统“状态”这一概念之上的。

一、系统状态和状态变量

表征动态系统运动(发展、变化)的信息称为系统状态(states)，确定系统状态的一组独立(数目最少的)变量称为状态变量。如果状态变量有 n 个，一般记为 $x_1(t), x_2(t), \cdots, x_n(t)$。

二、状态向量和状态空间

把描述系统状态的 n 个状态变量 $x_1(t), x_2(t), \cdots, x_n(t)$ 看作向量 $X(t)$ 的分量，则称 $X(t)$ 为 n 维状态向量，记为 $X(t)=[x_1(t), x_2(t), \cdots, x_n(t)]^{\mathrm{T}}$。于是，给定 $t=t_0$ 时初始状态向量 $X(t_0)$ 及 $t\geqslant t_0$ 的输入向量，则 $t\geqslant t_0$ 的系统状态可由状态向量 $X(t)$ 唯一确定。

以 n 个状态变量作为坐标轴所组成的 n 维空间称为状态空间。系统在任一时刻的状态，都能用状态空间中的一个点来表示。

三、状态空间分析法

在状态空间中，以系统的状态向量或状态变量来描述系统、揭示系统状态之间的相互联系，并进行分析设计的方法称为状态空间分析法。

状态空间分析法用于系统预测，能从一定深度上揭示系统运动的规律和机制，较全面地反映系统各种因素和变量之间的相互联系，并把系统的发展、变化同系统的控制变量(输入)联系起来，建立一种因果关系，这对于系统的规划、控制是十分有利的。但状态空间分析的建模一般所需数据信息较多，建立模型结构难度也较大。

有关状态空间分析法的详细内容请参见现代控制理论的文献，下面仅以一个离散时间状态空间模型[7]加以简单介绍。

§7.6.2　宋健人口模型

我国的控制理论和系统科学学者宋健等人，利用状态空间分析法，提出了中国的人口模型。下面将推导出这个以离散形式给出的模型。

一、人口系统状态变量

设 t 时刻人口系统内年满 i 岁但不足 $i+1$ 岁的人数为 $x_i(t)$，则用 $x_1(t), x_2(t), \cdots, x_m(t)$ 这一组量就能完整地描述给定的人口系统，其中 m 是系统中人口能活到的最大年龄，而且这组变量也是一组最小描述，因而它们可选为状态变量，即

$$X(t)=\begin{bmatrix}x_1(t)\\x_2(t)\\\vdots\\x_m(t)\end{bmatrix}$$

它就是人口系统的状态向量。

二、人口动态过程

引起人口系统状态变化的三个基本要素是:生育、死亡和随机扰动(如人口迁移、战争、瘟疫等原因),这其中的动态过程如图 7-10 所示。由此可以看到,人口动态过程实际上就是反映在两个过程上,即年龄过程和生育过程。下面就通过分析这两个过程来建立状态空间模型。

三、人口动态模型的建立

(1) 年龄过程

t 时刻年满 i 岁不足 $i+1$ 岁的人口,经过一年时间,减去其间死亡的,再加上其间随机净增长,就是 $t+1$ 时刻年满 $i+1$ 岁而不足 $i+2$ 岁的人口数。

设 $x_i(t)$ 为 t 时刻 i 足岁的人口数,$\mu_i(t)$ 为 t 年度(即 t 时刻至 $t+1$ 时刻)i 岁人口的按龄死亡率,$f_i(t)$ 为 t 年度 i 岁人口的随机净增长量,则有

$$x_{i+1}(t+1)=[1-\mu_i(t)]x_i(t)+f_i(t)$$
$$(i=0,1,2,\cdots,m-1) \tag{7.6.1}$$

将式(7.6.1)写成矩阵形式为

$$\begin{bmatrix}x_1(t+1)\\x_2(t+1)\\\vdots\\x_m(t+1)\end{bmatrix}=\begin{bmatrix}0&0&\cdots&0\\1-\mu_1&0&&\vdots\\0&1-\mu_2&&\vdots\\\vdots&\ddots&\ddots&\vdots\\0&0&1-\mu_{m-1}&0\end{bmatrix}\begin{bmatrix}x_1(t)\\x_2(t)\\\cdots\\x_m(t)\end{bmatrix}+\begin{bmatrix}(1-\mu_0)x_0(t)\\0\\\vdots\\0\end{bmatrix}+\begin{bmatrix}f_0(t)\\f_1(t)\\\vdots\\f_{m-1}(t)\end{bmatrix} \tag{7.6.2}$$

式中按龄死亡率 $\mu_i(t)$ 反映了人口死亡现象的统计规律性,表示 i 年龄组人口中在 t 年度内死亡人口所占的比率,既是年龄的函数,同时又是时间的函数。当 t 固定时,μ_i 随年龄变化规律呈图 7-11 中所示的马鞍形。当 i 固定时,$\mu_i(t)$ 随时间一般呈逐渐递减的趋势,反映了人类医疗水平和生活水平的提高。如图 7-12 所示。

(2) 生育过程

设 r_1 是系统内妇女最低生育年龄,r_2 为最高生育年龄,称 $[r_1,r_2]$ 为妇女的育龄区间,即妇女有生育能力的年龄段。并记:

$\Psi_j(t)$——t 年代 j 岁妇女生育的婴儿总数($j\in[r_1,r_2]$);

$\Psi(t)$——t 年代内生育的婴儿总数;

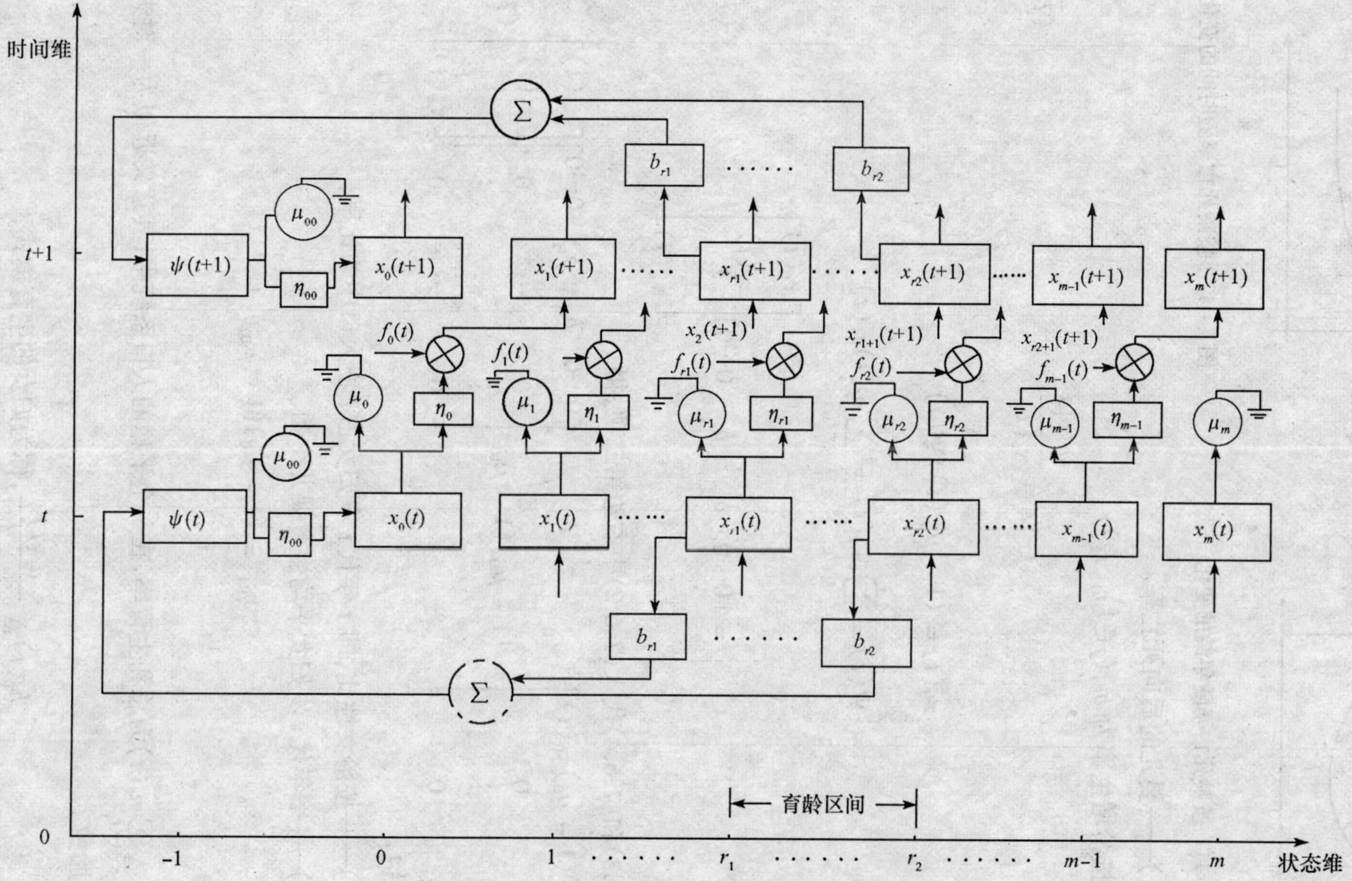

图 7-10　人口系统的动态过程

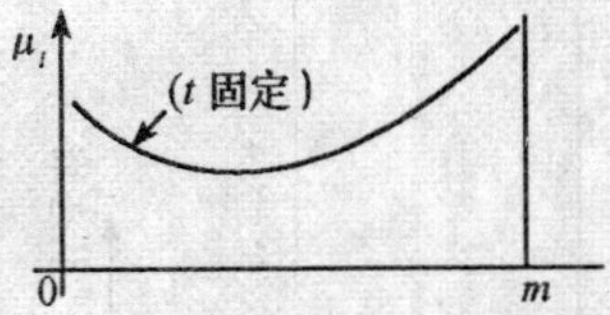

图 7-11　按龄死亡率随年龄的变化

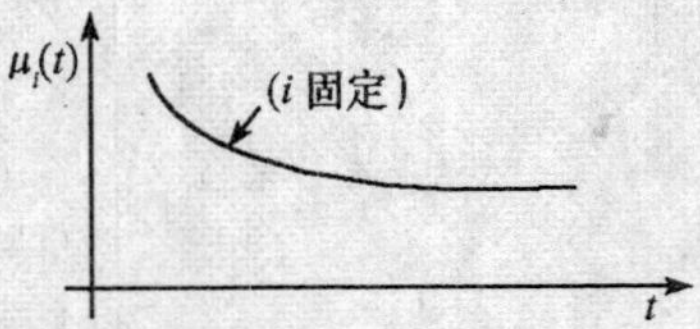

图 7-12　按龄死亡率随时间的变化

$\mu_{00}(t)$——婴儿的后向死亡率。

定义按龄增生率为 b_j,($j\in[r_1,r_2]$)

$$b_j \triangleq \frac{\Psi_i(t)}{x_i(t)} \tag{7.6.3}$$

于是,有

$$x_0(t)=(1-\mu_{00}(t))\Psi(t)$$

$$\Psi(t)=\sum_{j=r_1}^{r_2}\Psi_j(t)=\sum_{j=r_1}^{r_2}b_j(t)x_j(t)$$

$$=[0\cdots0\quad b_{r_1}\cdots b_{r_2}\quad 0\cdots0]\begin{bmatrix}x_1(t)\\x_2(t)\\\vdots\\x_m(t)\end{bmatrix} \tag{7.6.4}$$

将式(7.6.3)和(7.6.4)代入(7.6.2)中右边第二项,得

$$\begin{bmatrix}(1-\mu_0)x_0(t)\\0\\\vdots\\0\end{bmatrix}=(1-\mu_0)(1-\mu_{00})\begin{bmatrix}0\cdots0 & b_{r_1}\cdots b_{r_2} & 0\cdots0\\0 & \cdots & 0\\\vdots & & \vdots\\0 & \cdots & 0\end{bmatrix}\begin{bmatrix}x_1(t)\\x_2(t)\\\vdots\\x_m(t)\end{bmatrix} \tag{7.6.5}$$

若进一步记:

$K_i(t)$——按龄女性比,即 t 年代 i 岁妇女占 i 岁人口中的比率;

$n_i(t)$——t 年代 i 岁妇女平均生育婴儿个数。

$$\eta_{0A}=(1-\mu_0)(1-\mu_{00})$$

且定义:

$\beta(t)\triangleq\sum_{i=r_1}^{r_2}n_i(t)$为总和生育率,在一个平稳的人口系统中,其意义近似为一对夫妇终生生育的胎数。

$$h_i(t)\triangleq\frac{n_i(t)}{\sum_{i=r_1}^{r_2}n_i(t)},\text{称为妇女的生育模式,}$$

则

$$b_i(t)=\frac{\Psi_i(t)}{x_i(t)}=\frac{n_i(t)K_i(t)x_i(t)}{x_i(t)}$$

$$= K_i(t) n_i(t)$$

$$= K_i(t) \Big(\sum_{i=r_1}^{r_2} n_i(t) \Big) \cdot h_i(t) \tag{7.6.6}$$

综合式(7.6.2)(7.6.3)和(7.6.4),则得到人口模型的一种离散形式:

$$X(t+1) = H(t)X(t) + \eta_{0A}(t)\beta(t)B(t)X(t) + F(t) \tag{7.6.7}$$

式中:$X(t) = [x_1(t)x_2(t)\cdots x_m(t)]^T$,为人口系统的状态向量。

$H(t)$为人口留存矩阵,

$$H(t) = \begin{bmatrix} 0 & 0 & \cdots & 0 \\ \eta_1(t) & 0 & & \vdots \\ 0 & \eta_2(t) & & \vdots \\ \vdots & \ddots & \ddots & \vdots \\ 0 & 0 & \eta_{m-1}(t) & 0 \end{bmatrix}$$

其中 $\eta_i(t) = 1 - \mu_i(t)$

$$B(t) = \begin{bmatrix} 0\cdots 0 & K_{r_1}(t)h_{r_1}(t)\cdots K_{r_1}(t)h_{r_2}(t) & 0\cdots 0 \\ 0 & \cdots & 0 \\ \vdots & & \vdots \\ 0 & \cdots & 0 \end{bmatrix}$$

$$F(t) = \begin{bmatrix} f_0(t) \\ f_1(t) \\ \vdots \\ f_{m-1}(t) \end{bmatrix}$$为人口随机扰动向量。

一般说来,如果人口系统比较稳定,则按龄女性比可当成常数处理,即 $K_i(t) = k \approx 0.4835$,于是式(7.6.7)进一步简化为

$$X(t+1) = H(t)X(t) + \eta_{0A}(t)\beta(t)k \wedge X(t) + F(t) \tag{7.6.8}$$

式中:$\wedge$称为生育模式矩阵,

$$\wedge = \begin{bmatrix} 0\cdots 0 & h_{r_1}\cdots h_{r_2} & 0\cdots 0 \\ 0 & \cdots & 0 \\ \vdots & & \vdots \\ 0 & \cdots & 0 \end{bmatrix}$$

其中 h_i 可以人为控制,但如不加控制,任其自然,则 $h_i(t)$几乎与时间 t 无关。统计表明,h_i 近似服从$\chi^2(n)$分布。例如,从浏阳县第三次人口普查资料中发现,该县妇女的生育模式服从 $\chi^2(8)$分布。

此外,在很多场合下 $F(t)$可以忽略。

四、模型的应用

由上述给出的递推模型(7.6.7)或(7.6.8)可以看出,只要给定基期 t_0 的人口状态 $X(0)$,以及由按龄死亡率、女性人口比、按年龄的妇女平均生育婴儿个数等确定 $H(t)$、$B(t)$及生育模式矩阵$\wedge$,且若忽略人口随机扰动 $F(t)$,就可以递推得到未来各年份的人口

状态向量的预测值。并且,通过确定不同总和生育率即一对夫妇终生生育的胎数,还可以分析不同的人口控制方案的预测结果。此外,在预测的基础上,我们还可以通过定义不同的人口系统的特征指标来分析人口系统的结构、性质及变化趋势,如:

(1) 总人口: $N(t) = \sum_{t=0}^{m} x_i(t)$

(2) 总人口平均年龄: $\bar{I}(t) = \frac{1}{N(t)}\sum_{t=1}^{m} ix_i(t)$

(3) 人口平均寿命: $\bar{S}(t) = \sum_{i=0}^{m} \exp\{-\sum_{j=0}^{i} \mu_j(t)\}$

(4) 老龄化指数: $\omega(t) = \frac{\bar{I}(t)}{\bar{S}(t)}$

(5) 劳动力总数:

$$L(t) = \sum_{i=r_3}^{r_4} K_i(t)x_i(t) + \sum_{i=r_5}^{r_6}[1 - K_i(t)]x_i(t)$$

式中: $[r_3, r_4]$, $[r_5, r_6]$ 分别为女性和男性劳动年龄区间。

(6) 劳动力指数: $\lambda(t) = \frac{L(t)}{N(t)}$

(7) 社会抚养指数: $\rho(t) = \frac{N(t) - L(t)}{N(t)} = 1 - \lambda(t)$

以上介绍了状态空间分析法在人口系统中的应用。实际上,在类似问题中,如林木生长、禽畜饲养、人才预测、干部管理等,都可以进行同类的研究和应用。

§7.7 马尔可夫预测

马尔可夫预测方法是根据俄国数学家马尔可夫(Markov)的随机过程理论提出来的,它主要是通过研究系统对象的状态转移概率来进行预测的。

§7.7.1 马尔可夫预测原理

一、马尔可夫过程

马尔可夫预测是从状态及状态转换的概念出发的。若对研究对象考虑一系列随机试验,其中每次试验的结果如果出现在有限个两两互斥的事件集 $E = \{E_1, E_2, \cdots, E_n\}$ 中,且仅出现其中一个,则称事件 $E_i \in E$ 为系统的状态。若事件 E_i 出现,则称系统处在状态 E_i。即状态是研究对象随机试验样本空间的一个划分。例如,机器设备在 $t = t_0$ 时刻,处于正常运行状态,那在任何 $t_1 > t_0$ 时刻可能转变成故障而不能运转状态,也可能继续保持正常运行。E_1 = 正常运行, E_2 = 故障。同样,若在 t_0 时刻设备为故障状态,而 $t_1 > t_0$ 时,设备可能已修复好,变为正常运行,也可能未能修复,继续处于故障状态。

马尔可夫在本世纪初,经过多次试验研究发现,现实中有这样一类随机过程,在系统状态转移过程中,系统将来的状态只与现在的状态有关,而与过去的状态无关。这种性质叫做无后效性,符合这种性质的状态转移过程,叫作马尔可夫过程(Markov Process)。一系列马尔可夫过程的整体，叫作马尔可夫链。

二、状态转移概率矩阵

马尔可夫预测就是要研究上述设备当前状态转换到下个状态的概率问题。设系统共有 N 个状态，记作 $S_1, S_2, \cdots, S_N$，则用状态向量 $[S_1, S_2, \cdots, S_N]^T$ 表示。设在 t_{n-1} 时刻系统处在 S_i 状态之下，t_n 时刻系统状态变为 S_j，则称在第 n 次状态转移中，系统由状态 S_i 转移到 S_j，且这种状态转移的概率记为

$$p\{x_n = S_j \mid x_{n-1} = S_i\} \triangleq p_{ij} \quad (i,j = 1,\cdots,N; n = 1,2,\cdots) \tag{7.7.1}$$

这里 p_{ij} 与 n 无关，只与 i, j 有关，即只与转移前后的状态有关，这个概率称为马尔可夫链的一步转移概率。

例如：某城市的出租车公司，在机场、风景区及宾馆设有三个出租汽车站，也就是该公司的车可以停放在上述任意一个站。根据统计资料，三个站租车和还车一步转移概率如表 7－17 所示。

表 7－17　三个站租车和还车一步转移概率

		还车		
		机场	风景区	宾馆
租车	机场	0.8	0.2	0
	风景区	0.2	0	0.8
	宾馆	0.2	0.2	0.6

将上述表中概率，依次排成一个矩阵，得

$$P = \begin{bmatrix} p_{11} & p_{12} & p_{13} \\ p_{21} & p_{22} & p_{23} \\ p_{31} & p_{32} & p_{33} \end{bmatrix} = \begin{bmatrix} 0.8 & 0.2 & 0 \\ 0.2 & 0 & 0.8 \\ 0.2 & 0.2 & 0.6 \end{bmatrix}$$

矩阵 P 称为一步转移概率矩阵。如果系统有 N 个状态，则一步转移概率矩阵如下：

$$P = \begin{bmatrix} p_{11} & p_{12} & \cdots & p_{1N} \\ p_{21} & p_{22} & \cdots & p_{2N} \\ \vdots & \vdots & & \vdots \\ p_{N1} & p_{N2} & \cdots & p_{NN} \end{bmatrix}$$

转移矩阵具有如下特点：

1. $p_{ij} \geqslant 0$，且 $\sum_{j=1}^{N} p_{ij} = 1 \quad i \in \{1,2,\cdots,N\}$

2. 若概率矩阵 P 的 m 次幂 P^m 的所有元素皆为正，则该概率矩阵 P 称为正规概率矩阵。

3. 当任一非零向量 $u = (u_1\ u_2 \cdots\ u_n)$ 左乘某一 $n \times n$ 方阵 A，其结果仍为 u，即

$$uA = u \tag{7.7.2}$$

时，u 为 A 的固定向量。

4. 正规概率矩阵 P 具有如下性质：

(1) 正规概率矩阵 P 有一个固定概率向量 u，且 u 的元素皆为正，此向量叫做特征向

量。

(2) 正规概率矩阵 P 的各次幂序列 $P,P^2,P^3,\cdots$,将趋向于方阵 U,且 U 的每一行均为其固定概率向量 u。

(3) 若 F 为任一概率向量,则向量序列 $FP,FP^2,FP^3,\cdots$,将趋近于 P 的固定概率向量 u。

5. 若某事物状态转移概率可以表达为正规概率矩阵,则该马尔可夫链就是正规的,通过若干步转移,最终会达到某种稳定状态,即其后再转移一次、二次、…,结果不再变化,这时稳定状态可用行向量 X 表示,

$$X = (x_1, x_2, \cdots, x_n)$$

$$\sum x_i = 1$$

这个行向量 X 即为此正规概率转移矩阵的固定概率向量,可用上述方法求得。

例如:某事物从状态 S_1、S_2、S_3 转移到状态 S_1、S_2、S_3 的转移概率矩阵为正规概率矩阵 P,

$$P = \begin{matrix} \\ S_1 \\ S_2 \\ S_3 \end{matrix}\begin{matrix} \begin{matrix} S_1 & S_2 & S_3 \end{matrix} \\ \begin{pmatrix} 0.5 & 0.25 & 0.25 \\ 0.5 & 0 & 0.5 \\ 0.25 & 0.25 & 0.5 \end{pmatrix} \end{matrix}$$

则若干步转移后达到稳定状态时的特征向量 $x=(x_1,x_2,x_3)$,可求解如下:

$$\begin{cases} (x_1, x_2, x_3)\begin{pmatrix} 0.5 & 0.25 & 0.25 \\ 0.5 & 0 & 0.5 \\ 0.25 & 0.25 & 0.5 \end{pmatrix} = (x_1\ x_2\ x_3) \\ x_1 + x_2 + x_3 = 1 \end{cases}$$

解此联立方程式得

$$X = (0.4, 0.2, 0.4)$$

6. 事物经过 k 步转移的转移概率记为

$$p(S_{n+k} = j/S_n = i) = p_{ij}(k),\ i,j = 1,2,\cdots,N,$$

其矩阵为

$$(p_{ij}(k)) = \begin{pmatrix} p_{11}(k) & p_{12}(k) & \cdots & p_{1N}(k) \\ p_{21}(k) & p_{22}(k) & \cdots & p_{2N}(k) \\ \vdots & \vdots & & \vdots \\ p_{N1}(k) & p_{N2}(k) & \cdots & p_{NN}(k) \end{pmatrix} \tag{7.7.3}$$

即为 k 步转移概率矩阵。数学上可证明:

$$(p_{ij}(k)) = \begin{pmatrix} p_{11} & p_{12} & \cdots & p_{1N} \\ p_{21} & p_{22} & \cdots & p_{2N} \\ \vdots & \vdots & & \vdots \\ p_{N1} & p_{N2} & \cdots & p_{NN} \end{pmatrix}^k \tag{7.7.4}$$

即 k 步转移概率矩阵为一步转移概率矩阵的 k 次幂。

§7.7.2 市场占有率预测

在市场经济条件下，同类商品销售总额中某个生产厂家生产的该商品的销售额所占的比率，就称为该厂生产的该商品的市场占有率。由于顾客的心态、广告、售后服务以及营销策略等方面的原因，商品市场占有率往往会发生变化。因此，有必要调查研究市场占有率的转变，以便从中寻求商品营销策略和商品质量保证决策。

例 7.8 A、B 两家毛巾厂的市场销售占有预测。由于毛巾是生活必需品，同时假定毛巾平均使用期为 6 年，因此，每年两家毛巾厂的总销售量为常数，而引起两个厂家各自销量增减的主要原因是由于厂家的营销策略、产品质量造成的。市场需求调查见表 7－18 所示。

表 7－18　毛巾市场销售调查表

时间	A 厂			B 厂		
	销售量（万条）	顾客		销售量（万条）	顾客	
		老顾客（万人）	原购 B 厂毛巾、现购 A 厂毛巾人数（万人）		老顾客（万人）	原购 A 厂毛巾、现购 B 厂毛巾人数（万人）
1995	200	160	40	300	280	20
1996	217	178.5	38.5	233	260.5	12.5

由上表易求得状态转移概率

$$p_{11} = 160/(160+20) = 0.889 \qquad p_{12} = 20/180 = 0.111$$

$$p_{21} = 40/(280+40) = 0.125 \qquad p_{22} = 280/320 = 0.875$$

因此，得状态概率转移矩阵为

$$P_{1995} = \begin{bmatrix} 0.889 & 0.111 \\ 0.125 & 0.825 \end{bmatrix}$$

相应状态矩阵为

$$A_{1995} = [0.4 \quad 0.6]$$

同样

$$P_{1996} = \begin{bmatrix} 0.888 & 0.112 \\ 0.129 & 0.871 \end{bmatrix}$$

$$A_{1996} = [0.434 \quad 0.566]$$

由于 P_{1995} 与 P_{1996} 近似相等，因此本系统可看为一个平稳马尔可夫过程，且取：

$$A_0 = [0.43 \quad 0.57]$$

作为初始状态概率矩阵，取

$$P = \begin{bmatrix} 0.89 & 0.11 \\ 0.13 & 0.87 \end{bmatrix}$$

作为转移矩阵。

由初始状态矩阵和转移概率矩阵，可以预测 A、B 两厂的毛巾销售量以及相应的市场占有率。见表 7－19。

表 7-19　毛巾市场预测结果

时间	A 厂		B 厂	
	状态概率（市场占有率）	销售量（万条）	状态概率（市场占有率）	销售量（万条）
1997	0.456	228	0.544	272
1998	0.476	238	0.524	262
1999	0.492	246	0.508	254
2000	0.503	251.5	0.497	248.5
2001	0.512	256	0.488	244
2002	0.519	259.5	0.481	240.5

当 t 充分大时，转移概率将趋于稳态，设为 u_1, u_2，则有

$$\begin{cases} u_1 = 0.89u_1 + 0.13u_2 \\ u_2 = 0.11u_1 + 0.87u_2 \\ u_1 + u_2 = 1 \end{cases}$$

删去其中一个方程(如第二个)解得

$$u_1 = 0.54, \quad u_2 = 0.46$$

因此，在稳定状态下，A、B 两厂最终毛巾销售量分别为

$$m_A = 500 \times 0.54 = 270(\text{万条})$$

$$m_B = 500 \times 0.46 = 230(\text{万条})$$

从市场竞争来看，显然 A 厂比 B 厂有利，但是 B 厂不满足于 0.46 的市场占有率，在生产过程中，B 厂提高产品质量，加强广告宣传，采取多种营销手段，设法使每一步保持顾客的可能性提高 0.05，即由 0.87 增为 0.92，相应原购 B 毛巾、现购 A 厂毛巾的概率下降 0.05，即为 0.08(原为 0.13)。这样，状态转移矩阵为

$$P' = \begin{bmatrix} 0.89 & 0.11 \\ 0.08 & 0.92 \end{bmatrix}$$

在新的市场竞争下，稳态概率为 u_1', u_2'，即有

$$\begin{cases} u_1' = 0.89u_1' + 0.08u_2' \\ u_2^2 = 0.11u_1' + 0.92u_2' \\ u_1' + u_2' = 1 \end{cases}$$

同样解得

$$u_1' = 0.42, \quad u_2' = 0.58$$

相应 A、B 两厂毛巾销售量为

$$m_A' = 500 \times 0.42 = 210(\text{万条})$$

$$m_B' = 500 \times 0.58 = 290(\text{万条})$$

也就是说，在新的竞争形势下，B 厂的市场占有率高于 A 厂的市场占有率。

§7.7.3　设备维修方面的应用

企业中的机器设备，粗略地划分，可以分为良好和损坏两种状态，在运转和使用过程

中，良好的可能会转变为损坏，而损坏的也可能经过维修转变为良好。一般可用图 7－13 表示这种状态转移。状态转移概率矩阵可写为

$$P=\begin{pmatrix} p_{11} & p_{12} \\ p_{21} & p_{22} \end{pmatrix}$$

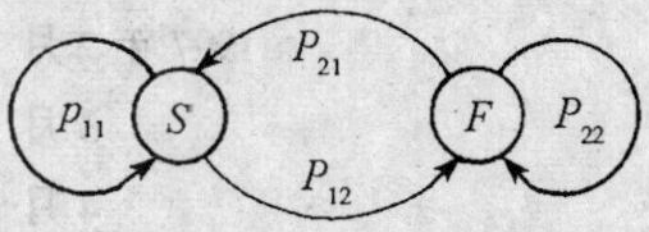

图 7－13　机器状态转移

式中　p_{11}为某时刻机器处于良好，到下一时刻仍转变为良好状态的概率；

p_{12}为某时刻机器处于良好，到下一时刻转变为故障状态的概率；

p_{21}为某时处于故障到下一时刻转为良好的概率；

p_{22}为某时处于故障到下一时刻仍为故障状态的概率。

如果通过记录统计获得厂内或车间里的机器设备在运行中出现的上述 4 个概率（频率），则可以求得稳定状态下的机器处于不同状态的比率。

例 7.9　设某车间里的机器出故障的概率为 0.2，机器能修复良好的概率为 0.85，试求稳定状态下，机器处于良好状态和故障状态的概率各为多少？

解　由题意可知，机器不出故障的概率为 $1-0.2=0.8$；机器修不好的概率为 $1-0.85=0.15$。故得状态转移概率矩阵为

$$P=\begin{pmatrix} 0.80 & 0.20 \\ 0.85 & 0.15 \end{pmatrix}$$

于是有

$$\begin{cases} S^{(n)}\begin{pmatrix} 0.80 & 0.20 \\ 0.85 & 0.15 \end{pmatrix}=S^{(n)} \\ S_1^{(n)}+S_2^{(n)}=1 \end{cases}$$

解此联立方程组得：$S_1^{(n)}=0.81$，$S_2^{(n)}=0.19$，即在稳定状态下机器不出故障的概率为 0.81，而出故障的概率为 0.19。

知道了机器出故障的概率，将有助于作出正确的机器维修决策、计划和组织工作。

应用状态转移概念分析设备状态概率，如上例所述，可以是针对某台设备进行分析，也可以用来分析厂内或车间内的设备群，取决于调查统计的对象及其转移概率矩阵的涵义。

习题·思考题

1. 什么是系统预测，其实质是什么？
2. 预测方法有哪几大类，各有何特点？
3. 什么是时间序列？举例说明。
4. 时间序列有哪些特征？举例说明，并简述其识别方法。
5. 设某企业一种产品从 1997 年 1 月至 1998 年 2 月的销售量如下表所示。

月份	t	销售量(万 t)	$S_t^{(1)}$	$S_t^{(2)}$
	0		139.67	139.67
1997 年 2 月	1	139		
3 月	2	143		
4 月	3	142		
5 月	4	150		
6 月	5	161		
7 月	6	162		
8 月	7	167		
9 月	8	165		
10 月	9	170		
11 月	10	174		
12 月	11	180		
1998 年 1 月	12	171		
2 月	13	183		

试分别用下列方法预测 1998 年 3 月、8 月和 12 月的销售量(计算数据取两位小数)：

(1) 二次指数平滑(取 $\alpha = 0.3, S_0^{(1)} = S_0^{(2)} = 139.67$)。

(2) 用多项式函数，$\hat{y}_t = a + bt$，数据取 $t = 1 \sim 13$。

(3) 用逻辑曲线 $\hat{y}_t = \dfrac{L}{1 + a\mathrm{e}^{-bt}}$

① 用三点法，取 $\tau_0 = 1, \tau_2 = 7, \tau_3 = 13$；

② 用三段和值法，三个区间为 2～5，6～9，10～13，取 $r = 4$。

6. 有 T 组观测值 (x_i, y_i)，$i = 1, 2, \cdots, n$，用最小二乘法将 y 回归到 x 上得 $y = \hat{\alpha}_0 + \hat{\alpha}_1 x$，将 x 回归到 y 上得 $x = \hat{\beta}_0 + \hat{\beta}_0 y$，问两条直线是否一致？在什么条件下一致？

7. 某军工企业固定资产 x_1(万元)、职工人数 x_2(人)和新创利润 y(万元)的数据如下表所示：

年份	y_i	x_{1i}	x_{2i}
1988	233	250	161
1989	238	257	163
1990	261	271	167
1991	264	290	169
1992	270	300	171
1993	273	296	176
1994	285	311	180
1995	298	320	185
1996	304	325	185
1997	315	338	187
$\sum$	2741	2958	1740

试建立以 x_1、x_2 为自变量的利润回归预测模型，并确定置信水平为 0.95($\alpha = 0.05$)时的预测区间($x_1 = 350, x_2 = 190$)。

8. 已知某飞机研制费用 C 与其重量 W、最大速度 V_m 以及过载 N_y 存在线性相关关系。这种关系应由如下获得的设计参数和试验数据中获得。

参数 \ k	1	2	3	4	5
费用 C	1.0	0.869	0.833	0.857	0.465
重量 W	1.0	0.993	1.230	1.210	0.893
最大速度 V_m	1.0	1.0	0.554	0.550	0.484
过载 N_y	1.0	1.0	1.070	1.140	1.140

试建立飞机费用估计的参数模型。

9. 试述 Box-Jenkins 模型的原理及其形式。

10. 试简述状态空间预测原理。

11. 试简述马尔可夫预测原理。

12. 由四辆坦克组成的坦克群遭到反坦克火器三次连续射击。坦克群(系统)的可能状态是:S_1——所有坦克完好;S_2——一辆坦克被击毁;S_3——两辆坦克被击毁;S_4——三辆坦克被击毁;S_5——全部坦克被击毁。经过注记的状态图如图 7-14 所示。试求三次射击后,坦克群的状态概率。

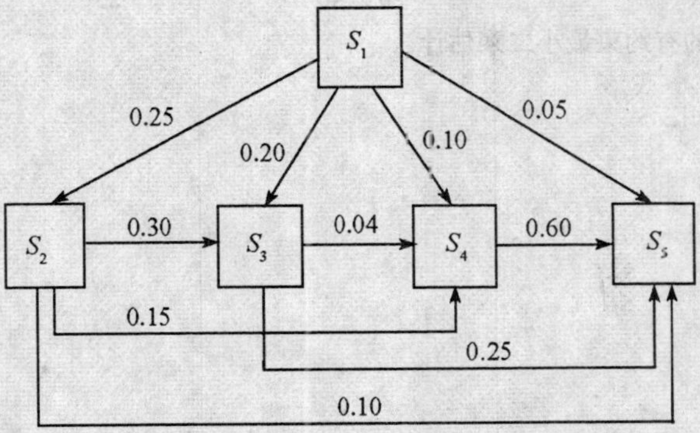

图 7-14　经过注记的状态图

13. F 检验和 t 检验有何异同?说明预测区间估计的含义。

14. 研究者有 10 组关于 Y 和 X_1, X_2, X_3 的观测值,有关计算矩阵为

$$X'Y = \begin{bmatrix} 20 \\ 59 \\ 88 \end{bmatrix} \qquad X'X = \begin{bmatrix} 10 & 30 & 40 \\ 30 & 92 & 119 \\ 40 & 119 & 163 \end{bmatrix}$$

$$Y'Y = 88.2$$

试估计 Y 对 X_1, X_2, X_3 的线性回归方程。

15. 说明生产函数模型 $Y = AL^{\alpha}K^{\beta}$ 中,α,β 与经济系统再生产过程的含义。

16. 10 个军工企业的产出量、资金投入和劳动力投入的观测值如下表:

企业	产出量 Y	资金 K	劳动力 L
1	17.0	13.7	32.8
2	21.1	16.9	26.3
3	26.2	26.3	32.7
4	40.9	51.2	26.2
5	26.3	32.7	32.8
6	64.2	64.2	51.3
7	51.2	80.6	32.7
8	80.5	40.9	67.1
9	16.9	16.9	21.0
10	32.7	41.0	16.9

试估计以下形式的回归方程,并进行检验

(1) $Y = AL^{\alpha}K^{\beta}e^{\varepsilon}$

(2) $Y = A + \alpha K + \beta L + \varepsilon$

(3) $\ln(X/K) = A + \alpha\ln(L/K) + \varepsilon$

17. 设模型 $Y = \beta_1 X_1 + \beta_2 X_2 + U$ 中系数的约束条件为 $\beta_1 + \beta_2 = 1$,现有观测值的如下计算结果:

$$X'X = \begin{bmatrix} 20 & 0 \\ 0 & 40 \end{bmatrix} \qquad X^{T}Y = \begin{bmatrix} 15 \\ 25 \end{bmatrix}$$

求系数 β_1,β_2 的有约束最小二乘估计。

第八章　系统评价

系统评价是对系统开发提供的各种可行方案,从社会、政治、经济、技术的观点予以综合考察,全面权衡利弊得失,从而为系统决策选择最优方案提供科学的依据。因此,系统评价是系统工程工作中的一项重要的基础工作。

§8.1　系统评价概述

§8.1.1　系统评价的复杂性

当系统为单目标时,其评价工作是容易进行的;但当系统为多目标时,这项工作就困难得多了。例如,在一群人之中要评选一个个子最高的人,这是很容易办到的;但是,若要评选一个个子最高又最胖,而且身体最健康的人,就不是那么容易了。

系统工程的问题往往比这还要复杂得多。大型复杂系统的开发、研制和运用一般都是为了实现多个目标(或指标)。例如开发一种新产品,必须同时考虑研制周期、研制费用、期望利润、原材料供应、市场容量、竞争对象等多种因素。对于这样的复杂系统,一方面要把它分解为若干个子系统,分别建立模型,然后应用系统分析方法求得各个指标的最优解;另一方面还要把这些工作综合起来,对于一个完整的系统方案作出明确的评价,对于不同的可行方案作出谁优谁劣的比较,而且要用定量的结果来说明。这样看来,系统评价工作主要存在着以下两方面的困难:

(1) 有的指标难以数量化,有时同使用人或评价人的主观感觉和经验有关,例如系统使用的方便性、舒适性就是这样的一类指标。

(2) 不同的方案可能各有所长,难以取舍。例如设有两个方案 A_1、A_2,在一些指标上,A_1 比 A_2 优越,而在另一些指标上,A_2 又比 A_1 优越,这时就很难定夺。指标越多,方案越多,问题就越是复杂纷纭,方案就越难定夺。

针对这两个困难,解决的办法是:

(1) 将各项指标数量化;

(2) 将所有指标归一化。

将各项指标数量化之后,还必须使之量纲一元化,才能做到所有指标归一化。例如汽车的时速与油耗均是数量化指标,但是它们的量纲不同,还不能把它们简单地加在一起。

量纲一元化的重要方法是无量纲化。我们可以将各种方案在同一项指标下加以比较,采用排队打分法,使各种方案都得到无量纲的“分”。当各项指标都有了得分以后,我们可以采取加权平均法计算每一方案的总分,然后根据总分的高低评价各个方案的优劣。

§8.1.2　系统评价与系统决策

系统评价问题解决以后，系统决策便是顺理成章、水到渠成的事了。为了决策，先要评价，评价是决策的准备与基础。但是，系统评价与系统决策至少有两点区别：第一，系统评价是一项技术工作，是由分析者即系统工程人员承担的；而系统决策则是领导工作，是领导者在系统工程人员的辅助下完成的。第二，系统评价是系统决策的主要依据，但是重大问题的决策往往还有"看不见的"（或者"不公开的"）因素在起作用，这些因素往往难以纳入系统工程人员的评价工作之中。

系统评价与系统开发、系统决策之间的关系如图 8-1 所示。

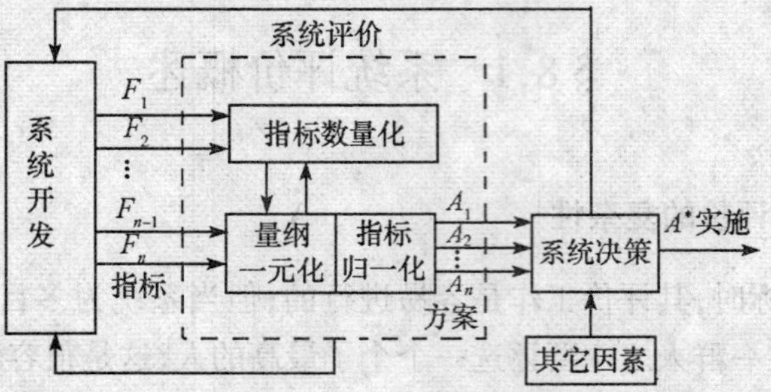

图 8-1　系统评价与系统开发、系统决策之间的关系

§8.1.3　系统评价应该遵循的原则

一、系统评价的原则

为了搞好系统评价，有些基本原则是必须遵守的。这些原则是：

1. 要保证评价的客观性。评价的目的是为了决策，因此评价的质量影响着决策的正确性。这就是说，评价的客观性是必须保证的。为此必须注意：评价资料的全面性和可靠性；防止评价人员的倾向性；评价人员组成的代表性，不能只邀请单方面人员参加；还要保证自由表态的可能，行动不受压力；要保证专家人数的比例。

2. 要保证方案的可比性。替代方案在保证实现系统的基本功能上要有可比性和一致性。个别功能突出或方案内容新，只能说明其相关方面，不能代替其他方面得分，更不能搞"陪衬"方案，从而失去评价的真意。

3. 评价指标要成系统。评价指标要包括系统目标所涉及的一切方面，而且对定性问题要有恰当的评价指标，以保证评价不出现片面性。

4. 评价指标符合国家方针政策。评价指标必须与国家的方针、政策、法令的要求相一致。

二、系统评价的步骤

系统评价的步骤是有效进行评价的保证，一般应包括下列各项：

1. 对各评价方案做出简要说明，使方案的特点、优缺点清晰明了，便于评价人员掌握。

2. 确定由所有单项和大类指标组成的评价指标体系。

3. 确定各大类及单项评价指标的权重,并从整体上调整。

4. 进行单项评价,查明各项评价指标的实现程度。

5. 进行单项评价指标的综合,得出大类指标的价值。

6. 进行综合评价,综合各大类指标的价值和总价值。

根据系统评价指标的复杂程度,上述步骤可酌情减少,如有时将5、6两步合并进行。

§8.1.4 评价指标体系的建立

系统评价指标体系是由若干个单项评价指标组成的整体,它应反映出所要解决问题的各项目标要求。指标体系要实际、完整、合理、科学,并基本上能为有关人员和部门所接受。

一、评价指标体系的组成

系统评价指标体系通常应该包括以下一些大类指标:

1. 政策性指标。包括政府的方针、政策、法令,以及法律约束和发展规划等方面的要求,这对国防和国计民生方面的重大项目或大型系统尤为重要。

2. 技术性指标。包括产品的性能、寿命、可靠性、安全性等,工程项目的地质条件、设备、设施、建筑物、运输等技术指标要求。

3. 经济性指标。包括方案成本(有条件时应考虑生命周期成本,即包括制造成本、使用成本和维修成本等)、利润和税金、投资额、流动资金占用量、回收期、建设周期,以及地方性的间接收益等。

4. 社会性指标。包括社会福利、社会节约、综合发展、就业机会、污染、生态环境等。

5. 资源性指标。如工程项目中的物资、人力、能源、水源、土地条件等。

6. 时间性指标。如工程进度、时间节约、试制周期等。

上述六个方面是指一般可能要求考虑的指标大类。在具体条件下,可以有增减或不予考虑。这六个方面就构成了所谓的系统评价指标体系。至于大类下单项指标的设立则要根据系统性质、目标要求、有关系统的特殊问题等全面予以考虑。

二、指标体系制订中的几个关系

在制订评价指标体系时,有几个问题是必须解决的:

1. 指标的大类和数量问题。这是一个很困难的问题,有较大的处理幅度。一般地说,指标范围较宽,指标数量较多,则方案之间的差异越明显,因而有利于判断和评价,但确定指标的大类和指标的重要程度也越困难,因而歪曲方案本质特性的可能性也越大。所以分配指标大类和确定指标的重要程度是关键。

2. 关于各评价指标之间的相互关系问题。在制订单项指标时,一定要使指标间尽量相互独立,互不重复。例如企业费用和投资费用,折旧费用和成本,在使用中的交叉处必须明确加以划分和规定。

3. 评价指标体系的提出和确定问题。评价指标体系的制订要求尽可能地做到科学、合理、实用,而评价指标体系内容的多样性使得要达到上述要求很困难。为了解决这种矛盾,通常使用德尔菲法(Delphi Methods),即经过广泛征求专家意见,反复交换信息,统计处理和归纳综合等达到上述要求。

评价指标体系的组成，当然随具体问题而异，不同的系统，其组成的指标因素是大不一样的，下面举三个例子说明。

例 8.1　某种导弹武器系统的评价指标体系由以下 50 项指标因素（分为 10 大类，每项指标因素的前面两位数字为总编号，第三、四位数字为所在大类中的编号）组成：

(1) 主要战术技术性能

0101　射程与起飞重量比

0202　最小射程(死区)

0303　速度(平均)

0404　战斗部重量与起飞重量比

0505　垂直破甲厚度

0606　可靠性

0707　命中率

0808　射速

0909　操纵方式

1010　隐蔽性(可分离或不可分离发射)

1111　装备(单兵、车载、直升机或固定)

1212　发射方式(无架、有架、管式等)

(2) 结构工艺性

1301　导弹本身结构工艺性(战斗部、动力装置、弹体、控制系统)

1402　瞄准装置的结构工艺性(机械、光学系统、整机)

1503　发射装置结构工艺性

1604　制导系统结构工艺性

(3) 控制系统品质

1701　控制系统的稳定性

1802　控制系统的误差

1903　抗干扰能力(光、电、火焰等)

2004　初始飞行品质(易控、不易控)

(4) 生产检测系统

2101　生产检测系统的复杂程度

2202　导弹生产周期

2303　检测设备与配套

2404　自动化程度

2505　互换性

2606　工装(工、卡、量具等)

(5) 技术与资料

2701　技术成熟程度

2802　资料齐全程度

2903　掌握程度

3004　外协程度

(6) 勤务处理

3101　运输

3202　展收时间

3303　储存时间

3404　检测

3505　更换

3606　作战环境的适应能力

3707　保养

(7) 建设速度

3801　计划时间

3902　筹建时间

4003　试生产时间

4104　批生产时间

(8) 国内适应能力

4201　车辆配套能力

4302　直升机配套能力

4403　配套件配套能力

4504　材料来源

4605　投资能力

(9) 教育与训练

4701　教育时间(工人)

4802　训练射手的难易程度

(10) 成本

4901　导弹系统成本(单发导弹、发射装置、瞄准控制装置、车辆成本、成套设备)

5002　资料与专利成本

对于武器系统,以往只考虑其“主要战术技术性能”(而且还往往只考虑其中的少数几项),不太注意其“结构工艺性”与“成本”,更加忽视“教育与训练”等方面的问题,这是很片面的、不合理的。

如果引进外国装备,还必须考虑“技术与资料”、“国内适应能力”等各项因素,否则就要吃亏上当。

例 8.2　兰德公司用于评价交通运输系统方案的指标体系,如图 8－2 所示。

例 8.3　地－地战略导弹总体性能评价指标体系,如图 8－3 所示[24]。

- 某一方案A_i
  - 用户
    - 旅客
      - 旅行时间
      - 旅行费用
      - 安全性
      - 舒适性
      - 便利性
    - 货物
      - 运输时间
      - 运输费用
      - 运输条件
      - 可靠性
      - 便利性
  - 经营者
    - 收益
    - 连续性
    - 自主权
  - 社会方面
    - 公害、生态
    - 土地征用
    - 财务
    - 都市规划
    - 社会学方面
    - 稀缺资源

图 8－2　评价交通运输系统的指标体系

§8.2　评价指标数量化方法

常用的系统评价指标数量化方法主要有：排队打分法、体操计分法、专家评分法、两两比较法、连环比率法。下面分别予以介绍。

§8.2.1　排队打分法

如果指标因素(例如汽车的时速、油耗，工厂的产值、利润、能耗等等)已有明确的数量表示，就可以采用排队打分法。设有 m 种方案，则可采取 m 级记分制：最优者记 m 分，最劣者记 1 分，中间各方案可以等步长记分(步长为 1 分)，也可以不等步长记分，灵活掌握；或者各项指标均采用 10 分制，最优者满分为 10 分。

§8.2.2　体操计分法

体育比赛中许多计分方法也可以用到系统评价工作中来。例如，体操计分法是请 6 位裁判员各自独立地对表演者按 10 分制评分，得到 6 个评分值，然后舍去最高分和最低分，将中间的 4 个分数取平均，就得到表演者最后的得分数。

在系统评价工作中，就可用这种体操计分法得到系统的各评价指标的最后得分。

- 地地战略导弹总体性能评价指标体系
  - 作战能力
    - 控制能力(射程)
      - 1. 推进技术指标
      - 2. 制导技术指标
      - 3. 目标参数
    - 打击能力
      - 1. 命中精度
      - 2. 威力
      - 3. 爆高
      - 4. 爆高误差
    - 可靠性能
      - 1. 作战准备完好性
      - 2. 发射可靠性
      - 3. 飞行可靠性
      - 4. 核爆可靠性
    - 生存能力
      - 1. 机动方式
      - 2. 机动通路条件要求
      - 3. 机动速度
      - 4. 机动距离
      - 5. 伪装、隐蔽、防护技术
    - 反应能力
      - 1. 准备时间
      - 2. 等待时间
      - 3. 反应时间
      - 4. 有效期
    - 突防能力
      - 1. 有防护状态抗核加固指标
      - 2. 无防护状态抗核加固指标
      - 3. 飞行段抗核加固指标
      - 4. 抗非核加固指标
      - 5. 抗天气侵蚀指标
  - 使用性能
    - 射向变换范围
      - 1. 改变射向方位最大角度
      - 2. 改变射向时间
      - 3. 射向变换附加条件
    - 发射方式
      - 1. 固定发射
      - 2. 随机发射
      - 3. 准留阵地机动发射
    - 使用环境条件
      - 1. 自然环境条件
      - 2. 诱发环境条件
      - 3. 特殊环境条件
    - 地面设备要求
      - 1. 地面设备(弹体)定性、定量要求
      - 2. 弹头地面设备定性、定量要求
      - 3. 地面设备可靠性、可维修性要求
    - 运输要求
      - 1. 运输包装要求
      - 2. 运输方式
      - 3. 运输速度
      - 4. 运输距离
    - 指标监控要求
      - 1. 控制数量
      - 2. 覆盖范围
      - 3. 反应时间
      - 4. 可靠性
      - 5. 安全、保密等级
    - 储存期要求
      - 1. 库房环境条件要求
      - 2. 库房储存期
      - 3. 待机阵地环境条件要求
    - 维修性、安全性要求
      - 1. 维修性定性、定量要求
      - 2. 安全性定性、定量要求

图 8－3　战略导弹总体性能评价指标体系

§8.2.3 专家评分法

这是一种利用专家经验的感觉评分法。例如，要对多台设备操作性进行评价，可以请若干专家，即有经验的实际操作者来试车，专家们根据主观感觉和经验。对每台设备按一定的记分制来打分，再将每台设备的得分相加，最后将和数除以操作者的人数，就获得了各台设备的得分数。

例 8.4 设有5台设备，15个操作者，其操作感受情况记录如表8-1所示。评分结果也表示在表中，显然，样机Ⅳ的操作性最佳，样机Ⅴ次之。

对于各个得分 F_j，我们也可以将其化为百分制得分 B_j（最高分为100分）

$$B_j = \frac{F_j}{F_{\max}} \times 100 \tag{8.2.1}$$

其中

$$F_{\max} = \max_j \{F_j\}$$

如果式(8.2.1)右端不是乘以100，而是乘以10或5，则化为10分制或5分制得分（最高分为10分或5分）。

我们还可将得分 F_j 作以下处理：

$$f_j = \frac{F_j}{\sum_{j=1}^{n} F_j} \tag{8.2.2}$$

f_j 称为“得分系数”，其值大小也可作为衡量操作性好坏的数量标准。

表8-1 操作者对各设备的操作感受情况

操作者＼样机		Ⅰ	Ⅱ	Ⅲ	Ⅳ	Ⅴ
	1	差	可	差	可	良
	2	良	差	差	差	可
	3	可	差	良	可	差
	4	可	可	良	可	可
	5	差	差	可	可	可
	6	可	可	良	可	可
	7	差	差	可	良	可
	8	可	可	可	可	良
	9	良	可	良	良	良
	10	差	可	可	良	良
	11	可	可	差	良	可
	12	可	良	良	良	良
	13	良	可	良	良	良
	14	良	可	可	良	良
	15	可	可	可	良	良
列	良(a)	4	1	6	9	8
	可(b)	7	10	6	5	6
计	差(c)	4	4	3	1	1
$3a+2b+c=s$		30	27	33	38	37
得分：$F=S/15$		2.00	1.80	2.20	2.53	2.47

例 8.4 的得分作以上转化后如表 8-2 所示。

表 8-2 不同得分制下的得分表

方案(样机)	Ⅰ	Ⅱ	Ⅲ	Ⅳ	Ⅴ	$\sum$
得分 F_j	2.00	1.80	2.20	2.53	2.47	11
百分制得分 B_j	79.1	71.1	86.9	100	97.6	
10 分制得分	7.91	7.11	8.69	10	9.76	
5 分制得分	3.96	3.56	4.35	5	4.88	
得分系数 f_i	0.182	0.164	0.200	0.230	0.224	1.00

§8.2.4 两两比较法

这也是一种感觉(经验)评分法。它是将方案两两比较而打分,然后对每一方案的得分求和,并进行百分化等处理。打分时可以采用 0~1 打分法、0~4 打分法或多比例打分法等等。下面分别说明。

一、0~1 打分法(强制确定法)

设有 n 种方案,我们排成一个 $n \times n$ 方阵,其元素

$$a_{ij} = \begin{cases} 1\ , & \text{当方案 } i \text{ 比 } j \text{ 优时;} \\ 0\ , & \text{当方案 } i \text{ 比 } j \text{ 劣时;} \\ \text{空白}, & \text{当方案 } i = j \text{ 时} \end{cases} \qquad (8.2.3)$$

很明显,有 $a_{ji} = 1 - a_{ij}$,即当 $a_{ij} = 1$ 时,$a_{ji} = 0$;当 $a_{ij} = 0$ 时,$a_{ji} = 1$. a_{ij} 总是表示第 i 方案得到的分数。若第 i 方案与第 j 方案相当,分不出优劣时,则令 $a_{ij} = a_{ji} = 0.5$.

表 8-3 列举了一个例子。

表 8-3 0~1 打分法实例

方案 i \ 方案 j	Ⅰ	Ⅱ	Ⅲ	Ⅳ	Ⅴ	得分 F_i
Ⅰ	-	1	1	0	1	3
Ⅱ	0	-	1	0	1	2
Ⅲ	0	0	-	0	1	1
Ⅳ	1	1	1	-	1	4
Ⅴ	0	0	0	0	-	0
$\sum$						10

按照公式(8.2.3)打分,通常有一个方案的得分为 0. 有时为了避免这种情况,可以规定 $a_{ii} = 1$,于是,对应于表 8-3,可以得到表 8-4.

表 8-4　表 8-3 的修正

方案 i \ 方案 j	Ⅰ	Ⅱ	Ⅲ	Ⅳ	Ⅴ	得分 F_i
Ⅰ	1	1	1	0	1	4
Ⅱ	0	1	1	0	1	3
Ⅲ	0	0	1	0	1	2
Ⅳ	1	1	1	1	1	5
Ⅴ	0	0	0	0	1	1
Σ						15

二、0~4 打分法

这种打分法比 0~1 打分法来得细一些。当两个方案 i 与 j 同等优越时，则令 $a_{ij}=a_{ji}=2$；当方案 i 比 j 稍微优越时，令 $a_{ij}=3, a_{ji}=1$；当方案 i 比 j 显著优越时，令 $a_{ij}=4, a_{ji}=0$。

表 8-5 表示了一个例子。

表 8-5　0~4 打分法实例

方案 i \ 方案 j	Ⅰ	Ⅱ	Ⅲ	Ⅳ	Ⅴ	得分 F_i
Ⅰ	-	4	3	0	2	9
Ⅱ	0	-	4	1	3	8
Ⅲ	1	0	-	1	4	6
Ⅳ	4	3	3	-	3	13
Ⅴ	2	1	0	1	-	4
Σ						40

三、多比例打分法

0~4 打分法可以看成是一种比例打分法，两个方案的得分分别是如下比例：4:0，3:1，2:2，两者得分之和为 4。在多比例打分法中，两者得分之和为 1，其比例可为：1:0，0.9:0.1，0.8:0.2，0.7:0.3，0.6:0.4，0.5:0.5，这样的分档就更加细了。表 8-6 列举了一个例子。

表 8-6　多比例打分法实例

方案 i \ 方案 j	Ⅰ	Ⅱ	Ⅲ	Ⅳ	Ⅴ	得分 F_i
Ⅰ	-	1	0.8	0.1	0.5	2.4
Ⅱ	0	-	0.9	0.3	0.6	1.8
Ⅲ	0.2	0.1	-	0.2	0.9	1.4
Ⅳ	0.9	0.7	0.8	-	0.8	3.2
Ⅴ	0.5	0.4	0.1	0.2	-	1.2
Σ						10

表 8-2~表 8-6 都是一个评分员作两两比较时的打分结果。为了提高打分的准确性（客观性），可以请多个评分员用共同的打分法各自独立地打分，然后求出得分的平均值。

§8.2.5 连环比率法

连环比率法是一种确定得分系数或加权系数的方法，我们用表 8－7 来说明。此方法可分成以下三个步骤进行：

1. 填写暂定分数列（由上而下）

表 8－7 连环比率法

方案	暂定分数	修正分数 f_i	得分系数 f_j
A_1	2.0	4.50	0.33
A_2	0.5	2.25	0.16
A_3	3.0	4.50	0.33
A_4	1.5	1.50	0.11
A_5	1.0	1.00	0.07
$\sum$		13.75	1.00

对比 A_1 与 A_2，设 A_1 的优越性是 A_2 的两倍，则对应于 A_1 填写 2.0；对比 A_2 与 A_3，设 A_2 的优越性仅为 A_3 的一半，则对应于 A_2 填写 0.5；类似地，对应于 A_3 与 A_4 填写 3.0 与 1.5；最后 A_5 填写 1.0。

2. 填写修正分数列（由下而上）；

取 A_5 为基础值，其修正分数为 1.00；用 1.00 乘以 A_4 的暂定分数 1.5，得到 A_4 的修正分数为 1.50；用 1.50 乘以 A_3 的暂定分数 3.0，得到 A_3 的修正分数为 4.50；类似地得到 A_2 与 A_1 的修正分数为 2.25 与 4.50。

对所有修正分数求和

$$\sum_{i=1}^{5}(A_i\text{ 的修正分数}) = 13.75$$

3. 计算得分系数 f_1

$$f_i = \frac{A_i\text{ 的修正分数}}{\sum_i (A_i\text{ 的修正分数})} \tag{8.2.4}$$

例如

$$f_1 = \frac{4.50}{13.75} = 0.33$$

$$f_2 = \frac{2.25}{13.75} = 0.16$$

很显然，f_i 满足如下关系式：

$$0 \leqslant f_i \leqslant 1 \qquad \sum_{i=1}^{n} f_i = 1 \tag{8.2.5}$$

这正是统计学中对于权系数的定义（按照习惯，权系数记为 ω_i），用连环比率法确定权系数时，只需要把“优越性”的比较换为“重要性”的比较即可。

§8.3 评价指标综合的主要方法

将各评价指标数量化，得到各个可行方案的所有评价指标的无量纲的统一得分以后，采用下述各种方法进行指标的综合，就可以得到每一方案的综合评价值，再根据综合评价值的高低就能排出方案的优劣顺序。

§8.3.1 加权平均法

加权平均法是指标综合的基本方法。具有两种形式，分别称为加法规则与乘法规则。

设方案 A_i 的指标因素 F_j 的得分（或得分系数 f_j）为 a_{ij}，将 a_{ij} 排列成评价矩阵，如表 8－8 所示。

表 8－8 评价矩阵

指标因素 F_j		F_1	F_2	$\cdots$	F_n	综合评价值 ϕ_i
权重 ω_j		ω_1	ω_2	$\cdots$	ω_n	
方案 A_i	A_1	a_{11}	a_{12}	$\cdots$	a_{1n}	
	A_2	a_{21}	a_{22}	$\cdots$	a_{2n}	
	$\vdots$	$\vdots$	$\vdots$		$\vdots$	
	A_m	a_{m1}	a_{m2}	$\cdots$	a_{mn}	

一、加法规则

图 8－4 给出了加权平均法（加法规则）的一般思路，方案 i 的综合评价值 ϕ_i 按如下公式计算：

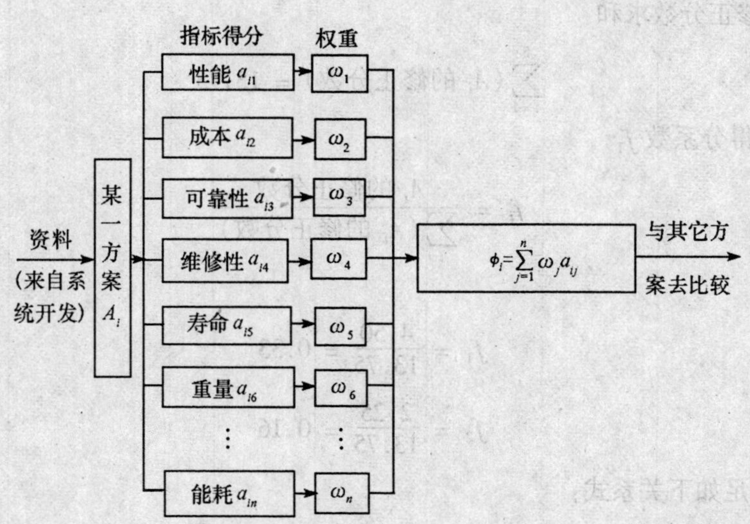

图 8－4 加权平均法

$$\phi_i = \sum_{j=1}^{n} \omega_j a_{ij}, \ i = 1,2,\cdots,m$$

(8.3.1)其中 ω_j 为权系数，满足如下关系式：

$$0 \leqslant \omega_j \leqslant 1, \quad \sum_{j=1}^{n} \omega_j = 1 \tag{8.3.2}$$

例 8.5 设有 3 个方案，5 项指标，数据如表 8－9 所示，试计算各个方案的综合评价值。

表 8－9 实例

指标 F_j		F_1	F_2	F_3	F_4	F_5
权重 ω_j		0.4	0.3	0.15	0.1	0.05
方案 A_i	A_1	7	6	9	10	2
	A_2	8	6	4	2	8
	A_3	4	9	5	10	6

解 按公式(8.3.1)计算各个方案的评价值 ϕ_i

$$\phi_1 = 0.4 \times 7 + 0.3 \times 6 + 0.15 \times 9 + 0.1 \times 10 + 0.05 \times 2 = 7.05$$

$$\phi_2 = 0.4 \times 8 + 0.3 \times 6 + 0.15 \times 4 + 0.1 \times 2 + 0.05 \times 8 = 6.20$$

$$\phi_3 = 0.4 \times 4 + 0.3 \times 9 + 0.15 \times 5 + 0.1 \times 10 + 0.05 \times 6 = 6.35$$

因为 $\phi_1 > \phi_3 > \phi_2$，所以方案 A_1 最优，A_3 次之。

在应用加权平均法时，有以下两点值得注意：

(1) 列写指标因素应考虑周全，避免遗漏；

(2) 对于各项指标因素分配的权重要适当。

二、乘法规则

乘法规则采用下列公式计算各个方案的综合评价值 ϕ_i：

$$\phi_i = \prod_{j=1}^{n} a_{ij}^{\omega_j} \quad i = 1,2,\cdots,m \tag{8.3.3}$$

其中 a_{ij} 为方案 i 的第 j 项指标的得分，ω_j 为第 j 项指标的权重。对式 (8.3.3)的两边求对数，得

$$\lg\phi_i = \sum_{j=1}^{n} \omega_j \lg a_{ij}, \ i = 1,2,\cdots,m \tag{8.3.4}$$

对照式(8.3.1)，可知，这是对数形式的加法规则。

乘法规则应用的场合是要求各项指标尽可能取得较好的水平，才能使总的评价值较高。它不容许哪一项指标处于最低水平上。只要有一项指标的得分为零，不论其余的指标得分是多高，总的评价值都将是零，因而该方案将被淘汰。例如一个系统的各项技术指标尽管很好，但是由于有碍政治的因素，最后还是要被否决的。

相反，在加法规则式(8.3.1)中，各项指标的得分可以线性地互相补偿。一项指标的得分比较低，其它指标的得分都比较高，总的评价值仍然比较高，任何一项指标的改善，都可以使得总的评价值提高。例如衡量人民群众的生活水平，衣、食、住、行任何一个方面的

提高都意味着生活水平的提高。

下面介绍“理想系数法”，实际上它是乘法规则的应用。理想系数法的步骤是：

1. 先用某种评分方法对每个方案的各项功能进行评分

2. 按下式计算功能满足系数 f_i：

$$f_i = \frac{\text{该方案总分 } F_i}{\text{理想状态总分 } F} \tag{8.3.5}$$

3. 按下式计算经济满意系数 e_i：

$$e_i = \frac{\text{成本基数 - 该方案预计成本}}{\text{成本基数}} \tag{8.3.6}$$

4. 计算方案的理想系数 ϕ_i

$$\phi_i = \sqrt{f_i \cdot e_i} \tag{8.3.7}$$

理想系数 ϕ_i 是从功能和成本两个方面综合衡量方案符合理想状态的程度。显然，有 $0 \leqslant f_i \leqslant 1, 0 \leqslant e_i \leqslant 1$，且 $0 \leqslant \phi_i \leqslant 1$。若 $\phi_i = 0$，则方案完全不理想；若 $\phi_i = 1$，则方案符合理想状态。应当保留 ϕ_i 数值较高的方案。

例 8.6　森林火警探测系统有四个可行方案，对它们从技术上按照表 8 – 10 所示的标准进行评分，其评分结果和功能满足系数如表 8 – 11 所示。

式(8.3.6)中的成本基数按森林火灾平均损失的 1/30 计算，这里取为 119 万元。各方案的经济满意系数如表 8 – 12 所示。最后按式(8.3.7)算得各方案的理想系数亦如表 8 – 12 所示，显而易见应该选择方案 D 或 C。

表 8 – 10　评分标准

方案	理想状态	好的方案	较好方案	较差方案	差的方案	不予考虑
评分	5	4	3	2	1	0

表 8 – 11　评分结果和功能满足系数

功能 / 方案	可靠性	连续性	气候环境影响	信息传递速度	后勤供应	维修保养	总分 F_i	功能满足系数 $f_i = F_i / F$
A. 飞机瞭望	4	3	2	5	4	3	21	$f_A = 0.70$
B. 机载红外照相	5	3	3	5	4	2	22	$f_B = 0.73$
C. 地面红外仪	4	5	5	4	3	4	25	$f_C = 0.83$
D. 人工瞭望塔	4	4	4	4	3	5	24	$f_D = 0.80$
理想状态	5	5	5	5	5	5	30	$F = 30$

表 8-12　经济满意系数和理想系数(成本基数 119 万元)

方　案	方案预计成本(万元)	经济满意系数 e_i	理想系数 ϕ_i
A. 飞机瞭望	37.5	$e_A = 0.68$	$\phi_A = 0.690$
B. 机载红外照相	75.9	$e_B = 0.36$	$\phi_B = 0.513$
C. 地面红外仪	19.2	$e_C = 0.84$	$\phi_C = 0.835$
D. 人工瞭望塔	10.9	$e_D = 0.91$	$\phi_D = 0.853$

对比公式(8.3.7)与(8.3.3),我们看到,在公式(8.3.7)中,是取 $\omega_1 = \omega_2 = \dfrac{1}{2}$。

§8.3.2　功效系数法

设系统具有 n 项评价指标 $f_1(x), f_2(x), \cdots, f_n(x)$,其中 k_1 项越大越好,k_2 项越小越好,其余 $(n - k_1 - k_2)$ 项要求适中。现在分别为这些指标赋以一定的功效系数 d_i,$0 \leqslant d_i \leqslant 1$,其中 $d_i = 0$ 表示最不满意,$d_i = 1$ 表示最满意;一般地,$d_i = \phi_i(x)$,对于不同的要求,函数 $\phi_i(x)$ 有着不同的形式,如图 8-5 所示,当 f_i 越大越好时选用(a),越小越好时选用(b),适中时选用(c);把 $f_i(x)$ 转化为 d_i 后,用一个总的功效系数

$$D = \sqrt[n]{d_1 \cdot d_2 \cdots d_n} \tag{8.3.8}$$

作为单一评价指标,希望 D 越大越好($0 \leqslant D \leqslant 1$)。

D 的综合性很强,例如当某项指标 d_k 很不满意时,$d_k = 0$,则 $D = 0$。如果各项指标都令人满意,$d_i \approx 1$,则 $D \approx 1$。

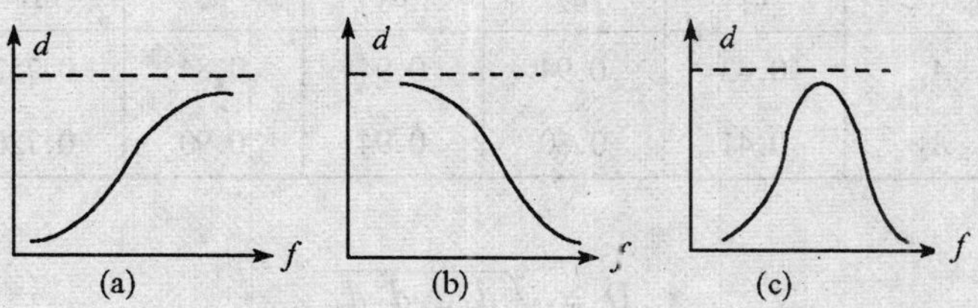

图 8-5　不同形式 $\phi_i(x)$

其实,式(8.3.8)是加权平均法中乘法法则式(8.3.3)的特例:$\omega_1 = \omega_2 = \cdots = \omega_n = \dfrac{1}{n}$。

例 8.7　设某产品有 4 项指标:f_1 表示产量,允许在 40~100 件之间变化;f_2 表示产品的硬度,允许在 3.2~4.4 之间变化;f_3 表示能耗,允许在 6.0~8.5kW 之间变化;f_4 表示产品合格率,不允许低于 50%;显然 f_1 与 f_4 越高越好,f_3 越低越好,而 f_2 则以适中为好,它们的功效函数 $\phi_i(i = 1,2,3,4)$ 如图 8-6 所示。今有两种工艺方案,满足 4 项指标的情况如表 8-13 所示,试评价两种方案的优劣。

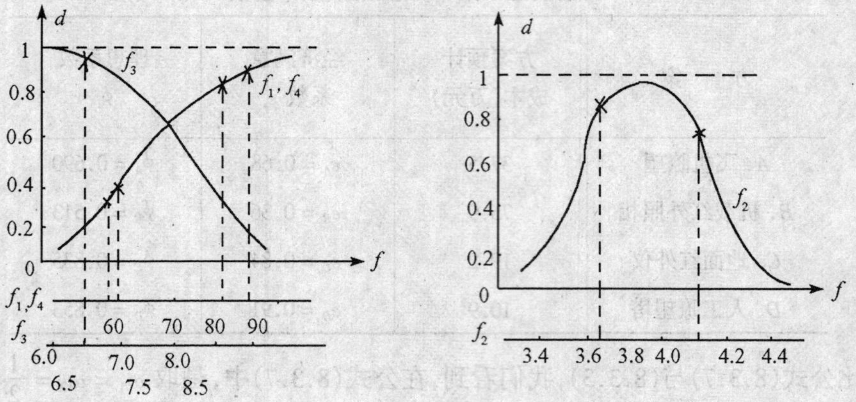

图 8-6 各项指标的功效函数

表 8-13 实例

指标 方案	f_1	f_2	f_3	f_4
A_1	58	3.7	6.5	80
A_2	57	4.1	6.5	85

解 由表 8-13 可见,两种方案中,指标值 f_3 是相同的,其它指标各有所长,难于一下判别哪种方案好。根据表 8-13 的数据查图 8-6 各曲线,得到功效系数如表 8-14 所示。

表 8-14 各方案指标的功效系数

	d_1	d_2	d_3	d_n	D
A_1	0.43	0.94	0.94	0.84	0.752
A_2	0.41	0.80	0.94	0.90	0.726

总的功效系数

$$D = \sqrt[4]{d_1 d_2 d_3 d_4}$$

分别算得 $D_1 = 0.752, D_2 = 0.726$.

显而易见,由于 $D_1 > D_2$,所以方案 A_1 比 A_2 好。

§8.3.3 主次兼顾法

设系统具有 n 项指标 $f_1(x), f_2(x), \cdots, f_n(x), x \in R$,如果其中某一项最为重要,设为 $f_i(x)$,希望它取极小值,那么我们可以让其它指标在一定约束范围内变化,来求 $f_i(x)$ 的极小值,就是说,将问题化为单项指标的数学规划:

$$\min f_i(x), x \in R'$$

$$R' = \{x \mid f'_i \leqslant f_i(x) \leqslant f''_i, i = 2,3,\cdots,n, x \in R\} \qquad (8.3.9)$$

例如一个化工厂,要求产品成本低、质量好,同时还要求污染少。如果降低成本是当务之急,则可以让质量指标和污染指标满足一定约束条件而求成本的极小值;如果控制污染、保护环境是当务之急,则可以让成本指标和质量指标满足一定约束条件而求污染的极小值等等。

§8.3.4 效益成本法与罗马尼亚选择法

一、效益成本法

在系统评价中,所有的评价指标总可以划分为两类:一类是效益,一类是成本。前者是我们实现方案后能够获得的结果,后者是为了实现方案必须支付的投资。将每个方案的效益与成本分别计算后,再比较其效益/成本,就可以评价方案的优劣,显然,效益/成本愈大,方案愈好。

例 8.8 某厂为了扩大生产,准备新建一间厂房。为此提出三个方案,如表 8-15 所示,请用效益成本法对三个方案进行评价。

对三个方案进行比较后发现他们各有优缺点。为了便于进一步判断,应把目标适当集中。由于在系统评价中最关心的是成本和效益这两大类,因此应该首先集中注意此两类指标。已知建成后发挥效益的时间是 10 年,则可计算出三个方案的 10 年总利润及全部投资额。比较结果如表 8-16 所示。

表 8-15 建厂方案指标比较

序号	指标	单位	第Ⅰ方案	第Ⅱ方案	第Ⅲ方案
1	造价	万元	100	86	75
2	建成年限	年	5	4	3
3	建成后需流动资金	万元	45.8	33.3	38.5
4	建成后发挥效益时间	年	10	10	10
5	年产值	万元	260	196	220
6	产值利润率	%	12	15	12.5
7	环境污染程度		稍重	最轻	轻

从表 8-16 可以看出,第Ⅱ方案是最理想的。Ⅰ的总利润虽高于Ⅱ、Ⅲ,但投资额也高于Ⅱ、Ⅲ,结果使投资利润率低于Ⅱ、Ⅲ,况且,环境保护方面效果差,因此应放弃此方案。同理,进一步分析Ⅱ、Ⅲ以后可以看出,Ⅲ的放弃也是理所当然的。

表 8-16 各方案投资利润率比较

指标	单位	第Ⅰ方案	第Ⅱ方案	第Ⅲ方案
总利润额	万元	312	294	275
全部投资额	万元	145.8	119.3	113.5
利润高于投资的余额	万元	166.2	174.7	161.5
投资利润率	%	214	246	242

二、罗马尼亚选择法

上述效益成本法没有严格的步骤,随评价的问题不同,分析的内容和方法也不相同。

为了使多指标评价问题的解决能够尽量规范化，罗马尼亚人曾经采用了所谓选择法。这种方法是一种比较简便的规范化方法。此法的进行过程如下：

首先，把表征各个指标的具体数值化为以 100 分为满分的分数，这一步称为标准化。标准化时分别从各个指标去比较方案的得分，最好的方案得 100 分，最差的方案得 1 分，居中的方案按下式计算得分数

$$X = \frac{99 \times (C - B)}{A - B} + 1 \tag{8.3.10}$$

式中：A 为最好方案的变量值；

B 为最差方案的变量值；

C 为居中方案的变量值；

X 为居中方案的得分数。

现在仍以上述例子为例，将表 8 - 15 经过标准化后得到的结果列在表 8 - 17 中。因为各方案的“建成后发挥效益时间”相等，故可不列于表中。

标准化之后进行综合数量评价，以确定中选方案。在此之前，先根据各指标的重要性确定权系数，重要的给以较大的权系数，另外，同一指标中各方案分数差异大的，权系数也应大一些。按照这些原则本例确定了权系数，并已填在表 8 - 17 的最右边一列里。

表 8 - 17　表 8 - 15 数据的标准化

序号	目　标	Ⅰ	Ⅱ	Ⅲ	权系数
1	造价	1	56.4	100	40
2	建成年限	1	50.5	100	40
3	建成后需流动资金	1	100	58.8	40
5	年产值	100	1	38.1	30
6	产值利润率	1	100	17.5	80
7	环境污染	1	100	70	20

权系数总和为 250，有了权系数和每个方案相对于各个指标的得分数，就可对方案进行综合评价。此处采用加权平均法，即将各指标的权系数乘以各方案相对于各指标的得分数，然后相加求总和，就得到各个方案的分数加权和。对于本例，由表 8 - 17 得到Ⅰ、Ⅱ、Ⅲ方案的分数加权和分别为 3220、18306、14295。因为第Ⅱ方案之分数加权和最大，故选第Ⅱ方案。从上述计算过程可以看出，加权系数的大小对方案的选择影响很大，上面对产值利润率比较重视，所以给的加权系数比较大。如果不考虑这个指标，即令其加权系数等于 0，则此时Ⅰ、Ⅱ、Ⅲ方案的分数加权和分别为 3140、10306、12895，此时就应该选择第Ⅲ方案了。

§8.3.5　分层系列法

又称指标分层法，它是把多指标评价问题化为一串单指标评价问题来处理。其主要作法是，把指标按其重要程度排好顺序，重要的排在前面，然后依顺序求其最优。例如设指标已排成 $f_1(x), f_2(x), \cdots, f_m(x)$，然后对第一个指标求最优，找出所有最优解的集合，

用 R_1 表示；再在 R_1 内求第二个指标的最优解，把这时最优解集合用 R_2 表示，…，如此继续一直这样做下去，直到求出第 m 个指标的最优解为止。显然，最后得到的结果对所有指标都是最优的。

§8.4 模糊综合评价方法

模糊综合评价可以用来对人、事、物进行全面、正确而又定量的评价，因此它是提高领导者决策能力和管理水平的一种有效方法。一些领导者在面对多种而又复杂的方案、褒贬不一的人才、众说纷纭的成果时，常常会感到不知所措，以致由于主观决策失误，给工作带来损失，但是，此时若能运用模糊综合评价方法，就有可能避免上述情况的发生。

对于方案、人才、成果的评价，人们的考虑往往是从多种因素出发的，而且这些考虑一般只能用模糊语言来描述。例如，评价者从考虑问题的诸因素出发，参照有关的数据和情况，根据他们的判断对复杂问题分别作出“大、中、小”；“高、中、低”；“优、良、可、劣”；“好、较好、一般、较差、差”等程度的模糊评价。然后通过模糊数学提供的方法进行运算，就能得出定量的综合评价结果，从而为正确决策提供依据。

§8.4.1 模糊综合评价的数学模型

对某一事物进行评价，若评价的指标因素(着眼点)为 n 个，分别记为 $u_1, u_2, u_3, \cdots, u_n$，则这 n 个评价因素便构成一个评价因素的有限集合

$$U = \{u_1, u_2, u_3, \cdots, u_n\}$$

若根据实际需要将评语划分为 m 个等级，分别记为 $v_1, v_2, v_3, \cdots, v_m$，则又构成一个评语的有限集合

$$V = \{v_1, v_2, v_3, \cdots, v_m\}$$

例如，对某本教材进行评价，假如可从科学性(u_1)、实践性(u_2)、适应性(u_3)、先进性(u_4)、专业性(u_5)等方面着眼，则其评价因素集合便为

$$U = \{u_1, u_2, u_3, u_4, u_5\}$$

若评价结果划分为“很好”(v_1)、“好”(v_2)、“一般”(v_3)、“差”(v_4)4 个等级，则其评语集合便为

$$V = \{v_1, v_2, v_3, v_4\}$$

若我们只着眼于科学性(u_1)一个因素来评定该教材，采用“民意测验”的办法，结果是 16% 的人说它“很好”，42% 的人说它“好”，39% 的人说它“一般”，3% 的人说它“差”，则这个结果可用模糊集合 $\underset{\sim}{B}_1$ 来描述。

$$\underset{\sim}{B}_1 = 0.16/\text{很好} + 0.42/\text{好} + 0.39/\text{一般} + 0.03/\text{差}$$

$\underset{\sim}{B}_1$ 也可简记为向量的形式

$$\underset{\sim}{B}_1 = [0.16,\ 0.42,\ 0.39,\ 0.03]$$

评价结果 $\underset{\sim}{B}_1$ 是评语集合 V 这一论域上的模糊子集。$\underset{\sim}{B}_1$ 就是对被评对象所做的单因素评价。

然而，一般往往需要从几个不同方面来综合地评价某一事物，从而得到一个综合的评价结果，该结果仍是评语集合 V 这一论域上的一个模糊子集 $\underset{\sim}{B}$，这便是综合评价问题。

通常，V 为一有限集合，则 $\underset{\sim}{B}$ 也为相应的有限模糊集合

$$\underset{\sim}{B} = b_1/v_1 + b_2/v_2 + \cdots + b_m/v_m$$

简记为一 m 维模糊向量形式

$$\underset{\sim}{B} = [b_1, b_2, \cdots, b_m]$$

其论域为 V，b_j 为 B 中相应元素的隶属程度(也称隶属度)，且

$$b_j \in [0,1],\ j = 1,2,3,\cdots,m$$

在实际评价工作中，各个评价因素的重要程度往往是不相同的，考虑到这个客观存在的事实，评价因素集合实际上是因素集合 U 这一论域上的一个模糊集合 $\underset{\sim}{A}$，实际上亦为一有限集，即因素集合也为一相应的有限模糊集合

$$\underset{\sim}{A} = a_1/u_1 + a_2/u_2 + \cdots + a_n/u_n$$

同样也可用一个 n 维模糊向量来表示

$$\underset{\sim}{A} = [a_1, a_2, \cdots, a_n]$$

其论域为 U，a_i 是 A 中相应元素的隶属程度，且 $a_i \in [0,1]$，并应满足 $\sum_{i=1}^{n} a_i = 1$。

一个模糊综合评价问题，就是将评价因素集合 U 这一论域上的一个模糊集合 $\underset{\sim}{A}$ 经过模糊关系 $\underset{\sim}{R}$ 变换为评语集合 V 这一论域上的一个模糊集合 $\underset{\sim}{B}$，即

$$\underset{\sim}{B} = \underset{\sim}{A} \cdot \underset{\sim}{R} \tag{8.4.1}$$

此式即为模糊综合评价的数学模型。其中

$\underset{\sim}{B}$——为模糊综合评价的结果，$\underset{\sim}{B}$ 为 m 维的模糊行向量；

$\underset{\sim}{A}$——为模糊评价因素权重集合，$\underset{\sim}{A}$ 为 n 维模糊行向量；

$\underset{\sim}{R}$——为从 U 到 V 的一个模糊关系，它是一个$(n \times m)$的矩阵。

其元素 $r_{ij}\begin{pmatrix} i=1,2,\cdots,n \\ j=1,2,\cdots,m \end{pmatrix}$ 表示从第 i 个因素着眼，作出第 j 种评语的可能程度。

式(8.4.1)为模糊矩阵的乘积，其中

$$B = [b_j],\ b_j = \bigcup_{i=1}^{n}(a_i, b_{ij}),\ j = 1,2,\cdots,m$$

多因素评价比较困难，因为要同时综合考虑的因素较多，而各因素的重要程度又不相同，这些都使问题变得很复杂，如用经典数学方法来解决综合评价问题，就显得很困难，而模糊数学则为解决模糊综合评价问题提供了理论依据，从而找到一种有效而简单的方法。

由式(8.4.1)可知，当评价因素增加时，并不增加问题的复杂性，只是增加计算量而已。

在评价问题时，通常是让模糊向量 $\underset{\sim}{A}$ 中各元素满足

$$\sum_{i=1}^{n} a_i = 1 \tag{8.4.2}$$

其中：a_i 是 u_i 重要程度的度量，也即因素 u_i 的权重，故 $\underset{\sim}{A}$ 也就表征了评价因素的权重分配。

§8.4.2 模糊综合评价的应用

一、模糊综合评价用于讲课质量的评估

教师讲课是一种复杂的智力活动,它不仅涉及所授课程的知识,而且旁及教育学、心理学、语言学,讲课的优劣对数学质量的提高有决定性的影响。对教师讲课进行定量化的综合评价,有助于教师讲课质量的提高,也有助于优秀教师总结教学经验。

下面具体说明教学评价模糊模型的建立和求解过程。

设 U 是因素集,即评价讲课质量的因素的集合;V 是评价集,即评语等级的集合。

U = [清楚易懂,教材熟练,生动有趣,板书整洁]

V = [很好,较好,一般,不好]

设 $\underset{\sim}{R}$ 是从 U 到 V 的模糊关系(也可看作是模糊变换),$r_{ij}(i,j=1,2,3,4)$ 表示从第 i 个因素着眼,对被评教师作出第 j 种评语的可能程度。固定 $i(r_{i1},r_{i2},r_{i3},r_{i4})$ 就是 V 上的一个模糊子集,表示从第 i 个因素着眼,对于被评教师所作出的单因素评价,构成模糊评价矩阵为

$$\underset{\sim}{R}=\begin{bmatrix} r_{11} & r_{12} & r_{13} & r_{14} \\ r_{21} & r_{22} & r_{23} & r_{24} \\ r_{31} & r_{32} & r_{33} & r_{34} \\ r_{41} & r_{42} & r_{43} & r_{44} \end{bmatrix}$$

U 中的各元素 u,即各个因素对讲好课程的影响程度是不一样的。也就是说,对 U 中诸因素应有不同的权衡,人们对这个问题的认识可以表现为 U 上的一个模糊子集 $\underset{\sim}{A}$,U 中元素 u 对 $\underset{\sim}{A}$ 的隶属度为 $\underset{\sim}{A}(u)$,叫做因素 u 被着眼的权重,$[\underset{\sim}{A}(u_i),(i=1,2,3,4)]$ 叫做权重分配,一般都让

$$\sum_{i=1}^{4}\underset{\sim}{A}(u_j)=1$$

如果已给出模糊评价矩阵 $\underset{\sim}{R}$,又给定了模糊权重分配 $\underset{\sim}{A}$,则综合评价模糊模型为

$$\underset{\sim}{B}=\underset{\sim}{A}\cdot\underset{\sim}{R}$$

例如,对某校某班任课的李老师进行综合评价,就“清楚易懂”这个因素考虑,全班有40%的人说“很好”,50%的人说“较好”,10%的人说“一般”,便认为该教师讲课若从“清楚易懂”这个因素考虑,应得的评价向量为

$$(0.4,\ 0.5,\ 0.1,0)$$

用上述办法,同样可得“教材熟练”、“生动有趣”、“板书整洁”这三个因素的评价向量分别为

$$(0.6,\ 0.3,\ 0.1,0)$$
$$(0.1,\ 0.2,0.6,0.1)$$
$$(0.1,\ 0.2,\ 0.5,\ 0.2)$$

于是,可以写出对李老师的模糊评价矩阵

$$\underset{\sim}{R}_{李} = \begin{bmatrix} 0.4 & 0.5 & 0.1 & 0 \\ 0.6 & 0.3 & 0.1 & 0 \\ 0.1 & 0.2 & 0.6 & 0.1 \\ 0.1 & 0.2 & 0.5 & 0.2 \end{bmatrix}$$

假设确定的模糊权重分配为

$$\underset{\sim}{A} = (0.5,\ 0.2,\ 0.2,\ 0.1)$$

模糊权重分配是否合适是模糊综合评价模型中的一个关键，所以应当尽量符合实际。可以用德尔菲法或统计试验的方法确定，允许有一定弹性。

则可得该班同学对李老师讲课的综合评价模糊模型为

$$\underset{\sim}{B}_{李} = \underset{\sim}{A} \cdot \underset{\sim}{R}_{李}$$

$$= (0.5,0.2,0.2,0.1) \circ \begin{bmatrix} 0.4 & 0.5 & 0.1 & 0 \\ 0.6 & 0.3 & 0.1 & 0 \\ 0.1 & 0.2 & 0.6 & 0.1 \\ 0.1 & 0.2 & 0.5 & 0.2 \end{bmatrix}$$

$$\begin{aligned} = [&(0.5 \wedge 0.4) \vee (0.2 \wedge 0.6) \vee (0.2 \wedge 0.1) \vee (0.1 \wedge 0.1), \\ &(0.5 \wedge 0.5) \vee (0.2 \wedge 0.3) \vee (0.2 \wedge 0.2) \vee (0.1 \wedge 0.2), \\ &(0.5 \wedge 0.1) \vee (0.2 \wedge 0.1) \vee (0.2 \wedge 0.6) \vee (0.1 \wedge 0.5), \\ &(0.5 \wedge 0) \vee (0.2 \wedge 0) \vee (0.2 \wedge 0.1) \vee (0.1 \wedge 0.2)] \end{aligned}$$

$$= (0.4,0.5,0.2,0.1)$$

归一化后：

$$0.4 + 0.5 + 0.2 + 0.1 = 1.2$$

$$\underset{\sim}{B}_{李} = \left(\frac{0.4}{1.2},\frac{0.5}{1.2},\frac{0.2}{1.2},\frac{0.1}{1.2}\right)$$

$$= (0.33,0.42,0.17,0.08)$$

这里隶属函数与评价函数是一致的。上式说明，按隶属原则来识别李老师讲课效果是"较好"(取其最大值所对应的评语等级)。

二、模糊综合评价用于科技成果的评定

1. 模糊综合评价的步骤

(1) 设因素集 U

"因素"是指人们考虑问题时的着眼点。对评定科技成果来讲，人们关心的是其水平、可行性、效益等方面。在因素集 $U = \{u_1, u_2, \cdots, u_n\}$ 中，应该尽量用最少的因素来概括和描述问题，以达到简化评价运算的目的。

(2) 设评价集 V

人们根据具体情况的需要，对单一因素作出不同程度的评价。一般情况下，评价集有如下几种：

$V = \{$大、中、小$\}$ 或 $V = \{$高、中、低$\}$

$V = \{$优、良、可、劣$\}$

$V = \{$好、较好、一般、较差、差$\}$

(3) 确定权重集 $\underset{\sim}{A}$

在诸"因素"中,人们的侧重点是不同的,这就是权重。模糊综合评价是因素权重和单因素评价的复合作用,因此,权重集(权重分配)的确定十分重要。一般用如下几种方法来确定:①评价专家共同讨论确定;②两两对比法;③AHP(层次分析法)。

(4) 专家评价

在介绍问题的有关背景、数据和情况的基础上,由专家们对反映问题因素进行模糊评价。通常可采用"民意测验"方法来采集专家们的评价意见。

(5) 建立评价矩阵 $\underset{\sim}{R}$

某一因素的评价结果 $r_{ij}(i,j=1,2,3,\cdots)$表示从第 i 个因素出发,对被评价问题作出第 j 种评语的可能程度。固定 i,$(r_{i1},r_{i2},\cdots,r_{in})$就是从 i 种因素出发,对评价对象所作的单因素评价模糊子集。多种因素的评价模糊子集可构成一个评价矩阵 $\underset{\sim}{R}$。

对于 $V=\{$大、中、小$\}$或 $V=\{$高、中、低$\}$,则有

$$\underset{\sim}{R}=\begin{bmatrix} r_{11} & r_{12} & r_{13} \\ r_{21} & r_{22} & r_{23} \\ r_{31} & r_{32} & r_{33} \end{bmatrix}$$

对于 $V=\{$优、良、可、劣$\}$,则有

$$\underset{\sim}{R}=\begin{bmatrix} r_{11} & r_{12} & r_{13} & r_{14} \\ r_{21} & r_{22} & r_{23} & r_{24} \\ r_{31} & r_{32} & r_{33} & r_{34} \\ r_{41} & r_{42} & r_{43} & r_{44} \end{bmatrix}$$

对于 $V=\{$好、较好、一般、较差、差$\}$,则有

$$\underset{\sim}{R}=\begin{bmatrix} r_{11} & r_{12} & r_{13} & r_{14} & r_{15} \\ r_{21} & r_{22} & r_{23} & r_{24} & r_{25} \\ r_{31} & r_{32} & r_{33} & r_{34} & r_{35} \\ r_{41} & r_{42} & r_{43} & r_{44} & r_{45} \\ r_{51} & r_{52} & r_{53} & r_{54} & r_{55} \end{bmatrix}$$

(6) 综合评价

对于评价对象,模糊综合评价结果为 $\underset{\sim}{B}=\underset{\sim}{A}\cdot\underset{\sim}{R}$

(7) 归一化处理,得出具有可比性的综合评价结果。

2. 应用举例

有甲、乙、丙三项科研成果,为了简化问题,只介绍有关情况如表 8-18 所示。现要从中选出优秀项目来。

(1) 设因素集 $U=\{$水平、成功概率、经济效益$\}$

(2) 为了简化运算,我们定评价集

$$V=\{\text{大、中、小}\}\text{ 或 }V=\{\text{高、中、低}\}$$

表 8-18　三项科研成果的有关情况

因素 / 项目	（科学技术）水　平	（成功的概率）可行性	经　济 效　益
甲	接近国际先进	成功概率 70%	>100 万元
乙	国内先进	100%	>200 万元
丙	一般	100%	>20 万元

(3) 确定权重集

在专家们讨论、统一认识后，得出权重集

$$\underset{\sim}{A} = \{0.2, 0.3, 0.5\}$$

(4) 专家评价的结果如表 8-19 所示

表 8-19　专家评价结果

评价 / 项目	水　平			成功概率			经济效益		
	高	中	低	大	中	小	高	中	低
甲	0.7	0.2	0.1	0.1	0.2	0.7	0.3	0.6	0.1
乙	0.3	0.6	0.1	1	0	0	0.7	0.3	0
丙	0.1	0.4	0.5	1	0	0	0.1	0.3	0.6

表中的数字系指赞成此种评价的专家人数与专家总人数的比值。

(5) 建立单因素评判矩阵

$$\text{对甲项成果：}\underset{\sim}{R}_{甲} = \begin{bmatrix} 0.7 & 0.2 & 0.1 \\ 0.1 & 0.2 & 0.7 \\ 0.3 & 0.6 & 0.1 \end{bmatrix}$$

$$\text{对乙项成果：}\underset{\sim}{R}_{乙} = \begin{bmatrix} 0.3 & 0.6 & 0.1 \\ 1 & 0 & 0 \\ 0.7 & 0.3 & 0 \end{bmatrix}$$

$$\text{对丙项成果：}\underset{\sim}{R}_{丙} = \begin{bmatrix} 0.1 & 0.4 & 0.5 \\ 1 & 0 & 0 \\ 0.1 & 0.3 & 0.6 \end{bmatrix}$$

(6) 综合评价

$$\underset{\sim}{B}_{甲} = \underset{\sim}{A} \cdot \underset{\sim}{R}_{甲} = (0.2, 0.3, 0.5) \circ \begin{bmatrix} 0.7 & 0.2 & 0.1 \\ 0.1 & 0.2 & 0.7 \\ 0.3 & 0.6 & 0.1 \end{bmatrix} = (0.3, 0.5, 0.3)$$

$$\underset{\sim}{B}_{乙} = \underset{\sim}{A} \cdot \underset{\sim}{R}_{乙}$$

$$\underset{\sim}{B}_{丙} = \underset{\sim}{A} \cdot \underset{\sim}{R}_{丙}$$

(7) 归一化处理

$$\underset{\sim}{B}_{甲} = \left(\frac{0.3}{0.3+0.5+0.3}, \frac{0.5}{0.3+0.5+0.3}, \frac{0.3}{0.3+0.5+0.3}\right) = (0.27, 0.46, 0.27)$$

同理：

$$\underset{\sim}{B}_{乙} = (0.56, 0.33, 0.11)$$

$$\underset{\sim}{B}_{丙} = (0.27, 0.27, 0.46)$$

从结果中可以看出，乙项科研成果列为优秀项目。

习题·思考题

1. 系统评价的主要困难是什么？应该如何去解决这些困难？
2. 试就某一具体评价问题，建立其评价指标体系。
3. 评价指标数量化方法有几种？请分别叙述这些方法的特点和实施步骤。
4. 评价指标综合的方法有几种？如何运用这些方法排出方案的优劣顺序？
5. 某厂新建工程拟订了四个方案，各方案的主要指标如下表所示，请分别用效益成本法和罗马尼亚选择法帮助该厂领导作出正确评价和选择(设评价方案应着重考虑投资效益)。

序号	指标项目	单位	方案Ⅰ	方案Ⅱ	方案Ⅲ	方案Ⅳ
1	工程投资	万元	5000	4200	3500	3000
2	建成年限	年	8	6	5	4
3	年产值	万元	12000	10500	9000	8400
4	产值利润率	%	15	13	17	14
5	使用寿命	年	12	12	12	12
6	环境污染程度		较轻	一般	轻	最轻
7	建成后需流动资金数	万元	2000	1500	1400	1200

6. 设有甲、乙、丙三项科研成果，有关资料如下表所示，请用模糊综合评价法从中选出优秀项目。

因素／项目	科技水平	实现可能性	社会效益	经济效益
甲	国际先进	60%	好	中等
乙	国内先进	85%	最好	好
丙	本省先进	100%	较好	一般

第九章　系统决策

§9.1　系统决策概述

§9.1.1　决策和决策过程

决策是人类社会的一项重要活动,它关系到人类生活的各个方面。决策是为达到某种目标,从若干个问题求解方案中选出一个最优或合理方案的过程。

因此,决策是人们在各项工作中的一种重要选择行为。无论是行动方案的确定,还是重大发展战略的制定;是一个领导干部的选拔,还是一种产品的研制生产;是一个企业的生产管理,还是一个国家地区的产业政策;都是由一系列决策活动来完成的。所以决策的正确与否是关系到事业成败和利益得失的大事。决策正确带来的是"一本万利",而决策失误也是"最大的失误"。关于这一点,著名科学家、诺贝尔奖获得 H. A. 西蒙有句名言:"管理就是决策",决策贯穿于管理的全过程,这也就是说,一切管理工作的核心就是决策。

在系统工程的工作过程中,由系统开发得到的若干解决问题的方案,经过系统建模、系统分析以及系统评价等步骤之后,最终必须从备选方案中为决策者选出最佳的开发方案。这一程序是系统工程辩证程序中最后一个,也是最重要的一个,这就是系统决策。

H. A. 西蒙把决策过程同现代的管理科学、计算机技术和自动化技术结合起来,将其划分为四个主要阶段:找出制定决策的理由;找到可能的行动方案;在诸行动方案中进行抉择;对已进行的抉择进行评价。尽管不同的决策者在不同决策场合对上述四个阶段的看法可能不一样,但这四个部分加在一起却构成了决策者所要作的主要工作。

以上四个阶段交织在一起,就形成了系统决策的过程,见图 9-1。第一阶段是调查环境,寻求决策的条件和依据,即"情报阶段";第二阶段是创造、制定和分析可能采取的行动方案,即"设计阶段";第三阶段是从可资利用的备选方案中选出一个特别行动方案,即"抉择活动";第四阶段是决策的实施与评审,西蒙称其为"审查活动",其实质是对过去的抉择进行评价。

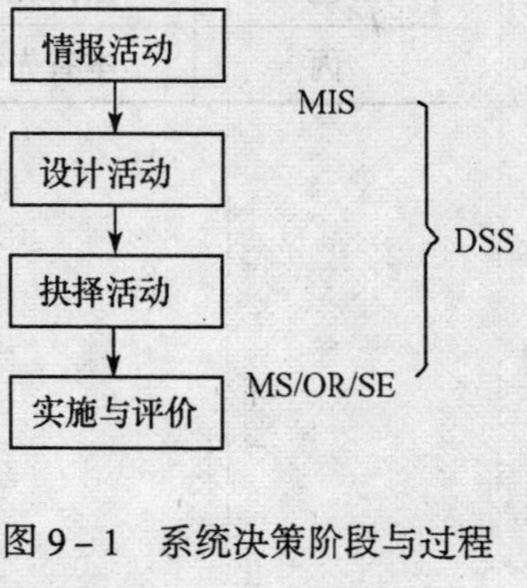

图 9-1　系统决策阶段与过程

现代计算机技术、管理科学等的发展,给决策制定的过程赋予了新的内容和涵义。在情报和设计阶段,主要是依赖于可靠、准确、及时的基本信息,因此管理信息系统(MIS)就成为当代决策的重要技术基础;而在抉择和评价阶段的主要技术措施就是模型方法,主要是指管理科学、运筹学、系统工程中的模型方法(MS/OR/SE)。将上述两部分技术集成在一起，利用先进的计算机软硬件技术，实现上述决策过程，开发成界面友好的人机系统，这就是决策支持系统(DSS)。

§9.1.2 决策问题及其分类

什么是构成一个决策问题的要素呢？下面我们看一个较为简单的例子。

某工程公司准备承建一项工程，需要决定下个月是否开工。如果天气好，工程能顺利进行，就可盈利60000元；如果开工后天气不好，接连下雨，施工困难，公司将损失10000元。如果不开工，则无论天气好坏，都要赔偿5000元。面对这种情况应如何决策，以争取获得最大可能的效益。

在此，天气好或天气坏叫作自然状态，人们可能采取两种行动方案，即开工或不开工。在不同自然状态下损失，可以看成是负的收益，这样要达到收益最大的目标。当然，有时也以损失最小为目标。在系统决策理论中，收益和损失应该是可以定量地表示出来的，上例中相应的益损情况如表9-1所示。

表9-1 两种方案益损情况

自然状态	行动方案	
	开工	不开工
天气好	60000元	-5000元
天气坏	-10000元	-5000元

从上述例子可以看出，构成一个决策问题必须具备以下几个条件：

(1) 存在试图达到的明确目标；

(2) 存在不以决策者主观意志为转移的两种以上的自然状态；

(3) 存在两个或两个以上可供选择的行动方案；

(4) 不同行动方案在不同自然状态下的益损值可以计算出来。

从不同的角度来分析决策问题，我们可以得出不同的分类。

(1) 按决策的重要性可将其分为战略决策、策略决策和执行决策，或称为战略规则、管理控制和运行控制三个层次。

战略决策是涉及到组织的发展和生存的有关全局性、长远、方向问题的决策，如企业厂址的选择、新产品开发、新市场开发，国家和地区的产业布局、结构调整、战略方针等。

策略决策是为完成战略决策所规定的目标而进行的决策，如企业的产品规格、工艺方案等。

执行决策是根据策略决策的要求制定执行方案的选择，如生产标准选择、生产调度、人员兵力配备等决策。

(2) 按决策的性质可将其分为程序化决策和非程序化决策。

程序化决策是一种有章可循的决策，具体体现为可以重复出现，制定固定程序，如订单标价、核定工资、生产调度等。而非程序化决策表现为问题新颖、无结构，处理这类问题没有灵丹妙药，如开辟新的市场、作战指挥决策等。

这一类决策根据问题结构化的程序又可将其分为结构化决策、半结构化决策以及非结构化决策。所谓结构化是指问题的影响变量之间的相互关系可以用数学形式表达，问题的结构可以用数学模型表示；非结构化问题比较复杂，一般也不能建立数学模型；介于二者之间的称为半结构化决策。

(3) 根据人们对自然状态规律的认识和掌握程度，决策问题通常可分为确定型决策、风险型决策(统计决策)以及非确定型(完全不确定型)决策三种。

如果决策者能完全确切地知道将发生怎样的自然状态，那么就可在既定的自然状态下选择最佳行动方案，这就是确定型决策问题，如资源的分配优化、配置等，总之用数学规划解决的问题都属于确定型决策问题。

如果构成一个决策问题，除满足前述的四个条件以外，还满足如下条件：未来出现哪种自然状态决策者不能准确给定，但其出现概率却可以估计出来，那么这种决策问题就称为风险型决策问题。如本节例子中，天气好、天气坏的概率可以估计出来，这一问题就属于风险型决策问题了。

如果决策者不但不能确定未来将出现哪一种自然状态，甚至对于各种自然状态出现的概率也一无所知，也没有任何统计数据可循，全凭决策者的经验、态度和打算，这类决策问题就是非确定型决策问题。

(4) 按决策的目标数量可将其分为单目标决策和多目标决策。

仅有一个目标的决策问题是单目标决策，有两个或两个以上目标的决策问题称为多目标决策。

(5) 按决策的阶段可将其分为单阶段决策和多阶段决策，也可称为单项决策和序贯决策。

单项决策是指整个决策过程只作一次决策就得到结果，序贯决策是指整个决策过程由一系列决策组成，而其中若干关键决策环节又可分别看成单项决策。

§9.1.3 系统决策的基本步骤

前面，我们论述了科学决策的基本过程。针对某一具体的决策问题，一项完整的决策过程应包括以下几个基本步骤：

(1) 明确目标

确定目标是决策的前提。决策目标要制定得具体、明确，避免抽象、含糊。因此，决策目标最好是可度量的指标，如效益、损失等。此外，决策目标要考虑全面，整体与局部、长远和近期、实际和可能的利益要结合起来。

(2) 拟定多个行动方案

根据确定的目标，拟定多个行动方案，这是科学决策的关键。

需要注意，提出的行动方案都必须是可行的，这样从中选择方案才有意义。对于比较大的决策问题，还要进行可行性论证。

(3) 探讨并预测未来可能的自然状态

所谓自然状态，是指那些对实施行动方案有影响而决策者又无法控制和改变的因素所处的状况。这些因素包括的范围很广泛，如气候、物价、市场需求、竞争对手的行动、成本、原材料等都可以成为影响因素。尽管影响决策问题的客观因素可能很多,但通常只选择对行动结果有重大影响的因素,以这个因素或这些因素的状况或组合状况作为该决策问题的自然状态。

例如,某企业的决策者面临是"生产产品 A"还是"不生产产品 A"的决策问题,如果影响这两种行动方案的不可控因素为"市场需求量",而它的可能出现状况有"市场需求大"和"市场需求小"两种,那么行动方案实施后将遇到的自然状态就是二者之一。如果"竞争厂家是否生产类似产品"是本决策问题的另一个不容忽略的影响因素,它的可能状况有"无竞争"和"有竞争"两种。这样,两种影响因素的可能组合状况有四种:"需求小,但无竞争"、"需求小,且有竞争"、"需求大,且无竞争"和"需求大,但有竞争",这也就是本决策问题的四种可能自然状态。

此外,影响因素的状态需要事前作出明确的定义。例如,"市场需求量大"的定义是什么?指需求达到 1000 台以上,还是 2000 台以上呢?显然不同的问题将有不同的回答,因此应根据具体问题作出相应的说明和定义。

(4) 估计各自然状态出现的概率

这是统计决策(风险型决策)问题必须进行的工作,是构成该类决策问题的条件之一。因为确切真实的自然状态出现情况只能在决策之后才能确定,为了进行统计决策,我们必须对各自然状态出现的概率作出估计。一般可以采用主观概率估计或者根据历史统计资料直接估算。

(5) 估算各个行动方案在不同自然状态下的益损值

这也是构成决策问题的条件之一。

(6) 决策分析,选择出满意的行动方案

这一步是系统决策全过程的主体,应用各种决策技术进行决策分析,应用一定的决策准则,最终为决策者选择出满意方案,也是本章以下将要讨论的内容。

§9.2 风险型决策方法

风险型决策所依据的标准主要是期望值标准。每个方案的益损期望值可表示为

$$V_i = \sum_{j=1}^{m} V_{ij} P_i(S_j) \tag{9.2.1}$$

式中:

V_i—— 第 i 方案的益损期望值;

V_{ij}—— 第 i 方案在自然状态 S_j 下的益损值;

P_j—— 自然状态 S_j 出现的概率。

期望值标准是指计算出每个方案的收益和损失的期望值,并且以该期望值为标准,选择收益最大或损失最小的行动方案为最优方案。

以期望值为标准的风险型决策方法一般有三种,即决策表法、决策矩阵法和决策树法。

§9.2.1 决策表法

决策表法是分别计算出方案在不同自然状态下的益损期望值,并列成表,然后从中选择收益期望值最大或者损失期望值最小的方案作为最优方案。

例 9.1 某冷饮店要制定七八月份的日进货计划。该品质的冷饮进货成本为每箱 30 元,销售价为 50 元,当天销售后每箱可获利 20 元。如果剩一箱,由于冷藏及其它原因要亏损 10 元。今年的市场情况不清楚,但有前两年同期 120 天的日销售资料如表 9－2 所示。问今年平均每天进多少箱为好?

表 9－2 冷饮日销售情况

日销售量(箱)	完成销售量的天数	概率值
100	24	24/120 = 0.2
110	48	48/120 = 0.4
120	36	36/120 = 0.3
130	12	12/120 = 0.1
合计	120	1.0

解 先根据前两年数据,确定不同日销售量(自然状态)的出现概率值,见表 9－2。

再根据每天可能的销售量,计算不同进货方案(行动方案)的收益值,并编成决策表如表 9－3 所示(其中计算依据由题意给出)。

最后,按式(9.2.1)计算每个销售方案的期望利润值。

表 9－3 例 9.1 决策表

销售状态 / 利润(元) / 方案	100 箱	110 箱	120 箱	130 箱	期望利润值
概率	0.2	0.4	0.3	0.1	
100 箱	2000	2000	2000	2000	2000
110 箱	1900	2200	2200	2200	2140
120 箱	1800	2100	2400	2400	2160
130 箱	1700	2000	2300	2600	2090

100 箱进货计划方案的期望利润值为:

$$2000 \times 0.2 + 2000 \times 0.4 + 2000 \times 0.3 + 2000 \times 0.1 = 2000 \text{ 元}$$

110 箱进货计划方案的期望利润值为:

$$1900 \times 0.2 + 2200 \times 0.4 + 2200 \times 0.3 + 2200 \times 0.1 = 2140 \text{ 元}$$

120 箱进货计划方案的期望利润值为:

$$1800 \times 0.2 + 2100 \times 0.4 + 2400 \times 0.3 + 2400 \times 0.1 = 2160 \text{ 元}$$

130 箱进货计划方案的期望利润值为:

$$1700 \times 0.2 + 2000 \times 0.4 + 2300 \times 0.3 + 2600 \times 0.1 = 2090 \text{ 元}$$

把以上结果列于表 9－3 的右列。其中以进货 120 箱的计划方案的期望利润值为最大,应选为最优方案。

由于上述期望利润值是不同方案在各种不同自然状态下利润值的概率加权平均,因此,这种最优决策在需要多次重复决策的情况下是最为合理的,而在考虑某次执行效果时,它不一定是最优决策。例如,上例中某天进货 120 箱,而这天的实际市场需求可能是 100 箱、110 箱、120 箱和 130 箱中的任意一种。

此外,风险型决策也可以选择最大可能性标准和合理性标准。

§9.2.2 决策矩阵法

如果备选行动方案及自然状态都比较多,那么矩阵法决策将是合适的。

设有 m 个行动方案 $A_1, A_2, \cdots, A_i, \cdots, A_m$,写成集合为

$$A = \{A_1, A_2, \cdots, A_i, \cdots A_m\}$$

叫做方案向量,A_i 是它的第 i 个分量,$i = 1, 2, \cdots, m$;

有 n 个自然状态 $S_1, S_2, \cdots, S_j, \cdots, S_n$,写成集合为

$$S = \{S_1, S_2, \cdots, S_j, \cdots, S_n\}$$

叫做状态向量,S_j 是它的第 j 个分量,$j = 1, 2, \cdots, n$;

每个自然状态发生的概率分别为:$P(S_1), P(S_2), \cdots, P(S_j), \cdots, P(S_n)$,写成

$$P = [P(S_1), P(S_2), \cdots, P(S_j), \cdots, P(S_n)]$$

叫状态概率矩阵,或就叫概率矩阵。

由概率论可知,

$$P(S_1) + P(S_2) + \cdots + P(S_j) + \cdots + P(S_n) = 1$$

即

$$\sum_{j=1}^{n} P(S_j) = 1$$

设 a_{ij} 是自然状态为 S_j,采取第 i 个行动方案时所取得的效益值,即 $a_{ij} = a(A_i, S_j)$。

当 i 确定时,j 由 1 变化到 n,则采取行动方案 A_i 在各种不同的自然状态 $S_1, S_2, \cdots, S_n$ 下的益损值分别是 $a_{i1}, a_{i2}, \cdots, a_{in}$,写出一般决策表如表 9-4 所示。

根据前面的分析,显然有

表 9-4 一般决策表

状态 / 状态概率 / 益损矩阵 / 方案	S_1 S_2 $\cdots$ S_j $\cdots$ S_n $P(S_1)$ $P(S_2)$ $\cdots$ $P(S_j)$ $\cdots$ $P(S_n)$	益损期望值 $E(A)$
A_1	a_{11} a_{12} $\cdots$ a_{1j} $\cdots$ a_{1n}	$E(A_1)$
A_2	a_{21} a_{22} $\cdots$ a_{2j} $\cdots$ a_{2n}	$E(A_2)$
$\vdots$	$\vdots$ $\vdots$ $\vdots$ $\vdots$	$\vdots$
A_i	a_{i1} a_{i2} $\cdots$ a_{ij} $\cdots$ a_{in}	$E(A_i)$
$\vdots$	$\vdots$ $\vdots$ $\vdots$ $\vdots$	$\vdots$
A_m	a_{m1} a_{m2} $\cdots$ a_{mj} $\cdots$ a_{mn}	$E(A_m)$
决　策	$A_r = \max\limits_{A}[E(A)]$ 或 $A_s = \max\limits_{A}[E(A)]$	

$$E(A_i) = a_{i1}P(S_1) + a_{i2}P(S_2) + \cdots + a_{ij}P(S_j) + \cdots + a_{in}P(S_n)$$

$$= \sum_{j=1}^{n} a_{ij}P(S_j)$$

简单写成

$$E(A_i) = \sum_{j=1}^{n} P_j a_{ij} \tag{9.2.2}$$

用 B 表示益损值矩阵

$$B = \begin{bmatrix} a_{11} & a_{12} \cdots a_{1n} \\ a_{21} & a_{22} \cdots a_{2n} \\ & \vdots \\ a_{i1} & a_{i2} \cdots a_{in} \\ & \vdots \\ a_{m1} & a_{m2} \cdots a_{mn} \end{bmatrix} \text{（又称风险矩阵）}$$

把期望值写成一个列矩阵

$$E(A) = \begin{bmatrix} E(A_1) \\ E(A_2) \\ \vdots \\ E(A_i) \\ \vdots \\ E(A_m) \end{bmatrix}$$

把概率向量 $P = [P_1\ P_2 \cdots P_j \cdots P_n]$ 转置写成列矩阵

$$P^{\mathrm{T}} = \begin{bmatrix} P_1(S_1) \\ P_2(S_2) \\ \vdots \\ P_j(S_j) \\ \vdots \\ P_n(S_n) \end{bmatrix}$$

$$A_i = \max_A I$$

显然有

$$BP^{\mathrm{T}}=\begin{bmatrix} a_{11} & a_{12}\cdots a_{1j}\cdots a_{1n} \\ a_{21} & a_{22}\cdots a_{2j}\cdots a_{2n} \\ & \vdots \\ a_{i1} & a_{i2}\cdots a_{ij}\cdots a_{in} \\ & \vdots \\ a_{m1} & a_{m2}\cdots a_{mj}\cdots a_{mn} \end{bmatrix}\begin{bmatrix} P_1 \\ P_2 \\ \vdots \\ P_j \\ \cdots \\ P_n \end{bmatrix}=\begin{bmatrix} \sum_{j=1}^{n} P_j a_{1j} \\ \sum_{j=1}^{n} P_j a_{2j} \\ \vdots \\ \sum_{j=1}^{n} P_j a_{ij} \\ \vdots \\ \sum_{j=1}^{n} P_j a_{mj} \end{bmatrix}$$

$$=\begin{bmatrix} E(A_1) \\ E(A_2) \\ \vdots \\ E(A_i) \\ \vdots \\ E(A_m) \end{bmatrix}=E(A) \tag{9.2.3}$$

所以

$$BP^{\mathrm{T}}=E(A) \tag{9.2.4}$$

B 矩阵为 m 行 n 列，P 矩阵为 n 行 1 列，则 $E(A)$ 矩阵为 m 行 1 列。

进行决策时：

①若是希望收益最大，则在期望值的列矩阵中找最大的元素所在的方案便是，即

$$A_r=\max_{A}[E(A)] \tag{9.2.5}$$

②若是希望损失最小，则在期望值的列矩阵中找最小的元素所对应的方案便是，即

$$A_s=\min_{A}[E(A)] \tag{9.2.6}$$

需要指出的是，在前面第①种情形时，如果出现的最大期望值多于一个，即有两个或两个以上，就会产生究竟选取哪一个对应的方案的问题。此时可以再比较一个指标，叫做期望值与下界差，即每个方案的期望值与效益值的下界差记作：

$$D(A_i)=E(A_i)-\min(a_{ij}) \tag{9.2.7}$$

即在决策中如果两个方案的 $E(A_i)$ 相同时，则可以这样处理：若 $D(A_i)$ 不同，则选取 $D(A_i)$ 中等的为好；若 $D(A_i)$ 相同，则任选一个方案均可。

例 9.2 红军步兵部队可能在平原、有隐蔽地物的开阔地、丘陵及水网地带与蓝军坦克部队遭遇，遭遇的可能概率分别为 0.1，0.4，0.2，0.3。遭遇时红军使用的武器可能有五种组合：

A_1— 磁性手雷、40 火箭筒、82 无坐力炮；

A_2— 磁性手雷、40 火箭筒、82 无坐力炮、85 加农炮；

A_3— 磁性手雷、40 火箭筒、82 无坐力炮、反坦克导弹；

A_4— 磁性手雷、40 火箭筒、82 无坐力炮、85 加农炮、反坦克导弹；

A_5— 磁性手雷、40 火箭筒、82 无坐力炮、反坦克导弹、坦克。

其益损值在表 9－5 给出。

表 9－5　各方案益损值

方案 \ 状态 概率	S_1	S_2	S_3	S_4	方案益损期望值	$D(A_i)$
	0.1	0.4	0.2	0.3		
A_1	0.2	0.3	0.3	0.1	0.23	0.13
A_2	0.3	0.4	0.5	0.2	0.35	0.15
A_3	0.5	0.7	0.7	0.3	0.56	0.26
A_4	0.55	0.75	0.9	0.35	0.64	0.29
A_5	0.6	0.8	0.7	0.4	0.64	0.24

矩阵 B 为

$$B = \begin{pmatrix} 0.2 & 0.3 & 0.3 & 0.1 \\ 0.3 & 0.4 & 0.5 & 0.2 \\ 0.5 & 0.7 & 0.7 & 0.3 \\ 0.55 & 0.75 & 0.9 & 0.35 \\ 0.6 & 0.8 & 0.7 & 0.4 \end{pmatrix}$$

概率矩阵 P 为

$$P = (0.1\ 0.4\ 0.2\ 0.3) \quad P^{\mathrm{T}} = \begin{pmatrix} 0.1 \\ 0.4 \\ 0.2 \\ 0.3 \end{pmatrix}$$

$$E(A) = BP^{\mathrm{T}} = \begin{pmatrix} 0.2 & 0.3 & 0.3 & 0.1 \\ 0.3 & 0.4 & 0.5 & 0.2 \\ 0.5 & 0.7 & 0.7 & 0.3 \\ 0.55 & 0.75 & 0.9 & 0.35 \\ 0.6 & 0.8 & 0.7 & 0.4 \end{pmatrix} \cdot \begin{pmatrix} 0.1 \\ 0.4 \\ 0.2 \\ 0.3 \end{pmatrix}$$

$$= \begin{pmatrix} 0.23 \\ 0.35 \\ 0.56 \\ 0.64 \\ 0.64 \end{pmatrix}$$

$$\max_A[E(A)] = \max(0.23, 0.35, 0.56, 0.64, 0.64)$$

$$= 0.64$$

此时有两个 0.64，所以要计算期望值与下界差。

$$D(A_1) = 0.23 - 0.1 = 0.13$$

$$D(A_2) = 0.35 - 0.2 = 0.15$$

$$D(A_3) = 0.56 - 0.3 = 0.26$$

$$D(A_4) = 0.64 - 0.35 = 0.29$$

$$D(A_5) = 0.64 - 0.4 = 0.24$$

所以选取方案 A_5 为最好。

采用矩阵决策方法的优点是：

①对于特别复杂、计算量特别大的决策问题，它比决策树法优越；

②此法把决策问题化成了两个矩阵相乘，最后得到一个矩阵(列矩阵或行矩阵)，从中找出最大或最小元素，这样就为利用计算机进行决策创造了有利条件。

§9.2.3 决策树法

决策树法是风险型决策中常用的方法，它不仅可以处理单阶段决策问题，而且还可以处理决策表和决策矩阵无法表达的多阶段决策问题。

一、决策树方法

决策树是一种形象的说法，如图 9-2，它所伸出的线条像大树的枝干，整个图形像棵树。图上的方块叫决策点，由决策点画出若干线条，每条线代表一个方案，叫做方案分枝。方案枝的末端画个圆圈，叫做自然状态点。从它引出的线条代表不同的自然状态，叫概率枝。在概率枝的末端画个三角，叫做结果点。在结果点旁，一般列出不同自然状态下的收益值或损失值。

应用决策树来作决策的过程，是从右向左逐步后退进行分析。根据右端的损益值和概率枝的概率，计算出期望值的大小，确定方案的期望结果。然后根据不同方案的期望结果作出选择。方案的舍弃叫做修枝，被舍弃的方案用在方案枝上做"≠"的记号来表示(即修剪的意思)。最后在决策点留下一条树枝，即为最优方案。

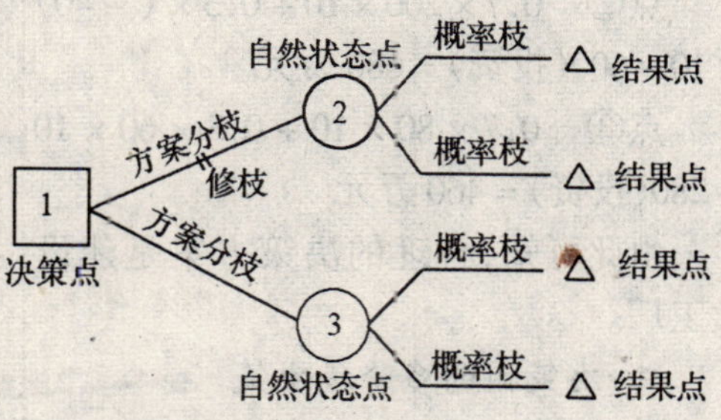

图 9-2 决策树

决策树不仅能表示出不同的决策方案在不同自然状态下的结果，而且能显示出决策的过程，内容形象，思路清晰，是辅助决策者进行决策的有用工具。

二、决策树的单阶段决策

当所要决策的问题，只需要进行一次决策就可解决，叫做单阶段决策问题。如果问题比较复杂，不是一次决策就能解决，而要进行一系列的决策才能解决，就叫做多阶段决策问题。

例 9.3 用决策树法对 §9.1.2 的工程开工问题进行决策。

解: 首先画出决策树，如图 9-3 所示。

然后计算各点的期望值：

点② $0.2 \times 60000 + 0.8 \times (-10000) = 4000$ 元

点③ $0.2 \times (-5000) + 0.8 \times (-5000) = -5000$ 元

把计算结果记入决策树的相应位置，可以看出合理的决策方案是点②，即应该开工。

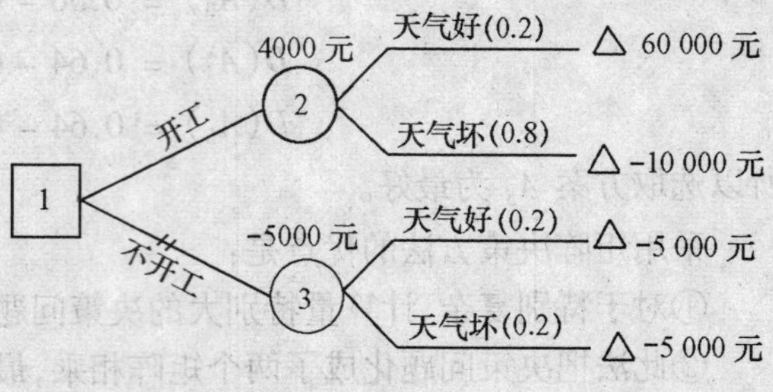

图 9-3　例 9.3 决策树

例 9.4　为了适应市场的需要，某地提出了扩大电视机生产的两个方案。一个方案是建设大工厂，另一个方案是建设小工厂，两者的使用期都是十年。建设大工厂需要投资 600 万元，建设小工厂需要投资 280 万元，两个方案的每年损益值(以万元为单位)及自然状态的概率见表 9-6。试应用决策树评选出合理的决策方案。

表 9-6　每年损益值及自然状态的概率(万元)

概　率	自然状态	建大工厂年收益	建小工厂年收益
0.7	销路好	200	80
0.3	销路差	-40	60

解　画出本问题的决策树，如图 9-4。

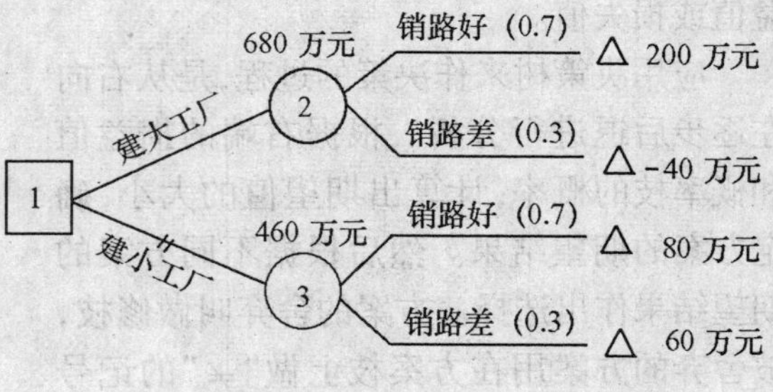

图 9-4　例 9.4 决策树

计算各点的期望值：

点②　$0.7 \times 200 \times 10 + 0.3 \times (-40) \times 10 - 600$(投资) $= 680$ 万元

点③　$0.7 \times 80 \times 10 + 0.3 \times 60 \times 10 - 280$(投资) $= 460$ 万元

由此可知，合理的决策方案是建设大工厂。

三、决策树的多阶段决策

下面用一个两阶段决策问题的例子来说明决策树法在多阶段决策中的运用。

例 9.5　在上例中如果增加一个考虑方案，即先建设小工厂，如销路好，三年以后扩建。根据计算，扩建需要投资 400 万元，可使用七年，每年盈利 190 万元。那么这个方案与前两个方案比较，优劣如何？

解　这个问题可以分前三年和后七年两期来考虑，画出决策树的图形，见图 9-5。

各点的期望利润值计算如下：

点②　$0.7 \times 200 \times 10 + 0.3 \times (-40) \times 10 - 600 = 680$ 万元

点⑤　$1.0 \times 190 \times 7 - 400 = 930$ 万元

点⑥　$1.0 \times 80 \times 7 = 560$ 万元

比较决策点[4]的情况可以看到，由于点⑤(930 万元)与点⑥(560 万元)相比，点⑤的期望利润值较大，因此应采用扩建的方案，而舍弃不扩建的方案。把点⑤的 930 万元移到

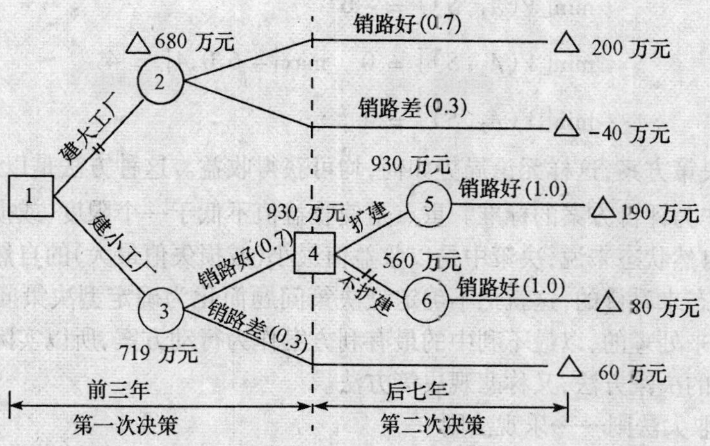

图 9-5　两阶段决策

点4来，可计算出点③的期望利润值：

点③　$0.7\times 80\times 3+0.7\times 930+0.3\times 60\times(3+7)-280=719$ 万元

　　$=719$ 万元

最后比较决策点1的情况。由于点③(719 万元)与点②(680 万元)相比，点③的期望利润值较大，因此取点③而舍点②。这样，相比之下，建设大工厂的方案不是最优方案，合理的策略应采用前三年建小工厂，如销路好，后七年进行扩建的方案。

§9.3　完全不确定型决策

在不确定型决策中，当自然状态发生的概率不能确定，也没有统计数据可以遵循时，就变为完全不确定型决策，此时全凭决策者的态度和打算，目前已有的决策法则有下列几种：

(1) 小中取大法则——悲观法则，即凡事作最保险的打算

其基本作法是先找出每种方案在最不利情况下的最小收益，然后选择最小收益中最大的那个方案作为最优方案。即取 $\max\limits_{A}\{\min\limits_{S}[V(A_i,S_j)]\}$ 为最优方案。

例 9.6　兵工厂生产要考虑平时、战时结合，现要对产品生产的三种方案 A_1、A_2、A_3 进行决策。设未来形势为三种自然状态：战争 S_1，和平 S_2，不战不和 S_3，且已知其损益矩阵如表 9-7 所示。

表 9-7　损益矩阵

状态 / 收益 / 方案	战争 S_1	和平 S_2	不战不和 S_3	$\min V$	$\max V$
A_1	20	1	-6	-6	20*
A_2	9	8	0	0	9
A_3	4	4	4	4*	4

$$\min_S[V(A_1,S)] = -6$$

$$\min_S[V(A_2,S)] = 0 \quad \max\{-6,0,4\} = 4$$

$$\min_S[V(A_3,S)] = 4$$

即取 A_3 作为决策方案,这样无论局势如何,均可获得收益。这种方法是以最小收益值(或最大损失值)作为评价方案的标准。重点是使收益值不低于一个限度(或损失值不超过一定限度)。对自然状态来说,决策中是以收益值最小(或损失值最大)的自然状态作为必然出现的自然状态来看待的,这就把不确定型决策问题简化为确定型决策问题。这里是按"最不利"情况来处理的,以最不利中的最有利方案作为行动方案,所以实际上这是一种比较保守和稳妥的决策方法,又称悲观决策方法。

(2) 大中取大法则——乐观法则

其方法是首先找出各方案在最有利情况下的最大收益值,然后选择其中最大的一个所对应之方案作最优方案,即 $\max\limits_A\{\max\limits_S[V(A_i,S_j)]\}$。如上例中$\max\limits_A\{\max\limits_S[V(A_1S)]\} = 20$,取 A_1 作为决策方案。此即选取"最有利中之最有利" 方案,故又称乐观法则。

(3) 折衷法则 ——a 法则

它是上述悲观法则与乐观法则的折衷,其方法是:

① 首先根据历史资料和经验判断,确定系数 a 值($0 < a < 1$);

② 根据每一方案的最大收益值 $V_{i\max}$ 与最小收益值 $V_{i\min}$,计算各方案的折衷收益值 H_i,即 $H_i = a \cdot V_{i\max} + (1-a)V_{i\min}$;

③ 选择折衷收益值最大的方案,即 $\max H_i$ 作为最优方案。如上例中,若取 $a = 0.6$,则

$$H_1 = 0.6 \times 20 + (1-0.6) \times (-6) = 9.6$$

$$H_2 = \frac{3}{5} \times 9 + \frac{2}{5} \times 0 = 5.4$$

$$H_3 = \frac{3}{5} \times 4 + \frac{2}{5} \times 4 = 4$$

$$\max\{9.6,5.4,4\} = 9.6$$

故应取方案 A_1 为最优方案。可见,这种方法取决于 a 之取值。a 值愈大,则过于乐观,$a = 1$ 即乐观法则。a 值愈小,则过于悲观,$a = 0$ 即悲观法则。

(4) 大中取小法则 —— 最小遗憾法则

其基本思想是处事以遗憾愈小愈好。因为决策者作出决策后,必与事实有出入,应以感到遗憾最小为最优。例如,在上例中采用方案 A_1,若真正发生战争,即获最大收益,自无憾事。反之,若采用方案 A_2,则损失 11,采用 A_3 则损失 16,依次类推,得遗憾值矩阵。其方法是在收益矩阵的每一列中选出最大的元素,将这一列的每个元素都减去这个最大值,得遗憾值矩阵如表 9－8 所示。然后找出各方案的最大遗憾值,选其中最小者之方案为最优方案。如上例中,为使遗憾最小,应选 A_1 方案。

表 9-8 遗憾值矩阵

方案 \ 遗憾值 \ 状态	战争 S_1	和平 S_2	不战不和 S_3	最大遗憾值
A_1	0	-7	-10	-10^*
A_2	-11	0	-4	-11
A_3	-16	-4	0	-16

(5) 平均法则——均匀概率法则,又称合理法则、拉普拉斯法则

这种法则认为,决策者既然不能确知每一种情况出现的概率,则不应认为某一状态比其他状态更可能出现。故认为每种情况出现的可能性是一样的,如有 n 种可能出现的情况则每种情况出现的概率应为$\frac{1}{n}$,依此主观概率求出每一方案的收益期望值,

$$M_i = \frac{1}{n}\sum_{j=1}^{n} V(A_i, S_j) \quad (i = 1,2,\cdots,n)$$

从中选取 M_i 最大的方案,即选取$\max\limits_{A}\{M_i\}$为最优方案。

仍如上例,计算 $M_i(i = 1,2,3)$

$$M_1 = \frac{1}{3}[20 + 1 + (-6)] = 5$$

$$M_2 = \frac{1}{3}[9 + 8 + 0] = 5.67$$

$$M_3 = \frac{1}{3}[4 + 4 + 4] = 4$$

应选第二方案为最优方案。

由此可见,根据不同的法则,就会得到不同的最优方案。上述几种法则,究竟如何选择,应该视具体情况而定。如对付灾害性事件(如洪水、地震等),则应估计到最不利的情况,使遭受损失最小。在其他场合也是各有各的考虑,很难一致对待。

§9.4 贝叶斯决策

在风险决策问题中,由于自然状态的发生概率大多是根据过去的资料和经验估计的,因此就有一个准确性及可靠性问题,即为了改进决策制定过程,有没有必要再作调查或试验,进一步确认各种自然状态的发生概率,从而作出决策。运用概率论中的贝叶斯定理能方便地解决这类问题,这就是贝叶斯决策法。

贝叶斯定理是概率论中的基本定理之一,它揭示了概率之间的关系,我们用一个直观的例子说明之。

有道工序是把一种白色圆片零件的一面漆成红色,现有五个零件,其中的一个遗漏了这道工序。问从这五个零件中随机抽取一个,正好是次品(两面都是白色)的概率是多少?显然是$\frac{1}{5}$,即 0.2。这个概率叫先验概率。

但如果五个零件都是白色朝上平放着，问任取一个上抛落地后为白色时，这个零件是次品的概率为多少？

假定五个零件每一个都上抛200次，理论上要出现白色朝上600次，其中200次属于次品零件，所以上抛后落地为白色是次品零件的概率为200/600 = $\frac{1}{3}$或0.33。这叫做后验概率，即作了这次上抛试验之后，0.20的先验概率修改成0.33的后验概率。

运用贝叶斯定理能解决计算后验概率的问题。贝叶斯定理的表达式为

$$P(B_j \mid A_i) = \frac{P(A_i \mid B_j)P(B_j)}{\sum_{j=1}^{n} P(A_i \mid B_j)P(B_j)} \tag{9.4.1}$$

式中：$P(B_j)$ 为事件 B_j 发生的概率；

$P(B_j \mid A_i)$ 为事件 A_i 发生条件下，事件 B_j 发生的条件概率；

$P(A_i \mid B_j)$ 为事件 B_j 发生条件下，事件 A_i 发生的条件概率。

对于刚才的问题，可设 A 表白色，B_1 表次品零件，B_2 表正品零件，则

$$P(B_1 \mid A) = \frac{P(A \mid B_1)P(B_1)}{P(A \mid B_1)P(B_1) + P(A \mid B_2)P(B_2)}$$

$$= \frac{1.0 \times 0.2}{1.0 \times 0.2 + 0.5 \times 0.8} = \frac{0.2}{0.6} = 0.33$$

同先前逻辑分析的结果一致。

下面举例说明如何应用贝叶斯定理进行决策。

例9.7 某公司考虑生产一种新产品，已知这产品的销售状况将取决于市场需求情况。经理在决策前已预见到生产后销售结果为好、中、差三种情况的概率及相应的盈利额（见表9－9）。

表9－9 各种情况的概率及盈利额

销售结果预测	先验概率 $P(B)$	盈利额(万元)
B_1(好)	0.25	+ 15
B_2(中)	0.30	+ 1
B_3(差)	0.45	− 6

在这种情况下，试对两个问题进行决策：(1)是否值得作一次市场调查，以获取市场需求出现"好"、"中"、"差"的后验概率；(2)是否生产这种新产品。且设市场调查费用估算需6000元。但为了决定是否要进行市场调查，除了要事先估计调查费用外，对调查情况下和不调查情况下的期望盈利值也应事先作出估计，从而可以确定是否值得花这笔调查费用。为此，将公司过去实践中的有关资料整理成表9－10。

解 依题意，本问题也是一个两阶段决策问题。

表9－10列出的概率是 $P(A \mid B)$，即销售结果 B 为已知时，调查结论 A 的条件概率。而决策所需要知道的是 $P(B \mid A)$，即调查结论 A 为已知，销售结果 B 的条件概率。那么，如何将已知的条件概率 $P(A \mid B)$ 转移为所需要的条件概率 $P(B \mid A)$ 呢？以下我们就用

贝叶斯定理解决这个问题,并进而决策。

表 9-10　公司过去的有关资料

调查结论 A_i \ 销售结果 B_j \ $P(A_i \mid B_j)$	B_1(好)	B_2(中)	B_3(差)
A_1(好)	0.65	0.25	0.10
A_2(中)	0.25	0.45	0.15
A_3(差)	0.10	0.30	0.75
合　计	1.00	1.00	1.00

①求联合概率和全概率

由概率的乘法定理可知,A_i 和 B_j 的联合概率为

$$P(A_iB_j) = P(A_i \mid B_j)P(B_j) \tag{9.4.2}$$

又由全概率公式可得事件 A_i 的全概率为

$$P(A_i) = \sum_{j=1}^{n} P(A_iB_j)P(B_j) \tag{9.4.3}$$

所以,可把表 9-9 中的 $P(B)$ 乘表 9-10 中相应的 $P(A \mid B)$,即可得到有关的联合概率。如 $P(A_1B_1) = 0.25 \times 0.65 = 0.1625$,其余类推,再把行和列的联合概率加总即得到全概率 $P(A)$ 和 $P(B)$。计算结果见表 9-11。

表 9-11　全概率 $P(A)$ 和 $P(B)$

调查结论 A_i \ 销售结果 B_j \ $P(A_i \mid B_j)$	B_1(好)	B_2(中)	B_3(差)	$P(A_i)$
A_1(好)	0.1625	0.075	0.0450	0.2825
A_2(中)	0.0625	0.135	0.0675	0.2650
A_3(差)	0.0250	0.090	0.3375	0.4525
$P(B_j)$	0.2500	0.300	0.4500	1.0000

②求条件概率

由(9.4.1)式至(9.4.3)式可知,所要求的条件概率 $P(B_j \mid A_i) = \dfrac{P(A_i \mid B_j)P(B_j)}{\sum_{j=1}^{n} P(A_i \mid B_j)P(B_j)} = \dfrac{P(A_iB_j)}{P(A_i)}$。所以,可用表 9-11 中的全概率 $P(A_i)$ 除联合概率 $P(A_iB_j)$ 即得所需条件概率。如 $P(B_1 \mid A_1) = \dfrac{0.1625}{0.2825} = 0.7552$,其余类推。计算结果见表 9-12,这里的 $P(B_j \mid A_i)$ 就是后验概率。例如,当调查结论为市场需求属中等时,表 9-9 的先验概率 0.25、0.30、0.45,就应修改成表 9-12 的后验概率 0.236,0.509,0.255。

表 9-12　条件概率

调查结论 A_i \ $P(B_j/A_i)$ \ 销售结果 B_j	B_1(好)	B_2(中)	B_3(差)	合　计
A_1(好)	0.575	0.266	0.159	1.00
A_2(中)	0.236	0.509	0.255	1.00
A_3(差)	0.055	0.199	0.746	1.00

③求期望盈利值

"不调查"情况下生产该新产品的期望盈利值为

$$[0.25\ 0.30\ 0.45]\begin{bmatrix}15\\1\\-6\end{bmatrix}=1.35\text{ 万元}$$

在调查后结论分别为"好"、"中"、"差"的情况下,对应的新产品期望盈利值是:

$$\begin{bmatrix}0.575 & 0.266 & 0.159\\0.236 & 0.509 & 0.255\\0.055 & 0.199 & 0.746\end{bmatrix}\begin{bmatrix}15\\1\\-6\end{bmatrix}$$

$$=\begin{bmatrix}7.937\\2.519\\-3.452\end{bmatrix}\text{万元}$$

即当调查结论为市场需求"好"时,生产新产品的期望盈利值是 7.937 万元;结论为"中"时,期望盈利值是 2.519 万元;结论为"差"时,期望盈利值是 -3.452 万元。调查结论表明该产品的市场需求"差"时,期望盈利值是一个负数,因此不可能投产。这样,在"调查"情况下生产该新产品的期望盈利值为

$$[0.2825\ 0.2650\ 0.4525]\begin{bmatrix}7.937\\2.519\\0\end{bmatrix}=2.91\text{ 万元}$$

④决策

调查情况下生产新产品的期望盈利值为 2.91 万元,减去调查费用 6 千元后还有 2.31 万元,大于不调查情况下的期望盈利值 1.35 万元。因此,作如下决策:

(1) 进行市场调查。

(2) 若调查结论表明市场需求为"好"或"中",则生产该产品;若表明市场需求为"差",则不生产该产品。

§9.5 系统决策中的几个问题

§9.5.1 灵敏度分析

通常决策过程中所预测的自然状态概率及计算出的损益值,都不会十分精确,因此,往往需要对这些变动是否影响最优方案的选择进行深入研究,这就是所谓的灵敏度分析。

仍以例9.3的工程是否开工为例,自然状态的概率可能有变化,如果天气好的概率从0.2变为0.1,天气坏的概率从0.8变为0.9,若开工后遇到好天气并按期完工的收益仍为60 000元,开工后天气不好,同样损失一万元,不开工需支付窝工费1 000元,方案选择有何变化呢?

此时,各点的损益值分别为:

$$E_1 = 0.1 \times 60000 + 0.9 \times (-10000) = -3000\text{元}$$

$$E_2 = 0.1 \times (-1000) + 0.9 \times (-1000) = -1000\text{元}$$

上述计算结果说明,选择不开工较为合理。当自然状态的概率会导致最优方案的变化时,此概率称为转折概率。

在上例中,以 P 代表天气好的概率,则 $1-P$ 代表天气坏的概率。计算两个方案的损益期望值,并使之相等可得

$$P \times 50000 + (1-P) \times (-10000) = P \times (-1000) + (1-P) \times (-1000)$$

$$70000P = 9000$$

$$P \approx 0.13$$

则转折概率 $P = 0.13$.即当 $P > 0.13$ 时,开工方案比较合理;当 $P < 0.13$ 时,不开工比较好。

在工业企业中,为获得更多的利润,总是希望把更多的产品销售出去。对于一件产品来说,卖出或卖不出,这是两个互相排斥的事件,二者的概率之和为1。如果产品卖出去了,就会增加一件产品的利润值,我们称此为边际利润,用 M_P 表示;如果产品卖不出去,就会减少一件产品的利润,而增加一件产品的损失,我们称之为边际损失,用 M_L 表示。

设 P 为产品卖出去的概率,则 $1-P$ 就是卖不出去的概率。企业为了获利,就应使期望边际利润值大于期望边际损失值。显然,当两者相等时,企业无盈亏,此时:

$$P(M_P) = (1-P)(M_L)$$

整理后得

$$P(M_P + M_L) = M_L$$

所以

$$P = \frac{M_L}{M_P + M_L} \tag{9.5.1}$$

这就是既无盈利又无亏损的最低限度的市场累计销售概率,即转折概率,以 P_0 表示之。它是决定企业产品市场销售盈亏状况的概率转折点,累计销售概率大于这个数值,企业就可盈利,反之,就会发生亏损。

在实际工作中，应对概率值、损益值等在可能发生的误差范围内作几次不同的变动，并反复进行计算，分析所得结果是否影响最优方案的选择。若最优方案保持不变，说明它是比较稳定的，如果最优方案不稳定，就应作进一步的分析。

§9.5.2 情报(信息)的价值

对完全不确定型决策问题，获得了有关情报资料后就易于把问题转化为风险型决策问题。而对于风险型决策问题，获得的情报(信息)越多，对自然状态发生概率的估计就越准确，作出的决策就越合理。但为了获得情报，就要进行调查、试验等工作，这需要支付一定费用。因此，为了权衡得失，有必要估算情报本身的价值。

仍以例9.4的建大厂、建小厂问题为例。自然状态有两种：销路好和销路差，它们的概率分别为0.7和0.3。如果是完全情报，即可以肯定十年内销路好，则当然采取建大厂的方案，其益损值为 $200 \times 10 - 600 = 1400$ 万元。如果完全情报可以肯定十年内销路差，则采取建小厂的方案，其益损值为 $60 \times 10 - 280 = 320$ 万元。这样就把图9－4的决策树中销路好状态下利润低的分枝和销路差状态下利润低的分枝修剪掉，得到图9－6所示的决策树。

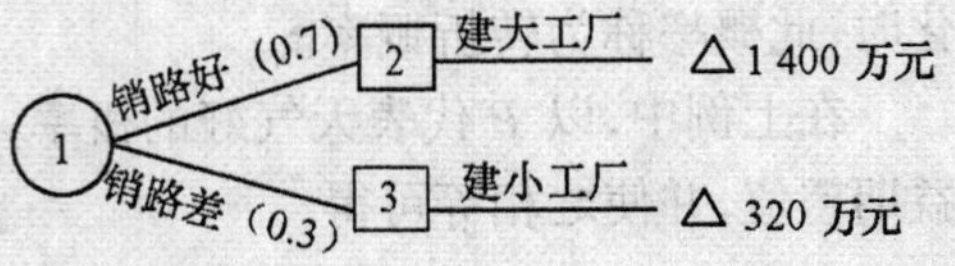

图9－6 情报的价值

从图9－6可知，如果有了完全情报，损益期望值是 $0.7 \times 1400 + 0.3 \times 320 = 1\,076$ 万元，而原来没有得到完全情报时的期望值为680万元。由此可算得完全情报的价值为 $1076 - 680 = 396$ 万元。这说明这个决策问题的潜力很大，值得进一步研究。

例9.8 某工厂考虑大量生产某一产品，估计该产品销路好的概率为0.7，销路差的概率为0.3。销路好时可盈利1200万元，而销路差的话则要亏损150万元。为了更深入细致地分析这个决策问题，以避免盲目性所带来的损失，该厂决策人员拟先作小批量试销生产试验。根据对市场的分析研究，试销时销路好的概率是0.8。而如果试销的实际结果为销路好，则大量生产后销路好的概率是0.85；如果试销的实际结果为销路差，则大量生产后销路好的概率是0.10(见表9－13)。试求通过试销生产试验而获取的情报价值。

表9－13 各种情况概率

试销生产		大量生产	
销路好	0.8	销路好	0.85
		销路差	0.15
销路差	0.2	销路好	0.10
		销路差	0.90

解 画出本问题的决策树，如图9－7。

计算各点的期望值：

点⑤ $0.7 \times 1200 - 0.3 \times 150 = 795$ 万元

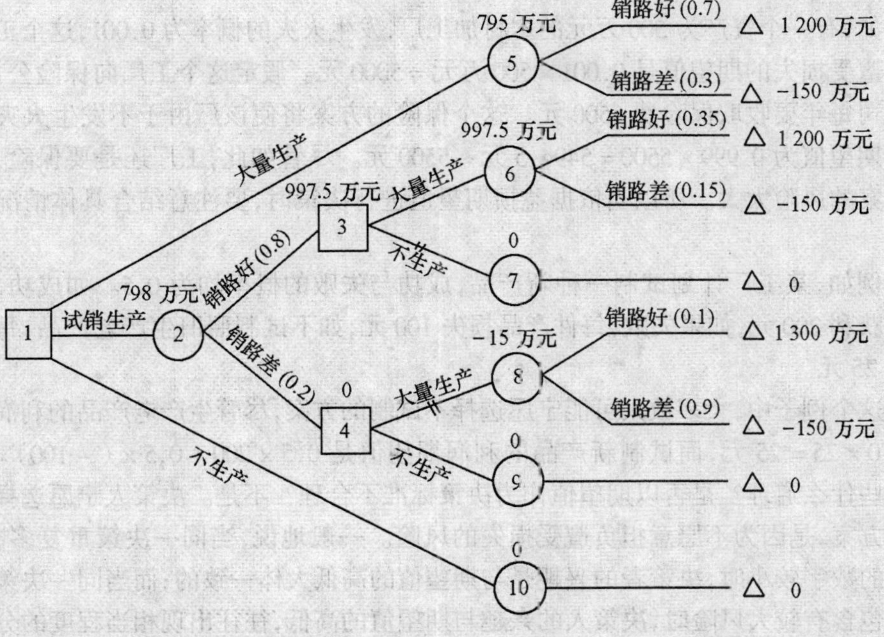

图 9－7　例 9.8 的决策树

这是未经试销情况下大量生产方案的损益期望值。

点⑥　$0.85\times1200-0.15\times150=997.5$ 万元

点⑦　$=0$

点⑥的期望值大于点⑦的期望值，这说明试销销路好时，应采取大量生产的方案。划去不生产的方案，并把点⑥的 997.5 万元转移到点3。

点⑧　$0.10\times1200-0.90\times150=-15$ 万元

点⑨　$=0$

点⑨的期望值大于点⑧的期望值，这说明试销销路差时，就该采取不生产的方案。划去大量生产的方案，并把点⑨的 0 转移到点4。

点②　$0.8\times997.5+0.2\times0=798$ 万元

这是经试销生产试验取得更多情报后的损益期望值，而取得这项情报之前，最优方案的损益期望值是 795 万元。因此这项情报的价值为 $798-795=3$ 万元。这是取得这项情报而应付出代价的上限。如果试销生产试验的投资超过这个数字，就属得不偿失，不应该进行。

§9.5.3　效用理论和决策

以上讨论的方法及所举例子，基本上都是以损益期望值作为评选方案的标准。但是决策是由决策者作出的，决策者的经验、才智、胆识和判断能力等主观因素，不能不对决策的过程产生重要影响，此外，决策也要受到决策者客观处境的间接影响，如果完全以损益期望值的大小作为决策标准，那就会把决策过程变成机械地计算期望值的过程，从而把决策者的作用完全排除在外，这当然是不合理的，也是不符合实际情况的。

例如，有一个资产为500万元的木材加工厂，发生火灾的概率为0.001，这个工厂发生火灾而遭受损失的期望值是0.001×500万元=5000元。假定这个工厂向保险公司保险，保险公司每年要收取保险费5500元。这个保险的方案将使该厂由于不发生火灾而遭受的损失期望值为0.999×5500=5494.5元≈5500元。尽管如此，工厂还是要保险，因为不保险方案的风险太大。所以当依据益损期望值进行决策时，要注意结合具体情况进行分析。

又例如，某工厂计划试制一种新产品，成功与失败的概率均为0.5。如成功，每件新产品可获利200元，如果失败，每件产品损失100元，如不试制照旧生产老产品，每件产品可获利25元。

在这个例子中，大多数人可能宁愿选择不试制的方案，尽管生产老产品的利润期望值只有1.0×25=25元，而试制新产品的利润期望值是0.5×200+0.5×(-100)=50元。其中有些什么道理？是否以期望值作为决策标准不合理？不是。决策人宁愿选择期望值较低的方案，是因为不愿意担负遭受损失的风险。一般地说，当同一决策重复多次时，或者风险的数字较小时，决策者的兴趣是与期望值的高低大体一致的；而当同一决策只进行一次且包含有较大风险时，决策人的兴趣与期望值的高低，往往出现相当程度的分歧。

上面的例子说明，对于相同的损益期望值，不同的决策者的反应不一定相同。这是决策者的个人素质、当前处境、对未来的展望等条件下促成的。即使是同一决策者，由于时期、条件等不同，对相同的利益或损失的反应也不一定相同。例如，决策者是一个小企业经理时，把几万元的风险损失看成决定企业生死存亡的大事，而成为大企业经理后，也许将几万元的风险损失视作小事。决策者对于利益和损失的独特的兴趣、感觉或反应，叫做效用。效用实质上代表决策者对于风险的态度。

以损益值为横标，以效用值(效用的取值范围一般定义在0至1之间)为纵标画出的曲线，叫做效用曲线，如图9-8所示。

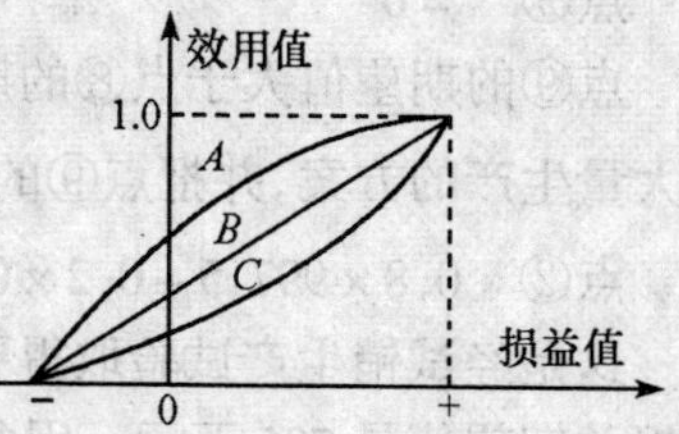

图9-8 效用曲线

图9-8的三条曲线是代表三种不同类型决策者的效用曲线。曲线A所反映的是一种不求大利，避免风险，谨慎小心的保守型决策者，他对盈利的反应比较迟缓，而对于损失特别敏感。曲线C恰恰相反，所反映的是一种谋求大利，不惧风险的进取型的决策者，他对损失反应迟缓，而对盈利比较敏感。曲线B则反映一种循规蹈矩，完全按照期望值的高低来选定行动方案的中间型的决策者。由于效用是决策人观念上的东西，因此效用值是很难准确度量的。效用曲线一般需通过心理测试法求出。但是，了解效用理论对我们分析评价决策过程，以及最终确定行动方案，都是有意义的。下面通过对例9.4的讨论，来说明效用理论的作用。

在例9.4中，建设大工厂的方案在销路好的情况下，收益为200×10-600=1400万元；销路差的情况下，收益为-40×10-600=-1000万元；方案的期望值是680万元。建设小工厂的方案在销路好的情况下，收益为80×10-280=520万元；销路差的情况下，收益为 60×10－280＝320 万元；方案的期望值是 460 万元。以收益期望值为标准，建大工厂的方案是最优方案。决策树如图 9－9。

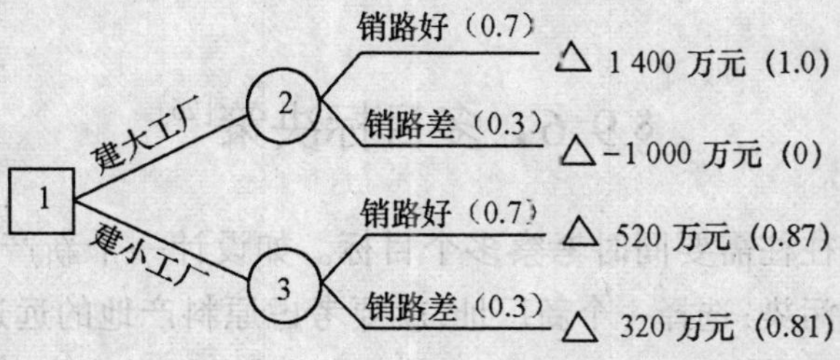

图 9－9　决策树

这个决策问题的最大收益值为 1400 万元，最大损失值为－1000 万元。以 1400 万元（即在最满意情况下）的效用值为 1.0，以－1000 万元（即在最不满意情况下）的效用值为 0，向这个风险问题的决策者提出一系列问题，进行测试，找出对应于若干损益值的效用值。这样，就可画出效用曲线，见图 9－10。

得到这条曲线后，就可以找出对应于各个损益值的效用值：如 520 万元的效用值等于 0.87，320 万元的效用值等于 0.81。把对应的效用值写在图 9－9 上各损益值之后的括号内。以效用值而不是以损益值作为依据进行计算，建设大工厂方案的效用期望值是：

$$0.7 \times 1.0 + 0.3 \times 0 = 0.70$$

而建设小工厂方案的效用期望值是：

$$0.7 \times 0.87 + 0.3 \times 0.81 = 0.85$$

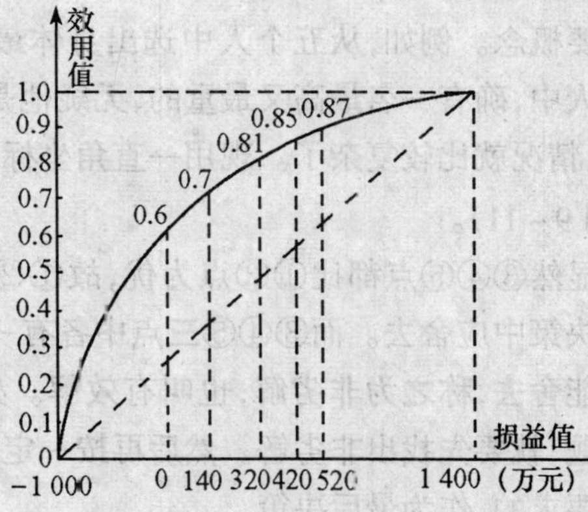

图 9－10　例 9.4 的效用曲线

由此可见，如以效用值作为标准，建小工厂方案反而较好。为什么会出现这种情况？这是因为决策者是属于保守型的，不愿冒太大的风险。从图 9－10 效用曲线上可以测出，建大工厂的 0.70 期望效用值只相当于损益值 140 万元，大大低于这个方案期望损益值 680 万元；建小工厂的 0.85 期望效用值相当于损益值 420 万元，也小于其期望损益值 460 万元。

最后，我们再来观察和分析一下图 9－10，以加深对效用和效用曲线的理解。在图 9－10 的曲线上，横标（损益值）为 0 的点所对应的纵标（效用值）是 0.6，说明决策者对这个风险问题只要不亏本就持六成的满意态度。这一阶段，利润增加了 0－（－1000）＝1000 万元，效用值增加了 0.6－0＝0.6。而以后利润再增加 1400 万元，效用值却只增加 0.4。这条下凹的效用曲线，反映了利润增加所引起的效用增加是越来越少的状况。从图中可以看到，在利润从 320 万元增加到 420 万元时，效用值增加了 0.85－0.81＝0.04。而利润从 420 万元增加到 520 万元时,效用值只增加了 0.87 - 0.85 = 0.02,是前一个增加 100 万元利润所增加的效用值的一半。因此,这条效用曲线呈现了决策者在这个风险问题上谨慎行事的态度。

§9.6 多目标决策[26]

在决策分析中,往往需要同时考察多个目标。如设计一个新产品,就要求能达到优质、高效、低消耗、低污染;选择一个新厂址,就要考虑原料产地的远近,市场距离,运输费用等;研制一个新型的导弹,既要射程远,又要省燃料,还要精度高。而要射程远,就需要重量轻、体积小、推力大,因而需要压缩弹体体积,多携带燃料和仪器。可见,不仅目标有多个,而且目标间又往往是互相矛盾的。这时,只有对各种因素的指标进行综合衡量后,才能作出合理的决策。

§9.6.1 多目标决策问题的基本概念

在多目标决策问题中,由于不能简单比较两个解的优和劣,所以就有劣解和非劣解两个重要概念。例如,从五个人中选出身体最高又最重的人,身高和体重,就是两个目标。如五人中,确有一名最高又最重的,无疑他是当选者。但在一般情况下,高、重各有不同,这样,情况就比较复杂了。现用一直角坐标描述 f_1 与 f_2 两个目标的大小,得到图中五个点(图 9-11)。

显然③④⑤点都比①②点为优,故①②为劣解,在多目标决策中应舍去。而③④⑤三点中各有一个指标优越,故不能舍去,称之为非劣解,也叫有效解。处理多目标决策问题,就要先找出非劣解。然后再按一定规则从中选取满足要求的,作为最后决策。

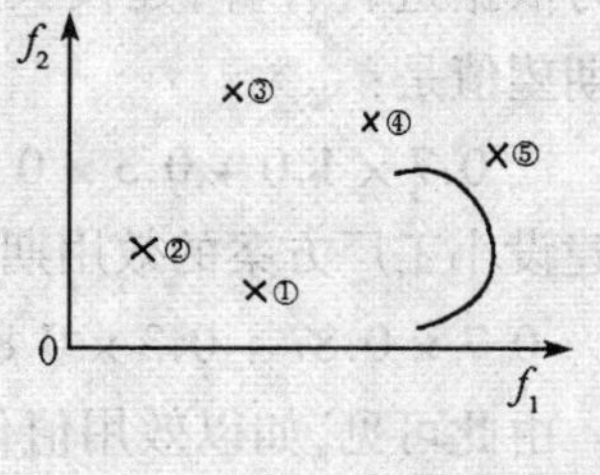

图 9-11 多目标决策

设同时考虑 m 个目标 $f_1(x),\cdots,f_m(x)$,并要求越大越好。在不考虑其它目标时,记第 i 个目标的最优值为

$$f_i^{(0)} = \max_{x\in R} f_i(x) \tag{9.6.1}$$

相应的最优解记为 $x^{(i)}$, $i = 1,\cdots,m$;其中 R 是解的约束集合。

$$R = \{x \mid g(x) \geqslant 0\} \quad g(x) = \{g_1(x),\cdots,g_l(x)\}^{\mathrm{T}} \tag{9.6.2}$$

当这些 $x^{(i)}$ 都相同时,这些 $x^{(i)}$ 就作为多目标问题的共同最优解。但一般不会全相同,但它们都是非劣解。下面将多目标问题记为:

$$V - \max_{x\in R} F(X) \text{ 或 } V - \max_{g(x)\geqslant 0} F(X) \tag{9.6.3}$$

其中:$F(X) = \{f_1(x),\cdots,f_m(x)\}$.

§9.6.2 化多为少的方法

"化多为少"主要目的是将多目标化成单目标问题处理,目前主要有以下几种方法。

一、主要目标法

通过对实际问题的分析，抓住其中一两个主要目标，让它们尽可能优化，而其它指标只要满足一定要求即可。这个方法比较有效。

二、线性加权法

若有 m 个目标 $f_i(x)$，分别给以权系数 $\lambda_i(i=1,2,\cdots,m)$，然后作新的目标函数(也称效用函数)

$$U(x)=\sum_{i=1}^{m}\lambda_i f_i(x) \tag{9.6.4}$$

这方法的难点是如何找到合理的权系数，使多个目标用同一尺度统一起来，同时所找到的最优解又是向量极值的好的非劣解，在多目标最优化问题中不论用何方法，至少应找到一个非劣解(或近似非劣解)；其次，因非劣解可能有很多，如何从中挑出较好的解，这个解有时就要用到另一个目标。下面介绍几种选择特定权系数的方法。

1. α 一法

以两个目标 $f_1(x)$、$f_2(x)$ 为例加以介绍。其中，$f_1(x)$ 要求最小，$f_2(x)$ 要求最大，单位相同。R 也为线性约束，即

$$R=\{x \mid Ax\leqslant b\}$$

A 为矩阵，b 为列向量。于是，作新的目标函数：

$$U(x)=\alpha_2 f_2(x)-\alpha_1 f_1(x) \tag{9.6.5}$$

其中 α_1,α_2 是待定系数，由下列方程组确定：

$$\begin{cases}-\alpha_1 f_1^0+\alpha_2 f_2^*=c_1\\ -\alpha_1 f_1^*+\alpha_2 f_2^0=c_1\end{cases} \tag{9.6.6}$$

其中：

$$f_1^0=\min_{x\in R}f_1(x)=f_1(x^{(1)}),f_2^*=f_2(x^{(1)})$$

$$f_2^0=\max_{x\in R}f_2(x)=f_2(x^{(2)}),f_1^*=f_1(x^{(2)})$$

c_1 为不等于零的常数，于是由式(9.6.6)解得

$$\alpha_1=\frac{c_1(f_1^0-f_2^*)}{f_1^*f_2^*-f_1^0f_2^0} \tag{9.6.7}$$

$$\alpha_2=\frac{c_1(f_1^*-f_1^0)}{f_1^*f_2^*-f_1^0f_2^0} \tag{9.6.8}$$

若规定 $\alpha_1+\alpha_2=1$，则得

$$c_1=\frac{f_1^*f_2^*-f_1^0f_2^0}{f_2^0-f_2^*+f_1^*-f_1^0} \tag{9.6.9}$$

于是有

$$\alpha_1=\frac{f_2^0-f_2^*}{f_2^0-f_2^*+f_1^*-f_1^0} \tag{9.6.10}$$

$$\alpha_2=\frac{f_1^*-f_1^0}{f_2^0-f_2^*+f_1^*-f_1^0} \tag{9.6.11}$$

且有

$$\frac{\alpha_1}{\alpha_2}=\frac{f_2^0-f_2^*}{f_1^*-f_1^0}=k \tag{9.6.12}$$

这时，新目标函数为

$$U(x)=\alpha_2 f_2(x)-\alpha_1 f_1(x)$$

$$= \frac{(f_1^* - f_1^0)f_2(x) - (f_2^0 - f_2^*)f_1(x)}{f_2^0 - f_2^* + f_1^* - f_1^0} \tag{9.6.13}$$

因此原问题被化成

$$\max_{x\in R} U(x) = \max_{x\in R}(\alpha_2 f_2(x) - \alpha_1 f_1(x)) \tag{9.6.14}$$

对于有 m 个目标 $f_1(x),\cdots,f_m(x)$ 的情况，不妨设其中 $f_1(x),\cdots,f_k(x)$ 要求最小化，而 $f_{k+1}(x),\cdots,f_m(x)$ 要求最大化，这时可构成下述新目标函数：

$$\max_{x\in R} U(x) = \max_{x\in R}\left\{-\sum_{j=1}^{k}\alpha_j f_j(x) + \sum_{j=k+1}^{m}\alpha_j f_j(x)\right\} \tag{9.6.15}$$

其中 $\{\alpha_j\}$ 满足下方程组

$$-\sum_{j=1}^{k}\alpha_j f_{ij} + \sum_{j=k+1}^{m}\alpha_j f_{ij} = c_1, \quad i = 1,\cdots,m \tag{9.6.16}$$

其中
$$f_{ii} = f_i^0 = \min_{x\in R} f_i(x) = f_i(x^{(i)}), \quad i = 1,2,\cdots,k$$

$$f_{ii} = f_i^0 = \max_{x\in R} f_i(x) = f_i(x^{(i)}), \quad i = k+1,\cdots,m$$

$$f_{ij} = f_j(x^{(i)}), \quad j \neq i, \quad i,j = 1,2,\cdots,m$$

例 9.9 设有 $f_1(x) = 4x_1 + x_2 \to \min, f_2(x) = 3x_1 + 2x_2 \to \max$,

$R = \{x \mid 2x_1 + x_2 \leqslant 4, x_1 + x_2 \leqslant 3, x_1, x_2 \geqslant 0, x \in E^2\}$，试用 α—法求解。

解 先分别对 $f_1(x), f_2(x)$ 求得其最优解，它们是

$$f_1(x^{(1)}) = f_1(0,0) = \min_{x\in R} f_1(x) = f_1^0 = 0$$

$$f_2(x^{(2)}) = f_2(1,2) = \max_{x\in R} f_2(x) = f_2^0 = 7$$

然后求出：
$$f_2^* = f_2(x^{(1)}) = 0, \quad f_1^* = f_1(x^{(2)}) = 6$$

由此可得

$$\alpha_1 = \frac{f_2^0 - f_2^*}{f_2^0 - f_2^* + f_1^* - f_1^0} = \frac{7}{7+6} = \frac{7}{13}, \alpha_2 = \frac{6}{13}$$

$$U(x) = -\alpha_1 f_1(x) + \alpha_2 f_2(x) = -\frac{7}{13}f_1(x) + \frac{6}{13}f_2(x) = \frac{1}{13}(-10x_1 + 5x_2)$$

易求得
$$\max_{x\in R} U(x) = U(0,3) = 15/13$$

2. λ 一法

当 m 个目标都要求实现最大时，可用下述加权和效用函数，即

$$U(x) = \sum_{i=1}^{m}\lambda_i f_i(x) \tag{9.6.17}$$

其中取
$$\lambda_i = 1/f_i^0, \quad f_i^0 = \max_{x\in R} f_i(x)$$

三、平方和加权法

设有 m 个规定值 $f_1^*,\cdots,f_m^*$，要求 m 个函数 $f_1(x),\cdots,f_m(x)$ 分别与规定的值相差尽量小，若对其中不同值的要求相差程度又可不完全一样，即有的要求重一些，有的轻一些。这时可采用下述评价函数：

$$U(x) = \sum_{i=1}^{m}\lambda_i[f_i(x) - f_i^*]^2 \tag{9.6.18}$$

要求 $\min_{x\in R} U(x)$，其中 λ_i 可按要求相差程度分别给出。

四、理想点法

当 m 个目标 $f_1(x),\cdots,f_m(x)$，分别有最优值

$$f_i^0 = \max_{x\in R} f_i(x) = f_i(x^{(i)}) \quad i = 1,2,\cdots,m \tag{9.6.19}$$

若所有 $x^{(i)}(i = 1,\cdots,m)$ 都相同，设为 x^0，则令 $x = x^0$ 时，对每个目标都能达到各自的最优点，因此对向量函数：

$$F(x) = (f_1(x),\cdots,f_m(x))^{\mathrm{T}}$$

来说，向量

$$F^0 = (f_1^0,\cdots,f_m^0)^{\mathrm{T}}$$

是一个理想点，一般是不可能的，也难以实现。但是，理想点法的出发点就是找到一个点，使之尽量接近理想点，即让

$$\| F(x) - F^0 \| \to \min \| F(x) - F^0 \| \tag{9.6.20}$$

显然，对不同的模，有不同意义下的最优点，一般意义下有所谓 p —模：

$$\| F(x) - F^0 \| = \left[\sum_{i=1}^{m} (f_i^0 - f_i(x))^p \right]^{1/p} = L_p(x) \tag{9.6.21}$$

显然，当 $p = 2$ 时，p— 模即为欧氏空间的距离。

例 9.10 设 $f_1(x) = -3x_1 + 2x_2, f_2(x) = 4x_1 + 3x_2$ 都要求实现最大，约束集为

$$R = \{x \mid 2x_1 + 3x_2 \leqslant 18, 2x_1 + x_2 \leqslant 10, x_1 x_2 \geqslant 0, x \in E^2\}$$

试用理想点法求解。

解 先分别对单目标求出最优解 $x^{(1)} = (0,6), x^{(2)} = (3,4)$. 对应的目标值为

$$f_1(x^{(1)}) = f_1(0,6) = f_1^0 = 12$$

$$f_2(x^{(2)}) = f_2(3,4) = f_2^0 = 24$$

故理想点为 $$F^0 = (f_1^0, f_2^0) = (12,24).$$

取 $p = 2$，这时要求

$$\min_{x\in R} L_2(x) = [[f_1(x) - f_1^0]^2 + [f_2(x) - f_2^0]^2]^{1/2}$$

这时，可求得最优解为 $x^* = (0.53,5.65)$，对应的目标值分别为 $f_1^* = 9.72, f_2^* = 19.06$。

五、乘除法

在 m 个目标 $f_1(x),\cdots,f_m(x)$ 中，不妨设其中 k 个 $f_1(x),\cdots,f_k(x)$ 要求实现最小，其余 $f_{k+1}(x),\cdots,f_m(x)$ 要求实现最大，并假定

$$f_{k+1}(x),\cdots,f_m(x) > 0 \tag{9.6.22}$$

这时可采用评价函数

$$U(x) = \frac{f_1(x)f_2(x)\cdots f_k(x)}{f_{k+1}(x)\cdots f_m(x)} \to \min \tag{9.6.23}$$

六、功效系数—几何平均法

设 m 个目标 $f_1(x),\cdots,f_m(x)$，其中 k_1 个目标要求实现最大，k_2 个目标要求实现最小，其余的目标是过大不行，过小也不行。对于这些目标 $f_i(x)$ 分别给以一定的功效系数（即评分）d_i，d_i 是在 $[0,1]$ 之间的某一数。当目标最满意达到时，取 $d_i = 1$；当最差时取 d_i

= 0. 描述 d_i 与 $f_i(x)$ 的关系，称为功效函数，表示为 $d_i = F_i(f_i)$。对于不同类型目标应选用不同类型的功效函数。

Ⅰ 型：当 f_i 越大，d_i 也越大；f_i 越小，d_i 也越小。

Ⅱ 型：f_i 越小，d_i 越大；f_i 越大，d_i 越小。

Ⅲ 型：当 f_i 取适当值时，d_i 最大；而 f_i 取偏值（即过大或过小）时，d_i 变小。

具体功效函数构造法可以很多，有直线法，折线法，见图 9－12 和图 9－13，指数法见图 9－14。

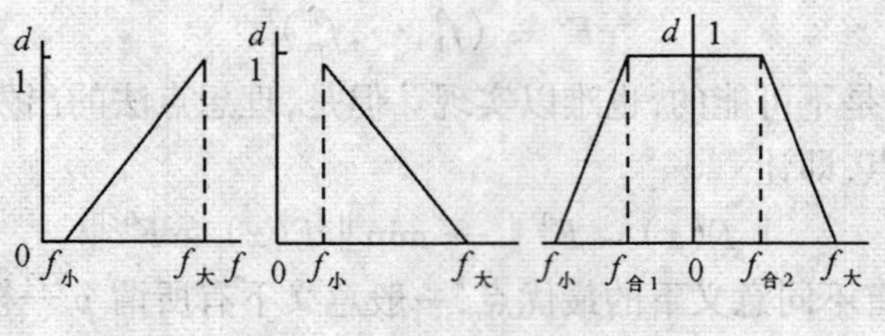

图 9－12　直线法

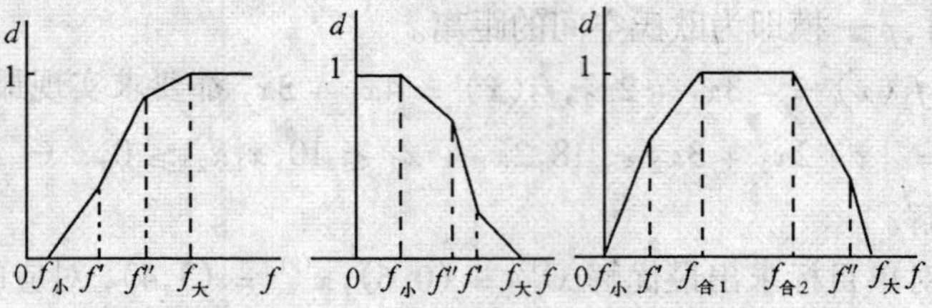

图 9－13　折线法

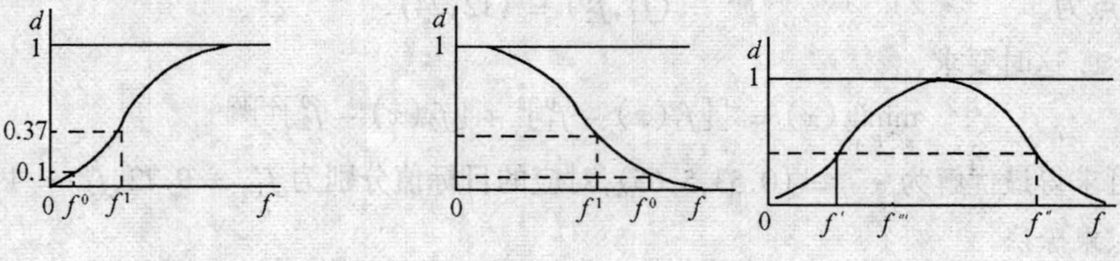

图 9－14　指数法

用指数法构造Ⅰ型功效函数，可设其表达式为

$$d = e^{-(e^{-(b_0+b_1f)})}$$

其中 b_0, b_1 可这样确定：

当 f 达到某一刚合格值 f^1 时，取 $d^1 = e^{-1} \approx 0.3679$；

当 f 达到某一不合格值 f^0 时，取 $d^0 = e^{-e} \approx 0.06598$.

将上述要求代入上式即有

$$d^1 = e^{-1} = e^{-(e^{-(b_0+b_1f^1)})}$$

$$d_0 = e^{-e} = e^{-(e^{-(b_0+b_1 f^0)})}$$

两式可得

$$b_0 + b_1 f^1 = 0$$

$$b_0 + b_1 f^0 = -1$$

解之得

$$b_0 = \frac{f^1}{f^0 - f^1}, b_1 = \frac{-1}{f^0 - f^1}$$

即

$$d = e^{-e^{\left(\frac{f-f^1}{f^0-f^1}\right)}} \tag{9.6.24}$$

同样对Ⅱ型功效函数,可取

$$d = 1 - e^{-e^{\left(\frac{f-f^1}{f^0-f^1}\right)}} \tag{9.6.25}$$

对于Ⅲ型功效函数,取

$$d = e^{-(|Y|)^n} \tag{9.6.26}$$

其中

$$Y = \frac{2f - (f' + f'')}{f' - f''} \tag{9.6.27}$$

这样,当 $f = f'$ 或 $f = f''$ 时,$Y = \pm 1$,$d = e^{-1}$,为刚好可接受的值;当 $f = \frac{f' + f''}{2}$ 时,$Y = 0$,$d = 1$,即 f 达到比较适当的值。为了确定 n,可再取一个 f''',使其与某一个适当的 d 值相对应,这时可给出

$$n = \frac{\ln \ln 1/d}{\ln |Y|} \tag{9.6.28}$$

例如,取 $f = f''' = \frac{2f' + f''}{3}$,这时 $Y = 1/3$,使其与 $d = e^{-1/2}$ 相对应,则

$$n = \frac{\ln 1/2}{\ln 1/3} \approx 0.6309$$

即

$$d = e^{-|Y|^{0.6309}}, \quad Y = \frac{2f - (f' + f'')}{f' - f''} \tag{9.6.29}$$

见图 9-14。

有了功效函数后,每个目标都可对应相应的功效函数,目标值可转换为功效系数。这样每确定一方案 x 后,就有 m 个目标函数值 $f_1(x), \cdots, f_m(x)$;然后用其对应的功效函数转换为相应的功效系数 $d_1, \cdots, d_m$。并可用它们的几何平均值

$$D = \sqrt[m]{d_1 d_2 \cdots d_m} \tag{9.6.30}$$

为评价函数,显然 D 越大越好。$D = 1$ 是最满意的,$D = 0$ 是最差的。这样定义的评价函数有一个好处,一个方案中只要有一个目标值太差,如 $d_i = 0$,就会使 $D = 0$,而不会采用这个方案。

§9.6.3 分层序列法

由于同时处理 m 个目标是比较麻烦,故可采用分层法。分层法的思想是把目标按其重要性给出一个序列,分为最重要目标,次要目标等等。设给出的重要性序列为

$$f_1(x),f_2(x),\cdots,f_m(x)$$

下面介绍逐个地求最优化的序列最优化。

首先对第一个目标求最优,并找出所有最优解的集合记为 R_0。然后在 R_0 内求第二个目标的最优解,记这时的最优解集合为 R_1,如此等等一直到求出第 m 个目标的最优解 x^0,其模型如下:

$$f_1(x^0)=\max_{x\in R_0\subset R}f_1(x)$$

$$f_2(x^0)=\max_{x\in R_1\subset R_0}f_2(x)$$

$$\vdots$$

$$f_m(x^0)=\max_{x\in R_{m-1}\subset R_{m-2}}f_m(x)$$

该方法有解的前提是 $R_0,R_1,\cdots,R_{m-1}$ 非空,同时 $R_0,R_1,\cdots,R_{m-2}$ 都不能只有一个元素,否则就很难进行下去。

当 R 是紧致集,函数 $f_1(x)\cdots f_m(x)$ 都是上半连续,则按下式定义的集求解。

$$R_{k-1}^*=\{x\mid f_k(x)=\sup_{u\in R_{k-2}^*}f_k(u);x\in R_{k-2}^*\} \tag{9.6.31}$$

$k=1,2,\cdots,m$,其中 $R_{-1}^*=R$ 都非空,特别 R_{m-1}^* 是非空,故有最优解,而且是共同的最优解。

§9.6.4 直接求非劣解法

这种方法是直接把所有的非劣解尽可能找出来,以便让决策者选择。非劣解求法很多,这里仅介绍线性加权与改变加权系数法。

用线性加权和构成一个新的目标函数

$$U(x)=\sum_{i=1}^{m}\lambda_i f_i(x) \tag{9.6.32}$$

当给定一组加权系数 $\alpha_i,i=1,2,\cdots,m$,对 $U(x)$ 其目标函数 $f_i(x)$ 都是严格凹函数,而约束集 R 为凸集时,可以求得一个非劣解。不断改变加权系数,不断求解,就可得到多目标问题的非劣解集。

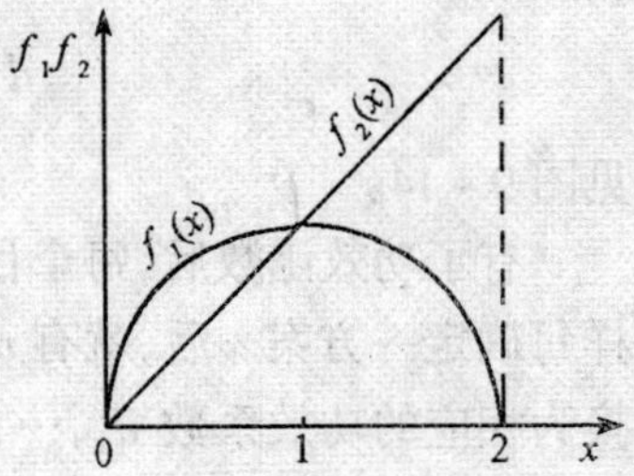

图 9-15　例 9.11

例 9.11　$F(x)=[f_1(x),f_2(x)]^{\mathrm{T}}$

$f_1(x)=2x-x^2,f_2(x)=x$　即 $R=[0,2]$

求:$V-\max\limits_{x\in R}F(x)$

解　由图 9-15 可求得

$$x^{(1)}=1,x^{(2)}=2$$

即求得非劣解 $x^*\in[1,2]$

现用加权和构成新目标函数 $U(x)$

$$U(x) = \alpha(2x - x^2) + (1 - \alpha)x, \alpha \in [0,1]$$

$$\alpha_i \geqslant 0 \quad \sum_{i=1}^{m} \alpha_i = 1$$

求极值:

$$U'(x) = \alpha(2 - 2x) + (1 - \alpha) = 0$$

$$x = \frac{1 + \alpha}{2\alpha}$$

因为在 $R = [0,2]$ 中求最优解,显然 $\alpha = 1$ 时,$x^* = 1$;$\alpha = 1/3$ 时,$x^* = 2$。所以,$\alpha = 1/3 \sim 1$,即可得全部非劣解$[1,2]$。

而 α 从 0 至 1/3 时,$U(x)$ 的最优解都是 $x^* = 2$,已得不到新的非劣解了。这正说明原问题的解和转化后问题的解并不是简单地一一对应。因此,不断改变加权系数,就会得到不同的非劣解。

应注意的是上述方法在实际应用中有一定的困难,即如何改变加权系数,使根据其得出的最优解,正好能得到所有的非劣解。

§9.6.5 多目标线性规划的解法

当所有目标函数是线性函数,约束条件也都是线性的时,可有些特殊的解法。特别是泽勒内(Zeleny)等将解线性规划的单纯形法给以适当修正后,用来解多目标线性规划问题,或把多目标线性规划问题化成单目标的线性规划问题后求解。以下介绍两种方法。

一、逐步法(STEM)

逐步法是一种迭代法。在求解过程中,每进行一步,分析者把计算结果告诉决策者,决策者对计算结果做出评价。若认为已满意了,则迭代停止;否则分析者再根据决策者的意见进行修改和再计算,如此直到求得决策者认为满意的解为止,故称此法为逐步进行法或对话式方法。

设有 k 个目标的线性规划问题。

$$V - \max_{x \in R} Cx \tag{9.6.33}$$

其中 $R = \{x \mid Ax \leqslant b, x \geqslant 0\}$,$A$ 为 $m \times n$ 矩阵

C 为 $k \times n$ 矩阵,也可表示为

$$C = \begin{pmatrix} c^1 \\ \vdots \\ c^k \end{pmatrix} = \begin{pmatrix} c_1^1, & c_2^1 & \cdots & c_n^1 \\ & \vdots & & \\ c_1^k, & c_2^k & \cdots & c_n^k \end{pmatrix}$$

求解的计算步骤为

第 1 步:分别求 k 个单目标线性规划问题的解。

$$\max_{x \in R} c^j x, \quad j = 1,2,\cdots,k.$$

得到最优解 $x^{(j)}, j = 1,2,\cdots,k, c^j x^{(j)}$. 显然

$$c^j x^{(j)} = \max_{x \in R} c^j x$$

并作表 9 - 14, $Z = (z_i^j)$,其中 $z_i^j = c^i x^{(j)}, z_j^j = \max_{x \in R} c^j x = c^j x^{(j)} = M_j$

表 9 - 14　各计算值

	z_1	z_2		z_i		z_k
$x^{(1)}$	z_1^1	z_2^1	…	z_i^1	…	z_k^1
…	…	…		…		…
$x^{(i)}$	z_1^i	z_2^i	…	z_1^i	…	z_k^i
…	…	…		…		…
$x^{(k)}$	z_1^k	z_2^k	…	z_i^k	…	z_k^k
M_j	Z_1^1	Z_2^2		Z_i^i		Z_k^k

第 2 步:求权系数。

从表 9 - 14 中得到

$$M_j \text{ 及 } m_j = \min_{1 \leqslant i \leqslant k} z_i^i, \quad j = 1,2,\cdots,k$$

为了找出目标值的相对偏差以及消除不同目标值的量纲不同的问题,进行如下处理。

$$\text{当} M_j > 0, \alpha_i = \frac{M_j - m_j}{M_j} \cdot \frac{1}{\sqrt{\sum_{i=1}^{n}(c_i^j)^2}}$$

$$M_j < 0, \alpha_j = \frac{m_j - M_j}{M_j} \cdot \frac{1}{\sqrt{\sum_{i=1}^{n}(c_i^j)^2}}$$

经归一化后,得权系数

$$\pi_j = \frac{\alpha_j}{\sum_{j=1}^{k} \alpha_j}, 0 \leqslant \pi_j \leqslant 1, \sum \pi_j = 1, j = 1,2,\cdots,k$$

第 3 步:构造以下线性规划问题,并求解。

$$LP(1): \begin{cases} \min \lambda \\ \lambda \geqslant (M_i - c^i x)\pi_i, i = 1,2,\cdots,k. \\ x \in R; \lambda \geqslant 0. \end{cases}$$

假定求得的解为 $\bar{x}^{(1)}$,相应的 k 个目标值为 $c^1\bar{x}^{(1)}, c^2\bar{x}^{(1)}, \cdots, c^k\bar{x}^{(1)}$,若 $x^{(1)}$ 为决策者的理想解,其相应的 k 个目标值为 $c^1 x^{(1)}, c^2 x^{(1)}, \cdots, c^k x^{(1)}$。这时决策者将 $\bar{x}^{(1)}$ 的目标值与理想解的目标值进行比较后,认为满意了就可以停止计算;若认为相差太远,则考虑适当修正。如考虑对 j 个目标宽容一下,即让点步,减少或增加一个 Δc^j,并将约束集 R 改为

$$R^1: \begin{cases} c^j x \geqslant c^j \bar{x}^{(1)} - \Delta c^j \\ c^i x \geqslant c^i \bar{x}^{(1)} \qquad i \neq j \\ x \in R \end{cases}$$

并令 j 个目标的权系数 $\pi_j = 0$, 这表示降低这个目标的要求。再求解以下线性规划问题。

$$LP(2):\begin{cases}\min\lambda\\ \lambda \geqslant (M_i - c^i x)\pi_i, \quad i = 1,2,\cdots,k, \quad i \neq j\\ x \in R^1, \lambda \geqslant 0\end{cases}$$

若求得的解为 $\bar{x}^{(2)}$，再与决策者对话，如此重复，直到决策者满意为止。

例 9.12　试求解多目标线性规划问题。

$$\max z_1 = 100x_1 + 90x_2 + 80x_3 + 70x_4$$

$$\min z_2 = 3x_2 + 2x_4$$

$$R:\begin{cases}x_1 + x_2 \geqslant 30\\ x_3 + x_4 \geqslant 30\\ 3x_1 + 2x_3 \leqslant 120\\ 3x_2 + 2x_4 \leqslant 48\\ x_i \geqslant 0, \quad i = 1 \sim 4\end{cases}$$

解　为了使问题的目标函数统一为求最大化的规划问题，将 z_1 化为

$$\max w_2 = -3x_2 - 2x_4$$

第 1 步：求理想解。

分别求解两个单目标线性规划问题

$$\max_{x\in R} z_1 \text{ 和 } \max_{x\in R} w_2$$

得到最优解　$x^{(1)} = (14,16,39,0)^{\mathrm{T}}$

相应的目标值 $z_1^1 = 5960, w_2^1 = -48$，即 $z_2^1 = 48$

$$x^{(2)} = (20,10,30,0)^{\mathrm{T}}$$

相应的目标值 $z_1^2 = 5300, w_2^2 = -30$，即 $z_2^2 = 30$

第 2 步：作 z 和求权系数表（如表 9-15）。

表 9-15　z 和权系数表

	z_1	w_2
$x^{(1)}$	5960	-48
$x^{(2)}$	5300	-30
M_j	5960	-30

用表中 z 的数据，可计算得到

$$\alpha_1 = 0.000645, \alpha_2 = 0.1664$$

于是求得权系数

$$\pi_1 = 0.00387, \pi_2 = 0.99613$$

第 3 步：求解以下线性规划问题：

$$LP(1):\begin{cases}\min\lambda\\ \lambda \geqslant 0.00387(5960 - (100x_1 + 90x_2 + 80x_3 + 70x_4))\\ \lambda \geqslant 0.99613(3x_2 + 2x_4 - 30)\\ x \in R, \quad \lambda \geqslant 0\end{cases}$$

由此可求得解(整数近似值)为

$$\bar{x}^{(1)} = (19,11,31,0)^{\mathrm{T}}$$

相应的目标函数值 $\bar{z}_1^1 = 5370, w_2^1 = -33$

第 4 步:对话再计算。

分析者把计算的结果告诉决策者,决策者将这结果与理想值 $(z_1^1, z_2^2) = (5960,30)$ 进行比较,认为求得的 $\bar{z}_2^1 = 33$ 已接近理想值 $z_2^2 = 30$,而 $\bar{z}_1^1 = 5370$,低于理想值 5960 太多。决策者要求提高 z_1 的值,为此他提出将 z_2 提高到36,以便使 z_1 增大。这时分析者根据决策者的要求,将原约束条件修改为 R^1。

$$R^1:\begin{cases} c^2 x \leqslant 36 \\ c^1 x \geqslant 5370 \\ x \in R \end{cases}$$

因将第二个目标值的要求放宽了,故权系数 $\pi_2 = 0$,于是有线性规划问题:

$$LP(2):\begin{cases} \min\lambda \\ \lambda \geqslant 5960 - (100x_1 + 90x_2 + 80x_3 + 70x_4) \\ x \in R^1 \end{cases}$$

求解 $LP(2)$ 得到

$$\bar{x}^{(2)} = (18,12,33,0)^{\mathrm{T}}$$

相应的目标值

$$\bar{z}_1^{(2)} = 5520 \quad \bar{z}_2^{(2)} = 36$$

若这时决策者对此结果表示满意,即停止计算。

二、妥协约束法

设有两个目标的情况,即 $k = 2$.

$$V - \max_{x \in R} C_x$$

其中 $R = \{x \mid Ax \leqslant b, x \geqslant 0\}$, A 为 $m \times n$ 矩阵, $x \in E^n$

$$b \in E^m, C = \begin{pmatrix} c^1 \\ c^2 \end{pmatrix} = \begin{pmatrix} c_1^1 \cdots c_n^1 \\ c_1^2 \cdots c_n^2 \end{pmatrix}$$

这方法的中心是引进一个新的超目标函数 $z = w_1 c^1 x + w_2 c^2 x$

w_1、w_2 为权系数, $w_1 + w_2 = 1, w_i \geqslant 0, i = 1,2$; 此外构造一个妥协约束

$$R^1: w_1[c^1 x - z_1^1] - w_2[c^2 x - z_2^2] = 0 \quad x \in R.$$

z_1^1、z_2^2 分别为 $c^1 x$、$c^2 x$ 的最大值(当 $x \in R$)。求解的具体步骤为

第 1 步:解线性规划问题

$$\max_{x \in R} c^1 x$$

得到最优解 $x^{(1)}$ 及相应的目标函数值 z_1^1.

第 2 步:解线性规划问题

$$\max_{x \in R} c^2 x$$

得到最优解 $x^{(2)}$ 及相应的目标函数值 z_2^2.

在具体求解时可以先用 $x^{(1)}$ 试一试，看是否是$\max\limits_{x\in R^1} c^2 x$ 的最优解。若是，则这问题已找到完全最优解，停止求解；若不是，则求 $x^{(2)}$ 及相应的 z_2^2。

第3步：解下面三个线性规划问题之一：

$$\max_{x\in R^1} z, \quad \max_{x\in R^1} c^1 x, \quad \max_{x\in R^1} c^2 x$$

得到的解为妥协解。

例 9.13　试求解多目标线性规划问题。

$$\max\begin{cases} z_1 = 3x_1 + x_2 \\ z_2 = x_1 + 2x_2 \end{cases} \qquad R:\begin{cases} x_1 + x_2 \leqslant 7 \\ x_1 \leqslant 5 \\ x_2 \leqslant 5 \\ x_1,\ x_2 \geqslant 0 \end{cases}$$

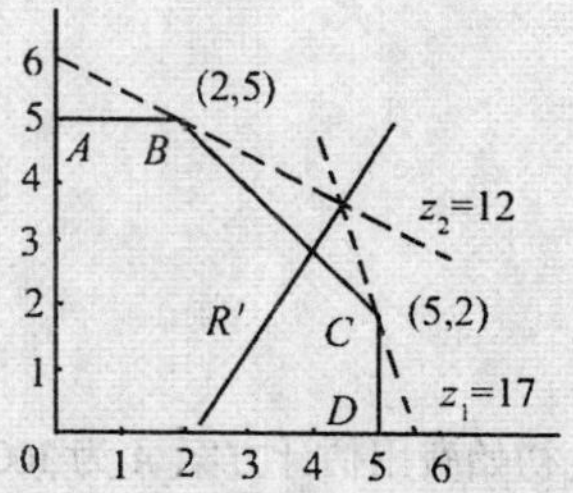

图 9-16　例 9.13

解　分别求解线性规划问题

$$\max_{x\in R} z_1 \text{ 和} \max_{x\in R} z_2$$

得到最优解 $x^{(1)} = (5,2), z_1 = 17, x^{(2)} = (2,5), z_2 = 12$，见图 9-16。

若取 $w_1 = w_2 = 0.5$，则有超目标函数

$$z = 0.5[3x_1 + x_2] + 0.5[x_1 + 2x_2]$$
$$= 2x_1 + 1.5x_2$$

妥协约束 R^1：

$$0.5[3x_1 + x_2 - 17] - 0.5[x_1 + 2x_2 - 12] = 0$$

即

$$x_1 - 0.5x_2 = 2.5x \in R$$

于是可以求得妥协解 $\bar{x} = (4,3)$，w_1、w_2 的取值可由决策者决定，这时可有不同的解。

解多目标线性规划问题的方法，还有目标线性规划法和其它方法，读者可参考有关文献资料。

习题·思考题

1. 什么是西蒙的决策过程？

2. 根据人们对自然状态规律的认识和掌握程度，如何对决策问题进行分类？构成决策问题的条件又是什么？

3. 某人有一笔多余资金 100 元，现有两种存储方案。一是存入银行，每年可稳得 7%的利息。二是用于购买有奖储蓄，若中头奖，奖金 10000 元；中奖概率为十万分之三（$P = 0.00003$）；若中二等奖，可得奖金 2000 元，其概率为万分之五（$P = 0.0005$）。若中三等奖，可得奖金 100 元，其概率为百分之一（$P = 0.01$）。若中末奖，可得奖金 10 元，概率为百分之十（$P = 0.1$）。奖票为 100 元一张，不论中奖与否，两年后都退还本金，并且每张奖票发给 8 元利息。试用决策树为此问题寻求一个理性的决策方案。

4. 某水果店，每天批发购进 10 箱桃子，买进价为每箱 60 元，然而迅速以每箱 100 元出售。根据以往 50 次统计观察，每天能出售 7 箱有 10 次，8 箱有 20 次，9 箱有 15 次，10 箱有 5 次。且从未超过 10 箱。

因为桃子品种原因，如果一天内出售不完，第二天则必须扔掉。现用决策表法为该店决策，该零售

店每天最优进货数量应是多少?

5. 某公司生产一种十分畅销的新产品,为了满足出人意料的高需求,公司有必要添置新设备。问题是这种高需求是否继续保持,是否增长或衰减。方案 A 是持续扩大产量,如果需求继续增长将带来高收益,方案 B 是一个临时措施,如果 3 年后增长趋势明显,可以追加投资 B',从而转为永久性的生产能力,对于稳定或较低的需求,方案 B 比方案 A 获利更大。对 8 年考察期中未来结果估计如下:

头三年	后五年	概率
高	高	0.40
高	低	0.30
低	高	0.20
低	低	0.1

初始费用估计方案 A 为 100 万元,方案 B 为 70 万元,方案 B' 为 45 万元。方案 B 的追加投资 B' 将在头 3 年的需求已知后确定。

高需求时,方案 A 的收益为 40 万元/年,低需求时,方案 A 可收益 5 万元/年。高需求时,方案 B 头 3 年可获益 3 万元/年,后 5 年可获益 2 万/年。高需求时,方案 B 加上方案 B' 可得 4 万元/年,低需求时,方案 B 加上 B' 可收益 1 万元/年,低需求时,方案 B 可获益 3 万元/年。

试确定哪一个方案或哪一种组合方案更具有吸引力?

6. 某师指挥员要定下是否单独组织反冲击的决心。如命令二梯队团组织反冲击,可能损失 200 人;反冲击有 60% 可能成功,40% 可能失败。如成功,则下一步有两种打法:一是原地待援,巩固阵地,成功概率 50%,可能损失 180 人;一是继续进攻,把口子堵上,成功概率 80%,可能损失 280 人。如这第二步成功,敌将损失 700 人;如第二步不成功,敌仅损失 100 人,反冲击部队还将多损失 150 人。假设以敌我损失人数之差作为评价准则,问是否应当组织反冲击?

7. 高技术武器系统由研究部门研制,如果研制成功,该研究单位应获收益 1000 万元,如研制失败则会损失 400 万元。现估计该高技术武器系统研制成功的概率为 30%。如果为了减少风险,进行先期概念演示研究,需花费 60 万元。根据同类型项目的研究历史情况,对武器系统的有关情况统计估计如下:

研制情况		武器系统有效	武器系统无效
先期概念演示	有效	0.75	0.40
	无效	0.25	0.60

试求:(1)最优决策及期望收益。

(2)如果武器系统研制成功的验前概率降为 0.20,其余条件仍相同,求最优决策及期望收益。

第十章　系统网络技术

系统网络技术是系统工程中常用的一种科学管理方法。它是把工程开发研制过程当作一个系统来处理,将组成系统的各项工作和各个阶段按先后顺序,通过网络图的形式,统筹规划,全面安排,并对整个系统进行组织、协调和控制,以达到最有效地利用资源,并用最少的时间来完成系统的预期目标。

20世纪50年代以来,各国科学家都在探索系统网络技术。1957年,美国杜邦公司和兰德公司为了协调公司内不同业务部门的工作,共同制定了一种系统的计划方法CPM(Critical Path Method).1958年,美国海军特种计划局在研制北极星导弹核潜艇过程中,提出了一种新型计划管理方法PERT(Program Evaluation and Review Technique)。网络技术是PERT和CPM的统称。有的将PERT译为计划评审技术、计划评审法、计划协调技术等。CPM有的翻译为关键路线法、要径法等。因为这两种方法都是建立在网络模型的基础上,所以统称网络技术。

在钱学森等著名科学家的主持和倡导下,我国于1963年首先推广和应用了网络技术,并在国防科研中取得了很好的效果。系统网络技术的实际应用表明,它是一种十分有效的科学管理方法。现在,它不仅广泛应用在时间进度的安排上,而且也应用在资源分配和工程费用的优化方面。它特别适用于一次性的大型科研、生产或工程项目,例如新产品的研制、油田或矿山开发、建筑施工、制定长远发展规划等等。而且越是复杂、头绪众多、协调频繁、时间紧迫的任务,使用系统网络技术的效果就越是显著。

§10.1　网络图的组成及绘制

§10.1.1　网络图的组成

网络图又称箭线图或统筹图。它用图解形式形象地表示一个生产任务或工程项目中各组成要素之间的逻辑关系,并形成时间的流程图。它可以用来计算时间参数、规划工程任务和确定关键路线。

网络图是由事项、作业和线路组成的。

一、作业(工序)

作业是泛指一项需要消耗人力、物质和时间的具体活动过程,又称为工序或活动。在网络图中用箭杆表示,在其上方标写作业名称或代号,在其下方标写完成任务的时间。箭杆的长短粗细并无实际意义。箭杆亦可用节点代号表示。例如ⓘ→ⓙ作业,即表示从 i 到 j 结点间的箭杆。

二、事项(结点)

箭杆之间用结点联接,结点代表了事项。事项是一项作业的开始或完工的瞬间阶段点,它不消耗人力、物质和时间。在网络图中它是前后箭杆之间的连接点,用圆圈"○"表示,在圆圈中编上序号以代表事项的顺序。规定箭尾事项的代号一定小于箭头事项的代号,逆序是不允许的。因此,编写事项代号,一般是待网络图已基本定妥,再由左向右按顺序编写。或者采取跳跃式编号,例如 1,3,5,8,…,留下一些空序号,以便改变网络图时使用。

三、线路

沿箭杆方向顺序地连接起、终点事项的通路称为线路。一个网络图通常是有多条线路的。路长是指一条线路上各作业的时间之和,同一个网络图不同线路的路长是不一样的,其中路长最长的线路称为关键路线,一般用粗箭杆和双箭杆表示。一个网络图的关键路线有时不止一条。

四、虚箭杆

用虚线画的箭杆,称为虚作业,一般无作业代号,亦无作业时间,它不占用时间,亦不消耗任何人力与资源,它只是表示作业间的紧前或紧后关系。

§10.1.2 绘制网络图的基本规则

绘制网络图的依据是作业时间表。在进行一项工程前,应根据事先研究制订的"过程系统图"或设想的作业流程,将各道作业、作业时间和作业之间的衔接关系列成作业时间表。例如表 10-1 即为图 10-1 的作业时间表。

表 10-1 作业时间表

作业代号	作业时间	紧前作业
a	t_1	——
b	t_2	——
c	t_3	b
d	t_4	a,b
e	t_5	c
f	t_6	c
g	t_7	d,e

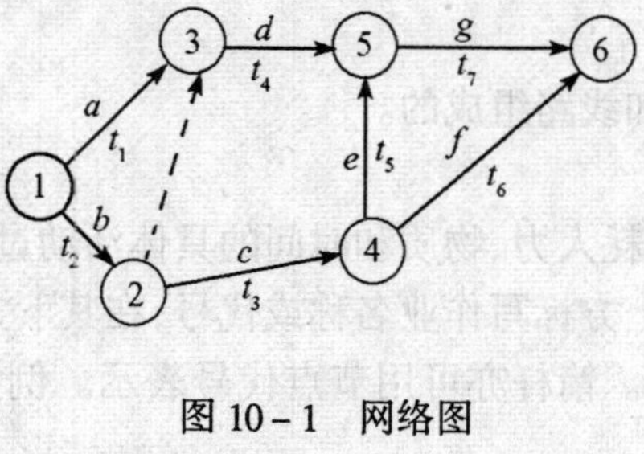

图 10-1 网络图

绘制网络图必须按照以下规则进行:

一、图中不允许出现循环回路

二、不允许出现编号相同的箭杆

即一对结点之间只能有一条箭线或一条虚箭线。

三、一个网络图中，只能有一个起点和一个终点

四、作业顺序的表示法

在图 10－2 中，a 作业完成后，再开始 c 作业，这是很清楚的。但是为了表示 a，b 都完成之后，才开始 d，则应加虚作业联接 7、8 两结点。在此情况下，7、8 两结点不能合并，如果合并，则 c 作业变为 a、b 都完工后才能开工，这是误解了原进程。

图 10－3 表示 a、b、c 均完成后，d 才开工，b，c 完工后，e 才可开工。

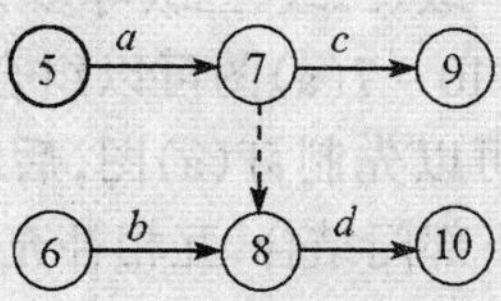

图 10－2　作业顺序表示之一

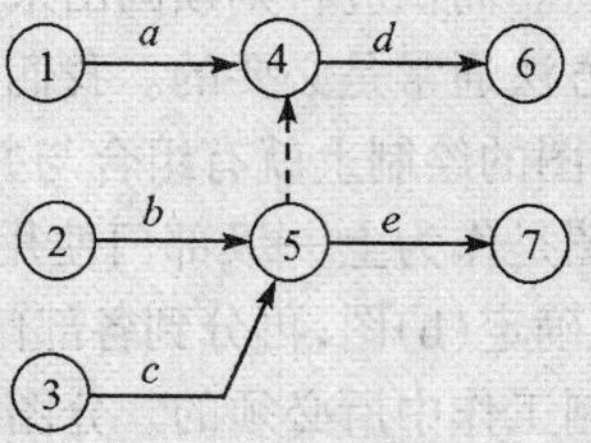

图 10－3　作业顺序表示之二

五、交叉作业的表示法

例如，有三件相同的产品，通过 a 作业之后，才能进行 b 作业。有两种作业安排法。

其一，三件产品通过 a 作业之后再进行 b 作业，如图 10－4 所示。显然这种安排耽误了许多时间。另外一种安排方法如图 10－5 所示。

图 10－4　作业安排之一

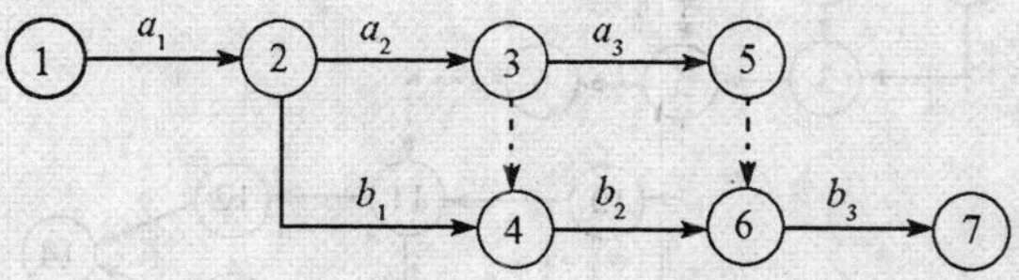

图 10－5　作业安排之二

这种安排方法称为交叉作业，显然节约了时间。

六、控制虚箭杆的使用

虚箭杆是不得已时才使用的，切不可滥用。在画完网络图后应检查一遍，多余的虚箭杆必须舍去。

七、网络图应尽量采用平行箭杆，减少箭杆的相互交叉

当交叉不可避免时，应采用“暗桥”、“断线”的办法，如图 10－6 所示。

八、网络图的分类

网络图可以采用分级递阶的办法进行处理，以避免一张网络图过分复杂。例如，工厂

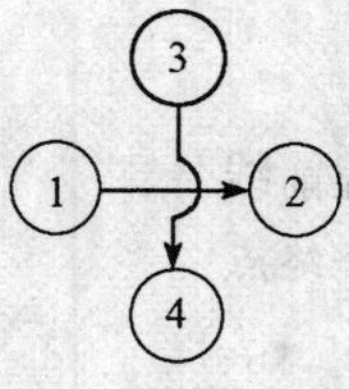

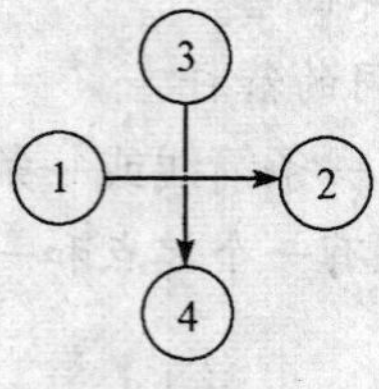

图 10－6　箭杆的交叉

一级的总图可以对细节忽略，以掌握全貌。而车间、科室一级的分图，则应对各部门的作业画得详细一点。在工厂计划网络图上，对采购作业可以只画一个箭杆，指示采购总任务的完工时间。而供应科则须画出采购每一项零件的作业，标明每一项采购任务的完成期限。这种方法通常是必要的。我们甚至可以将网络分为一级、二级、三级等多级网络。因而，在网络图的绘制上就有组合与并图的技巧。例如，图 10－7(a)图可以组合为(b)图。显然，(b)图是作为上一级部门使用的总图。一般来说，可以先制订(a)图，后综合为(b)图；亦可先确定(b)图，再分到各部门分别绘制(a)图。上下部门结合，互相补充修正，正是网络图绘制工作中所必须的。分图组合为总图时，亦可采取并图的技巧，如图 10－8 中，上半部分为一组作业，下半部分为另一组作业。两个分图绘制后，再用虚箭杆连成总图。

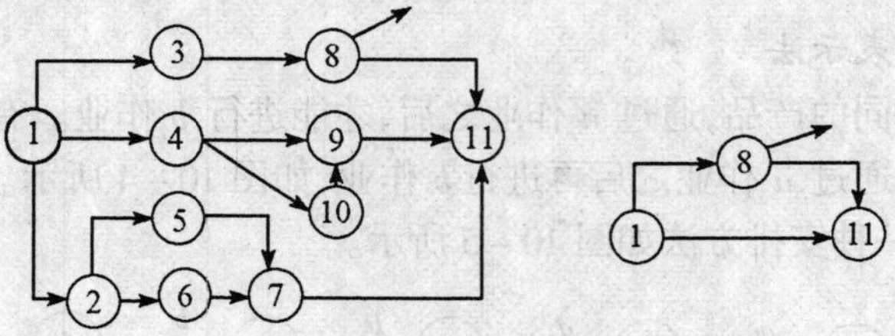

图 10－7　网络图的总图与分图

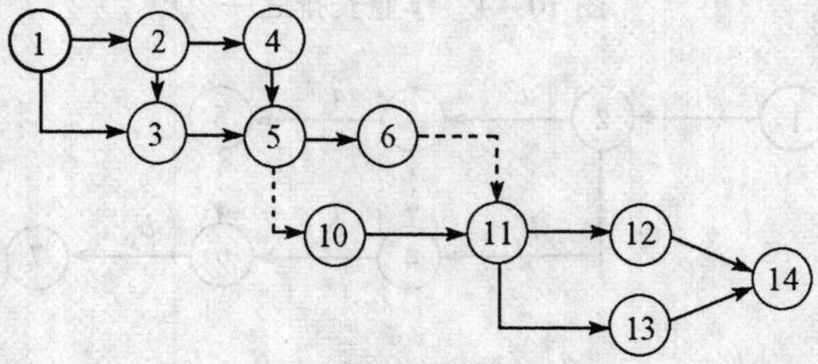

图 10－8　网络图的组合

§10.1.3　网络图的绘制步骤

网络图的绘制可分为以下三个步骤：

一、任务的分解

就是把一个工程或一项任务分解成若干作业，并确定它们之间的关系。作业与作业之间的关系共有四种："先行作业"，即某一作业的前面有哪些作业；"后续作业"，即某一作业的后面有哪些作业；"并行作业"，即与某些作业同时进行的有哪些作业；"中途作业"，即在某一作业的中途可以进行哪一种作业。如图 10－9 所示。

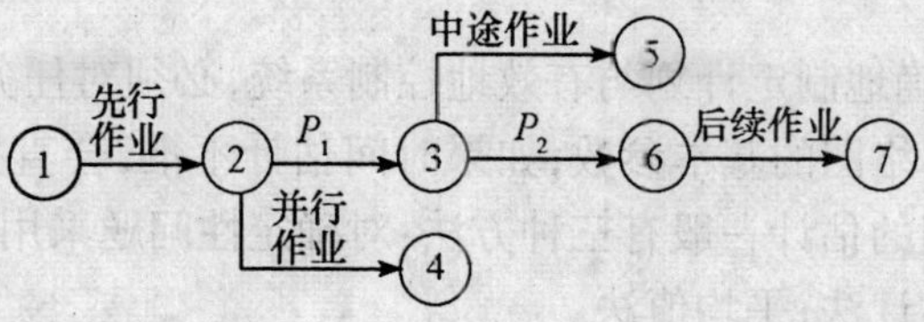

图 10－9 作业之间的关系

对某一系统绘制的网络图可以分为总系统图、分系统图、环节图。它们各有粗细之别、详细与简单之分，以便供各级人员使用。

网络图中各作业所需的时间一般以周为单位，也可根据任务总时间的长短酌情以月或天为单位。

这样将任务分解后，可列成表格形式的任务清单，如表 10－2 即为一施工单位拆换蒸气配管的任务清单。清单中应标明作业的名称、代号、先后顺序以及所需时间等。

二、画图

有了任务分解的清单，就可以进行网络的画图工作了。画图是从第一道作业开始，以箭线代表作业，依先后顺序一支箭线接一支箭线地从左向右画下去，直到最后一个作业为止。在箭线与箭线的分界处画一个圆圈，这样就得到一个网络图。

三、编号

将网络图中的圆圈写上代号，从左至右，从小到大，不得出现重复的编号，这样就完成了一个任务的网络图。例如，由表 10－2 的任务画成的网络图如图 10－10 所示。

表 10－2 任务清单

作业代号	作业名称或内容	先行作业
A	勘查设计	
B	搭架拆旧管	*A*
C	制新管及零件	*A*
D	制新阀	*A*
E	安装新管	*B*、*C*
F	焊新管	*E*
G	装新阀	*D*、*E*
H	保　温	*F*、*G*

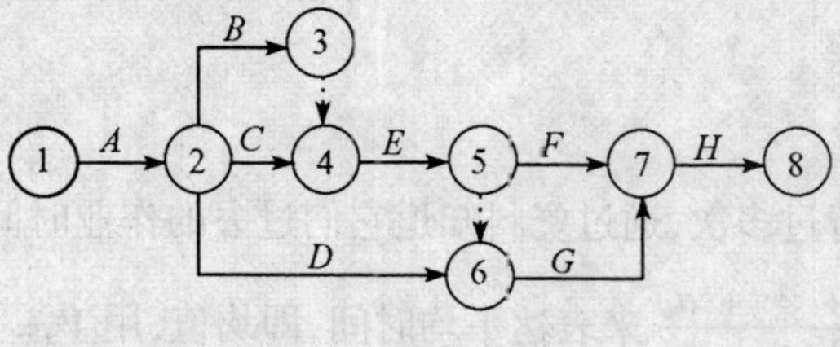

图 10－10 网络图

§10.1.4 作业时间的确定

我们知道,要想正确地制定计划与有效地控制系统,必须对任务所需的时间进行科学的估计。作业时间是网络图的基本参数,如果时间估计不准,会直接影响效果,必须予以高度重视。对作业时间的估计一般有三种方法:对确定性问题采用“一时”估计法;对非确定性问题采用“三时”估计法;平均值法。

一、一时估计法

是指在正常情况下,有同类作业所需时间的资料作参考,可以依据经验估计出一个时间值。这个时间不考虑偶然情况,用 $t(i,j)$表示。

二、三时估计法

对不确定性问题,在无可靠的资料和经验来确定单一的时间时,可以采用三时估计法,即取下列三种时间的平均值作为作业时间。

a——乐观时间,系指在顺利情况下完成作业所需的时间,即最短时间;

b——悲观时间,系指在极不利的情况下完成作业所需的时间,即最长时间;

c——最可能时间,系指完成作业通常需要的时间,即一般情况下完成作业的时间。

上述三种时间的平均值可按下式计算:

$$t_m(i,j)=\frac{a+4c+b}{6}$$

式中 $t_m(i,j)$为作业的平均时间。

这样,一个非确定性时间,用一个平均时间来代替,就变成为确定性时间,从而可较科学地进行运算了。

上述估计平均时间 $t_m(i,j)$的依据是:

因为这是一个非确定性问题,是“概率论”讨论的范畴,我们可用加权平均方法来解释。

如在 a、c 之间加权平均,即假定 c 的可能性两倍于 a 的可能性,则平均值是:$\frac{a+2c}{3}$。

同理,在 c、b 之间的平均值是$\frac{2c+b}{3}$。

因此总的完成时间的分布可以用$\frac{a+2c}{3}$、$\frac{2c+b}{3}$各以$\frac{1}{2}$的可能性出现的分布来代表它,这二者的平均数是 $\frac{1}{2}\left(\frac{a+2c}{3}+\frac{2c+b}{3}\right)=\frac{a+4c+b}{6}$,即平均时间 $t_m(i,j)=\frac{a+4c+b}{6}$。

三、平均值法

如果一个任务进行过多次,通过资料知道它们过去的作业时间分别是 $a_1,a_2,a_3,\cdots,a_n$,则用 $\bar{a}=\frac{a_1+a_2+\cdots+a_n}{n}$ 来表达平均时间,即均值,用 $V=\frac{1}{n}\sum_{i=1}^{n}(\bar{a}-a_i)^2$ 来表示方差。

§ 10.2 网络图的参数与计算

§ 10.2.1 结点的时间参数与计算

一、结点的最早开始时间 $t_E(j)$

一个结点的最早开始时间是指从始点到本结点的最长时间之和。在这时刻之前是不能开始的。以 $t_E(j)$表示结点(事项)j 的最早开始时间。

始点结点的最早开始时间等于零,即 $t_E(1) = 0$ (10.2.1)

若结点只有一条箭线进入的话,则该箭尾所触结点的最早开始时间加上箭杆时间(作业时间)即为该箭头所触结点的最早开始时间。

若结点有很多条箭线进入的话,则对每条箭线都作上述计算之后,取其中最大数值为该结点的最早开始时间。

用公式表示为

$$t_E(j) = \max[t_E(i) + t(i,j)] \quad (j = 2,3,\cdots,n) \tag{10.2.2}$$

式中:$t(i,j)$为作业时间;

$t_E(j)$为箭头结点的最早开始时间;

$t_E(i)$为箭尾结点的最早开始时间。

二、结点的最迟完成时间 $t_L(i)$

一个结点的最迟完成时间是指这个结点最迟必须结束的时间,在这个时间里事项若不完成,就要影响它的后续作业的按时开工。以 $t_L(i)$表示结点 i 的最迟完成时间。

$$\text{终点结点的最迟完成时间}: t_L(n) = \text{总工期} \tag{10.2.3}$$

若对任务的总工期没有特别规定,为便于计算,我们令:

$$t_L(n) = t_E(n) \tag{10.2.4}$$

若结点只有一条箭尾,则该结点最迟完成时间,等于箭头所触结点的最迟完成时间减去该作业的时间。

若结点有很多条箭尾,则对每一条箭线都做上述运算之后,取其中最小值为该结点的最迟完成时间。用公式表示为

$$t_L(i) = \min[t_L(j) - t(i,j)], (j = n-1, n-2, \cdots, 1) \tag{10.2.5}$$

式中:$t(i,j)$为作业时间;

$t_L(i)$为箭尾结点的最迟完成时间;

$t_L(j)$为箭头结点的最迟完成时间。

三、结点的时差 $S(i)$

结点的时差就是结点的最迟完成时间减去其最早开始时间。用公式表示为

$$S(i) = t_L(i) - t_E(i) \tag{10.2.6}$$

式中:$S(i)$为结点时差;

$t_L(i)$为结点最迟完成时间;

$t_E(i)$为结点最早开始时间。

§10.2.2 作业的时间参数与计算

一、作业的最早开始时间 $t_{ES}(i,j)$

一个作业必须等它前面的作业完工之后才能开始，在这之前是不具备开工条件的。这个时间就叫做作业的最早开始时间。其意义是该作业最早什么时候可以开始，用 $t_{ES}(i,j)$表示。

它的计算方法有两种：一是通过它的先行作业的最早开始时间加上作业时间来进行；二是通过结点的最早开始时间来进行。

用第一种办法，其公式为

$$t_{ES}(i,j) = \max_{h<i<j}[t_{ES}(h,i) + t(h,i)] \tag{10.2.7}$$

式中：$t_{ES}(h,i)$为ⓘ→ⓙ作业的先行作业的最早开始时间，从左至右直到终点为止。

用第二种办法，其公式为

$$t_{ES}(i,j) = t_E(i) \tag{10.2.8}$$

即作业的最早开始时间等于箭尾结点的最早开始时间。

二、作业的最早完成时间 $t_{EF}(i,j)$

一个作业的最早完成时间，就是它的最早开始时间加上本作业所需的时间。其意义是指该作业最早什么时间可以完成，以 $t_{EF}(i,j)$表示。它的计算也有二种办法。

第一种办法，其公式是

$$t_{EF}(i,j) = t_{ES}(i,j) + t(i,j) \tag{10.2.9}$$

第二种办法，其公式是

$$t_{EF}(i,j) = t_E(i) + t(i,j) \tag{10.2.10}$$

即作业的最早完成时间等于箭尾所触结点的最早开始时间加上作业所需时间。

三、作业的最迟开始时间 $t_{LS}(i,j)$

一个作业，紧接其后有一个或几个作业，为了不影响后续作业的如期开始，每个作业应有一个最迟必须开始时间，这个时间就叫做作业的最迟开始时间，其意义是该作业最迟应该什么时间开始，以 $t_{LS}(i,j)$表示，它的计算也有两种办法。

第一种办法，其公式是

$$t_{LS}(i,j) = \min_{i<j<k}[t_{LS}(j,k) - t(i,j)] \tag{10.2.11}$$

式中：$t_{LS}(j,k)$是ⓘ→ⓙ作业的后续作业的最迟开始时间。计算是从右向左直到始点为止。

第二种办法，其公式是

$$t_{LS}(i,j) = t_L(j) - t(i,j) \tag{10.2.12}$$

即作业的最迟开始时间等于箭头所触结点的最迟完成时间减去作业时间。

四、作业的最迟完成时间 $t_{LF}(i,j)$

一个作业的最迟完成时间等于它的最迟开始时间加上本作业所需要的时间。其意义就是该作业最迟应该什么时候完成，以 $t_{LF}(i,j)$表示。它的计算也有两种办法。

第一种办法，其公式为

$$t_{LF}(i,j) = t_{LS}(i,j) + t(i,j) \tag{10.2.13}$$

第二种方法,其公式为

$$t_{LF}(i,j) = t_L(j) \quad (10.2.14)$$

即作业的最迟完成时间等于箭头结点的最迟完成时间。

五、作业的总时差 $R(i,j)$

任取一个作业(i,j)来分析。如果它在最早开始时间 $t_{ES}(i,j)$开始,并且耗费规定工时 $t(i,j)$,则它一定能在最早完成时间 $t_{EF}(i,j)$完成;作业(i,j)又有一个最迟完成时间 $t_{LF}(i,j)$,它只要不超过 $t_{LF}(i,j)$而完工,就不会拖延整个任务的工期。所以,作业(i,j)的安排具有一定的回旋余地,其回旋范围称为作业(i,j)的"总时差",计算公式如下

$$R(i,j) = t_{LF}(i,j) - t_{EF}(i,j) \quad (10.2.15)$$

将式(10.2.9)及式(10.2.13)代入式(10.2.15),得到

$$R(i,j) = t_{LS}(i,j) - t_{ES}(i,j) \quad (10.2.16)$$

将式(10.2.14)及式(10.2.10)代入式(10.2.15),得到

$$R(i,j) = t_L(j) - t_E(i) - t(i,j) \quad (10.2.17)$$

当 $R(i,j)=0$ 时,称作业(i,j)为"关键作业"。

当 $R(i,j)\neq 0$ 时,作业(i,j)可以作如下两种机动安排:或者适当推迟其开工时间(不超过其最迟开始时间),或者适当放慢进度,延长其工时 $t(i,j)$(延长的幅度不超过 $R(i,j)$就行)。当然,也可以将两种机动安排结合使用:既适当推迟一些开工时间,又适当放慢一些该作业的进度。这些情况称为"时差的调用",记调用量为 $\delta(i,j)$,则调用原则可以统一表示为 $\delta(i,j)\leqslant R(i,j)$。

$R(i,j)$的数值实际上表明作业(i,j)具有的潜力,调用时差就是挖掘其中的潜力(人力、物力、财力)。

六、作业的单时差 $r(i,j)$

当 $R(i,j)\neq 0$ 而 $\delta(i,j)>0$ 时,只要满足 $\delta(i,j)\leqslant R(i,j)$,整个任务的总工期是不会拖延的,但是对于后续作业$(j,k)$来说,则会出现两种情况:一是后续作业受到干扰,无法在其最早开始时间 $t_{ES}(j,k)$开工;一是后续作业不受干扰,仍然可以在 $t_{ES}(j,k)$开工,对于后一种情况,我们称作业(i,j)具有"单时差",记为 $r(i,j)$。就是说,作业(i,j)的单时差$r(i,j)$定义为:在不影响后续作业(j,k)的最早开始时间 $t_{ES}(j,k)$的前提下,作业(i,j)可以自由地利用的机动时间范围。用公式表示为

$$r(i,j) = t_{ES}(j,k) - t_{EF}(i,j) \quad (10.2.18)$$

将式(10.2.8)及式(10.2.10)代入式(10.2.18),得到

$$r(i,j) = t_E(j) - t_E(i) - t(i,j) \quad (10.2.19)$$

§10.2.3 关键路线与时差的关系

网络图中,时差为零的结点称为关键结点,总时差为零的作业称为关键作业。

在一张网络图中,从始点到终点,沿箭头方向把总时差为零的作业连接起来所形成的线路称为"关键路线"。关键路线在图上用粗线或双线表示。

要想缩短整个任务的工期,必须在关键路线上想办法,即缩短关键路线上的作业时

间。反之,若关键路线的工期拖长,则整个计划工期就要拖长。在一张网络图中,关键路线可以有多条。关键路线越多,表明各项作业的周期都很紧张,要求必须加强管理,严格控制,以保证任务的按期完成。

关键路线与时差的关系可以归纳为以下三条定理。

定理 10.1 在 $t_L(n)=t_E(n)$的前提下,对于网络图上所有各项作业均有

$$0 \leqslant r(i,j) \leqslant R(i,j)$$

且当 j 为关键结点时,$r(i,j)=R(i,j)$,特别地,有 $r(i,n)=R(i,n)$。

定理 10.2 在关键路线上。全部结点时差均为零,反之不真。

定理 10.3 在关键路线上,全部作业的总时差均为零,反之亦真。

定理 10.3 给出了确定关键路线的充分必要条件。当我们计算了各项作业的总时差以后,由 $R(i,j)=0$ 的作业所连成的通路即为关键路线。或者说,关键路线就是关键作业所组成的通路。但是要注意:定理 10.2 只是提供了确定关键路线的必要条件,而关键结点组成的通路并不就是关键路线。

由定理 1 还可知道,在关键路线上,各项作业的单时差亦为零。

非关键路线上各项作业的时差不全为零,就是说,或多或少有潜力可挖。

系统网络技术的精华就在于根据网络图找出关键路线,重点保证关键路线;利用非关键路线上作业的时差,调用其中的人力、物力、财力去支援关键路线,使得关键作业——从而使得整个任务——能按期或提前完成。

调用时差时,应该首先调用单时差,因为它是自由时差,对后续作业不发生影响。总时差与单时差的关系可以用图 10-11 表示。

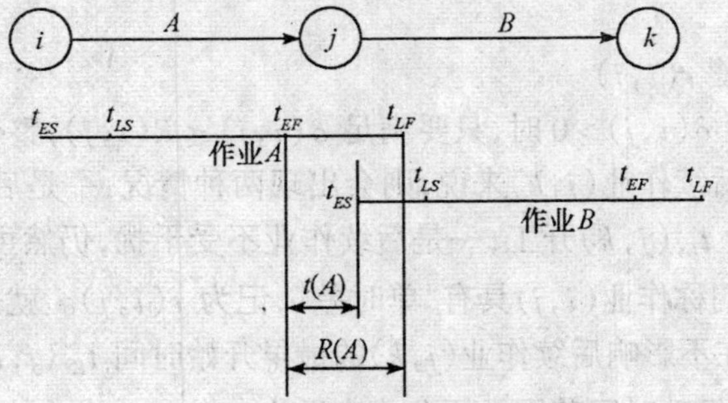

图 10-11 总时差与单时差的关系

§10.2.4 网络图参数的计算方法

在系统网络技术的应用中,我们不但要找出关键路线,而且要知道各种作业时间参数,这样才能便于挖掘潜力,合理安排,采取措施,保证关键路线,从而保证整个任务的按期或提前完成。

计算作业的时间参数有两组公式可供利用。一组公式是利用已经算得的结点时间参数值进行,计算结果用适当的符号标注在图面上,故称图上计算法。另一组是利用作业之间的关系列表进行计算,故称表格计算法。

一、图上计算法

我们通过图 10－12 所示的例子来说明这种方法的计算步骤。

1. 计算结点的最早开始时间 $t_E(j)$

利用式(10.2.1)与式(10.2.2),从始点开始,自左向右,逐个结点地进行计算,直到终点为止。计算结果填入结点近旁所画的符号□之中。

2. 计算结点的最迟完成时间 $t_L(i)$

利用式(10.2.3)～式(10.2.5),从终点开始,自右向左,逐个结点地进行计算,直至始点为止。计算结果填入结点近旁所画的符号△之中。

3. 计算作业的总时差 $R(i,j)$

此时利用式(10.2.17)较为方便。得到的总时差 $R(i,j)$ 的数值用方括号[ ]括起来,标注在作业箭杆线旁。我们可以将式(10.2.17)形象化地表示为

$$[\ ] = \triangle_j - \square_i - t(i,j) \tag{10.2.17'}$$

4. 计算作业的单时差 $r(i,j)$

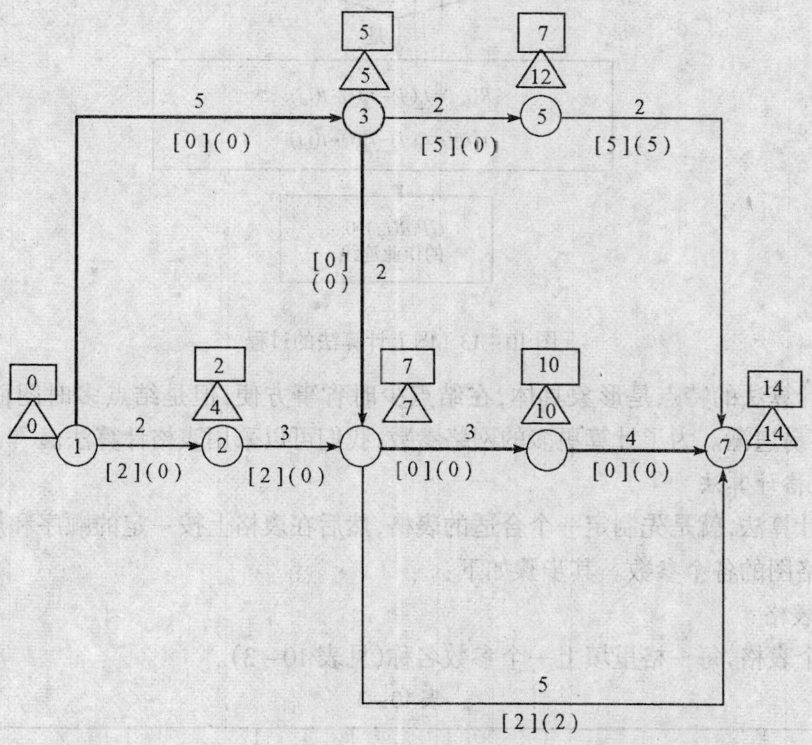

图 10－12 网络图

此时利用式(10.2.19)较为方便。计算得到的单时差 $r(i,j)$ 的数值用圆括号(　)括起来,标注在作业箭杆线旁。对应于式(10.2.17′),可以将式(10.2.19)形象化地表示为

$$(\ \ ) = \square_j - \square_i - t(i,j) \tag{10.2.19'}$$

5. 将总时差为零的作业连接起来形成通路,就得到了图 10－12 所示网络图的关键路线 CP 为:①→③→④→⑥→⑦

我们可以用框图 10－13 完整地描述图上计算法的整个过程。

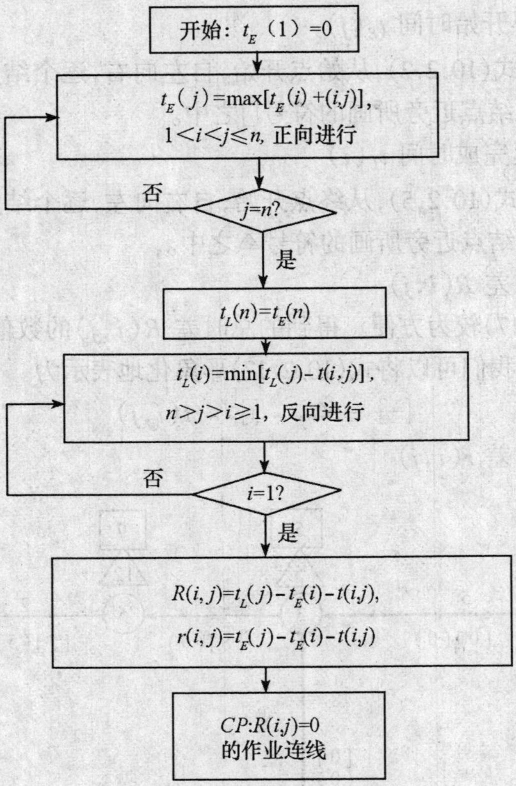

图 10－13　图上计算法的过程

图上计算法的特点是形象具体，在结点少时省事方便，但是结点多时图面标注很拥挤，而且容易遗漏。为了计算更多的网络参数，我们可以采用表格计算法。

二、表格计算法

表格计算法，就是先制定一个合适的表格，然后在表格上按一定的顺序和规定的算法来计算网络图的各个参数。其步骤如下：

1. 作表格

作一个表格，每一格里填上一个参数名称（见表 10－3）。

表 10－3

1	2	3	4	5	6	7	8	9
作业 ⓘ→ⓙ	作业时间 $t(i,j)$	最早开始时间	最早完成时间	最迟开始时间	最迟完成时间	总时差	单时差	关键作业
		t_{ES}	t_{EF}	t_{LS}	t_{LF}	R	r	
			3＋2		5＋2	5－3		

2. 填表格

按网络图的顺序自上而下，逐行填写表格的第1、2列。将图10－12的数据填在表10－3上，得表10－4。

表10－4

1	2	3	4	5	6	7	8	9
作业 ⓘ→ⓙ	作业时间 $t(i,j)$	最早开始时间 $t_{ES}(i,j)$	最早完成时间 $t_{EF}(i,j)$	最迟开始时间 $t_{LS}(i,j)$	最迟完成时间 $t_{LF}(i,j)$	总时差 $R(i,j)$	单时差 $r(i,j)$	关键作业
			3＋2		5＋2	5－3		
①→②	2	0	2	2	4	2	0	
①→③	5	0	5	0	5	0	0	①→③
②→④	3	2	5	4	7	2	2	
③→④	2	5	7	5	7	0	0	③→④
③→⑤	2	5	7	10	12	5	0	
④→⑥	3	7	10	7	10	0	0	④→⑥
④→⑦	5	7	12	9	14	2	2	
⑤→⑦	2	7	9	12	14	5	5	
⑥→⑦	4	10	14	10	14	0	0	⑥→⑦

3. 在表上计算参数

(1) 计算作业最早开始时间和最早完成时间

表上第3列是作业最早开始时间，第4列是作业最早完成时间，这两列由上至下一行一行地计算。先从始点出发的各作业开始，它们的最早开始时间是0，最早完成时间就是自己的作业时间，所以只需将作业时间写入第4列相应的行内。例如在表10－4中，作业①→②，①→③，它们在第4列的数字分别为2、5。接着就算这些作业的后续作业，我们知道，一个作业的最早完成时间就是它后续作业的最早开始时间，当一个作业有多个先行作业时，选其中最大者。所以，在写作业的第3列数值时，只需将其先行作业在第4列的数值填入，即得这一作业的最早开始时间。有了最早开始时间加上作业时间就是第4列的数。这样算下去，就可算出全部作业的第3列和第4列的数值，例如，在表10－4中算到④→⑥作业时，它的先行作业有两个：②→④，③→④，相应在第4列上的数是5、7。按选最大数的原则，取7为④→⑥的 t_{ES}，并写入第3列相应行中，而它的最早完成时间 $t_{EF}=3+7=10$，写入第4列相应行中。

(2) 计算作业的最迟开始时间和最迟完成时间

表的第5列是各作业的最迟开始时间，第6列是作业的最迟完成时间，第5列的计算是从终点结点算起，由下往上逐个进行。

从终点结点可知，任务的最早完成时间与任务的最迟完成时间是同一个数，这样进入终点结点的各作业，它们的最迟开始时间就是最迟完成时间减去各自的作业时间。例如，在表10－4中，⑤→⑦、⑥→⑦作业的最迟开始时间分别为12、10，记入第5列相应格中。接着再算上一个作业，按照作业的最迟开始时间等于它后续作业的最迟开始时间减去作业时间，当后续作业有几个时，选其中最小者。这样算下去，一行一行地直到与始点相连的一个作业为止。例如在表 10－4 中，算到作业④→⑥时，找到它的后续作业是⑥→⑦；在第 5 列找到 $t_{LS}=10$；将此数减去第④→⑥行上的第二列的作业时间得 7，就是 $t_{LS}(4、6)$的值。将此数写入④→⑥行的第 5 列上。又例如：在算②→④和③→④作业时，查到它们的后续作业是④→⑥，④→⑦，按取最小数的原则，从第 5 列已算出的 $t_{LS}(4,6)=7$，$t_{LS}(4,7)=9$，两数中取最小者 7，这个数与②→④，③→④两个作业时间分别相减，即得它们的最迟开始时间。$t_{LS}(2,4)=4$，$t_{LS}(3,4)=5$，再将这两个数写入第 5 列的②→④，③→④格中，逐行计算直到第 5 列全部填满为止。第 6 列是最迟完成时间，是第 2 列与第 5 列的数字之和。

(3) 计算作业的总时差和单时差

第 7 列是作业的总时差，可由各作业的第 5 列数字与第 3 列的数字相减求得。

第 8 列是作业的单时差。它是由后续作业的最早开始时间减去所算作业的最早完成时间而求得的。例如，在表 10－4 中，③→④的后续作业是④→⑥，④→⑦，查得在第 3 列上的 $t_{ES}(4,6)=7$，$t_{ES}(4,7)=7$，又在第 4 列查得③→④的最早完成时间是 7。因此③→④作业的单时差为 $7-7=0$，同理计算，直到最后一个作业为止。

(4) 标出关键作业

第 9 列是关键作业，将第 7 列中总时差为 0 的作业标在第 9 列中，串联第 9 列的作业就构成了关键路线。

§10.3　任务按期完成的概率分析与计算

在前面一节里，我们是从确定的情况出发，对网络的有关时间参数进行计算的。这里有一个前提，即每个作业所需时间都是确定的数值，因而算出来的总计划所需时间也是确定的数值。在这种把握比较大的情况下，我们使总预定完成时间等于总的所需时间，即前面讲的 $t_L=t_E$。这就是说，我们经过科学的计算，一个计划完成需要多少时间，就给它多少时间，这样找出的关键路线是以总时差为零来确定的。

在实际工程中，完成某项作业或任务所需的时间是不容易确定为某一数值的，往往只能凭经验或过去的试验研究结果来做一定的估计。对于这种估计所带来的一系列问题需要慎重考虑。前面讲过，作业时间是用“三时估计法”求出的平均时间，因而用公式算出的最早开始时间，也必然有某些不确定因素在内，并不是非常准确的时间。所以，我们就要研究由于这些不确定因素而引起的计划是否能按期完成的问题，即计划按期完成的可能性有多大？这就是任务按期完成的概率分析的由来。下面对此做一简单的介绍。

§10.3.1　任务完成时间近似符合正态分布规律

根据概率论中有名的“中心极限定理”，我们可以认为，任何事项的完工时间是近似符合正态分布的。有了这样一个假设后，我们只要计算出每个作业预计完工时间的平均值和方差，就可以用下面公式求出各个事项按期完成的概率，就能对整个任务是否按期完成给予概率评价，并对计划的执行作出预测。

一、平均值

前面讲过，$t_m(i,j)=\dfrac{a+4c+b}{6}$叫做作业的平均时间，它与三个估计时间参数有关。

二、离差与方差

$\sigma=\dfrac{b-a}{6}$，σ 为作业时间的标准离差，它只与作业的最长时间与最短时间有关，与最可能时间无关，它是作业时间概率分布离散程度的度量。方差为

$$\sigma^2=\left(\frac{b-a}{6}\right)^2$$

三、任务完成时间

根据概率论中有名的“中心极限定理”来分析，任务最后完成时间呈正态分布，以 $t_m=\sum_{i=1}^{J}\dfrac{a_i+4c_i+b_i}{6}$ 为平均值，以 $\sigma=\sqrt{\sum_{i=1}^{J}\left(\dfrac{b_i-a_i}{6}\right)^2}$ 为标准离差。

这是当 J 充分大时的一个渐近估计。实际上，我们可用概率曲线来形象地分析。当关键路线上的作业由 10 个以上组成的，从均值左侧伸展 $-3\sigma_{cp}$（σ_{cp} 为关键事项的标准离差），又从右侧伸展 $+3\sigma_{cp}$，事项在这一段时间内实现的机会为 99.7%，这可用图 10-14 来说明。

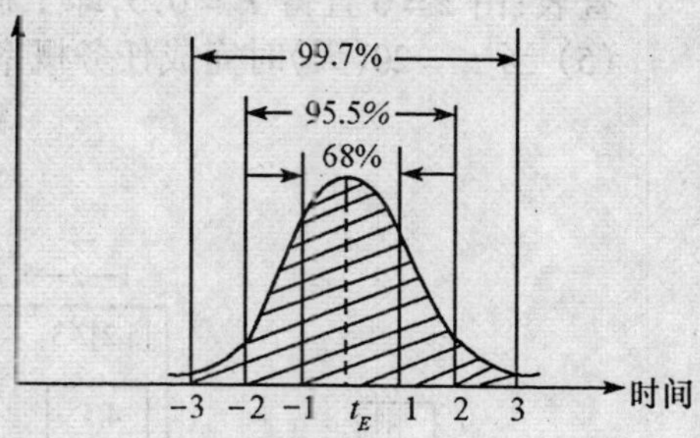

图 10-14

曲线上任一点的高度用来衡量事件在横轴上相应的时间里实现的概率密度，任意一条垂直线左方的面积代表在相应时间里实现的概率，实际概率曲线从 $-3\sigma_{cp}$ 到 $+3\sigma_{cp}$ 的水平宽度是对于 t_E 的不确定性的一个度量。σ_{cp} 越小，水平宽度越窄，则 t_E 越肯定。反之，σ_{cp} 越大，则 t_E 越不肯定。

σ_{cp} 是从一系列 σ^2 值推导出来的，而 σ^2 值又依赖于每项作业的 $\dfrac{b-a}{6}$。为了尽可能地增加终点结点的 t_E 值的确定性，应使 $(b-a)$ 越小越好。但是不大可能在一切情况下都把 $(b-a)$ 限制得很小，可是对那些特别大的 $(b-a)$ 至少应该检查一下，看看是否判断错误。

§10.3.2　任务按期完成的概率计算

一、计算方法

为计算概率，引入一个概率因子 z，以便于查正态分布表。概率 $P=P(z)$

$$z=\frac{t_L-t_E}{\sigma_{cp}}$$

式中：t_L 为结点（事项）的最迟完成时间；

t_E 为结点（事项）的最早开始时间；

t_L-t_E 为结点的时差。

σ_{cp} 是关键路线上方差之和的平方根，也叫结点的标准离差。$\sigma_{cp}=\sqrt{\sum\sigma_e^2}$，$\sigma_e^2$ 是关键路线上作业的方差，σ_{cp} 是平均值。

若已经规定了计划的完成时间为 t_S，则 t_L 就用此规定时间。因 t_E 是已知的，σ_{cp} 也是已知的，这样就可以计算出 z 值。用 z 值查正态分布表即得概率 P。

二、应用举例

例 10.1 设某工程的网络图如图 10-15 所示。试计算该工程在 20 天完成的可能性。如果完成的可能性要求达到 94.5%，则工程的工期应规定为多少天?

解 (1)先求出 $t_m(i,j)$。用 $t_m(i,j)=\dfrac{a+4c+b}{6}$ 求得，标在每个作业线的下面，时间单位为天。

(2) 计算 t_E 值。用公式 $t_E(j)=\max[t_E(i)+t_m(i,j)]$ 求得 $t_E(7)=19$(天)。

(3) 计算 t_L 值。用公式 $t_L(i)=\min[t_L(j)-t_m(i,j)]$ 求得 $t_L(7)=19$(天)。

(4) 计算 $t_L=19$(天)的完成概率。

$$使用\ z=\frac{t_L(7)-t_E(7)}{\sigma_{cp}}=\frac{19-19}{\sigma_{cp}}=0$$

查表:由 $z=0$ 查得 $P=0.5$，即工程按时完成的可能性为 50%。

(5) 当 $t_s=20$(天)时完成任务概率的计算。

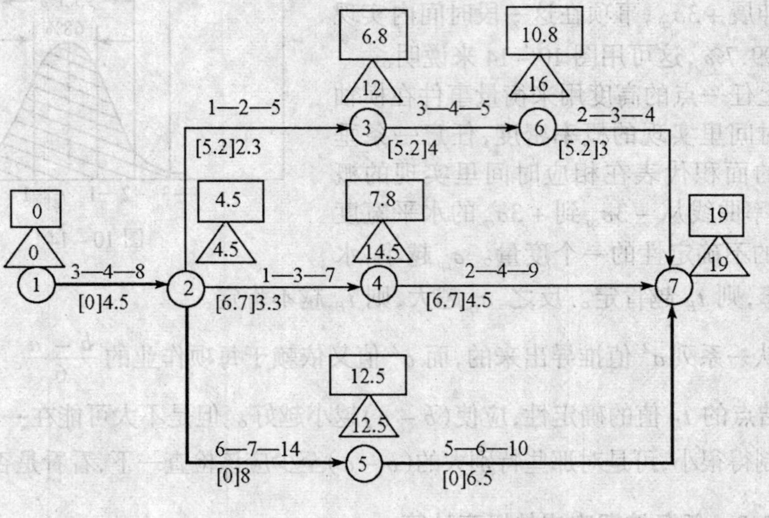

图 10-15 某工程的网络图

关键路线上的方差 σ_e^2 分别为

$$\left(\frac{8-3}{6}\right)^2=\frac{25}{36};\left(\frac{14-6}{6}\right)^2=\frac{64}{36};\left(\frac{10-5}{6}\right)^2=\frac{25}{36}$$

关键路线上方差之和 $\sum\sigma_e^2=\dfrac{25}{36}+\dfrac{64}{36}+\dfrac{25}{36}\approx 3.2$

由此可得概率因子

$$z=\frac{t_S-t_E}{\sqrt{\sum\sigma_e^2}}=\frac{20-19}{\sqrt{3.2}}=\frac{1}{1.8}\approx 0.56$$

查正态分布表得 $P=0.71$，即该工程在 20 天完成的可能性为 71%。

(6) 如要求按时完成的可能性为 94.5%，计算需要的天数，由公式 $z=\dfrac{t_L-t_E}{\sqrt{\sum\sigma_e^2}}$ 得

$$t_L=t_E+z\sqrt{\sum\sigma_e^2}$$

查表 $P=0.945$ 时之 $z=1.6$,于是 $t_L=19+1.6\times1.8=22$(天)。即按时完成可能性为94.5%时所需天数为22天。

三、讨论

由公式 $z=\dfrac{t_L-t_E}{\sigma_{cp}}$ 来看,$t_L-t_E=$ 时差。

严格地讲,时差也要用概率来处理,但这样算起来工作量太大了。由于时差只是作为调整的参考,所以也就省略了概率计算。

若 $t_L-t_E=0$,则完成任务的概率为50%;若 $t_L-t_E>0$,则完成任务的概率就大于50%;假设 t_L-t_E 为 σ_{cp} 的三倍,则完工概率为99%;若 $t_L-t_E<0$,则完成任务的概率就小于50%;如果 $t_L-t_E<-\sigma_{cp}$ 时,可以判断按时完成任务是成问题的;如果 $t_L-t_E<-2\sigma_{cp}$,则肯定是大有问题了;如果 $t_L-t_E<-3\sigma_{cp}$,则按时完成任务只有千分之一的可能性。

这样,管理人员就可根据时差和标准离差来判断按时完成任务的可能性,也就有了一个标准。这就是置信度的分析与计算。

一般当任务在指定日期完成的概率 $P(z)$ 满足下列条件:

$$0.3\leqslant P(z)\leqslant 0.70$$

则表示按此网络图执行计划,在指定日期完成是可能的,比较合适的,计划定得既先进又留有充分余地。

四、按照上面讨论的几种情况重新评价关键路线的定义

我们是用时间平均值把非确定型化为确定型,从而找出关键路线。这样做是否合适,值得重新考虑。化为确定型而算关键路线的方法,可以看成在以1/2的可能性来完成整个任务的条件下,定关键路线。确切的提法应该是:给一个预计完成日期,在所有的线路中,依预计日期完成的可能性最小的才是关键路线。而不能只把总时差为零的路线称为关键路线,即应从时差为负值、零或正值三种情况综合考虑来定关键路线。

§10.4 网络图的调整与优化

在编制一项工作计划时,企图在最初的方案中得到完全合理的指标,一般来说是不大可能的,采用系统网络技术也是如此。通常初始方案制定了以后,需要根据指标的要求,对初始方案进行调整和优化,使计划符合要求。网络图调整和优化的主要内容有:缩短网络计划的工期,使其符合规定工期的要求;工期不变,使需要的资源(人力、物力、资金)最少;降低人力使用高峰,使其符合人力供应能力,并使各工种人员的使用连续均衡,且工期最短;降低资源需要量高峰,使其符合资源供应情况,且工期最短;缩短工期并使费用增加最少等等。通过上述几个方面的调整与优化,不断改善网络的初始方案,使之获得最佳的周期、最低的成本和对资源的最有效的利用,并根据时间、资源和成本等方面优化的结果,选择最优方案,作出决策。

§10.4.1 缩短网络计划工期

在网络系统中,关键路线决定了总工期。当规定的工期大于关键路线持续时间时,关

键路线上各作业的总时差就会出现正值，说明完成该任务的时间比较宽裕，计划安排的时间还有潜力可挖，必要时可适当延长某些工作的持续时间，以便做到减少资源或节省费用。

当任务比较紧急，规定的工期小于关键路线的持续时间时，则需对网络进行调整。调整时可针对超过工期的各条线路上的某些作业，采取组织上和技术上的措施，以缩短它们的工作持续时间，从而使计划符合规定工期的要求。

缩短计划工期，通常可从组织上和技术上采取如下方法：

(1) 在关键路线上寻找最有利的作业来缩短其作业时间；

(2) 在可能条件下采取平行作业或交叉作业缩短工期；

(3) 采取新技术和新工艺，搞技术革新和技术改造，增加人力和设备等，缩短某些工作的作业时间；

(4) 利用时差，从非关键路线上抽调适当的人力、物力集中于关键路线，以缩短关键路线的持续时间。

采用上述诸方法缩短网络工期，在调整过程中都会引起网络计划的改变，每次改变后都要重新计算网络时间参数和确定关键路线，直到求得最短周期为止，现举例说明如下。

例 10.2 图 10－16 为某工程的网络图，网络初始方案计划时间为 19 周，现根据客观情况的要求，上级规定工程的完工期为 16 周，试对网络进行调整。

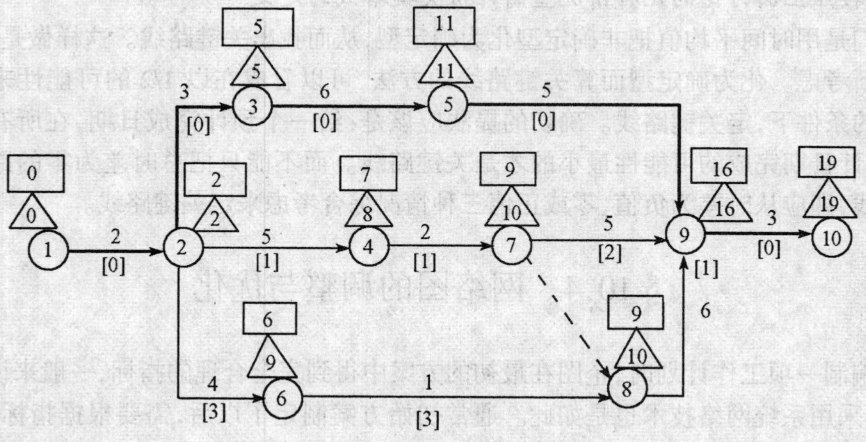

图 10－16 某工程的网络图

解 为达到上级规定的工期要求，需要对作业时间重新进行安排，采取措施压缩关键路线的持续时间。图 10－16 的关键路线是：

①→②→③→⑤→⑨→10

缩短工期的计算：首先将终点10的最迟完成时间定为 16 周，然后采取倒退算法，求出网络中各作业的时差，再确定应该缩短哪条路线上的工期，计算结果如图 10－17 所示。

图 10－17 中箭线下方括号内的数字为总工期 16 周时各作业的总时差，从计算结果可以看出，在原先的关键路线上各作业的总时差为(－3)，这意味着在原来的关键路线上应缩短 3 周。除原来关键路线是负时差外，其它非关键路线也出现了负时差，即在这些路

线上也要进行日期的缩短。需要缩短日期的线路和作业有：

(1) ①→②→③→⑤→⑨→10

(2) ②→④→⑦→⑧→⑨

(3) ⑦→⑨

上述各线路和作业需要缩短的时间分别为 3 周、2 周、1 周。首先考虑在(1)线路上缩短 3 周，即②→③、③→⑤、⑨→10各缩短 1 周，缩短后进行网络时间参数的计算，其结果如图 10－18 所示。

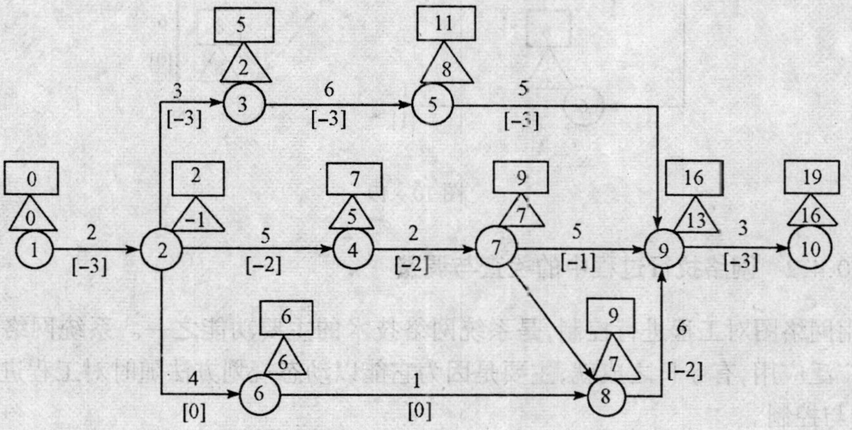

图 10－17

从图 10－18 中可以看出，有负时差的线路为：①→②→④→⑦→⑧→⑨→10。假设将上述线路中作业②→④缩短 1 周成为 4 周，则再通过计算，其结果如图 10－19 所示。

此时，网络中已全部消灭了负时差，下面两条线路均是关键路线：

①→②→④→⑦→⑧→⑨→10

①→②→③→⑤→⑨→10

工期为 16 周，符合上级规定的要求。

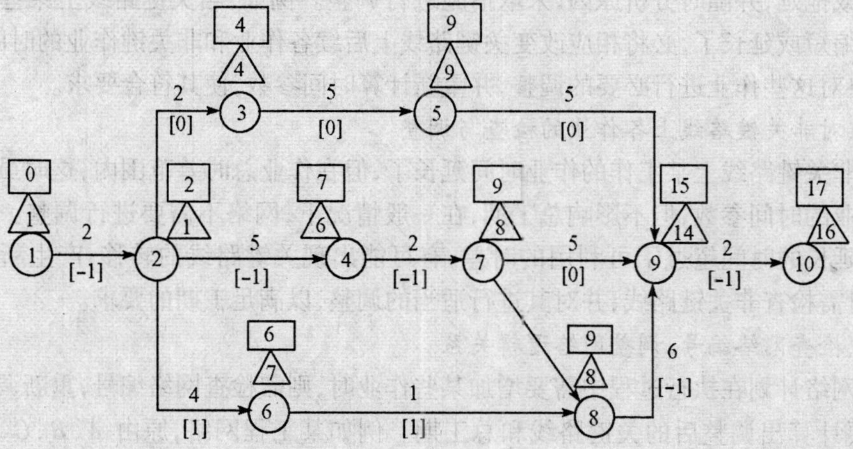

图 10－18

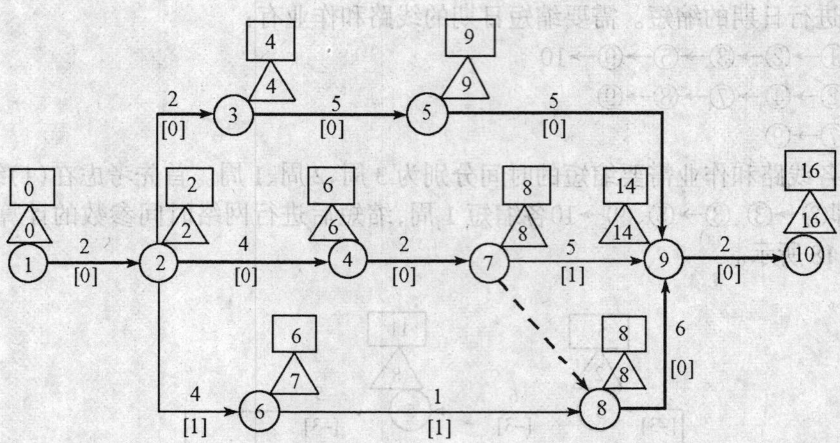

图 10-19

§10.4.2 网络执行过程中的检查与调整

利用网络图对工程进行控制，是系统网络技术的主要功能之一。系统网络技术之所以能被广泛应用，有今日之成就，主要是因为它能以动态规划方法随时对工程进度进行检查、调整与控制。

网络虽然经初步规划，但实际上并不一定能按原计划顺利实现或完成，因为在实施过程中会遇到许多无法确定的因素以及可能出现的意外情况，因此，对网络进行定期检查与调整，是监督计划执行、控制工程进度的有效方法，也是保证实现预期目标的一项重要工作。

一、对关键路线上各作业的检查与调整

关键路线决定总工期，关键路线上任何一个作业(关键作业)的缩短或延长都会影响整个工程的进度，因此，检查与调整的重点是首先分析关键作业。研究这些作业是否有可能提前或拖延，并随时分析原因，采取措施进行调整。例如，当关键路线上某些作业的延续时间缩短或延长了，必将相应改变关键路线上后续各作业和非关键作业的时间参数，因此，需要对这些作业进行必要的调整，并重新计算时间参数，使其符合要求。

二、对非关键路线上各作业的检查与调整

当非关键路线上某工作的作业时间延长了，但在作业总时差范围内，这时虽然改变了相应作业的时间参数，但不影响总工期，在一般情况下，网络不需要进行调整。如果非关键作业延长的时间超过了可利用的时差，有可能出现关键路线的转移，产生新的关键路线，这时需检查非关键路线，并对其进行适当的调整，以满足工期的要求。

三、检查网络编号，调整网络逻辑关系

当网络计划在执行过程中需要增加某些作业时，则需检查网络编号，重新调整逻辑关系，并要计算出调整后的关键路线和总工期。例如某工程网络，原由 A、B、C、D 四个作业组成，如图 10-20(a)所示。在执行过程中，发现 A 作业完成后，与 B、C 作业同时进行的还有 E 作业，否则 D 作业不能开始。由于在原网络图编号时考虑了增加作业的可能

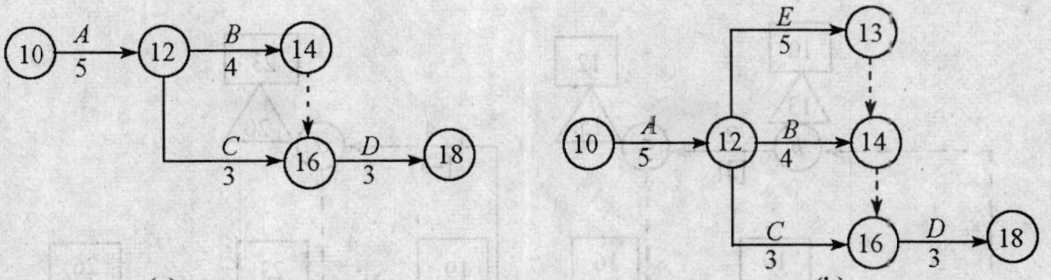

(a)　　　　(b)

图 10－20　某工程网络图

性，留有备用号，因此增加 E 作业不必改变原来编号，只需增加作业箭线和事项（结点），并补上一个预留空号即可，如图 10－20(b)所示。

关于执行过程中如何对网络进行检查与调整的问题，现举例说明如下：

图 10－21 为某工程项目的网络图，根据各项时间参数的计算，得出该工程的完工期为 23 周。

开工 10 周后，检查工程进度，即对作业②→③、②→④、②→⑤进行检查，其结果是：

②→③完成约 33%，剩余日数为 2 周；

②→④完成约 15%，剩余日数为 6 周；

②→⑤完成约 12.5%，剩余日数为 7 周。

将检查结果绘成网络图，则得图 10－22。为使新加入的事项与原有事项有所区别，新事项编号用 a、b、c、d 表示。

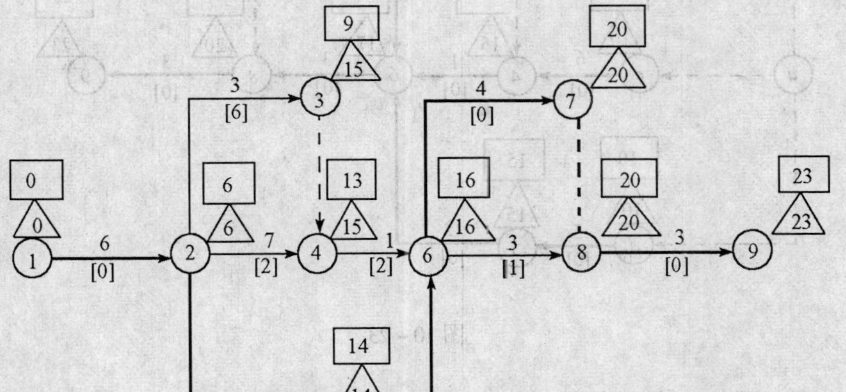

图 10－21

通过对图 10－22 各时间参数进行计算，得出此工程总完工期为 26 周，比原网络的总完工期超过 3 周，在图 10－22 中出现了负值的作业总时差。为消除负值的总时差，可将作业ⓓ→⑤由原来 7 周作业时间缩短 2 周改为 5 周，将作业⑥→⑦由 4 周改为 3 周，再经过时间参数的计算，则可达到规定的总工期 23 周，而关键路线也发生了变化，如图 10－23

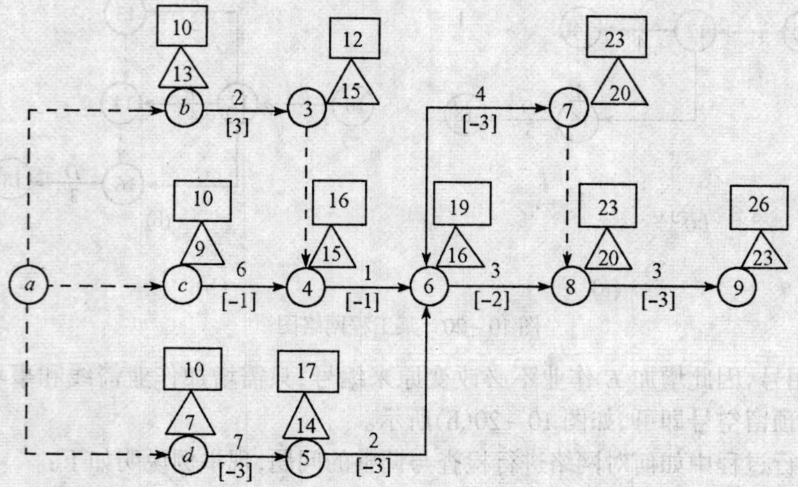

图 10 - 22

所示。这时,如要使总工期在 23 周内结束,应按图 10 - 23 的网络图的时间参数进行工程实施,而由于出现了两条关键路线,工程的进度要比原网络图更加紧迫了。

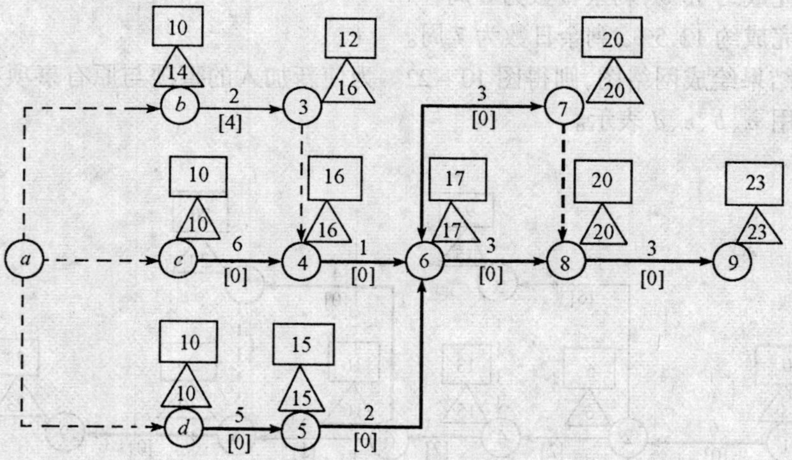

图 10 - 23

§ 10.4.3 时间 - 资源优化

所谓时间 - 资源优化,就是在一定资源的条件下,寻求最短的工期;或者在一定工期的条件下,使投入的资源量最少。网络计划需要的总工期是以一定的资源条件为基础的,资源条件如何,常常是影响作业进度的主要原因。因此,网络计划需要考虑资源,进行资源平衡工作。适当调整完工期,以保证资源的合理使用。

为合理使用资源,必须对网络进行调整。这里有两种情况:一种是所需资源仅限于某一项工作使用;另一种是为同时开展的多项工作所需要。对于第一种情况,只须根据现有资源条件,计算出该项工作的持续时间,并重新进行时间参数的计算,即可得到调整后的工期。对于第二种情况,调整比较复杂,通常是在条形图上进行,其调整原则是:

(1) 优先保证关键作业和时差较小的作业对资源的需要;

(2) 充分利用时差,错开各作业的开工时间,尽量使资源的使用连续均衡;

(3) 在技术条件允许的情况下,可适当延长作业的完工期,以减少所需资源;

(4) 对有限资源的运用,不仅需要考虑供应数量的限制,而且应该考虑供应或作用的适当平稳。

例 10.3 某项计划工程的各项作业所需的时间和人数,如表 10-5 和图 10-24 所示。

表 10-5 某工程的各项作业所需的时间和人数

作业代号	耗时(天)	需要人数
a	4	9
b	2	3
c	2	6
d	2	4
e	3	8
f	2	7
g	3	2
h	4	1

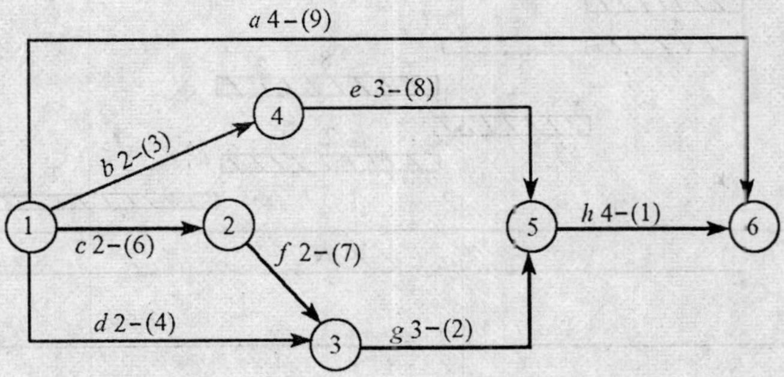

图 10-24

表 10-6 是图 10-24 的横条进度计划和人数的需要量曲线,观察表 10-6 中的人数需要量曲线可以看出,由于一些作业同时进行,使得每天人数需要量很不均匀,多时每天要 24 人,少时每天只要 1 人,由于两者相差太大,资源利用很不均衡。根据该工程特点,假定每天所需人数不得超过 11 人,并要求在人员数量使用上尽量做到均衡,使其充分发挥作用。为此,需要合理运用时差,错开某些作业的开工时间,以达到人员均衡使用的目的。此例如将 a 作业推迟 7 天开工,b、e 作业各推迟 2 天开工,其平衡结果如表 10-7 所示。

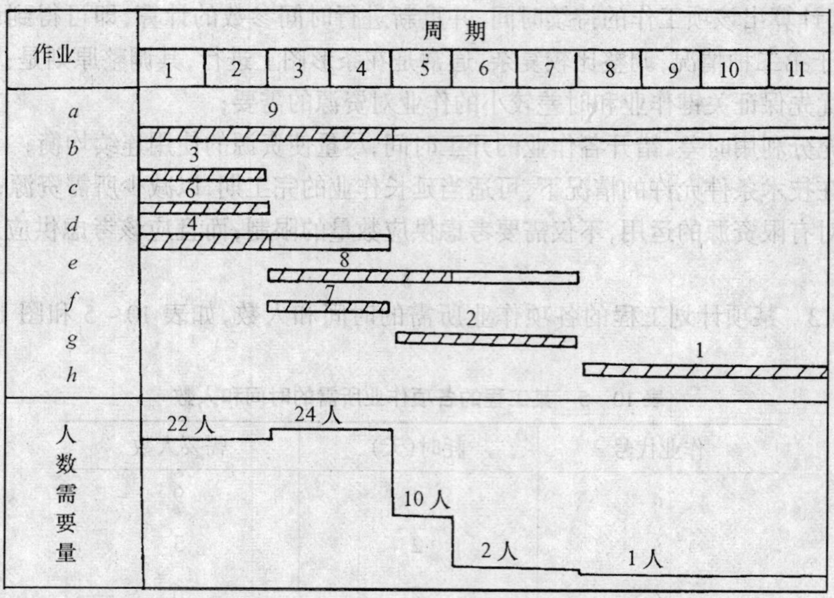

表 10－7

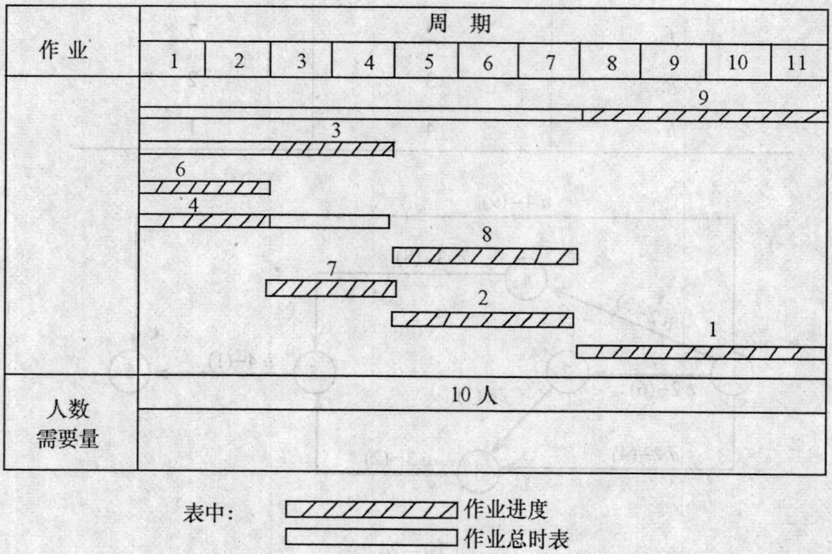

经上述改进后(由表 10－7 可知),该项计划人员的分配,既满足限额 11 人的要求,又非常平稳,虽然在实际上不一定能做到如此均匀,但经适当调配,可以更经济合理地运用有限资源。

§10.4.4 日历计划网络图的绘制

所谓日历计划网络图是指带有时间坐标的计划网络图。这里所说的日历－时间坐标是广义的,可以是以周或以月为单位。下面我们通过举例来说明。

试将网络图 10－25 改画为日历计划网络图。

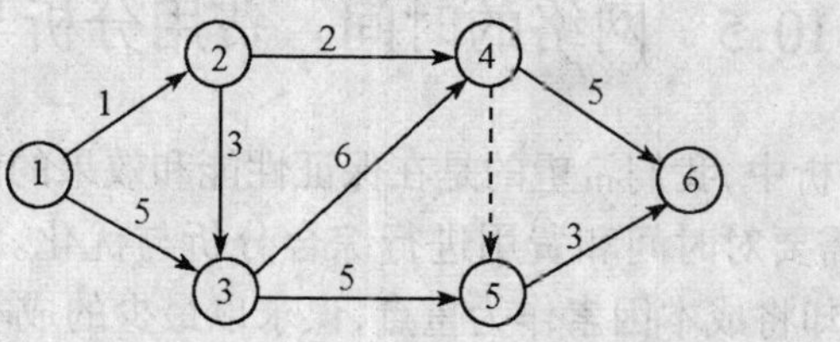

图 10－25

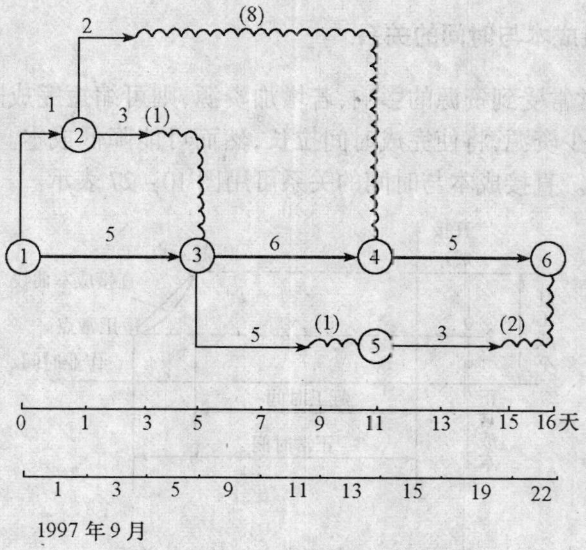

图 10－26

改画的日历计划网络图如图 10－26 所示。

在图 10－26 中画了两条时间坐标轴，上面一条为累计天数，坐标原点 0 表示第 1 天的早晨上班，坐标 1 表示第 1 天结束第 2 天开始，等等。第 2 条坐标轴表示某月（例如 1997 年 9 月）的日历号数，工程从月初开始，星期六、星期日休息。将日期标注在两点之间可以更好地显示作业日。

图中垂直线不占时间，波浪线反映了时差。若有虚作业，仍以虚箭杆表示。作业时间与时差均由其横向跨度显示，为明白、准确起见，可以把数字标注在线上。

在图中，关键路线是显而易见的：没有波浪线的路线即为关键路线。图中有一条关键路线：①→③→④→⑥

很显然，日历计划网络图便于执行并检查工程进度，它兼有甘特图与网络图两者的优点。但是，当工期很长时图面过大，不紧凑。

由于日历计划网络图带有时间坐标轴，所以箭杆长度不能随便画，而且必须严格杜绝箭头逆向。

§ 10.5　网络的时间 – 费用分析与优化

在一个系统的分析中，我们希望的是在保证性能和效果的前提下，任务完成的时间最短和费用最少，因此需要对时间和费用进行综合分析与优化。基本的 PERT 只谈如何缩短时间问题，而 CPM 却将成本因素作为重点，谋求以最少的成本来缩短时间，这样去求网络的最优解，故称网络的费用分析。这里主要介绍以最少的直接成本实现经济赶工的方法。

§ 10.5.1　直接成本与时间的关系

计划完成时间常常受到资源的影响，若增加资源，则可缩短完成时间，但成本也将随之增加。反之，若减少资源，将使完成时间拉长，然而可能降低成本。因此两者可以相互替换，需要进行比较。直接成本与时间的关系可用图 10 – 27 表示。

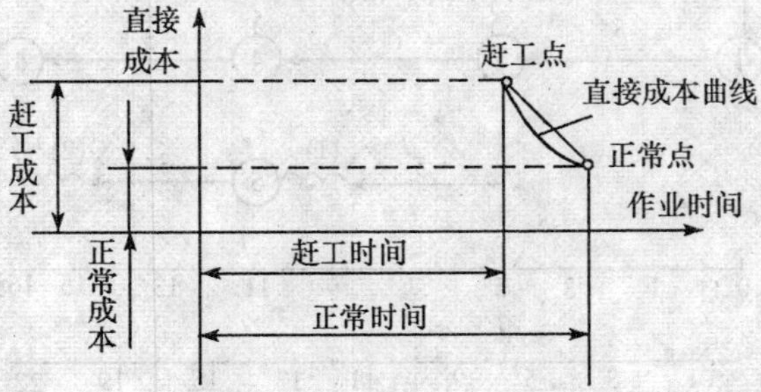

图 10 – 27　直接成本与时间的关系

赶工时间是指某项工作的作业时间从正常状态逐步缩短到无法再缩短为止的时间，在此时间里所需要的成本为赶工成本。由于将某项作业时间缩短到比正常时间短，所以，此时所用的成本往往会比正常成本高，达到赶工点时，其成本最高。直接成本与作业时间的关系为一曲线，接近于赶工点与正常点的联线，该联线的斜率，其意义是每缩短一个单位时间所需增加的费用。用公式表示为

$$成本斜率 = \frac{(赶工成本) - (正常成本)}{(正常时间) - (赶工时间)}$$

§ 10.5.2　经济赶工的方法

用一个例子来说明，图 10 – 28 为某一方案的网络图，数字的单位是天。已知的成本斜率资料列于表 10 – 8。

1. 现考虑如何以最低成本来缩短一天时间，即完成时间缩短为 25 天。思考方向：从关键路线着手，即在关键路线上取成本斜率最小的作业来缩短一天。图 10 – 28 中的关键路线为①→②→③→⑤→⑥，将关键作业及成本斜率另列于表 10 – 9 中，取成本斜率最小的②→③作业缩短一天即可。这样关键路线不变，但成本增加 60 元。

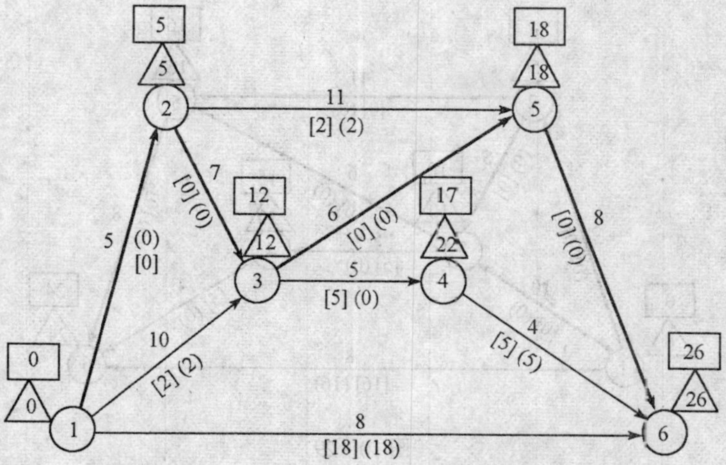

图 10－28

表 10－8

A	B		C		D
作业	正　常		赶　工		成本斜率(元/天)
	时间(天)	成本(元)	时间(天)	成本(元)	
①→②	5＊	220	4	300	80
①→③	10	480	8	660	90
①→⑥	8	440	6	640	100
②→③	7＊	600	5	720	60
②→⑤	11	560	9	640	40
③→④	5	600	2	1200	200
③→⑤	6＊	150	5	250	100
④→⑥	4	180	4	180	不能赶工
⑤→⑥	8＊	600	7	760	160
	26＊＊	3830	21	5350	

＊表示关键路线上的作业时间；

＊＊表示关键路线的作业时间总和。

表 10－9

作业	成本斜率
①→②	80
②→③	60
③→⑤	100
⑤→⑥	160

2. 若将总时间由 25 天缩短到 24 天。同理，可再花 60 元缩短②→③即可，如图 10－29 所示。这将使关键路线从一条增至三条，即：①→②→③→⑤→⑥；①→③→⑤→⑥；①→②→⑤→⑥。

3. 若再将时间缩短一天，变为 23 天时，如图 10－30 所示。由于关键路线已有三条，因此，必须对每一条关键路线缩短一天才能达到要求。现把三条关键路线和成本斜率加以比较地列于表 10－10 中。

从各关键路线中选出成本斜率最小的：即 Ⅰ 中选②→⑤；Ⅱ 中选①→②（因②→③已不能再减）；Ⅲ 中选①→③。三者加起来为 210 元。我们把三个关键路线各缩短一天的各种组合列成表 10－11。可以看到 *B* 方案成本最少，即②→⑤的 40 元，加上③→⑤的 100 元，合计 140 元，同时它也可以满足三条关键路线的需要。再加上②→③作业缩短二天所

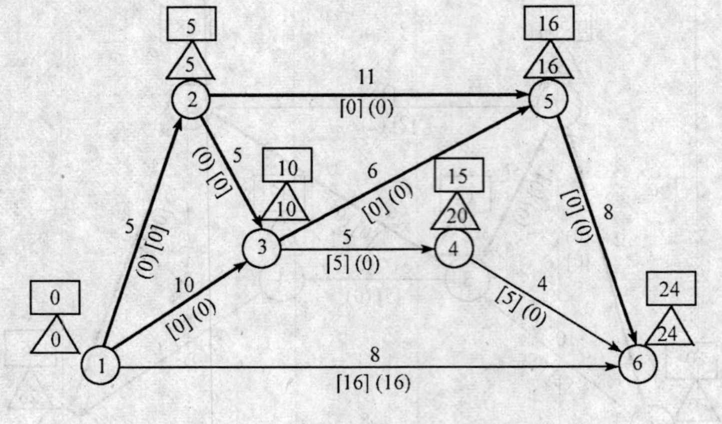

图 10－29

花的费用为 60 元×2＝120 元，共需 140 元＋120 元＝260 元。这就是由 26 天缩短为 23 天时所需的赶工费用。

表 10－10

关键路线Ⅰ		关键路线Ⅱ		关键路线Ⅲ	
作业	成本斜率	作业	成本斜率	作业	成本斜率
①→②	80	①→②	80	①→③	90
②→⑤	40	②→③	60	③→⑤	100
⑤→⑥	160	③→⑤	100	⑤→⑥	160
		⑤→⑥	160		

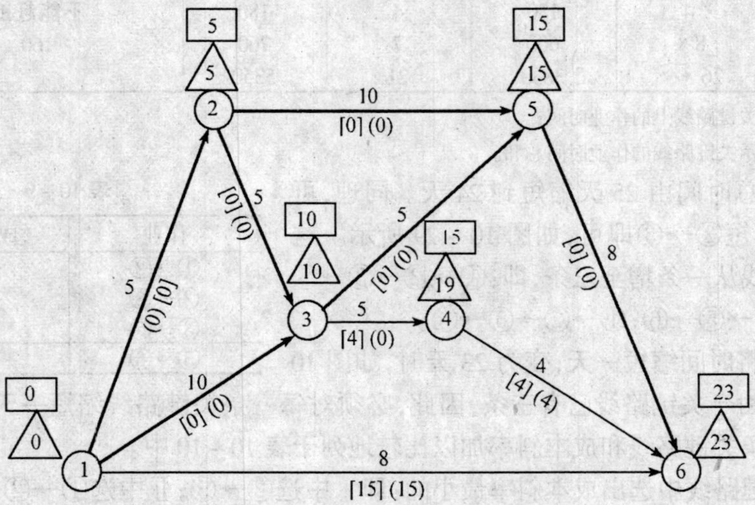

图 10－30

表 10-11

方案	Ⅰ	Ⅱ	Ⅲ	成本合计
A	②→⑤40 元	①→②80 元	①→③90 元	210 元
B	②→⑤40 元	③→⑤100 元	③→⑤0 元	140 元
C	②→⑤40 元	⑤→⑥160 元	⑤→⑥0 元	200 元
D	①→②80 元	①→②0 元	①→③90 元	170 元
E	①→②80 元	③→⑤100 元	③→⑤0 元	180 元
F	①→②80 元	⑤→⑥160 元	⑤→⑥0 元	240 元
G	⑤→⑥160 元	⑤→⑥0 元	⑤→⑥0 元	100 元

4. 从表 10-11 还可以看出，*E* 虽然比 *B* 不利（180 元 > 140 元），但如果按 *E* 方案绘制网络图如图 10-31 所示，即Ⅰ的①→②：80 元、Ⅱ的③→⑤：100 元；Ⅲ与Ⅱ共通③→⑤：0 元，共花 180 元。

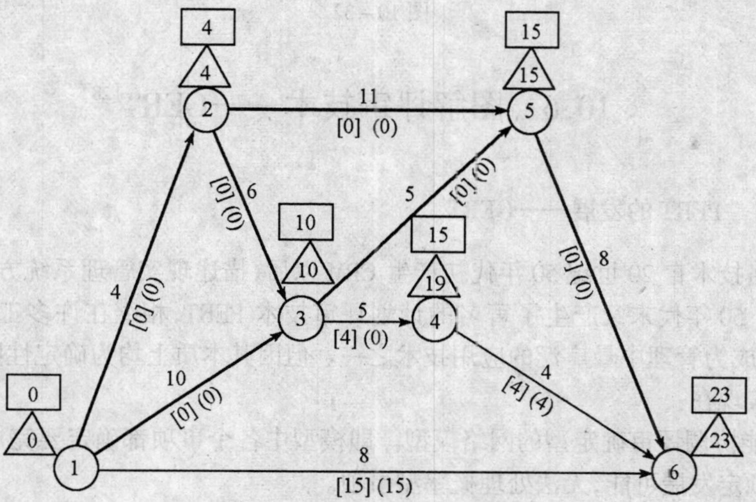

图 10-31

这样，可以看出②→③作业已离开关键路线，成了有时差为[1]的作业，因此②→③作业于六天完成也不会影响 23 天的总完成时间。所以可以使②→③只减少一天，这样节省一天的费用 60 元。因此：

E 方案的费用为(60 元 × 2 + 180 元) − 60 元 = 240 元；

B 方案的费用为(60 元 × 2 + 140 元) = 260 元。

为什么会出现 *E* 方案反而比 *B* 方案好的这种情况？主要是由于缩短的三天是在②→③缩短二天的基础上再缩短。如一开始就一下子计划 23 天完成，则就会出现图 10-31 所示的情况，费用会比前者低。因此，这是比较而言的，一定要把各种方案都列出来，然后选择费用最小的方案来缩短时间。

§10.5.3 考虑间接成本的 CPM

它是在 PERT 的时间基础上，加入 CPM 的成本，即从时间和成本的综合效益最佳来确定方案的优劣。有关的参数及计算与 PERT 及 CPM 相同,这里就不具体说明了。现用曲线来表示它的基本原则:一个系统的总费用等于直接费用加上间接费用。一般地说,直接费用是一条曲线,间接费用是一条直线,总费用是一条 U 形曲线。所以,总费用曲线的最低点,即是时间和费用的最佳值,如图 10-32 所示。

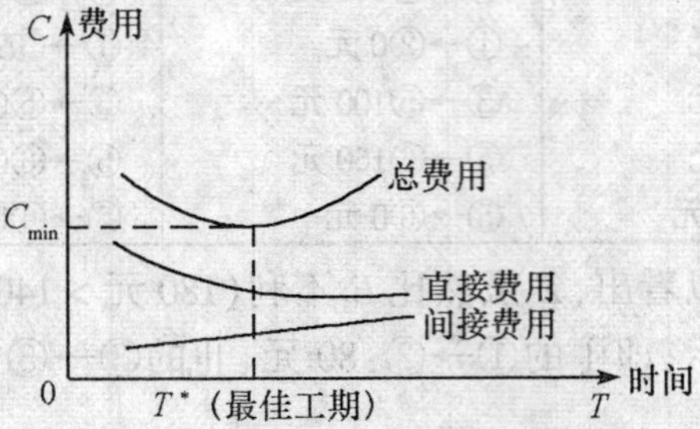

图 10-32

＊§10.6 图解评审技术——GERT[28]

§10.6.1 PERT 的发展——GERT

系统网络技术自 20 世纪 50 年代初产生 CPM 以后,描述现实管理系统方便、直观,易于学习掌握。50 年代末又产生了著名的计划评审技术 PERT,相继在许多工程管理中获得很大成功,成为管理中最广泛的应用技术之一。但因其本质上均为确定性网络,仍有较大局限性。表现在:

1. 它只能协调评审确定型的网络模型。即模型中各个事项都确定要完成,在其输出端只有一种预定发展可能,无法处理概率型事项。

2. 在它的网络模型中不能出现回路。即事项只能出现一次,不能重复执行;

3. 整个网络模型中,只有一个终端事项。对于不确定因素较多的开发研究项目或经济运行系统,尚不能完成管理和决策的职能。

为了克服这些局限性,70 年代以来,人们进而开发研究了随机型的网络技术——GERT,即 Graphical Evaluation and Review Technique 的缩写。最先,它是由美国 A. Pritsken 在研究阿波罗系统的最终发射时间计算时于 1966 年提出的。随机网络技术作为系统网络技术的一个重要分支,在工程、经济、生产、运输、军事和社会服务等方面得到广泛使用,显示出强大的生命力。由于网络形式多样,其求解方法也随着计算机日新月异的发展,形成相应的多种计算机程序。这些程序大体上可归为两类,一类取解析性求解方法;一类取仿真算法。如 GERTE 为仅有“异或”一类输入逻辑节点的 GERT 解析性算法求解的计算机程序。而 Q-GERT 则为 GERT 类仿真算法的软件大“家族”中的一种,其功能全面,通用性强。多数程序均以 FORTRANIV 为基础写成,有些程序对用户已形成自己的语言。

为了对 GERT 与 PERT 一类网络图作个对比性分析,下面试举一例来说明 GERT 的产生和形成。例如加工一个部件的过程分为加工工序、检查工序、送修工序、返修工序、再加工工序以及废品处理工序。这样一个简单的过程若用网络形式表达出来，如图 10 - 33 所示。求解的目标是这一加工过程的成品率和平均加工时间应是多少？

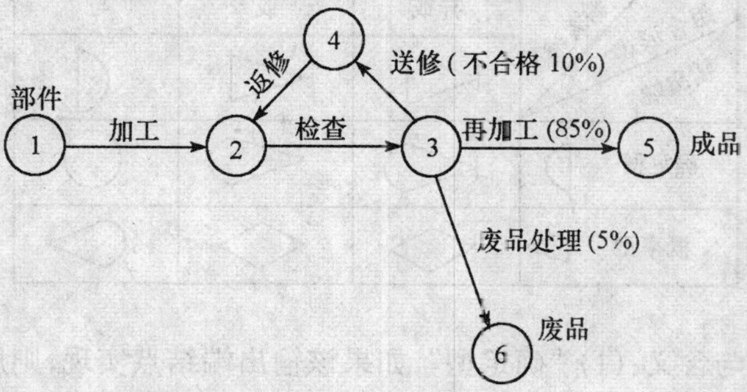

图 10 - 33

图 10 - 33 虽然在形式上与 CPM 及 PERT 相似，但实际上有下列显著不同：

1. 检查工序完成后有三种可能性：85% 的部件经过再加工后成为成品；10% 的部件送返修工序进行返修；5% 的部件无法返修而成为废品。需要指出的是，这三种可能对同一个部件来说只有一种发生的可能，即它不需要经过所有工序。对网络来讲，只要网络中一个终点和一些箭线实现了，网络就被认为实现了。

2. 检查工序、送修工序和返修工序构成了一个闭合的加工过程。如果一个部件要经过两次以上的返修，则网络中的环可能循环两次以上。从网络图中清楚地看出，凡经过检查后达到结点③的部件，不论它前面加工情况如何，都有 10% 的可能性送返修。

3. 对一个具体部件，检查后究竟要经过哪些工序或到底需返修几次？这完全是个随机问题。能够确定的只是它们经过哪个工序的概率。

从以上分析和图 10 - 33 可知，系统本身和它的网络模型与 CPM、PERT 以及它们所描述的对象相比都发生了突出的变化，解决问题的目标和计算方法也不相同，这就启发了人们研究和开发 GERT 模型。

§10.6.2 GERT 网络结点特征及其绘制实例

从 PERT 出发，对网络中“结点”的输入输出逻辑加以扩展，输入端可以实现多项“活动”的“与”、“或”及“异或”等多种关系，结点输出活动具有一定执行概率值或条件约束，活动参数向量化，活动时间分布多样化，并允许出现反馈回路。还可以在网络中引入自学习功能，自行进行网络更改。因此，整个网络中并非所有结点及活动分支都必须执行，部分网络以一定概率值出现或不出现，从而形成了执行的随机性。与 PERT 相比，主要是结点为逻辑结点。整个网络图由逻辑结点和有向支路组成。逻辑结点用来说明系统行为状态，每个结点由输入端和输出端组成。输入端规定为三种逻辑符号，输出端规定为两种逻辑符号。此输入端的三种逻辑符号和输出端的两种逻辑符号共组成六种可能形式。详见表 10 - 12 所示。

表 10－12　GERT 逻辑节点特征组合图表

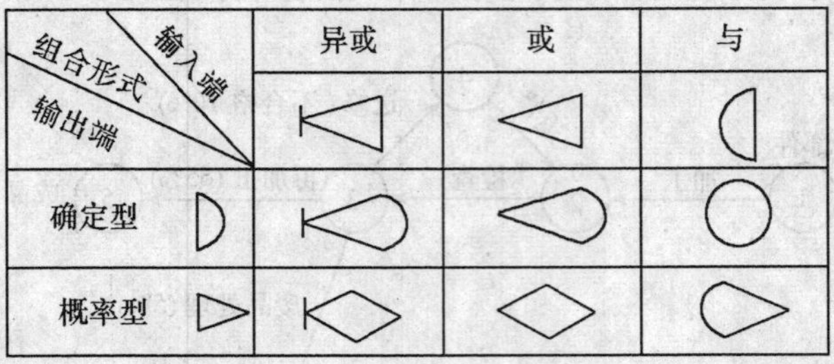

表中符号特征与含义:(1)“确定型”,如果该输出端结点实现,则所有从该结点输出的分支均要发生。这表明所有输出支路出现的概率均等于 1;(2)“概率型”,如果该输出端结点实现,则从该结点输出的分支最多只能出现一个;(3)“异或”型,输入端任何一条支路的实现都要导致该结点实现,但在一个时间间隔中,只允许实现一条支路;(4)“或”型,任何一条输入支路实现,都会导致该结点实现,该结点实现时间即为最早实现的支路所需时间;(5)“与”型,该输入端结点只能在所有支路实现后方能实现。所以,它的实现时间应按支路中时间最长的支路计算。

在 GERT 网络图中,每条有向支路有两个特征参数,即该支路出现的概率(P)和完成该支路活动所需时间(t)。

GERT 网络图的绘制,就是根据以上逻辑节点的组合形式,针对欲研究的对象,再加上有向支路而描述的。为了准确地使用各种逻辑结点,必须在绘制前掌握研究对象的活动过程和规律。只有全面深入地掌握了研究对象的活动过程,以及每一局部活动所带来的结果的可能性,才能如实地运用各种逻辑结点。这是绘制 GERT 网络图的前提。

下面以某机械厂加工某零件的简单生产过程系统为研究对象,来说明 GERT 的绘制及应用(实际工作中运用 GERT 网络图研究系统时比这要复杂、困难得多)。假设这个厂生产某零件需要经过粗加工和精加工才能形成零件成品最后入库,并且在粗加工后和精加工前,均要进行检验,检验后符合要求才能转入精加工,否则就报废。同样,精加工后也要进行成品检验,合格者入库,不合格者则予报废。

对这个简单的生产过程系统进行分析后,就可以将其分为 1,2,3,…,10 个活动,并有 8 个逻辑结点。这样,便可绘制出如图 10－34 所示的网络图。显然该图有两个终点,每个结点也因其生产活动的结果不同,而用不同的逻辑结点形式组合表示。如开始加工,输入端为“异或”型,输出端为确定型,所以用 |<) 表示;反之,在零件第一阶段加工完要进行检验,检验结果必然有两种可能,或是合格,或是不合格,所以其结点的输入端为“异或”型,输出端为“概率型”,故用 |< > 表示。其余以此类推。图 10－34 这类网络模型可以作为更大系统网络模型的一个组成部分。可见,它能够用来描述“多级”结构系统。

构成上述随机网络模型后,就形成了 GERT 网络模型的基本结构形式,然后,就应在此基础上做网络分析。进行网络分析的目的就是要根据等效网络中各支路的概率(P_i)及需用平均时间(t_i),计算出终端事项的概率。这就是确定等效支路的特征参数,称之为网络分析。如图 10－35 即为等效网络示意。

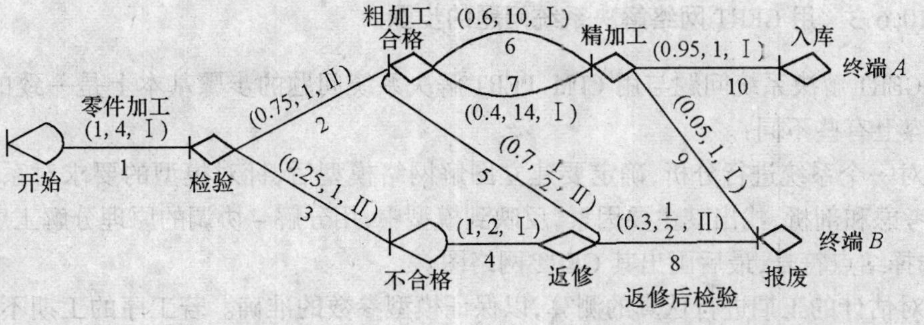

图 10 - 34　某厂某零件加工过程随机网络图

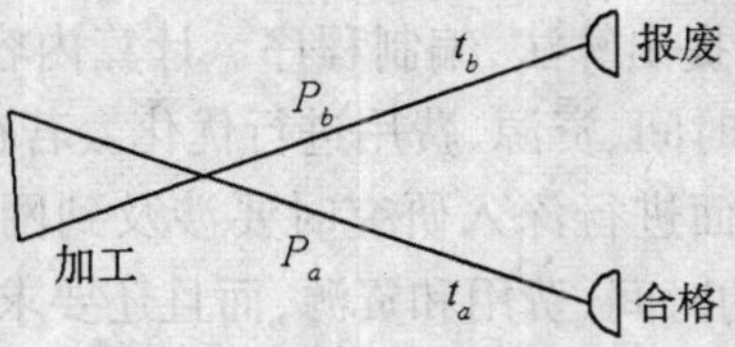

图 10 - 35　等效网络

在进行网络分析时，运用概率论及数理统计方面的知识，就可以求出等效网络各支路出现的概率和时间的数学期望值及方差。图中 P 为出现概率，t 为完成该支路时间。现在，我们仍以前面提到的某机械厂生产某零件为例，若已知一个零件从加工开始通过生产线，加工时间为 4 小时，在粗加工前经检验后有 25% 零件不合格需要返修。检验时间（包括等待时间）按负指数分布，期望值为 1，返修 3 小时，而返修后另外有 30% 在下次检验后不合格而报废。返修零件检验时间仍按负指数分布，平均时间为半小时，送往精加工零件中有 60% 用 10 小时精加工，40% 用 14 小时，最后检验花 1 小时，且有 95% 零件合格入库，5% 零件报废。根据已有数据，再分别计算出各支路的概率，即可绘制出图 10 - 34。图中各行动箭线上括号内的三个数字：第一个表示该分支行动发生的概率（P_i），如为 1 则表示确定型；第二个数字表示时间估计值；第三个数字表示行动时间符合哪一种概率分布（图中Ⅰ表示正态分布，Ⅱ表示指数分布）。

根据这样的网络图，就可以求出投产的零件中有多少合格出厂？有多少报废？一个零件从投产到出厂平均需要多少时间？由此可见，分析求解复杂的随机网络模型，往往比较困难。所以在大系统中必须借助电子计算机进行数字模拟试验，从而得出等效网络的特征参数。然后用蒙特卡洛（Monte-Carlo）法，对其中一些随机数值，试验足够次数（如 1000 次，即相当于 1000 零件通过该生产过程），就可算出成品数、报废数和制造周期等。据资料介绍，GERT 主要用在时域系统中，如大型科研或工程的组织管理、生产组织管理、存储控制和可靠性设计等领域。

综上所述，GERT 网络与 CPM、PERT 网络相比较，它克服了 CPM 和 PERT 网络中的局限性，扩大了适应范围，而且计算结果具有较强的预测性。所以说 CPM 和 PERT 网络是 GERT 网络的特例。

§10.6.3 用 GERT 网络解决系统问题的步骤

用 GERT 解决系统问题与用 CPM、PERT 解决系统问题的步骤基本上是一致的，只不过在内容上有些不同：

1. 对一个系统进行分析，确定要建立图解网络模型后，针对模型的要求对系统进行反复的考虑和剖析，找出其主要因素，反映到模型中，用分解－协调的原理分解工序，估计工期，选择结点符号，最后画出其 GERT 网络图。

2. 对估计的工期进行认真的测算，以保证模型参数的准确。若工序的工期不能用常数表示时，可以事先估算一个方差和均值，或者估计出一个范围，然后再选择一个合适的理想分布密度函数表达它。

3. 对模型进行分析计算，提出算法，编制程序。计算内容要由系统研究的目标来定。若在时间范畴内，主要是对其时间、资源、费用进行优化。若在空间范畴内，主要是针对网络流进行分析计算，在理论方面进行深入研究时要涉及到网络拓扑和图论的内容，GEPT 法不仅要求解网络中所消耗的时间、费用和资源，而且还要求得网络中的流。

4. 最后综合评议和审定计算的结果，作出决策。

总之，在已有软件的支持下，随机网络方法的应用关键在于建模。网络建模较之其他方法为易，随机网络中语汇丰富，建模能力强，适用范围广泛。前面提到的 Q-GERT 中含有运行错误诊断能力，可以帮助建模人员确保模型结构合理，运行正确。新建网络模型应正确反映现实系统的内在联系，并注意保证网络元素之间有正确的逻辑结构。建模步骤上可以由简到繁，从局部到全局，分步逐级扩展。至于仿真运行次数的选择与问题本身性质及模型结构都有关系，应合理而经济地加以确定。

§10.7 系统网络技术的应用

§10.7.1 PERT 的应用

PERT 主要用于大型复杂系统和工程项目的计划管理和时间的有效控制上，对于一次性或重复少的工程项目具有明显的优越性。因此，在宇航工程、军事武器的研制、新产品的试制、建筑工程，以及机器大修等方面得到了广泛运用。

一、用于时间的计划管理

美国的北极星导弹潜艇的研制，共涉及 8 家总承包公司，250 家分公司，9000 个转包商，组织管理工作非常复杂，但是由于应用 PERT，工程提前两年完成。它的导弹研制计划网络图如图 10－36 所示。

二、用于成本的计划管理

PERT 用于成本的计划管理，称为“成本计划评审法”（即 PERT/Cost）。其基本步骤是将几个作业集合起来（叫成套工作）形成一个账号，如图 10－37 所示。图中 S 为费用，单位为 1000 元。S 底下的数字是时间，单位为周。这种网络图的时间与费用估计值是计划中的标准。在计划开始执行后，将实际耗用的时间与费用累积计算，并定期地将已耗用的实际值与估计值相比较，找出偏差，进行控制。

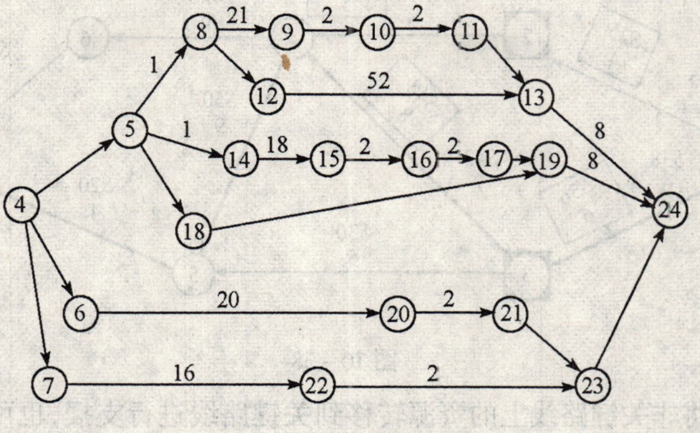

图 10－36

图中：④——开始设计

⑤——订第一级和第二级合同；

⑥——开始弹头设计；

⑦——开始采购零件和材料；

⑧——开始第一级设计；

⑨——提出第一级设计；

⑩——批准第一级设计；

⑪——鉴定第一级设计；

⑫——开始第一级制造；

⑬——完成第一级装配；

⑭——开始第二级设计；

⑮——提出第二级设计；

⑯——批准第二级设计；

⑰——鉴定第二级设计；

⑱——开始第二级制造；

⑲——完成第二级装配；

⑳——提出弹头设计；

㉑——开始弹头制造；

㉒——接受外购零件；

㉓——完成弹头装配；

㉔——完成第一枚导弹的总装配。

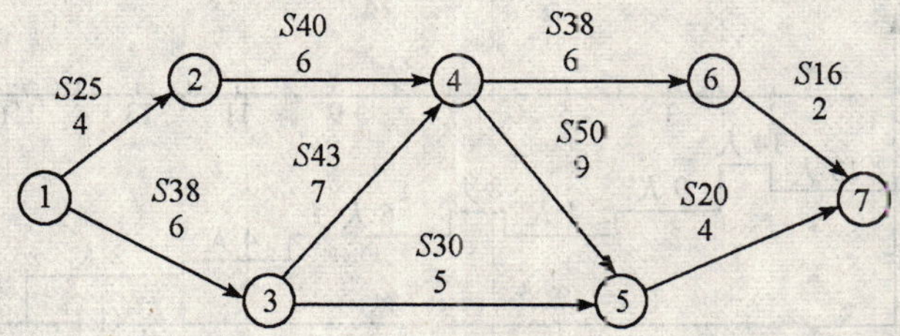

图 10－37

图 10－38 所示是某一工程的时间和费用的耗用值与估计值的比较，图中【】表示已完成的结点；○表示计划的结点；$\boxed{\begin{matrix}S35\\5\end{matrix}}$表示耗用的时间和费用。

由图可以看出：作业①→②的时间与费用均按计划完成；作业①→③的时间与计划相符，而费用比计划节省 2000 元，作业②→④尚未完成，时间与费用目前尚未超出计划之外（但将来完成作业的时间与费用如何，有待注意）；作业③→④也未完成，但时间已超过一周，费用已超过 5000 元，而且此作业是在关键路线上，必将影响整个计划的完成，故需修

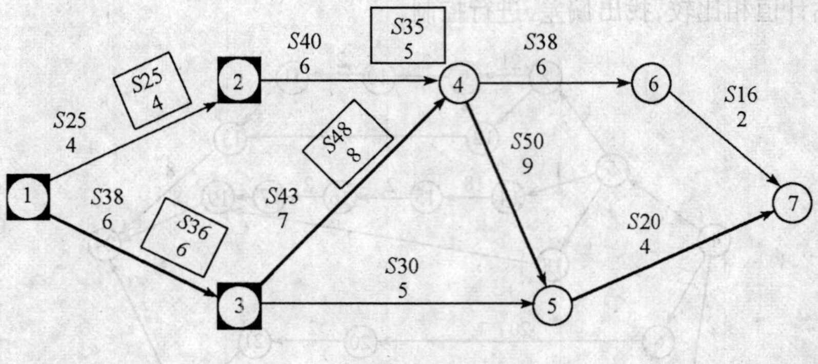

图 10－38

改计划。这时可将非关键路线上的资源转移到关键路线进行支援，也可以将串联的作业改为并联的作业。

三、用于资源的调配

资源调配是计划管理中最重要的一个内容。计划时间、成本都与资源有关，此处的“资源”应理解为广义的，包括人、物、设备等。通常有两种情况：一种是要求保质保量保时间地完成任务，没有资源的限制；另一种是在现有条件下，限期完成任务。资源调配的办法是将“时差”大的作业的需求量高峰予以拉平。图 10－39 所示的是一个工程的施工网络图。我们对比一下原计划图 10－39 与拉平后的资源平衡图 10－40 就可以看出，利用网络技术搞资源调配和平衡是可行的。

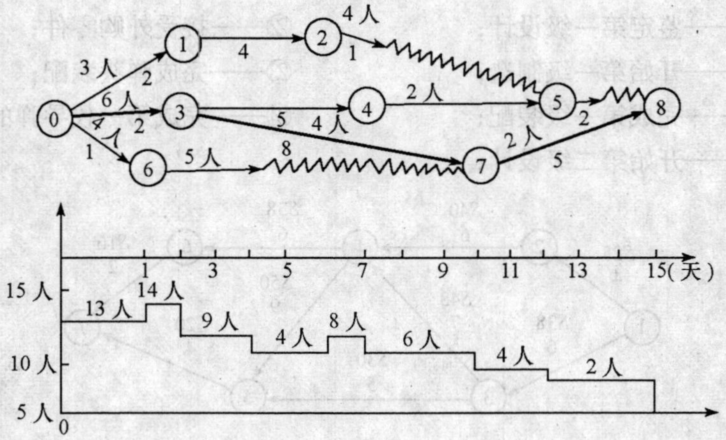

图 10－39

以上是资源没有限制的人力平衡图。下面再介绍资源受限制情况下的调配方法。

资源需求拉平后，其高峰仍然可能超过资源所能供应的数量，这样，某些作业将因缺乏资源而无法在最迟完成时间内完成任务，这时应研究如何将有限的资源作最佳的调配，使计划延期减到最小程度。

其方法是，优先将资源调给时差小的作业，尽量避免延长要径与次要径上的作业时间。

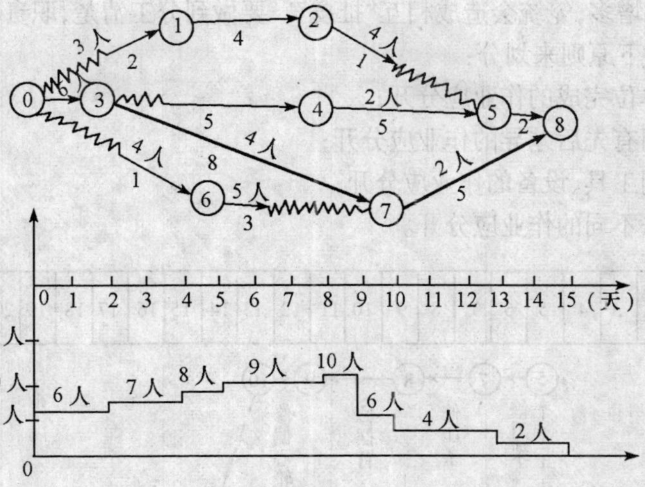

图 10-40

我们的目标是在有限资源条件下,使所需时间最少(称为最优解)。实际上用网络求最优值比用线性规划或非线性规划求解还要难,可能一下子找不到最优解,而且计算量很大。经验告诉我们,只能参考已有计划做适当改进,力争找出较好的结果。指导思想是:在关键路线上争时间,向非关键路线要节约。

四、用于生产调度

将网络图加上时间坐标,这样既可用于作生产计划,又可以用于作生产调度,这在工业生产中是极为有效和方便的。图 10-41 为某机床检修的计划网络图。

§10.7.2 系统网络技术的实施步骤

系统网络技术的实施步骤可以概括如下:

一、确定目标,进行准备工作

确定目标,就是决定在哪一种工程任务上采用网络技术,并要达到什么目标。目标确定之后,就要进行调查研究,深入了解有关工程任务的技术、经济条件,充分估计或了解人力、资源、费用使用和供应情况,收集有关资料,为编制网络做好准备工作。

二、进行任务分解

网络技术的核心是通过网络模型(即网络图)来规划和安排某个系统的进度计划。因此,编制网络图是网络技术的主要内容,而编制网络图的关键工作是任务分解。各项工程任务都可视为一个复杂程度不同的系统。每个系统都有一个总目标,为了实现这个目标,需要进行很多项具体工作,这些具体工作就是网络图中的工作项目或作业。因此,把总的任务分解为若干项具体工作,加以组织完成,就是任务的分解。

在任务分解中,首先要考虑到任务的复杂性和完成任务的平行性。即对一项复杂的任务,或者说一个复杂的系统,首先要将其分解成若干分系统或子系统,然后为每一个分系统或子系统编制网络图。这样,就可以使网络图简明清晰,便于编制和控制;同时,又可以使任务能平行地进行,缩短总工期。在划分作业的时候,既不应过细,又不能笼统,过细

会使网络图结点增多,笼统会造成相互“扯皮”。要做到分工清楚,职责明白,不笼统,易执行。一般应按以下原则来划分:

1. 由不同单位完成的作业应分开;

2. 工作时间有先后差异的作业应分开;

3. 使用不同工具、设备的作业应分开;

4. 工作方法不同的作业应分开。

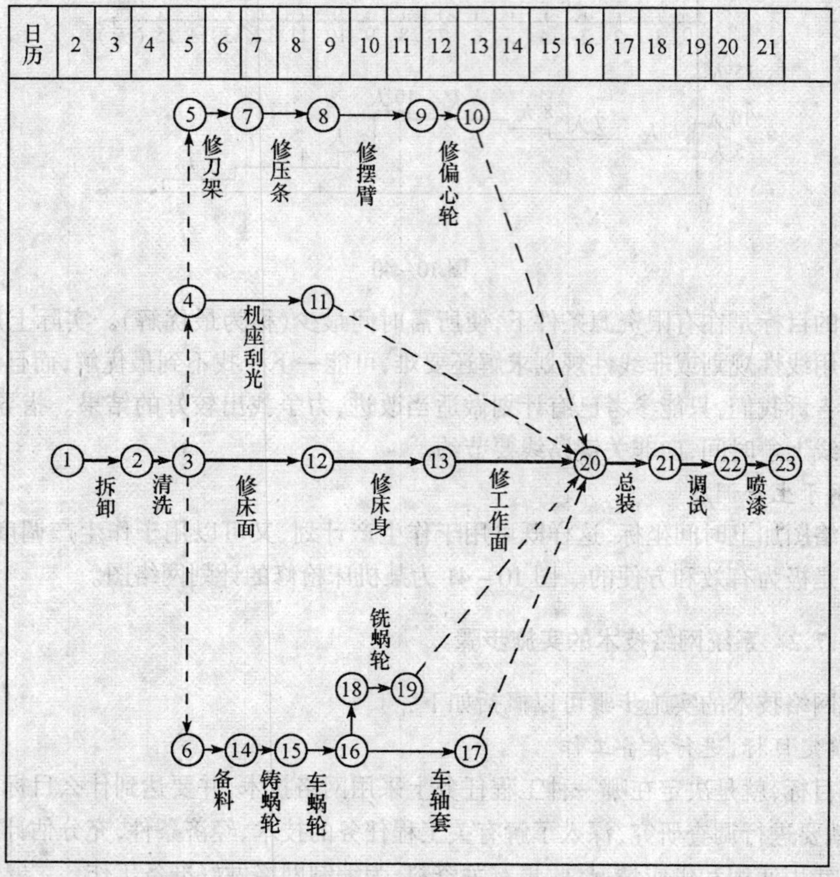

图 10-41

三、进行任务分析,列出作业清单

任务分解之后,可以同时进行两项工作:一是确定作业的工作量、劳动量及周期;二是对每一作业进行分析。主要分析有:

1. 该项作业开始之前,有哪些作业必须先期完成;

2. 该项作业在进行过程中,有哪些作业可以与之平行交叉地进行;

3. 该项作业完成后,有哪些作业应接着开始工作。

通过分析,可以确定各个作业的衔接顺序和相互关系,由小到大地编排结点号码,确定作业代号,列出作业清单。

四、绘制网络草图

作业清单是绘制网络图的基础，有了它就可以根据清单上的资料，确定使用代号以及各作业之间的内在联系。绘制草图的方法一般有两种：

1. 顺推法。即从任务的始点事项开始，为每一个作业确定其直接的紧后作业，直到任务的终点事项为止。

2. 逆推法。即从任务的终点事项开始，为每一个作业确定其直接的紧前作业，直到任务的始点事项为止。

五、计算时间参数，找出关键路线

有了网络草图和各个工作项目的作业时间，就能计算出网络图中的各项时间参数。一般先计算事项的时间参数，因为它比计算作业的时间参数简单，计算工作量小，能很快算出这项任务的生产周期。同时，有了事项时间参数，计算作业时间参数也就有了基础。

在事项、作业的时间参数算出来以后，即可计算时差，并根据时差找出关键路线。找出关键路线的目的在于：一是看计划安排的周期和实际允许的时间是否够用；二是为指导工作确定重点，即为保证整个工程进度，必须抓住关键路线上的工作。但是，在工程实施过程中，关键路线并不是一成不变的，如果非关键路线上的工作延期超过了一定的时间范围而变成了关键路线，这就需要重新调整计划。

六、综合平衡，进行网络的调整与优化

根据上述步骤计算求得的总工期，是否符合上级或合同规定的要求？是否与人力、资金和物质供应等情况相适应？对这些问题必须进行综合考虑和平衡，把时间、质量、资源和费用统一起来考虑，并根据需要进行优化，选取最优方案。如果计算出来的总工期不符合上级或合同规定的要求，与现有的人力、设备、资金等资源情况不相适应，就需要修改最初的网络计划。

七、绘制正式网络图，编制计划文件

初步的网络计划制定以后，要根据实际要求，合理筹划，科学组织，绘制出能指导实际工作的正式网络图。同时，选择最优方案，编制正式的计划文件，以利贯彻执行。

§10.7.3 系统网络技术的推广应用

由前面几节可以看出，系统网络技术是运用系统的观点，以网络图的形式，对需要完成的大型工程项目或生产任务进行全面规划，统筹安排，使领导者借助网络图能够总览全局，抓住主要矛盾，找到最优方案，并据此组织和指挥生产，科学地进行组织管理，使各个部门、合个环节相互密切配合，协调一致，从而保证工程项目或生产任务能够顺利进行，并最终取得成效而造福于人类。因此，系统网络技术是系统工程中的一种有效的科学管理方法，值得大力推广应用。当前，在网络技术的推广应用中，应注意解决好以下几个问题：

一、先易后难，逐步推广

系统网络技术作为一种计划和管理技术，应用它不需要增加什么投资，就可使管理工作有所改善，达到降低工程造价、缩短工期的目的，因此，应该积极推广运用，但是要注意，网络技术是一种科学的管理方法，要熟练掌握并成功运用并非易事。所以，一开始应用时应该选择那些周期短，任务不太复杂，外部依赖条件少，而且又是比较重要、易于取得成功的任务作为对象来进行试点。这样作有利于引起各级领导的重视,通过试点经验取得对整个实施过程的感性认识,便于全面推广运用。

二、从实际出发,注意各种方法的综合运用

1. 总网络与分网络结合使用

对于大型工程项目,往往先编制总网络,然后再编制分支网络,用总网络统帅分支网络,分支网络保证总网络。这样做可以使网络的层次清楚,分工明确,便于共同协作,完成任务。

2. 网络图与横道图结合使用

网络图能明确地表示各作业之间的相互关系,确定关键路线;横道图能简单、直观地表示作业进度,但它只能表明已有的静态联系,并不能反映各作业之间错综复杂、相互制约的关系,也不能反映工程全貌和突出工程的关键所在。因此,在实际应用中常把两种方法结合起来,将一般网络图加上自左至右的时间(日历)横坐标,坐标在水平方向上的长度与它所表示的作业的延续时间成正比,用虚线或波浪线表示时差。这种日历计划网络图充分发挥了两种图的长处,兼备了前者的逻辑性和后者的直观性,应用中深受欢迎。

3. 工艺网络与生产网络结合使用

有的工程有一定的工艺流程,一般先按工艺流程画出工艺网络图,然后再根据现有资源情况进行平衡优化,编制生产网络图,把两者结合起来使用。

三、培训专业人才

系统网络技术有其自身的内容和特点,管理人员不仅要懂得网络技术的原理和方法,还要懂得工程项目的工艺流程,了解工种的劳动定额,学会编制网络图,计算网络参数,找出关键路线。因此,在推广应用网络技术时,必须首先对管理人员进行专业培训,使他们成为应用网络技术的骨干。

总之,系统网络技术较易掌握,应用效果又十分显著,我们应该积极创造条件,让它在“四化”建设中发挥更大的作用。

习题·思考题

1. 什么是系统网络技术?它的主要用途是什么?它最适宜解决什么样的问题?

2. 绘制网络图必须遵守哪些规则?如何具体绘制一个工程任务的计划网络图?

3. 某工程由 $A, B, \cdots, F$ 六道作业组成,其前后关系及作业时间的估计值如下表所示,请绘出该工程的计划网络图,并用图上计算法确定其关键路线和工期。试问该工程在 12 周和 10 周内完工的概率有多大?若要求完工概率为 98%,问应规定工期为多少周?

时间单位:周

作业代号	先行作业	乐观时间	最可能时间	悲观时间
A	——	1	2	3
B	——	2	4	6
C	——	2	5	8
D	A,B	1	2	9
E	A,C	1	3	5
F	A,B,C	3	6	9

4. 某工程由 $A,B,\cdots,I$ 九道作业组成,其前后关系和作业时间估计值如下表所示,请绘出该工程的计划网络图,求出工期不迟于 50 天的概率,以及比期望工期提前 4 天的概率。

时间单位:天

作业代号	先行作业	乐观时间	最可能时间	悲观时间
A	——	2	5	8
B	A	6	9	12
C	A	6	7	8
D	B,C	1	4	7
E	A	8	8	8
F	D,E	5	14	17
G	C	3	12	21
H	F,G	3	6	9
I	H	5	8	11

5. 设稿件审查的程序是:作者将稿件寄到编辑部,编辑部经过登记、复制后分别寄给审稿人甲和乙审查。若规定:只有审稿人甲和乙都认为该稿件可以采用后才能刊用;甲或乙只要有一人认为不能采用则退稿。试建立此审稿程序的 GERT 模型。

第十一章　系统仿真

§11.1　系统仿真概论

§11.1.1　系统仿真概念

系统仿真是近30年来发展起来的一门新兴技术学科。仿真(Simulation)就是利用模型对实际系统进行实验研究的过程。当由于安全上、经济上、技术上或者是时间上的原因,对实际系统进行真实的物理实验很困难,有时甚至是不可能时,系统仿真技术就成了十分重要、甚至是必不可少的工具。特别是随着计算机技术的发展,仿真技术日益受到人们的重视,其应用领域也愈来愈广泛。在我国,仿真技术最初是用于航空、航天、核反应堆等少数领域,后来,逐步发展到电力、冶金、机械、电子、通信网络等一些主要工业部门。现在,系统仿真已逐步扩大应用于社会经济、交通运输、生态环境、武器装备研制、军事作战、企业管理等众多领域,开始成为分析、设计和研究各种系统的重要手段和辅助决策工具。

系统仿真是对实际系统的一种模仿活动,也就是利用一个模型来模仿实际的事物发展变化的规律。所谓模型就是对实际系统的一种抽象的、本质的描述。当然,这种描述是根据问题研究的目的,忽略次要因素而包含了影响问题的主要因素和主要方面。

于是,系统仿真的确切概念可以表述如下:系统仿真是指通过建立和运行系统的计算机仿真模型,来模仿实际系统的运行状态及其随时间变化的规律,以实现在计算机上进行试验的全过程。在这个过程中,通过对仿真运行过程的观察和统计,得到被仿真系统的仿真输出参数和基本特性,以此来估计和推断实际系统的真实参数和真实性能。

例如,在某项作战行动计划中,需要制定我军的攻击方案和策略。显然,这种问题由于敌方情况不完全可知,以及人力、物力、财力方面的约束,我们不可能进行真实条件下的"试验"。但是,我们可以根据敌我双方的兵力、武器装备、C^3I系统、后勤支援系统的情况,按照作战规律,建立起敌我双方的作战模型。采用不同情况下设想的作战方案,在计算机上进行仿真试验,就可以获得不同作战方案时,敌我双方战斗力(如兵力、装备、阵地等)指标的变化情况,为指挥官最后确定作战方案提供多方位、多方案的决策依据。

从以上的概念和实际问题看到,首先,系统仿真是一种有效的"实验"手段,它为一些复杂系统创造了一种"柔性"的计算机实验环境,使人们有可能在短时间内从计算机上获得对系统运动规律以及未来特性的认识。第二,系统仿真实验是一种计算机上的软件实验,因此它需要较好的仿真软件(包括仿真语言)来支持系统的建模仿真过程。通常,计算机模型特别是仿真模型是面向实际问题的,或者说是问题导向的,它可以包含系统中的元素对象以及元素之间的关系,如逻辑关系、数学关系等。第三,系统仿真的输出结果是在仿真过程中，由仿真软件自动给出的。第四，一次仿真结果，只是对系统行为的一次抽样，因此一项仿真研究往往由多次独立的重复仿真所组成，所得到的仿真结果也只是对真实系统进行具有一定样本量的仿真实验的随机样本。因此，系统仿真往往要进行多次试验的统计推断，以及对系统的性能和变化规律作多因素的综合评估。

目前，系统仿真作为系统研究和系统工程实践中的一个重要技术手段，在各种具体的应用领域中表现出越来越强的生命力。特别在求解一些复杂系统问题中，系统仿真具有下列几个优点：

(1) 系统仿真面向实际过程和系统问题，将不确定性作为随机变量纳入系统变量来处理，建立系统的内部结构关系模型，从而使我们对复杂的、带有多种随机因素的系统，可以方便地通过计算机仿真试验求解，避免了求解复杂的数学模型的困难。这也是目前系统仿真得到广泛应用的最根本的原因。

(2) 系统仿真采用问题导向来建模分析，并使用人机友好的计算机软件，使建模仿真直接面向分析人员，他们可以集中精力研究问题的内部因素及其相互关系，而不是计算机编程、调试及实现，从而使系统仿真为广大科研人员及管理人员所接受。

(3) 系统仿真为分析人员和决策人员提供了一种有效的实验环境，他们的设想和方案可以通过直接调整模型的参数或结构来实现，并通过模型的仿真运行得到其“实施”结果，从而可以从中选择满意的方案。

然而，仿真技术也并非十全十美，它也有其自身固有缺点：

(1) 开发仿真软件，建立运行仿真模型是一项艰巨的工作，它需要进行大量的编程、调试和重复运行试验，这也是极其耗时、耗力和消耗资金的。

(2) 系统仿真只能得到问题的一个特解或可行解，不可能获得问题的通解或者是最优解。仿真参数的调整往往具有极大的盲目性，寻找优化方案将消耗大量的人力物力。

(3) 仿真建模直接面向实际问题，对于同一问题，由于建模者的认识和看法有差异，往往会得到迥然不同的模型，自然，模型运行的结果也就不同。因此，仿真建模常被称为非精确建模，或认为仿真建模是一种“艺术”而不是纯粹的技术。

虽然以上缺点是由仿真本身的性质所造成的，但随着计算机科学(包括硬件和软件)的发展和系统仿真方法研究的深入，这些问题正在得到不同程度的改善。随着计算机软硬件性能的提高，出现了所谓的图形建模、可视建模方法和工具，从而使仿真建模工作变得轻松、方便；由于智能化技术的引入，也产生了所谓的自动建模环境，使仿真建模的科学性进一步得到提高。此外，仿真理论的发展，也使模型的验证、确认、优化工作进一步自动化，仿真的精确性得以提高。计算机技术中的多媒体技术、灵境技术、分布式网络技术的引入更使系统仿真技术如虎添翼，它们与仿真技术相结合而成为崭新的研究方向。

§11.1.2 系统仿真分类

根据系统仿真的定义，实施一项系统仿真的研究工作，包含三个基本要素，即系统对象、系统模型以及计算机工具。因此，对于仿真中不同的基本要素组合，就必须使用不同类型的仿真技术。系统仿真最基本的分类方式有以下三种。

根据系统模型的基本类型，系统仿真可以分成物理仿真、数学仿真和物理－数学仿真。物理仿真是指按相似原理建立具有真实系统物理性质的物理模型,并在物理模型上进行实验的过程。如专用仿真器、风洞实验模型等。物理仿真的优点是真实感强,直观、形象,但缺点是仿真建模周期长、花费大、灵活性不够好。而数学仿真是指建立可计算的系统数学模型,并在计算机上对数学模型进行仿真实验的过程。由于计算机为数学模型的建立与实验提供了巨大灵活性,使得与物理仿真相比,数学仿真更加经济、灵活、方便。数学仿真也称为计算机仿真,这也是本章将要讨论的内容。如果在仿真中同时使用物理模型和数学模型,并将它们通过计算机软硬件接口联接起来进行实验,就称为物理–数学仿真,或半实物仿真。

根据仿真中使用的计算机类型,系统仿真又可分为模拟仿真、数字仿真和混合仿真。模拟仿真是基于系统模型数学上的同构和相似原理,通过专用的模拟计算机进行仿真实验。其特点是模型直观、运算速度快,但精度较差,且通用性和灵活性也不够好。数字仿真是基于数值计算方法,利用数字计算机和仿真软件,进行系统的建模仿真实验的过程。数字仿真具有自动化程度高,复杂的推理判断能力强以及快速、灵活、方便、经济等特点,而且可以获得较高精度。而混合仿真是将模拟仿真和数字仿真相结合的一种仿真方法。其主要工具是混合计算机系统,主要包括模拟计算机、数字计算机以及它们之间信息转换(通常是 A/D、D/A 转换)界面。混合仿真具有模拟和数字仿真的优点,如快速、高精度、灵活性等,它在某些大系统的实时仿真中具有很大优势。此外由于其具有高速求解能力,混合仿真还可广泛用于参数优化、最优控制以及统计寻优和统计计算等方面。

根据研究的系统对象的性质,系统仿真可分成连续系统仿真和离散事件系统仿真。连续系统是指系统状态随时间连续变化的系统,系统行为通常是一些连续变化的过程。连续系统模型通常是用一组方程式描述,如微分方程、差分方程等,注意差分方程形式上是时间离散的,但状态变量的变化过程本质上是时间连续的,如人口的变化过程、导弹运动、化工过程等。因此,连续系统仿真的主要任务就是如何求解上述的系统模型——系统运动方程组。离散事件系统中,表征系统性能的状态只在随机的时间点上发生跃变,且这种变化是由随机事件驱动的,在两个时间点之间,系统状态不发生任何变化。例如,公共汽车上乘客人数的变化、电话系统的呼叫、机器零件的生产线加工过程等都是离散事件系统。离散事件仿真就是通过建立表达上述过程的模型,并在计算机上人为构造随机事件环境,以模拟随机事件的发生、终止、变化的过程,最终获得系统状态随之变化的规律和行为。

§11.1.3 蒙特卡罗仿真

蒙特卡罗(Monte-Carlo)仿真是一种特殊的数值计算仿真方法,它是充分利用计算机计算能力的随机实验方法。下面通过一个单变量积分问题作简要介绍。

设 $f(x)$ 是区间 (a,b) 内的连续函数,且已知在该区间内 $f(x)\geqslant 0$,要求计算 $\int_a^b f(x)\mathrm{d}x$ 的值。当 $f(x)$ 的形式比较复杂且是非可积函数时,用解析法往往十分困难。但却可以构成一个十分简单的离散、随机性仿真模型。

因 $f(x)\geqslant 0$,令 c 为 $f(x)$ 之上限,则函数 $f(x)$ 所表示的曲线将包含在边长为 c 和 $(b-a)$ 的矩形之内,如图 11–1 所示。

若在(a,b)和$(0,c)$区间中分别产生两个均匀分布的随机数 x_i 和 y_i，由此构成的坐标点 $P_i(x_i, y_i)$必定在矩形 $a\ b\ d\ e$ 内。为了计算该积分的值，可规定以下准则：

若 $y_i \leqslant f(x_i)$，则接受该点并作计数统计；

若 $y_i > f(x_i)$，则舍弃该点不作计数统计。

设共产生 N 个随机仿真点，如果共接受 n 个点，(即恰在 $f(x)$曲线上或在曲线以下的点)，当 N 充分大时有

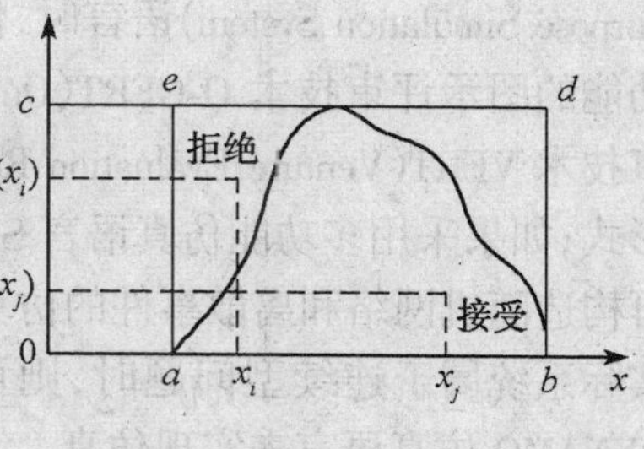

图 11－1　求 $\int_a^b f(x)\mathrm{d}x$ 的仿真模型

$$\frac{n}{N}(b-a)c \approx \int_a^b f(x)\mathrm{d}x = \text{曲线下面积}$$

由上可见，通过产生随机数的方法来统计落在曲线上或曲线下的坐标点数目，即可计算出定积分的值，计算的精度将随 N 的增大而提高。这就是典型的蒙特卡罗方法。

将蒙特卡罗方法划分为一种仿真方法，主要是因为许多仿真问题都包含了随机数应用的缘故。但系统仿真和蒙特卡罗法是两种数值计算技术，前者主要是用于动态模型计算，而后者则主要用于静态模型的计算。

求定积分$\int_a^b f(x)\mathrm{d}x$ 本身是一个确定型的连续模型，但由于采用了随机实验的蒙特卡罗方法，使其变成了一个离散的随机性问题。由此可以看出，在仿真领域，仿真模型的类别有时并不是绝对的。连续系统往往可以通过离散技术建模，而确定型问题也可以建立成随机性模型。这种建模思想上的灵活性，为系统仿真的应用开辟了广阔的前景。

§11.1.4　系统仿真的基本步骤

系统仿真是一项应用技术，根据它的基本概念和求解问题的出发点及思路，在实施系统仿真应用时，一般遵循以下几个基本步骤。

(1) 问题描述与定义

系统仿真是面向问题的而不是面向整个实际系统，因此，首先要在分析、调查的基础上，明确要解决的问题，以及实现目标。确定描述这些目标的主要参数(变量)以及评价准则。根据以上目标，要清晰地定义系统边界，辨识主要状态变量和主要影响因素，定义环境及控制变量(决策变量)。同时，给定仿真的初始条件，并充分估计初始条件对系统主要参数的影响。

(2) 建立仿真模型

模型是关于实际系统某一方面本质属性的抽象描述和表达。

建立仿真模型具有其本身的特点。首先它是面向问题和过程的。在离散系统仿真建模中，主要应根据随机发生的离散事件、系统中的实体流以及时间推进机制，按系统的运行进程来建立模型；而在连续系统仿真建模中，则主要根据系统内部各个环节之间的因果关系、系统运行的流程，按一定方式建立相应的状态方程或微分方程来实现仿真建模。其次，建立仿真模型与所选用的仿真语言密切相关。例如，选用通用仿真系统 GPSS(General

Purpose Simulation System)语言时，仿真模型将采取实体流和模块图的形式；当选用带排队功能的图示评审技术 Q-GERT(Queue-Graphcal Evaluation Review Technique)语言，或风险评审技术 VERT(Venture Evaluation Review Technique)仿真语言时，仿真模型将为随机网络的形式；如果采用多功能仿真语言 SLAM(Simulation Language for Alternative Modeling)时，则既可构造随机网络和离散事件的仿真模型，也可构造微分方程或差分方程的仿真模型。当实际系统属于连续型问题时，则可构成因果关系和系统流图模型，并采用系统动力学 DYNAMO 仿真语言来实现仿真。

(3) 数据采集

为了进行系统仿真，除了要有必要的仿真输入数据以外，还必须收集与仿真初始条件及系统内部变量有关的数据。这些数据往往是某种概率分布的随机变量的抽样结果，因此需要对真实系统的这些参数，或类似系统的这些参数作必要的统计调查，通过分布拟合、参数估计以及假设检验等步骤，确定这些随机变量的概率密度函数，以便输入仿真模型实施仿真运行。

此外，某些动态模型，如系统动力学、计量经济模型等，还需要对历史数据进行误差检验和模型有效性检验。

(4) 仿真模型的确认

在仿真建模中，所建立的仿真模型能否代表真实系统，这是决定仿真成败的关键。按照统一的标准对仿真模型的代表性进行衡量，这就是仿真模型的确认。目前常用的是三步法确认，第一步由熟知该系统的专家对模型作直观和有内涵的分析评价，第二步是对模型的假设、输入数据的分布进行必要的统计检验，第三步是对模型作试运行，观察初步仿真结果与估计的结果是否相近，以及改变主要输入变量的数值时仿真输出的变化趋势是否合理。通过以上三个步骤，一般可认为该模型已得到了确认。然而，由于仿真模型确认的理论和方法目前尚未达到完善的程度，仍有可能出现不同仿真模型都能得到确认的情况。因此改进仿真模型的确认方法使之更趋于定量化，仍然是系统仿真的一项研究课题。

(5) 仿真模型的编程实现与验证

在建立仿真模型之后，就需要按照所选用的仿真语言编制相应的仿真程序，以便在计算机上作仿真运行实验。为了使仿真运行能够反映仿真模型的运行特征，必须使仿真程序与仿真模型在内部逻辑关系和数学关系方面具有高度的一致性，使仿真程序的运行结果能精确地代表仿真模型应当具有的性能。通常这种一致性由仿真语言在编程和建模的对应性中得到保证。但是，在模型规模较大或内部关系比较复杂时，仍需对模型与程序之间的一致性进行验证。通常均采用程序分块调试和整体程序运行的方法来验证仿真程序的合理性，也可采用对局部模块进行解析计算与仿真结果进行对比的方法来验证仿真程序的正确性。

(6) 仿真试验设计

在进行正式仿真运行之前，一般均应进行仿真试验框架设计，也就是确定仿真试验的方案。这个试验框架与多种因素有关，如建模仿真目的、计算机性能以及结果处理需求等。通常，仿真试验设计包括仿真时间区间、精度要求、输入输出方式、控制参数的方案及变化范围等。

(7) 仿真模型的运行

经过确认和验证模型,就可以在试验框架指导下在计算机上进行运行计算。在运行过程中,可以了解模型对各种不同输入及各种不同仿真方案的输出响应情况,通过获得的所需实验结果和数据,掌握系统的变化规律。

(8) 仿真结果的输出与分析。

对仿真模型进行多次独立重复运行可以得到一系列的输出响应和系统性能参数的均值、标准偏差、最大和最小数值及其它分布参数等。但是,这些参数仅是对所研究系统作仿真实验的一个样本,要估计系统的总体分布参数及其特征,还需要在仿真输出样本的基础上,进行必要的统计推断。通常,用于对仿真输出进行统计推断的方法有:对均值和方差的点估计,满足一定置信水平的置信区间估计,仿真输出的相关分析,仿真精度与重复仿真运行次数的关系以及仿真输出响应的方差衰减技术等。

以上所述是系统仿真的一般和原则性的步骤,在实施仿真研究时,这几个步骤紧密联系,针对不同的问题和仿真方法,也不是一成不变的。从问题定义开始,通过建立仿真模型、收集数据、完成模型确认、仿真编程实验和验证,在仿真实验设计的基础上,重复仿真模型运行,并对仿真结果进行统计分析和统计推断,直到为决策部门和人员提供满意的方案为止的全过程是一个辩证的过程,迭代的过程。这一过程的逻辑顺序关系如图 11-2 所示。

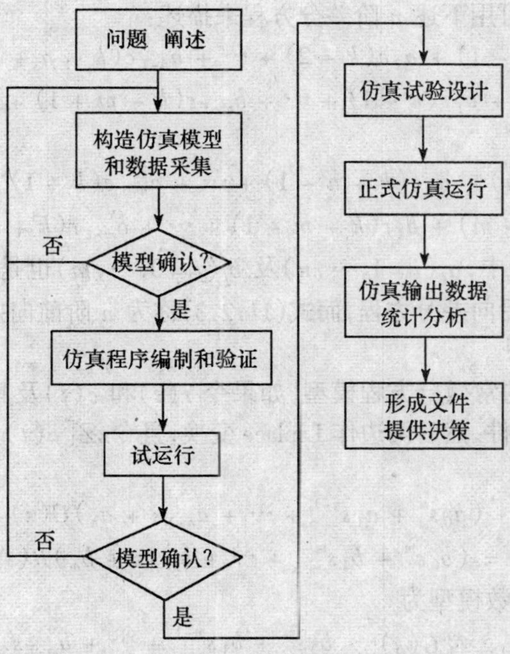

图 11-2 系统仿真的内容和步骤

§11.2 连续系统仿真

§11.2.1 连续系统的数学模型

表达连续系统常用的数学模型主要有微分方程、差分方程、传递函数和状态方程。

一、常微分方程模型

一个线性定常系统可由下述 n 阶线性常微分方程描述：

$$a_0 \frac{\mathrm{d}^n}{\mathrm{d}t^n}c(t) + a_1 \frac{\mathrm{d}^{n-1}}{\mathrm{d}t^{n-1}}c(t) + \cdots + a_{n-1}\frac{\mathrm{d}}{\mathrm{d}t}c(t) + a_n c(t)$$
$$= b_0 \frac{\mathrm{d}^m}{\mathrm{d}t^m}r(t) + b_1 \frac{\mathrm{d}^{m-1}}{\mathrm{d}t^{m-1}}r(t) + \cdots + b_{m-1}\frac{\mathrm{d}}{\mathrm{d}t}r(t) + b_m r(t) \qquad (11.2.1)$$

其中 $c(t)$为系统输出量，$r(t)$为系统输入量，$a_i(i=0,1,2,\cdots,n)$及 $b_j(j=0,1,\cdots,m)$是与系统结构及参数有关的常系数，一般有 $m\leqslant n$。

二、差分方程模型

在离散时间系统理论中，所涉及的数字信号总是以序列的形式出现。对于一般的线性定常离散时间系统，k 时刻的输出 $c(k)$，不仅与 k 时刻输入 $r(k)$有关，而且与 k 时刻以前的输入 $r(k-1)$，$r(k-2)$，…有关，同时还与 k 时刻以前的输出 $c(k-1)$，$c(k-2)$，…有关。这种一般关系可用下述 n 阶差分方程来描述：

$$c(k) + a_1 c(k-1) + a_2 c(k-2) + \cdots + a_{n-1}c(k-n+1) + a_n c(k-n)$$
$$= b_0 r(k) + b_1 r(k-1) + \cdots + b_{m-1}r(k-m+1) + b_m r(k-m) \qquad (11.2.2)$$

或者

$$c(k+n) + a_1 c(k+n-1) + \cdots + a_{n-1}c(k+1) + a_n c(k)$$
$$= b_0 r(k+m) + b_1 r(k+m-1) + \cdots + b_{m-1}r(k+1) + b_m r(k) \qquad (11.2.3)$$

式(11.2.2)和(11.2.3)中，$a_i(i=1,\cdots,n)$及 $b_j(j=0,\cdots,m)$也是常系数，且 $m\leqslant n$，其中式(11.2.2)称为 n 阶后向差分方程，而式(11.2.3)称为 n 阶前向差分方程。

三、传递函数模型

对于式(11.2.1)的常微分方程模型，如果令 $r(t)$和 $c(t)$及其各阶导数在 $t=0$ 时的值均为零，即零初始条件，然后两边作 Laplace 变换，且令 $\mathscr{L}[c(t)]=C(s)$，$\mathscr{L}[r(t)]=R(s)$，则有

$$(a_0 s^n + a_1 s^{n-1} + \cdots + a_{n-1}s + a_n)C(s)$$
$$= (b_0 s^m + b_1 s^{m-1} + \cdots + b_{m-1}s + b_m)R(s)$$

于是，得系统的传递函数模型为

$$G(s) = \frac{G(s)}{R(s)} = \frac{b_0 s^m + b_1 s^{m-1} + \cdots + b_{m-1}s + b_m}{a_0 s^n + a_1 s^{n-1} + \cdots + a_{n-1}s + a_n} \qquad (11.2.4)$$

传递函数模型是许多连续系统的数学模型，如控制系统、过程系统等。传递函数模型最大的特点是它只与系统的结构和参数有关，而与输入量的形式无关。

四、状态方程模型

状态是表征系统运动的信息，确定系统状态的一组独立(数目最少的)变量称为状态

变量。给定系统 $t_1(t_1 > t_0)$时刻的状态及 $t \geqslant t_1$ 的输入 $u(t)$,则可唯一确定 $t \geqslant t_1$ 的系统状态。

状态方程模型实际就是描述动态系统变化规律的数学模型,它表达了状态变量的一阶导数与状态变量、输入量之间的关系。设线性系统有 p 个输入,状态变量为 $x_1,\cdots,x_n$,则一般形式的线性系统状态方程为

$$\begin{cases} \dot{x}_1 = a_{11}x_1 + a_{12}x_2 + \cdots + a_{1n}x_n + b_{11}u_1 + b_{12}u_2 + \cdots + b_{1p}u_p \\ \dot{x}_2 = a_{21}x_1 + a_{22}x_2 + \cdots + a_{2n}x_n + b_{21}u_1 + b_{22}u_2 + \cdots + b_{np}u_p \\ \vdots \\ \dot{x}_n = a_{n1}x_1 + a_{n2}x_2 + \cdots + a_{nn}x_n + b_{n1}u_1 + b_{n2}u_2 + \cdots + b_{np}u_p \end{cases} \tag{11.2.5}$$

写成矩阵向量形式有

$$\dot{X} = AX + BU \tag{11.2.6}$$

式中

$$X = \begin{bmatrix} x_1 \\ x_2 \\ \vdots \\ x_n \end{bmatrix},\quad A = \begin{bmatrix} a_{11} & a_{12} & \cdots & a_{1n} \\ a_{21} & a_{22} & \cdots & a_{2n} \\ & \vdots & & \\ a_{n1} & a_{n2} & & a_{nn} \end{bmatrix},\quad B = \begin{bmatrix} b_{11} & b_{12} & \cdots & b_{1p} \\ b_{21} & b_{22} & \cdots & b_{2p} \\ & \vdots & & \\ b_{n1} & b_{n2} & & b_{np} \end{bmatrix},\quad U = \begin{bmatrix} u_1 \\ u_2 \\ \vdots \\ u_p \end{bmatrix}$$

这里,X 是状态向量,U 是 p 维输入向量,A 通常是与系统结构和参数有关的 $n \times n$ 状态矩阵,B 为输入矩阵。

状态方程模型通常可由系统微分方程或传递函数导出。例如,设有 SISO 线性定常连续系统微分方程如下:

$$y^{(n)} + a_{n-1}y^{(n-1)} + \cdots + a_1\dot{y} + a_0 y = b_0 u \tag{11.2.7}$$

于是,令

$$\begin{aligned} x_1 &= y \\ x_2 &= \dot{x}_1 \\ x_3 &= \dot{x}_2 \\ &\vdots \\ x_{n-1} &= \dot{x}_{n-2} \\ x_n &= \dot{x}_{n-1} \end{aligned} \quad \overset{\text{由式(11.2.7)}}{\Longrightarrow} \quad \begin{cases} \dot{x}_1 = x_2 \\ \dot{x}_2 = x_3 \\ \dot{x}_3 = x_4 \\ \vdots \\ \dot{x}_{n-1} = x_n \\ \dot{x}_n = -a_0x_1 - a_1x_2 - \cdots - a_{n-1}x_n + b_0u \end{cases}$$

则立即得到

$$\dot{X} = AX + b_0 u \tag{11.2.8}$$

其中:

$$A = \begin{bmatrix} 0 & 1 & 0 & \cdots & 0 \\ 0 & 0 & 1 & \cdots & 0 \\ \vdots & \vdots & \vdots & \ddots & \vdots \\ 0 & 0 & 0 & \cdots & 1 \\ -a_0 & -a_1 & -a_2 & \cdots & -a_{n-1} \end{bmatrix}$$

同时,系统输出

$$y = [1\ 0 \cdots 0]X$$

或写成

$$y = CX \tag{11.2.9}$$

由式(11.2.8)和(11.2.9)就得系统完整状态空间模型：

$$\begin{cases} \dot{X} = AX + b_0 u \\ y = CX \end{cases} \tag{11.2.10}$$

例 11.1 飞行仿真是连续系统仿真的重要应用之一。现研究一个飞机在俯仰平面内运动的简单例子(如图 11-3)。目的是研究飞机速度、俯仰角、飞行轨迹角(v,φ,θ)随时间变化。初始条件是给定的，相应于某一组稳态值。升降舵的偏转 δ_1 是唯一的控制参数，它是给定的，并且是时间的函数。空气密度 ρ 是常数，当 v,φ,θ 的变化较小时，认为系统是线性的，描述系统的数学模型如下：

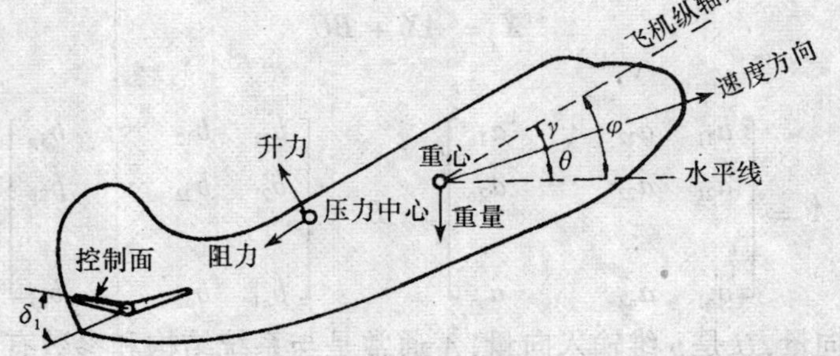

图 11-3　飞机在俯仰平面中的运动

$$m\frac{\mathrm{d}v}{\mathrm{d}t} = -D_v v - D_\gamma \gamma - (mg\cos\theta_1)\theta \qquad \text{(速度方向运动)}$$

$$mv_1\frac{\mathrm{d}\theta}{\mathrm{d}t} = L_v v + L_\gamma \gamma + L_{\delta_1}\delta_1 + L_{\dot{\varphi}}\frac{\mathrm{d}\varphi}{\mathrm{d}t} + (mg\sin\theta_1)\theta \qquad \text{(升力)}$$

$$I\frac{\mathrm{d}^2\varphi}{\mathrm{d}t^2} = M_v v + M_\gamma \gamma + M_{\delta 1}\delta_1 + M_{\dot{\varphi}}\frac{d\varphi}{dt} \qquad \text{(俯仰运动)}$$

$$\gamma = \varphi - \theta \qquad \text{(攻角定义)}$$

系统的参数符号说明如下：

t 为时间；

v_1 为飞机在稳态条件下的速度；

θ_1 为稳态条件下的飞行轨迹角；

$\dot{\varphi}$ 为稳态条件下的俯仰姿态角；

v 为速度变化；

θ 为飞行轨迹角的变化；

φ 为俯仰姿态角的变化；

$\gamma = \varphi - \theta$ 为攻角的变化；

δ_1 为升降舵偏角变化；

g 为重力加速度；

m 为飞机质量；

I 为俯仰角的惯性矩；

$D(v,\gamma)$为阻力；

$L(v,\gamma,\delta_1,\frac{\mathrm{d}\varphi}{\mathrm{d}t})$为升力；

$M(v,\gamma,\delta_1,\frac{\mathrm{d}\varphi}{\mathrm{d}t})$为俯仰气动力矩。

常数 $D_v, L_v, M_\gamma, M_\delta$ 等是 D, L, M 相应于其下标变量的偏导数，所有这些导数是在稳态条件下获得的，即满足下述条件：

$$\delta_1 = \frac{\mathrm{d}v}{\mathrm{d}t} = \frac{\mathrm{d}\theta}{\mathrm{d}t} = \frac{\mathrm{d}\varphi}{\mathrm{d}t} = \frac{\mathrm{d}\gamma}{\mathrm{d}t} = 0$$

设在某一给定条件下的参数值为

$$\frac{D_\gamma}{m} = 5.06\mathrm{m/s^2}, \qquad \frac{L_{\delta_1}}{m} = -8.1\mathrm{m/s^2}$$

$$g = 9.8\mathrm{m/s^2} \qquad \frac{L_{\dot{\varphi}}}{m} = 0.51\mathrm{m/s}$$

$$\frac{D_v}{m} = 0.006\mathrm{m/s^2}, \qquad \frac{M_v}{I} = 0$$

$$\theta_1 = 0, \qquad \frac{M_\gamma}{I} = -11.9\mathrm{s^{-2}}$$

$$\frac{L_v}{m} = 0.072\mathrm{m/s^2} \qquad \frac{M_{\delta_1}}{I} = 10.3\mathrm{s^{-2}}$$

$$\frac{L_\gamma}{m} = 72.5\mathrm{m/s^2}, \qquad \frac{M_{\dot{\varphi}}}{I} = -0.679\mathrm{s^{-2}}$$

对于变量的变化范围估计如下：

$$0 \leqslant t < 250\mathrm{s}, \qquad -25^\circ < \gamma < 25^\circ$$

$$-25^\circ < \theta < 25^\circ, \qquad -25^\circ < \delta_1 < 25^\circ$$

$$-25^\circ < \varphi < 25, \qquad -15.24\mathrm{m/s} < v < 15.24\mathrm{m/s}$$

$$(25^\circ = 0.436\ \mathrm{rad})$$

将参数代入，并作 Laplace 变换，得

$$\begin{cases} sV(s) = -0.02V(s) - 16.6\Gamma(s) - 32.2\Theta(s) \\ 100s\Theta(s) = 0.0879V(s) + 88.2\Gamma(s) - 9.86\Delta_1(s) \\ s^2\Phi(s) = -11.9\Gamma(s) + 10.3\Delta_1(s) - 0.679s\Phi(s) \\ \Gamma(s) = \Phi(s) - \Theta(s) \end{cases}$$

显然，从上述方程式中可以分别得到$\frac{V(s)}{\Delta_1(s)}$，$\frac{\Theta(s)}{\Delta_1(s)}$以及$\frac{\Phi(s)}{\Delta_1(s)}$，从而得到传递函数模型。

将上述模型化简整理得

$$
\begin{cases}
V(s) = \dfrac{1}{s}[-0.02V(s) - 16.6\Phi(s) - 15.6\Theta(s)] \\
\Theta(s) = \dfrac{1}{100s}[0.0879V(s) + 88.2\Phi(s) - 88.2\Theta(s) - 9.86\Delta_1(s)] \\
\Phi(s) = \dfrac{1}{s^2}[-(11.9 + 0.679s)\Phi(s) + 11.9\Theta(s) + 10.3\Delta_1(s)]
\end{cases}
$$

§11.2.2 常微分方程数值解法

除差分方程以外,连续系统仿真的实质是常微分方程的数值求解,这一点可从上一小节的模型相互转换中看出。差分方程的数值求解相对是比较方便的,利用递推迭代就可完成,因此,这里不作介绍。

而常微分方程的数值求解就是数值积分算法,这些算法很多。简单的有 Eular(二阶)法、梯形及预报校正,最常用的是高阶龙格 - 库塔(R-K)法以及复杂的亚当斯法(Aadms)法等。在此,仅不加推导地给出最常用的四阶龙格—库塔方法。

设系统方程为

$$
\begin{cases}
\dot{x}_i(t) = f_i(x_1(t), x_2(t), \cdots, x_n(t), t) \\
= f_i(X(t), t) \\
x_i(t_0) = x_{i0}, i = 1,2,\cdots,n
\end{cases}
\tag{11.2.11}
$$

$$
X = [x_1(t), \cdots, x_n(t)]^{\mathrm{T}}
$$

于是,求解此微分方程组的四阶龙格 - 库塔公式为

$$
\begin{cases}
x_i(k+1) = x_i(k) + \dfrac{h}{6}(K_{1i} + 2K_{2i} + 2K_{3i} + K_{4i}) \\
\qquad i = 1, \cdots, n \\
K_{1i} = f_i(X(k), t_k) \\
K_{2i} = f_i(X(k) + \dfrac{h}{2}K_1, t_k + \dfrac{h}{2}) \\
K_{3i} = f_i(X(k) + \dfrac{h}{2}K_2, t_k + \dfrac{h}{2}) \\
K_{4i} = f_i(X(k) + K_3, t_k + h)
\end{cases}
\tag{11.2.12}
$$

其中,k 为迭代步数,h 为积分步长。而 K_1, K_2, K_3, K_4 分别为由 $K_{1i}, K_{2i}, K_{3i}, K_{4i}$($i = 1, \cdots, n$)组成的 $n \times 1$ 向量。

可以证明,四阶龙格—库塔法的截断误差为 $o(h^5)$,这在许多情况下已能满足精度要求。

§11.2.3 连续系统仿真技术

一、连续系统仿真过程与机制

实际上,对连续系统仿真的过程就是实现数值积分算法的过程。以采用四阶 Runge-Kutta 法为例,这一过程如图 11 - 4 所示。

二、连续系统仿真软件

由图 11 - 4 给出的连续系统仿真流程可以看出,它大致可以分成若干阶段。根据这

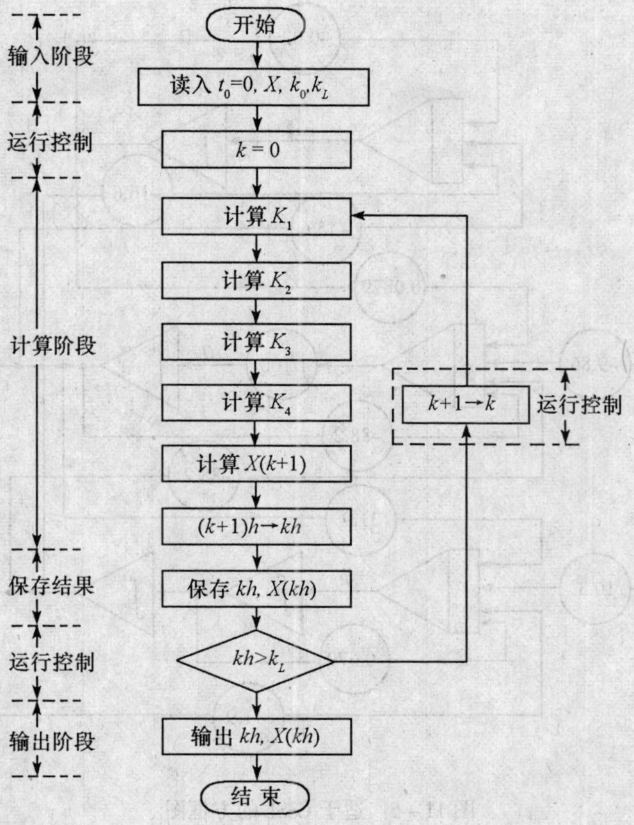

图 11－4　仿真流程

一流程的阶段划分，一个连续仿真软件至少要包括以下几个模块，即初始化及准备模块、输入模块、运行控制模块、计算(积分－微分)模块、结果保存模块以及结果输出模块等。尽管对于不同的仿真软件，上述模块的作用和功能可能有所不同，但总体上说上述结构是适用的。

目前，进行连续系统仿真的软件很多，最著名的有 CSSL、CSMP、SLAM 等。这些仿真软件有的是面向方程式，如 CSMP，它可以直接输入微分方程式；有的是面向方框图的，如 CSSL 等；有的二者兼有。所谓方框图是将系统的模型，如微分方程或者传递函数，根据其中变量之间的结构关系，并按仿真软件标准约定，绘制方块图。例如，例 11.1 的适于 CSSL 的方框图如图 11－5 所示。

§11.3　离散事件系统仿真

§11.3.1　随机离散事件

随机离散事件是一系列按时序、随机发生的具体事实，它们只能在离散的可数时刻上发生，这些事实一旦出现，将使系统中一个或若干个状态变量发生瞬间变化。由于这些事

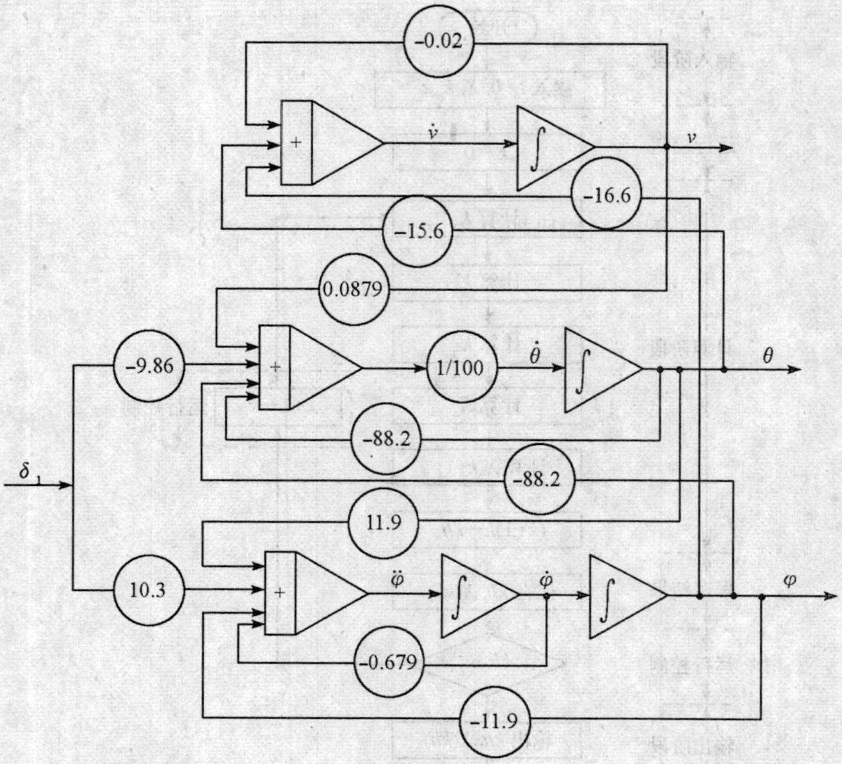

图 11－5　适于 CSSL 的方框图

实的发生具有离散性和随机性，因此称为随机离散事件。

例如，某加工系统由两个工作站构成，各种不同的零件按一定的概率分布（如泊松分布）到达，顺序在两个站上加工，在加工站 1 和加工站 2 上的加工时间也都是按一定概率分布的随机变量（如分别为正态分布和 β 分布）。这类系统实际上是一种串联的随机服务系统，如图 11－6 所示。

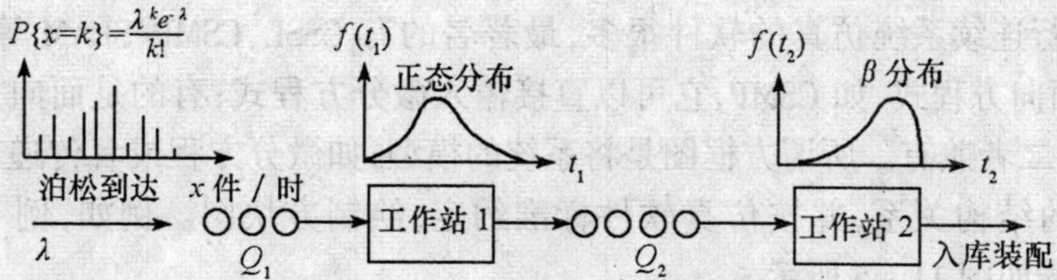

图 11－6　加工系统简图

当零件按一定分布规律到达此系统时，工作站 1 前的在制品数量 Q_1 将增加一件，这表明系统中一个状态变量发生了变化。当工作站 1 加工完一件零件时，使工作站 2 前的在制品数量 Q_2 增加一件，同时工作站 1 从 Q_1 中取出一件进行加工，从而使 Q_1 减少一件。因此，一个完工事件可能引起两个状态变量的瞬间变化。与此类似，当工作站 2 加工完一件零件时，将使 Q_2 减少一件，并有一件零件进入成品库等等。从工作站本身的状态来看，如果每个工作站前都有一定数量的在制品时，两个工作站将都处于"忙"态。如果在某工作站加工完一件零件时，该工作站前没有在制品储存，则工作站将从"忙"态变为"闲"态，这同样表明系统状态的跃变。以上这些事实，如零件到达，工作站 1 从 Q_1 中取零件，工作站 1 加工完一件零件，工作站 2 从 Q_2 中取零件，工作站 2 加工完一件零件等等，都是该加工系统中随机发生的离散事件。设工作站"忙"、"闲"状态分别用"1"和"0"表示，则该系统的状态将按事件发生的时刻随机地发生跃变，如表 11－1 所示。由此表可见，随机发生的离散事件是使系统状态发生变化的原因，它们是离散系统仿真中最基本的要素。离散事件仿真就是通过对离散事件按发生时刻先后进行排序，并根据不同事件发生时对系统状态变化的影响来模拟实际系统的运行特性的。因此，随机离散事件在离散系统仿真中具有特别重要的地位。

表 11－1　生产线状态变化

事件发生时刻	事件内容	系统状态			
		Q_1	工作站 1	Q_2	工作站 2
t_0	－	3	1	4	1
t_1	到达一件零件	4	1	4	1
t_2	工作站 2 完成一件	4	1	3	1
t_3	工作站 1 完成一件	3	1	4	1
⋮	⋮	⋮	⋮	⋮	⋮
t_k	工作站 2 完成一件	2	1	0	0
⋮	⋮	⋮	⋮	⋮	⋮

§11.3.2　离散事件系统仿真原理

离散事件系统有两个重要特征，即状态的动态变化以及反映这种变化规律的离散性或随机性事件。因此，离散事件系统仿真原理也表现在两个方面，即仿真时钟及其推进方式和表达随机变化的未来事件表。

一、仿真时钟及其推进方式

离散系统仿真一般都是动态仿真，需要不断地计量和记录各种事件的发生时间，并进行时间统计。仿真时钟是离散事件系统仿真中不可缺少的组成部分，它是随着仿真的进程而不断更新的时间机构。通常，在仿真开始时将仿真时钟置零，随后，仿真时钟不断地给出仿真时间的当前值。仿真时间是仿真模型中的时间指示，它代表仿真模型运行的真实时间，但是它并不是仿真运行过程所占用的 CPU 时间。在作排队系统仿真时，其时间单位可能是分钟，而对于宏观经济系统的仿真，则随机离散事件的发生时间可能以月或年来表示等。

在离散事件系统仿真中有两种不同的时钟推进方式。

1．面向事件的仿真时钟

在这种方式下，仿真时钟并不是连续地推进的，而是按照下一个事件预计将要发生的时刻，以不等距的时间间隔向前推进的，即仿真时钟每次都跳跃性地推进到下一事件发生的时刻上去。为此,必须将各种事件按发生时间的先后次序进行排列,时钟时间则按事件顺序发生的时刻推进。每当某一事件发生时,需要立即计算出下一事件发生的时刻,以便推进仿真时钟。这个过程不断地重复,直到仿真运行满足规定的终止条件时为止,如某一特定事件发生或达到规定的仿真时间等。通过这种时钟推进方式,可对有关事件的发生时间进行计算和统计。

2. 面向时间间隔的仿真时钟

在这种时钟推进方式中,首先要根据模型的特点确定时间单位,仿真时钟按很小的时间区间等距推进,每次推进需要扫描所有的活动,以检查在此时间区间内是否有一个事件发生,若有事件发生,则记录此时间区间,从而可以得到有关事件的时间参数。这种推进方式要求每次推进都要扫描所有正在执行的活动。

一般说来,面向事件的仿真时钟多用于离散事件系统仿真,而面向时间间隔的仿真时钟既可用于连续系统仿真,也可用于离散系统仿真。它们的主要差别在于仿真效率有所不同。

下面以简单排队系统为例说明两种仿真时钟推进方式的特点。

设某单服务台排队系统,顾客按泊松流到达,其到达间隔时间分为别 $A_1, A_2, A_3 \cdots$,每个顾客的服务时间服从负指数分布,相应的服务时间分别为 $S_1, S_2, S_3 \cdots$。A_i 和 S_i 都是在仿真过程中按照它们的概率分布而随机地产生出来的。在这种排队系统中只有两类随机离散事件,即顾客到达事件(E_A)和顾客服务结束离开系统事件(E_D),这些事件的发生过程如图 11-7 所示。

对于面向事件的仿真时钟,其仿真时间总是按最紧接下一事件的发生时间向前推进。而面向时间间隔的仿真时钟,则按相同的间隔时间 Δt 向前推进,每推进一个 Δt,立即扫描所有活动,检查有无事件发生,若有,则进行相应的时间统计,若在 Δt 内没有事件发生,则立即作下一次推进。

对于面向事件的时钟推进方式,令 T_{NOW} 为仿真时钟所指示仿真时间的当前值,W_i 为第 i 个顾客的排队等待时间。仿真开始时,仿真时钟的当前值 $T_{NOW}=0$,服务台处于空闲状态。第一个顾客的到达时间可根据到达过程的概率分布随机地产生,如事件 E_{A1} 的发生时刻为 t_{A1},这时可置 $T_{NOW}=t_{A1}$,即仿真时钟由 0 推进到 t_{A1},第一名顾客到达以后立即可以得到服务,故 $W_1=0$,服务台也由"闲态"转为"忙态"。第一名顾客的服务时间 S_1 可由服务时间的概率分布随机地产生,故事件 E_{D1} 的发生时刻为 $t_{D1}=T_{NOW}+S_1$。另一方面,在第一名顾客到达以后,即可产生第二个顾客的到达时间,若其到达间隔时间为 A_2,则事件 E_{A2} 的发生时刻为 $t_{A2}=T_{NOW}+A_2$。由上可见,第一名顾客的到达可以引起两个新的事件 E_{D1} 和 E_{A2},在这种情况下,仿真时钟将推进到下一个紧接发生的事件时刻上去,即 $T_{TNOW}=\min\{t_{D1}, t_{A2}\}$。如果 $t_{D1}<t_{A2}$,即第一个顾客的服务工作在第二个顾客到达之前完成,于是 $T_{NOW}=t_{D1}$,即仿真时钟由 t_{A1} 推进到 t_{D1}。如果 $t_{D1}>t_{A2}$,即第二个顾客在第一个顾客服务完成之前到达,则 $T_{NOW}=t_{A2}$,仿真时钟由 t_{A1} 推进到 t_{A2},如图 11-7 所示的情况。由于 E_{A2} 事件的发生将引起 E_{D2} 和 E_{A2} 事件的发生,又由于在 $T_{NOW}=t_{A2}$ 时,事件 E_{D1} 尚未发生,因此仿真时钟将推进到事件 E_{D1}, E_{D2} 或 E_{D3} 中最早发生的时刻上,即 $T_{NOW}=\min\{t_{D1},$

$t_{D2}, t_{A3}\}$。在图 11－7 的情况下将有 $T_{NOW} = t_{D1}$。依此步骤不断更新仿真时间的当前值，就可以使仿真时钟按照该排队系统中随机离散事件发生时刻的先后次序，跳跃地向前推进，从而为离散事件动态仿真提供了时间推进机构。

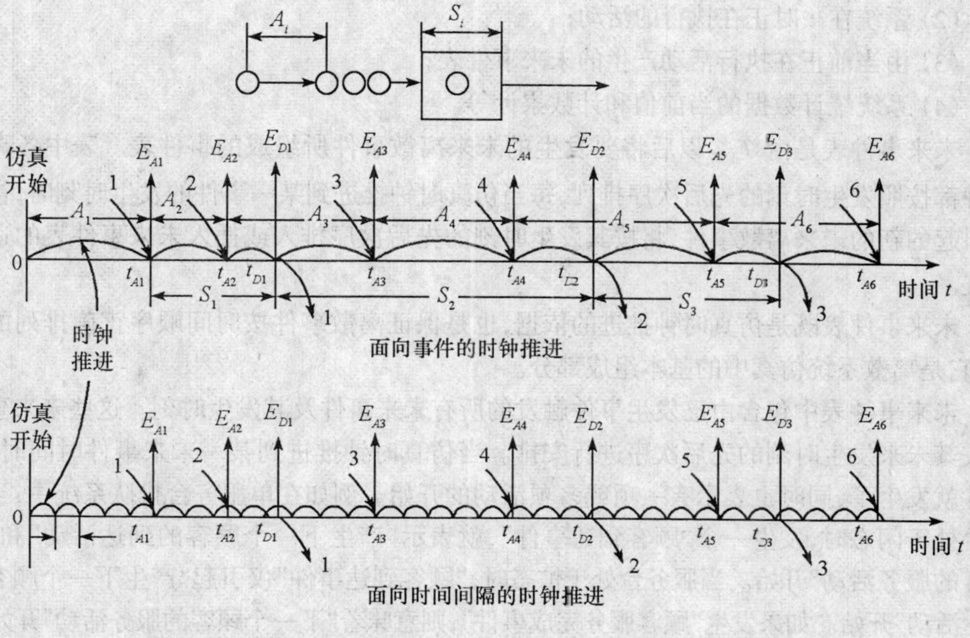

图 11－7　排队系统的事件发生和时钟推进

对于面向时间间隔的时钟推进方式，仿真开始时置 $T_{NOW} = 0$。首先按到达过程随机地产生第一个顾客的到达时间 t_{A1}，而仿真时钟则按事先设定的固定步长 Δt 不断地推进，每推进一个 Δt，仿真系统自动地扫描所有正在执行的活动，如到达活动和服务活动等，观察有无事件发生，如果在 Δt 中并无事件发生，则立即再次推进 Δt。如果在第 n 个 Δt 时间间隔内有 E_{A1} 事件发生，则置 $T_{NOW} = n\Delta t = t_{A1}$，其中 n 为首次遇到离散事件时，连续推进 Δt 的次数。与面向事件的仿真时钟相似，由于事件 E_{A1} 将引起 E_{D1} 和 E_{A2} 两个新的离散事件，而仿真时钟则继续按 Δt 步长向前推进，并不断扫描每一 Δt 中有无事件发生，当有事件发生时，即将 T_{NOW} 更新到与该事件发生的相应时刻上。以上过程持续进行，即可实现动态系统的仿真。

由上可见，两种时钟推进方式虽然在形式上有所不同，但在本质上是一致的。在离散事件仿真中，面向离散事件的仿真时钟总是按事件发生的顺序跳跃地向前推进，具有较高的效率；面向时间间隔的仿真时钟则按固定的步长和逐项扫描活动的过程中推进，因此效率较低。在连续系统仿真或离散－连续混合仿真中，必须采用面向时间间隔的时钟推进方式。

总之，仿真时钟是离散系统动态仿真和连续系统动态仿真的基本组成部分之一。在实际仿真运行中，仿真时钟的推进均由仿真软件中相应的时钟推进子程序自动执行，并不需要用户作具体的程序设计工作。

二、未来事件表

离散事件仿真的核心是随机事件的发生，随着仿真时钟的推进，某一随机事件的出现，必将引起新的未来离散事件的发生，并使系统的状态发生相应的变化。

当 $T_{NOW} = t$ 时，离散系统仿真模型中应有以下内容：

(1) 系统在 t 时所处的状态；

(2) 系统在 t 时正在执行的活动；

(3) 由当前正在执行活动产生的未来事件表；

(4) 系统统计数据的当前值和计数累计等。

未来事件表是由 T_{NOW} 以后将要发生的未来离散事件所组成的事件表。表中各离散事件都按照发生时刻的先后次序排列，每当仿真时钟推进到某一事件的发生时刻时，被触发引起的新的未来离散事件，将按其发生时刻的先后次序排入或插入未来事件表的适当位置。

未来事件表既是仿真时钟推进的依据，也是保证离散事件按时间顺序正确排列的依据，它是离散系统仿真中的基本组成部分。

未来事件表中包含由已发生事件触发的所有未来事件及其发生时刻。这些未来事件都按其未来发生时刻的先后次序进行安排。当仿真时钟推进到某一未来事件时间时，该事件就发生了，同时也表示有一项或多项活动的开始。例如在单服务台排队系统中，当服务台处于闲态时，发生一个"顾客到达事件"，就表示"产生下一个顾客的到达活动"和"该顾客的服务活动"开始。当服务台处于忙态时，"顾客到达事件"仅引起"产生下一个顾客的到达活动"开始。如果发生"顾客服务完成事件"，则意味着"下一个顾客的服务活动"开始。

对于给定的时间 t，当 $T_{NOW} = t$ 时，设系统中共有 m 个未来事件，分别用 (E_A, t_1)，(E_A, t_2)，(E_D, t_3)，…，(E_A, t_m) 表示。且有

$$T_{NOW} = t < t_1 < t_2 < \cdots < t_m$$

则在时刻 t 时的未来事件表如表 11-2。

表 11-2　时刻 t 时的未来事件表

T_{NOW}	未 来 事 件
t	(E_A, t_1)　A 类事件在 t_1 时发生
	(E_A, t_2)　A 类事件在 t_2 时发生
	(E_D, t_3)　D 类事件在 t_3 时发生
	…　…
	(E_A, t_m)　A 类事件在 t_m 时发生

表中 (E_A, t_1) 事件是下一个紧接发生的事件，该事件称为紧接事件(Imminent Event)。当仿真时钟由 t 推进到 t_1 时(即 $T_{NOW} = t_1$ 时)，则紧接事件 (E_A, t_1) 将从未来事件表中消除并且由它触发产生一个或多个新的未来事件，这些新的事件都属于一定类别并附有一个未来的发生时间，这些事件将排入未来事件表中的适当位置上，于是便在 t 时刻未来事件表的基础上产生了 t_1 时刻的未来事件表。设由 (E_A, t_1) 事件触发产生新的未来事件为 (E_A, t^*) 和 (E_D, t^{**})，并有 $t_2 < t^* < t_3$ 和 $t^{**} > t_m$，则新的未来事件表将如表 11-3 所示。

表 11-3　时刻 t_1 时的未来事件表

T_{NOW}	未 来 事 件
t_1	(E_A, t_2) A 类事件在 t_2 时发生
	(E_A, t^*) A 类事件在 t^* 时发生
	(E_D, t_3) D 类事件在 t_3 时发生
	… …
	(E_A, t_m) A 类事件在 t_m 时发生
	(E_D, t^{**}) D 类事件在 t^{**} 时发生

由上可见,未来事件表的长度和内容是随着仿真过程的推进而不断地变化的。在离散仿真系统中,大都采用"自上而下"的表处理技术来管理未来事件表,首先从未来事件表的顶部消除一个紧接事件,然后自上而下地搜索各项未来事件,把新的未来事件插入或排入表中的适当位置。有的离散仿真系统也采用随机安排未来事件表的管理方法,即新的未来事件随机地插入或排入未来事件表,而在消除紧接事件时,则需对全部未来事件进行搜索和比较,以便找出最紧接的下一个事件的发生时间,据此推进仿真时钟。对未来事件表的处理和管理是十分重要的,它直接影响到仿真运行的效率。

此外,如果有一个新产生的未来事件,其发生时间可能与未来事件表中某一事件的发生时间完全相同,这类事件称为同时发生事件。对同时发生事件通常按它们的第二属性,如优先级别等,来安排先后次序。当仿真时钟推进到同时事件的发生时间时,则首先执行优先级较高的事件,紧接着再执行发生时间相同而优先级较低的事件。若同时事件的优先级相同,则系统任意选择其中一个事件执行。这种处理方式可避免仿真无法运行或某些同时事件被遗漏的现象。

从启动仿真运行($T_{NOW}=0$)产生第一个未来事件开始,未来事件表中始终存在一定数量的未来事件。每当系统消除一个紧接事件时,将同时产生一个或一个以上新的未来事件,因此,在整个仿真运行过程中,未来事件表不可能变成一张空表,同时,由于仿真时间长度是有限的,未来事件表也不会无限制增长。如果在仿真运行中出现空表的现象,则可以判定在仿真模型或仿真程序中存在错误而必须加以改正。

未来事件表不仅是仿真时钟推进的依据,同时也是控制仿真运行的依据。通常终止仿真运行有两种方法:

(1) 规定仿真的运行时间长度 T_E。当仿真时钟推进到 T_E 时,则仿真运行终止,即 $T_{NOW} \geqslant T_E$ 时仿真结束。例如,在作机械加工生产线仿真时,可规定 $T_E=8$ 小时,而在作远期经济预测时,则 T_E 可规定为 5 年或 10 年等。

(2) 规定某个未来事件$\{E\}$。在仿真运行中,如果系统发现规定事件$\{E\}$已经发生,则立即终止仿真运行。按照这种控制仿真运行的方法,与事件$\{E\}$相对应的 T_E 将不是一个常数,而是一个随机变量。例如,人们希望了解第 1000 个零件加工完毕时,生产线的状态(生产周期、各道工序上在制品数量、设备负荷率等),则在仿真程序中可规定$\{E=$第 1000 个零件加工完毕$\}$,即可控制仿真运行的终止时刻。

§11.3.3　离散事件系统仿真技术

离散事件系统仿真，是综合性很强的研究工作，它的主要技术内容覆盖了运筹学、系统工程、计算机科学以及概率统计学等方面。下面，就涉及的5个重要技术作简要介绍。

一、实体流技术

为了便于用户使用离散系统仿真技术，许多离散系统仿真语言，如GPSS、Q－GERT、SLAM及SIMAN等，都将面向随机离散事件的用户接口改为面向实际过程的用户接口。在这种系统中，用户可以根据实际过程来规定仿真模型的框架结构和逻辑关系，而将被仿真对象作为在系统框架中运动的动态实体。例如，在简单排队系统的仿真模型中，排队队列和进行服务工作的服务台形成模型的框架结构，而被服务的顾客就是被仿真的对象。这些顾客按一定的概率分布进入系统，首先排入队列，当服务台空闲时占用服务台，使服务台变忙，经过一个随机的服务时间后离开系统。因此仿真模型与实际排队系统在形式上是一一对应的。

实体流技术就是基于上述过程的一种仿真技术。在面向实际过程的仿真中，通常都有两类实体，即固定实体和流动实体。固定实体以固定形态存在于仿真过程中，并起到一定的逻辑作用。流动实体是仿真所处理的对象，它以用户规定的概率分布从系统外部输入系统，在仿真时钟的驱动下，流动实体在仿真模型的框架结构中运动，每当流动实体到达或离开模型中某一固定实体时，就由该固定实体所固有的逻辑关系触发各项离散事件的产生或消除，建立未来事件表，进行数据统计和计算，从而实现离散事件仿真的功能。由此可见，面向实际过程的仿真与面向离散事件的仿真在本质上是完全相同的，用户可以直接面向实际过程进行构模，这具有明显的直观性。由于用户不必介入任何具体的离散事件，从而可以从繁琐的程序编码工作中解脱出来，把主要精力用于对实际系统的研究和构模工作，以利于提高仿真的质量。

实体流技术可以用于很广泛的实际系统中。在机械加工生产线中，每台机床和机床间的在制品存放地、半成品仓库和热处理设备等，均可构成仿真模型中的固定实体，而被加工零件则为流动实体。又如在交通运输系统中，道路、铁路、机场、信号灯、车站、停车场等均为固定实体，而车辆、飞机、顾客、货物等为流动实体。

二、随机数发生器在仿真中的地位

在离散系统仿真中，由于所反映的实际系统都包含多种随机因素的交互作用和影响，本质上属于复杂随机过程，在仿真过程中需要重复地处理大量的随机因素。无论是各种随机离散事件的发生时刻，或是产生流动实体的到达流与流动实体在固定实体中的逗留时间等，都是不同概率分布的随机变量，每次仿真运行都要从这些概率分布中进行随机抽样，以便获得该次仿真运行的实际参数。当进入系统的流动实体数量很多，每个流动实体流经的环节也较多时，仿真过程中就需要成千上万次地进行随机抽样，使每个流动实体在每个环节上触发产生的离散事件都能得到规定概率分布的抽样时间，从而使原系统在运行中的随机因素和相互关系得以复现，并得到所需要的随机结果。因此，任何离散系统仿真过程都必须具备比较完善的、能够产生多种概率分布的随机变量的随机数发生器，这是仿真中不可缺少的组成部分。例如，在Q-GERT、SLAM、VERT和SIMAN等仿真语言中，都在软件内部嵌入十余种概率分布的随机数发生器，当用户在程序中赋予某一离散事件或流动实体在某一环节上的随机变量以规定参数的概率分布时，仿真器即可自动调用和生成相应的随机数，以保证系统的随机特征在仿真中复现。关于随机数发生器的基本原理和算法，可参考有关文献[27]。

三、汇集和输出统计数据

在仿真过程中对每一事件发生的时刻都需要进行数据汇集和计算，如记录离散事件发生的时刻、事件发生后状态变量的变化情况，并对流动实体的数量、在各个固定实体中的延迟时间以及整个系统的特性参数进行概率计算等。因此，在仿真运行结束时能够提供反映系统基本参数的数学期望、方差、标准偏差、最大值与最小值，以及概率分布曲线或直方图等。任何离散系统仿真软件都应具有自动汇集各种统计数据的功能，并能打印输出标准格式的系统参数，或按用户要求给出所需要的参数，以提供给领导或管理部门进行决策。

四、事件调度/时间推进的仿真机制

上面提到的随机离散事件、仿真时钟、未来事件表、实体流技术、随机数发生器以及统计数据汇集等项都是离散事件系统仿真的基本组成部分，它们在仿真运行的执行过程中形成一个整体。在这些组成部分中，对离散事件的安排和处理以及仿真时钟的推进，是整个仿真过程的核心部分。因此，离散事件系统仿真具有事件调度/时间推进的基本仿真机制，这种机制的结构如图 11－8 所示。

在定义仿真模型和收集必要的输入数据以后，用户应根据仿真软件的要求读入数据，系统随即进入初始化处理程序，除了对仿真时钟和随机数发生器初始化以外，还对累计统计计数置初值，设定系统的初始状态，并且产生初始的未来事件。当产生初始未来事件时，需要确定其随机发生时刻，故应调用随机数发生器，以便给出规定分布的抽样时间。对于已赋给发生时间的未来事件，由事件安排程序按时间先后进行排序并建立未来事件表。于是系统进入时间推进程序，在未来事件表中扫描并搜索出当前紧接事件，即在最近时刻内将要发生的事件，与此同时将仿真时钟推进到该事件的发生时刻上，从而实现了仿真时钟的首次推进。随后仿真系统自动调用事件处理程序，执行当前紧接事件所引起的操作，包括更新与该事件实现相关的状态变量，以改变系统的状态，同时根据仿真模型的逻辑，产生新的未来事件，包括确定这些事件的类别和在未来发生的时刻。与产生初始未来事件相似，事件处理程序也需要随机数发生器的支持，每产生一个未来事件都要调用相应概率分布的随机数发生器，以便赋给新未来事件发生的时刻。此时，系统将自动检测仿真运行的终止条件，即仿真运行的当前时间 T_{NOW} 是否已经等于或大于规定的仿真终止时间 T_E，或用户规定的仿真终止事件$\{E\}$是否已经发生。如果仿真终止的条件已经满足，则系统将对全部仿真数据进行统计和计算，给出仿真运行的标准输出和用户定义的仿真输出参数等。如果未满足仿真运行的终止条件，则系统将自动返回事件安排程序，对新发生的事件进行排序和修改未来事件表，并进入时间推进程序，以扫描当前紧接事件和推进仿真时钟等等。离散事件仿真就是在“产生事件、安排事件、时间推进、处理事件、再产生新的事件”这样的循环过程中实现的。

对于面向实际过程的离散系统仿真，其仿真过程与离散事件仿真完全相同，只是面

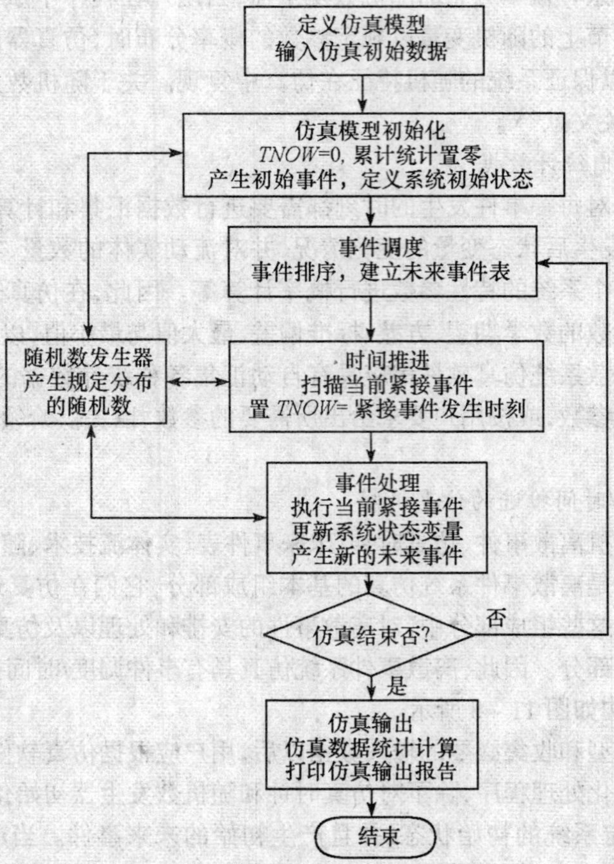

图 11-8　事件调度/时间推进的仿真机制

向用户的并不是具体的离散事件，而是各种类型的固定实体和流动实体。每当一个流动实体进入或离开某一固定实体时，它所触发产生的离散事件，就是新产生的离散事件，于是系统将按照离散事件系统仿真相同的模式来安排事件，推进仿真时钟，处理流动实体，产生新的离散事件等等。但是，在面向实际过程的离散系统仿真中，所有关于事件的操作，均由系统自动完成，而无需用户介入，这对于用户来说将是一种更为“友好”的仿真系统。

§11.3.4　手工仿真实例

下面以某银行服务窗口为例，说明离散事件系统仿真的基本概念。设顾客按泊松流随机到达，即顾客的到达间隔时间为负指数分布。出纳员对每位顾客的服务时间随顾客要求的服务内容不同而异，根据统计，服务时间也呈负指数分布。顾客到达时，若服务员正忙，则在队列中等待，服务完毕后顾客即离开系统。表 11-4 给出顾客到达流和服务时间。

表 11-4 银行服务系统的到达流和服务时间

顾客号	到达时刻(min)	到达间隔时间(min)	服务时间(min)
1	3.2	3.2	3.8
2	10.9	7.7	3.5
3	13.2	2.3	4.2
4	14.8	1.6	3.1
5	17.7	2.9	2.4
6	19.8	2.1	4.3
7	21.5	1.7	2.7
8	26.3	4.8	2.1
9	32.1	5.7	2.5
10	36.6	4.5	3.4

利用此表即可进行手工“仿真”。设系统状态为银行中的顾客数、正在队列中排队等待的顾客数和出纳员的忙闲状态。每当一个顾客到达或离开银行时，系统的状态就会发生变化，如银行中顾客数或队列长度增一或减一，出纳员由闲变忙或由忙变闲等。此系统共有两类事件，即 E_A = {顾客到达事件}和 E_D = {顾客离开事件}。其仿真过程如表 11-5 所示。

表 11-5 银行系统的手工“仿真”过程

时钟时间	顾客号	事件类型	队列长度	在银行中人数	服务台状态	空闲时间
0.0	-	开始营业	0	0	闲	
3.2	1	E_A	0	1	忙	3.2
7.0	1	E_D	0	0	闲	
10.9	2	E_A	0	1	忙	3.9
13.2	3	E_A	1	2	忙	
14.4	2	E_D	0	1	忙	
14.8	4	E_A	1	2	忙	
17.7	5	E_A	2	3	忙	
18.6	3	E_D	1	2	忙	
19.8	6	E_A	2	3	忙	
21.5	7	E_A	3	4	忙	
21.7	4	E_D	2	3	忙	
24.7	5	E_D	1	2	忙	
26.3	8	E_A	2	3	忙	
28.4	6	E_D	1	2	忙	
31.1	7	E_D	0	1	忙	
32.1	9	E_A	1	2	忙	
33.2	8	E_D	0	1	忙	
35.7	9	E_D	0	0	闲	
36.6	10	E_A	0	1	忙	0.9
40.0	10	E_D	0	0	闲	

在此仿真实例中，采用“面向事件”的仿真时钟，时钟时间表示每一事件发生的时刻，每一事件发生后，仿真时钟立即推进到该事件时间，并且记录系统的状态和统计系统的参

数，即队列中人数、系统中人数、服务状态及忙期、闲期、服务台利用率等。

在满足仿真终止条件时，如8小时营业时间或被服务顾客人数达到规定值时，仿真过程终止。在本例中，仿真终止条件规定为被服务顾客人数达到10人时终止仿真，并输出仿真统计数据，如表11－6、图11－9及图11－10所示。

表11－6　仿真统计数据

顾客(1)	到达时刻(2)	开始服务时间(3)	离开时间(4)	在队列中时间 (5)＝(3)－(2)	在银行中逗留时间 (6)＝(4)－(2)
1	3.2	3.2	7.0	0.0	3.8
2	10.9	10.9	14.4	0.0	3.5
3	13.2	14.4	18.6	1.2	5.4
4	14.8	18.6	21.7	3.8	6.9
5	17.7	21.7	24.1	4.0	6.4
6	19.8	24.1	28.4	4.3	8.6
7	21.5	28.4	31.1	6.9	9.6
8	26.3	31.1	33.2	4.8	6.9
9	32.1	33.2	35.7	1.1	3.6
10	3.6	3.6	40.0	0.0	3.4

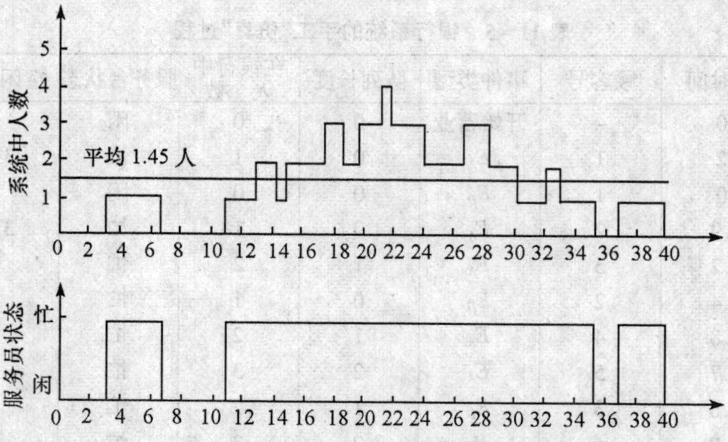

图11－9　系统状态变化情况

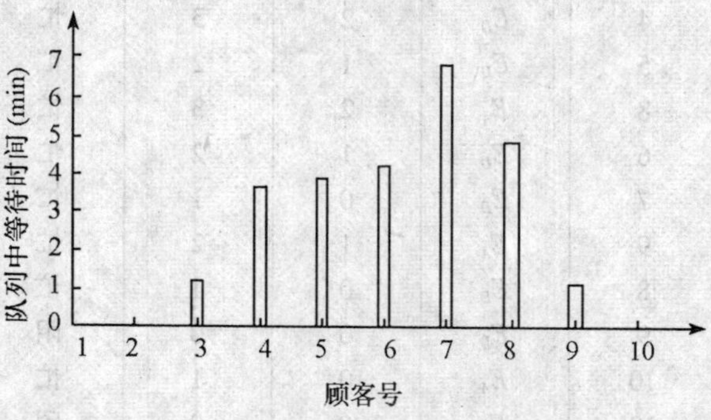

图11－10　顾客在队列中等待时间的变化情况

§11.4　系统动力学仿真

§11.4.1　系统动力学方法

一、什么是系统动力学

系统动力学是由美国 MIT 的福雷斯特(J.W.Forrester)于 50 年代提出,并最早应用在工业管理中,称为工业动力学(Industrial Dynamics)。后来,又逐步应用于城市综合研究,形成了城市动力学模型(Urban Dynamics)。最有影响的还是在 70 年代将系统动力学方法应用于全球人口、资源、粮食、环境等方面的未来和发展研究,通过在全世界以多种文字,发行 600 多万册的一本罗马俱乐部(The Club of Rome)研究报告即《增长的极限》(The Limits to the Growth)一书,提出了著名的世界动力学模型(World Dynamics)。总之,70 至 80 年代是系统动力学发展的鼎盛时期,应用遍及社会、经济、环境、军事、国防以及工程领域的多方面。由于这些领域的应用在技术上没有本质差别,所以把其研究方法统称为系统动力学(System Dynamics,有时简称 SD)。

什么是系统动力学? 简单地说:"系统动力学是研究信息反馈系统动态行为的计算机仿真方法。它有效地把信息反馈的控制原理与因果关系的逻辑分析结合起来,面对复杂的实际问题,从研究系统的内部结构入手,建立系统的仿真模型,并对模型实施各种不同的政策方案,通过计算机仿真展示系统的宏观行为,寻求解决问题的正确途径。"

系统动力学是一种研究复杂系统的方法,它针对实际系统中存在的问题,从系统的整体观出发,充分估计和研究其影响因素,不回避复杂性,特别注重研究系统内部的非线性相互作用、协同以及延迟效应等问题。

系统动力学遵循系统工程"凡系统必有结构,系统结构决定系统功能"的思想,根据系统内部组成要素互为因果的反馈特点,它从系统的内部结构来寻找问题发生的根源,而不是用外部的干扰或随机事件来说明系统的行为性质。例如,用系统动力学建立的美国能源模型,它是根据美国人的习惯、限制条件和决策方式来解释美国的能源问题,而不是用阿拉伯的石油禁运和气候的恶劣等外部因素来进行解释。外部干扰也可通过内部结构起重要作用,但决定因素还是系统内部结构。

系统动力学是面向问题的,而不是面向整个系统的。亦即 SD 建模都是围绕某一个系统问题来进行,如交通阻塞、资源短缺、作战效率不高、教育质量较低、农作物病虫害严重等等。它不是将交通网络、整个生态系统、战场系统、教育系统、农业系统的各方面因素都考虑到模型中来而建立庞大的模型,因为这不是 SD 方法的出发点,它本身也是不科学的。

系统动力学是一种计算机仿真方法,而且是一种连续系统仿真方法,因此,它也有自己的仿真语言和仿真软件。虽然它的精度不够高,作为一种结构化建模仿真方法,在许多社会经济等管理问题中已能满足要求。虽然它不是预测方法,但它具有一定的预测功能。

二、问题与模型

用系统动力学观点提出并要解决的问题总有两个共同特点。首先,系统动力学问题是动态的问题，这些问题通常是用随时间连续变化的量来表示的，如就业随时间发生振荡、城市税收减少、公共医疗费用急剧增长、人口膨胀、资源衰退等等，它们都可用变量随时间变化的图形曲线来定义。第二，系统动力学问题使用反馈来揭示原因和寻找解决办法，SD 认为各类系统，如社会系统、经济系统、管理系统等，都是反馈系统，这一点对于 SD 方法的理解将是至关重要。

三、系统动力学建模仿真步骤

用系统动力学方法进行建模仿真的全过程可大致分为七个阶段。

(1) 问题辨识与定义

在系统动力学建模阶段，有三个注意点，看起来似乎很一般，但却是模型成功的先决条件，这就是：①明确建模目的；②面向问题而不是系统；③问题源自反馈结构。领会这三点，将大大减少在建模阶段的复杂性，使建模者从设想面面俱到，转到集中于反馈结构中的重要方面。问题辨识与定义阶段的主要任务是明确建模目的和主要问题及其假设条件，确定系统的边界。并对问题涉及的主要变量进行动态定义，这主要可用图形曲线来表示，如图 11－11 是美国几个大城市的人口增长曲线。此外通常把表示重要变量以及由此派生和推断的其他变量图形叫做参考模式。参考模式是实际系统的某个试验框架的一部分。在建模过程中，须经常参考这些行为模式，并将其作为验证模型的有效性、检验程序的正确性的标准之一，即看模型产生的行为模式是否与试验框架中的参考行为模式大体一致。因此，用变量的参考行为模式考察问题的习惯，是系统动力学方法的重要环节。为了深入研究问题，建立正规、定量的反馈结构和模型，借助于动态图形进行思考，即应用图形来描述问题、分析问题和确定参考模式是十分必要的。忽视参考模式而获得成功的研究先例是颇为少见的。

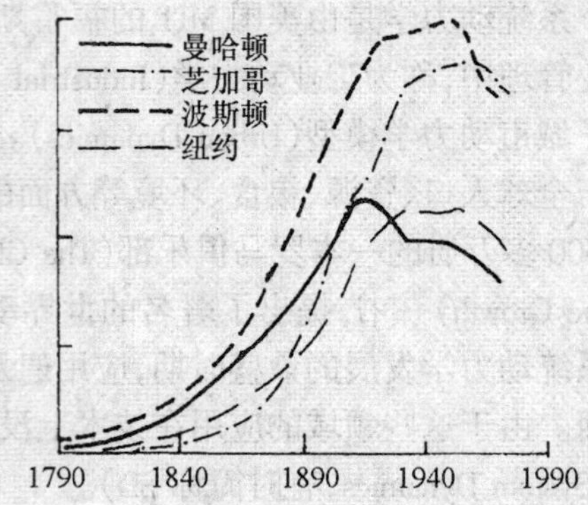

图 11－11　美国几个大城市的人口增长曲线

(2) 系统概念开发与结构开发

在问题辨识、重要变量确定、参考模式定义以建模目的确认完成之后，建模者的任务就是要确定主要变量之间以及主要变量与其它变量之间的相互关系。因此，这一阶段就是要确定系统中影响问题的因果反馈结构，并通过图形方式（如因果关系图、SD 流图等）将其表示出来（详见下一小节）。

(3) 系统动力学仿真模型构造

从因果关系结构和 SD 流图表示的反馈结构来构造计算机仿真模型，实际上就是模型的形式化和定量化的过程，简单说就是“将结构翻译成方程式”。其目的是使得仿真模型能够测定由建模者预先假设的行为即参考模式。在这样一个定性模型的定量化过程中，建模人员不断地研究和剖析系统内部各部分之间的相互依存、相互作用的关系，完善模型的结构和功能。

(4) 模型行为分析

模型行为分析的主要目的是不断地完善模型。通过模型分析应能解释模型行为，推断各种条件下行为模式的变化，以及在确定的行为模式情况下的各种控制途径。

通常进行模型行为分析有两种方式。一是改变模型的结构和参数，如通过分解状态变量、改变表函数、改变参数以及初始条件等来比较模型行为变化情况。二是对模型施加各种测试输入信号，如阶跃、斜坡、脉冲、正弦等信号，以检验模型的跟踪和复现能力。

模型行为分析的另一个重要作用是进行模型的灵敏性分析（Sensitivity Analysis）。灵敏性分析通常有三种不同形式，即数值灵敏性、行为灵敏性以及政策灵敏性。若模型中参数和结构的变化导致仿真过程中计算的数值变化，则称模型是数值灵敏的。实际上，所有定量化模型（包括 SD 模型）都是数值灵敏的。行为灵敏性是指当一个参数值变化时，模型行为模式变化的程度。SD 模型的行为对参数改变应当是不灵敏的。政策灵敏性是指一组假定的变化引起系统对政策干预的响应特性。除非能确实证明，否则 SD 模型不应当是政策灵敏的。

模型行为分析最终是要产生一个与实际系统高度一致、能很好适应建模目的、很好理解的模型。

（5）模型评价

在模型正式使用之前，正确评价模型的可信程度是必要的。建立对模型的信任感的过程通常指模型的有效性检验或模型确认（Validation）。系统动力学模型的有效性检验是与模型目的紧密相关的，即所谓模型与目的适应性，如与重要变量、参考模式的适应性，极端条件适应性，参数的灵敏性情况，结构的灵敏性情况等是否与模型的目的相符合。此外，有效性还指与现实的一致性或适应性，如反应的决策反馈机制，参考模式的复制，对过去政策行为甚至于假设情况的行为检验。一个 SD 模型，如果不能重新产生它的参考行为模式，它就是无效的。

（6）政策分析

基于 SD 模型的政策分析就是通过模型来研究某些特殊政策的影响，并找到那些可以解决实际系统问题、改进问题行为的可实施的政策方案。

对 SD 模型进行政策方案试验，通常是对应两种情况，即参数改变（如常数、初始值、表函数等的改变）和结构改变（方程式形式和数量的改变）。通过上述改变，找到解决问题的政策介入点，从而找到政策方案。

系统动力学模型也称“政策试验室”。

（7）模型使用与执行

将模型正式使用于管理、咨询和决策工作，并将政策方案在实际系统中执行，就是模型使用和执行阶段。

系统动力学研究问题的过程是一个迭代进行的过程，每一步都有可能反复，但每一次反复都将加深对系统和问题的理解。这一过程的最终目的是理解系统（如图 11－12 所示）。

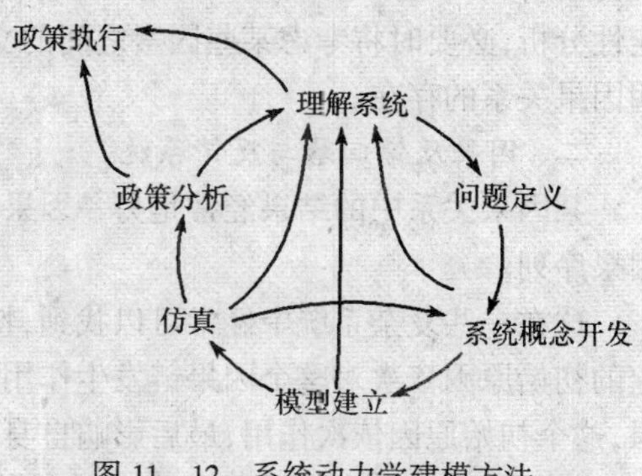

图 11－12　系统动力学建模方法

§11.4.2 因果反馈结构

一、因果关系

系统是由相互联系、相互影响的元素组成。在系统动力学方法中，元素之间的联系或关系可以概括为因果关系（Causal Relationship），正是这种因果关系的相互作用，最终形成系统的功能和行为。所以，因果关系分析是系统动力学建模的基础，也是对系统内部结构关系的一种定性描述。通常因果关系用一个箭头线表示，即 $A \rightarrow B$，变量 A 表示原因，变量 B 表示结果。箭头线标为因果链，表示 A 到 B 的作用。

一般地，当 A 变化时将引起 B 变化。假定 $\Delta A > 0, \Delta B > 0$，分别表示变量 A、B 的改变量。

若满足下列条件之一：

(1) A 加到 B 中；

(2) A 是 B 的乘积因子；

(3) A 变到 $A \pm \Delta A$，有 B 变到 $B \pm \Delta B$，即 A、B 的变化方向相同。

则称 A 到 B 具有正因果关系，简称正关系，用“+”号标在因果链上，用 $A \xrightarrow{+} B$ 表示。

若满足下列条列之一：

(1) A 从 B 中减去；

(2) $1/A$ 是 B 的乘积因子；

(3) A 变到 $A \pm \Delta A$，有 B 变到 $B \mp \Delta B$，即 A、B 的变化方向相反。

则称 A 到 B 具有负因果关系，简称负关系，用“-”号标在因果链上，用 $A \xrightarrow{-} B$ 表示。

这里只考虑了两两之间的因果关系，即在因果关系分析中假设其他条件不变。因此，在这个假设条件下，“出生使人口总数增长”，即使在人口总数减少的情况下，这一因果关系也总是对的。因为出生不是影响人口总数的唯一原因，死亡也是原因之一。如果加上死亡原因，就不是“其他条件不变”的假设下进行因果关系分析。对于“一结果多原因”的情况，应根据上述假设，分别进行单个的因果关系分析。

应该说明的是，简单地把变量间的因果关系定义为正关系和负关系两种，似乎缺乏科学方法验证的严谨性，好在系统动力学的目的不在于证明变量间的关系，而是设法提供一种协助解决问题的工具，进一步地还有数量化的函数关系式，以取代这些“不那么严格”的定性分析，必要时将考虑某些因素之间的交互影响或进行相关分析，但统计方法并不能证明因果关系的存在。

二、因果反馈回路与反馈系统

某因果关系中的结果经常是另一因果关系中的原因，若干因果链串联起来，形成一个因果序列。

这在一些复杂系统中经常可以找到，特别是社会、经济、生态等系统中。然而，一个指定的初始原因依次对整个因果链发生作用，直到这个初始原因变成它自身的一个间接结果，这个初始原因依次作用，最后影响自身，这种闭合的因果序列叫因果反馈回路（Causal Feedback Loop）。在这里反馈的意义就是信息的传递与返回。一组相互联结的反馈回路的集合就构成反馈系统。

系统动力学了解系统动态特性的主要方法是回路分析法(即因果关系和反馈思想)。反馈回路中的因果关系都是相互的,从整体上讲,我们无法判定任意两种因素谁是因、谁是果。社会和个人的决策过程也是这样。导致行动的决策是企图改变系统的状态;改变了的状态又产生进一步的决策及变化,这即形成了医果反馈回路。因此,互为因果就成了反馈回路的基本特征。

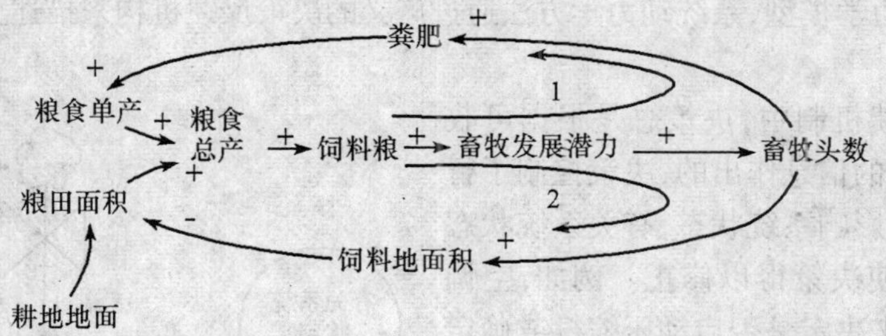

图 11-13　种植业与畜牧业构成的反馈系统

例如,对一个种植业与畜牧业构成的反馈系统(图 11-13),根据因果关系的正、负性的条件,可以逐个判断出每一因果关系是正关系还是负关系。由因果链的正负性,可沿着反馈回路绕行一周,看一看回路中全部因果链的累积效果。图中回路 1:粮食总产越高,饲料越多,畜牧业发展潜力越大,畜牧数量越多,粪肥越多,粮食单产越高,则粮食总产更高。因此,反馈回路的累积效应为正。回路 2:粮食总产越高,饲料越多,畜牧发展潜力越大,畜牧数量越多,饲草地越多,在总耕地面积一定的情况下,粮田面积减少,则粮食总产将会减少。故累积效应为负。如何确定反馈的正负极性,一般原则是:若反馈回路包含偶数个负的因果链,则其极性为正,叫正反馈回路;若反馈回路包含奇数个负的因果链,则其极性为负,叫负反馈回路。

三、反馈系统实例

(1) 一个简单的库存控制系统。不断地发货会使库存减少,因此,当库存减至某一水平时,库存管理人员就要向生产厂家发出订单以使库存恢复。这样关于当前库存的信息就传递到订货部门,再到生产者,最终以货物的形式回到库存部门。(如图 11-14 所示)

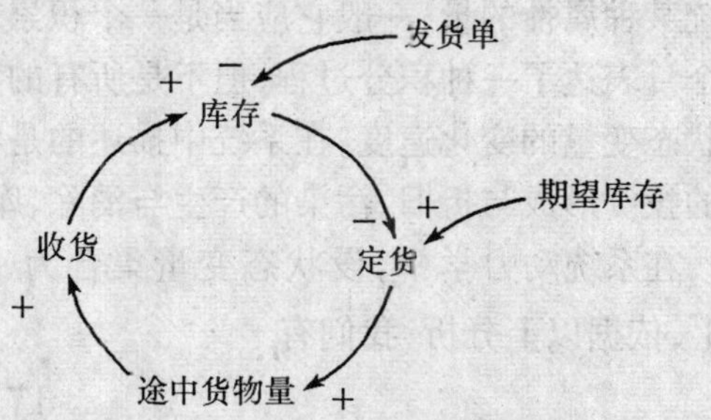

图 11-14　一个简单的库存控制系统

(2) 一个简单的商业网点问题的反馈结构。由于地理条件的原因,商业网点受用地所限,因此,这是一个在有限土地上的商业网点建设问题。图 11-15 给出了两个负反馈回路和一个正反馈回路。商业网点与

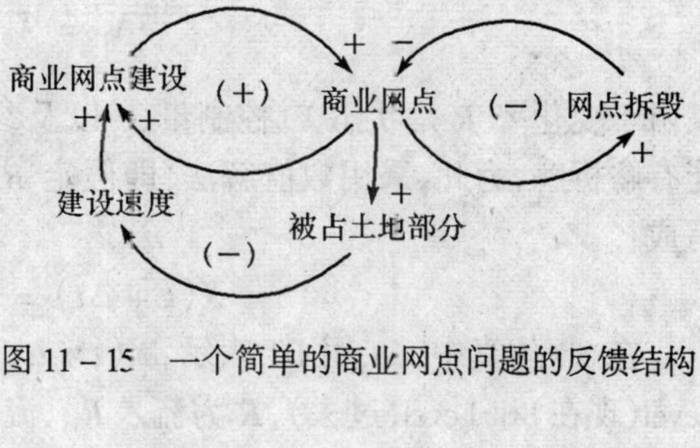

图 11-15　一个简单的商业网点问题的反馈结构

网点建设构成正反馈回路，同时，城市商业网点与网点拆毁构成负反馈回路。当建设速度高于拆毁速度时，网点数量将呈现增加的趋势。网点数量增加的结果使得可供建设网点的地方越来越少，建设进度不得不放慢，在一定的条件下，商业网点数量将趋于稳定。

四、系统动力学流图

因果反馈回路表达了系统发生变化的原因即反馈结构，但这种定性描述还不能确定使回路中的变量发生变化的机制。为了进一步明确表示系统各元素之间的数量关系，并建立相应的动力学模型，系统动力学方法通过广义的决策反馈机构来描述上述机制（如图11－16）。

在决策反馈机制中，决策总是根据可收集、获得并应用的信息作出的，决策控制了行动，而行动又将影响系统状态，有关系统状态的新情况又促使决策得以修正。例如，空调器是根据室温来决定是否启动压缩机或确定其制冷能力，在作战中可以根据敌我双方的兵力等来不断调整我方的兵力补充，企业应根据市场的需求来正确决定产品生产等等。显然，这种“决策”可以是人作出的决定，但有时是潜意识的决定，有时是机械、电子控制装置的控制机能，有时也可以是生物发展的自然控制机能。

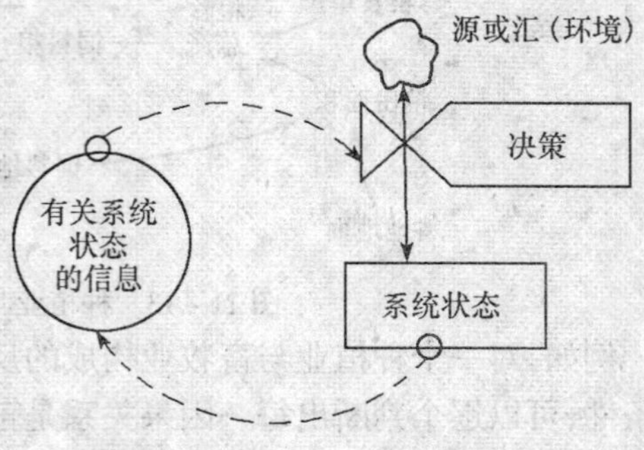

图11－16　决策反馈

任何决策反馈回路一定要包含两种基本变量，一种是状态变量（或称为流位变量Level），另一种是决策变量，也称变化率（或称流率变量Rate）。所谓状态变量是指能表征系统某种属性的量，一般它应当是一个积累量，如人口数量、固定资产、污染量、库存量等，这个量表达了一种积分过程，但不是所有的积累量都必须作为状态变量。而决策变量是指状态变量的变化速度，在系统中描述的是物质的实际流动，如人口出生与死亡、固定资产的投资形成与折旧、污染的产生与消除、库存的入库与出库等都是流率变量。

在系统动力学中，设状态变量集合为 $X=[x_1,\cdots,x_n]^{\mathrm{T}}$，变化率为 $R=[r_1,r_2,\cdots,r_m]^{\mathrm{T}}$，依据以上分析，我们有

$$\frac{\mathrm{d}X}{\mathrm{d}t}=R \tag{11.4.1}$$

或写成

$$X_t=X_0+\int_{t_0}^{t}R\mathrm{d}t \tag{11.4.2}$$

又由于变化率 R 是状态 X、控制量 U 以及参数 P 的非线性函数，因此(11.4.2)通常不可能有解析解，为此，采用数值解法，即假定 R 在$[t,t+\Delta t]$内不变，用欧拉法，将(11.4.2)写成：

$$X(t+\Delta t)=X(t)+\Delta t\cdot R \tag{11.4.3}$$

在SD仿真中，Δt 用DT表示，$X(t+\Delta t)$，$X(t)$分别为现在时刻、前一时刻状态值，即Level（现在）和Level（过去），R 为流入 R_{in}、流出 R_{out}的净流率。有

$$\text{Level(现在)} = \text{Level(过去)} + DT * (R_{in} - R_{out}) \tag{11.4.4}$$

从系统动力学观点来看，反馈回路只是动态系统的结构表达，而系统中状态的改变，决策的制定却是系统变化的机制。但这一机制的正常作用却是靠两种系统流(Flow)来维系的，即物质流和信息流。

物质能量流：表示在系统中流动的实体，用实线表示。例如：材料，产品，劳动力，人口，物种，资产，住宅，国土，资源，能源，污染，订货，需求，货币等。

信息流：表示连接状态和变化率的信息通道，是与因果关系相连的信息的传输线路，用虚线表示。

物质能量是一种守恒流，信息流不是一种守恒流。从某一状态取出信息并不使该状态值发生变化，信息可以多次使用，在信息取出的地方画一个小圆圈表示信息的来源。

有了这些基本的要素，我们就可以在深入分析、研究系统变量之间的相互数量确定关系的基础之上，将因果关系图转换成一种更适合于系统动力学定量的计算机仿真模型建立的图形表达——流图(Flow Diagram)。

在流图上，还设置了一种起桥梁式辅助作用的变量，叫辅助变量。它们在状态变量与变化率之间的信息通道上，或者在环境与内部反馈回路之间的信息通道上，往往具有独特的经济或物理意义。它的引入使系统流的结构和各要素的作用更为清晰，使复杂的决策过程变得明白易懂。

系统动力学流图中基本变量及表示符号如图 11－17 所示，有关函数等将在下面介绍。一个系统的流图是系统动力学基本变量和表示符号的有机组合。例如图 11－14 的库存控制系统的 SD 流图如图 11－18 所示。比较因果关系图和流图就可以看出：因果关系图只能描述反馈结构的基本方面，不能反映不同性质的变量的区别。例如，状态变量与变化率是系统动力学中最重要的量，然而因果关系图完全把它们与其他量不加区别地对待。流图不仅能表达因果关系图的全部含义，而且还能使系统的流、变量及其性质变得一目了然，反映出系统模型是怎样通过系统内部的各种流来沟通的。进一步地把流图的关系定量化，系统动力学仿真便可以实现了。

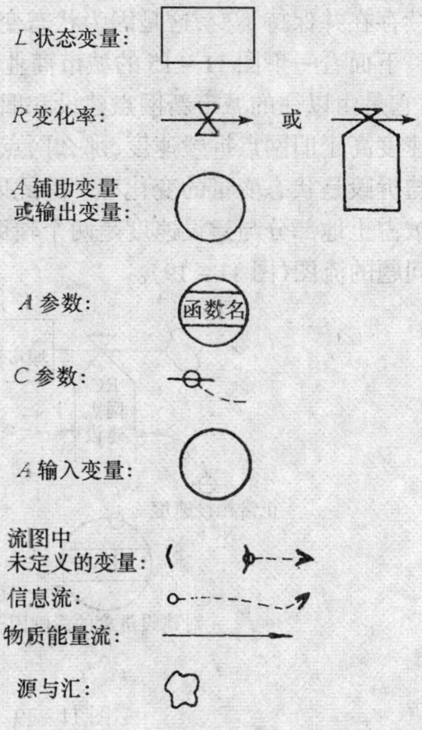

图 11－17　流图的表示符号

在流图中，如何确定状态变量和变化率，一个积累过程用一个或者几个状态变量去描述，这取决于问题的定义和系统的动态性质。首先要强调的是，虽然状态变量与变化率在概念上有很大的差别，即变化率是状态变量对时间的导数，但是对于建模者来说，要正确区分状态变量和变化率却不是一件很容易的事。我们不能简单地根据变量的量纲来判

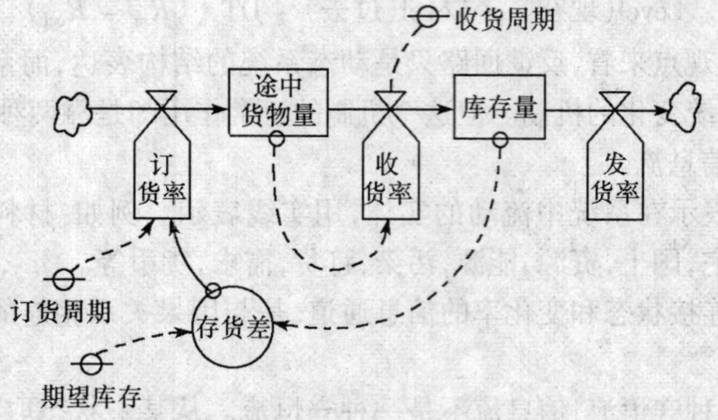

图 11－18　库存控制系统流图

断，应依据状态变化和变化率的性质，结合下述方法来判断一个变量的类别。可以设想，从某个时刻起让运动着的系统突然停下来，如果是变化率的话，它的作用就会立即消失，即变化率为零。如果是状态变量的话，它不会因系统停止活动而消失，状态变量的值将会继续存在并保持不变，这是因为状态变量是过去所有变化活动的累积。

下面看一下图 11－15 的城市商业网点建设问题，显然，商业网点数量是一个状态变量，它是由以往的城市新网点建设和旧网点拆毁、不断积累的结果。如果每年的新网点建设速度高于旧网点拆毁速度，那么网点数量将增加；反之，网点数量将减少。因此，网点建设与拆毁是状态变量的变化率。除此以外，其余量都是辅助变量或参数，其中反馈回路中的被占土地部分与建设速度是两个辅助变量。根据以上分析，即可画出城市商业网点建设问题的流图（图 11－19）。

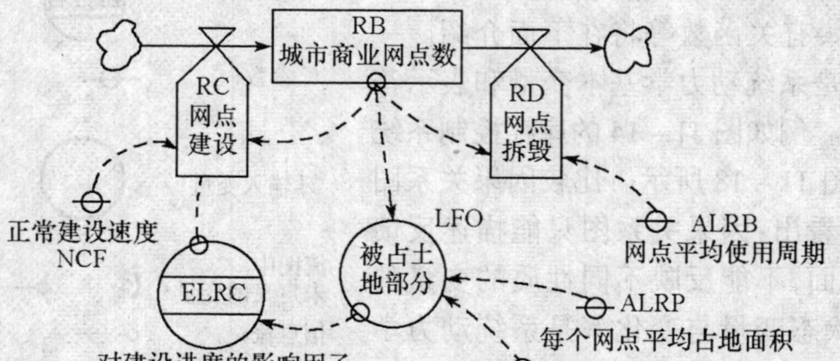

图 11－19　城市商业网点建设流图

§11.4.3　DYNAMO 语言及模型

一、DYNAMO 简介

DYNAMO 是一种连续系统计算机仿真语言，它是 DYNAmic MOdel 的缩写，其含义是将实际问题构造成具有反馈结构的动态模型，并通过计算机仿真得到该系统随时间变化的动态行为。

DYNAMO 语言一开始就与系统动力学结合在一起。它最早的来源是 MIT1958 年编制的一个工业管理问题的计算机程序 SIMPLE,现在已发展成有多种版本的专用仿真语言,如 DYNAMO Ⅱ、Ⅲ, PYNAMO Ⅲ/F, Mini-DYNAMO, 微机上的 Micro-PYNAMO, Professional DYNAMO(PD + Plus)等。

此外,DYNAMO 也可与模型联系在一起使用,即 DYNAMO 模型,通常是指一个用 DYNAMO 语言写成的完整程序。因此,DYNAMO 可以表示三重含义:一种语言、一种软件和一段程序代码。

一个 DYNAMO 模型是由两种语句组成,一种是直接用于仿真计算的方程式语句,另一种是用于控制仿真过程、输入输出的命令语句。下面除介绍上述两种语句外,还将介绍 DYNAMO 模型中常用的几种普通函数和 DYNAMO 中特有的宏函数。

二、方程式语句

DYNAMO 中最典型的方程式语句有流位方程、流率方程、辅助方程、初值方程、常数方程以及表方程和增补方程。由这些方程式语句就定义了 DYNAMO 模型的几种变量类型,即

① 状态变量:是指在状态方程式左边定义的变量(或称流位变量)。

② 变化率:是指在决策方程式左边定义的变量(或称流率变量)。

③ 辅助变量:是指在辅助方程式左边定义的变量。

④ 增补变量:是指在增补方程式左边定义的变量。

⑤ 初始条件变量:是指在初始条件方程式左边定义的量。

⑥ 表变量:是指在表方程式左边定义的量。

为了处理各种变量在各个时刻的计算问题,DYNAMO 采用在变量后加"."再加表示时刻的时间标注的办法,来表示变量在不同时刻的值。这样,能方便地描述仿真的时间推进过程。正在实施计算的现在时刻,时标为".K";计算实施完毕的上一时刻,时标为".J";将要实施计算的下一时刻,时标为".L"(参图 11-20)。

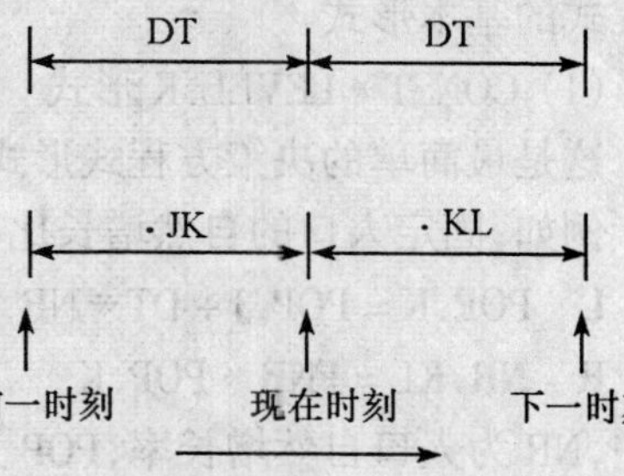

图 11-20　变量的时间标注

变量与时标的对应关系应视变量的性质而定。例如,状态(Level)变量、辅助变量等要计算某时刻的值,所以用 .J、.K 表示,而变化率(Rate)是在 DT 时间间隔内的值,故用 .JK、.KL 表示,常数因不随时间改变,所以不加时标。

1. 状态方程式(L 方程式)

状态方程式(亦称流位方程式)表述了系统动力学模型中状态积累的过程。现将(11.4.4)式中变量加上时标,并给出语句名称 L,就得到状态方程式语句形式如下:

L　LEVEL.K = LEVEL.J + DT * (RIN.JK-ROUT.JK)

其中,L 为状态方程式语句类型,LEVEL 是状态变量(又称流位变量)名,RIN.JK 和 ROUT·JK 表示在 JK 时间间隔内的流入率和流出率。

上述形式中,可以改变的地方只能是在 DT 后流率表达式中增减流率变量,其它在形式上是固定不变的。此外,用 L 方程式定义的流位变量必须用初值方程式 N 给定初始

值。

例如,某地区人口数量变化可写为

L　POP.K = POP.J + DT * (BIRTH.JK - DEATH.JK)

N　POP = 10000

或

L　POP.K = POP.J + DT * (BIRTH.JK + NETIMI.JK - DEATH.JK)

N　POP = 10000

式中,POP 为人口数,BIRIH、DEATH 分别为出生人口和死亡人口,而 NETIMI 为净迁入人口。

2. 决策方程式(R 方程式)

决策方程式又叫流率方程式或变化率方程式,它是描述系统动力学中状态变化速率的方程式。更直接地说,它就是用来计算(11.4.1)式中的 R 即微分方程组模型的导数。R 方程式的基本形式可表示为:

R　RATE.KL = f(状态变量,辅助变量,常量)

其中,R 为方程式类型,RATE 为流率变量名,RATE.KL 为在 KL 时间间隔内流率变量的值。f 表示流率,是状态变量、辅助变量的非线性函数,这其中不包含其它流率变量,但目前的 DYNAMO 版本也给予计算。

决策方程式右边没有固定的形式,但根据系统动力学建模思路可以归纳出六种决策方程式的基本形式。

(1) CONST * LEVEL.K 形式

这是最简单的决策方程式形式,它表示状态变量的增加会导致变化率成比例地增加。

例如,固定人口的自然增长比率为常数 FNR,则有:

L　POP.K = POP.J + DT * NR.JK

R　NR.KL = FNR * POP.K

其中,NR 为人口自然增长率,POP 为总人口。

又如果国家规定固定资产折旧率 SCA 为 5% ,则每年的固定资产折旧为

R　SC.KL = SCA * SCC.K

C　SCA = 0.05

其中,SCC 为年未固定资产原值,SC 为年折旧。

(2) LEVEL.K/LIFE 形式

在描述系统状态变化的过程中,许多流出率方程可以用下列形式:

R　RATE.KL = LEVEL.K/LIFE

式中 LIFE 表示时间,代表物质流在某一状态中平均逗留时间,或者说是事物处于某一状态的平均“寿命”。现举例如下:

① 城市商业网点拆毁速率 RD(个/年)

R　RD.KL = RB.K/ALRB

其中,RB 为商业网点数量(个),ALRB 为商业网点平均使用年限(年)。

② 固定资产折旧 SC(万元/年)

R　SC.KL = SCC.K/ALSC

其中，ALSC 为固定资产平均使用寿命(年)。

③ 军队营级军官年退役量 RDB(人/年)

R　RDB.KL = AOB.K/SVRPRD

其中，AOB 为营级军官总人数(人)，SVRPRD 为营级军官平均服役年限(年)。

④ 年龄链：图 11－21 给出了一个昆虫变态的四级年龄链结构，它包括四个状态变量，用来描述昆虫种群的生长过程。孵化期、幼虫期、化蛹期和成虫期相加起来就是昆虫的一生。这种年龄链结构完全可以用来描述各种种群的年龄组群体数量的变化过程。例如，人口可分为童年、青年、中年和老年四个年龄组；森林可分为幼林、小树林、中树林和成材林；军队指挥军官可分为排级、连级、营级、团级、师级、军级等。这里，每一个流出率都可以写成 LEVEL.K/LIFE 的形式，而且每一个 LIFE 都可以解释为物质流在这个状态中的平均逗留时间，直到它流到下一状态或流走。

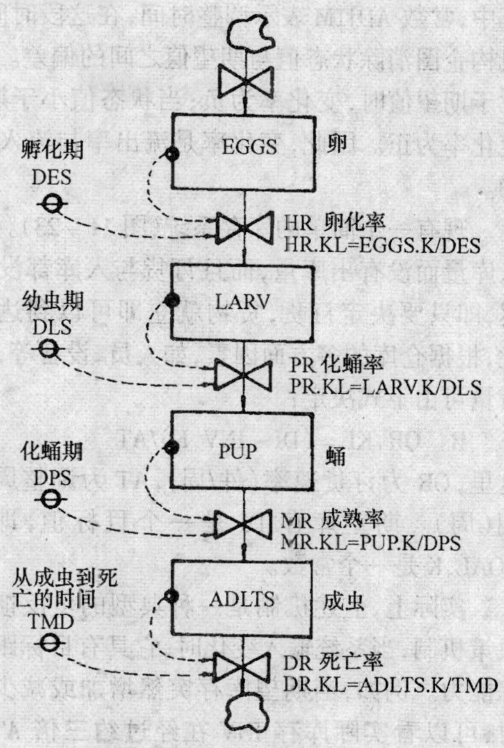

图 11－21　昆虫的一生

然而，并不是所有的流出率都要采用上述形式。但是在考虑流出率的方程式时，这种形式应该优先考虑。其理由是：第一，LIFE 常数在现实世界中有明确的时间意义，便于进行方程的量纲分析；第二，流出率不会使状态变量值变成负数，往往状态变量的负值是没有意义的。

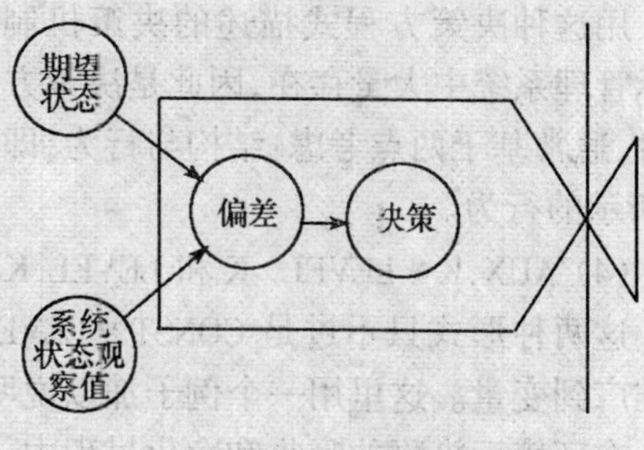

图 11－22　决策的一般结构

(3) (GOAL.K－LEVEL.K)/ADJTM 形式

这种形式的决策方程式描述了最典型决策的一般结构(如图 11－22 所示)。决策方程式中有四个概念：

① 目标或期望状态 GOAL。

② 系统状态的观察值 LEVEL。

③ 期望值与系统状态观察值之间的偏差 GOAL-LEVEL。

④ 根据偏差如何决策的描述，即努力使系统的实际状态接近期望状态。可以用下列形式的决策方程式表示出来：

R　RATE.KL = (GOAL.K－LEVEL.K)/ADJTM

其中,常数 ADJTM 表示调整时间,在这段时间内,决策机构企图消除状态值与期望值之间的偏差。当状态值大于期望值时,变化率为负;当状态值小于期望值时,变化率为正。因此,变化率是流出率与流入率的代数和。

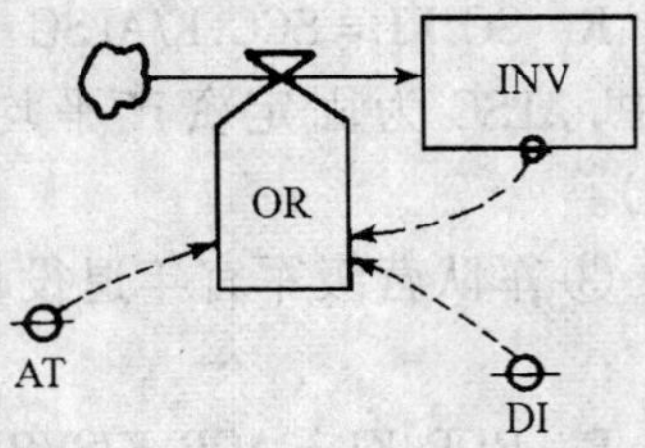

图 11－23　最简单的库存管理流图

现有一个简单的库存系统(图 11－23)。假设只有入库量而没有出库量,而且订货与入库都没有时间延迟,即只要决定订货,货物就立即可以到达仓库。在此,根据仓库的多方面因素,如人员,设备等,确定了一个理想的库存量 DI,那么每周的订货量可由下式决定:

R　OR.KL＝(DI－INV.K)/AT

这里,OR 为订货速率(件/周),AT 为调整周期(周)。期望库存 DI 是一个目标值,即 GOAL.K 是一个常数。

实际上,上述机制是一种典型的负反馈决策机制,当系统输入变化时,它具有目标跟踪能力。例如,当期望库存突然增加或减少时,可以看实际库存 INV 在经过约三倍 AT 的时间后跟踪上期望库存,如图 11－24 所示。

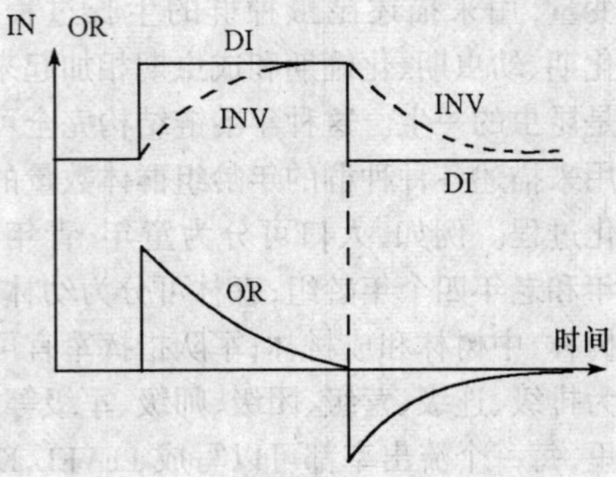

图 11－24　期望库存的突跳

用这种决策方程式描述的决策机制,在实际管理系统中大量存在,因此是决策方程式中最常用的形式。在判断是否采用这种形式时,通常基于两点考虑:结构与行为,即类似于由图 11－23 给出的负反馈结构和图 11－24 所示的行为。

(4) AUX.K ∗ LEVEL. K 和 LEVEL.K/AUX.K 形式

这两种形式只不过是 CONST ∗ LEVEL.K 和 LEVEL.K/LIFE 两种形式的推广,即把常数推广到变量。这里用一个例子加以说明。

在环境污染物的吸收和净化过程中,可以用下列决策方程式来表示吸收及净化速度:

R　POLAR.KL＝POL.K/POLA.K

其中:POLAR 为污染吸收率(污染单位/年);

POL 为污染(污染单位);

POLAT 为污染吸收时间(年)。

污染吸收时间 POLAT 表示污染物的自然分解、吸收时间。福雷斯特在世界模型中选用一个变量来表示这一时间,而不是用常数,因为随着污染量增加,污染吸收时间也是增加的。这表示了污染净化机能的退化和破坏。少量的污染可以很快就耗散掉,而大量的污染通过与自然耗散过程抗争而有了一个累积效应。于是,PLOAT 被作为污染水平 POL 的函数,如图 11－25 所示。

(5) NORM.K＋EFFECT.K 形式

前面介绍的是最常用的决策方程式形式。对于一些复杂的情况，我们可以将变化率构造为某些正常的或参考的变化率乘上或加上一个或多个影响来调整这一参考变化率，使其更符合实际情况的要求，在此考虑“加”的情况。

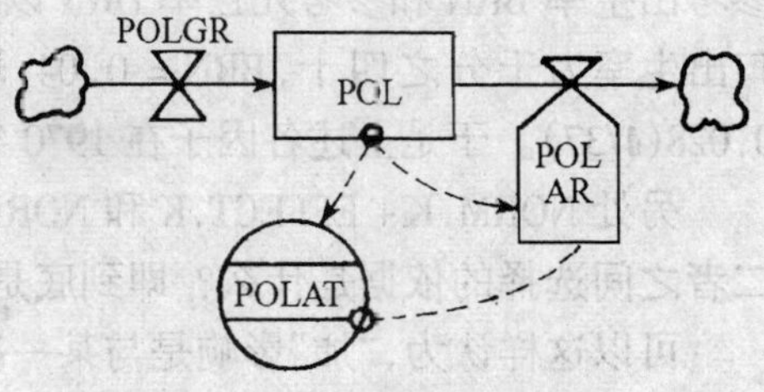

图 11－25　污染的吸收净化

R　RATE.KL = NORM.K + EFFECT.K

下面以改进的库存控制系统为例（参见§11.4.4）加以说明。库存部门的采购量决策 PRCORD 是在满足外来订货平均需求的前提下，使实际库存 INV 能稳定在期望库存上。于是有

R　PRCORD.KL = SMSLS.K + (DSINV − INV.K)/INADTM

其中，PRCORD 是采购率（件/周），SMSLS 是平均外来订货（件/周），DSINV 是期望库存（件），INV 是实际库件（件），INADTM 为库存调整时间（周）。在这一方程式中，第一项 SMSLS.K 是正常采购率（参考采购率），即平均订货需求，第二项则表示相对期望库存的调整量。

尽管用这种便于理解的分项之和来构造决策方程式很有意义，但是它不是能随意使用的。所构造的决策方程应该表现出建模者（或者用户）对系统在某些特殊点发生变化的方式的最好理解，而不是别的。

(6) NORM.K * EFFECT.K 形式

这种决策方程式是系统动力学建模中常见的形式：

R　RATE.KL = NORM.K * EFFECT.K

像 NORM.K + EFFECT.K 一样，NORM 可以是某些因素确定的参考值（或正常值），从而可构造复杂的决策方程式。EFFECT.K 表示一个或几个影响因子来调整参考变化率。如果某个影响因子不起作用，则取值为 1；如果影响因子使变化率从正常值提高 30%，则取值为 1.3；减少 15%，则取值为 0.85，等等。人们按照百分比变化来观察现实世界的这一方式，使得这种决策方程形式有助于进行定量化研究，而且这种研究通常也是比较合适的。

例如，在福雷斯特的世界模型Ⅲ中，人口的出生率和死亡率受到物质生活条件、粮食供应、污染和拥挤程度的影响：

R　BR.KL = (BRN * P.K) * BRMM.K * BRFM.K * BRPM.K * BRCM.K

R　DR.KL = (DRN * P.K) * DRMM.K * DRFM.K * DRPM.K * DRCM.K

其中：BR，DR 分别是出生率和死亡率（人/年）；

BRN，DRN 分别是出生率和死亡率常数（1/年）；

P 是世界人口数量（人）；

BRMM，DRMM 分别是物质生活对人口出生率和死亡率的影响乘子（无量纲）；

BRFM，DRFM 分别是粮食供应对人口出生率和死亡率的影响乘子（无量纲）；

BRPM，DRPM 分别是污染对人口出生率和死亡率的影响乘子（无量纲）；

BRCM，DRCM 分别是拥挤对人口出生率和死亡率的影响乘子（无量纲）。

参考出生率 BRN 和参考死亡率 DRN 以 1970 年世界人口调查为依据，即取 1970 年世界人口出生率为千分之四十，BRN = 0.04；取 1970 年世界人口的平均寿命为 37 岁，DRN = 0.028(1/37)。于是上述各因子在 1970 年的值都应为 1，并用一组表函数来表示。

另处 NORM.K + EFFECT.K 和 NORM.K * EFFECT.K 两种形式存在某些差别。那么在二者之间选择的依据是什么？即到底是选“加”还是“乘”呢？

可以这样认为，“加”影响是与某一决定性或支配性的参考变化率合作，或者对其作出调整；而“乘”影响本身就可能是决定性的。于是，为了确定是用“加”还是“乘”，则应首先考虑诸影响因子是与参考变化率合作，还是一个支配另一个。如果其中一个能起支配作用，则应选择乘法形，否则，即没有决定性影响时，是“加”是“乘”仍需进一步考虑。这要看何种形式能比较自然的、更能从本质上描述不同的影响，例如是按增加百分之几或多少比例的形式即比例变化，还是实际量加上或减去某一值即绝对变化。一般说来，比例变化应用因子相乘，绝对变化应用加法。

至此，我们介绍了决策方程式的六种基本形式。尽管 DYNAMO 语言对任何符合其语法规则的流率方程式都可以进行计算，但是按照上述六种形式及其组合建立的决策方程式将具有更加明确的物理意义，更好的可解释性，因而对模型的有效性及信任度将大大提高。

3. 辅助方程式(A 方程式)

当 R 方程式很复杂时，可以引入辅助变量，将复杂的 R 方程式化为较简单的、清晰的若干辅助方程式来表达。此外，辅助方程也可用于表示某些系统中的实际概念和关系结构，以获得系统的某些信息，辅助决策方程式的建立。因此，在 DYNAMO 模型中，辅助变量表示的是系统中的信息、信息的传递和反馈过程。

辅助方程式的一般形式如下：

A　XY.K = f(状态变量，辅助变量，常量)

原则上讲，上式中 f 不包含流率变量。辅助方程式均在时刻 K 上计算，也就是说其中的状态变量、辅助变量的时标均应为 .K。显然，A 方程式计算必须在时刻 K 的流位方程式之后进行。

例如，在商业网点建设中，已有网点占全部可建网点面积的比例为

A　LFO.K = RB.K * ALRP/AERA

其中，LFO 为网点占地比例(%)，RB 为现有网点数(个)，ALPP 为每个网点平均占地(平方米/个)，AERA 为可建网点面积(平方米)。

关于辅助方程式，需要说明几点。第一，A 方程式没有固定形式，但在建模时，最好是将 A 方程式引出的每一个辅助变量与实际系统中的某一个有意义的量对应，这样，会使模型更加可靠；第二，辅助变量在文字和量纲意义上很像系统中的状态变量，但在建模意义上，它与变化率有更多的共同之处。实际上，与第一点类似，确定辅助变量的代数运算形式应该代表系统中一个实际量的确定方式；第三，由于辅助方程式是纯代数运算，它没有像状态方程那样的动态时间递推的机制，所以在建模和方程式构造时要注意，避免出现死循环。

4. 表方程式(T 方程式)

表方程式是模型中使用表函数时才使用。它的表达形式是：

T　TNAME = {数值}

其中，T是方程式类型，TNAME为表函数(TABLE或TABHL)中的表变量名。

使用T方程式应注意以下几点：

① 方程式左边的表变量名不加时标，右边的“数值”用“,”或“/”隔开。例如：

T　TAB = 1,2,3,4,5

或　T　TAB = 1/2/3/4/5

② T方程式定义的数值个数并没有限制，但是必须与表函数的自变量要求的个数相等。

③ 这里仅仅介绍了T方程式的形式，如何确定这些数值必须与表函数联系起来，请参看有关内容。

5. 初始值方程式(N方程式)

初始值方程式是为参数或变量设定初始值的，一般形式为

N　变量名称 = {表达式,变量名,数值}

使用N方程式时，应注意几点：

① N方程式仅在仿真过程中第一步运算时使用。

② N方程式左右两边的变量都不加时间标注。

③ 由N方程式定义的变量不能直接在重复运行中使用。

6. 常数方程式(C方程式)

C方程式主要目的是给参数赋值。它可以在重复运行中使用，其基本形式为

C　变量名 = 常数

三、命令语句

为了控制计算机仿真过程，如仿真的开始、结束、时钟推进，以及完成仿真结果的输出，DYNAMO语言中设置了若干命令语句(或称控制语句)，最主要的是：SPEC、PRINT、PLOT、ASTERISK(＊)、RUN、SAVE、OPT、NOTE、NOISE以及续行语句*X*。由于DYNAMO版本不同，这些语句的使用可能有细微差别。

其中，SPEC语句用于定义仿真控制变量DT、LENGTH、PRTPER、PLTPER。其中，DT为仿真步长，LENGTH为仿真运行时间长度，PRTPER为表格输出时的时间间隔，PLTPER为图形输出时的数据点时间间隔。例如：

N　TIME = 1985

SPEC　DT = 1/LENGTH = 2010/PLTPER = 2/PRTPER = 0

表明仿真步长为1，从1985开始仿真到2010为止，仿真时间为25个单位时间。且图形输出时，每隔2个时间单位打印/显示一个数据点，不输出数据表格。

而PRINT语句和PLOT语句分别用于仿真结果的数据表格及图形输出，它们使用方法以及其它控制语句的使用参见相应DYNAMO软件说明。

四、DYNAMO仿真顺序

在DYNAMO模型中，除“＊”及“RUN”语句以外，其他语句可以任意安排顺序，DYNAMO仿真软件都可以正确识别和运行。其中，主要原因就是DYNAMO语言运行时有

一个严格的仿真顺序(如图 11－26 所示)，因此，建模人员不必再为各语句安排顺序。

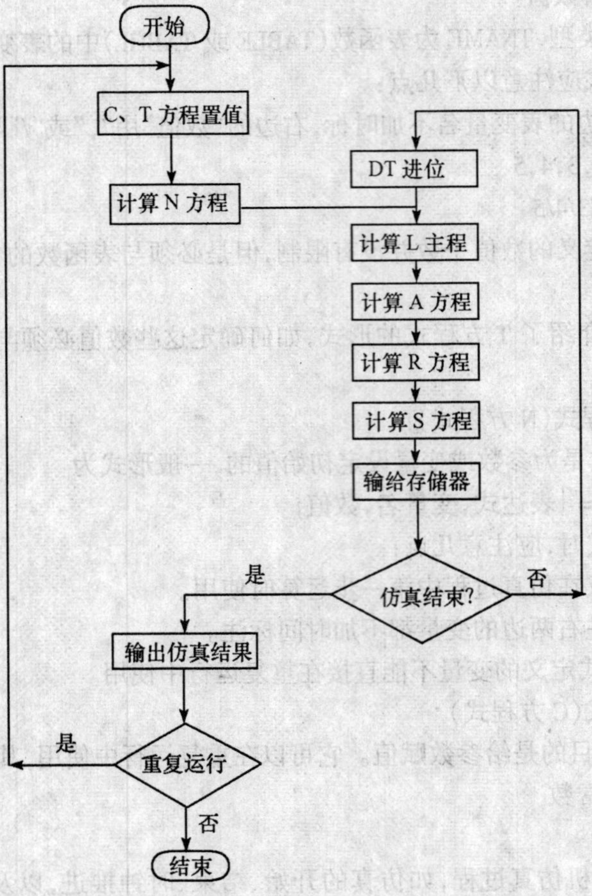

图 11－26　DYNAMO 仿真顺序

五、普通函数

在 DYNAMO 语言中，提供了各种功能的函数，以辅助用户构造 DYNAMO 模型和测试 DYNAMO 模型。这些函数可分为两大类，一类是普通函数，另一类是宏函数。在此，我们先介绍普通函数。

普通函数又可分为

数学函数：SIN(X)、COS(X)、EXP(X)、LOGN(X)、SQRT(X)

表函数：TABLE、TABHL

逻辑函数：CLIP、FIFGE、FIFZE、MAX、MIN、SWITCH

测试函数：NOISE、NORMRN、PULSE、RAMP、SAMPLE、STEP

1．数学函数

五个数学函数分别为 X 的正弦、余弦、指数、自然对数和平方根。

2．表函数

在 SD 建模过程中，有两种表函数，即 TABLE 和 TABHL。它与表方程(T 方程)配合使

用，T方程向表函数提供数据。表函数的形式为

TABLE(TNAME,X.K,N1,N2,N3)

和 TABHL(TNAME,X.K,N1,N2,N3)

其中，TNAME是表函数的表变量，其值由前面介绍的T方程给出。现将表函数的使用作如下说明：

① 数据表的给定与使用的表格函数种类无关，即无论是TABLE还是TABHL都由T方程给出数据表。

② 表函数中给出自变量的最小值、最大值、增量与数据表中数值个数应严格对应，否则会出错。若数据表中给出 n 个数据，则必须满足下列关系：

$$n = \frac{N2 - N1}{N3} + 1$$

③ 由于表方程式给出的值只是自变量一些离散点上的函数值，要求得自变量定义范围内任一点的函数值，通常采用插值方法。DYNAMO按线性插值方法计算表格函数的值。参见图11－27。

④ 如果自变量的值大于最大值N2，或者小于最小值N1，那么这时TABLE和TABHL才表现出不同点。因为TABLE的定义域严格限制在N1和N2之间，所以，自变量的值超出这个范围，DYNAMO立即报告错误信息。而TABHL采用了高低扩展，故超过范围时，DYNAMO将自动取端点值(图11－27)。

表函数的流图符号，如图11－28所示。

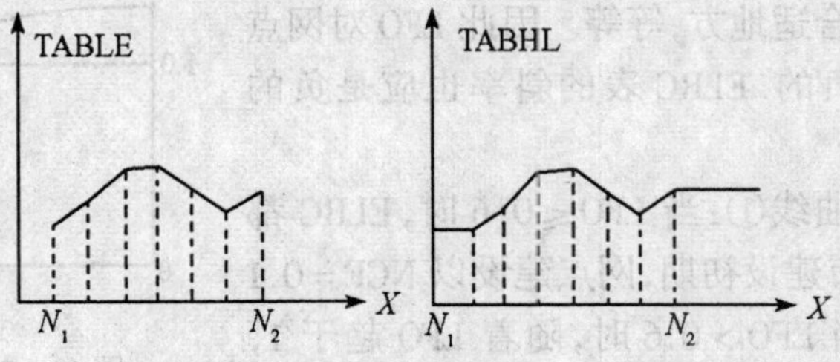

图11－27 表函数TABLE及TABHL

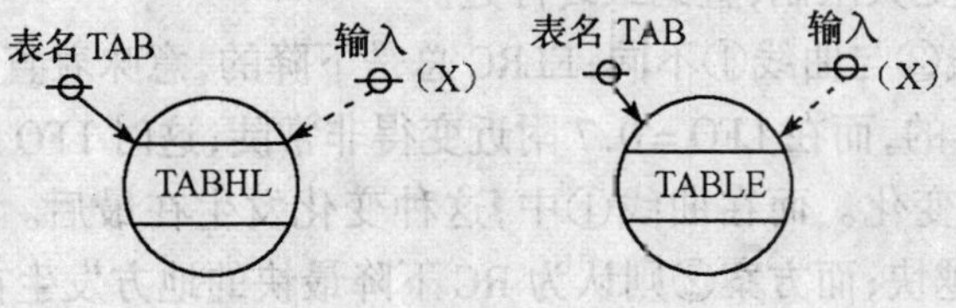

图11－28 表函数的流图符号

在系统动力学建模过程中表函数的构造或表方程的使用是辅助方程式建立过程中最富特色而难度又较大的内容，现特加以说明。

(1) TABLE函数的构造：表函数是DYNAMO模型中以图形方式处理复杂的、不能用代数表达式表达的非线性函数关系的一种有效方法。现以图11－15和图11－19给出的城市商业网点建设问题为例，说明如何从系统概念上构造有意义的表函数。

在此,考虑如何构造网点建设速度 RC 的方程式,我们用 NORM.K * EFFECT.K 的形式,写出决策方程式如下:

R　RC.KL = NCF * RB.K * ELRC.K

其中,RC 为网点建设速率(个/年),NCF 为正常建设增长比例(%/年),RB 为网点数(个),ELRC 为土地因素对网点建设的影响(无量纲)。

从图 11-19 可以看出,ELRC 作为辅助变量是占地比例 LFO 的函数,而这个函数关系只能用表函数来构造。

设 LFO 的值在 0 到 1 的范围内变化,0 表示城市还未建设商业网点,1 表示城市土地被占满,没有空间提供给网点建设。显然,当 LFO 趋向 1 时,ELRC 必为 0,即当土地用完时,新建网点就不可能了,直到旧网点被拆掉腾出新地方。因此,ELRC 表中的一个点应是(1,0)。

因为在 RC 的方程中,ELRC 是一个乘子,所以我们对 ELRC 为 1 时的 LFO 的值感兴趣。这些点是指无影响点,网点建设按正常建设速度进行,即由 NCF 的值确定,由此确定网点建设的正常条件。这里,设正常条件是 60%的网点用地被用完,即 LFO = 0.6。于是可从该地区城市建设的记录中找到城市发展历史在 LFO = 0.6 时,实际的网点建设速度数据,设 NCF = 0.1,这样又得到 ELRC 表中的另一个点(0.6,1),叫正常点。

此外,还要考虑两个重要因素,即表的斜率及形状。随着住宅用地越来越少,许多限制就会强加进来,商业网点建设需要统一规划并获得许可,地皮也越来越贵,甚至很难找到合适地方,等等。因此 LFO 对网点建设速度的影响是负的,ELRC 表的斜率也应是负的(图 11-29)。

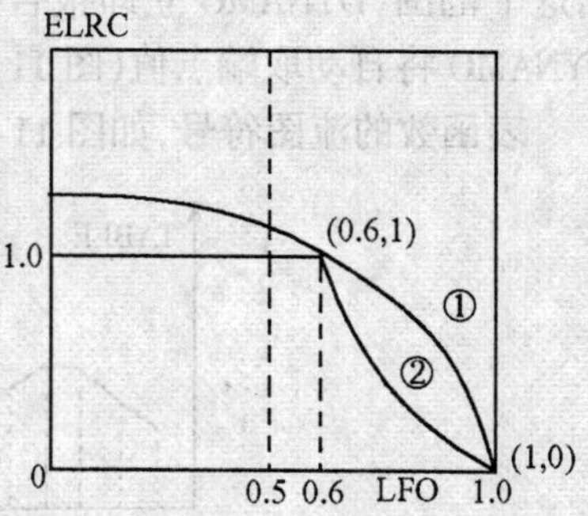

图 11-29　ELRC 的构造

图 11-29 中的曲线①:当 LFO≤0.6 时,ELRC 都是等于 1,说明在城市建设初期,网点建设以 NCF = 0.1 的比例持续增长。当 LFO > 0.6 时,随着 LFO 趋于 1,ELRC 急剧减小。这一段曲线的曲率意味着 LFO 的增加会引起建设速度的更大限制,直到最终停建。

图 11-29 中曲线②与曲线①不同:ELRC 总是下降的,意味着直到 LFO = 0.6,网点建设速度总是大于 NCF 的,而在 LFO = 0.7 附近变得非常陡,这时 LFO 的很小变化则会引起网点建设速度很大的变化。而在曲线①中,这种变化发生在最后。于是,方案①是随着 LFO 趋近 1,RC 下降越快;而方案②则认为 RC 下降最快的地方发生在 70%的网点用地被占用的时候。二者都在 LFO 达到 1 时停止建设,但方案②抑制得更快。实际上还可以给出更多的方案。这样,建模者应该选定最适合于自己对系统理解的那一个方案,然后写出 ELRC 的表示方程。假设,选择了曲线②,则大致可写出下面的方程:

A　ELRC.K = TABLE(TELRC,LFO.K,0,1,0,1)

T　TELRC = 1.3/1.28/1.25/1.22/1.18/1.1/1.7/.3/.1/0

这里,自变量 LFO 的采样间隔是 0.1,有 11 个采样点,其中精确而且意义明确的点只有两个,即(0.6,1)和(1,0)。

(2) TABHL 的构造——饱和现象：在表函数的构造中，可以找到两个明显的端点，自变量的值肯定在这两点之间。但是，在另一种情况下，自变量的值可能超出两个限定的端点。这时，就得用高低扩展的表函数(TABHL)来构造饱和形式的影响。

例如，在考虑企业的生产进度时，还应考虑期望生产进度 DOUT 的饱和影响：

R　PR.KL = NPROD * WF.K * EUTOT.K

其中：

PR 为生产进度(件/周)；

NPROD 为正常劳动生产率(件/人/周)；

WF 为劳动力人数(人)；

EUTOT 为期望生产进度的饱和影响(无量纲)。很明显，EUTOT 将构造为以 DOUT 为自变量的表函数。为了简化和方便，我们将 DOUT 规一化，即表函数的自变量为 DOUT.K/NPR.K，NPR 为正常生产进度(件/周)。

A　EUTOT.K = f(DOUT.K/NPR.K)

A　NPR.K = NPROD * WF.F

如果在不能过分延长或缩短工作时间的情况下，也就是期望生产进度在正常生产进度附近变化，那么不存在饱和影响。但是一旦期望过高或者过低，可能出现 EUTOT 不能随比例变化的情况，结果产生饱和影响。

按照 TABLE 函数同样的步骤，先确定 EUTOT 的斜率、形状和一些特殊点。显然，无影响点在(1,1)，即 DOUT/NPR = 1，EUTOT = 1，称正常状态。此外，EUTOT 表示一正影响，斜率为正。如图 11－30 所示，通过正常点(1,1)作一条 $Y = X$ 的参考线。参考线上的点满足 FUTOT = DOUT/NPR，意味着不考虑饱和影响，FUTOT 的影响就是使生产进度等于期望生产进度，符合下式：

PR = (NPROD * WF) * EUTOT

　= NPR * (DOUT/NPR)

　= DOUT

显然，这样一个表函数假定了过分延长或缩短工作时间，对生产进度没有影响，但实际上这种影响是存在的。例如，周工作时间不可能太长(如不能超过 60 小时/周)，但一般也不会少于一定的时间(如 35 小时/周)。当周工作时数超过 60 小时后，由于人的生理和精力的限制，期望生产进度终究会稳定在某一值，不再继续上升，因此，EUTOT 不能一直往上升；相反，周工作时数少于 35 小时时，则可能受到各种惩罚威胁而加快手脚，EUTOT 也不会一直下降。

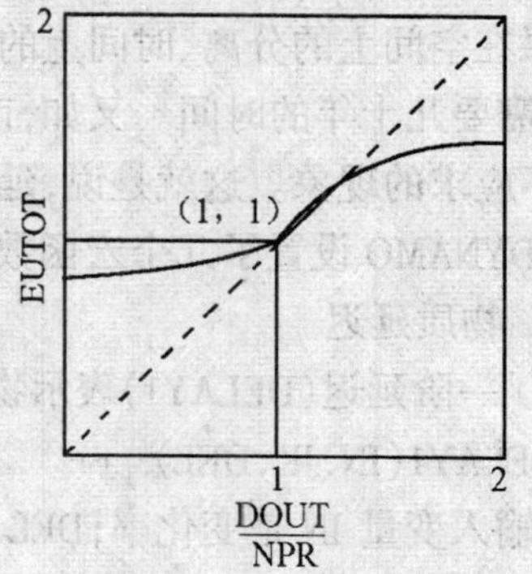

图 11－30　TABHL 的构造——饱和现象

如果企业允许的最大周工作时数为 50 小时，正常为 40 小时。则 50 小时的工作量表示一个比例 50/40，这样，EUTOT 的最大可能值为 1.25；同样，EUTOT 的最小值为 0.875(35/40)。因此，对于 DOUT/NPR 的值在 0.875 和 1.25 之间时，EUTOT

非常靠近参考线 Y = X，但超出这个范围，EUTOT 就会拉平，见图 11－30。表函数的 DYNAMO 方程式如下：

A　EUTOT.K = TABHL(TEUTOT,DOUT.K/NPR.K,.7,1.4,.1)

T　TEUTOT = .875/.89/.92/1/1.1/1.18/1.22/1.25

在一般情况下，最好使用 TABLE 函数，除非确认有饱和影响存在。

3. 逻辑函数

下面给出逻辑函数的功能：

$$\mathrm{MAX}(A,B)=\begin{cases}A & 若\ A\geqslant B\\ B & 若\ A<B\end{cases}$$

$$\mathrm{MIN}(A,B)=\begin{cases}A & 若\ A<B\\ B & 若\ A\geqslant B\end{cases}$$

$$\mathrm{CLIP}(A,B,X,Y)=\begin{cases}A & 若\ X\geqslant Y\\ B & 若\ X<Y\end{cases}$$

$$\mathrm{SWITCH}(A,B,X)=\begin{cases}A & 若\ X=0\\ B & 若\ X\neq 0\end{cases}$$

需要说明的是 CLIP 和 SWITCH 函数常用来作政策试验，一般不作为反馈结构的有效组成部分。另外，FIFGE、FIFZE 分别与 CLIP、SWITCH 的形式、功能完全相同，只是函数名不同。

4. 测试函数

与研究控制系统类似，DYNAMO 提供了一组测试函数，用以测试模型的目标跟踪能力、抗干扰能力等。它们是阶跃函数 STEP、脉冲函数 PULSE，斜坡函数 RAMP、采样函数 SAMPLE 及随机函数 NOISE 和 NORMRN，在此不作详细介绍，有兴趣读者可参阅[5]或相应的 DYNAMO 语言参考手册。

六、宏函数

在系统动力学中还有另一类函数——宏函数，它是系统动力学建模的重要内容。一个反馈系统的系统动力学模型描述了系统中各种重要的物质流和信息流，像流体流经管道一样，它们会出现延迟现象。例如，从订货到交货的延迟，从播种到收获的延迟，从病菌入侵到发病的延迟以及电学中 RC 电路中的过渡过程等。特别是在社会系统中，有原因与结果在空间上的分离、时间上的延迟。例如人口的控制问题，要想有效地控制人口的增长，则需要几十年的时间。又如，市场需求的变化不能立即影响生产的变化，因此常常造成供不应求的现象。这就是说，延迟是客观存在的。为了使建模人员能方便地处理延迟问题，DYNAMO 设置了几个宏函数。

1. 物质延迟

① 一阶延迟(DELAY1)表示物流的一阶指数延迟函数，形式为

DELAY1(IN.JK,DEL)

其中：输入变量 IN 是变化率；DEL 为平均延迟时间。

②三阶延迟(DELAY3)表示物质流的三阶指数延迟函数，其函数形式如下：

DELAY3(IN.JK,DEL)

其中：输入变量 IN 是变化率；DEL 为平均延迟时间。

③ 物质延迟的阶数。由以上的函数形式可以看出，延迟的阶数不同，就会产生不同的功能效果。下面是不同阶的延迟对于阶跃输入的响应，示于图 11－31。

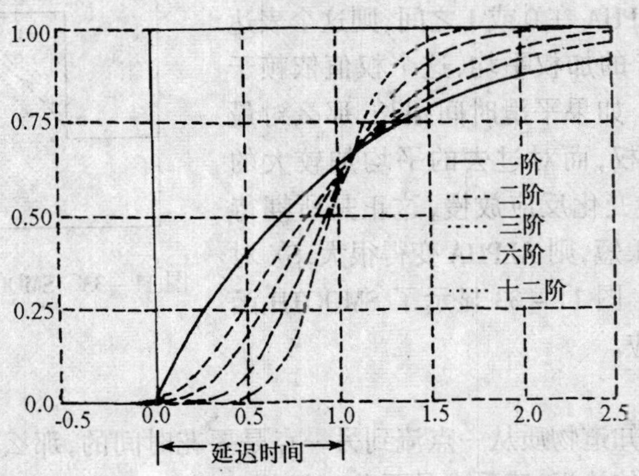

图 11－31　延迟函数的阶跃响应

2. 信息“平滑”函数(SMOOTH)

某一时刻的突然增长变化并不能代表一种永久性的趋势，以此作为决策依据。应当用足够的精力去研究数据，“平滑”一些随机影响之后，再确定其发展趋势。也就是说，必须考虑一段时间内变化平均值，所以 DYNAMO 专门设计了一种函数，这就是平滑函数 SMOOTH，它的使用形式为

SMOOTH(X,STT)

其中：X 是输入量，它可以是状态变量，变化率或辅助变量；

STT 为平滑时间，常为数值，但也可以为变量。

SMOOTH 函数的意义等价于下列 DYNAMO 方程：

L　SMOOTH.K = SMOOTH.J + (DT/STT) * (X.J − SMOOTH.J)

N　SMOOTH = X

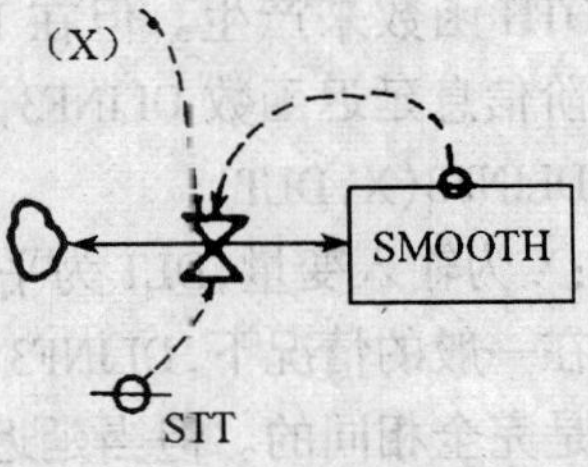

图 11－32　变量的一阶指数平滑

其流程图形式为图 11－32。

为什么 SMOOTH 函数可作为信息的平滑或者平均呢？实际上平滑可以写成一个加权的指数的平均的形式。例如：

A　SX.K = SMOOTH(X.K,STT)

从 SMOOTH 的定义即可知道：

SX.K = SX.J + (DT/STT) * (X.K − SX.J)

又可以写成：

$$SX.K = SX.J + \frac{DT}{STT}X.K - \frac{DT}{STT}SX.J$$

$$= \frac{DT}{STT}X.K + (1 - \frac{DT}{STT})SX.J$$

$$= ALPHA * X.K + (1 - ALPHA) * SX.J$$

其中 ALPHA = DT/STT,如果 STT 为常数,则 ALPHA 也是常数。如果 ALPHA 在 0 或 1 之间,则这个表达式就是 X.K 和 SX.J 的加权平均,这个权值依赖于平滑时间常数 STT。如果平滑时间很长,那么对最近输入量加较小的权,而对过去的平均加较大的权,使得 SX 对 X 的变化反应放慢,这正是所期待的。如果平滑时间很短,则 ALPHA 变得很大,SX 对 X 的变化反应加快。图 11 – 33 显示了 SMOOTH 函数对阶跃变化的响应。

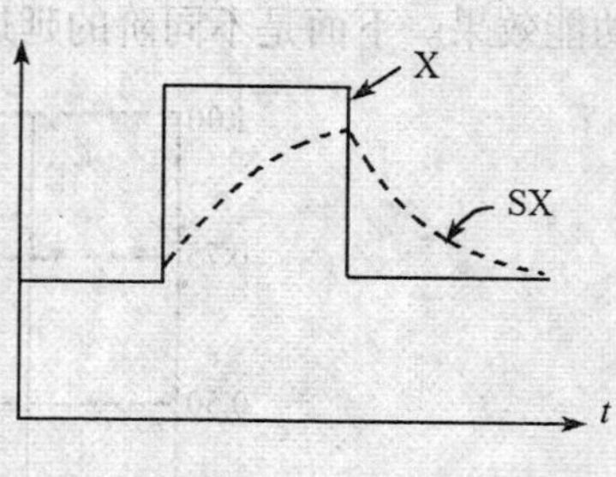

图 11 – 33　SMOOTH 函数之阶跃响应

3. 信息延迟

在实际系统中,知道物质从一点流到另一点是要花时间的,那么系统中的信息流呢?实际上,人们对信息的认识、感受也是要花时间的。例如,经济学家并不知道当天的国民经济生产总产值是多少;总经理也不一定知道某一分公司当天的销售额是多少。因此信息延迟也是系统中不可缺少的部分。和物质延迟一样,信息延迟也可分为一阶信息延迟和三阶信息延迟。在前面讲到的 SMOOTH 函数是信息平滑函数,本质上它的结果就是一阶信息延迟。例如,当系统的某个量增长时,其平滑值也增长,不过要滞后一段时间,如图 11 – 34 所示。因此,经常将 SMOOTH 函数作为一阶信息延迟函数使用。

对于高阶的信息延迟,则可以用多个一阶的 SMOOTH 函数来产生。但在 DYNAMO 中已经设计了三阶信息延迟函数 DLINF3,其函数形式为

DLINF3(X,DLT)

其中:X 为输入变量;DLT 为平均延迟时间。

在一般的情况下,DLINF3 的行为与 DELAY3 的行为是完全相同的。但当延迟时间为变量时,二者就不一样了,这时,应认真地区分物质延迟和信息延迟,然后再使用适当的函数。此外,注意的是:源自某一状态变量的流会减少状态变量的值,但信息流对状态变量的值没有多大影响。宏函数的流图符号如图 11 – 35 所示。

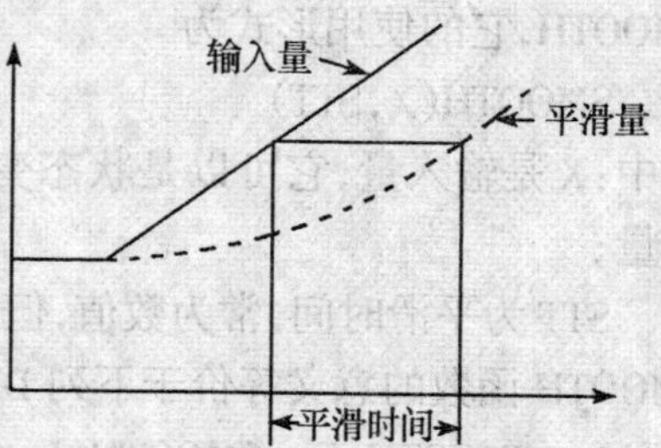

图 11 – 34　平滑函数(SMOOTH)作为一阶信息延迟

§11.4.4　模型实例

下面我们以库存控制系统为例,介绍一个完整的 DYNAMO 模型及其仿真结果输出。

企业或商业部门的库存控制是一个重要问题。库存部门在确定自己的采购、发货决策时,有一个较为复杂的过程。在 §11.4.2 节中,曾介绍了一个简单的库存控制系统例子(图 11 – 18)。在此基础上,我们增加了一些因素,主要考虑外来订货量(ORDERS)。这时采购进货策略主要依据平均订货量(SMSLS)以及仓库的库存量(INV)。在仓储部门发货量的确定上,也增加了一个信息反馈,它依赖于库存量和平均订货量之比。由于"在途货

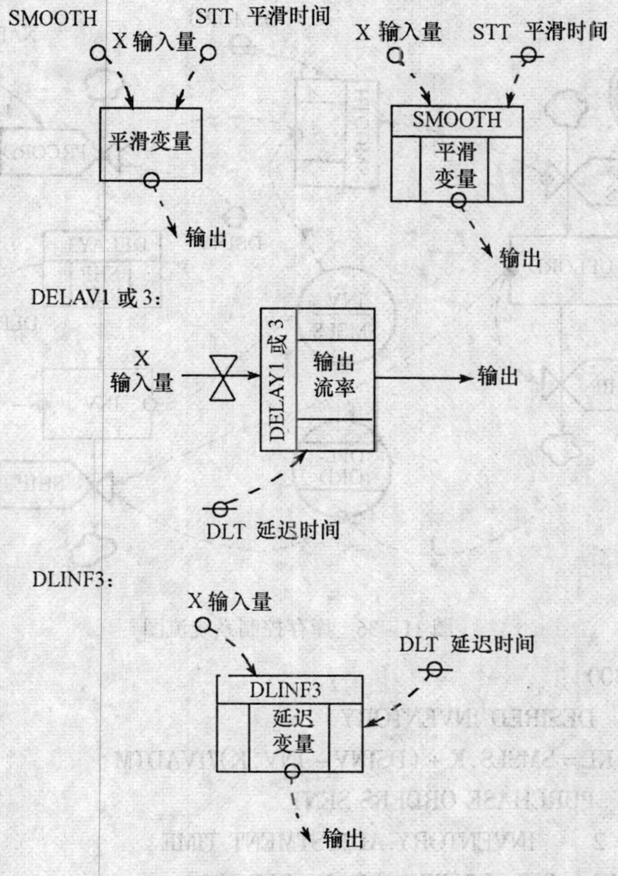

图 11－35　宏函数的流图符号表示

物量”,使得在仓储部门实际进货量 SHPRCD 与采购量 PRCORD 之间存在延迟 DELAY3。这样,改进的库存控制系统的流图如图 11－36 所示,其 DYNAMO 模型和程序如下清单。

```
*   INVENTORY   MANAGEMENT   SYSTEM
L   UFLORD.K = UFLORD.J + DT * (ORDERS.JK - SHIP.JK)
N   UFLORD = DFLORD * ORDERS
NOTE          UNFILLED ORDERS
R   SHIP.KL = UFLORD.K/DFLORD.K
NOTE          SHIPMENTS SENT
A   DFLORD.K = TABHL(TDFLOR,INV.K/SMSLS.K,4,12,4)
NOTE          DELAY FILLING ORDERS
T   TDFLOR = 1.5,1,.75
NOTE          TABLE OF DELAY FILLING ORDERS
A   SMSLS.K = SMOOTH(ORDERS.JK,DSMORD)
NOTE          SMOOTHED SALES
C   DSMORD = 2     DELAY SMOOTHING ORDERS
```

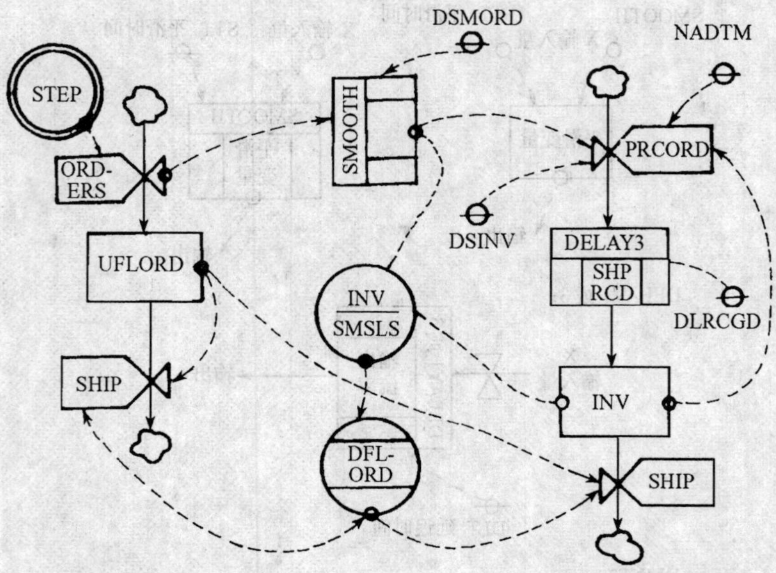

图 11-36　库存控制系统流图

```
C    DSINV = 300
NOTE            DESIRED INVENTORY
R    PRCORD.KL = SMSLS.K + (DSINV - INV.K)/IVADTM
NOTE            PURCHASE ORDERS SENT
C    IVADTM = 2        INVENTORY ADJUSTMENT TIME
R    SHPRCD.KL = DELAY3(PRCORD.JK, DLRCGD)
NOTE            SHIPMENTS RECEIVED
C    DLRCGD = 3
NOTE            DELAY IN RECEIVING GOODS
L    INV.K = INV.J + DT * (SHPRCD.JK - SHIP.JK)
N    INV = DSINV
NOTE            INVENTORY, ACTUAL
R    ORDERS.KL = BSORD + STEP(STH.STRT)
C    STRT = 2
C    STH = 10
NOTE            ORDERS RECEIVED
C    BSORD = 100       BASE ORDERS
PRINT   INV, UFLORD, ORDERS, SHIP, PRCORD, SHPRCD
PLOT    INV = I/UFLORD = U/ORDERS = R/SHIP = S, PRCORD = P,
X    SHPRCD = O/DFLORD = *(0,6)
SPEC    DT = .25/LENGTH = 25/PRTPER = 1/PLTPER = .5
OPT PR
```

RUN BASE

程序中:

UFLORD 为未满足的外来订货量(件);

ORDERS 为外来订货率(件/周);

SHIP 为供货率(件/周);

DSMORD 为平均订货延迟(周);

SMSLS 为平均供货率(件/周);

INV 为库存量(件);

SHPRCD 为进货量(件/周);

PRCORD 为采购量(件/周);

DLRCGD 为进货途中延迟(周);

DSINV 为期望库存量(件);

IVADTM 为库存调整时间(周);

DFLORD 为发货延迟(周)。

从上述 DYNAMO 程序,读者既可以体会到 DYNAMO 语言的语法特点,也可以从中体会到 DYNAMO 建模仿真的思路及特点,特别是有关方程式的构选、测试函数、表函数以及延迟函数的使用方式。对上述 DYNAMO 模型实施仿真,其数据表输出和图形打印输出分别见表 11-7 和图 11-37。

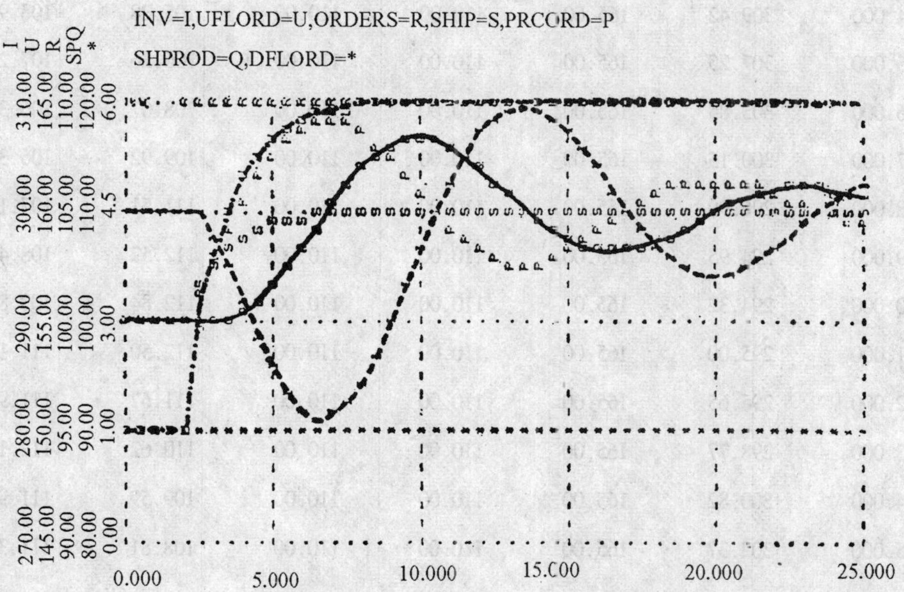

图 11-37 仿真结果曲线

表 11-7 仿真结果表格输出

INVENTORY MANAGEMENT SYSTEM

TIME E00	INV E00	UFLORD E00	ORDERS E00	SHIP E00	PRCORD E00	SHPRCD E00
0.000	300.00	150.00	100.00	100.00	100.00	100.00
1.000	300.00	150.00	100.00	100.00	100.00	100.00
2.000	300.00	150.00	100.00	100.00	100.00	100.00
3.000	297.77	157.77	110.00	105.18	105.25	100.02
4.000	291.89	161.51	110.00	107.67	110.62	100.75
5.000	285.76	163.32	110.00	108.88	105.10	103.06
6.000	281.86	164.19	110.00	109.46	117.89	106.63
7.000	281.39	164.61	110.00	109.74	118.61	110.58
8.000	284.36	164.81	110.00	109.87	117.41	113.96
9.000	289.86	164.91	110.00	109.94	114.83	116.08
10.000	296.47	164.96	110.00	109.97	111.63	116.65
11.000	302.69	164.98	110.00	109.99	108.58	115.75
12.000	307.29	164.99	110.00	109.99	106.31	113.79
13.000	309.57	165.00	110.00	110.00	105.19	111.31
14.000	309.42	165.00	110.00	110.00	105.28	108.99
15.000	307.25	165.00	110.00	110.00	106.36	107.23
16.000	303.85	165.00	110.00	110.00	108.07	106.34
17.000	300.15	165.00	110.00	110.00	109.92	106.38
18.000	296.99	165.00	110.00	110.00	111.51	107.19
19.000	294.95	165.00	110.00	110.00	112.52	108.48
20.000	294.32	165.00	110.00	110.00	112.84	109.89
21.000	295.00	165.00	110.00	110.00	112.50	111.11
22.000	296.65	165.00	110.00	110.00	111.67	111.91
23.000	298.77	165.00	110.00	110.00	110.62	112.17
24.000	300.82	165.00	110.00	110.00	109.59	111.92
25.000	302.37	165.00	110.00	110.00	108.81	111.30

习题·思考题

1. 什么是系统仿真？系统仿真有何优缺点？
2. 说明四阶龙格－库塔方法及其仿真实现流程。
3. 名词解释

   随机离散事件、离散事件系统、离散事件仿真、未来事件表、连续系统、离散系统。
4. 试述离散事件仿真的仿真时钟推进方式。
5. 试述离散事件仿真的过程与仿真机制。
6. 什么是系统动力学？其建模仿真步骤是什么？
7. 试构造一个问题的因果反馈结构(要求正、负反馈回路各不少于 2 个)。
8. DYNAMO 模型由哪些语句组成？
9. 举例说明各种延迟函数。

第十二章　系统理论基础

在第一章§1.3中已经提到,系统科学是一门从总体上研究(复杂)系统共同运动规律的学科,探讨系统分析的方法和系统逻辑的具体应用。系统理论在系统科学中属于基础科学层次,是系统工程的理论基础之一。因此,从事系统科学、系统工程、管理科学、管理工程及其相关学科的教学、科研人员和组织管理者都应该学习和了解一点系统理论的基本内容,帮助指导自己的工程管理实践。

§12.1　系统理论及其学派

§12.1.1　一般系统论的发展

作为不同科学思想的实例,回顾一下18世纪物理学与生物学的情形。理论物理学首先得到了发展,牢固建立了力学的数学基础,无论从理论的严密性或实证角度看,力学的完备性都不亚于几何学。相反,生物学则处在完全描述性阶段,依靠试验和归纳法,生命的本质最终是由超自然的活力所主宰,很少有人用物理学解释生命现象。物理学与生物学之间存在一条鸿沟。生物学中一些提法,如机体、生存、再生、发展、进化、行为、衰老、死亡等,在物理学的研究中是没有地位的。

力学是物理学中最早成熟起来的一个分支。到了19世纪中叶,由于热力学定律的发现和化学的进展,使得物理学与生物学相隔绝的状态起了变化,生物学者开始用物理、化学原理研究生命现象。结果发现,生命现象与发生在无生命事物中的过程并没有本质的区别,物质、能量守恒定律同样支配生物界。将化学现象简化为物理过程所取得的成功,使得很多人认为,将生理现象简化为化学和物理过程是很自然的和有意义的。但是,生物体内存在的活力,是根本不同于物理、化学的力,活力支配生物的有目的运动,生物机体所表现的等终极性与多途径是力学规律的因果论和决定论无法解释的,热力学第二定律也解释不了生命活动的有序现象。正是这种困惑驱使贝塔朗菲在1925~1926年建立一般系统论的早期框架,提出了生物学的机体概念;并在1928年出版的《现代发展论》和1932年出版的《理论生物学》等著作中进行全面总结,由生物学的机体概念发展成生物学的一般理论,进而合乎逻辑地发展为机体系统论即一般系统论。1937年在芝加哥大学的哲学研讨班上,贝塔朗菲首次提出一般系统论,并在1945年正式公开发表。

贝塔朗菲强调指出:化学反应中存在封闭系统与开放系统的区别。对于封闭系统,满足物质守恒定律,达到平衡态后,物质的相对浓度只与反应物的初始浓度有关,系统的终态只取决于初始条件;对于开放系统,要考虑系统与环境间的相互作用,系统处在稳态下的物质浓度与初始条件无关。而且,当稳态受到干扰时,例如加入或者移走某一数量的反应物,系统将重建稳态。对实验观察者来说,系统显示等终极性以及维持稳态的倾向性,这就是系统追求目的性。贝塔朗菲发现的具有等终极性系统原来就是开放系统,而古典热力学并不研究开放系统。从本来意义讲,一般系统论的"一般",是指比较古典热力学的封闭系统而言,开放系统是更一般的系统,前者是后者的特例。贝塔朗菲建立一般系统论是能够适合机体组织的一切层次的系统理论。适合于一切层次上的一般系统论之所以成立,是因为不同系统间有同构现象。

20世纪40年代以来,科学技术取得了巨大进步,出现了研制计算机、导弹和宇宙飞船这样的大科学、大工程。另外,第二次世界大战的爆发,也促使了系统研究各分支的发展,出现了控制论,运筹学、信息论等学科,并在指导工程技术进步中发挥了巨大作用。在这种情况下,以研究生命机体起家,并以寻求机体一切层次的一般理论为宗旨的一般系统论,很自然地受到了很大的鼓舞与推动。1954年,贝塔朗菲等人建立了一般系统论学会(1956年改名为一般系统研究学会),出版一般系统年鉴。1968年,贝塔朗菲在广泛吸取系统工程、系统科学的现代成就基础上,出版了《一般系统论:基础、发展、应用》,全面总结了他一生建立并发展的一般系统论的基本要点。

一般系统论与系统科学其他分支的关系十分密切,互相促进。一般系统论对于系统思想的发展贡献较大,而在定量的具体成果方面虚多实少,不如控制论、运筹学等学科深入、具体。对于以生命活动为特征的复杂系统,过去是以定性研究为标志,像生物学、生态学、行为科学、组织管理科学、社会学等,一般系统论得到了广泛的应用。贝塔朗菲在总结系统研究蓬勃发展的情形时指出:"……我们将被迫在知识的一切领域中面对复杂性、整体性、或者系统性,这将是对整个科学思想的一个根本改造。"

§12.1.2 沿开放系统理论发展

普里高津(I. Prigogine)和由他领导的布鲁塞尔学派,从研究非平衡热力学出发,经过几十年的工作,建立了耗散结构学说。普里高津从线性非平衡热力学研究开始。所谓线性非平衡是指平衡态附近的非平衡区域中,流(热流、质量流等)和力(温度、浓度梯度等)的关系,可用线性关系近似描述。线性非平衡热力学以昂塞格的"倒易关系"和最小熵产生原理作为理论基础,发现这个区域内的基本特征是趋向平衡,不可能形成有序的稳定结构。系统只能在非线性区域、远离平衡的条件下,才能呈现新的结构。因此,普里高津强调"非平衡是有序的起源",耗散结构只能通过连续的物质和能量流来维持。这样,耗散结构成为普里高津发展开放系统论的重要具体成果。

热力学提供了从宏观研究问题的方法,而统计力学提供了从微观过渡到宏观的理论,哈肯(H. Haken)正是用这样的观点研究系统行为。宇宙间许多千差万别的事物之间,存在着惊人的相似。基于这个事实,哈肯研究了系统从无序向有序转变的一般规律和特征,特别是研究有序结构的自组织原理。所有系统均可分为若干子系统,子系统的类型是任意的,可以是原子、分子、细胞、动物、植物,也可以是机器的部件、工厂的车间等等。由于子系统间互相协同(合作)通常表现出有目的性,这种合作导致宏观的空间或时间有序结构,研究这种有序结构自组织过程的共同规律,哈肯建立了协同学。在建立协同学的努力中,哈肯广泛应用了概率论、信息论、控制论的有关知识,还得益于汤姆(R. Thom)的突变论。因此,协同学是综合了现代科学的多方面成就的产物,也是一般系统论关于开放系统论的深入研究和新的发展。

一般系统论来源于生物学的研究,正是这个低熵趋势,使得研究复杂系统的理论物理学者普里高津、哈肯,理论生物学者贝塔朗菲和控制论的创始人维纳走到一起来了,不能认为这是偶然的。开放系统与低熵将是一般系统论、控制论和理论物理学关于复杂系统研究的发展和相互交叉的重要核心。

§12.1.3 形式系统和系统哲学

发展一般系统论的趋向中,另一个有代表性的主张是:认为只有脱离专业的具体内容,完全数学形式化的理论,才是最一般的系统理论。处在最高层次的是抽象系统的数学理论,一般系统的数学理论是一般系统论发展中一个活跃领域,出现了好多不同的分支和方法。

曼萨洛维克(Mesarovic, M.D)方法的特点是采用抽象的公理方法。一般系统定义为抽象集合族上的任一关系。曼萨洛维克将系统变量分为输入和输出两类,并用刻画一般系统的行为方法,研究了抽象系统的形式表现,进而讨论状态空间存在定理、最小维数状态空间、动态系统的因果性、线性系统的实现、可控性和稳定性等问题。

吴莫尔(Wymore, A.W)提出的系统论,将离散自动机和由微分方程描述的系统论归结为一体。系统的定义建立在状态转移结构基础上,这样一来,它和有限自动机(莫尔机或米勒机,K次有限自动机)的定义十分相似,并将后者推广到既不要求有限状态数,又不限于有限个输入数的连续函数。这种理论适应于同时包含连续和离散变量的混合系统,并适合于定义在无限集合上的系统。此外,还引用系统同态(把系统同构作为特例)的概念,推导出建模与仿真的原则。

无论曼萨洛维克和吴莫尔方法都属于演泽法,他们从公理出发定义系统。相反,克立尔(Klir,G.J.)采用归纳法。他在定义系统之前,先识别系统的特征。这种识别来源于对不同学科领域,如自然科学、社会科学、工程、数学等的研究。据此,克立尔建立了五种基本定义,由此构成系统定义的系列,系列中每一个定义相应于系统类问题的一个特殊类;同时,将系统特征区分为初级和次级特征,初级特征是由问题给出,次级特征是问题的一个等价类。因此,系统定义划分系统类问题,并为一般系统方法提供广泛基础。

形式系统论发展的一个重要倾向是建立元理论,它能起到统一不同方法的作用。劳夫格伦(Lofgren, L)提出一般系统有关元理论的若干方面。他强调就一般和特殊方面形式理论的意义,并采用数学逻辑和可计算性理论,研究了理论的可交流性、句法信息和将一种理论简化还原为另一种理论的可能性。劳夫格伦还就某些新近研究的系统,例如学习系统、自再生系统和演化系统的推演进行了探讨。劳夫格伦是一般系统公式化的积极鼓吹者,他认为,凡是能够有效地解释的事物都能够公式化。

一般系统论和任一范围比较广泛的科学理论一样,具有哲学方面的性质。按库恩(Kuhn, T)的提法,系统的概念是一种新的规范。贝塔朗菲认为,系统观是新的自然界的哲学,是把世界看作一个巨大组织的机体主义观点,这完全区别于把世界看作被盲目法则统治的机械论观点。

原苏联的学者倾向于把一般系统论作为唯物辩证法和各门专业学科之间的一个中介,完成一定的方法论的功能。例如,在乌约莫尔(А. И. уемов)的著作《系统方式和一般系统论》中,把一般系统论看作是辩证法具体的哲学基础。建立用数学形式化语言描述的参量型一般系统论,进而揭示出一般系统的若干规律,并把这种方法应用于国民经济。乌约莫夫认为:贝塔朗菲的一般系统论是以系统同构原理为基础,本质上属于类比型一般系统论,而他自己的是参量型一般系统论。

§12.1.4 复杂适应系统(CAS)理论

近十多年来,系统理论特别是复杂系统理论、复杂性科学的研究取得了很大进展。以美国桑塔费(Santa Fe)学派为首的关于复杂性科学的研究,给系统科学提出了新的课题,也充实了系统理论的研究内容。它出版了名为《复杂性》的杂志,每年有近百篇论文、十几部专著问世,通过 Internet 网与全世界上百个研究机构保持着经常的交流。桑塔费研究院(SFI)出版的专著有《隐藏的秩序》(Hidden Order, J. Holland)、《复杂》(Complexification, J. Casti)、《突现》(Emergence, J. Holland)等。

复杂适应系统理论的基本思想是:复杂性起源于其中的个体(Active Agent)的适应性,正是这些个体与环境以及其他个体的相互作用,不断改变着它们自身,同时也改变着环境。整个 CAS 的演化和发展变化就是以这样的机制为基础的。SFI 就是基于这种“适应产生复杂性”的思想,发展了一套新颖的思路与方法,建立了软件平台 SWARM。他们的目标是建立能够处理复杂性的理论,主要手段是计算机模拟。虽然当前关于复杂性科学的研究还带有浓厚的传统学科的痕迹,如生物中的形态发生、自催化过程、神经系统的工作原理等,但是,也的确推广和发展了关于系统研究的一般方法。他们发展的演化经济学已纳入主流经济学中,他们提出的“混沌边缘”概念和复杂性来自混沌边缘的观点,关于处理复杂系统问题的 AN(自动机网络)方法,都很有价值。在这里,要特别提到复杂适应系统理论(CAS),它是人类对于系统和复杂性的长期认识发展过程的自然延伸,是系统科学近年来的新发展。就对系统和复杂性的认识而言,近代科学在强调分析法的时候,在相当程度上忽视了整体、动态、层次、演化等重要思想和概念,形成了“只见树木、不见森林”的偏颇。复杂性科学的研究,特别是荷兰德(J. Holland)教授在他提出的遗传算法(Genetic Algorithm)基础上,建立了 CAS 模型,用以模拟和研究一般的复杂适应系统的行为,提出了关于复杂适应系统的比较完整的理论。把系统中的成员称为具有适应性的主体(Adaptive Agent,简称为主体),Agent 这个词本来是经济学中的用语,表示代理人或代理商的意思。在这里,主体是主动的、活的实体,主体与环境(包括主体之间)的相互作用,使得个体的变化成为整个系统的变化的基础和系统演变和进化的主要动力。所谓具有适应性,就是指它能够与环境以及其它主体进行交流,在这种交流的过程中“学习”或“积累经验”,并且根据学到的经验改变自身的结构和行为方式。因此,他的关于系统适应性的研究、自组织的探讨以及人工生命的研究,对系统生长、演化的贡献,都直接推动了对系统科学中一些基本问题的研究。这一点正是 CAS 和其他建模方法的区别所在,使得它能够用于经济、社会、生态等其它方法难于应用的领域。

荷兰德根据以往研究遗传算法和系统模拟的经验,提出了个体在适应和演化过程中特别要注意的七个要素：聚集（aggregation）、非线性（non-linearity）、流（flows）、多样性（diversity）、标识（tag）、内部模型（internal models）、构筑块（building blocks）等。在这七个要素中，前四个是个体的某种属性，它们将在适应和进化中发挥作用，而后三个则是个体与环境进行交流时的机制和有关概念。这些概念都是紧紧依赖于各种领域中的实例，而不是脱离实际的。在这些概念的基础上，荷兰德分三步建立了主体的模型：(1) 建立行为系统的模型（Performance system）；(2)确立信用确认的机制（Credit assignment）；(3)提供发现规则的手段（Rule discovery）。SFI 的研究人员基于荷兰德的模型，建立了相应的建模工具——SWARM 平台。

§12.1.5 开放的复杂巨系统理论

近年来，钱学森大力倡导的开放的复杂巨系统理论，代表着系统科学前沿的一个新领域，属于系统科学与思维科学、信息科学、社会科学、地理科学等的交叉领域。

系统按规模大小有小系统、大系统和巨系统之分，按行为性质有简单系统和复杂系统之分。早期系统科学只研究少数几个、十几个基本单元的小系统。60 年代提出大系统的概念，系统的组分为几十个、几百个或上千个。系统规模的增大引起了系统性质的变化，增加了理论分析和工程处理的困难，于是发展和建立了大系统理论。70 年代以来，系统科学界对规模大小影响系统性质这一点有了更深入的认识，开始考虑比一般大系统规模更大的系统问题。钱学森在应用系统理论解决社会经济问题的探索中，提出了巨系统（giant system）概念，巨系统的组分一般为几万个、上亿个甚至万亿个。这种划分当然也是模糊的。他在论述社会经济系统工程时指出："这不只是大系统，而是巨系统，是包括整个社会的系统"。贝塔朗菲、普利高津、哈肯等人的自组织理论研究的也是巨系统，像贝纳德流、激光器之类的物质系统，包含的微观组分数在 10^{23} 数量级，是典型的巨系统。此外，人的大脑、人的躯体、人类生存的地理环境以至整个宇宙都是巨系统。但是，应该指出：系统的内在规定性不仅由单元决定而且由结构决定。单元之间、子系统之间的相互作用可能单纯，也可能复杂多样。即使单元和子系统的数目巨大，只要相互作用单纯，系统的结构和行为就不会复杂，这类系统称为简单巨系统。相反，如果相互作用复杂多样，除单元层次和系统层次外，还有大量的中间层次，这类系统称为复杂巨系统。

完整的系统规定性还应包括外部环境对系统的制约和影响。系统处在怎样的环境中，环境是否复杂，系统开放的方式和程度，系统与环境的相互作用，都直接影响或规定着系统的复杂性。开放系统理论是一般系统论的主要支柱之一，是自组织产生和维持的必要条件。一个系统从封闭转向开放，必定增加其复杂性。中国的改革开放就是一个典型例子。基于这一点，钱学森进一步提出了开放的复杂巨系统概念，特别强调社会系统中组分及子系统与外部环境交换信息，通过开放获取信息，不断进化，这对于认识和处理复杂巨系统问题很有价值。就目前的认识水平看，开放的复杂巨系统主要有六种：大脑系统、人体系统、社会系统、生物圈系统、地理系统和宇宙系统。这些系统都可以从不同角度划分子系统。原则上讲，与母系统同维的子系统也是开放的复杂巨系统，例如，在社会系统中，经济、政治、文化、军事子系统都是开放的复杂巨系统。

§12.1.6　系统理论的未来发展

复杂系统理论、复杂性科学和系统科学的研究将提出许多新的观念、理论、方法,形成比较完整的框架体系。在这个新的框架体系中,什么是复杂性?它从何而来?人类怎样处理复杂性?复杂性研究的内容是什么?我们从事复杂性研究的目的是什么?这些根本性的问题。将会有科学的解答。因此,系统科学的研究的重点将放到开放的复杂巨系统上。另一方面把这种想法用于自然科学与社会科学的许多领域,将取得引人注目的成就,但仍还有许多方面的研究工作要做:

1. 复杂系统的一般性质和行为规律。特别是复杂系统演化规律的研究,复杂系统研究的方法论,包括非线性动力系统、不确定性、突变、分岔、混沌、突现、稳定性等的概念和规律等。

2. 复杂系统的建模和描述方法。如面向对象的方法,形式化模型,数学模型,多主体交互作用的方法等。

3. 复杂性科学应用研究。例如金融系统的复杂性、社会经济系统的复杂性、生物系统的复杂性、资源环境系统的复杂性等。

4. 复杂性科学理论研究。除金融、社会、经济、生物、资源、环境系统的复杂性应用研究外,还有复杂系统的演化、多尺度效应、复杂系统研究的方法论研究等。

5. 复杂系统的模拟与行为预测。这主要是用计算机模拟的方法进行试验和分析,这方面的工作往往与计算机技术结合在一起,如计算机模拟模型,演化计算等。

6. 特定类型的复杂系统的研究。例如经济系统、社会系统、生态系统、军事系统等。这方面的工作往往和具体的应用研究结合在一起。

7. 复杂适应系统的研究。在提出复杂适应系统(CAS)的概念和方法的基础上,使关于复杂适应系统的研究进入更加实际、可操作的阶段。

8. 对系统生长、演化的自组织以及人工生命进行深入研究,建立适应社会、经济、生态、军事等系统的自创性、自适应、自复制、自瓦解的理论体系。

9. 在开放的复杂巨系统概念的基础上,建立开放的复杂巨系统方法论,结合具体应用,实现真正意义上的定性与定量相结合的综合集成,如建立国防系统分析研讨厅和社会经济系统分析研讨厅。

10. 系统科学与人工智能的相互交叉,把开放的复杂巨系统概念引入人工智能领域,开辟 AI 研究的新思路,建立人—机结合的智能系统,探索信息工程中的复杂性问题,如具有集成型模式识别和智能控制的系统。

11. 有关的工具和软件的研究。由于这方面的大量需求,国外已有一些研究单位在这方面提供了较好的平台。

12. 有关的一些哲学或理论问题的研究。例如认识的界限问题,复杂性这个概念是本体论概念还是认识论概念等。

13. 建立适合所有层次的一般系统的数学理论,对一般系统的层次结构进行统一的描述。

14. 对一般系统论、耗散结构、协同学等广泛学科成就进行全面总结后,建立系统科学的基础理论——系统学。

§12.2 系统理论的基本概念

§12.2.1 牛顿时间与柏格森时间

关于开放和封闭系统的定义在第一章绪论中已经给出。环境处在系统外部,是包围系统的其他所有单元的集合体。按照系统与环境间的相互关系,可将系统分开为开放与封闭两类。对应开放和封闭这两类系统,存在两种不同的时间概念,即牛顿时间和柏格森时间。我们通过例子来说明这两种时间所对应的系统内涵。

牛顿力学方程如下:

$$F = m\frac{\mathrm{d}^2 r}{\mathrm{d}t^2} \tag{12.2.1}$$

式中 m 为质点的质量,F 为作用力,r 代表空间距离向量。这个方程描述质量为 m 的质点,在力 F 作用下位置变化的规律。如果式(12.2.1)中把时间符号 t 用 $-t$ 去代换,这个方程不变。牛顿方程时间反演对称,即当我们交换过去和未来,定律的形式不发生变化。

根据牛顿方程,如果存在图 12-1 中 a 的运动,那么必然同样可以实现图 12-1 中 b 的运动。换句话说,牛顿方程的时间是可逆的,“时间箭头”没有意义。可逆时间还适用于量子力学和相对论。时间从本质上讲只是描述可逆运动的一个几何参数。与此相对立,有些事物的运动,时间具有方向性,例如一根与外界绝热的金属棒,如果初始时刻棒上温度不均匀(如图 12-2 所示),随着时间的推移,高温部分将把热量传给低温部分,最后达到棒上温度均匀分布为止(参见图 12-3)。一旦达到了均匀分布,棒上温度的分布永远不会自发地回到图 12-2 的状态。对于图 12-2 和图 12-3 的热传导过程,可以用傅立叶方程描述:

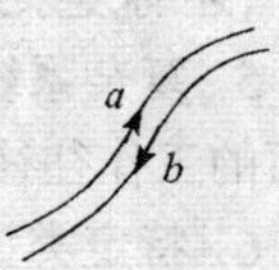

图 12-1 牛顿方程的可逆轨迹

$$\frac{\partial T(x,t)}{\partial t} = -\lambda\frac{\partial^2 T(x,t)}{\partial x^2} \tag{12.2.2}$$

式中,$T(x,t)$代表 t 时刻距原点 x 处的温度,λ 为热传导系数,它总是正值。

对式(12.2.2)进行时间反演,即用 $-t$ 去代换 t,原方程变号,过程对于时间反演不对称,“时间箭头”有意义,这就是不可逆时间。时间箭头是关系到事物发展方向的大问题。热力学第二定律是熵增大原理,照此定义,事物朝均匀化、无序化即熵增大方向发展。克劳修斯把这一理论推广到宇宙,得出“宇宙热寂”的结论。然而在有生命的世界,按照达尔文的进化论,情况却截然相反。

两种时间:可逆与不可逆时间;两种时间箭头:朝有序或无序发展。这是 19 世纪科学遗留下的矛盾。这一困惑吸引了许多不同学科的学者。1948 年,维纳建立了控制论。他写的控制论第一章就是牛顿时间与柏格森时间,这表示构成控制论基础的时间概念是何等重要。经典物理学是被可逆和重复的牛顿时间所支配。柏格森强调指出:“物理学时间和进化论及生物学时间不同,前者是可逆的,其中没有新生事物出现;后者不是可逆的,不

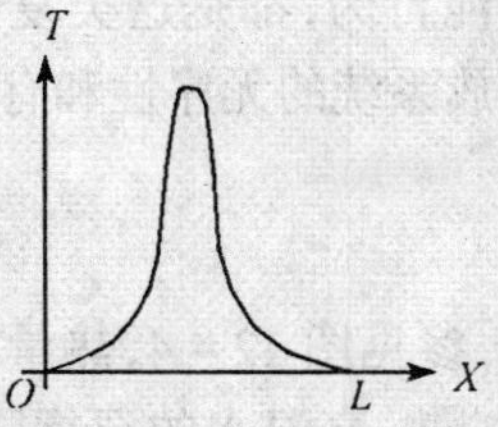

图 12-2　棒上初始不均匀温度分布

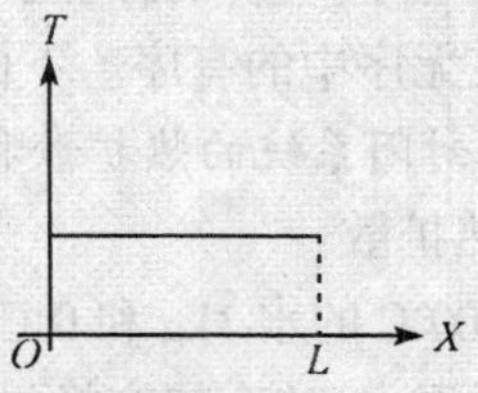

图 12-3　棒上均匀的温度分布

断出现新生事物。"生物系统积聚能量,而不是仅仅消耗能量;是创造差别,而不是趋向均匀化;是建立秩序、结构和组织,而不是造成混乱、衰退和无组织。低熵趋势是生命机体的一个特征。奥地利理论生物学家冯·贝塔朗菲提出的开放系统论,熵增大原理只适合封闭系统;对于开放系统,出现有序稳定结构是可能的,并指出开放系统的特征是系统具有"持续的做功本领"。普里高津说过,他一生都在研究时间,并在 1969 年建立了耗散结构理论,1971 年哈肯建立了协同学,他们都为复杂系统的理论研究作出了贡献。此外,突变论,微分动力学系统和混沌从数学领域对复杂系统展开研究。

§12.2.2　有序和无序

一、系统的秩序

系统的秩序,包括有序和无序,是刻画系统形态特征的重要参量。关于有序和无序至今没有精确而普适的定义。一些系统理论学者从物理学引入对称破缺概念,把有序定义为破缺了的对称性,能否推广到一般系统,尚待研究。我们采用不太严格的说法,把有序理解为事物之间规则的相互联系,把无序理解为事物之间无规的相互联系,没有相互联系的事物群体不是系统,不存在秩序性问题。

系统的有序性首先指结构的有序性。组分之间的联系方式可能是规则的、确定的,也可能是不规则、不确定的。简单有序指组分在空间分布上的规则排列或时间上的规则变化,如晶体点阵或周期运动。简单无序指组分在空间分布上的无规则堆积或时间上的任意变化,如垃圾堆或随机运动。无论是简单有序还是简单无序,都可以用对称破缺概念来进行数学描述。

系统的有序性还表现于行为的有序和功能的有序。系统的行为与功能是作为过程而展开的,包括多个阶段、步骤、程序等,需要有序地协调安排,以求行为和功能的优化。行为和功能直接表现的是系统与环境的相互联系,联系方式有规则的与不规则的、较强的规则性与较弱的规则性的区别,但更多地取决于系统内部联系,即结构的有序或无序、高序或低序。

纯粹的有序或无序只是理论抽象,真实系统的有序和无序是相对的,它们相比较而存在,相排斥而演变。晶体的有序排列中总有缺陷,如地月系统的周期运动存在非周期摄动,成熟的法制社会也免不了违法现象。另一方面,所谓杂乱无章的堆积物也有某种规则联系,随机运动存在统计确定性,也是一种有序结构。至于复杂系统,有序与无序总是相伴而生,彼此都有明显的表现,表面的无序掩盖着丰富多彩的精细结构,因而是一种复杂的高级的有序。空间排列上的分形结构，时间演化中的混沌行为，都是这类复杂的有序——嵌在无序中的有序。下面将通过例子来说明封闭和开放系统的无序性和有序性。

二、封闭系统的热扩散和物扩散

1．热扩散

将 100℃ 的水 1kg 和 0℃ 的水 1kg，在隔热容器中混合，参见图 12－4，热量将从高温水流向低温水，这个热交换过程可称为“热扩散”。经过热扩散，高温水的温度降低，低温水的温度升高，最后两者达到相同的温度，系统至少在宏观上变成完全均匀的。但在自然界决不会观察到相反的过程，也就是说均匀化了的中等温度的水决不会再分开为高温与低温的两部分。只能向着唯一方向进行的过程，称为不可逆过程。

经过热扩散，最终到达的均匀温度的状态，叫作平衡状态，按日本学者槌田敦的提法这个状态也叫“热死”。

现在计算一下热扩散过程中熵的变化。计算公式如下：

$$dQ = mc\,dT \qquad (12.2.3)$$

图 12－4　不可逆的热扩散

熵变化

$$\Delta S = \int_{T_1}^{T_2} dS = \int_{T_1}^{T_2} \frac{dQ}{T} = mc\ln\frac{T_2}{T_1} \qquad (12.2.4)$$

式中 m 为质量，c 为比热，Q 为热交换的热量，T 为绝对温度，S 为熵。

设混合后的水的均匀温度为 50℃，则图 12－4(a) 中未混合前的熵为 100℃ 水和 0℃ 水的熵之和，设 $S_{0℃}=0$，100℃ 的水，其熵为

$$S_{100℃} = 1000 \times 1 \times \ln\frac{373}{273} \approx 1305(\mathrm{J/K})$$

故总熵为

$$S_a = S_{100℃} + S_{0℃} = 1305 + 0 = 1305(\mathrm{J/K})$$

混合后为 50℃ 的 2kg 水(图 12－4(b))，其熵为

$$S_b = 200 \times 1 \times \ln\frac{323}{273} \approx 1406(\mathrm{J/K})$$

热扩散过程中熵增大，其增量为

$$\Delta S = S_b - S_a = 1406 - 1305 = 101(\mathrm{J/K})$$

热力学第二定律阐述的是熵增大原理，这个定律规定 $\Delta S \geqslant 0$. 根据 $S(t) = S(t_0) + \Delta S$，$S(t)$ 随时间增大，但 $S(t)$ 也不会无限增大，当 $S(t)$ 极大时，$\Delta S = 0$，这就是平衡状态或叫“热死”。

2．物扩散

现在研究图 12－5 的例子，一个与外界隔绝的容器，其中左半空间充满气体，右半空间是真空。现将分隔左右空间的隔板抽去，便有气体从左半空间流向右半空间，直到气体均匀地充满整个空间为止，这个过程叫“物扩散”。同样物扩散也是不可逆过程，即一个均匀地充满整个容器的气体决不会自发地回到气体只占左半空间，而让右半空间空着。最后达到的均匀状态也叫平衡状态或叫“物死”。

物扩散也是增熵过程，同样可以计算。从图 12－5 的(a)变为(b)，其熵增量为

$$\Delta S = nR\ln X = nR\ln\frac{V_2}{V_1} \tag{12.2.5}$$

式中 n 为气体的摩尔数，R 为气体常数，V_1 为左半空间体积，V_2 为整个空间体积。

从(12.2.5)式，显然有 $X>1 \Rightarrow \Delta S>0$。

三、熵定理的重要特征

1. 独立性

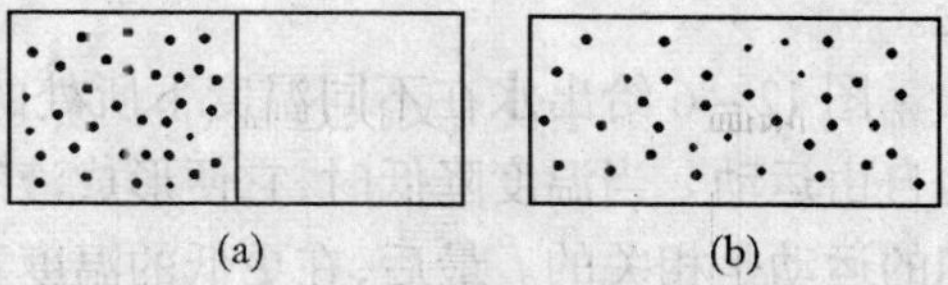

图 12－5　气体不可逆物扩散

熵的变化规律是在封闭系统中出现的，从图 12－4 和图 12－5 的(a)变到(b)，系统并不违背能量守恒定律和质量守恒定律。可见，熵定律是独立于上两个定律以外的。物质、能量守恒定律表明物质和能量既不能创造，也不能消灭。图 12－4 和图 12－5 中(a)变到(b)，是在封闭的容器内进行的，系统的物质、能量的值不变，但熵变了。熵定律所揭示的规律是指事物的运动方向，即时间箭头的指向。

2. 等效性

一切不可逆过程均可以归结为“热扩散”和“物扩散”。而上面计算表明，虽然这两个过程从现象看如此不同，但都是熵增大原理表现的两个侧面。等效性表明此规律的普遍性，即适用于物理、化学和生物世界。等效性是指由一种不可逆过程可以推出另一种不可逆过程，不同过程之间存在相互关联，这是熵定律普遍性的实质。

3. 不可逆性

从图 12－4、图 12－5 可知，不可逆过程表现为：存在温度差，经过热扩散到热死，存在浓度差(密度差、压力差)，经过物扩散到物死。在热扩散(或者物扩散)过程中，人们可以将部分能量(不可能是全部)转换为机械功。可能利用的做功本领只存在于图 12－4(a)、图 12－5(a)的非平衡状态，也就是说图 12－4(a)、图 12－5(a)的非平衡状态存在潜在的做功本领，到达平衡状态后，系统的物质、能量均没有任何减少，但已经丧失了做功本领。由于过程是不可逆的，一旦到达了热死、物死状态后，这种丧失掉的做功本领，将是不可挽回的。

4. 无序性

按照统计物理，玻耳兹曼首先提出熵是无序(紊乱)的度量，他还断定熵增加原理就是无序性增加定律。玻耳兹曼给出：

$$S = k_b\ln\Omega \tag{12.2.6}$$

式中 k_b 是玻耳兹曼常数，Ω 是配容数。

这个关系式表明，对于封闭系统，系统朝最大熵 S_{max} 演变。因为 S_{max} 对应于微观粒子的最大配容数，设粒子所处微观量子态是等概率的，那么无序状态也就是配容数最大(概率最大)的最可几状态。

四、平衡有序

考虑系统与环境只有能量交换而没有物质交换的情形。这时，系统自发的运动方向由自由能函数决定，自由能公式如下：

$$F = U - TS \tag{12.2.7}$$

式中 U 是系统内能，T 是绝对温度(以 K 为单位)。

当系统到达平衡状态，对应于自由能极小。公式(12.2.7)反映内能 U 与熵 S 之间的竞争，在低温时(一般对应于低熵)，右边第二项可以忽略，F 最小对应于低熵有序结构，但随温度不断增高，分子无规则热运动加剧，动能加大，系统朝熵越来越大的无序结构演变。

图 12－6 给出水在不同温度下所处的不同结构。在高温下，水的蒸汽分子互不相关地自由运动。当温度降低时，它便形成液态的水滴，分子之间保持一个平均距离，因此，它们的运动是相关的。最后，在更低的温度下，在凝固点处，水转变成冰的晶体，这时候，分子完全以固定的秩序排列。可见，“序”也就是粒子之间的统计相关程度。

微观粒子之间的相互作用导致有序和组织，热运动引起无序和紊乱，从式(12.2.7)看，U 和 TS 的竞争和消长，引起水从汽态变成液态，再变成固态的相变。

图 12－6 处在不同相态的水

从水的相变例子(当然，还有许多其他例子)可见，当我们从外部影响一个系统时(即允许系统与其环境进行能量交换)，实现低熵有序结构是可能的。

水的相变称作平衡相变，因为它是从一个平衡态转变成另一个平衡态，不管处在那一种态，系统本身是平衡的。因此，水变成冰，冰是一种平衡有序的结构。

五、非平衡有序

平衡有序还不能用来解释生命现象，因此，还不足以消除存在于热力学与生物学之间的鸿沟。为此，要进一步研究系统与环境同时进行物质、能量交换的开放系统。生物要维持自身的生存，必须与外界进行物质与能量的交换。对于这一类开放系统，普里高津给出熵变化公式为

$$dS = d_eS + d_iS \tag{12.2.8}$$

式中 d_eS 是系统与环境进行物质、能量交换引起的负熵流或称交换熵，示于图 12－7，d_iS 是系统内部不可逆过程产生的熵增量。

对于封闭系统，交换熵 $d_eS = 0$，即得经典热力学的熵表述：

$$dS = d_iS \geqslant 0 \quad (=0\text{对应于平衡态})$$

对于开放系统，$d_eS \neq 0$，负的交换熵能够使系统熵减少，这是因为：

$$dS = d_eS + d_iS < 0 \ \Rightarrow \ d_eS < -d_iS \tag{12.2.9}$$

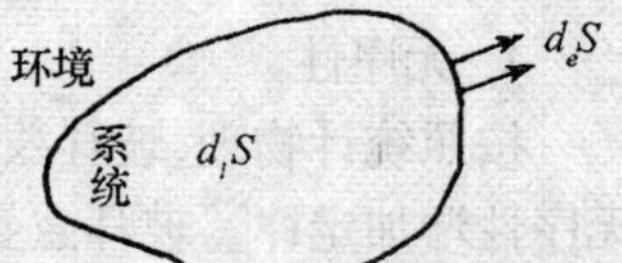

图 12－7 开放系统与熵流

上式表明，系统与环境进行物质、能量交换引起的负的交换熵，不仅全部抵消了系统内部不可逆过程产生的熵增量，而且使系统的总熵 S 有所减少，保证系统走向低熵有序的结构。

除了物质、能量交换的开放系统这个条件以外，还要研究非平衡的条件，因为平衡有序没有做功本领，因此，这是一种“死”的结构，一切生物，如果失去了做功本领是无法生存的。

下面举热对流现象的例子，这个现象也叫贝纳德效应，参见图 12-8，设有一层液体(例如水)被两块尺寸远大于液层厚度的水平板隔开，并在水平板的下层加热液体。这时候，下层隔板的温度为 T_2，上层隔板的温度为 T_1. 当 $\Delta T = T_2 - T_1$ 较小时，热量是以热传导形式从下往上传递，不会出现宏观尺度的运动。但当 $\Delta T > \Delta T_C$ 时(ΔT_C 是隔板之间温度差(温度梯度)的某个临界值)，突然观察到液体开始作整体的滚筒形(或六角形)的运动，因为靠近下层被加热部分液体膨胀了，这部分液体由于浮力向上运动，到上层时冷却，以后又回到底部。令人惊奇的是这个运动是很规则的，很明显地给出一种有序结构。

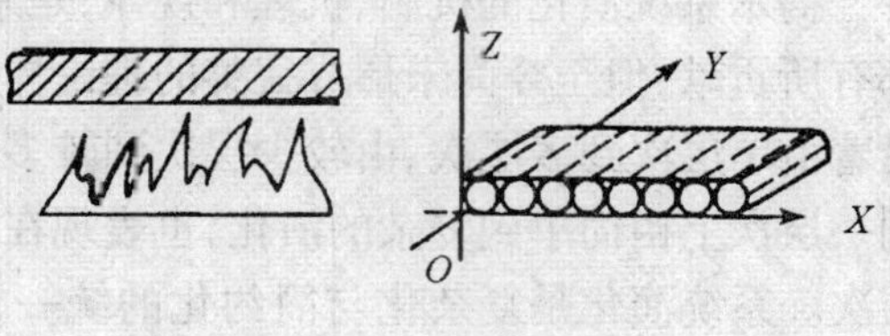

图 12-8

如果拿贝纳德效应与上面水的相变作比较可以发现，共同点是经过临界点出现了协同有序结构，但区别点在于前者是平衡有序，后者是非平衡有序。

有序结构的关键是组成系统的单元间存在统计相关。但是对于水变冰的情况，这种关联是微观(分子)尺度，而贝纳德效应的花纹是肉眼可见的，其空间线度约为 1 毫米的数量级，而分子间作用力的空间线度约为 1 埃(10^{-7}毫米)，换句话说，一个贝纳德花纹包含大约$(10^7)^3 = 10^{21}$个分子。尽管每个分子仍在作无规运动，但由 10^{21} 个分子组成的群体与群体之间，卓有成效地以关联方式进行协同运动。

由此可见，平衡有序是在微观尺度上的关联与协同，非平衡有序却是宏观尺度上的关联与协同。特别要强调指出，非平衡有序具有持续做功本领，这正是一切生命物体充满生机所必需的。因此，可以将平衡有序看作死的结构，而非平衡有序看作活的结构，普里高津把这种非平衡有序结构称为"耗散结构"。普里高津对耗散结构的研究，为填平两种时间箭头之间的鸿沟作出了重大的贡献。

§12.2.3 系统演化和突现吸引子

一、系统的演化

整体观点、结构观点、环境观点、功能观点，都是系统观点的组成部分。但离开演化观点去看整体、结构、环境和功能，还不是完整的系统观点。无论何种系统，都不可能永远保持其基本结构、特性、行为不变。演化性是系统的另一基本属性。系统科学的大部分内容是研究系统演化的，这里只作一般的讨论。

1. 系统演化的动因

系统演化的动因在于相互作用。首先是系统内部元素之间、子系统之间、层次之间的相互作用，包括吸引与排斥、合作与竞争等。这是系统演化的内部动因，关键是非线性的相互作用。系统与环境之间的相互作用是演化的外部动因。系统与环境的适应是相对的，系统自身在变化，环境也在不断变化，导致系统与环境不可能完全适应，有时甚至是强烈不适应，由此产生环境对系统的压力，并转化为内部的相互作用，推动系统改变组分特性和结构关系，获得新的整体特性和行为，达成与环境新的适应。

2. 系统演化的方向

从演化的始点到终点的方向代表系统演化的方向。总体上讲,系统既有向上的前进的演化,也有向下的后退的演化。前者为演化的主导方向。一般认为,系统从无序无组织到有序有组织、从低序低组织水平到高序高组织水平,是向上的演化,否则为向下的演化。

3. 系统演化的机制

揭示系统演化的机制、机理和规律,是系统演化理论的核心内容。各种系统理论对此都有所贡献,但至今尚未形成完整的理论体系。本节只提及一点,即层次化原理。系统是沿着由单层次到多层次、由较少层次到较多层次的方向演化的。复杂性的增加既表现在同一层次上由简单到复杂的演化,也表现在增加层次上,全新的复杂性要求突现出全新的层次。系统演化是复杂化与简约化的统一,高层次的组织往往比低层次的组织要简单。最初形成的系统可能有多余的结构,要在演化中简化掉。但总的来说,系统是朝增加复杂性方向演化的,层次的增多总意味着复杂性的增加。

二、突现吸引子

物质总是处在永恒的变化中,如古希腊哲人所云:万物皆流,万物皆变,没有存在,只有演化。系统作为被人感知到的整体,是处于某种变化流中相对稳定的小岛。由于相对稳定系统的存在,我们才能认识世界;同时这些整体也在演化之中,这样我们才观测到世界的变化。

吸引子是一种独立于时间或时间渐近的状态或极限集,它在一个依赖于时间的演化过程中吸引其周围的初始点。这种吸引子就是我们观测到的系统状态。凡存在吸引子的系统,均为有目的的系统。吸引子表征了被描述对象的动态稳定特征,它既反映了一个不可逆过程(系统总是不可逆地趋向吸引子),也反映了系统的目的性,吸引子就是目的。

但热力学第二定律描述了封闭系统将处于一种熵最大的吸引子——热平衡态,此时已不存在任何功能性结构,因而很难被看作是一个系统。因此,突现吸引子是具有一定功能的吸引子(不是所有的吸引子都是突现吸引子,如热平衡态是没有任何功能性结构的吸引子),准确地讲,凡是能被描述成整体对象的吸引子都是突现吸引子。

作为相空间点集的吸引子,其维数必定低于空间的维数。低维性是吸引子的重要特征之一。因此,1 维系统只能有点吸引子(0 维的),2 维系统可以有 0 维和 1 维(极限环)吸引子,3 维系统可以有 0 维、1 维和 2 维(环面)吸引子。一般地,n 维系统可以有 0 维到 n－1 维的各种维数的吸引子。复杂系统的吸引子还可以不是整数维的点集,而是具有分数维的点集,即相空间点集是分形集,叫做混沌吸引子(奇异吸引子)。现代数学动力学系统理论的发展表明,在高于三维的非线性连续系统中,存在四类吸引子:点吸引子(代表平衡态和近平衡态行为)、周期吸引子(代表周期运动)、伪周期吸引子(代表周期运动到混沌运动的过渡)、混沌吸引子(代表混沌运动)。桑塔费(Santa Fe)学派认为,在非线性离散系统中,还存在一类吸引子,称为“混沌边缘”。动力学系统的演化序列是:秩序→混沌边缘→混沌。因此,在非线性离散系统中,存在四类吸引子:点吸引子、周期吸引子、混沌吸引子、具有某种局部结构的复杂模式(连续系统中无对应的模式)。

§ 12.3　系统理论的基本内容和方法

§ 12.3.1　系统理论的基本内容

一、系统理论的主要内容

系统理论的主要内容包括：

(1) 一般系统的概念：系统定义、元素与结构、物性与系统性、突现与层次、系统与环境、行为与功能、存在与演化、状态与过程、系统与信息、系统分类、模型方法和系统描述等。

(2) 简单系统理论：线性系统理论、信息论、控制论、大系统理论、运筹学、灰色系统理论、黑箱方法等。

(3) 开放系统理论：开放与封闭的概念、可逆与不可逆时间、有序与无序、熵及其应用、平衡无序、平衡有序、非平衡有序、生命系统理论等。

(4) 非线性系统理论(一)：连续动力学模型、轨道、初态与终态、暂态与定态、运动(轨道)稳定性、结构稳定性、吸引子与目的性、系统相图、分岔与多样性、突变与奇异性、非游荡集与回归性、连续混沌、瞬态特性与过程等。

(5) 非线性系统理论(二)：离散动力学模型、离散映射、元胞自动机(CA)、布尔网络、有限凝聚扩散模型(DLA)、神经网络、L 系统、离散混沌等。

(6) 随机系统理论：随机过程与随机涨落、估计理论、主方程、朗之万方程、福克—普朗克方程、随机稳定性、随机系统的定态解、随机控制等。

(7) 自组织理论：自组织概念、自组织与他组织、两类自组织结构、支配原理、序参量方程、自创性、自适应、自复制、自瓦解等。

(8) 简单巨系统：熵与信息、统计综合、唯象方法、反应扩散模型、非线性振荡模型、捕食—被捕食模型、微扰方法、时间平均值分析、混沌的控制等。

(9) 复杂适应系统理论：适应产生的复杂性、内部模型、概型(scheme)定理、遗传算法、echo 模型、swarm 平台、混沌边缘与复杂性、AN 方法等。

(10) 开放的复杂巨系统：定性与定量相结合的综合集成法、从定性到定量的综合集成工程、研讨厅体系、大成智慧和应用等。

二、四个基本理论之间的关系

系统理论中的开放系统理论、非线性系统理论、随机系统理论、自组织理论是四个基本理论。开放性——考虑系统与其环境之间的物质、能量或信息交换，更能反映客观世界的真实性；非线性——具有多解、多稳态，能够描述稳定性交换，更能追踪客观世界的多样性；随机性——微涨落放大，更能体现系统从无序到有序或从有序到混沌的自发性；自组织——通过整体与局部的关系，研究系统整体的突现行为，更能体现系统结构与行为演化的目的性。非线性是系统的内因，开放性、随机性是系统的外因，自组织是系统的目标(要达到的功能和行为)。内因是主导，外因是条件，外因通过内因而起作用。它们的相互关系如图 12 – 9 所示。

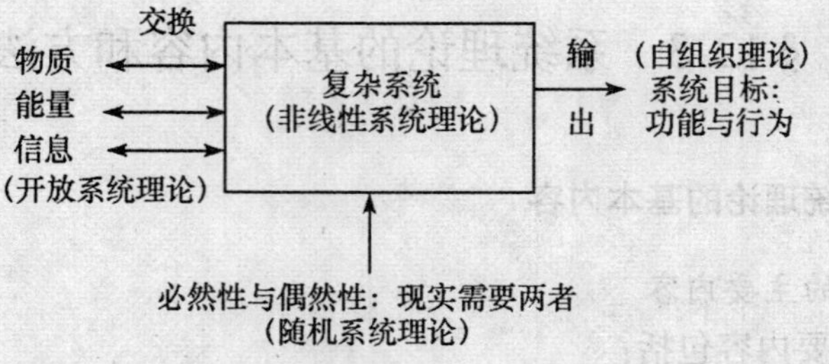

图 12-9　四个基本理论的相互关系

根据复杂系统的特点,本章将围绕整体性这一主题,从多个侧面(开放性、非线性、随机性三个方面)、以多种形式(确定与不确定、连续与离散等),运用动力学模型,通过各类吸引子的突现行为,研究系统的结构演化和自组织。

§12.3.2　系统建模方法论

一、系统的描述方法

对于系统的描述,可采用不同的方法,如形式化系统建模方法、动力学系统建模方法等。系统理论强调系统的演化过程,因此采用一种动力学的描述方法。利用物理学的术语,考虑一个广义的流场。在一定的观测层次上,一切宏观变化都可以看成是流场中的物质/能量/信息流,它受到位于广义的源(source)和汇(sink)间热力学熵产生 $P = dS/dt$ (S 为熵)的驱动。在流场中,因为非平衡而存在一种广义的力 X,力 X 的大小取决于源和汇的"距离",即 $X = d(\text{source}, \text{sink})$。它可以是温度梯度、浓度梯度、化学亲和势等,这种力驱动着流场中的不可逆过程。在某一临界点 X_{critical},由于非线性作用,流场中某一部分的微涨落被放大,从而产生一种新的汇,它吸引流场中的流而自然产生出有一定序的整体,这种突现的整体便是我们能观测到的系统。

二、复杂系统建模方法论

这里采用一种动力学系统建模方法,是因为动力学系统理论给我们提供了描述系统动态行为和演化规律的模型,它特别适用于描述开放系统的整体性、稳定性、适应性和演化。动力学系统建模的特点有:

(1) 提供了吸引子的概念,吸引子可以用来定性描述系统的状态;

(2) 提供了一种简单直观的几何模型,以表征系统的复杂行为;

(3) 提供了对吸引子的完整分类和定性描述(维数、相图、Layapunov 指数等);

(4) 提供了关于系统分岔和突变的分类和描述,有助于研究系统的演化过程;

(5) 提供了一种数学理性化的范式和方法,以分析研究系统的存在、适应和演化。

总之,动力学系统建模理论方法提供了动力学系统描述和分析的语言,它不但可以用于连续系统,如耗散结构理论、协同学中对自组织和系统演化的描述,而且可以用于离散系统,如元胞自动机、随机布尔网络、神经元网络和 L 系统中对自组织和系统演化的描述。这一研究复杂系统建模方法论的特点是:

(1) 从所论系统的低一层次进行研究,涉及的元素数量较大;

(2) 元素间局部连接,寻找局部连接规则(整体与局部的关系);

(3) 从元素间的相互作用体现系统整体的突现性。

§ 12.4 分岔与突变理论基础

关于非线性系统理论的内容很多,本书从系统科学及其应用的角度,就分岔与突变的基本概念作一些介绍。客观世界存在着两种基本不同的变化形式:一种是光滑的、连续不断的变化,如地球绕太阳的连续不断的旋转、流体的连续流动、温度的连续变化等等。另一种变化是不连续的突跳,如速度连续变化时汽车振动幅度的突然增加或减少,股票价格的暴涨或暴跌,地震突然发生,细胞的分裂和胚胎的变异等等。这些看来互不相关的现象却有一个共同特点,某个因素的连续变化可能导致系统性态的突然变化,即系统性态从一种形式突然跳跃到完全不同的另一种形式。我们把这种变化称为“突变”。

突变理论源于 Whitney 的光滑映射的奇点理论和 Poincaré 及 Andronov 的动力学系统的分岔理论。奇点是研究多变量多值函数极大和极小值的更深刻的概念。分岔是当控制参数改变时导致系统定态失稳和重组的非线性现象。前苏联数学家 Arnold 认为,突变理论是奇点理论和分岔理论的应用。

20 世纪 30 年代出现的 Morse 理论,即函数的临界点理论,对于建立突变理论的数学基础是一个重要的贡献。60 年代,Thom 对梯度系统,即一类特殊的映射 $f: R^n \to R$ 的奇点进行分类,并称之为“初等突变”,导致从奇点理论到突变理论的发展。1968 年,他的第一部介绍突变理论的著作《结构稳定性与形态发生学》出版。而后,Zeeman 将 Thom 的突变理论用一种易懂的形式表现出来,并将它纳入系统论的范畴,在理论和应用上都做出了很大的贡献。

§ 12.4.1 临界点和结构稳定性

一、临界点

对于 $f: R^n \to R, x \in R^n$,如果

$$\mathrm{d}f\,|_x = 0$$

即

$$\left.\frac{\partial f}{\partial x_1}\right|_x = \cdots = \left.\frac{\partial f}{\partial x_n}\right|_x = 0 \tag{12.4.1}$$

则称 x 为 f 的一个临界点。

在 $n = 1$ 的情况中,函数 $y = f(x)$ 的极大点、极小点都是临界点。在临界点处,函数的性态很丰富。对于上述临界点,如果 f 在 x 点的二阶导数 $\mathrm{d}^2 f\,|_x$ 是非退化的二次型,即 Hesse 矩阵的行列式

$$\det H_f\,|_x = \det\left[\left.\frac{\partial^2 f}{\partial x_i \partial x_j}\right|_x\right] \neq 0 \tag{12.4.2}$$

则称这个临界点是非退化的。相反,若 $\mathrm{d}^2 f\,|_x$ 是退化的二次型,即 Hesse 矩阵的行列式为零,则称相应的临界点是退化的。

二、结构稳定性

首先,讨论函数的结构稳定性,考虑扰动对临界点的影响。设在 f 的临界点 O 有 $\mathrm{d}f$

$|_O = 0$.若 O 是 f 的一个 Morse 点,即 $\det H_f|_O \neq 0$,那么若函数 p 的作用足够小,就有

$$\det H_{f+p}|_O \neq 0$$

即 $f + p$ 也在 O 有 Morse 点。由此可以给出函数结构稳定性的定义:若函数 $f: R^n \to R$ 与函数 $f + p: R^n \to R$(其中 $p: R^n \to R$ 是任意的,并且充分小,即理解为 p 及其各阶导数都充分接近于 0)临界点的个数和性态相同,则称函数 f 是结构稳定的。

例 12.1 $f(x) = x^2,\ p = 2\varepsilon x,$

$$f(x) + p(x) = x^2 + 2\varepsilon x = (x + \varepsilon)^2 - \varepsilon^2$$

p 对 f 的影响只是把在 $x = 0$ 的临界点移到 $x = -\varepsilon$,临界点的个数和性态相同,因而 $f(x)$ 是结构稳定的。

例 12.2 $f(x) = x^3$ 在原点 0 有退化临界点,它在扰动 $p = \varepsilon x$ 的作用下有三种情况(参看图 12-10):

(1) $\varepsilon > 0$ 时不再有临界点;

(2) $\varepsilon = 0$ 时实际上无扰动,f 无变化;

(3) $\varepsilon < 0$ 时在 $x = \pm\sqrt{\dfrac{|\varepsilon|}{3}}$ 各有一个临界点,f 在 0 的临界点消失。

从而 $f(x) = x^3$ 不是结构稳定的。

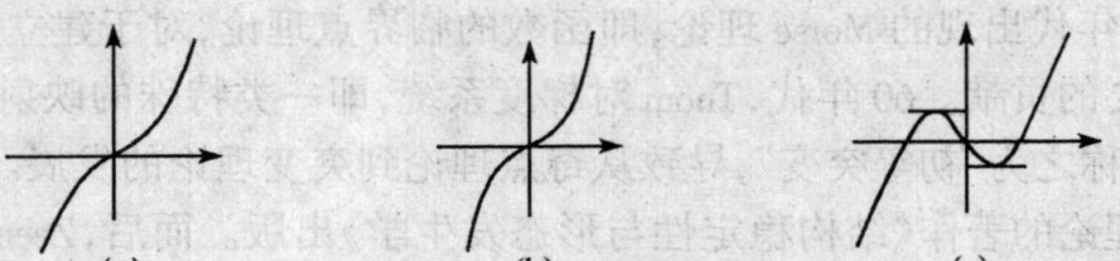

图 12-10 结构不稳定函数 $f(x) = x^3$ 在扰动 εx 下的临界点情况

函数和函数族的结构稳定性在突变理论中起着十分重要的作用。系统进行实验时常常要求有重复性,这其实就隐含着系统是结构稳定的这个前提。因为重复试验时系统已经发生了至少是极微小的变化(例如温度、气压等变化)。正如一位古希腊哲学家所说的,一个人不可能两次踏入同一条河中。因此,结构稳定性表明,制造上稍有误差或政策执行中稍有偏差不会影响系统或社会的基本性态,甚至误差相当大也是如此。从而结构稳定性就不只是一个在无限小邻域内起作用的抽象数学概念,它在实际应用中也有很大的价值。

§12.4.2 Pitch-fork 分岔

由线性系统理论可知,雅可比矩阵 A 是控制参数 μ 的函数,从而它的特征值也是控制参数 μ 的函数。因此,随着控制参数 μ 的改变,$A(\mu)$ 的全体特征值 $\lambda_k(\mu)$ 在复平面上运动。当控制参数达到某一值 μ_0 时(称为分岔参数),系统的稳定性将发生变化。例如,方程 $\dot{x} = f(x, \mu)$ 在区间 $a \leq \mu \leq b$ 有定态解 $x_e(\mu)$,满足

$$f(x_e(\mu), \mu) = 0 \tag{12.4.3}$$

假设 μ 行经 $\mu_0(a \leq \mu_0 \leq b)$ 时,$A(\mu)$ 的具有最大实部的特征值 λ_1 的实部变号。于是当 $\mu < \mu_0$ 时,$\mathrm{Re}\lambda_1 < 0$,$x_e(\mu)$ 稳定;而当 $\mu > \mu_0$ 时,$\mathrm{Re}\lambda_1 > 0$,$x_e(\mu)$ 变为不稳定。那么,

当 $x_e(\mu)$ 随着 μ 的改变而由稳定变为不稳定(线性失稳)时,方程将出现怎样的新的定态解呢?它们的稳定性如何?这就是分岔问题。

一、Pitch-fork 分岔的一个力学例子

考虑一个重量为 G 的物体,当我们将此物体升高至一高度 h(水平距离是 q)时,我们对物体做功:

$$W = Gh = Fq \tag{12.4.4}$$

一般情况下,力 F 依赖于位置 q,于是式(12.4.4)的形式仅适用于无限小距离 $\mathrm{d}q$,代替式(12.4.4)有

$$\mathrm{d}W = F(q)\mathrm{d}q \tag{12.4.5}$$

为求有限距离内 F 的总功,则求以下积分:

$$W = \int_{q_0}^{q} F(q)\mathrm{d}q \tag{12.4.6}$$

W 的负值叫做势函数 V,应用(12.4.6)式,求得

$$E(q) = -\frac{\mathrm{d}V}{\mathrm{d}q} \tag{12.4.7}$$

力作为位移的函数,设 $F(q) = -kq$,则得简谐振动的势函数

$$V(q) = \frac{1}{2}kq^2 \tag{12.4.8}$$

对应的势函数曲线示于图 12-11。

图 12-11 对应的系统 $\dot{q} = -kq$ 是稳定的,因为物体沿斜坡发生位移时,将最终停止在斜坡的底部,即物体回到平衡点。现在提出一个稍复杂的情况,讨论一种非简谐运动,在作用力中加上三次项:

$$F(q) = -kq - k_1q^3 \tag{12.4.9}$$

于是运动方程和势能函数为

$$\dot{q} = -kq - k_1q^3 \tag{12.4.10}$$

$$V(q) = \frac{1}{2}kq^2 + \frac{1}{4}k_1q^4 \tag{12.4.11}$$

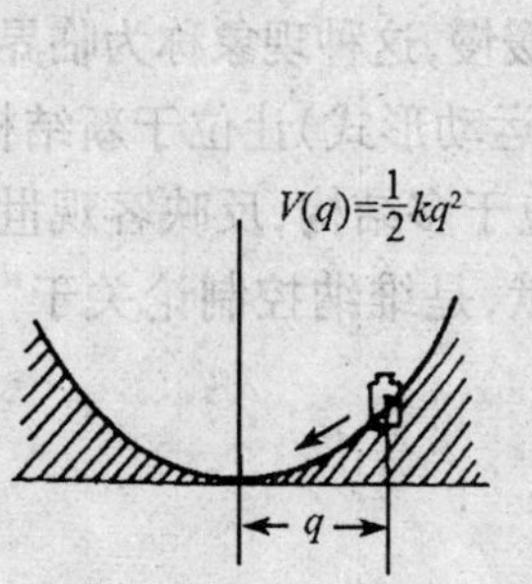

图 12-11 $V(q) = \frac{1}{2}kq^2$ 的势曲线

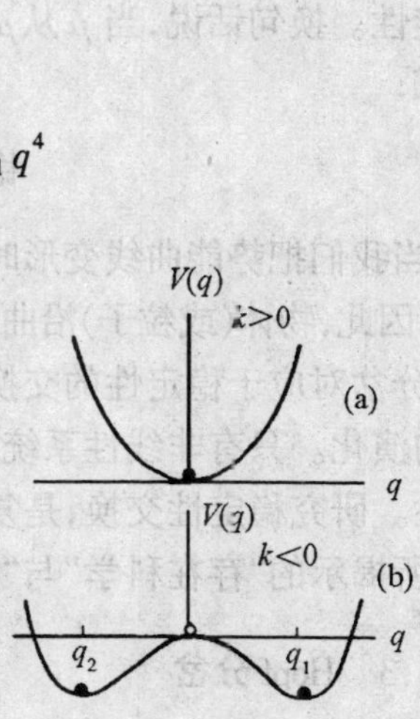

图 12-12 $V(q) = \frac{1}{2}kq^2 + \frac{1}{4}k_1q^4$ 的势曲线

图 12-12 画出 $k>0$ 和 $k<0$(k_1 大于零)两种不同情况下的势能曲线,平衡点集由 $\dot{q} = 0$ 确定。$k>0$ 与 $k<0$ 所对应的情况完全不同(见图 12-12):

(1) 当 $k > 0$，$k_1 > 0$ 时，有唯一点吸引子，对应于 $q = 0$（对应势函数为极小，图 12－12(a)）；

(2) 当 $k < 0, k_1 > 0$ 时，得到三个解，$q = 0$ 显然是不稳定的（势函数为极大值），故为排斥子（图 12－12(b)），$q = \pm\sqrt{\frac{|k|}{k_1}}$ 是稳定的，即为点吸引子。令 k_1 保持常数，将 k 作为控制参数，即可得平衡点集 M，其对应曲线示于图 12－13。这个图形像一把叉子，故又称为长柄叉分岔。当参数 k 由正变为负时，点吸引子在 $k = 0$ 处分岔。

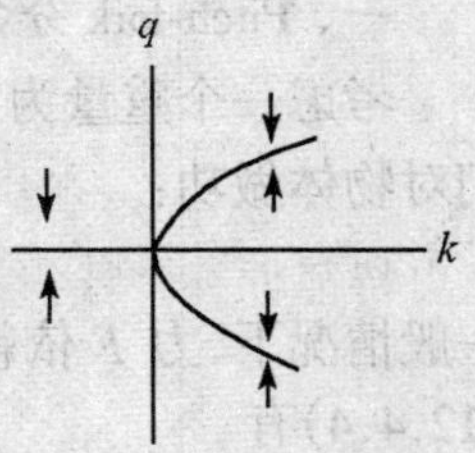

图 12－13　长柄叉分岔

由此可见，分岔点 $(x_e(\mu_0), \mu_0)$ 就是对应雅可比矩阵具有零特征值，而且多个平衡点分枝在分岔点处交叉的点。

二、稳定性交换

在这个力学例子中给出的运动方程(12.4.10)经适当的变换后，有

$$\dot{x} = \mu x - x^3 \tag{12.4.12}$$

这就是 Pitch-fork 分岔的标准形式。有趣的是，我们用 $-x$ 代替式(12.4.12)中的 x，有

$$(-\dot{x}) = -\mu(-x) - (-x)^3 \tag{12.4.13}$$

式(12.4.13)两边同除以 -1 后，就得到了原式(12.4.12)，因而在 $x \to -x$ 的变换下，保持式(12.4.12)不变，即对于反演 $x \to -x$ 是对称的。同时，势能函数 $V(x)$ 也是完全对称的。

$$V(x) \to V(-x) = V(x)$$

当 μ 从 $\mu < 0$ 变为 $\mu > 0$ 时，稳定平衡位置 $x = 0$ 变成了不稳定的，在随机涨落作用下，物体（或粒子）将落在新的稳定平衡位置 $x = \sqrt{\mu}$ 或 $x = -\sqrt{\mu}$ 之一中。这种现象描述了对称破缺不稳定性。换句话说，当 μ 从 $\mu < 0$ 变为 $\mu > 0$ 时，稳定的平衡点位置进行交换，因而有下列图式：

$$\text{稳定点} \to \begin{cases} \text{不稳定点} \\ \text{稳定点} \end{cases}$$

另外，当我们把势能曲线变形时，从 $\mu < 0$ 到 $\mu > 0$，它在临界点 $x = 0$ 的附近变得越来越平坦。因此，物体（或粒子）沿曲线落下时变得愈来愈缓慢，这种现象称为临界慢化。

因此，分岔对应于稳定性的交换，相应地，旧结构（指运动形式）让位于新结构，实质上也就是结构演化。只有非线性系统才有多个平衡态，对应于多结构，反映客观世界的多样性与复杂性。研究稳定性交换，是复杂系统理论的新贡献，是维纳控制论关于“可逆与不可逆时间”所揭示的“存在科学”与“演化科学”的区别。

§12.4.3　Hopf 分岔

霍普夫(Hopf)分岔是指：经过分岔点，系统线性稳定性消失，出现周期振荡现象。这种现象无论在自然界或社会系统中，都是大量存在的。

文献[36]系统地介绍了 Hopf 分岔的具体算法，这个算法是建立在 Hopf 定理以及中心流形原理基础上的。执行这个算法，可以判定 Hopf 分岔是否出现。算法步骤如下：

(1) 设所研究动态自治系统微分方程如下：

$$\dot{x} = f(x,v) \qquad (x \in R^n, v \in R) \tag{12.4.14}$$

(2) 令 $\dot{x} = 0$，求出感兴趣的平衡点 $x_*(v)$，以及雅可比矩阵：

$$A(v) = \left\{\frac{\partial f_i}{\partial x_j}(x_*(v),v),\ i,j = 1,2,\cdots,n)\right\} \tag{12.4.15}$$

求出特征方程的特征根，并将特征根按序排列如下：

$$\mathrm{Re}\lambda_1 \geqslant \mathrm{Re}\lambda_2 \geqslant \cdots \geqslant \mathrm{Re}\lambda_n$$

(3) 求参数 v 的临界值 v_c，使 $\mathrm{Re}\lambda_1(v_c) = 0$

如果：

(a) λ_1 和 λ_2 共轭，即 $\lambda_1(v) = \bar{\lambda}_2(v)$，其中 $v \in (a,b)$，且 $a < v_c < b$

(b) $\mathrm{Re}\lambda'_1(v_c) \neq 0$

(c) $\mathrm{Im}\lambda_1(v_c) \neq 0$

(d) $\mathrm{Re}\lambda_j(v_c) < 0 \quad (j = 3,4,\cdots,n)$

则 Hopf 分岔将会出现。

以罗伦兹(Lorenz)方程作为实例，研究分岔现象。罗伦兹方程如下：

$$\left.\begin{aligned} \dot{x}_1 &= -\sigma x_1 + \sigma x_2 \\ \dot{x}_2 &= r x_1 - x_2 - x_1 x_3 \\ \dot{x}_3 &= x_1 x_2 - b x_3 \end{aligned}\right\} \tag{12.4.16}$$

常数 σ, b 为正值，r 为控制参数，$x = (x_1, x_2, x_3)^{\mathrm{T}}$ 为状态变量。

令 $\dot{x} = 0$，得平衡点 $x_* = (0,0,0)^{\mathrm{T}}$ 或 $(\pm\sqrt{(b(r-1)}, \pm\sqrt{b(r-1)}, r-1)^{\mathrm{T}}$（当 $b(r-1) > 0$ 时）。

当平衡点 $x_* = (0,0,0)^{\mathrm{T}}$ 时，雅可比矩阵为

$$\begin{bmatrix} -\sigma & \sigma & 0 \\ r - x_3 & -1 & -x_1 \\ x_2 & x_1 & -b \end{bmatrix}_{(0,0,0)} = \begin{bmatrix} -\sigma & \sigma & 0 \\ r & -1 & 0 \\ 0 & 0 & -b \end{bmatrix}$$

特征方程

$$\lambda^2 + (\sigma + b + 1)\lambda^2 + [\sigma(b + 1 - r) - b]\lambda + \sigma b(1 - r) = 0 \tag{12.4.17}$$

从式(12.4.17)明显看出：

(1) 当 $r < 1$ 时，式(12.4.17)系数均为正，必有负根，原点作为平衡点具有双曲线汇点，是点吸引子。

(2) 当 $r = 1$ 时，对应的特征根是 $\lambda_1 = 0, \lambda_2 = -b, \lambda_3 = -(1+\sigma)$，即出现了稳定性边界。

(3) 当 r 从 $r < 1$ 变化到 $r > 1$ 时，原点线性失稳，出现长柄叉分岔，即出现两个新的稳定平衡点 C^+ 和 C^-

$$x_* = (\pm\sqrt{b(r-1)}, \pm\sqrt{b(r-1)}, r-1)^{\mathrm{T}}$$

从物理实质来看，系统此时出现了对流运动，即从无序转变为有序。我们取上面平衡点之一 C^+，即 $(\sqrt{b(r-1)}, \sqrt{b(r-1)}, r-1)$ 时，此非零平衡点对应的雅可比矩阵为

$$A(r)=\begin{bmatrix} -\sigma & \sigma & 0 \\ 1 & -1 & -\sqrt{b(r-1)} \\ \sqrt{b(r-1)} & \sqrt{b(r-1)} & -b \end{bmatrix}$$

$A(r)$ 对应的特征方程为

$$\lambda^3+(\sigma+b+1)\lambda^2+b(r+\sigma)\lambda+2b\sigma(r-1)=0 \tag{12.4.18}$$

具有一对纯虚根 $\lambda_{1,2}=\pm i\omega_0$ 和一个实根 λ_3 的三次方程是

$$\lambda^3-\lambda_3\lambda^2+\omega_0^2\lambda-\lambda_3\omega_0^2=0 \tag{12.4.19}$$

令方程(12.4.18),(12.4.19)系数相等,可得

(a) $\lambda_3=-(\sigma+b+1)$

$\lambda_{1,2}=\pm i\omega_0=\pm i\sqrt{b(r+\sigma)}$

由 $2b\sigma(r_c-1)=b(r_c+\sigma)(\sigma+b+1)$,即得

$$r_c=\frac{\sigma(\sigma+b+3)}{\sigma-b-1}\text{(这里要求 }\sigma>b+1\text{)} \tag{12.4.20}$$

(b) 式(12.4.18)对 r 取导数可得

$$\lambda'(r)=-b(\lambda+2\sigma)/[3\lambda^2+2(\sigma+b+1)\lambda+b(r+\sigma)] \tag{12.4.21}$$

故

$$\mathrm{Re}\lambda'_1(r_c)=\mathrm{Re}\lambda'(r)\mid_{\lambda=\lambda_1,r=r_c}=\frac{b(\sigma-b-1)}{2[\omega_0^2+(\sigma+b+1)^2]}\neq 0 \tag{12.4.22}$$

(c) $\mathrm{Im}\lambda_1(r_c)=\sqrt{2\sigma b(\sigma+1)/(\sigma-b-1)}\neq 0$ (12.4.23)

(d) $\mathrm{Re}\lambda_3(r_c)=-(\sigma+b+1)<0$ (12.4.24)

因此,霍普夫分岔将会出现。

§12.4.4 初等突变及其应用

本节开头就提到,汤姆(Thom)对一类特殊的映射 $f:R^n\to R$ 的奇点进行分类,即光滑映射 $f:R^n\to R$ 的一个 r 参数族(对任何有限的 n 和所有 $r\leqslant 4$)局部地等价于以下七种结构稳定的函数族之一,并称之为七种“初等突变”。

一、七种初等突变

(1) 折迭突变:$V(x)=x^3+ux$,

(2) 尖点突变:$V(x)=x^4+ux^2+vx$,

(3) 燕尾突变:$V(x)=x^5+ux^3+vx^2+wx$,

(4) 椭圆型脐点:$V(x,y)=\frac{1}{3}x^3-xy^2+w(x^2+y^2)-ux+vy$,

(5) 双曲型脐点:$V(x,y)=x^3+y^3+wxy-ux-vy$,

(6) 蝴蝶突变:$V(x)=x^6+tx^4+ux^3+vx^2+wx$,

(7) 抛物型脐点:$V(x,y)=y^4+x^2y+wx^2+ty^2-xu-vy$。

因此,研究七种初等突变就是研究函数族 $V:X\times C\to R$,$X\subset R^n$ 是一个 n 维流形,$C\subset R^r$ 是一个 r 维流形。其中突变流形 M 是 $R^n\times R^r$ 中的子集,由 $V'(x,c)=0$ 定义;突变

映射 χ 是限制于 M 上的自然投影 π: $R^n \times R^r = R^r$,亦即 $\pi(x,c) = c$;奇点集是 M 中 χ 的奇点的集合;分岔集 B 是奇点集 S 在 C 中像 $\chi(S)$ 。

在应用中,分岔集 B 是最重要的,它位于控制参数空间中,因而是可观察的,系统的所有突跳都发生在这里。可由以下两式

$$\begin{cases} V'(x,c) = 0 \\ \det V''(x,c) = 0 \end{cases}$$

联立消去 x ,得到分岔集 B 满足的方程。

二、尖点突变及突变的基本特征

我们讨论初等突变中应用最广的尖点突变,其标准形式为

$$V(x) = x^4 + ux^2 + vx \tag{12.4.25}$$

我们关心的是 $V'(x) = 0$,即

$$4x^3 + 2ux + v = 0 \tag{12.4.26}$$

所决定的临界点,这是一个三次方程,它的实根个数或是一个或是三个,由判别式

$$\Delta = 8u^3 + 27v^2 \tag{12.4.27}$$

的符号决定。$\Delta > 0$ 时有一个实根;$\Delta < 0$ 时有三个互异的实根;$\Delta = 0$ 时有一个二重根(若 u, v 均不为零)或一个三重根(若 $u = v = 0$)。于是可得到 $u - v$ 平面上各区域中的 $V(x)$ 的图形,如图 12 – 14 所示。我们把由 $V'(x) = 4x^3 + 2ux + v = 0$ 确定的曲面 M 称为突变流形,把 $V'(x) = 0$ 与 $V''(x) = 0$ 联立消去 x ,可得到的参数平面中的方程(12.4.27)等于零所确定的曲线 B 称为分岔集,画出 M 和 B 的图形如图 12 – 15,可以更好

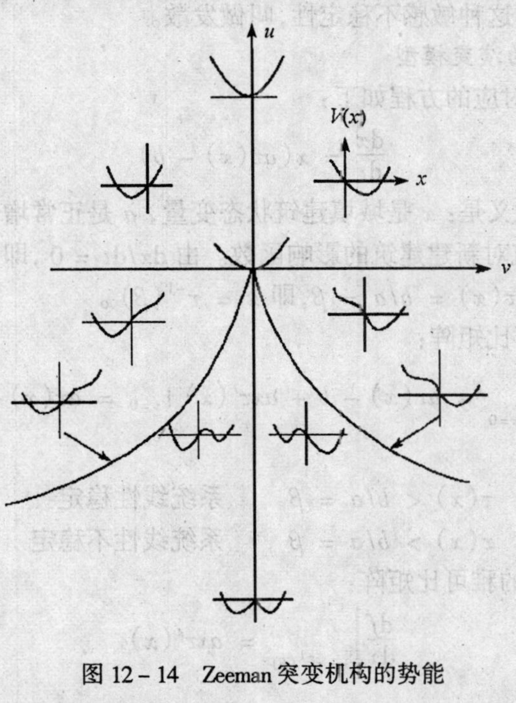

图 12 – 14 Zeeman 突变机构的势能

地看出突变机构在尖点 A 和 C 附近的性态。分岔集 B ,即 $\Delta = 0$,是突变流形的皱折在 $u - v$ 平面上的投影。我们把 x 称为状态变量。u 和 v 称为控制参数。

如图 12 - 15 所示，突变流形的上、中、下三叶代表了可能的三个平衡位置，上、下两叶是稳定的，中叶是不稳定的。由路径Ⅰ可以看出突跳和滞后，由此也可以看出某些 x 值是不可达到的(跳越的那一段)。发散性可由参数平面上两条相互很接近的路径Ⅱ和Ⅲ在突变流形上到达的截然不同位置(分别在上叶和下叶)看出。

由此，我们可以总结出初等突变的基本特征：

(1) 多稳态。除折叠突变外，突变系统均具有两个以上的稳定状态，即对应于同一组控制参量，势函数有不同的极小点，因而可以发生从一个稳态向另一个稳态的变化。尖点突变是双稳态。更复杂的系统还可能有三个以上的稳态。

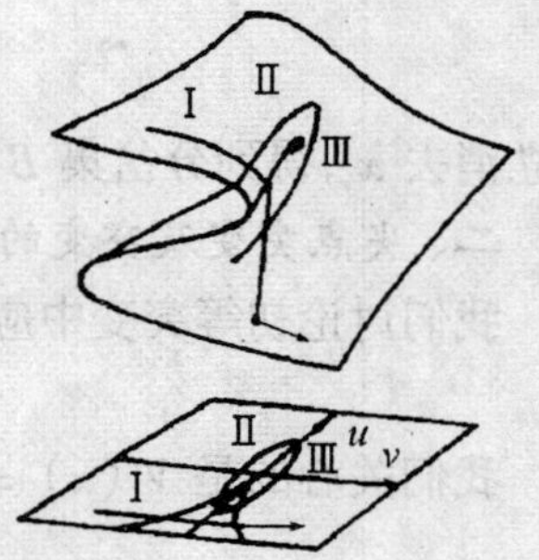

图 12 - 15　尖点突变和 Zeeman 机构的性态

(2) 不可达性。在不同的稳定状态(极小点)之间存在不稳定状态，即极大点，它们是不可实现的状态，或者说是实际上不可能达到的稳态。在尖点突变中，三叶折叠曲面中叶上的点是不可达的。

(3) 突跳。在分叉曲线上，系统从一个极小点到另一个极小点的转变是突然完成的。在尖点突变中，从上(下)叶到下(上)叶的过渡采取突跳形式。

(4) 滞后。如图 12 - 15 突变的发生与控制参量变化的方向有关。

(5) 发散。控制参量变化路径的微小差别可能导致最终状态有很大不同。演化轨道对控制参量变化路径的这种敏感不稳定性，叫做发散。

三、应用一：城镇的演变模型

研究城镇的演变，对应的方程如下：

$$\frac{\mathrm{d}x}{\mathrm{d}t} = x(a\tau(x) - b) \tag{12.4.28}$$

上述方程式中各量的意义是：x 是城填建筑状态变量，a 是正常增长率因子，b 是拆毁率因子，$\tau(x)$ 是已有建筑对新建建筑的影响函数。由 $\mathrm{d}x/\mathrm{d}t = 0$，即 $x(a\tau(x) - b) = 0$，可得平衡解：$x = 0$ 或者 $\tau(x) = b/a = \beta$，即 $x = \tau^{-1}(\beta)$。

求 $x = 0$ 处的雅可比矩阵：

$$\left.\frac{\mathrm{d}f}{\mathrm{d}x}\right|_{x=0} = a\tau(x) - b + ax\tau'(x)\,|_{x=0} = a\tau(x) - b \tag{12.4.29}$$

故得

$$\tau(x) < b/a = \beta \qquad \text{系统线性稳定}$$
$$\tau(x) > b/a = \beta \qquad \text{系统线性不稳定}$$

同理求 $x = \tau^{-1}(\beta)$ 处的雅可比矩阵：

$$\left.\frac{\mathrm{d}f}{\mathrm{d}x}\right|_{x=\tau^{-1}(\beta)} = ax\tau'(x) \tag{12.4.30}$$

故得

$$\tau'(x) < 0 \qquad \text{系统线性稳定}$$
$$\tau'(x) > 0 \qquad \text{系统线性不稳定}$$

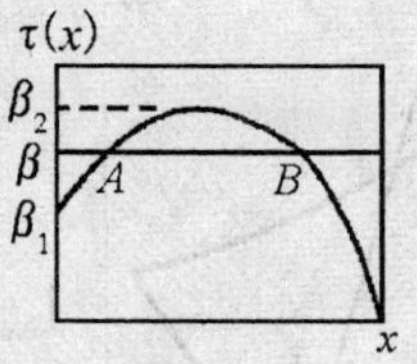

图 12-16　函数 $\tau(x)$

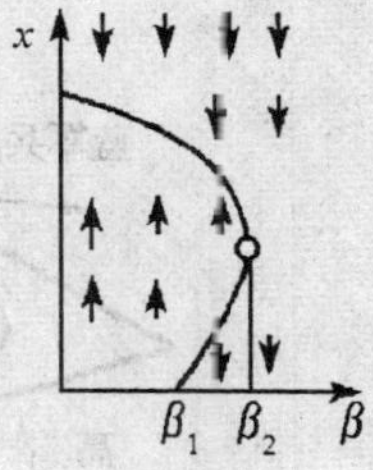

图 12-17　城镇演化模型的平衡曲线

若函数 $\tau(x)$ 如图 12-16 所示,对应求出平衡点曲线示于图 12-17,从图 12-16 可知:

(1) 当 $\beta < \beta_1$, x 有唯一吸引子。

(2) 当 $\beta_1 < \beta < \beta_2$, x 有两处非零解, A 点对应于排斥子, B 点对应于吸引子, $x = 0$ 是吸引子。

(3) 当 $\beta > \beta_2$, $x = 0$ 是唯一稳定平衡解。

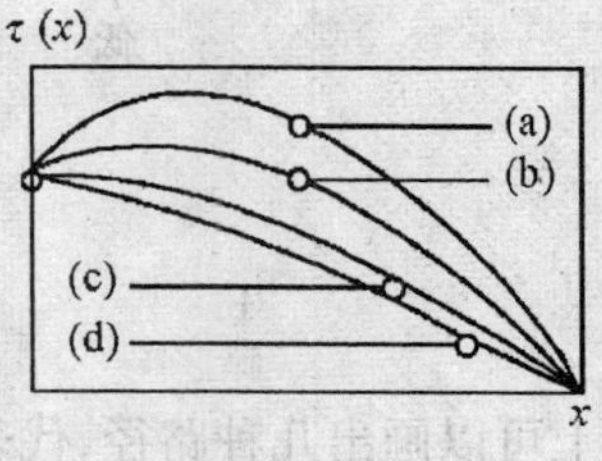

图 12-18　表函数 $\tau(x)$ 的不同形状

下面再看 $\tau(x)$ 曲线变化的情况。参照图 12-18,对应的平衡点曲线变化示于图 12-19。

如果将 $\tau(x)$ 函数的曲线,用二次代数方程逼近,就可以得到平衡点曲面 S (图 12-20),图 12-20 就是尖点突变,当 a 一定,参数 b 调节 $\tau(x)$ 曲线形状的变化。

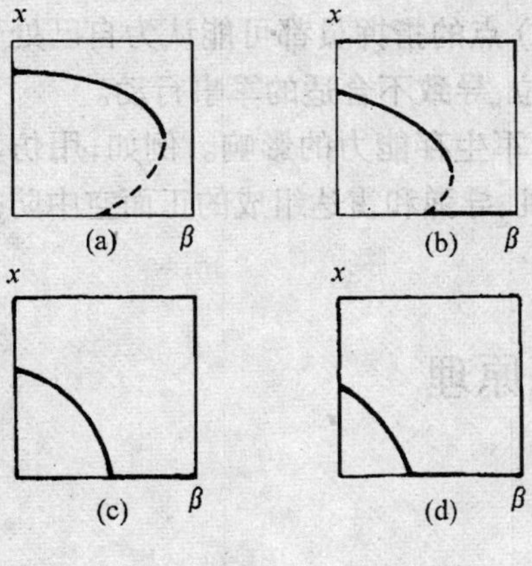

图 12-19　对应于图 12-18 的不同平衡曲线

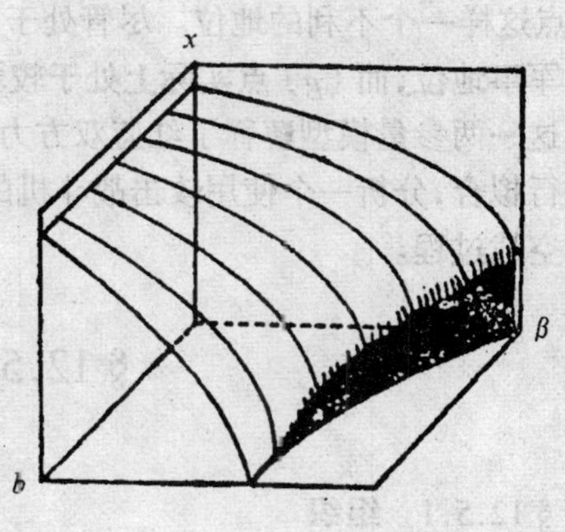

图 12-20　城镇演化模型的平衡曲线

四、应用二:作战模型

战斗过程的两参量模型考虑的是作战双方(命名为蓝方和红方)力量对比,对蓝军生存能力的影响。按照托姆原理,把这个模型建立在尖点突变模型上,冲突因子选在控制参量的位置,因为它们能捕捉作战环境中存在的内在冲突,模型解释如图 12-21 所示。其中冲突因子和行为变量解释如下:因子 1 称之为蓝军兵力,代表在防御(或进攻)(蓝)方施加命令的影响,因子 2 称为红军兵力,代表在进攻(或防御)(红)方施加命令的影响。行为变量称为蓝军生存能力,代表在军事战争状态下出现的有序—无序转变。

在图 12-21 中的尖点突变图上可以区分两个区域,代表系统行为的两种定性类型。曲面的上叶代表蓝军的高生存能力状态,曲面的下叶代表低生存能力状态。在尖点突变

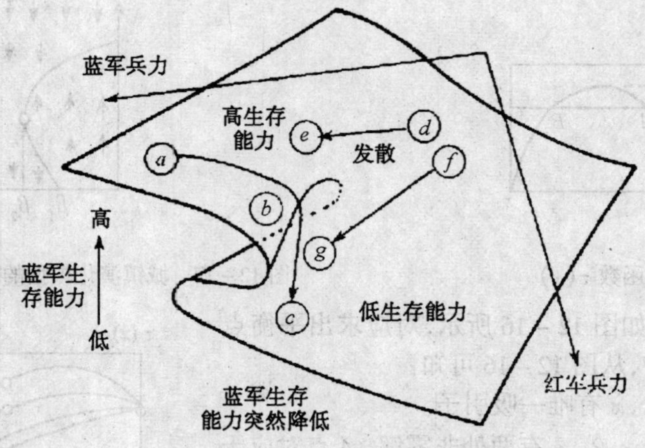

图 12-21　两参数突变模型图

曲面上可以画出几种路径，代表不同的战争行为。例如路径（$a-b-c$），代表蓝军力量的迅速消耗和红军力量的净增强，它导致蓝军的崩溃。

图上的路径（$d-e$）和（$f-g$）也是很典型的。因为它们都代表蓝军力量从低水平开始增强。虽然起点非常接近，但蓝军生存力的终点相距很远。在路径（$f-g$）上，作出了一系列不明智的决策，低估了红军力量。当战争开始后，使蓝军力量处于（g）点而不是（e）点这样一个不利的地位。尽管处于（e）点和（g）点的指挥员都可能认为自己处于较强的军事地位，而（g）点实际上处于较弱的军事地位，导致不合适的军事行动。

这一两参量模型解释了红蓝双方力量对比对蓝军生存能力的影响。例如，用仿真数据进行拟合，分析一个使用攻击战斗机的防御战斗机、导弹和雷达组成的正面空中防御地区的空战过程。

§12.5　自组织原理

§12.5.1　组织

按照哈肯形象的说法，组织是指在工头的命令下，工人们按照确定的方式行动，生产产品。

如果把外部(工头)的命令当成外力，那么行动就是命令产生的结果，或者说命令是原因，行动是结果。对于牛顿方程外力 F 是原因，加速度 $\frac{dv}{dt}$ (运动)是外力作用下产生的结果。进一步考虑系统有阻尼的情况，则有

$$\dot{q}=-\gamma q+F(t),\gamma>0. \tag{12.5.1}$$

如果不考虑系统的过渡过程，式(12.5.1)的解为

$$q(t)=\int_0^t e^{-\gamma(t-\tau)}F(\tau)d\tau \tag{12.5.2}$$

现设

$$F(t) = a\mathrm{e}^{-\delta t}, \delta > 0 \tag{12.5.3}$$

将式(12.5.3)代入式(12.5.2)积分后,可得

$$q(t) = \frac{a}{\gamma - \delta}(\mathrm{e}^{-\delta t} - \mathrm{e}^{-\gamma t}) \tag{12.5.4}$$

假设 $\gamma \gg \delta$,式(12.5.4)可以简化为

$$q(t) \approx \frac{a}{\gamma}\mathrm{e}^{-\delta t} = \frac{F(t)}{\gamma} \tag{12.5.5}$$

可见,当系统固有的时间常数远小于命令(外力)的时间常数,即

$$\tau_1 = \frac{1}{\gamma} \ll \tau_2 = \frac{1}{\delta} \tag{12.5.6}$$

这时候式(12.5.5)的近似解等价于式(12.5.1)中一开始就令 $\dot{q} = 0$ 所得的结果:

$$0 = -\gamma q + F(t) \tag{12.5.7}$$

这个近似假设称为“绝热近似”,它对哈肯建立的自组织原理扮演重要角色。

§12.5.2 自组织

仿照上面关于组织的形象提法,可把自组织理解为:没有外部工头的命令,工人们依靠某种相互默契,协同工作,各尽职责来生产产品。

可见,自组织的显著特点,表现在行动(运动)是在没有外部命令的情况下产生的。这就是说,对于自组织系统来说,运动是由内因所驱使。作为数学处理,需将 F 当成系统内部的一个状态变量,并且用 q_1 表示,而上节的 q 就变成为q_2 ,自组织也就是系统内部某一个(或几个)状态变量作为推动力,驱使系统作协同运动。设系统方程(哈肯模型)如下:

$$\dot{q}_1 = -kq_1 - aq_1q_2 \tag{12.5.8}$$

$$\dot{q}_2 = -\lambda_2 q_2 + bq_1^2 \tag{12.5.9}$$

式中 q_1、q_2 是状态变量, k、λ_2、a、b 是系数。假设系统是有阻尼的,并设 $\lambda_2 \gg k$,且 $\lambda_2 > 0$,即对应于系统的时间常数:

$$\tau_2 = \frac{1}{\lambda_2} \ll \tau_1 = \frac{1}{k} \tag{12.5.10}$$

满足上述条件,则可以采用绝热近似,即令 $\dot{q}_2 \approx 0$,从式(12.5.9)可得

$$q_2 \approx \lambda_2^{-1} bq_1^2 \tag{12.5.11}$$

将式(12.5.11)式代入式(12.5.8),可得

$$\dot{q}_1 = -kq_1 - k_1q_1^3 \tag{12.5.12}$$

式中

$$k_1 = \frac{ab}{\lambda_2} \tag{12.5.13}$$

方程(12.5.12)就是 Pitch-fork 分岔的运动方程,平衡点随参数 k 的变化和分岔前后对应的势函数,详见§12.4.2的图12-11至图12-13,当 k 从 $k > 0$ 变化到 $k < 0$ 时,出现了稳定性交换。

从式(12.5.12)解出 q_1 后,代入式(12.5.11),立即决定了 q_2 .因此,可以把 q_1 叫作支配变量,或者叫序参量, q_2 则叫跟随变量。从上面假设, q_1 对应于小阻尼、长寿命; q_2 对应于大阻尼、短寿命。因此,支配原理实质上是长寿命系统支配短寿命系统。一方面 q_2

跟随 q_1，但从式(12.5.8)，q_2 又反作用于 q_1，作用、反作用即相互作用。当 $q_1 = 0$ 时，从式(12.5.11)立即得出 $q_2 = 0$，此时 q_1、q_2 之间既没有作用，也没有反作用，q_1、q_2 表征两个孤立子系统，根本谈不上自组织。自组织只有当子系统之间存在作用与反作用，当且仅当相互作用达到了协调、同步时才会出现。协调同步的标志是控制参数通过临界点来显现。只有经过临界点，老的结构线性失稳，新的有序结构才有出现的可能性。老的结构让位于新结构，稳定性交换的实质也就是新旧结构的演变。真实系统通常总是结构与功能的统一体。因此，旧结构让位于新结构，也就是新的结构与功能的统一。经过控制参数的量变，到达临界点，使量变过渡到质变，出现新的有序结构，质变的形式通常是分岔或者突变。

对于普遍的情形，系统方程写成下列非线性函数形式：

$$\dot{q} = f(q) \tag{12.5.14}$$

其中 $q = (q_1, q_2, \cdots, q_n)^{\mathrm{T}} \in R^n, f = (f_1, f_2, \cdots, f_n)^{\mathrm{T}}$。

为了便于运用支配原理，可将式(12.5.14)进行变换。从 $\dot{q} = f(q) = 0$，可解得 $q = q_e$，q_e 为非线性方程的平衡点。令

$$q(t) = q_e + u(t) \tag{12.5.15}$$

将式(12.5.15)代入式(12.5.14)，在平衡点 q_e 的邻域，将 $f(q_e + u(t))$ 用 Taylor 级数展开，可得

$$\dot{u}(t) = Lu(t) + N(u(t)) \tag{12.5.16}$$

其中 L 是 f 的雅可比矩阵，即

$$L = \left(\frac{\partial f}{\partial q}\right)_{q = q_e} \tag{12.5.17}$$

$N(u(t))$ 是与原方程相同幂次的非线性项，进一步通过求式(12.5.16)的对角化变换[2]，可将式(12.5.16)化为

$$\dot{x}_i(t) = \lambda_i x_i(t) + g_i(x_1, x_2, \cdots, x_n) \qquad (i = 1,2,\cdots,n) \tag{12.5.18}$$

现在，我们从式(12.5.18)出发，记 $\lambda_i = -\gamma_i (i = 1,2,\cdots,n)$，$\gamma_i$ 为阻尼系数。可将状态变量 $x_1, x_2, \cdots, x_n$ 分成两组。设 $i = 1,2,\cdots,m$ 所对应的 x_i，其阻尼系数很小，或者甚至是不稳定的(即 $\gamma_i \leqslant 0$)，而另一组其下标为"s"，$s = m+1, m+2, \cdots, n$，x_s 为稳定模(即 $\gamma_s > 0$)。于是便可运用绝热消去法，可令 $\dot{q}_s \approx 0 (s = m+1, m+2, \cdots, n)$，假设 $g_s(x_1, x_2, \cdots, x_n)$ 中 $|x_s| \ll |x_i|$，于是从式(12.5.18)即可解得

$$\gamma_s x_s = g_s(x_1, x_2, \cdots, x_n) \approx g_s(x_1, x_2, \cdots, x_m) \tag{12.5.19}$$

将式(12.5.19)代回到式(12.5.18)中前 $i(i = 1,2,\cdots,m)$ 个方程，可得

$$\dot{x}_i = -\gamma_i x_i + g_i(x_1, x_2, \cdots, x_m, x_{m+1}(x_i), x_{m+2}(x_i), \cdots, x_n(x_i))$$

故最后得

$$\dot{x}_i = -\gamma_i x_i + g_i(x_1, x_2, \cdots, x_m) \qquad (i = 1,2,\cdots,m) \tag{12.5.20}$$

在实际应用当中，往往只有一个或者很少几个变量是不稳定的(即对应于 $\lambda_i \geqslant 0$ 或者 $\gamma_i \leqslant 0$)，而其他变量均为衰减稳定的。那么，就可以毫无问题地运用绝热消去法。按照支配原理，序参量支配跟随变量，那么系统的行为仅仅由少数几个序参量所决定。这样一来，即使对于十分复杂的系统，运用支配原理，也可以求出很有规律性的结果。因此，支配原理是哈肯发展自组织理论的核心内容。

§12.5.3 生存竞争

作为自组织理论应用的一个例子,这一小节讨论多个物种的生存竞争。事实上以两个物种 n_1,n_2 为例来说明问题已经足够了。假设物种 n_1,n_2 共享两种食物,分别用 N_1,N_2 表示,物种方程为

$$\dot{n}_1 = (a_{11}N_1 + a_{12}N_2)n_1 - \delta_1 n_1 \tag{12.5.21}$$

$$\dot{n}_2 = (a_{21}N_1 + a_{22}N_2)n_2 - \delta_2 n_2 \tag{12.5.22}$$

上两式中第一个括号项,表示 n_1,n_2 以两种食物为生,作为自身的增长率,δ_1,δ_2 分别代表 n_1,n_2 的死亡率(包括自然死亡或被别的物种捕杀)。

食物方程写成

$$\dot{N}_1 = \gamma_1(N_1^0 - N_1) - \mu_{11}n_1 - \mu_{12}n_2 \tag{12.5.23}$$

$$\dot{N}_2 = \gamma_2(N_2^0 - N_2) - \mu_{21}n_1 - \mu_{22}n_2 \tag{12.5.24}$$

上两式中,$\gamma_1 N_1^0,\gamma_2 N_2^0$ 表示食物以常系数增长的生长率,$\gamma_1 N_1,\gamma_2 N_2$ 表示食物的自然损耗,例如环境因素造成的损耗,或者内部原因,如腐烂,霉变损失等。最后两项意义明显,代表 n_1、n_2 食用的消耗,消耗系数为 $\mu_{ij}(i,j = 1,2)$,其中 i 代表食物,j 代表物种。按照哈肯的支配原理,可取 n_1,n_2 为序参量,采用绝热消去法,可令 $\dot{N}_1 = \dot{N}_2 \approx 0$,从式(12.5.23)、(12.5.24)可得

$$N_1 = N_1^0 - \frac{1}{\gamma_1}(\mu_{11}n_1 + \mu_{12}n_2) \tag{12.5.25}$$

$$N_2 = N_2^0 - \frac{1}{\gamma_2}(\mu_{21}n_1 + \mu_{22}n_2) \tag{12.5.26}$$

将式(12.5.25)、(12.5.26)代入式(12.5.21)与式(12.5.22),记

$$\alpha_1 = a_{11}N_1^0 + a_{12}N_2^0 - \delta_1 \tag{12.5.27}$$

$$\alpha_2 = a_{21}N_1^0 + a_{22}N_2^0 - \delta_2 \tag{12.5.28}$$

$$\beta_{11} = \left(\frac{a_{11}\mu_{11}}{\gamma_1} + \frac{a_{12}\mu_{21}}{\gamma_2}\right) \tag{12.5.29}$$

$$\beta_{12} = \left(\frac{a_{11}\mu_{12}}{\gamma_1} + \frac{a_{12}\mu_{22}}{\gamma_2}\right) \tag{12.5.30}$$

$$\beta_{21} = \left(\frac{a_{21}\mu_{11}}{\gamma_1} + \frac{a_{22}\mu_{21}}{\gamma_2}\right) \tag{12.5.31}$$

$$\beta_{22} = \left(\frac{a_{21}\mu_{12}}{\gamma_1} + \frac{a_{22}\mu_{22}}{\gamma_2}\right) \tag{12.5.32}$$

物种方程变成

$$\dot{n}_1 = \alpha_1 n_1 - \beta_{11}n_1^2 - \beta_{12}n_1 n_2 = f_1(n_1,n_2) \tag{12.5.33}$$

$$\dot{n}_2 = \alpha_2 n_2 - \beta_{21}n_1 n_2 - \beta_{22}n_2^2 = f_2(n_1,n_2) \tag{12.5.34}$$

设 $\beta_{ij}(i,j = 1,2) > 0$,物种方程(12.5.33),(12.5.34)为非线性方程,故有多个平衡点解。因此,要分不同情况进行研究。

一、物种灭绝

令 $f_1(n_1,n_2) = 0, f_2(n_1,n_2) = 0$ 可得一对平衡点,其解为

$$n_1 = n_{e1} = 0$$
$$n_2 = n_{e2} = 0$$

对 $f_1(n_1, n_2), f_2(n_1, n_2)$ 求偏导数,可得

$$\left.\frac{\partial f_1}{\partial n_1}\right|_{(0,0)} = (\alpha_1 - 2\beta_{11}n_1 - \beta_{12}n_2)\mid_{(0,0)} = \alpha_1$$

$$\left.\frac{\partial f_1}{\partial n_2}\right|_{(0,0)} = -\beta_{12}n_1\mid_{(0,0)} = 0$$

$$\left.\frac{\partial f_2}{\partial n_1}\right|_{(0,0)} = -\beta_{21}n_2\mid_{(0,0)} = 0$$

$$\left.\frac{\partial f_2}{\partial n_2}\right|_{(0,0)} = (\alpha_2 - \beta_{21}n_1 - 2\beta_{22}n_2)\mid_{(0,0)} = \alpha_2$$

故得平衡点 $\begin{pmatrix} n_{e1} \\ n_{e2} \end{pmatrix} = \begin{pmatrix} 0 \\ 0 \end{pmatrix}$ 外的雅可比矩阵为

$$J = \begin{bmatrix} \alpha_1 & 0 \\ 0 & \alpha_2 \end{bmatrix}$$

由 $\det(J - \lambda I) = (\alpha_1 - \lambda)(\alpha_2 - \lambda) = 0$,可得两个特征根为

$$\lambda_1 = \alpha_1, \ \lambda_2 = \alpha_2$$

因此,$(n_{e1}, n_{e2}) = (0,0)$ 为点吸引子的条件是

$$\left.\begin{matrix} \alpha_1 < 0 \\ \alpha_2 < 0 \end{matrix}\right\} \rightleftharpoons \left\{\begin{matrix} a_{11}N_1^0 + a_{12}N_2^0 < \delta_1 \\ a_{21}N_1^0 + a_{22}N_2^0 < \delta_2 \end{matrix}\right. \tag{12.5.35}$$

这表示两个物种 n_1, n_2 都不适应环境,均将被淘汰。

二、优胜劣汰

这时 $f_1(n_1, n_2), f_2(n_1, n_2)$ 的平衡点解分别为

$$\begin{cases} n_1 = n_{e1} = 0 \\ n_2 = n_{e2} = \dfrac{\alpha_2}{\beta_{22}} \end{cases} \quad 或者 \quad \begin{cases} n_1 = n_{e1} = \dfrac{\alpha_1}{\beta_{11}} \\ n_2 = n_{e2} = 0 \end{cases}$$

这种情况,我们只讨论其中之一,即讨论 $(n_{e1}, n_{e1}) = \left(0, \dfrac{\alpha_2}{\beta_{22}}\right)$,因为方法是完全一样的。此时,雅可比矩阵为

$$J = \left(\frac{\partial f}{\partial n}\right)_{\left(0, \frac{\alpha_2}{\beta_{22}}\right)} = \begin{bmatrix} \alpha_1 - \dfrac{\beta_{12}}{\beta_{22}}\alpha_2 & 0 \\ -\dfrac{\beta_{21}}{\beta_{22}}\alpha_2 & -\alpha_2 \end{bmatrix} \tag{12.5.36}$$

由 $\det(J - \lambda I) = 0$,可得

$$\left[\left(\alpha_1 - \alpha_2\frac{\beta_{12}}{\beta_{22}}\right) - \lambda\right](\alpha_2 + \lambda) = 0 \tag{12.5.37}$$

故得两个特征根为

$$\lambda_1 = -\alpha_2, \ \lambda_2 = \alpha_1 - \alpha_2\frac{\beta_{12}}{\beta_{22}} \tag{12.5.38}$$

因此,$(n_{e1}, n_{e2}) = \left(0, \dfrac{\alpha_2}{\beta_{22}}\right)$ 为点吸引子的条件是

(1) $\alpha_2 > 0 \overset{\because \beta_{22}>0}{\Rightarrow} n_{e2} = \dfrac{\alpha_2}{\beta_{22}} > 0$，这是保证 n_2 为正实根的条件，意义显然。

(2) $\alpha_1 - \alpha_2 \dfrac{\beta_{12}}{\beta_{22}} < 0 \Rightarrow \dfrac{\alpha_1}{\beta_{12}} < \dfrac{\alpha_2}{\beta_{22}}$，可设 $\alpha_1 > 0$，条件(2)变成

$$\frac{\alpha_2}{\beta_{22}} > \frac{\alpha_1}{\beta_{12}} > 0 \tag{12.5.39}$$

物种 1 被淘汰的原因，可从(12.5.39)不等式找出，即

$$\frac{\alpha_2}{\beta_{22}} > \frac{\alpha_1}{\beta_{12}} \Rightarrow \alpha_2 > \alpha_1 \text{或} \beta_{22} < \beta_{12}, \tag{12.5.40}$$

这表示在同样的环境条件下，物种 2 的繁殖快，死亡率低。另一原因是物种 2 因自身繁殖的限制因子小。相反物种 1 却因物种 2 繁殖快，占领了生存空间，衰减较大。总之，上述条件体现了“优胜劣汰”的进化法则。单一物种生存的相图示于图 12－22。

图 12－23 给出优胜劣汰的进化法则的示意图，表示一开始 n_1 作为一种有生命力的物种增长、繁殖，达到鼎盛时期后，被新出现的更优的新种 n_2 取代，随着 n_2 增长，n_1 逐步衰亡，接着 n_2 重复 n_1 的命运，又被更优的新种 n_3 所取代。

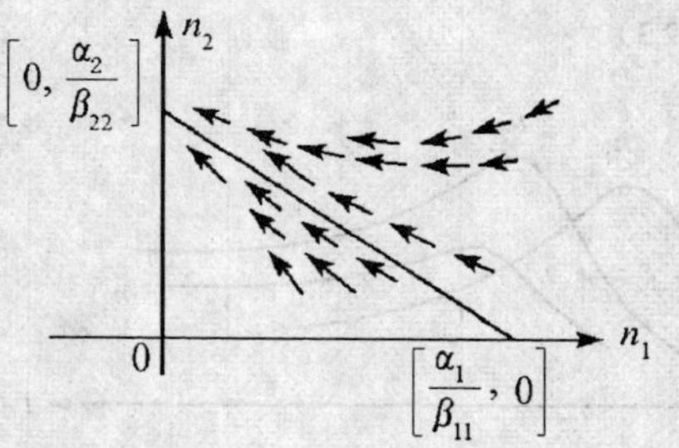

图 12－22　单一物种生存的相图

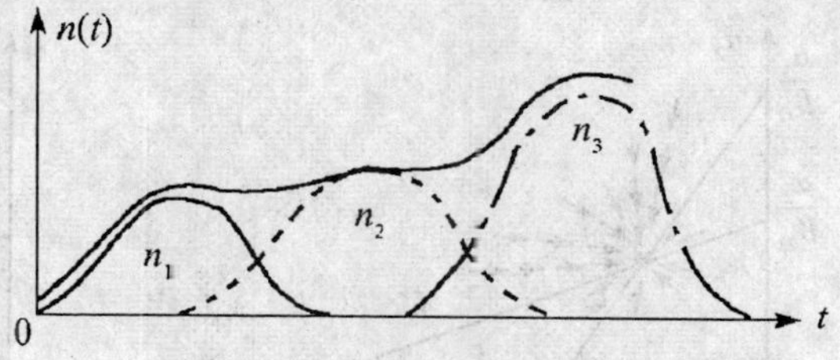

图 12－23　优胜劣汰的进化

三、多物种共存

令 $f_1(n_1, n_2) = 0$，$f_2(n_1, n_2) = 0$，可解得物种可能共存的又一个平衡点为

$$n_{e1} = \frac{\alpha_1\beta_{22} - \alpha_2\beta_{12}}{\Delta} \tag{12.5.41}$$

$$n_{e2} = \frac{\alpha_2\beta_{11} - \alpha_1\beta_{21}}{\Delta} \tag{12.5.42}$$

$$\Delta = \beta_{11}\beta_{22} - \beta_{12}\beta_{21} \tag{12.5.43}$$

同理，求得雅可比矩阵为

$$J = \left(\frac{\partial f}{\partial n}\right)_{(n_{e1}, n_{e2})} = \begin{bmatrix} -\beta_{11}n_{e1} & -\beta_{12}n_{e1} \\ -\beta_{21}n_{e2} & -\beta_{22}n_{e2} \end{bmatrix} \tag{12.5.44}$$

由 $\det(J - \lambda I) = 0$，可得特征方程为

$$\lambda^2 + a_1\lambda + a_2 = 0 \tag{12.5.45}$$

$$a_1 = \beta_{11}n_{e1} + \beta_{22}n_{e2} \tag{12.5.46}$$

$$a_2 = \Delta n_{e1}n_{e2} \tag{12.5.47}$$

按照古尔维茨稳定性准则，平衡点 (n_{e1}, n_{e2}) 为点吸引子的条件是

$$\Delta_1 = a_1 = (\beta_{11}n_{e1} + \beta_{21}n_{e2}) > 0 \tag{12.5.48}$$

$$\Delta_2 = a_1 a_2 > 0 \overset{\because a_1 > 0}{\Rightarrow} a_2 = \Delta n_{e1} n_{e2} > 0 \tag{12.5.49}$$

设 $\Delta > 0$，则同时满足(12.5.48)、(12.5.49)两个不等式的条件为

$$n_{e1} = \frac{\alpha_1\beta_{22} - \alpha_2\beta_{12}}{\Delta} > 0 \rightleftharpoons \frac{\alpha_1}{\beta_{12}} > \frac{\alpha_2}{\beta_{22}} \tag{12.5.50}$$

$$n_{e2} = \frac{\alpha_2\beta_{11} - \alpha_1\beta_{21}}{\Delta} > 0 \rightleftharpoons \frac{\alpha_2}{\beta_{21}} > \frac{\alpha_1}{\beta_{11}} \tag{12.5.51}$$

可见，两个稳定性条件，实际上也就是保证 n_{e1}, n_{e2} 为正实数的条件。使得点吸引子落在二维相空间的第一象限。图 12－24 给出共存条件下的相空间点吸引子，这个点吸引子正好是直线 l_1, l_2 的交点：

$$l_1 : n_1 + \frac{\beta_{12}}{\beta_{11}} n_2 = \frac{\alpha_1}{\beta_{11}} \tag{12.5.52}$$

$$l_2 : n_2 + \frac{\beta_{21}}{\beta_{22}} n_1 = \frac{\alpha_2}{\beta_{22}} \tag{12.5.53}$$

多个物种共存，可以用图 12－25 表示。

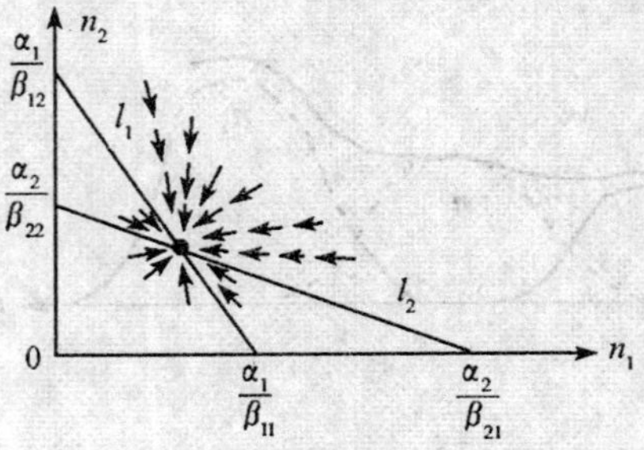

图 12－24　两物种共存的点吸引子

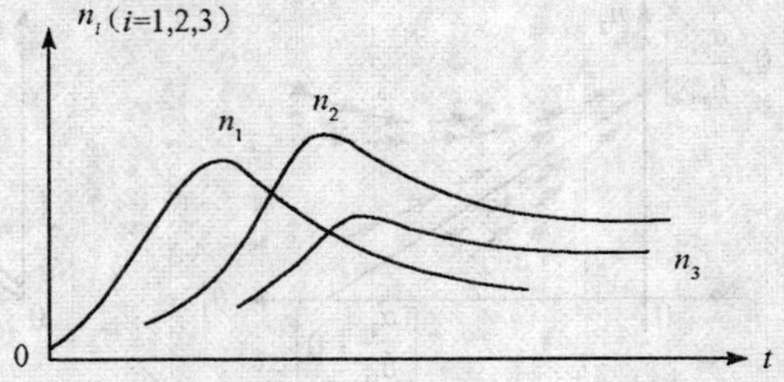

图 12－25　多个物种共存

现在将前面讨论加以归纳：$(n_{e1}, n_{e2}) = (0,0)$ 表示两个物种均不适应环境，在自然选择中被淘汰。$(n_{e1}, n_{e2}) = \left(0, \frac{\alpha_2}{\beta_{22}}\right)$ 或 $(n_{e1}, n_{e2}) = \left(\frac{\alpha_1}{\beta_{11}}, 0\right)$，表示两物种在生存竞争中"优胜劣汰"。

以上两种自然选择形式，使得物种的进化从简单向复杂，从低级向高级发展，这是进化的一个重要形式。而两个物种共存(实际上是用来说明多个物种共存)，则是进化的另一个重要形式，其发展使得物种从单一向多样化演化。地球上的生命，从最初的原细胞开始，发展到今天极其丰富的物种，正是这种进化的自组织的结果。

两物种竞争方程可以很容易推广到 n 个物种的情况。这时，n 维非线性方程如下

$$\dot{n}_i(t) = \alpha_i n_i(t) - \sum_{j=1}^{n} \beta_{ij} n_i(t) n_j(t) \quad (i = 1,2,\cdots,n) \tag{12.5.54}$$

＊§12.6　主方程与福克—普朗克方程

随机性是复杂系统的重要特征之一。系统演化在开放条件下除用非线性方程描述

外，常常还采用非确定性方程来描述。必然性和偶然性，现实需要两者。§12.4 介绍了确定性非线性方程描述的系统演化——分岔与突变，本节将在随机过程概念基础上介绍主方程和福克—普朗克方程。

§12.6.1 随机行走模型及其主方程

类似于球在赌博机中随机行走一样（图 12-26），我们在模型中假设一粒子沿一维链条作向左向右跳跃运动。在链条上，粒子可以用相等的概率从一点跳到两个相邻点之一上去。于是我们要求在 n 步之后粒子到达某点与它开始时的地点的距离 m 的概率。把向右运动称为“成功”，向左运动称为“失败”，则粒子的最后位置 m 就是它成功 s 次和失败 $(n-s)$ 次后达到的位置。若每一步长度为 1，则粒子到达的位置为

$$m = s - (n - s) = 2s - n \tag{12.6.1}$$

在 $n=4$ 的随机行步中，当 $s=0$，即 4 次都未成功时。只有一种组合，概率为 $(1/2)^4$，位置 $m=-4$；当 $s=1$，即只有一次成功时，有 4 种组合，概率为 $4\times(1/2)^4$，位置 $m=-2$；当 $s=2$，即有两次成功时，有 6 种组合，概率为 $6\times(1/2)^4$，位置 $m=0$；当 $s=3$，即有三次成功时，有 4 种组合，概率为 $4\times(1/2)^4$，位置 $m=2$；最后当 $s=4$，即 4 次都成功时，只有 1 种组合；概率为 $(1/2)^4$，位置 $m=4$. 因此，在 n 次试验中出现成功 s 次的概率为二项式分布，即

$$P(s,n) = \binom{n}{s}\left(\frac{1}{2}\right)^n \tag{12.6.2}$$

更一般地，当成功的概率为 p，失败的概率为 q 时，则

$$P(s,n) = \binom{n}{s}p^s q^{n-s}, \quad p + q = 1 \tag{12.6.3}$$

当随机行走步数 n 很大时，二项式分布趋向于泊松公布。如果以 τ 表示每一步的转换时间，则 n 步后的时间为

$$t = n\tau \tag{12.6.4}$$

因此，这是一个在时间中进行的随机过程。

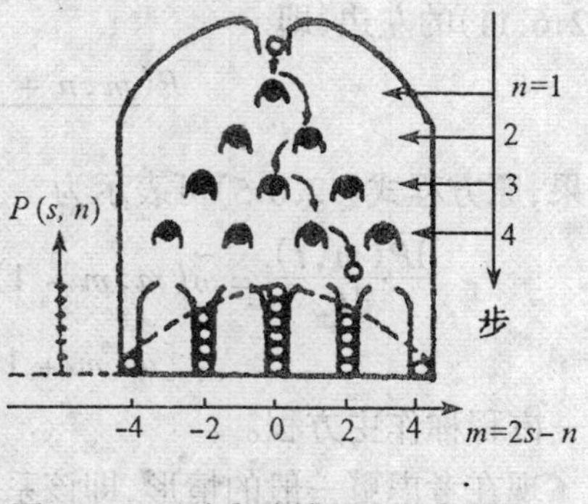

图 12-26 球在赌博机中的随机行走

我们的目的是要建立在 $n+1$ 次跳动后粒子位于 $m=0, \pm1, \pm2, \cdots$ 的概率方程，用 $P(m,n+1)$ 来表示这个概率。由于粒子每次只能跳过距离“1”，则在 n 次跳动后，粒子必定在 $m-1$ 或 $m+1$ 的位置上，使得在 $n+1$ 次跳动时刚好达到 m 位置。在 n 次跳动后位于 $m-1$ 和 $m+1$ 的概率分别为 $P(m-1,n)$ 和 $P(m+1,n)$，因此，$P(m,n+1)$ 是由粒子的两种跃迁概率组成的，即

$$P(m,n+1) = \omega(m,m-1)P(m-1,n) + \omega(m,m+1)P(m+1,n) \tag{12.6.5}$$

其中，$\omega(m,m-1)$ 和 $\omega(m,m+1)$ 分别为粒子从 $m-1$ 和 $m+1$ 到 m 的跃迁概率。当 n 次跳动后粒子在 $m-1$ 处时，则 $n+1$ 次跳动后粒子在 m 处的概率由乘积 $\omega(m,m-1)P$

$(m-1,n)$给定。同样，当 n 次跳动后粒子在 $m+1$ 处时，$n+1$ 次跳动后粒子在 m 处的概率为 $\omega(m,m+1)P(m+1,n)$，而二者是独立的事件，且

$$\omega(m,m-1)+\omega(m,m+1)=1 \tag{12.6.6}$$

本例使我们能以简单的方式来解释一些概念。下面将引入联合概率，并且推广到与时间有关的过程中去。作为一个例子，考虑粒子在 n 步处在点 m' 和 $n+1$ 步处在点 m 的概率 $P(m,n+1;m',n)$. 上面已讨论过了这个概率是由两个部分所组成的。粒子走 n 步到达点 m' 的概率是 $P(m',n)$，于是，它从 m' 到 m 的跃迁概率必定是 $\omega(m,m')$. 这样一来，联合概率可一般地写为如下形式

$$P(m,n+1;m',n)=\omega(m,m')P(m',n) \tag{12.6.7}$$

因为粒子每次都被推离其原有位置，故

$$m\neq m' \tag{12.6.8}$$

又因为它只能跳过距离"1"，故有

$$|m-m'|=1 \tag{12.6.9}$$

可见，除非 $m'=m\pm1$（在我们的例子中），否则 $\omega(m,m')=0$. 现在来讨论式(12.6.5)，令

$$\omega(m,m\pm1)/\tau=\tilde{\omega}(m,m\pm1) \tag{12.6.10}$$

我们将把 $\tilde{\omega}(m,m\pm1)$ 叫做单位时间内的跃迁概率，从式(12.6.5)两边减去 $P(m,n)$，并且用 τ 除两边，再使用式(12.6.6)，就得到下面的结果

$$\begin{aligned}\frac{P(m,n+1)-P(m,n)}{\tau}&=\tilde{\omega}(m,m-1)P(m-1,n)+\tilde{\omega}(m,m+1)P(m+1,n)\\&\quad-[\tilde{\omega}(m+1,m)+\tilde{\omega}(m-1,m)]P(m,n)\end{aligned} \tag{12.6.11}$$

我们用 $t=n\tau$ 把变量 n 与时间变量 t 联系起来，从而引入如下的概率测度

$$\tilde{P}(m,t)=P(m,n)\equiv P(m,t/\tau) \tag{12.6.12}$$

式(12.6.12)中的 $\tilde{P}(m,t)$ 是函数 $P(m,t/\tau)$ 的简写，现近似地用对时间求微商来表示式(12.6.11)的左边，即

$$\frac{P(m,n+1)-P(m,n)}{\tau}\approx\frac{\mathrm{d}\tilde{P}(m,t)}{\mathrm{d}t} \tag{12.6.13}$$

结果，原方程式(12.6.5)可表示为

$$\begin{aligned}\frac{\mathrm{d}\tilde{P}(m,t)}{\mathrm{d}t}&=\tilde{\omega}(m,m-1)\tilde{P}(m-1,t)+\tilde{\omega}(m,m+1)\tilde{P}(m+1,t)\\&\quad-[\tilde{\omega}(m+1,m)+\tilde{\omega}(m-1,m)]\tilde{P}(m,t)\end{aligned} \tag{12.6.14}$$

这一方程称作主方程。

现在考虑更一般的情形，即该系统可用一个矢量 $\boldsymbol{m}$ 形式的离散变量进行描述。t 时刻在点 $\boldsymbol{m}$ 找到粒子的概率，由于粒子从其它点 $\boldsymbol{m}'$ 跃迁到该点而增加，由于离开该点而减少，即有一般关系

$$\dot{P}(\boldsymbol{m},t)=\text{增加率}-\text{减少率} \tag{12.6.15}$$

因为增加率是由所有从点 $\boldsymbol{m}'$ 到点 $\boldsymbol{m}$ 的跃迁所组成，故它就是由对点 $\boldsymbol{m}'$ 求和而成的，其中每一项都是由在点 $\boldsymbol{m}'$ 找到粒子的概率乘以每秒从点 $\boldsymbol{m}'$ 到点 $\boldsymbol{m}$ 的跃迁概率所给出，即

$$\text{增加率}=\sum_{m'}\omega(\boldsymbol{m},\boldsymbol{m}')P(\boldsymbol{m}',t) \tag{12.6.16}$$

同理,可得减少率的跃迁关系式

$$减少率 = P(\boldsymbol{m},t)\sum_{m'}\omega(\boldsymbol{m}'.\boldsymbol{m}) \tag{12.6.17}$$

把(12.6.16)与(12.6.17)两式代入式(12.6.15)中,我们得到

$$P(\boldsymbol{m},t) = \sum_{m'}\omega(\boldsymbol{m},\boldsymbol{m}')P(\boldsymbol{m}',t) - P(\boldsymbol{m},t)\sum_{m'}\omega(\boldsymbol{m}',\boldsymbol{m}) \tag{12.6.18}$$

式(12.6.18)描述的方程叫做主方程。

§12.6.2 福克—普朗克方程

流体分子对布朗粒子的作用可分解为两部分:连续变化的粘滞阻力 $F = -\alpha v(t)$和无规则变化的随机力 $F_s(t)$.于是粒子的运动方程为

$$m\frac{\mathrm{d}v}{\mathrm{d}t} = -\alpha v(t) + F_s(t)$$

或

$$\frac{\mathrm{d}v}{\mathrm{d}t} = -\gamma v(t) + \xi(t) \tag{12.6.19}$$

式(12.6.19)称为朗之万方程。它描述了随机变量 $v(t)$本身随时间的演化,其中

$$\gamma = \frac{a}{m},\quad \xi(t) = \frac{F_s(t)}{m}$$

并对 $\xi(t)$的统计性质提出了以下假设:

(i) $\langle\xi(t)\rangle = 0$

(ii) $\langle\xi(t)\xi(t')\rangle = D\delta(t-t')$

即随机力 $\xi(t)$具有 δ 自关联函数或为零的自关联时间,常数 D 为$\xi(t)$的均方涨落或叫噪声强度。具有特性(i)和(ii)的随机力 $\xi(t)$叫白噪声。式(12.6.19)描写了布朗运动的物理过程(随机过程)。

由于朗之万方程的解 $v(t)$是一随机变量,可以用 $P(v,t)\mathrm{d}v$ 表示在 t 时刻粒子的速度 v 落在 $v\sim v+\mathrm{d}v$ 间的概率,$P(v,t)$叫速度概率密度。由朗之万方程(12.6.19)可推导出布朗粒子速度概率 $P(v,t)$的演化方程,它的形式为

$$\frac{\partial}{\partial t}P(v,t) = \gamma\frac{\partial}{\partial v}(vP) + \frac{D}{2}\frac{\partial^2}{\partial v^2}P \tag{12.6.20}$$

式(12.6.20)就是福克—普朗克方程最简单的特例,与朗之万方程(12.6.19)等价。一般地,一维的福克—普朗克方程为

$$\frac{\mathrm{d}f}{\mathrm{d}t} = \frac{\mathrm{d}}{\mathrm{d}q}(\gamma qf) + \frac{1}{2}D\frac{\mathrm{d}^2}{\mathrm{d}q^2}f \tag{12.6.21}$$

它描写了在时间过程中粒子概率分布的变化(参见图 12-27)。$k = -\gamma q$ 称为漂移系数,D 称为扩散系数。当 $\gamma = 0$ 时,

$$\frac{\mathrm{d}f(q,t)}{\mathrm{d}t} = \frac{1}{2}D\frac{\mathrm{d}^2}{\mathrm{d}q^2}f(q,t) \tag{12.6.22}$$

我们称为扩散方程。

这样的方法也可以应用到多变量和任意力 $K_i(q)$的一般情况。如果我们假设对应的

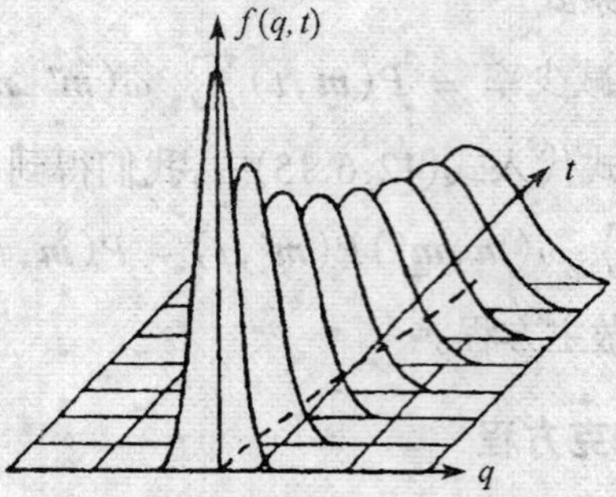

图 12－27　$f(q,t)$作为 t 和 q 函数的例子，虚线是最可几轨道

朗之万方程的形式是：

$$\dot{q} = K_i(q) + \xi(t), i = 1,2,\cdots,n \tag{12.6.23}$$

$$q = (q_1, q_2, \cdots, q_n),\ K = (K_1(q), K_2(q), \cdots, K_n(q)) \tag{12.6.24}$$

有 δ 型相关的涨落力 $\xi(t)$

$$\langle \xi_i(t)\xi_j(t') \rangle = D_{ij}\delta(t - t')$$

在 t 时刻，描述粒子在 q 空间的运动轨迹的概率密度则为

$$P(q,t) = \delta(q_1 - q_1(t))\delta(q_2 - q_2(t))\cdots\delta(q_n - q_n(t)) \tag{12.6.25}$$

在 q 空间的分布函数 f 则为

$$f(q,t) = \langle P(q,t) \rangle \tag{12.6.26}$$

和一维情况类似，由式(12.6.23)，同样可以得到福克—普朗克方程

$$\dot{f}(q,t) = -\nabla_q(Kf) + \frac{1}{2}\sum_{ij} D_{ij}\frac{\partial^2}{\partial q_i \partial q_j} f \tag{12.6.27}$$

其中 ∇_q 是拉普拉斯算子符号。

§12.6.3　福克—普朗克方程的定态解

福克—普朗克方程在复杂系统理论研究中应用很广，我们将给出怎样去求福克—普朗克方程的定态解。

定态解是按 $\dot{f} = 0$ 定义的，即 f 与时间无关。同样，先看一维例子，我们采用 f 的“自然边界条件”，它意味着 $q \to \pm\infty$ 时，$f = 0$ 且 $\frac{df}{dq} = 0$，因此有

$$\frac{1}{2}D\frac{df}{dq} = Kf \tag{12.6.28}$$

式(12.6.28)有解

$$f(q) = N\exp(-2V(q)/D) \tag{12.6.29}$$

这里

$$V(q) = -\int_{q_0}^{q} K(q)\mathrm{d}q \tag{12.6.30}$$

$V(q)$是势能函数，归一化常数 N 按下式决定：

$$\int_{-\infty}^{+\infty} f(q)\mathrm{d}q = 1 \tag{12.6.31}$$

下面讨论 n 维情况，如果漂移系数 $K_i(q)$ 满足如下的势能条件，所得的解与式(12.6.29)类似

$$K_i = -\frac{\partial}{\partial q_i}V(q), \quad i = 1,2,\cdots,n \tag{12.6.32}$$

如果扩散系数也遵守条件：

$$D_{ik} = \delta_{ik}D, \quad i,k = 1,2,\cdots,n \tag{12.6.33}$$

那么

$$f(q) = N\exp(-2V(q)/D) \tag{12.6.34}$$

为了说明式(12.6.29)和式(12.6.34)，我们研究两个例子。

例 12.3　$K(q) = -\alpha q - \beta q^3$(确定力)　($\beta > 0$)

$$V(q) = \frac{\alpha}{2}q^2 + \frac{\beta}{4}q^4 \text{(势能函数)}$$

$$\dot{q} = -\alpha q - \beta q^3 + \xi(t) \text{(朗之万方程)}$$

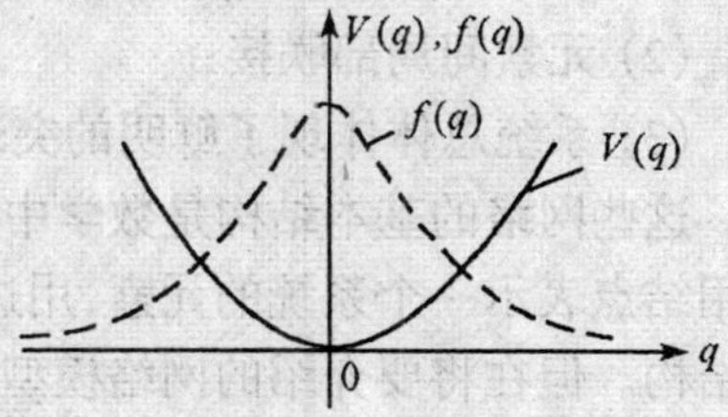

图 12-28　当势能 $V(q)$ 取最小值时，定态概率 $f(q)$ 最大

这是尖点突变的一个特例，当 $\alpha > 0$ 时，定性地与图 12-28 的情形相同。但是，当 $\alpha < 0$ 时，新的情况出现，参见图 12-29。在没有涨落时，粒子的坐标既可在左边也可在右边的能谷处(对称破缺)，而 $f(q)$ 是对称的，"粒子"在两个能谷中以相等的概率出现，如果能谷是深的，并且最初把粒子置于其一的底部，它可以在这里停留很长时间。推到另一能谷的时间问题叫做"第一次推移时间问题。"

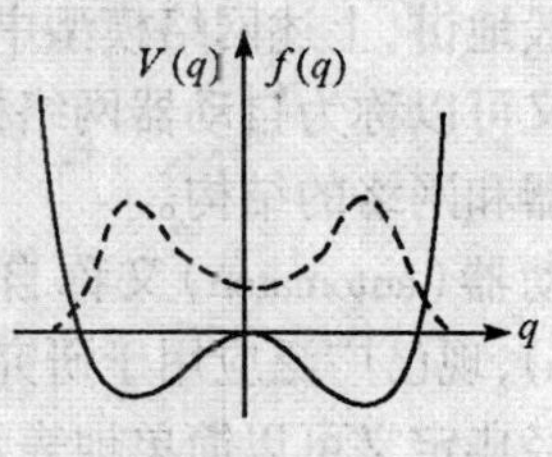

图 12-29　例 12.3 中 $\alpha < 0$ 的势能 $V(q)$(实线)和概率密度(虚线)

例 12.4　二维例子

$$K_i(q) = -\alpha q_i \quad i = 1,2$$

$$V(q) = \frac{\alpha}{2}(q_1^2 + q_2^2)$$

$$\dot{q} = -\alpha q_i + \xi_i(t), \quad i = 1,2$$

这里 $\langle \xi_i(t)\xi_j(t')\rangle = D_{ij}\delta(t-t') = \delta_{ij}D\delta(t-t')$。

势能曲面和概率密度定性地表示在图 12-30 中。

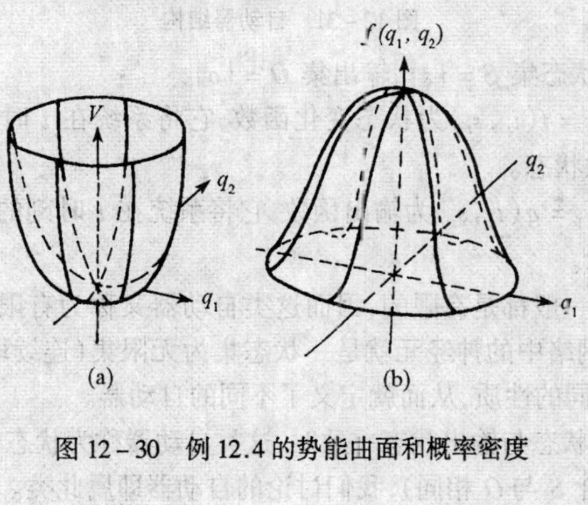

图 12-30　例 12.4 的势能由面和概率密度

＊§12.7　自动器网络模型

§12.7.1　网络模型概述

在前面几节中介绍了连续动力系统模型和随机动力系统模型。本节我们将介绍离散动力系统模型的一种——自动器网络模型，特别是元胞自动机(Cellular Automata)。自动器网络模型的共同特点在于：

(1) 涉及的元素数量较大(从几个到成千上万个)；

(2) 元素间局部联接；

(3) 系统总体体现了鲜明的突现性。

这些网络的基本结构是数学中的图，即若干结点由边连接而成的集合。过去我们也常用结点表示一个系统的元素，用边表示系统元素之间的联系，从而用图来表示一个系统的结构。但在将要介绍的网络模型中，我们引入了不同层次的动力学，即每个结点表示一子系统，它们有各自的动态行为，结点之间的联接强度可能发生变化，由此反映元素间作用关系的变化。从这种意义上讲，这类网络模型比简单的数学中的图与网络更能恰当地表示和描述一般系统。

一般地讲，上述网络模型中的每个结点(或元素)都可以看作是一自动器，因而这些网络模型又可以称为自动器网络模型或称为自动器网络。下面我们分别介绍自动器网络中的自动器和网络的结构。

自动器(automaton)又称自动机(automata，为复数)，它的研究始于冯·诺依曼(Von Neumann)，现已广泛应用于研究计算机、控制系统以及人的神经系统、自繁殖细胞等。自动器的经典定义可以简单地表示为三种集合与两个映射(如图 12-31 所示)。

图 12-31　自动器结构

输入集 $I=\{i\}$，状态集 $S=\{s\}$，输出集 $O=\{o\}$.

映射 $f(i,s):s_{t+1}=f(i_t,s_t)$为状态变化函数，它将系统在 t 时刻的输入和状态映射为系统在 $t+1$ 时刻的状态。

映射 $g(i,s):o_{t+1}=g(i_t,s_t)$为输出函数，它将系统在 t 时刻的输入和状态映射为系统在 $t+1$ 时刻的输出。

自动器的状态集一般都是有限的，因而这类自动器又称为有限自动器。它也可以是无限的，例如在神经网络中的神经元就是一状态集为无限集(连续取值)的自动器。函数 f,g 可以具有各种不同的性质，从而就定义了不同的自动器。

当自动器的内部状态与输出状态一致时，这类自动器称为状态输出器，对其描述可以得到极大的简化(集合 S 与 O 相同)，我们讨论的自动器即属此类。

许许多多的自动器连在一起,就构成了自动器网络。如果一个自动器网络具有规则的晶格结构,每个元素是完全一样的有限自动器(相同的局部联接即输入集相同,输出函数相同),且元素间的联接强度为常数,这样的自动器网络称为元胞自动机。若自动器网络的元素是一布尔自动器(状态为 0 和 1)且状态函数为布尔开关函数,元素间联接强度不变,则我们得到一布尔网络。当元素间联接强度可随时间变化时,网络的行为就变得更复杂,这就是神经网络要讨论的问题。

例 12.5 一自动器网络有 5 个结点,其结构如图 12-32 所示,每个结点具有两个输入和两个输出。

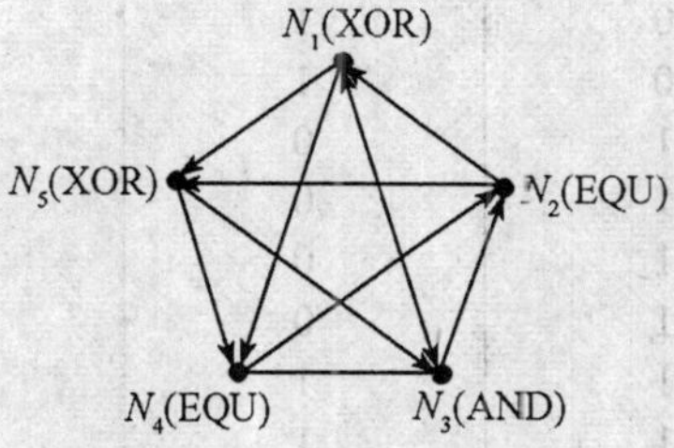

图 12-32 5 个结点组成的布尔的自动器网络

各个结点都是一布尔自动器,即其状态只有 0 和 1,且状态函数是一布尔函数。各结点的状态函数并不完全一样,它们分别表示如下($s(i)$代表第 i 个自动器的状态):

$s(1) = \mathrm{XOR}(s(2), s(3))$

$s(2) = \mathrm{EQU}(s(3), s(4))$

$s(3) = \mathrm{AND}(s(4), s(5))$

$s(4) = \mathrm{EQU}(s(5), s(1))$

$s(5) = \mathrm{XOR}(s(1), s(2))$

其中 AND,XOR 和 EQU 为布尔逻辑函数。

表 12-1 列出了 16 种具有两个输入的布尔自动器的状态函数(即具有两个变量的所有布尔函数的真值表)。

假设该自动器网络的动态行为由并行迭代的法则所规定,即所有自动器的同一时刻改变其状态。

$s(1)_{t+1} = \mathrm{XOR}(s(2)_t, s(3)_t)$

$s(2)_{t+1} = \mathrm{EQU}(s(3)_t, s(4)_t)$

$s(3)_{t+1} = \mathrm{AND}(s(4)_t, s(5)_t)$

$s(4)_{t+1} = \mathrm{EQU}(s(5)_t, s(1)_t)$

$s(5)_{t+1} = \mathrm{XOR}(s(1)_t, s(2)_t)$

那么根据上面的法则,该自动器网络的动态行为可表述为状态变化如表 12-2(其中 10 进制数码为该系统的状态代码,对应的二进制数表示该系统各元素的实际状态)。

表 12-1 两个变量的布尔函数真值表

输入 / 输出 / 函数代码及名称	输入 1 1 输入 2 1	输入 1 1 输入 2 0	输入 1 0 输入 2 1	输入 1 0 输入 2 0
0	0	0	0	0
1 NOR	0	0	0	1
2	0	0	1	0
3	0	0	1	1
4	0	1	0	0
5	0	1	0	1
6 XOR	0	1	1	0
7 NAND	0	1	1	1
8 AND	1	0	0	0
9 EQU	1	0	0	1
10	1	0	1	0
11	1	0	1	1
12	1	1	0	0
13	1	1	0	1
14 OR	1	1	1	0
15	1	1	1	1

表 12-2 对应的二进制数表示的系统实际状态表

t 时刻状态代码	t 时刻状态	$t+1$ 时刻状态	$t+1$ 时刻状态代码	t 时刻状态代码	t 时刻状态	$t+1$ 时刻状态	$t+1$ 时刻状态代码
0	00000	01010	10	16	10000	00010	2
1	00001	10010	18	17	10001	11010	26
2	00010	11011	27	18	10010	10011	19
3	00011	00011	3	19	10011	01011	11
4	00100	01001	9	20	10100	00001	1
5	00101	10001	17	21	10101	11001	25
6	00110	11000	24	22	10110	10000	16
7	00111	00000	0	23	10111	01000	8
8	01000	01000	8	24	11000	00100	4
9	01001	10000	16	25	11001	11100	28
10	01010	11001	25	26	11010	10101	21
11	01011	00001	1	27	11011	01101	13
12	01100	01011	11	28	11100	00111	7
13	01101	10011	19	29	11101	11111	31
14	01110	11010	26	30	11110	10110	22
15	01111	00010	2	31	11111	01110	14

根据上面的迭代,我们可以得到下面的状态变化"有向图"(类似于连续动力学系统中的相图),如图 12-33 所示。这样,我们就可以知道该系统存在一个点吸引子(状态 8)、两个周期吸引子(状态 25→28→7→0→10→25 和状态 19→11→1→18→19)。该系统只存在于上面三种稳定状态(状态 3 是不稳定点)。

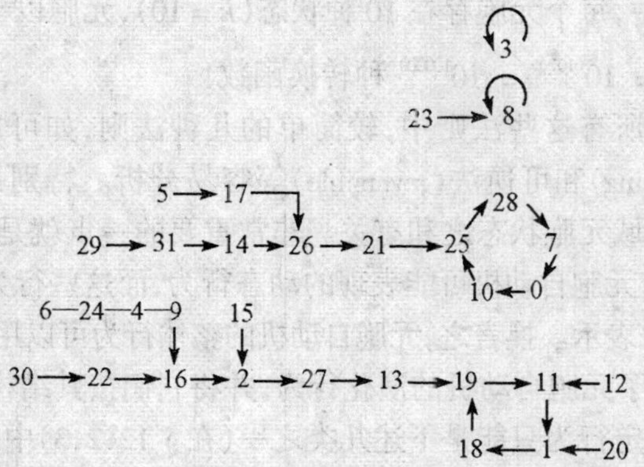

图 12-33　自动器网络的状态变化图

§12.7.2　元胞自动机

在自动器网络中，目前研究最多、应用最广的一类是元胞自动机。其特点可归纳为：

(1) 各元素分散在离散的晶格点上；

(2) 各元素的状态随时间离散地变化；

(3) 每个元素都是完全相同的有限自动器(故称为元胞)；

(4) 每个元胞都只与其周围的元胞局部联接；

(5) 元胞的状态变化都是由确定性的规则表示。

由于现代计算技术的发展，大规模的数学计算与仿真为研究复杂系统的行为提供了非常经济的"实验室"。元胞自动机在近十多年得到巨大发展，大多数新的成果都是建立在高强度仿真试验基础之上的，下面简单介绍一些与我们讨论一般系统的动态行为有关的结果。

从原则上讲，元胞自动机可以是任意维的，但最常见的两种元胞自动机是一维和二维的自动机。在二维元胞自动机中最常见的连接方式是 Von Neumann 连接与 Moore 连接，其每个元胞只与其 Von Neumann 和 Moore 邻域中的元胞相连，如图 12-34 所示。

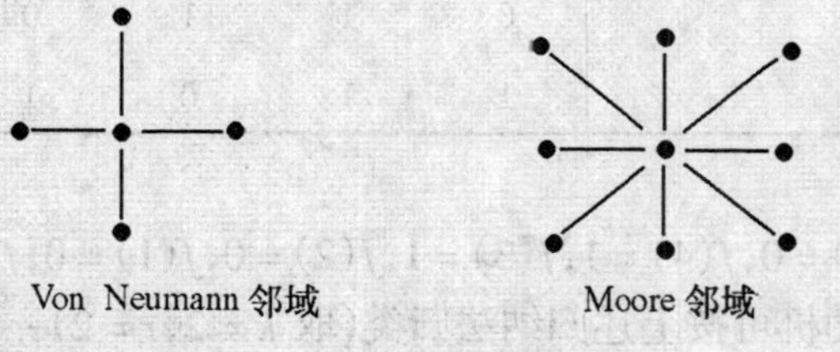

图 12-34　两种元胞连接

元胞自动机的状态取决于元胞的数量、连接方式和每个元胞可取的值。这里我们遇到一个典型的组合爆炸问题。假设一元胞自动机中每个元胞存在 k 种状态，每个元胞与它周围 n 个元胞(包括它自己)相连，则它的领域存在 k^n 种状态。元胞的输出函数，或称自动机的转变函数，要将 k^n 种状态映射为 k 状态的一种，则共有 $k^{(k^n)}$ 种状态函数存在。

假设一个元胞自动机中,每个元胞存在 10 种状态($k=10$),元胞以 Von Noumann 方式连接($n=5$),则共有 $k^{(k^n)} = 10^{(10^5)} = 10^{100000}$ 种转换函数!

研究结果表明,在所有这些法则中,较简单的几种法则,如可加法(additive)、总和法(totalistic)、压迫法(forcing)和可逆法(reversible)等容易分析。特别是总和法,它规定每个元胞的状态,只与其邻域元胞状态之和有关。非常重要的一点就是,Wolfram 证明,总和法描述的自动机展现所有元胞自动机可能表现的动态行为,而这些行为可以用类似于连续动力学系统中的吸引子来表示。换言之,元胞自动机的整体行为可以用吸引子来表示。

Wolfram 详细研究了元胞自动机的演化行为,并将它们按其结构定性地分为下面四大类,即元胞自动机的稳定行为只能是下述几类之一(在§ 12.2.3)中提到):

第一类:均匀状态,即点态吸引子;

第二类:简单的周期性结构,即周期性吸引子;

第三类:混沌的非周期性模式,即混沌吸引子。

第四类:具有某种局部结构的复杂模式(连续系统中没有对应的模式)。

以一维元胞自动机为例,我们观察它作为一个系统的整体行为。假设一维元胞自动机单元在 t 时刻的状态为 $a_i(t)$,每个元胞与周围 $2r+1$ 个元胞(包括它自己)相连,即它与那些相距不超过 r 的元胞相连,则总和法定义了该自动机的转换函数 f,使

$$a_i(t) = f\Big(\sum_{j=-r}^{j=r} a_{i+j}(t-1)\Big) \quad 0 < i, j < N \tag{12.7.1}$$

其中 i, j, r, t 及 $a_i(t)$均取整数,且 $a_0(t) = a_n(t)$, $a_{-r}(t) = a_{n-r}(t)$(即该自动机具有循环的边界;每个元胞的取值为 $a_i(t) \in \{0, 1, \cdots, k-1\}$.若令 $k=2$, $r=2$,则共有 64 种总和法则,其中两个可以表示如下(表 12-3)。

表 12-3 64 种总和法则中的两种

$\sum_{j=-r}^{j=r} a_{i+j}(t-1)$ \ 法则代码	11111 5	11110 11101 11011 10111 01111 4	3	2	1	00000 0
24	0	1	1	0	0	0
52	1	1	0	1	0	0

即取法则 24,则由 $f(5)=0, f(4)=1, f(3)=1, f(2)=0, f(1)=0, f(0)=0$ 所规定。下述几种法则描述的元胞自动机可按上述归纳法归类(取 $k=2, r=2$):

第一类吸引子:法则 4(000100)

第二类吸引子:法则 40(101000)

第三类吸引子:法则 28(011100)

第四类复杂模式:法则 52(110100)

该四种法则所导出的元胞自动机的时空行为如图 12-35 所示(其初始条件是:每个元胞以 1/2 的概率取值为 1 或 0)。

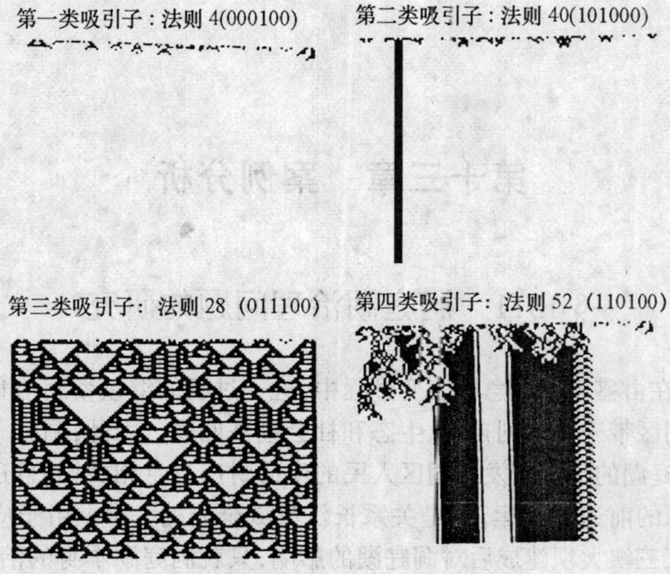

图 12－35　几类不同的吸引子①

元胞自动机的行为可从点态吸引子变化到周期吸引子，并通过第四类复杂模式达到混沌吸引子。因此，第四类具有局部结构的复杂模式称为混沌的边缘。因此，元胞自动机的动态行为(定性地)具有点吸子→周期吸引子→“复杂模式”→混沌吸引子这样的演化模式。

元胞自动机作为一种离散的动态模型，广泛地应用于生命现象的模拟中。目前正在兴起的一门学科称为人工生命(Artificial Life)。它从理论上研究生命可能存在的方式，而传统生物学只研究生命的可以观察到的方式。人工生命研究所使用的方法，主要是像元胞自动机这类的动态模型。在这一类模型中，局部的相互作用可以带来系统整体的突现行为，如宏观吸引子的产生、信息储存、结构稳定、在时空中的演化等。

习题·思考题

1. 系统理论的主要学派和主要代表人物。
2. 指出自然界存在的三种稳定结构，各对应于什么系统？
3. 讨论函数 $f(x)=\frac{1}{4}x^4+\frac{1}{2}x^2$ 的结构稳定性，并试述研究结构稳定性的意义。
4. 试述突变的基本特征，用势函数、突变流形和分岔点集来表征折迭突变。
5. 举例说明自然界和人类社会存在哪些自组织现象。
6. 设 x_1,x_2 分别代表两种物种的数量，其物种方程为

$$\dot{x}_1=\alpha_1 x_1-\beta_{11}x_1^2-\beta_{12}x_1x_2=f_1(x_1,x_2)$$

$$\dot{x}_2=\alpha_2 x_2-\beta_{21}x_1x_2-\beta_{22}x_2^2=f_2(x_1,x_2)$$

其中：$\alpha_i(i=1,2)$，$\beta_{ij}(i,j=1,2)$均为实数，且 $\beta_{ij}>0$。

试求出 x_1 物种灭绝，x_2 物种生存这一点吸引子的条件。

① 这些模式很容易从计算机上产生，但很难打印出来，故所有的图例来自 Wolfram，1984。

第十三章　案例分析

§13.1　洞庭湖治理问题的研究

洞庭湖正处在由盛至衰的急剧演变过程中，这一过程的继续使湖泊日益萎缩和逐步消亡，同时也给湖区带来一系列自然、生态和社会经济问题。因此，洞庭湖要解决的首先是治理问题。洞庭湖的治理开发同湖区人民的生命财产息息相关，并且还直接影响着荆江北岸、江汉平原的前途和命运，这是关系长江流域全局的大事。由于应用实例篇幅所限，没有考虑长江三峡大坝建成后对洞庭湖的影响，只就洞庭湖本身的治理问题，应用系统工程理论、方法加以研究[5]。

一、系统存在的问题

洞庭湖位于荆江南河畔，江湖贯通，互相影响，互相制约。洞庭湖对长江起巨大的调蓄洪水作用，而长江则影响着洞庭湖的演变和发展。由于森林覆盖率不断减少，森林植被破坏严重，长江和湖南省境内的湘、资、沅、澧四水带来的泥沙增多，同时洞庭湖区的自然地理特征和水文要素极有利于泥沙落淤。所以泥沙淤积有增无减，导致河床湖底不断淤塞抬高，泄洪流量和调蓄容积逐年减小，调蓄功能不断萎缩，洪水威胁和所造成的损失愈益严重。更为危险的是，若荆江洪峰与四水来水量过大，而荆江下游由于壅阻严重，泄洪量小，从而导致大量的超额洪水泄入洞庭湖，将会给工农业生产和人民财产造成重大损失，后果不堪设想。

二、系统的研究目标

模型研究的总目标，就是从整体上研究比较各种工程和非工程措施，对延长湖泊寿命，增强调蓄功能，减少洪水危害的作用。具体研究的内容有：

(1) 研究在四水、长江上游植树造林和种草，提高森林覆盖率，减少水土流失，对于延长湖泊寿命的作用。

(2) 研究四水上游建设控制性水库对削减、减轻洪水压力的作用。

(3) 研究在松滋口建闸、控制入湖流量，对减少泥沙淤积的作用，以及在四水洪峰时期关闭闸门或调节闸门大小对减轻洪水压力的作用。

(4) 研究在城陵矶至毛螺山疏挖泥沙，提高出湖泄量，对减少湖内底水，提高可调蓄容积，削减洪峰滞留时间，减轻洪水危害的作用。

(5) 研究加高加固堤坝，用挖泥船疏挖泥沙，填塘固基，提高标准大堤比例对减轻洪水危害和减少灾害损失的作用。

(6) 综合研究以上各种工程和非工程措施，对于延长湖泊寿命，提高湖泊调蓄能力，削减洪水水位，减轻洪水压力，减少灾害损失的综合作用。

在评价各种政策方案时，主要以下列指标进行比较：泥沙淤积量、调蓄容积、最高洪水位、灾害损失等。

三、系统分析结果

(一) 系统结构分析

涌入洞庭湖的洪水主要来自四水和长江三口，同时由于四水和长江上游森林植被破坏严重，水土流失严重，来水挟带大量泥沙。入湖后又由于洲土、芦苇等阻水障碍物的作用，致使水系混乱，水流速度缓慢，加速泥沙淤积，每年形成大片洲土。加上对洲土的不适当围垦，导致调蓄容积骤减，湖泊调蓄能力萎缩，湖区洪涝灾害越来越频繁。

防洪的指导思想是以泄为主，调蓄兼顾，在充分发挥现有河道泄洪能力的基础上，采取措施蓄纳超额洪水。为提高洪水的泄量，一方面疏挖泥沙，扩展洪道，拆除阻水障碍物，这对湖内局部地段洪水畅泄极有好处；另一方面，必须提高出湖泄量，使洪水及时排除出湖外，这又受长江干流的阻水作用，因此需实施下荆江的截弯取直。

湖泊对洪水的可调蓄量主要由湖内底水和湖泊绝对容积决定。为提高湖泊调蓄能力，必须投资加高加固堤坝，提高标准大堤比例，投石护坡以增加局部抗洪能力，从而相对地增加了湖区整体的抗洪能力，减少人民和国家的财产损失，进一步发展生产力，提高修堤的积极性。

为在洪水遭遇频繁的季节，削减洪峰，减轻洪水压力和减少入湖泥沙，需兴建控制性水库，在松滋口建闸，进行合理的调度。将上述问题用系统结构图表示，如图 13－1 所示。

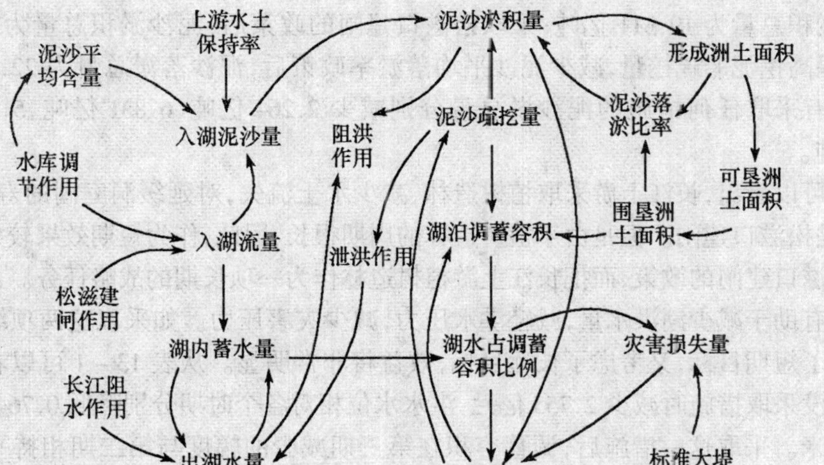

图 13－1　系统结构图

(二) 系统行为分析

(1) 系统存在问题是否得到反映。洞庭湖调蓄功能不断降低的一个重要方面是出湖洪水的排泄不畅，湖口的泄量和四水、三口的洪水来量极不适应，反映在系统行为中就是 80 年代相对来说还是平水年，但洪水威胁所造成的损失却是巨大的。进入 80 年代的头三年，洪水水位都有明显上升的趋势，结果分析反映出来的问题和客观存在的问题比较一致。

（2）过去的政策是否得到反映。在洞庭湖演化过程中，围垦洲土造田是非常严重的事件，在模型中对此加以了反映，虽然现已禁止围垦，但经过转换可以使它反映退田还湖这一政策。

（3）所预测的行为是否出现。如果进行围垦，而不加限制的话，则从分析结果可以看出调蓄容积减少的幅度比较大。在相同洪水来量的情况下，洪水水位普遍升高，引起的损失量相应增加，这也和预计的行为相符。

（4）参数的的灵敏性分析。主要是用来评价各种治理政策和措施。由于原始数据资料缺乏和数据不精确，因此模型中的参数有可能不精确。在这种情况下，一个重要的问题就是，如何避免由于参数值的误差而得出错误的结论。

（三）洞庭湖治沙战略

（1）在四水上游植树造林和种草，提高森林覆盖率，进行水土保持，减少入湖泥沙。

（2）在长江上游植树造林和种草，提高森林覆盖率，进行水土保持，修建分散型水库，减少长江泥沙来量。

（3）在松滋口建闸后，减少泥沙淤积总量，减轻洪水威胁。

（4）提高挖泥船投资比例，疏通洪道，加速水流速度，减少泥沙平均落淤率，并采取用洲土烧砖、挖湖抬田、取肥于湖等措施。

通过以上四种主要治沙政策的实验，可以看出它们对延缓湖泊寿命的作用。四水上游采取植树造林的政策后，泥沙淤积总量为23.878亿吨；长江上游采取植树造林的政策后，泥沙淤积总量为19.311亿吨；采取松滋口建闸的政策后，泥沙淤积总量为21.098亿吨；采取提高挖泥船疏挖量，减少泥沙平均落淤率政策后，泥沙落淤总量为22.685亿吨。它们比没有采取任何措施的泥沙淤总量分别减少2.264亿吨、6.831亿吨、5.044亿吨、3.457亿吨。

由此可以看出，长江上游采取植树造林，减少水土流失，对延缓洞庭湖的寿命效果最佳，其次是松滋口建闸。但是由于植树造林的周期很长，因此，作为短期效果较好的方案，宜采取松滋口建闸的政策，而把长江上游植树造林作为一项长期的战略任务。此外，松滋口建闸还有助于减少湖洪水量，减轻洪水压力，减少灾害压力。如采取这两项综合措施，则既兼顾了短期目标，又考虑了长远目标，效益将非常明显。从表13－1可以看出：灾害损失量比没采取措施时减少2.755亿元，洪水水位相对各个时期分别降低0.764米、0.931米、1.672米。采取这一措施后，调蓄容积在第三期减少的幅度与第二期相持平，湖泊调蓄功能萎缩得到制止。同时洪水水位与不采取措施前相应时期相比，降低的幅度不断增大，洪水威胁得到进一步的缓和。

（四）洞庭湖治水战略

（1）在四水上游修建江垭、皂市水库，沅水上游修建五强溪水库，削减洪峰，减轻灾情。

（2）重视修筑防洪堤坡，提高标准大堤比例，减轻灾害损失。

（3）城陵矶到毛螺山段疏挖泥沙，提高出湖泄量，削减洪峰。

（4）松滋口建闸，调节入湖水量，削减洪峰。

表 13-1 综合治沙方案

项目	第一时期（1975-1982年）	第二时期（1983-1990年）	第三时期（1991-1998年）	总量
泥沙增加量（亿吨）	5.246	5.397	5.441	16.084
损失年增加量（亿元）	1.1767	1.1586	1.8886	
容积减少量（亿立方米）	3.54	3.74	3.74	（到273.98）
最高洪水位（米）	32.971	33.190	34.849	

通过以上四种主要治水政策的实验可以看出，加固堤坝，提高标准大堤比例，对减少洪水造成的灾害损失有较明显的效果，但无助于降低洪水水位，需作为一项长期战略加以实施。

其余三项治水政策中，在松滋口建闸，对削减洪峰水位，减少灾害损失效果最佳；其次是在城陵矶至毛螺山段疏挖泥沙，提高出湖泄量；最后是四水上游修建控制性调蓄水库。

以上讨论了实施各种单项治水、治沙措施后，可起到减轻洪水压力、延缓湖泊寿命的作用。下面将以上各项措施综合起来进行仿真实验，仿真结果如表13-2所示。和不采取任何新的治理措施的仿真结果相比，泥沙淤积总量减少14.302亿吨，调蓄容积增加9.5亿立方米，灾害损失量平均减少5.3381亿元；同时期最高洪水水位分别降低1.944米、2.282米、3.011米。由此可以看出采取综合治理的战略方针对延缓湖泊寿命，减轻洪水威胁，减少灾害损失量效果显著，但需要大量人力、物力、财力。因此，对各项治理措施必须分清主次，既考虑长远，又照顾近期，既治标，又治本。

表 13-2 综合治理方案

项目	第一时期（1975-1982年）	第二时期（1983-1990年）	第三时期（1991-1998年）	总量
泥沙增加量（亿吨）	3.9173	3.9599	3.9628	11.840
损失年增加量（亿元）	0.8246	0.3565	0.4597	
容积减少量（亿立方米）	2.67	2.73	2.74	（到276.86）
最高洪水位（米）	31.771	32.839	33.510	

注：表13-1，13-2中的研究结果是1986年完成的，表中1987年以后的数据均为计算机模型仿真结果数据。

§13.2 纽约市供水网扩建工程的系统分析

20世纪60年代末，美国纽约市负责全市供水的供水委员会花费了几十万美元拟订了一个扩建供水网的工程设计计划。全部计划预计耗资10亿美元，分五个阶段执行，全部竣工后，可满足随后40年该市人口增加25%时的用水需要。该计划遭到了市预算当局的反对，他们认为供水委员会预估的该市人口增长25%，是与把纽约市市区规模保持相对稳定的思想不相符的，因而扩建供水网是多余的。但供水委员会坚持这样的人口增长率是合理的、保守的。在双方相持不下的情况下，才请了麻省理工学院的系统分析人员对该工程进行系统分析。系统分析人员认为这种临渴掘井的情况对他们开展工作是很不利的,因为当时整个设计已经完成,大动大改肯定会遭到有关部门的反对。但是,他们认为那种有条不紊的分析过程,在实际生活中看来是少有的,普遍的情况是,只有在传统工程设计部门遇到了重大难题时,才会想起找系统分析人员。

本工程经过系统分析后提出的设计方案可较原预算节约 50%。但是由于有关部门的制约,排除了某些经济上可取的设想。有关部门出于各种考虑,对某些合理性无动于衷。然而,应该认识到,在系统分析中,环境方面的制约,不管社会的,经济的,还是物理的,都是普遍存在的,它们的总效应将会影响可节约的资金数目。在本例中,节约额为一亿美元,这仅是技术上可节约数的 2/3。

一、问题的提出

纽约供水系统扩建的设计问题,是由供水委员会最初提出的。该委员会认为纽约市必须增强全市的供水能力,主要理由如下:

(1) 今后 40 年,城市居民将逐年增加;

(2) 现有的供水系统必须广泛地检修。

纽约市自来水是分别由两个部门负责的。供水委员会负责所谓的供水问题,即负责全市 10 英寸(1 英寸 = 2.54×10^{-2} 米)直径以上的主要管道,也称为一级管道;而把水分送到用户的管道,即 6 英寸以下的管道,是由另一市政部门负责。因此供水委员会的扩建设计方案,自然只局限于一级管道的扩建,而不管这些投资是否是自来水系统中的最急需的投资。

1. 最初的设计方案

供水委员会的最初设计方案是增设 50 英里(1 英里 = 1609.344 米)长的直径为 28 英寸的水管。1967 年估算需要投资 10 亿美元,分五个阶段进行。第一段阶投资 3.23 亿美元,主要是铺设最大的水管。所有的水管都要在坚硬的岩石中铺设,所以工程艰巨,投资浩大,是纽约市最大的土木工程项目之一。

供水委员会的最初设计方案提出了如下的设计规定:

(1) 只考虑 一个供水网的地理几何布局;

(2) 只使用一个评审准则,即第一级网络终端的自来水压力必须达到 40 磅/英寸^2;

(3) 工程的预计使用期限为 40 年,即能满足公元 2010 年时的用水需要;

(4) 整个网络只依靠重力把水压送到各终端。

这些简单的规定听起来很有理,没有什么不对之处,但是进一步研究后可以发现,这些规定十分武断、任意,因为这些设计指标都没有结合投资的多少和系统的实际效果进行论证评价。系统分析专家认为,对于草率拍板的设计决策必须进行深入的探讨后才能进行调整。这次,麻省理工学院的系统分析师就是受纽约市的委托,对这个扩建工程进行系统分析,要提出最贴切的评价准则,建立最合适的系统模型,以便能深入探索各种可行方案,选出最优的设计和实施方案。

2. 部门间的互相制约

设计工作可以看成是一门如何处理可能性的艺术。一个好的设计方案,首先必须清楚地意识到它所受到的种种制约和边界条件。设计所受到的有些制约是物理方面的,这些制约由传统工程设计师就可以很好地解决，然而有些制约是经济性的、社会性的，则需由系统分析师来处理。

系统分析工作本身也受到许多制约，首先就是职权的制约。它只能起咨询作用，提出一些发人深思的问题，提出解决问题的最优方案。但是在实践过程中，很难实施技术上的最优方案，因为这样一些方案往往会遭到有关部门的反对，所以最后实施的往往只是一些为各有关部门均能接受的折衷方案(或满意方案)。

在本例中，系统分析工作是纽约市预算当局要求搞的，他们想利用系统分析的结果来推迟审批供水委员会的工程设计计划。但是不论是预算当局，还是系统分析师，如果得不到供水委员会的同意，是无法提出一个完全不同的设计方案的，因为供水委员会垄断着工程设计所需的详细数据，并实际上拥有对别家所制定计划的否决权。因此，在这种情况下，系统分析师充其量也只能提出一个折衷方案而已。

另一个制约系统分析工作的因素是，该项计划的资金来源是否容易。供水委员会可以采用发行债券的办法，比较容易取得资金，因此，它在开始设计时并不进行系统分析，一心想搞一个大工程，以便树碑立传。

二、系统分析的方法

1. 制定分析步骤

本项分析把整个过程分为五个阶段：

(1) 制定目标和评价准则；

(2) 制定衡量工程效果的准则和量化的指标，从而能够衡量工程达到原定目标的程度；

(3) 开发各种类型的方案，并且使用模型和计算机模拟分别对每一类型方案中的各个方案进行周密的分析；

(4) 运用衡量工程效果的准则，评价每个方案的成就；

(5) 在对每个方案的各种成就进行评价之后，最终选出最佳的实施方案。

总的说来，整个过程就是为了寻求最佳方案。鉴于在开始时难免存在某些错误和缺点，所以，整个过程可以看作是一个辩证的推理过程，因而也是一个不断循环的选优过程。

2. 制定目标

供水委员会最初为整个工程制定的目标只有一个，即在供水网络终端的水压要求达到40磅/英寸^2。显然这样衡量整个系统的质量是不充分的，因为城市用水的部门是多样的：1/4的水量是家庭用水，而大部分是工业用水，剩下的少数水量主要用于消防、城市卫生、绿化等。不同用户对供水系统的质量要求也不同。饮用的水要求卫生、色味俱佳；工业用水要求保证供水量，并且要求化学腐蚀作用小；消防则要求水源可靠，保证随时都有水。作为市政当局来说，当然要关心各方面用户是否都能充分满足。

一般的大型工程可有5～10个目标，但是本系统分析工作还不能做到这一步，理由是有些问题是禁止提出来的，例如禁止提问这个供水系统的水源是否一直是绝对有把握的，尽管水源的利用问题已与其它州发生了纠纷。系统分析工作的现有水平与资源也有限，目前还未能建立包含供水系统许多方面的合适的、量化的模型。

最后制定的目标包括如下内容：

(1) 系统的总性能；

(2) 市区用水的方便程度；

(3) 供水的可靠性；

(4) 基建和保持运行的总费用。

3. 制定衡量效果的准则

制定衡量效果准则的工作必须谨慎行事。如果我们以每运行一次的费用来衡量运输系统是否便宜的话，那么我们就愿意选用短期的适用系统，而不会选择长期的经济性能较好的系统。因此，衡量效果准则的制定工作是不容草率从事的。

在本例中，所用的准则还是比较粗糙的，但是却能用来探讨设计问题中的一些重要方面。

作为估算，可采用供水压力来评价供水系统的性能。由于静压能用来测量水的能量，所以它可转换成速度。从力学观点说，可以用此来表示供水的质量。系统的总性能即是以供水网络中各主要点上的压力 P_i 的平均值，乘以加权因子（即每个点 i 上所需的水量 q_i），具体地说，这个指标即是

$$总性能 = \sum_i P_i q_i / \sum_i q_i$$

总性能用压力单位表示。

有了总性能之后往往还需要有衡量局部效果的准则。有时为了取得所需的总性能，往往需要牺牲某些局部的性能，本例的局部性能就是网络终端的性能。

供水系统的可靠性是指当三个主管道中的一个发生故障必须关闭时，系统的性能将受到什么影响。整个投资是用现时币值表示的，并规定贴现率是每年 5% 。

4. 制定方案

在寻求一个系统的最优设计方案时，必须广泛地把各种类型的方案都开发出来，然后再对每一类方案进行分析。选择方案的工作不能只依靠科学知识，而必须借助人的智慧、经验和创造力。如果所选方案具有最大的改进余地，这就意味着是选对了。在选择方案时要舍得花时间，不要过早收场。本例在研究了许多类型方案以后，选定了三类。它们是：

(1) 关于系统的物理构型，包括管路布局、管道长度、管道直径及基建费用等；

(2) 关于使用周期的划分，即确定整个供水系统能满足多少年后的用水需求量；

(3) 是采用水泵加压还是采用加大水管的办法来改进供水系统的性能。

后两类方案在初始设计阶段没有认识到，但它们对改进设计却能作出很大的贡献。对这三类方案中的各个方案都进行了各种敏感性分析。从管路布局的敏感性分析中可以看出，不同物理构型的能量损失是不同的，因此，最有效的结构应是能够减少压降、提高供水系统性能的方案。

5. 方案的评审

麻省理工学院设计了一个 ICES（即综合土木工程系统）模型，用它评审一个方案只需几分钟，因此对 250 个方案都进行了评审。评审时进行了费用 – 效果分析，把能满足各目标的设计方案都标在坐标图中，从而形成一个可行设计区，其中最上面的一条轨迹线表示每种投资水平所能获得的最佳性能，这就是费用—效果函数（见图 13 – 2）。有了这个函

数后就能考虑和选择最优的设计方案，即以最少费用去满足所有目标要求。

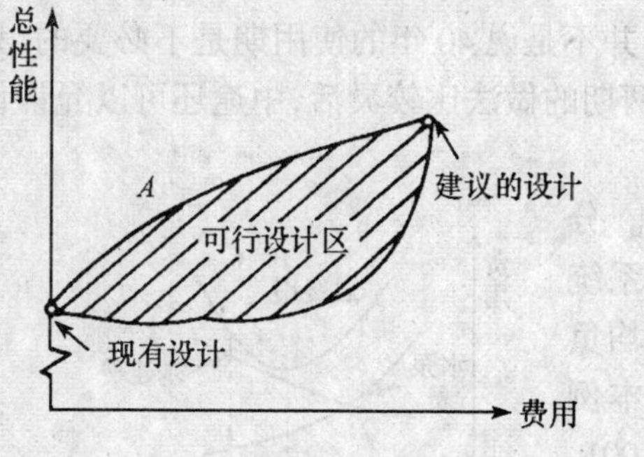

图 13－2　用费用－效果函数表示的总性能

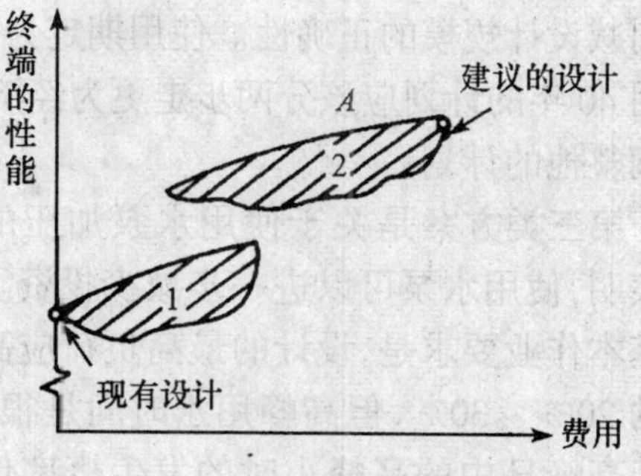

图 13－3　系统终端的费用－效果函数

从图 13－2 的费用－效果函数可知，它与边际收益递减的经验法则是一致的：当设计成本一再提高时，每增加一次相同的资金，并不能使设计性能获得等量的提高，性能的提高是随着投资的提高而逐步下降的。

使用计算机计算后获得的第一个结果是总投资可以节约 30%，其措施是缩小原定的扩建计划，而性能并没有什么重大改变。为了验证这个初步的结论，又进行了一次费用－效果分析，以测定系统的有效性，即测定系统终端的性能（见图 13－3）。分析证明，投资大量减少后还能使设计有效。分析同时表明存在着两种构型，并且第二种构型更好。第二种构型是有备用水管，它能弥补压力的损失，从而改进了整个系统的性能。对供水系统的可靠性进行探讨后也证实，铺设一定规模的备用水管是必要的（见图 13－4），否则全市的用水将受到很大威胁，因为现有的水管正在不断损坏。这同时说明供水委员会提出急需扩建供水系统是完全正确的。但如图中 *A* 线所示，大量削减总投资还是有可能的。

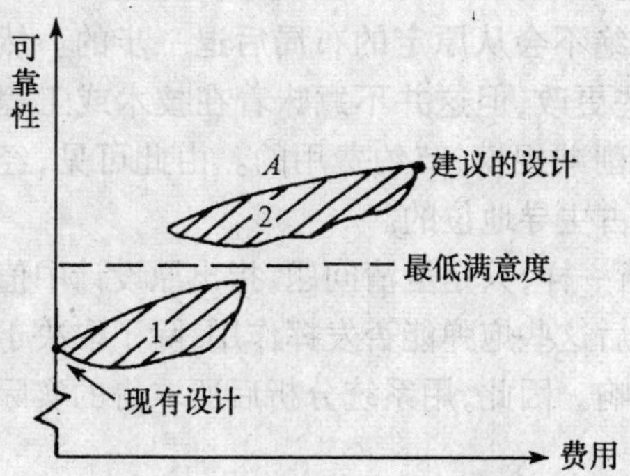

图 13－4　可靠性目标：成败性能的费用－效果函数

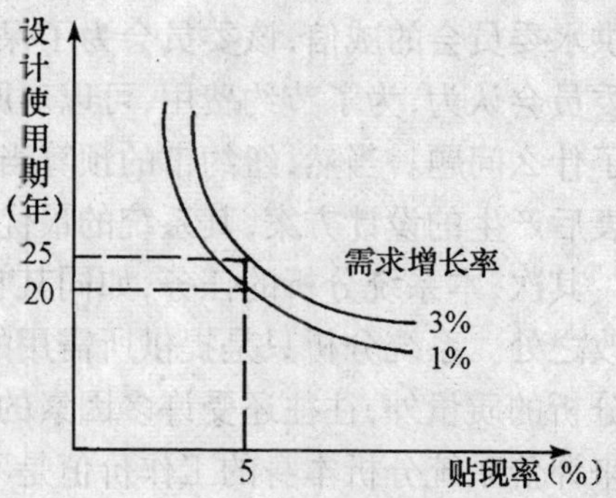

图 13－5　决定最佳使用期的示意图（经济规模因子）

第二类方案是关于使用周期的确定问题。此时采用了标准的分析方法，即在经济规模和贴现率之间进行综合平衡。由于经济规模的原因，设计师往往都想尽量把设施搞大些，以便使单位投资能得到最大的生产能力，但是贴现率又迫使设计师尽量把支款日期往后推。麻省理工学院的 A.S.Manne 制定了适用于不同环境的最佳设计使用期的确定方法，这个方法是用贴现率、需求增长率和经济规模表示的。

最经济的设计使用期如图 13－5 所示，即为 20～25 年，仅为原计划的一半，从而也证明削减设计规模的正确性。使用期定为 20 年，并不是说 40 年的使用期是不必要的，只是说明 40 年的计划应该分两步走更为经济。分两期的做法比较灵活，中途还可以允许设计师调整他的计划。

第三类方案是关于使用水泵加压的方案。分析表明，使用水泵可以进一步减少投资。供水系统的基本作业要求是，设计的最高负荷应高于平均负荷的 20%～30%，但高峰用水时间是很短的，本例设计高峰日中的高峰小时的发生概率仅为 0.001，因此，最高负荷能力在 99.9% 的时间内是无用的。但是长期使用一个小规模的效率不高的供水系统也是不经济的，因此。必须在作业费用和固定投资之间作最佳的平衡。此外，从图 13－6 可知，降低原设计的管径可以降低总费用，采用原设计管径的 4/5，可节约总投资 30%。

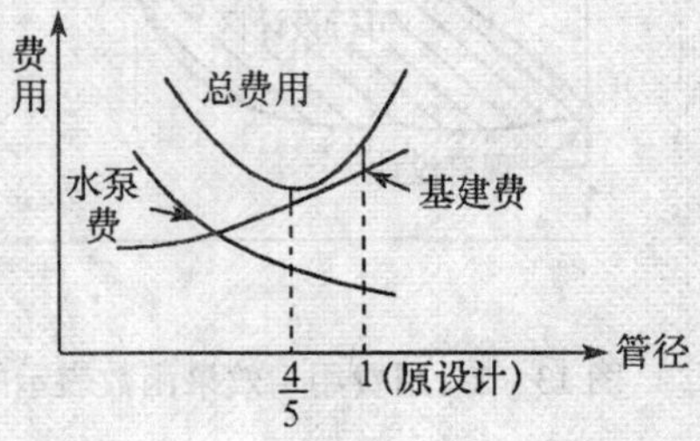

图 13－6　费用与管径的关系

三、实施

如预期的那样，最后选定执行的是一个折衷的方案，其主要内容如下：

1. 供水系统的整个布局沿用了最初的设计方案；

2. 同最初设计一样，没有采用水泵；

3. 工程规模仅为原设计的 3/5，水管直径降为原设计的 4/5，即由 26～28 英寸降至 20～22 英寸，仅这一项更改就节约 1 亿美元，第一期工程的总投资由 3.23 亿美元降至 2.23 亿美元。

从这个折衷方案可以看出如下问题：首先，整个系统线路布局没有更改，这是为了照顾供水委员会的威信，该委员会为了保持其威望绝不会从原定的布局后退一步的。然而该委员会认为，为了节约费用，可以对原设计作些更改，但这并不意味着在技术或工程上出了什么问题。当然，纽约市的预算当局是欢迎削减规模、节约费用的。由此可见，经过折衷后产生的设计方案，其系统的最优化并不是占主导地位的。

其次，本系统分析的任务，如同其它系统分析一样，只是澄清问题，指出原设计中值得更改之处。系统分析只是提供所需用的炮弹，最后这些炮弹能否发挥作用，除了取决于系统分析的质量外，往往还受许多因素的制约和影响。因此，用系统分析后所取得的实际成果来评价系统分析本身的工作价值是不合适的。

本例系统分析的成果是节约一亿美元，而系统分析费用仅花 5 万美元，所以有人称系统分析工作是“一本万利”的工作，这的确是毫不夸张的评价。

§13.3　环境污染综合治理的方案评价

一、问题的提出与解决问题的途径

1. 问题的提出

湖南省株洲市清水塘地区的株洲冶炼厂(株冶)和株洲化工厂(株化)是20世纪50年代兴建的省属重点厂,也是冶金部、化工部的直供、统配厂。两厂毗邻,两厂的生产实际上是一个技术综合体。株冶原设计年产能力为电锌10万吨、电铅5万吨、电铜1万吨,还附产多种稀有金属和贵金属。株化建有和株冶的锌冶炼相配套的锌烟气制酸生产线,设计锌烟气含二氧化硫(SO_2)浓度为7.5%~9%,年制酸能力16万吨,后又补建了准备配铅烟气制酸的年制酸能力8万吨的燃硫制酸线以及8万吨的硫铁矿焙烧制酸线,全厂共有硫酸磷肥系统、氯碱系统、六六六原粉及聚氯乙烯等生产系统。以上情况说明,株洲冶炼厂的铅锌和株洲化工厂的酸肥是为了铅锌冶炼和烟气治理利用的需要而建立起来的一个技术综合体。由于化工厂已逐步建立了三条制酸线和一条液体SO_2生产线,都能容纳一定数量的烟气,如果将它们纳入一个系统来考虑,则系统具有较好的处理SO_2烟气的潜力和适应波动的能力。

20世纪80年代初,该系统最突出的问题是含二氧化硫的铅锌烟气排空,污染环境,其主要原因是:

(1) 铅烟气因技术上的原因未利用而全部排空。冶炼厂共有两台铅烧结机,其中一台为吸风式,排出的铅烟气含SO_2浓度小于1%;另一台为鼓风式,原拟将烟气送化工厂配烧制硫酸,但烟气含SO_2浓度也只能达到2%。这样,两台铅烧结机排出的铅烟气都未达到利用所必需的3%以上的起点浓度。

(2) 锌烟气因外界波动和技术协调性不好而排空。电锌冶炼耗电量大,当地供电不均衡,加上系统漏风率高(高达30%)和个别设备故障造成技术上不协调,使锌烟气也未利用而排空。

由于冶炼铅锌烟气的大量排空,致使每年排空的烟气含硫量达到1万多吨,这是造成株洲市清水塘地区成为全国严重污染区的主要原因。

2. 系统方案评价的指导思想

鉴于以上存在的问题,全国人大五届四次会议的代表提案第585号提出了限期治理的要求,而且国务院、国家计委在提案处理报告中已经决定要在1983年内治理好。省政府自1980年6月起已先后多次召开会议,研究了各种治理方案,但一直未能解决问题,此次提出任务已是1982年9月,因此本系统评价必须考虑到时间的紧迫性,应以治理环境污染为首要任务。在这一明确思想的指导下,希望达到以下一些目标:

(1) 既然任务紧迫,它就不是全面或纵深的系统开发,也不是新系统的组建与规划,因此涉及面不能太广,工程量不能太大,投资不能太多,工期不能太长。因为没有充裕的时间来调整原有系统的产、供、销关系,所以,必须以现有的系统结构作为基础,扬长避短,综合治理,充分发挥系统的潜力和技术优势。

(2) 系统的发展必须与社会环境和自然环境相融合。综合治理既要有效地控制污染,达到保护环境的社会效果,同时又要为发展生产提供一定的经济效益,例如应该合理地利用资源,工程投资的利税率要尽可能高等等,即达到治害与综合利用相结合。

(3) 注意系统的技术协调,充分发挥系统对外部干扰和内部摩擦所造成的波动的平衡和控制能力。

(4) 技术手段与管理手段相结合。

(5) 在注意全系统综合效益的同时,要充分照顾和均衡两厂各自的合理利益。

3. 解决问题的途径

解决问题的关键在于铅锌烟气的有效利用和合理分配。从系统的现有结构出发,存在着以下四种可能途径:

(1) 铅锌烟气全部送株化;

(2) 铅锌烟气全部留株冶;

(3) 锌烟气送株化,铅烟气留株冶;

(4) 锌烟气两厂各分一半,铅烟气留株冶。

二、不同技术方案的讨论

在对铅锌烟气治理系统的结构进行分析和探讨的基础上,根据上述四种可能途径,可以组合成不同的技术实现方案,然后对各个具体的技术方案进行讨论。长沙有色冶金设计研究院在省经委、省冶金厅的指导下,曾于 1980 年 12 月提交了《株冶铅锌烟气治理可行性研究的中间报告》,报告中提出了 6 个具体方案,以后各有关方面又补充 3 个方案,共 9 个方案。各方案的主要特征如下(凡属评价中未能当选的方案,其主要特征均被省略):

1. 方案 A_1 ——铅锌烟气全部送株化制酸,改造并充实株化现有的制酸系统。

2. 方案 A_2 ——锌烟气一半送株化制酸,另一半与铅烟气混合,由株冶制酸。

3. 方案 A_3—— 在方案 A_2 的基础上,在株化另配硫矿炉以补足原有的制酸能力。

4. 方案 A_4 ——锌烟气送株化制酸,铅烟气送株化制液体 SO_2。

本方案的特征是:锌烟气系统保持现状,含 SO_2 浓度 3% 以上的铅烟气送株化,采用氨吸收、硫酸分解、压缩冷凝的传统工艺制取液体 SO_2;扩建株化现有的液体 SO_2 车间,增加生产能力 2 万吨。

本方案需增耗工业氨 1.24 万吨、硫酸 3.02 万吨,增产液体 $SO_2$1.88 万吨、固体硫铵 3.7万吨,需增加投资 1220 万元,年增税金 107 万元,利润 294 万元,投资利税率为 32.8%。

本方案工艺可靠,产品有销路,初期投资少,投资利税率高;液硫系统能力大,当其全部停产时,燃硫和硫铁矿制酸系统也可以处理铅烟气,生产系统的协调余地比较大,但需增加的原料都比较短缺,对全省原料平衡有较大的影响,生产的产品有很大一部分需向省外销售。

5. 方案 A_5——铅锌烟气混合由株冶制酸,另配硫铁炉以补满株化 16 万吨制酸能力。

6. 方案 A_6——铅烟气配燃硫系统由株冶制酸,锌烟气保持原系统。

7. 方案 A_7——铅烟气送株化配燃硫系统制酸,锌烟气保持原系统。

本方案的主要特征是:锌烟气系统保持现状,含 SO_2 浓度 3% 的铅烟气与焚硫烟气混合,由株化制酸;改造扩建株化现有的硫磺制酸系统,增加能力 4 万吨/年,达到年产 12 万吨。

本方案利用进口硫磺,增产硫酸 3.53 万吨、液体 $SO_2$699 吨,需增加投资 1546 万元,每年增加税金 45 万元、利润 119 万元,投资利税率为 10.6%。

本方案工艺可靠,产品对路,初期投资较少,不需增耗主要原料。主要缺点是投资利税率不高,经济效果不够好,燃硫系统受原料影响停产时,铅烟气处理难以协调。

8. 方案 A_8——铅烟气送株化，70% 配燃硫制酸，30% 采用氨吸收、硫酸分解，制液体 SO_2，锌烟气保持原系统。

本方案的特点是：锌烟气系统保持现状，含 SO_2 浓度 3% 的铅烟气送株化，70% 配燃硫制酸，30% 采用氨吸收、硫酸分解的成熟工艺制取液体 SO_2；适当改建现有燃硫制酸和液体 SO_2 生产系统。

本方案需增耗工业氨 6630 吨、硫磺 1 万吨，可增产硫酸 2.7 万吨、液体 SO_2 1 万吨、固体硫铵 1.96 万吨，需增加投资 1447 万元，每年增加税金 103 万元、利润 241 万元，投资利税率为 23.7%。

本方案工艺可靠，产品适销对路，需要的主要原料不多，初期投资少，投资利税率比较高，生产系统对铅烟气处理的协调余地比较大。缺点是需要两厂管理和协调，否则难以达到统一指挥。

9. 方案 A_9——处理原则与方案 A_8 基本相同，但制取液体 SO_2 是采用氨吸收、氯化氢分解的新工艺。

本方案需增耗工业氨 6630 吨，可增产硫酸 2.7 万吨、液体 SO_2 1 万吨、烧碱 1.5 万吨、氮磷混肥 4.6 万吨，需增加投资 2259 万元，每年增加税金 154 万元、利润 450 万元，投资利税率为 26.7%。

本方案采用新的科研成果，只增加少量的工业原料，就能增产多种国内和省内都很短缺的产品，初期投资比较少，投资利税率比较高。但是，一部分工艺指标要待联动试验完成后才能进行设计；两厂统一指挥问题也有待解决。

以上各个方案的共同前提是，株冶铅烧结改造工程必须进行，其目的是把铅烟气含 SO_2 的浓度提高到利用所必需的浓度(3% 以上)，各方案才有可能在技术上成立。

三、方案的综合评价

在对方案特征全面分析的基础上，需要对诸方案进行综合评价，为系统决策提出定量评价的结果。我们应用系统评价方法对各个方案进行排序，即在统一的测度下依照多指标评价方法进行综合评审，找出其功效系数，确定各方案的优先序。评审的主要目标是从治理环境污染出发，寻求技术可靠而又先进的铅烟气 SO_2 利用工艺，并尽可能求得较好的经济效益。另外，在对方案进行综合评审时，我们考虑到株冶、株化两厂的现实情况和各自的利益，对两厂的进一步发展、生产系统的协调和管理上的方便给予了充分注意。

方案评审的指标因素集如图 13-7 所示。

1. 方案评审的指标因素及其划分

根据系统评审的指导思想，以及该系统的历史、现状和结构特征，结合省内外有关情况，我们作了一些具体的分析以后，确定了方案评审的指标因素集 F_j

$$F_j = \{F_1, F_2, \cdots, F_{13}\} \quad (j = 1,2,\cdots,13)$$

将其划分为三个子集，即划分为

$$\bigcap(F) = \{E_1, E_2, E_3\}$$

其中：E_1——技术可靠性和可行性指标因素子集，$E_1 = \{F_1, F_2, \cdots, F_6\}$；

E_2——环境保护效果指标因素子集，$E_2 = \{F_7, F_8, F_9, F_{10}\}$；

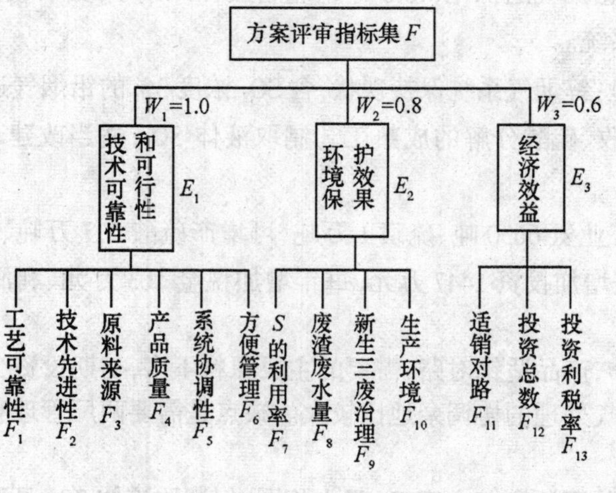

图 13－7　方案评审的指标因素集

E_3——经济效益指标因素子集，$E_3=\{F_{11},F_{12},F_{13}\}$；

各个指标因素的含义如图 13－7 所示。

2. 功效系数的确定

首先，将各个方案对每一个指标因素的适应程度进行比较，确定其相应的模糊系数 $\eta_1,\eta_2,\cdots,\eta_{13}$，然后按照 E_1,E_2,E_3 指标因素子集在总体评审中的重要程度，确定其相应的权系数为：$W_1=1.0$，$W_2=0.8$，$W_3=0.6$。各指标因素子集 E_1、E_2、E_3 的功效系数以及诸方案的总功效系数，可以按下列公式进行计算：

$$d_{E_1}=\left(\sum_{j=1}^{6}\eta_j\right)W_1/6$$

$$d_{E_2}=\left(\sum_{j=7}^{10}\eta_j\right)W_2/4$$

$$d_{E_3}=\left(\sum_{j=11}^{13}\eta_j\right)W_3/3$$

各方案总的功效系数 D 为：

$$D=\sqrt[3]{d_{E_1}\times d_{E_2}\times d_{E_3}}$$

每个方案相对于各个指标因素的模糊系数 η、各个指标因素子集的功效系数 d_E，以及每个方案总的功效系数 D，都分别列在表 13－3 中。

3. 综合评审的结果

最优方案：A_9，其总功效系数为 0.658。

次优方案：A_8，其总功效系数为 0.650；

A_4，其总功效系数为 0.650。

次次优方案：A_7，其总功效系数为 0.581。

全部方案的优先序为 $A_9,A_8(A_4),A_7,A_1,A_6,A_2,A_3,A_5$。

4. 需要说明的几个问题

（1）株冶、株化两厂技术系统的协调问题

表 13 - 3

方案	技术可靠性和可行性（权系数 $W_1=1.0$）							环保效果（$W_2=0.8$）					经济效益（$W_2=0.6$）				综合评价	
	工艺可靠性	技术先进性	原料来源	产品质量	系统协调性	方便管理	功效系数	硫的利用率	废渣废水量	新生三废的治理	生产环境	功效系数	适销对路	投资总数	投资利税率	功效系数	总功效系数	序位
	η_1	η_2	η_3	η_4	η_5	η_6	d_{E_1}	η_7	η_8	η_9	η_{10}	d_{E_2}		η_{11}	η_{12}	η_{13}	d_{E_3}	D
A_1	1.0	0.6	1.0	0.8	0.2	0.6	0.700	0.95	0.8	0.8	0.7	0.650	0.6	0.94	0.39	0.386	0.560	4
A_2	1.0	0.6	1.0	0.8	0.4	0.4	0.700	0.93	0.8	0.7	0.7	0.626	0.6	0.65	0.20	0.290	0.503	6
A_3	1.0	0.6	0.6	0.8	0.5	0.4	0.650	0.93	0.6	0.7	0.7	0.566	0.7	0.49	0.40	0.318	0.498	7
A_4	1.0	0.6	0.6	1.0	0.8	0.6	0.767	0.95	0.8	0.9	0.9	0.690	0.6	1.00	1.00	0.520	0.650	2
A_5	1.0	0.6	0.3	0.8	0.6	1.0	0.717	0.95	0.4	0.7	0.7	0.530	0.7	0.20	0.47	0.274	0.470	8
A_6	1.0	0.6	0.3	0.8	0.8	0.8	0.717	0.93	0.8	0.7	0.7	0.464	0.7	0.69	0.43	0.364	0.552	5
A_7	1.0	0.6	0.8	0.8	0.9	0.8	0.783	0.95	0.8	0.7	0.7	0.650	0.6	0.94	0.39	0.386	0.581	3
A_8	1.0	0.6	0.8	0.9	1.0	0.8	0.817	0.95	0.8	0.8	0.8	0.670	0.6	0.94	0.39	0.502	0.650	2
A_9	0.6	1.0	0.9	0.9	1.0	0.6	0.833	0.95	0.8	0.7	0.7	0.650	1.0	0.80	0.83	0.526	0.658	1

株冶的铅锌冶炼和株化的硫酸生产是历史形成的技术综合体，在当初设计时整个系统就具有一定的协调性。经过多年的生产建设，株化制酸车间已建有三条总能力为32万吨的制酸线和一条液体 SO_2 生产线，这几条生产线都能容纳一定的铅锌烟气，使整个系统抵抗波动的能力较强，因此宜采用必要的措施把它们联系起来，建立起科学的操作运行制度，使本系统抵抗波动的潜在优势逐步发挥出来，以促进两厂生产的进一步协调发展。

(2) 铅锌烟气的含硫计价问题

目前锌烟气计价偏低，铅烟气暂不计价(因为含硫量低)，但从长远来看，今后的含硫烟气的计价应照顾到两厂经济利益的均衡。

(3) 铅锌烟气治理的协调问题

两厂联合治理是为了协调同属一个技术系统的两个独立生产单位之间的生产指挥。本技术系统具有不可分割的密切联系，要求生产指挥必须协调统一，减少相互间不必要的摩擦和内耗，但由于是相互独立的生产单位，故应以一定的指标和合同来相互约束，烟气应该实行计量仲裁，合理定价。

附录

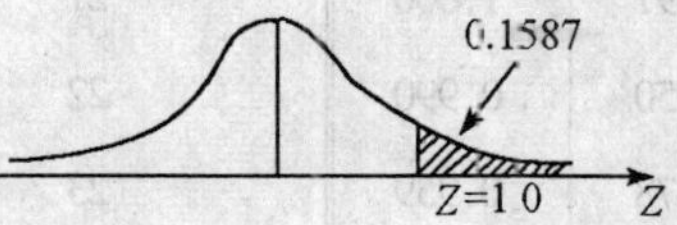

附表一　标准正态分布

Z	.00	.01	.02	.03	.04	.05	.06	.07	.08	.09
0.0	.5000	.4960	.4920	.4880	.4840	.4801	.4761	.4721	.4681	.4641
0.1	.4602	.4562	.4522	.4483	.4443	.4404	.4364	.4325	.4286	.4247
0.2	.4207	.4168	.4129	.4090	.4052	.4013	.3974	.3936	.3897	.3859
0.3	.3821	.3783	.3745	.3707	.3660	.3632	.3594	.3557	.3520	.3483
0.4	.3446	.3409	.3372	.3336	.3300	.3264	.3228	.3192	.3156	.3121
0.5	.3085	.3050	.3015	.2981	.2946	.2912	.2977	.2843	.2810	.2776
0.6	.2743	.2709	.2676	.2643	.2611	.2578	.2546	.2514	.2483	.2451
0.7	.2420	.2389	.2358	.2327	.2296	.2266	.2236	.2206	.2177	.2148
0.8	.2119	.2190	.2061	.2033	.2005	.1977	.1949	.1922	.1894	.1867
0.9	.1841	.1814	.1788	.1762	.1736	.1711	.1685	.1660	.1635	.1611
1.0	.1587	.1562	.1539	.1515	.1492	.1469	.1446	.1423	.1401	.1379
1.1	.1357	.1335	.1314	.1292	.1271	.1251	.1230	.1210	.1190	.1170
1.2	.1151	.1131	.1112	.1093	.1075	.1056	.1038	.1020	.1003	.0985
1.3	.0968	.0951	.0934	.0918	.0901	.0885	.0869	.0853	.0838	.0823
1.4	.0808	.0793	.0778	.0764	.0749	.0735	.0721	.0708	.0694	.0691
1.5	.0663	.0655	.0643	.0630	.0618	.0606	.0594	.0582	.0571	.0559
1.6	.0548	.0537	.0526	.0516	.0505	.0495	.0485	.0475	.0465	.0455
1.7	.0446	.0436	.0427	.0418	.0409	.0401	.0392	.0384	.0375	.0367
1.8	.0395	.0351	.0344	.0336	.0329	.0322	.0314	.0307	.0301	.0294
1.9	.0287	.0281	.0274	.0268	.0262	.0256	.0250	.0244	.0239	.0233
2.0	.0228	.0222	.0217	.0212	.0207	.0202	.0197	.0192	.0188	.0183
2.1	.0179	.0174	.0170	.0166	.0162	.0158	.0154	.0150	.0146	.0143
2.2	.0139	.0136	.0132	.0129	.0125	.0122	.0119	.0116	.0113	.0110
2.3	.0107	.0104	.0102	.0099	.0096	.0094	.0091	.0089	.0087	.0084
2.4	.0082	.0080	.0078	.0075	.0073	.0071	.0069	.0068	.0066	.0064
2.5	.0062	.0060	.0059	.0057	.0055	.0054	.0052	.0051	.0049	.0048
2.6	.0047	.0045	.0044	.0042	.0041	.0040	.0039	.0038	.0037	.0036
2.7	.0035	.0034	.0033	.0032	.0031	.0030	.0029	.0028	.0027	.0026
2.8	.0026	.0025	.0024	.0023	.0023	.0022	.0021	.0021	.0020	.0019
2.9	.0019	.0018	.0018	.0017	.0016	.0016	.0015	.0015	.0014	.0014
3.0	.0013	.0013	.0013	.0012	.0012	.0011	.0011	.0011	.0010	.0010

附表二　相关系数检验表($k=1$)

自由度 $V=n-2$ ＼ 显著性水平 α	0.05	0.01	自由度 $V=n-2$ ＼ 显著性水平 α	0.05	0.01
1	0.997	1.000	21	0.413	0.526
2	0.950	0.990	22	0.404	0.515
3	0.878	0.959	23	0.396	0.505
4	0.811	0.917	24	0.388	0.496
5	0.754	0.874	25	0.381	0.487
6	0.707	0.834	26	0.374	0.478
7	0.666	0.798	27	0.367	0.470
8	0.632	0.765	28	0.361	0.463
9	0.602	0.735	29	0.355	0.456
10	0.576	0.708	30	0.349	0.449
11	0.553	0.684	35	0.325	0.418
12	0.532	0.661	40	0.304	0.393
13	0.514	0.641	45	0.288	0.372
14	0.497	0.623	50	0.273	0.354
15	0.482	0.606	60	0.250	0.325
16	0.468	0.590	70	0.232	0.302
17	0.456	0.575	80	0.217	0.283
18	0.444	0.561	90	0.205	0.267
19	0.423	0.549	100	0.195	0.254
20	0.423	0.537	200	0.138	0.181

附表三　t 分布检验临界值表

t 检验临界值表(双侧检验用)

$$P(|t| > t_\alpha) = \alpha$$

f \ α	0.9	0.8	0.7	0.6	0.5	0.4	0.3	0.2	0.1	0.05	0.02	0.01	0.001	α / f
1	0.158	0.325	0.510	0.727	1.000	1.376	1.963	3.078	6.314	12.706	31.821	63.657	636.619	1
2	0.142	0.289	0.445	0.617	0.816	1.061	1.386	1.886	2.920	4.303	6.965	9.925	31.589	2
3	0.137	0.277	0.424	0.584	0.765	0.978	1.250	1.638	2.353	3.182	4.541	5.841	12.924	3
4	0.134	0.271	0.414	0.569	0.741	0.941	1.190	1.533	2.132	2.776	3.747	4.604	8.610	4
5	0.132	0.267	0.408	0.559	0.727	0.920	1.156	1.476	2.015	2.571	3.365	4.032	6.859	5
6	0.131	0.265	0.404	0.553	0.718	0.906	1.134	1.440	1.943	2.447	3.143	3.707	5.959	6
7	0.130	0.263	0.402	0.459	0.711	0.896	1.119	1.415	1.895	2.365	2.998	3.499	5.405	7
8	0.130	0.262	0.399	0.546	0.706	0.889	1.108	1.397	1.860	2.306	2.896	3.355	5.041	8
9	0.129	0.261	0.398	0.543	0.703	0.883	1.100	1.383	1.833	2.262	2.821	3.250	4.781	9
10	0.129	0.260	0.397	0.542	0.700	0.879	1.093	1.372	1.812	2.228	2.764	3.169	4.587	10
11	0.128	0.260	0.396	0.540	0.697	0.876	1.088	1.363	1.796	2.201	2.718	3.106	4.437	11
12	0.128	0.259	0.395	0.539	0.695	0.873	1.083	1.356	1.782	2.179	2.681	3.055	4.318	12
13	0.128	0.259	0.394	0.538	0.694	0.870	1.079	1.350	1.771	2.160	2.650	3.012	4.221	13
14	0.128	0.258	0.393	0.537	0.692	0.868	1.076	1.345	1.761	2.145	2.624	2.977	4.140	14
15	0.128	0.258	0.393	0.536	0.691	0.866	1.074	1.341	1.753	2.131	2.602	2.947	4.073	15
16	0.128	0.258	0.392	0.535	0.690	0.865	1.071	1.337	1.746	2.120	2.583	2.921	4.015	16
17	0.128	0.257	0.392	0.534	0.689	0.863	1.069	1.333	1.740	2.110	2.567	2.898	3.965	17
18	0.127	0.257	0.392	0.534	0.688	0.862	1.067	1.330	1.734	2.101	2.552	2.878	3.922	18
19	0.127	0.257	0.391	0.533	0.688	0.861	1.066	1.328	1.729	2.093	2.539	2.861	3.883	19
20	0.127	2.257	0.391	0.533	0.687	0.860	1.064	1.325	1.725	2.086	2.538	2.845	3.850	20
21	0.127	0.257	0.391	0.532	0.686	0.859	1.063	1.323	1.721	2.080	2.518	2.831	3.819	21
22	0.127	0.256	0.390	0.532	0.866	0.858	1.061	1.321	1.717	2.074	2.508	2.819	3.792	22
23	0.127	0.256	0.390	0.532	0.685	0.858	1.060	1.319	1.714	2.069	2.500	2.807	3.767	23
24	0.127	0.256	0.390	0.531	0.685	0.857	1.059	1.318	1.711	2.064	2.492	2.797	3.745	24

（续）

f \ α	0.9	0.8	0.7	0.6	0.5	0.4	0.3	0.2	0.1	0.05	0.02	0.01	0.001	α / f
25	0.127	0.256	0.390	0.531	0.684	0.856	1.058	1.316	1.708	2.060	2.485	2.787	3.725	25
26	0.127	0.256	0.390	0.531	0.684	0.856	1.058	1.315	1.706	2.056	2.479	2.779	3.707	26
27	0.127	0.256	0.389	0.531	0.684	0.855	1.057	1.314	1.703	2.052	2.473	2.771	3.690	27
28	0.127	0.256	0.389	0.530	0.683	0.855	1.056	1.313	1.701	2.048	2.467	2.763	3.674	28
29	0.127	0.256	0.389	0.530	0.683	0.854	1.055	1.311	1.699	2.045	2.462	2.756	3.669	29
30	0.127	0.256	0.389	0.530	0.683	0.854	1.055	1.310	1.697	2.042	2.457	2.750	3.646	30
40	0.126	0.255	0.388	0.529	0.681	0.851	1.050	1.303	1.684	2.021	2.423	2.704	3.551	40
60	0.126	0.254	0.387	0.527	0.679	0.848	1.046	1.296	1.671	2.000	2.390	2.660	3.460	60
120	0.126	0.254	0.386	0.526	0.677	0.845	1.041	1.289	1.658	1.980	2.358	2.617	3.373	120
∞	0.126	0.253	0.385	0.524	0.674	0.842	1.036	1.282	1.645	1.960	2.326	2.576	3.291	∞

附注：α – 显著性水平

f – 自由度

附表四　*F* 分布表

F 分布表(1)　$\alpha = 0.10$

自变量个数 m / 自由度 $V = n - m - 1$	1	2	3	4	5	6	8	12	24	8
1	39.86	49.50	53.59	55.59	57.24	58.20	59.44	60.70	62.00	63.33
2	8.53	9.00	9.00	9.29	9.29	9.33	9.37	9.48	9.45	9.49
3	5.54	5.46	5.39	5.34	5.31	5.25	5.25	5.22	5.18	5.13
4	4.54	4.32	4.19	4.11	4.05	4.01	3.95	3.90	3.83	3.76
5	4.06	3.78	3.62	3.62	3.45	3.40	3.34	3.27	3.19	3.10
6	3.78	3.46	2.29	3.18	3.11	3.05	2.98	2.90	2.82	2.72
7	3.59	3.26	3.07	2.96	2.88	2.83	2.75	2.67	2.58	2.47
8	3.46	3.11	2.92	2.81	2.73	2.67	2.59	2.50	2.40	2.29
9	3.36	3.01	2.81	2.69	2.61	2.55	2.47	2.38	2.40	2.29
10	3.28	2.92	2.73	2.61	2.52	2.46	2.38	2.28	2.18	2.06
11	3.23	2.86	2.66	2.54	2.45	2.39	2.30	2.21	2.10	1.97
12	3.18	2.81	2.61	2.48	2.39	2.33	2.24	2.15	2.04	1.90
13	3.14	2.76	2.56	2.43	2.35	2.28	2.20	2.10	1.98	1.85
14	3.10	2.73	2.52	2.39	2.31	2.24	2.15	2.05	1.94	1.80
15	3.07	2.70	2.49	2.36	2.27	2.21	2.12	2.02	1.90	1.76
16	3.05	2.67	2.46	2.33	2.24	2.18	2.09	1.99	1.87	1.72
17	3.03	2.64	2.44	2.31	2.22	2.15	2.06	1.96	1.84	1.69
18	3.01	2.62	2.42	2.29	2.20	2.13	2.04	1.93	1.81	1.66
19	2.99	2.61	2.40	2.27	2.18	2.11	2.02	1.91	1.79	1.63
20	2.97	2.59	2.38	2.25	2.16	2.09	2.00	1.89	1.77	1.61
21	2.96	2.57	2.36	2.23	2.14	2.08	1.98	1.88	1.75	1.59
22	2.95	2.56	2.35	2.22	2.13	2.06	1.97	1.86	1.73	1.57
23	2.94	2.55	2.34	2.21	2.11	2.05	1.95	1.84	1.72	1.55
24	2.93	2.54	2.33	2.19	2.10	2.04	1.94	1.83	1.70	1.53
25	2.92	2.53	2.32	2.18	2.09	2.02	1.93	1.82	1.69	1.52
26	2.91	2.52	2.31	2.17	2.08	2.01	1.92	1.81	1.68	1.50
27	2.90	2.51	2.30	2.17	2.07	2.00	1.91	1.80	1.67	1.49
28	2.89	2.50	2.29	2.16	2.06	2.00	1.90	1.79	1.66	1.48
29	2.89	2.50	2.28	2.15	2.06	1.99	1.99	1.78	1.65	1.47
30	2.88	2.49	2.28	2.14	2.05	1.98	1.98	1.77	1.64	1.46
40	2.84	2.44	2.23	2.09	2.00	1.93	1.93	1.71	1.57	1.38
60	2.79	2.39	2.18	2.04	1.95	1.87	1.77	1.66	1.51	1.29
120	2.75	2.35	2.13	1.99	1.90	1.82	1.72	1.60	1.45	1.19
∞	2.71	2.30	2.08	1.94	1.85	1.77	1.67	1.55	1.38	1.00

F 分布表(2)　$\alpha=0.05$　(续)

自由度 $V=n-m-1$ ＼ 自变量个数 m	1	2	3	4	5	6	8	12	24	8
1	161.4	199.5	215.7	224.6	230.4	234.0	238.9	243.9	249.0	254.3
2	18.51	19.00	19.16	19.25	19.30	19.30	19.37	19.41	19.45	19.50
3	10.13	9.55	9.28	9.12	9.01	8.94	8.84	8.74	8.64	8.53
4	7.71	6.94	6.59	6.39	6.26	6.16	6.04	5.91	5.77	5.63
5	6.61	5.79	5.41	5.19	5.05	4.95	4.82	4.68	4.53	4.36
6	5.99	5.14	4.76	4.53	4.39	4.28	4.15	4.00	3.84	3.67
7	5.59	4.74	4.35	4.12	3.97	3.87	3.73	3.57	3.41	3.23
8	5.32	4.46	4.07	3.84	3.69	3.58	3.44	3.28	3.12	2.93
9	5.12	4.26	3.86	3.63	3.48	3.37	3.23	3.07	2.90	2.71
10	4.96	4.10	3.71	3.48	3.33	3.22	3.07	2.91	2.74	2.54
11	4.84	3.98	3.59	3.36	3.20	3.09	2.95	2.79	2.61	2.40
12	4.75	3.88	3.49	3.26	3.11	3.00	2.85	2.69	2.50	2.30
13	4.67	3.80	3.41	3.18	3.02	2.92	2.77	2.60	2.42	2.21
14	4.60	3.74	3.34	3.11	2.96	2.85	2.70	2.53	2.35	2.13
15	4.54	3.68	3.29	3.06	2.90	2.79	2.64	2.48	2.29	2.07
16	4.49	3.63	3.24	3.01	2.85	2.74	2.59	2.42	2.24	2.01
17	4.45	3.59	3.20	2.96	2.81	2.70	2.55	2.38	2.19	1.96
18	4.41	3.55	3.16	2.93	2.77	2.66	2.51	2.34	2.15	1.92
19	4.38	3.52	3.13	2.90	2.74	2.63	2.48	2.31	2.11	.188
20	4.35	3.49	3.10	2.87	2.71	2.60	2.45	2.28	2.08	1.84
21	4.32	3.47	3.07	2.84	2.68	2.57	2.42	2.25	2.05	1.81
22	4.30	3.44	3.05	2.82	2.66	2.55	2.40	2.23	2.03	1.78
23	4.28	3.42	3.03	2.80	2.64	2.53	2.38	2.20	2.00	1.76
24	4.26	3.40	3.01	2.78	2.62	2.51	2.36	2.18	1.98	1.73
25	4.24	3.38	2.99	2.76	2.60	2.49	2.34	2.16	1.96	1.71
26	4.22	3.37	2.98	2.74	2.59	2.47	2.32	2.15	1.95	1.69
27	4.21	3.35	2.96	2.73	2.57	2.46	2.30	2.13	1.93	1.67
28	4.20	3.34	2.95	2.71	2.56	2.44	2.29	2.12	1.91	1.65
29	4.18	3.33	2.93	2.70	2.54	2.43	2.28	2.10	1.90	1.64
30	4.17	3.32	2.92	2.69	2.53	2.42	2.27	2.09	1.89	1.62
40	4.08	3.23	2.84	2.61	2.45	2.34	2.18	2.00	1.79	1.51
60	4.00	3.15	2.76	2.52	2.37	2.25	2.10	1.92	1.70	1.39
120	3.92	3.07	2.68	2.45	2.29	2.17	2.02	1.83	1.61	1.25
∞	3.84	2.99	2.60	2.37	2.21	2.10	1.94	1.75	1.52	1.00

F 分布表(3)　$\alpha = 0.01$　(续)

自由度 $V=n-m-1$ \ 自变量个数 m	1	2	3	4	5	6	8	12	24	8
1	4052	4999	5403	5625	5764	5859	5982	6100	6234	6366
2	98.50	99.00	99.17	90.25	99.30	99.33	99.37	99.42	99.46	99.50
3	34.12	30.82	29.46	28.71	28.24	27.91	27.49	27.05	26.60	26.02
4	21.20	18.00	16.69	15.98	15.52	15.21	14.80	14.37	13.93	13.46
5	16.26	13.27	12.06	11.39	11.97	10.67	10.29	9.89	9.47	9.02
6	13.74	10.92	9.78	9.15	8.75	8.47	8.10	7.72	7.31	6.88
7	12.25	9.55	8.45	7.85	7.46	7.19	6.84	6.47	6.07	5.65
8	11.26	8.65	7.59	7.01	6.61	6.37	6.03	5.67	5.28	4.86
9	10.56	8.02	6.99	6.42	6.06	5.80	5.47	5.11	4.73	4.31
10	10.04	7.56	6.55	5.99	5.64	5.39	5.06	4.71	4.33	3.91
11	9.65	7.20	6.22	5.67	5.32	5.07	4.74	4.40	4.02	3.60
12	9.33	6.93	5.95	5.41	5.06	4.82	4.50	1.16	3.78	3.36
13	9.07	6.70	5.74	5.20	4.86	4.62	4.30	3.96	3.59	3.16
14	8.86	6.51	5.56	5.03	4.68	4.46	4.14	3.80	3.43	3.00
15	9.68	6.36	5.42	4.89	4.56	4.32	4.00	3.67	3.29	2.87
16	9.53	6.32	5.29	4.77	4.44	4.20	3.89	3.55	3.18	2.75
17	8.40	6.11	5.18	4.67	4.34	4.10	3.79	3.45	3.08	2.65
18	8.28	6.01	5.09	4.58	4.25	4.01	3.71	3.37	3.00	2.57
19	8.18	5.93	5.01	4.50	4.17	3.94	3.63	3.30	2.92	2.49
20	8.10	5.85	4.94	4.43	4.10	3.87	3.56	3.23	2.86	2.42
21	8.02	5.78	4.87	4.37	4.04	3.81	3.51	3.17	2.80	2.36
22	7.94	5.72	4.82	4.31	3.99	3.76	3.45	3.12	2.75	2.31
23	7.88	5.66	4.76	4.26	3.94	3.71	3.41	3.07	2.70	2.26
24	7.82	5.61	4.72	4.22	3.90	3.67	3.35	3.03	2.66	2.21
25	7.77	5.57	4.68	4.18	3.86	3.63	3.32	2.99	2.62	2.17
26	7.72	5.53	4.64	4.14	3.82	3.59	3.29	2.96	2.58	2.13
27	7.68	5.49	4.60	4.11	3.78	3.56	3.26	2.93	2.55	2.10
28	7.64	5.45	4.57	4.07	3.75	3.53	3.23	2.90	2.52	2.06
29	7.60	5.42	4.54	4.04	3.73	3.50	3.20	2.87	2.49	2.03
30	7.56	5.39	4.51	4.02	3.70	3.47	3.17	2.84	2.47	2.01
40	7.31	5.18	4.31	3.83	3.51	3.29	2.99	2.66	2.20	1.80
60	7.08	4.98	4.13	3.65	3.34	3.12	2.82	2.50	2.12	1.60
120	6.85	4.79	3.95	3.48	3.17	2.96	2.66	2.34	1.95	1.38
∞	6.64	4.60	3.78	3.32	3.02	2.80	2.51	2.28	1.79	1.00

附表五 Durbin-Watson 检验表

显著水平 $\alpha = 1\%$ 的上界临界值 d_U 和下界临界值 d_L

n	$k=2$		$k=3$		$k=4$		$k=5$		$k=6$	
	d_L	d_U	d_L	d_U	d_L	d_U	d_L	d_U	d_L	d_U
6	0.435	1.142	……	……	……	……	……	……	……	……
7	0.390	1.036	0.294	1.676	……	……	……	……	……	……
8	0.497	1.003	0.345	1.489	0.229	2.102	……	……	……	……
9	0.554	0.998	0.408	1.389	0.279	1.875	0.183	2.433	……	……
10	0.604	1.001	0.466	1.333	0.340	1.733	0.230	2.193	0.150	2.690
11	0.653	1.010	0.519	1.297	0.396	1.640	0.286	2.030	0.193	2.453
12	0.697	1.023	0.569	1.274	0.449	1.575	0.339	1.913	0.244	2.280
13	0.738	1.038	0.616	1.261	0.499	1.526	0.391	1.826	0.294	2.150
14	0.776	1.054	0.660	1.254	0.547	1.490	0.441	1.757	0.343	2.049
15	0.811	1.070	0.700	1.252	0.591	1.464	0.488	1.704	0.391	1.967
16	0.844	1.086	0.737	1.252	0.633	1.446	0.532	1.663	0.437	1.900
17	0.874	1.102	0.772	1.255	0.672	1.432	0.574	1.630	0.480	1.847
18	0.902	1.118	0.805	1.259	0.708	1.422	0.613	1.604	0.522	1.803
19	0.928	1.132	0.835	1.265	0.742	1.415	0.650	1.584	0.561	1.767
20	0.952	1.147	0.863	1.271	0.773	1.411	0.685	1.567	0.598	1.737
21	0.975	1.161	0.890	1.277	0.803	1.408	0.718	1.554	0.633	1.712
22	0.997	1.174	0.914	1.284	0.831	1.407	0.748	1.543	0.667	1.691
23	1.018	1.187	0.938	1.291	0.858	1.407	0.777	1.534	0.698	1.673
24	1.037	1.199	0.960	1.298	0.882	1.407	0.805	1.528	0.728	1.658
25	1.055	1.211	0.981	1.305	0.906	1.409	0.831	1.523	0.756	1.645
26	1.072	1.222	1.001	1.312	0.928	1.411	0.855	1.518	0.783	1.635
27	1.089	1.233	1.019	1.319	0.949	1.413	0.878	1.515	0.808	1.626
28	1.104	1.244	1.037	1.325	0.969	1.415	0.900	1.513	0.832	1.611
29	1.119	1.254	1.054	1.332	0.988	1.418	0.921	1.512	0.855	1.611
30	1.133	1.263	1.070	1.339	1.006	1.421	0.941	1.511	0.877	1.606
31	1.147	1.273	1.085	1.345	1.023	1.425	0.960	1.510	0.897	1.601
32	1.160	1.282	1.100	1.352	1.040	1.428	0.979	1.510	0.917	1.597
33	1.172	1.291	1.114	1.358	1.055	1.432	0.996	1.510	0.936	1.594
34	1.184	1.299	1.128	1.364	1.070	1.435	1.102	1.511	0.954	1.591
35	1.195	1.307	1.140	1.370	1.085	1.439	1.028	1.512	0.971	1.589
36	1.206	1.315	1.153	1.376	1.098	1.442	1.043	1.513	0.988	1.588
37	1.217	1.323	1.165	1.382	1.112	1.446	1.058	1.514	1.004	1.586
38	1.227	1.330	1.176	1.388	1.124	1.449	1.072	1.515	1.019	1.585
39	1.237	1.337	1.187	1.393	1.137	1.453	1.085	1.517	1.034	1.584
40	1.246	1.344	1.198	1.398	1.148	1.457	1.098	1.518	1.048	1.584
45	1.288	1.376	1.245	1.423	1.201	1.474	1.156	1.528	1.111	1.584
50	1.324	1.403	1.285	1.446	1.245	1.491	1.205	1.538	1.164	1.587
55	1.356	1.427	1.320	1.466	1.284	1.506	1.247	1.548	1.209	1.592
60	1.383	1.449	1.350	1.484	1.317	1.520	1.283	1.558	1.249	1.598
65	1.407	1.468	1.377	1.500	1.346	1.534	1.315	1.568	1.283	1.604
70	1.429	1.485	1.400	1.515	1.372	1.546	1.343	1.578	1.313	1.611
75	1.448	1.501	1.422	1.529	1.395	1.557	1.368	1.587	1.340	1.617
80	1.466	1.515	1.441	1.541	1.416	1.568	1.390	1.595	1.364	1.624
85	1.482	1.528	1.458	1.553	1.435	1.578	1.411	1.603	1.386	1.630
90	1.496	1.540	1.474	1.563	1.452	1.587	1.429	1.611	1.406	1.636
95	1.510	1.552	1.489	1.573	1.468	1.596	1.446	1.618	1.425	1.642
100	1.522	1.562	1.503	1.583	1.482	1.604	1.462	1.625	1.441	1.647
150	1.611	1.637	1.598	1.651	1.584	1.665	1.571	1.679	1.557	1.693
200	1.664	1.684	1.653	1.693	1.643	1.704	1.633	1.715	1.623	1.725

显著水平 $\alpha = 1\%$ 的上界临界值 d_U 和下界临界值 d_L （续）

n	$k=7$		$k=8$		$k=9$		$k=10$		$k=11$	
	d_L	d_U	d_L	d_U	d_L	d_U	d_L	d_U	d_L	d_U
11	0.124	2.892	……	……	……	……	……	……	……	……
12	0.164	2.665	0.105	3.053	……	……	……	……	……	……
13	0.211	2.490	0.140	2.838	0.090	3.182	……	……	……	……
14	0.257	2.354	0.183	2.667	0.122	2.981	0.078	3.287	……	……
15	0.303	2.244	0.226	2.530	0.161	2.817	0.107	3.101	0.068	3.374
16	0.349	2.153	0.269	2.416	0.200	2.681	0.142	2.944	0.094	3.201
17	0.393	2.078	0.313	2.319	0.241	2.566	0.179	2.811	0.127	3.053
18	0.435	2.015	0.355	2.238	0.282	2.467	0.216	2.697	0.160	2.925
19	0.476	1.963	0.396	2.169	0.322	2.381	0.255	2.597	0.196	2.813
20	0.515	1.918	0.436	2.110	0.362	2.308	0.294	2.510	0.232	2.714
21	0.552	1.881	0.474	2.059	0.400	2.244	0.331	2.434	0.268	2.625
22	0.587	1.849	0.510	2.015	0.437	2.188	0.368	2.367	0.304	2.548
23	0.620	1.821	0.545	1.977	0.473	2.140	0.404	2.308	0.340	2.479
24	0.652	1.797	0.578	1.944	0.507	2.097	0.439	2.255	0.375	2.417
25	0.682	1.766	0.610	1.915	0.540	2.059	0.473	2.209	0.409	2.362
26	0.711	1.759	0.640	1.889	0.572	2.026	0.505	2.168	0.441	2.313
27	0.738	1.743	0.669	1.867	0.602	1.997	0.536	2.131	0.473	2.269
28	0.764	1.729	0.696	1.847	0.630	1.970	0.566	2.098	0.504	2.229
29	0.788	1.718	0.723	1.830	0.658	1.947	0.595	2.068	0.533	2.193
30	0.812	1.707	0.748	1.814	0.684	1.925	0.622	2.041	0.562	2.160
31	0.834	1.698	0.772	1.800	0.710	1.906	0.649	2.017	0.589	2.131
32	0.856	1.690	0.794	1.788	0.734	1.889	0.674	1.995	0.615	2.104
33	0.876	1.683	0.816	1.776	0.757	1.874	0.698	1.975	0.641	2.080
34	0.896	1.677	0.837	1.766	0.779	1.860	0.722	1.957	0.665	2.057
35	0.914	1.671	0.857	1.757	0.800	1.847	0.744	1.940	0.689	2.037
36	0.932	1.666	0.877	1.749	0.821	1.836	0.766	1.925	0.711	2.018
37	0.950	1.662	0.895	1.742	0.841	1.825	0.787	1.911	0.733	2.001
38	0.966	1.658	0.913	1.735	0.860	1.816	0.807	1.899	0.754	1.985
39	0.982	1.655	0.930	1.729	0.878	1.807	0.826	1.887	0.774	1.985
40	0.997	1.652	0.946	1.724	0.895	1.799	0.844	1.876	0.789	1.956
45	1.065	1.643	1.019	1.704	0.974	1.768	0.927	1.814	0.881	1.902
50	1.123	1.639	1.081	1.692	1.039	1.748	1.997	1.805	0.955	1.864
55	1.172	1.638	1.134	1.685	1.095	1.734	1.057	1.785	1.018	1.837
60	1.214	1.639	1.179	1.682	1.144	1.726	1.108	1.771	1.072	1.817
65	1.251	1.642	1.218	1.680	1.186	1.720	1.153	1.761	1.120	1.802
70	1.283	1.645	1.253	1.680	1.223	1.716	1.192	1.754	1.162	1.792
75	1.313	1.646	1.284	1.682	1.256	1.716	1.227	1.746	1.199	1.785
80	1.338	1.643	1.312	1.683	1.285	1.714	1.259	1.745	1.232	1.777
85	1.362	1.657	1.337	1.685	1.312	1.714	1.287	1.743	1.262	1.773
90	1.383	1.661	1.360	1.687	1.336	1.714	1.312	1.741	1.288	1.769
95	1.403	1.666	1.381	1.690	1.358	1.715	1.336	1.741	1.313	1.767
100	1.421	1.670	1.400	1.693	1.378	1.717	1.357	1.741	1.335	1.765
150	1.543	1.708	1.530	1.722	1.515	1.737	1.501	1.752	1.486	1.767
200	1.613	1.735	1.603	1.746	1.592	1.757	1.582	1.768	1.571	1.779

注：n 是项测值的数目

k 是解释变量的数目，包括常数项

显著水平 $\alpha=5\%$ 的上界临界值 d_U 和下界临界值 d_L（续）

n	k = 2		k = 3		k = 4		k = 5		k = 6	
	d_L	d_U	d_L	d_U	d_L	d_U	d_L	d_U	d_L	d_U
6	0.610	1.400	……	……	……	……	……	……	……	……
7	0.700	1.356	0.467	1.896	……	……	……	……	……	……
8	0.763	1.332	0.559	1.777	0.368	2.287	……	……	……	……
9	0.824	1.320	0.629	1.699	0.455	2.128	0.296	2.588	……	……
10	0.879	1.320	0.697	1.641	0.525	2.016	0.376	2.414	0.243	2.822
11	0.927	1.324	0.758	1.604	0.595	1.928	0.444	2.283	0.316	2.645
12	0.971	1.331	0.812	1.579	0.658	1.864	0.512	2.177	0.379	2.506
13	1.010	1.340	0.861	1.562	0.715	1.816	0.574	2.094	0.445	2.390
14	1.045	1.350	0.905	1.551	0.767	1.779	0.632	2.030	0.505	2.296
15	1.077	1.361	0.946	1.543	0.814	1.750	0.685	1.977	0.562	2.220
16	1.106	1.371	0.982	1.539	0.857	1.728	0.734	1.935	0.615	2.157
17	1.133	1.381	1.015	1.536	0.897	1.710	0.779	1.900	0.664	2.104
18	1.158	1.391	1.046	1.535	0.933	1.696	0.820	1.872	0.710	2.060
19	1.180	1.401	1.074	1.536	0.967	1.685	0.859	1.848	0.752	2.023
20	1.201	1.411	1.100	1.537	0.998	1.676	0.894	1.828	0.792	1.991
21	1.221	1.420	1.125	1.538	1.026	1.669	0.927	1.812	0.829	1.964
22	1.239	1.429	1.147	1.541	1.053	1.664	0.958	1.797	0.863	1.940
23	1.257	1.437	1.168	1.543	1.078	1.660	0.986	1.785	0.895	1.920
24	1.273	1.446	1.188	1.546	1.101	1.656	1.013	1.775	0.925	1.902
25	1.288	1.454	1.206	1.550	1.123	1.654	1.038	1.767	0.953	1.886
26	1.302	1.461	1.224	1.553	1.143	1.652	1.062	1.759	0.979	1.873
27	1.316	1.469	1.240	1.556	1.162	1.651	1.084	1.753	1.004	1.861
28	1.328	1.476	1.255	1.560	1.181	1.650	1.104	1.747	1.028	1.850
29	1.341	1.483	1.270	1.563	1.198	1.650	1.124	1.743	1.050	1.841
30	1.352	1.489	1.284	1.567	1.214	1.650	1.143	1.739	1.071	1.833
31	1.363	1.496	1.297	1.570	1.229	1.650	1.160	1.735	1.090	1.825
32	1.373	1.502	1.309	1.574	1.244	1.650	1.177	1.732	1.109	1.819
33	1.383	1.508	1.321	1.577	1.258	1.651	1.193	1.730	1.127	1.813
34	1.393	1.514	1.333	1.580	1.271	1.652	1.208	1.728	1.144	1.808
35	1.402	1.519	1.343	1.584	1.283	1.653	1.222	1.726	1.160	1.803
36	1.411	1.525	1.354	1.587	1.295	1.654	1.236	1.724	1.175	1.799
37	1.419	1.530	1.364	1.590	1.307	1.655	1.249	1.723	1.190	1.795
38	1.427	1.535	1.373	1.594	1.318	1.656	1.261	1.722	1.204	1.792
39	1.435	1.540	1.382	1.597	1.328	1.658	1.273	1.722	1.218	1.789
40	1.442	1.544	1.391	1.600	1.338	1.659	1.285	1.721	1.230	1.786
45	1.475	1.566	1.430	1.615	1.383	1.666	1.336	1.720	1.287	1.776
50	1.503	1.585	1.462	1.628	1.421	1.674	1.378	1.721	1.335	1.771
55	1.528	1.601	1.490	1.641	1.452	1.681	1.414	1.724	1.374	1.768
60	1.549	1.616	1.514	1.652	1.480	1.689	1.444	1.727	1.408	1.767
65	1.567	1.629	1.536	1.662	1.503	1.696	1.471	1.731	1.438	1.767
70	1.583	1.641	1.554	1.672	1.525	1.703	1.494	1.735	1.464	1.768
75	1.598	1.652	1.571	1.680	1.543	1.709	1.515	1.739	1.487	1.770
80	1.611	1.662	1.586	1.688	1.560	1.715	1.534	1.743	1.507	1.772
85	1.624	1.671	1.600	1.696	1.575	1.721	1.550	1.747	1.525	1.774
90	1.635	1.679	1.612	1.703	1.589	1.726	1.566	1.751	1.542	1.776
95	1.645	1.687	1.623	1.709	1.602	1.732	1.579	1.755	1.557	1.778
100	1.654	1.694	1.634	1.715	1.613	1.736	1.592	1.758	1.571	1.780
150	1.720	1.746	1.706	1.760	1.693	1.774	1.679	1.788	1.665	1.802
200	1.758	1.778	1.748	1.789	1.738	1.799	1.728	1.810	1.718	1.820

显著水平 $\alpha=5\%$ 的上界临界值 d_U 和下界临界值 d_L （续）

n	$k=7$		$k=8$		$k=9$		$k=10$		$k=11$	
	d_L	d_U	d_L	d_U	d_L	d_U	d_L	d_U	d_L	d_U
11	0.203	3.005	……	……	……	……	……	……	……	……
12	0.268	2.832	0.171	3.149	……	……	……	……	……	……
13	0.328	2.692	0.230	2.985	0.147	3.266	……	……	……	……
14	0.389	2.577	0.286	2.848	0.200	3.111	0.127	3.360	……	……
15	0.447	2.472	0.343	2.727	0.251	2.979	0.175	3.216	0.111	3.438
16	0.502	2.388	0.398	2.624	0.304	2.860	0.222	3.090	0.155	3.304
17	0.554	2.318	0.451	2.537	0.356	2.757	0.272	2.975	0.198	3.184
18	0.603	2.257	0.502	2.461	0.407	2.667	0.321	2.873	0.244	3.073
19	0.649	2.206	0.459	2.396	0.456	2.589	0.369	2.783	0.290	2.974
20	0.692	2.162	0.595	2.339	0.502	2.521	0.416	2.704	0.336	2.885
21	0.732	2.124	0.637	2.290	0.547	2.460	0.461	2.633	0.380	2.806
22	0.769	2.090	0.677	2.246	0.588	2.407	0.504	2.571	0.424	2.734
23	0.804	2.061	0.715	2.208	0.628	2.360	0.545	2.514	0.465	0.670
24	0.837	2.035	0.751	2.174	0.666	2.318	0.584	2.464	0.506	2.613
25	0.868	2.012	0.784	2.144	0.702	2.280	0.621	2.419	0.544	2.560
26	0.897	1.992	0.816	2.117	0.735	2.246	0.657	2.379	0.581	2.513
27	0.925	1.974	0.845	2.093	0.767	2.216	0.691	2.342	0.616	2.470
28	0.951	1.958	0.874	2.071	0.798	2.188	0.773	2.309	0.650	2.431
29	0.975	1.944	0.900	2.052	0.826	2.164	0.753	2.278	0.682	2.396
30	0.998	1.931	0.926	2.034	0.854	2.141	0.782	2.251	0.712	2.363
31	1.020	1.920	0.950	2.018	0.879	2.120	0.810	2.226	0.741	2.333
32	1.041	1.909	0.972	2.004	0.904	2.102	0.836	2.203	0.769	2.306
33	1.061	1.900	0.994	1.991	0.927	2.085	0.861	2.181	0.795	2.281
34	1.080	1.891	1.015	1.979	0.950	2.069	0.885	2.162	0.821	2.257
35	1.097	1.884	1.034	1.967	0.971	2.054	0.908	2.144	0.845	2.236
36	1.114	1.877	1.053	1.957	0.991	2.041	0.930	2.127	0.868	2.216
37	1.131	1.870	1.071	1.948	1.011	2.029	0.951	2.112	0.891	2.198
38	1.146	1.864	1.088	1.939	1.029	2.017	0.970	2.098	0.912	2.180
39	1.161	1.859	1.104	1.932	1.047	2.007	0.990	2.085	0,932	2.164
40	1.175	1.854	1.120	1.924	1.064	1.997	1.008	2.072	0.945	2.149
45	1.238	1.835	1.189	1.895	1.139	1.958	1.089	2.002	1.038	2.088
50	1.291	1.822	1.246	1.875	1.201	1.930	1.156	1.986	1.110	2.044
55	1.334	1.814	1.294	1.861	1.253	1.909	1.212	1.959	1.170	2.010
60	1.372	1.808	1.335	1.850	1.298	1.894	1.260	1.939	1.222	1.984
65	1.404	1.805	1.370	1.843	1.336	1.882	1.301	1.923	1.266	1.964
70	1.433	1.802	1.401	1.837	1.369	1.873	1.337	1.910	1.305	1.948
75	1.458	1.801	1.428	1.834	1.399	1.867	1.369	1.901	1.339	1.935
80	1.480	1.801	1.453	1.831	1.425	1.861	1.397	1.893	1.369	1.925
85	1.505	1.801	1.474	1.829	1.448	1.857	1.422	1.886	1.396	1.916
90	1.518	1.801	1.494	1.827	1.469	1.854	1.445	1.881	1.420	1.909
95	1.535	1.802	1.512	1.827	1.489	1.852	1.465	1.877	1.442	1.903
100	1.550	1.803	1.528	1.826	1.506	1.850	1.484	1.874	1.462	1.898
150	1.651	1.817	1.637	1.832	1.622	1.847	1.608	1.862	1.594	1.877
200	1.707	1.831	1.697	1.841	1.686	1.852	1.675	1.863	1.665	1.874

注：n 是项测值的数目

k 是解释变量的数目，包括常数项

附表六　χ^2 分布的临界值

v \ p	0.99	0.98	0.95	0.90	0.80	0.70
1	0.000157	0.000628	0.00393	0.0158	0.0642	0.148
2	0.0201	0.0404	0.103	0.211	0.446	0.713
3	0.115	0.185	0.352	0.584	1.005	1.424
4	0.297	0.429	0.711	1.064	1.649	2.195
5	0.554	0.752	1.145	1.610	2.343	3.000
6	0.872	1.134	1.635	2.204	3.070	3.828
7	1.239	1.564	2.167	2.833	3.822	4.671
8	1.646	2.032	2.733	3.490	4.594	5.527
9	2.088	2.532	3.325	4.168	5.380	6.393
10	2.558	3.059	3.940	4.865	6.179	7.267
11	3.053	3.609	4.575	5.579	6.989	8.148
12	3.571	4.178	5.226	6.304	7.807	9.034
13	4.107	4.765	5.892	7.042	8.634	9.926
14	4.660	5.368	6.571	7.790	9.467	10.821
15	5.229	5.985	7.261	8.547	10.307	11.721
16	5.812	6.614	7.962	9.312	11.152	12.624
17	6.408	7.255	8.672	10.085	12.002	12.531
18	7.015	7.906	9.390	10.865	12.857	14.440
19	7.633	8.567	10.117	11.651	13.716	15.352
20	8.260	9.237	10.851	12.443	14.578	16.266
21	8.897	9.915	11.591	13.240	15.445	17.182
22	9.542	10.600	13.338	14.041	16.314	18.101
23	10.196	11.293	13.091	14.848	17.187	19.021
24	10.856	11.992	13.848	15.650	18.062	19.943
25	11.524	12.697	14.611	16.473	18.940	20.867
26	12.198	13.409	15.379	17.292	19.820	21.792
27	12.879	14.125	16.151	18.114	20.703	22.719
28	13.565	14.847	16.928	18.939	21.588	23.647
29	14.256	15.574	17.708	19.768	22.475	24.577
30	14.953	16.306	18.493	20.599	23.364	25.508